MIKROKOSMOS

MIKROKOSMOS

Faszination mikroskopischer Strukturen

Jeremy Burgess, Michael Marten und Rosemary Taylor

Aus dem Englischen übersetzt von Brigitte Dittami

Erschienen bei  in Heidelberg

Inhalt

1. Mikrokosmos	6
(Jeremy Burgess und Michael Marten)	
2. Der menschliche Körper	12
(Rob Stepney)	
Fortpflanzung	14
Sehen	18
Hören	20
Schmecken	23
Nervensystem	24
Muskelgewebe	28
Knochen	30
Atmung	32
Verdauung	34
Blut	36
Immunsystem	39
Haut und Haare	40
3. Tiere	42
(Rosemary Taylor und Michael Marten)	
Protozoen	44
Parasitische Würmer	48
Rädertiere	52
Insekten	54
Facettenaugen	60
Schlüpfende Raupen	62
Milben	64
4. Samenpflanzen	66
(Jeremy Burgess)	
Wurzeln	68
Stengel, Stamm und Holz	70
Blätter	72
Angriff und Verteidigung	76
Blüten	78
Bestäubung	82
Embryonen	84
Samen	86
5. Mikroorganismen	88
(Jeremy Burgess)	
Viren	90
Bakteriophagen	92
Bakterien	94
E. coli	96
Rhizobium	98
Algen	100
Diatomeen	102
Pilze	104
6. Die Zelle	**108**
(Jeremy Burgess)	
Zellkern	111
Intrazelluläre Membranen	113
Mitochondrien	114
Chloroplasten	116
Cytoskelett	118
Spezialisierte Zellen	119
Mitose	122
7. Die Welt des Anorganischen	**124**
(Mike McNamee)	
Atome	126
Versetzungen und Korngefüge	128
Strukturen, die durch Wärmebehandlung entstehen	130
Dendritenstrukturen	131
Kristallstrukturen	134
Petrologie	138
Diagenese	140
Eisenmetalle	142
Nichteisenmetalle	145
8. Die Welt der Industrie	**148**
(Mike McNamee)	
Techniken der Materialverbindung	150
Preßschweißen	152
Hochleistungswerkstoffe	154
Keramische Werkstoffe	156
Biomedizinische Technik	158
Elektronik	160
Korrosion	166
Beschichtungen	167
Analyse von Materialfehlern	168
Quantitative Mikroskopie	172
9. Alltagswelt	**174**
(Jeremy Burgess)	
Stoffe	176
Klettverschlüsse	179
Papier	180
Uhren	181
Schallplatten und CDs	182
Nahrungsmittel	184
Technischer Anhang	**186**
(Jeremy Burgess)	
Geschichte der Mikroskopie	186
Lichtmikroskopie	191
Elektronenmikroskopie	198
Andere Arten von Mikroskopen	204
Bildnachweise	211
Index	213

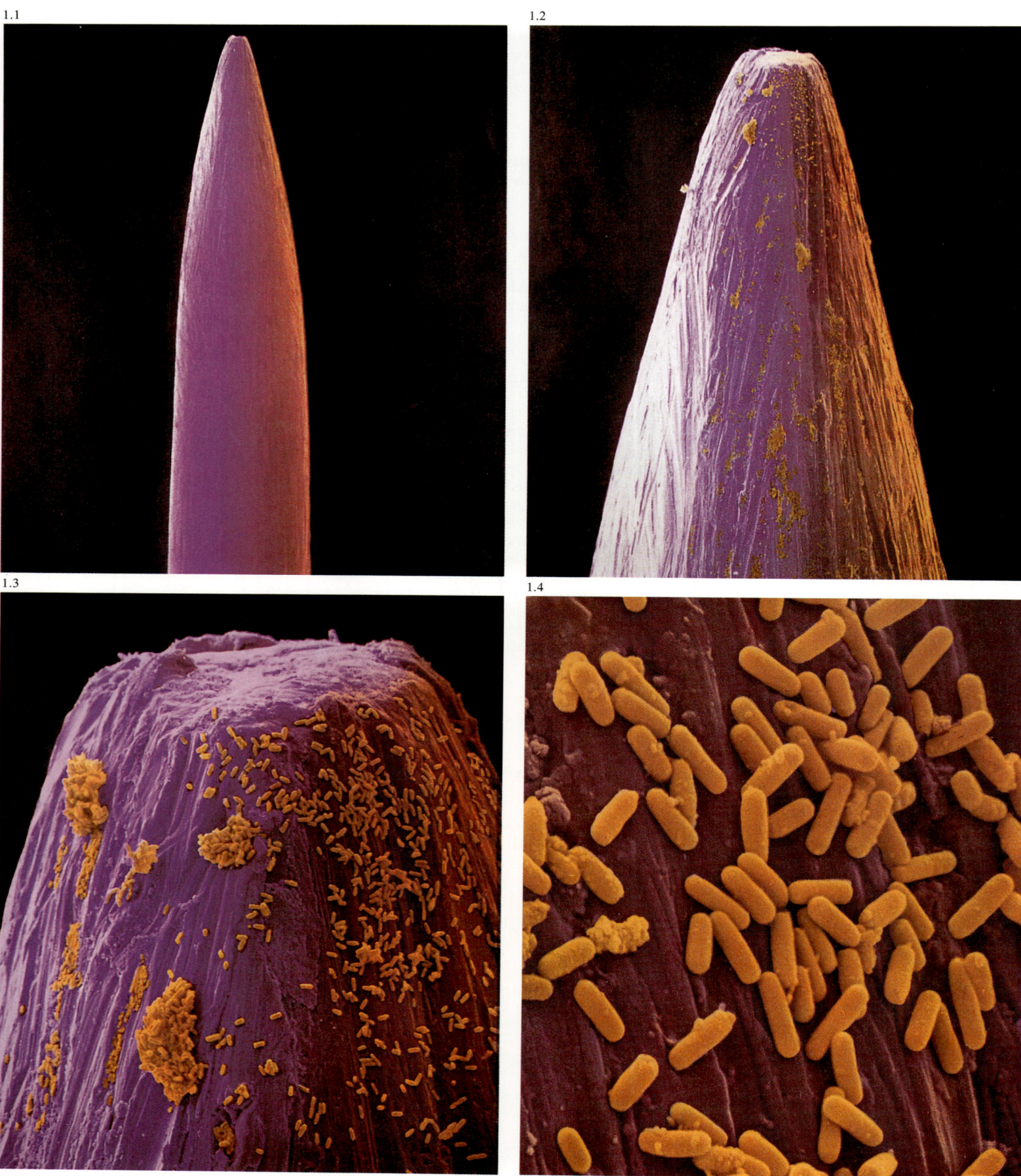

1.1 1.2 1.3 1.4

1. Mikrokosmos

Im Jahre 1683 machte der Niederländer Antonie van Leeuwenhoek in einem seiner regelmäßigen wissenschaftlichen Briefe an die Royal Society of London eine verblüffende Bemerkung. Er erklärte, in seinem Mund gebe es mehr Lebewesen als Menschen in den Niederlanden. Er bezog sich dabei auf die zahllosen „Animalcula", die er gesehen hatte, als er Proben vom Belag seiner Zähne in einem seiner primitiven, handgebauten Lichtmikroskope untersuchte. Solche „kleinen Tierchen" fanden sich auch in anderen Proben — etwa in einem Tropfen Teichwasser oder einer Prise Erdreich. Van Leeuwenhoek bekam als erster Mensch diese wimmelnde Welt zu sehen, von der wir heute wissen, daß sie aus Bakterien und Protozoen besteht.

Erst 250 Jahre später, nämlich 1933, stellte der 26jährige Berliner Doktorand Ernst Ruska das erste Bild her, dessen Auflösung weit über das mit Lichtmikroskopen erreichbare Maß hinausging. Es zeigte eine Probe von Baumwollfasern und war durch ein Instrument zustande gekommen, für dessen Erfindung und Entwicklung Ruska maßgeblich verantwortlich war: das Transmissionselektronenmikroskop. Ruskas Leistung erregte zum damaligen Zeitpunkt wenig Aufsehen. Einer der Gründe dafür war wohl, daß seine Baumwollfasern durch den Elektronenstrahl, der sie „beleuchtet" hatte, fast bis zur Unkenntlichkeit verkohlt waren. Doch sechs Jahre später nahmen sein Bruder Helmut und ein Kollege mit Hilfe eines solchen Mikroskops jenes Bild auf, das die Existenz von Viren demonstrierte.

Van Leeuwenhoeks „Animalcula" und Ernst Ruskas Baumwollfasern waren Meilensteine in der Ausweitung des sichtbaren Universums. So wie Fernrohre es uns ermöglicht haben, immer weiter in den „äußeren Raum", das Weltall, zu sehen — und zunehmend genauere Bilder zuerst von den Planeten, dann den Galaxien zu erhalten —, offenbaren die Mikroskope aufeinanderfolgende Schichten des „inneren Raums": des Mikrokosmos.

Der Mikrokosmos ist außerordentlich vielfältig und komplex. Je mehr wir davon zu Gesicht bekommen, um so höher schätzen wir Schönheit und Subtilität im Wirken der Natur, und um so klarer wird uns, daß Ereignisse im Mikrokosmos Auswirkungen auf uns alle haben können: Ein unsichtbarer Pilz kann die Ernte angreifen und eine Hungersnot verursachen, ein Virus eine Armee dezimieren und den Lauf der Geschichte ändern, ein Haarriß im Metallgefüge zum Versagen eines Bauelements führen und einen Flugzeugabsturz bewirken.

Wir rühmen uns gern unseres Gesichtssinnes — und immerhin empfangen wir zwei Drittel unserer sensorischen Information durch die Augen —, doch die menschliche Sehfähigkeit ist begrenzt. Mit bloßem Auge können wir beispielsweise zwei gedruckte Punkte nicht getrennt wahrnehmen, wenn sie näher als 0,1 Millimeter beieinanderliegen. Folglich sehen wir zwar gerade noch die Spitze einer gewöhnlichen Stecknadel, doch vermag selbst der scharfsichtigste Mensch nicht einmal andeutungsweise die Bakterien an der Nadelspitze zu erkennen, die eine harmlose Verletzung in eine eiternde Wunde verwandeln können.

Ein Mikroskop erweitert unser Sehvermögen, indem es neue Details aufdeckt, und es kann dies tun, weil seine Auflösungsgrenze kleiner als die des menschlichen Auges ist. Die meisten Bilder in diesem Buch wurden mit den drei Haupttypen von Mikroskopen erstellt, die heute in Gebrauch sind: dem Lichtmikroskop (LM), dem Transmissionselektronenmikroskop (TEM) und dem Rasterelektronenmikroskop (REM; englisch SEM, von *scanning electron microscope*).

Das Lichtmikroskop hat in der Praxis ein Auflösungsvermögen von einem tausendstel Millimeter (0,001 mm). Mit ihm können wir Objekte und Organismen wahrnehmen, die hundertmal kleiner als das winzigste Detail sind, das mit bloßem Auge eben noch zu sehen ist. Dies bedeutet, daß sich Bakterien zwar durchaus erkennen und häufig auch unterscheiden lassen, daß sich aber Einzelheiten in Form oder Struktur eines bestimmten Bakteriums gewöhnlich der Beobachtung entziehen. Das Lichtmikroskop hat seit seiner Erfindung zu Beginn des 17. Jahrhunderts fortlaufend Verbesserungen erfahren; sein Auflösungsvermögen liegt heute an der theoretischen Grenze, die durch die Wellenlänge des Lichts festgelegt ist. In seinen modernen Formen ist es ein sehr vielseitiges Instrument und zudem eines, das sich leicht aufstellen und handhaben läßt. Man kann mit ihm das Wirbeln von Mikroorganismen in einer Teichwasserprobe beobachten und Bakterien in einem Ausstrich von infiziertem Blut oder Gewebe identifizieren, aber auch Materialfehler aufspüren, die einen Satz Mikrochips zu Abfall werden lassen, oder eine Mineralprobe zur Einschätzung eines potentiellen Ölfelds analysieren. Außerdem sind Lichtmikroskope vergleichsweise billig. Der Preis reicht von unter 1000 DM bis zu 10000 DM für die besten Forschungsinstrumente.

Das Transmissionselektronenmikroskop hat eine Auflösungsgrenze von einem millionstel Millimeter (0,000001 mm). Das ist hunderttausendmal kleiner, als man mit bloßem Auge sehen kann, und bedeutet in der Praxis, daß ein Biologe damit die Stränge von DNA-Molekülen im Inneren eines Bakteriums unterscheiden oder ein Metallkundler die Fehler im atomaren Aufbau einer Stecknadel wahrnehmen kann. Dieses enorme Auflösungsvermögen ist allerdings mit Nachteilen in Bedienung und Kosten verbunden. TEMs sind große, fest angeschlossene Geräte, die etwa zwischen 240000 DM und 450000 DM kosten. Sie brauchen eine stabile Stromversorgung und müssen an Orten installiert werden, an denen keine magnetischen Streufelder und möglichst wenig Vibratio-

1.1 – 1.4 Die Stärke von Mikroskopen liegt in ihrer Fähigkeit, mit zunehmender Vergrößerung immer mehr Details zu offenbaren. Abbildung 1.1 ist ein Falschfarbenbild einer gewöhnlichen Haushaltsstecknadel in 30facher Vergrößerung, aufgenommen mit einem Rasterelektronenmikroskop (REM). Bei den drei folgenden Bildern der Serie nimmt die Vergrößerung jeweils um das Fünffache zu (150fache, 750fache und 3750fache Vergrößerung). Sie zeigen aus immer näherer Perspektive gelb kolorierte Populationen von Stäbchenbakterien, die an den verschrammten Seiten der stumpfen Nadelspitze haften. Bakterien wie diese können bei einem Kratzer oder Stich eine Infektion hervorrufen. [REM, Falschfarben, ×30, ×150, ×750, ×3750]

1.5 Moderne Transmissionselektronenmikroskope (TEMs) sind auf maximalen Bedienungskomfort hin konstruiert. Alle Kontrollfunktionen lassen sich vom Bedienungspult aus betätigen. Der Elektronenstrahl entsteht an der Spitze der „Säule" des Instruments und schießt zur Bilderzeugung abwärts durch das Präparat hindurch. Ein schwach vergrößerndes binokulares Lichtmikroskop kann — wie hier — benutzt werden, um die Feineinstellung des Bildes zu überwachen. Hilfseinrichtungen wie die elektrische Versorgung des Geräts oder die Pumpen, die das Vakuum in der Säule erzeugen, sind üblicherweise vom Mikroskop entfernt untergebracht.

nen auftreten. Man kann mit ihnen nur extrem kleine ganze Objekte — etwa Viren — oder ultradünne Schnittpräparate größerer Objekte untersuchen, und dies bedeutet häufig, daß die Vorbereitung der Proben viel Zeit, Geschick und Erfahrung verlangt und eine teure Zusatzausrüstung erfordert. Mit einem TEM kann man jedoch die atomare Struktur der Materie direkt betrachten und die funktionellen Grundlagen des Lebens studieren.

Das Rasterelektronenmikroskop besitzt nicht das große Auflösungsvermögen eines TEM. Seine Auflösungsgrenze liegt bei einem hunderttausendstel Millimeter (0,00001 mm) und damit zehntausendfach unter der des unbewaffneten Auges. Es weist jedoch einzigartige Eigenschaften auf, die es zu einer wertvollen Ergänzung für das TEM gemacht haben. Letzteres wird fast ausschließlich zum Studium innerer Strukturen verwendet. Im Gegensatz dazu zeigt das REM, wie die äußere Oberfläche eines Objekts oder eines Organismus aussieht, und zwar mit dramatischem

aufschlußreichen Bruchstücke eines verunglückten Flugzeugs. Wie das TEM ist es jedoch ein großes und teures Gerät, das etwa 150000 DM bis 300000 DM kostet.

Dank ihrer Vielfalt und unterschiedlichen Einsatzmöglichkeiten sind Lichtmikroskope und die beiden Elektronenmikroskoptypen zu Standardwerkzeugen in vielen Bereichen von Wissenschaft, Medizin und Industrie geworden. Vom einfachen optischen Instrument im Biologielabor einer Schule bis zum neuesten Hochspannungselektronenmikroskop für das Studium der Wechselwirkung von Atomen — für fast jeden Zweck gibt es heute ein geeignetes Gerät. Die größeren Auflösungsstärken von TEM und REM haben das Lichtmikroskop keineswegs überflüssig gemacht. Es wird heute weithin bei Routineuntersuchungen und Stichprobenprüfungen eingesetzt, und in Form des Ultraviolettfluoreszenzmikroskops spielt es eine wichtige Rolle an der vordersten Front der biologischen Forschung.

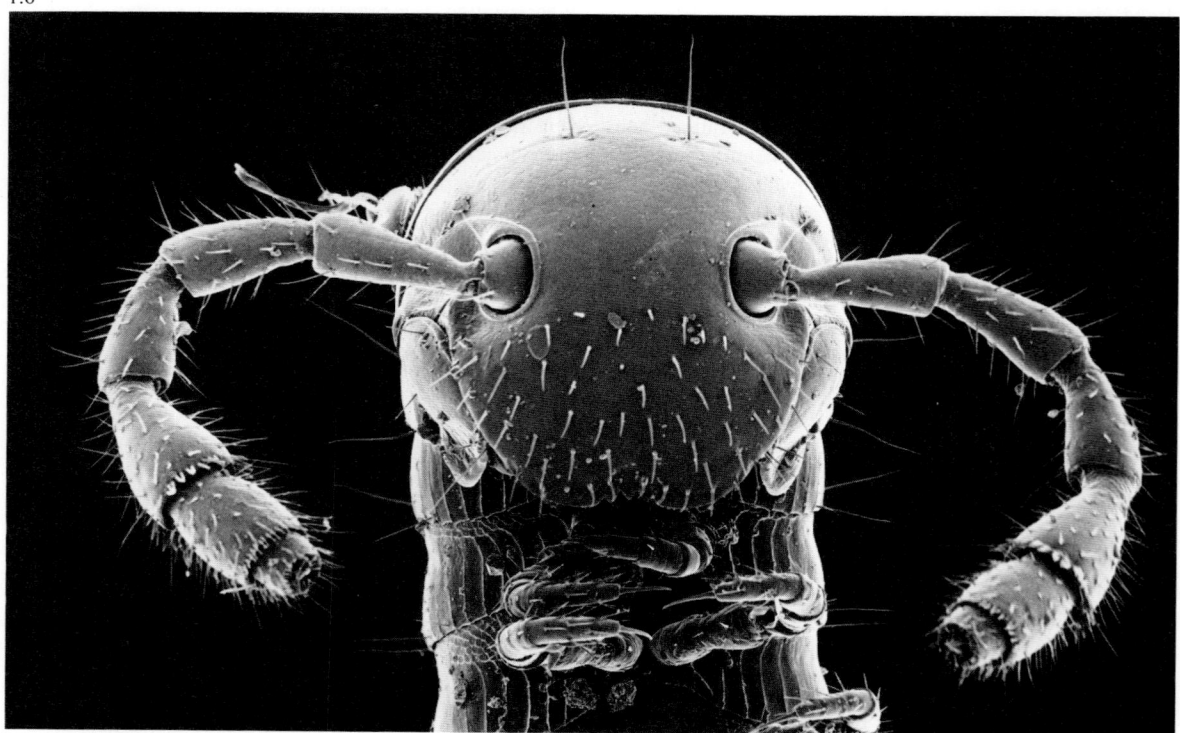

1.6 Ein REM liefert realistische „dreidimensionale" Bilder von Objekten und Organismen. Am Kopf dieses Tausendfüßlers fallen die zwei großen gegliederten Fühler auf. Die Körperabschnitte tragen je ein Paar Beine, die in einer einzelnen Klaue enden. Die Borsten an Kopf und Fühlern haben vermutlich eine sensorische Funktion. [REM, ×1000]

dreidimensionalen Realismus, wie die Bilder der Bakterien auf einer Stecknadel beweisen. Obwohl die Grundprinzipien des Rasterelektronenmikroskops schon in den dreißiger Jahren, kurz nach Ruskas Arbeit am TEM, formuliert waren, zog sich die Entwicklung über viele Jahre hin, und erst 1965 war das erste kommerziell hergestellte Instrument auf dem Markt. Seitdem fand es in der Industrie wie auch in der Forschung breite Anwendung, denn mit einem REM kann man ein kleines Objekt oder einen Teil eines größeren im natürlichen Zustand als Ganzes betrachten — etwa einen Mikrochip, ein Insekt oder die

Alle Mikroskoptypen liefern ein vergrößertes Bild eines Präparats. Die Maßstabszahl (oder der Abbildungsmaßstab) bezeichnet das Verhältnis der Bildgröße zur Größe des abgebildeten Objekts. Bei den Photographien in diesem Buch reicht die Spanne von den nur siebenfach vergrößerten lichtmikroskopischen Aufnahmen von Mineralen (siehe die Abbildungen 7.21 – 7.26) bis zur elektronenmikroskopischen Aufnahme von Uranatomen mit 120millionenfacher Vergrößerung (Abbildung 7.2). Man kann sich ein Bild von dieser enormen Bandbreite machen, wenn man sich ein vertrautes Lebewesen, beispielsweise einen

Schmetterling, vorstellt. Bei siebenfacher Vergrößerung erreicht ein durchschnittlicher Schmetterling die Größe eines kleinen Vogels mit einer Flügelspannweite von 35 Zentimetern, bei 10 000facher Vergrößerung liegen die Flügelspitzen schon 500 Meter auseinander und überspannen mehrere Wohnblocks; 120millionenfach vergrößert würde sich der bescheidene Schmetterling in ein Untier mit der Größe eines Kontinents und einer Flügelspannweite von 6000 Kilometern verwandeln.

Wie diese Zahlen zeigen, sind die Entfernungen im Mikrokosmos sehr kurz, und im Alltag übliche Maßeinheiten wie Zentimeter oder Millimeter sind wenig brauchbar. Statt dessen verwendet man zwei kleinere Einheiten. Ein Mikrometer ist ein tausendstel Millimeter oder ein millionstel Meter. Dies entspricht etwa der Länge eines durchschnittlichen Bakteriums und gibt, wie wir gesehen haben, auch ungefähr die Auflösungsgrenze des Lichtmikroskops an. Noch kleiner ist ein Nanometer, nämlich ein Millionstel eines Millimeters oder ein Tausendstel eines Mikrometers. Das ist wirklich eine winzige Strecke. Zehn aneinandergereihte Atome sind etwa so lang, und auch die Auflösungsgrenze eines guten Transmissionselektronenmikroskops ist hier angesiedelt.

Vergrößerungsangaben können sehr eindrucksvoll für den Leser sein, doch eine starke Vergrößerung ist nutzlos, wenn sie nicht mit einer hohen Auflösung einhergeht. Jedes beliebige Bild läßt sich durch einfache photographische Vergrößerung bis ins Unendliche ausdehnen. Doch früher oder später enthüllt diese Methode keine neuen Einzelheiten mehr. Das Bild wird unscharf. Mikroskope vergrößern nicht nur, sie machen aufgrund ihres Auflösungsvermögens auch Feinheiten sichtbar. Mit zunehmender Vergrößerung treten immer mehr Details hervor, bis die Auflösungsgrenze des Mikroskops erreicht ist und keine weiteren Unterscheidungen möglich sind.

Viele Mikrophotographien sind leicht zu verstehen. Dies gilt vor allem für die „realistischen" Bilder des Rasterelektronenmikroskops und für viele lichtmikroskopische Aufnahmen. Andere Mikroaufnahmen sind schwieriger zu interpretieren. Um sie richtig einschätzen zu können, braucht man gewisse Kenntnisse darüber, wie das Präparat hergestellt wurde und wie das vergrößerte Bild überhaupt zustande kommt.

In einem Lichtmikroskop entsteht die Vergrößerung dadurch, daß Licht vom Präparat durch zwei Glaslinsen, die Objektivlinse und das Okular, dringt. Wenn das Licht das Objektiv erreicht, hat es zuvor entweder das Präparat durchdrungen (Durchlicht) oder es ist von seiner Oberfläche reflektiert worden (Auflicht). Durchlicht kann man nur verwenden, wenn das Präparat von Natur aus durchsichtig ist oder aus einem sehr dünnen Schnitt besteht, der das Licht passieren läßt. Die meisten lichtmikroskopischen Aufnahmen in diesem Buch, besonders die aus dem Bereich der Biologie, wurden mit Durchlichtbeleuchtung aufgenommen. Auflicht benutzt man, wenn das Präparat ein ganzes Objekt oder undurchsichtig ist — wie beispielsweise ein Mikrochip oder ein Metallstück.

Bei einem Transmissionselektronenmikroskop entsteht die Vergrößerung dadurch, daß ein Elektronenstrahl durch das Zentrum einer Reihe kreisförmiger Elektromagneten, sogenannter „Elektronenlinsen", abwärtsschießt. In einer Hinsicht ähnelt das TEM dem Lichtmikroskop: Der (Elektronen-)Strahl durchdringt das Präparat. Doch die Elektronen müssen ein Vakuum durchlaufen, und die Technik der Bilderzeugung ist der in einem Lichtmikroskop nicht analog. Elektronen sind Teilchen mit geringem Durchdringungsvermögen. Deshalb müssen TEM-Präparate wirklich außerordentlich dünn sein, damit sie den Elektronenstrahl passieren lassen. Ein typisches TEM-Präparat hat nur etwa ein Tausendstel der Dicke einer Seite dieses Buchs. Diese Grundvoraussetzung bestimmt die Haupteigenschaften von transmissionselektronenmikroskopischen Aufnahmen: Sie geben nur einen winzigen Ausschnitt eines Objekts wieder.

Das Rasterelektronenmikroskop ist einem optischen Mikroskop vergleichbar, das mit Auflicht arbeitet. Ein sehr feiner Elektronenstrahl, der wieder durch ein Vakuum läuft, wird von elektromagnetischen Linsen gebündelt und auf das Präparat gerichtet. Wenn der Strahl auftrifft, werden andere Elektronen aus der Oberfläche des Objekts herausgeschlagen und strahlen radial nach außen ab. Diese „sekundären Elektronen" werden von einem Detektor gesammelt und zur Herstellung eines Lichtpunkts auf einem Bildschirm verwendet. Das Bild wird aufgebaut, indem der Elektronenstrahl das Präparat in einer Serie von Zeilen und Teilbildern abtastet — ein Verfahren, das man Rasterabtastung (raster scan) oder einfach Rasterung nennt. Während der Elektronenstrahl sich über das Präparat bewegt, erzeugt er eine Folge von Lichtpunkten auf dem Bildschirm, die schließlich ein vollständiges Bild ergeben. Der Abbildungsmaßstab ergibt sich direkt aus dem Verhältnis der Größe des abgetasteten Objektbereichs zur Bildschirmgröße. Wenn der Elektronenstrahl einen ganzen Mikrochip abtasten soll, entsteht vielleicht eine 50fache Vergrößerung; tastet er dagegen nur einige der vielen Schaltkreise auf dem Chip ab, könnte die erreichte Vergrößerung 10 000fach sein.

Ein REM-Präparat braucht kein Dünnschnitt zu sein, weil die sekundären Elektronen von seinen Oberflächenschichten abstrahlen. Man kann ganze Objekte verwenden, deren maximale Größe von der Größe der Objektkammer des Mikroskops abhängt. Für Spezialzwecke wurden schon Rasterelektronenmikroskope gebaut, mit denen sich ganze Kniegelenke oder sogar Gewehrläufe untersuchen lassen. Sekundäre Elektronen sind nicht die einzigen Partikel, die entstehen, wenn der Primärelektronenstrahl die Oberfläche des Präparats trifft. Auch Röntgenphotonen werden emit-

1.7 Damit ein scharfes Bild entsteht, werden REM-Präparate gewöhnlich mit einem Metall wie Gold überzogen, um ihr Elektronenreflexionsvermögen und ihre elektrische Leitfähigkeit zu verbessern. Diese Photographie zeigt einen Mikrochip, der durch einen „Sputtern" genannten Prozeß (Kathodenzerstäubung) mit einem nur fünf bis zehn Nanometer dicken Goldüberzug versehen wird. Das Präparat befindet sich dabei in einer Vakuumkammer, die Argongas bei geringem Druck enthält. Ein flaches Plättchen aus reinem Gold wird einige Zentimeter über dem Mikrochip fixiert und zwischen Chip und Goldplatte dann eine Spannung von ungefähr 1000 Volt angelegt. Als Folge davon ionisiert das Gas, und Argonionen prallen so kräftig auf die Goldplatte auf, daß Goldatome ionisiert und herausgeschlagen werden. Diese Goldionen strömen nach unten und bilden eine gleichmäßige Schicht auf der Oberfläche des Präparats. Das Ionenplasma ist in der Abbildung als helles Leuchten zu sehen. Seine Form wird durch einen kreisförmigen Magneten um die Goldplatte oben im Bild kontrolliert.

1.8 Die Interpretation mikroskopischer Bilder ist vor allem bei Dünnschnittpräparaten schwierig, die mit einem TEM aufgenommen wurden. Diese Abbildung, ein typisches Beispiel solcher Mikrophotographien, zeigt einen Schnitt durch die einzellige Grünalge *Chlamydomonas asymmetrica* in 20 000facher Vergrößerung. Wie bei allen Schnittpräparaten muß man sich hier daran erinnern, daß alles, was im Bild erscheint, die zweidimensionale Wiedergabe eines winzigen Teils eines dreidimensionalen Objekts ist. Die Zelle mißt etwa 10 Mikrometer im Durchmesser; der gezeigte Schnitt ist aber nur 70 Nanometer dick (weniger als ein Prozent der Dicke der ganzen Zelle). Weil er zweidimensional ist, erscheint die Zelle kreisförmig, obwohl sie Kugelform hat, und die reinweißen Bereiche — Schnitte durch ellipsoidische Stärkekörner — erscheinen elliptisch. Zudem sind in diesem winzigen Ausschnitt nicht alle Bestandteile der Zelle sichtbar; die Photographie zeigt beispielsweise keinen Zellkern, obwohl die Zelle ganz gewiß einen enthält. Die dunklen Gebiete nahe der Peripherie der Zelle sind Schnitte durch Chloroplasten. Man sieht fünf getrennte dunkle Zonen, von denen sich allerdings zwei beinahe berühren. Es ist möglich, daß alle diese Zonen zu einem einzigen Chloroplasten gehören, der genügend stark gelappt ist, um in einem solchen Dünnschnitt mehrfach außer Sicht zu geraten. Ebenso können die kreisförmigen grauen Regionen im Cytoplasma — die Vakuolen — tatsächlich getrennte kugelförmige Hohlräume sein; andererseits wäre es möglich, daß zumindest einige von ihnen in einer anderen Ebene der Zelle miteinander verschmelzen. Mikroskopiker untersuchen immer eine große Anzahl von Schnitten, wenn es darum geht, dreidimensionale Beziehungen herzustellen. Für Photographien wählen sie dann gewöhnlich Schnittpräparate aus, die so „perfekt" wie möglich sind und die „typische" Struktur ihres Objekts gut wiedergeben. Diese Aufnahme enthält keinerlei technische Mängel wie Farbstoffreste, Kratzer von einem mangelhaften Mikrotommesser oder Falten. Ein gutes, „typisches" Bild von *C. asymmetrica* ist sie insofern, als sie das Pyrenoid im Chloroplasten (die schwarze Zone innerhalb des weißen Rings) deutlich wiedergibt, was Zweck der Aufnahme war. Als charakteristisches Bild einer Algenzelle eignet sie sich jedoch schlecht, weil sie den Zellkern nicht zeigt. Allerdings besteht eine hohe Wahrscheinlichkeit, daß in dem guten Dutzend Schnitte, die den Zellkern wiedergeben würden, das Pyrenoid dieser Zelle gerade nicht erfaßt wäre. In diesem Sinne sind Mikroaufnahmen ein Werk ihres Photographen; sie ergeben sich nicht von selbst. [TEM, kontrastierter Schnitt, ×20 000]

tiert, ebenso gelegentlich Photonen sichtbaren Lichts; außerdem können einige der primären Elektronen vom Präparat „zurückgestreut", also reflektiert werden. Auch mit diesen Abstrahlungen lassen sich Bilder erzeugen. Die Röntgenstrahlabbildung ist besonders nützlich, weil Röntgenstrahlen mit Energien emittiert werden, die für die Elemente der Präparatoberfläche charakteristisch sind. Auf diese Weise kann man beispielsweise die Lage verschiedener Elemente in einer Legierung oder einem Verbundwerkstoff genau feststellen (siehe Abbildung 8.40).

Ehe ein Objekt mikroskopiert werden kann, muß man es gewöhnlich auf irgendeine Art und Weise präparieren. Für das Rasterelektronenmikroskop besteht die Vorbereitung manchmal lediglich im Überziehen

des Objekts mit einer äußerst dünnen Goldschicht, die die Leitfähigkeit der Oberfläche und die Emission von sekundären Elektronen verbessern soll. (Man bedient sich dazu einer als Kathodenzerstäubung oder „Sputtern" bezeichneten Methode; sie ist in Abbildung 1.7 dargestellt.) Biologische Präparate für das REM müssen eventuell noch eingefroren werden, um sie gegen das Vakuum im Inneren des Instruments zu stabilisieren. Dagegen sind viele Präparate für das Lichtmikroskop und das TEM Dünnschnitte, die eine langwierige und geschickte Vorbereitung erfordern.

Schnittpräparate machen es möglich, undurchsichtige Objekte zu betrachten und ihre innere Struktur zu untersuchen. Und sowohl für das Lichtmikroskop als auch für das TEM gilt: Je dünner der Schnitt, um so

1.8

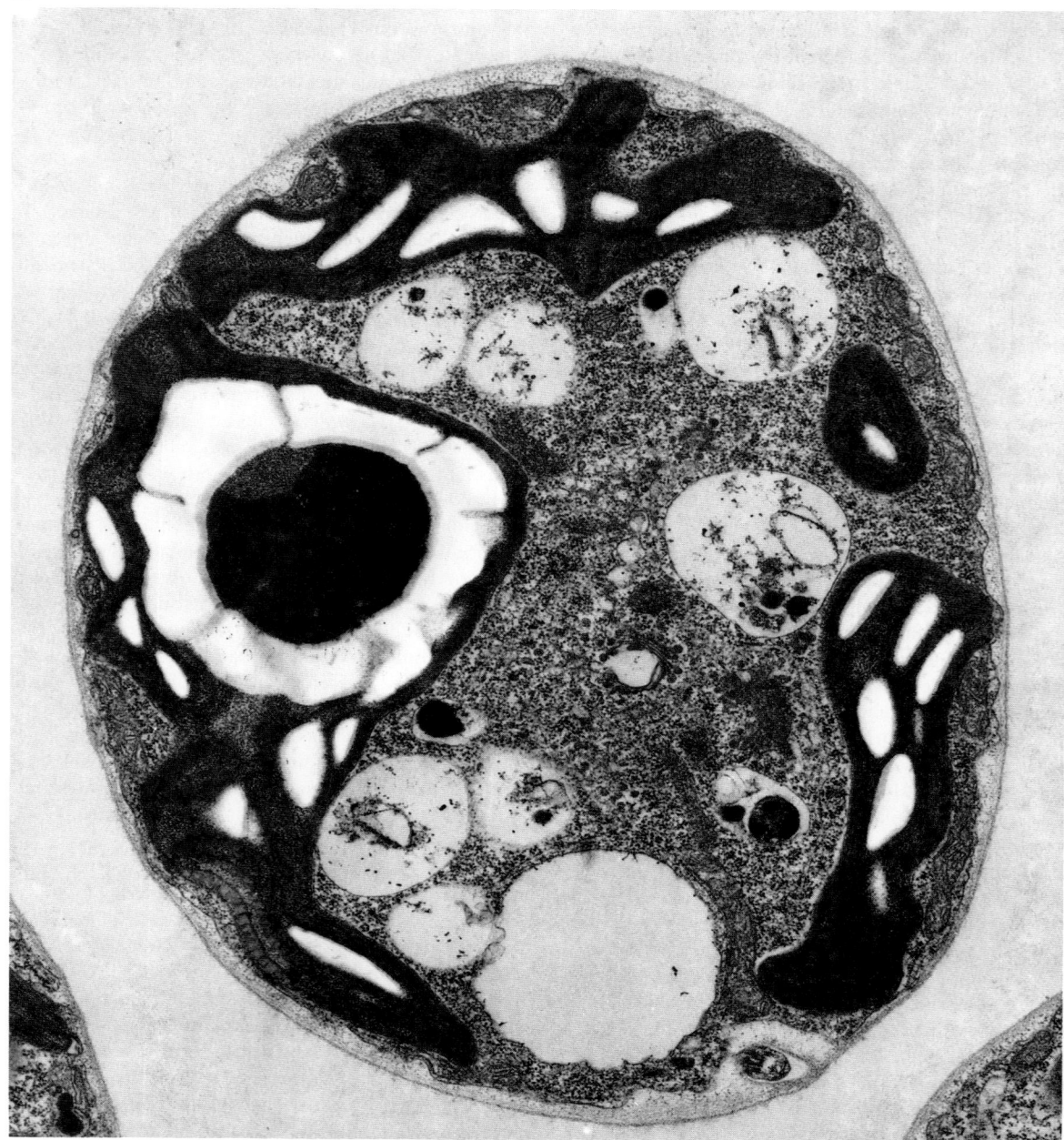

höher die potentielle Bildauflösung. Man hat deshalb Methoden entwickelt, mit denen sich Objekte aller Art schneiden oder schleifen lassen, bis sie hauchdünn sind. Bei Präparaten für das Lichtmikroskop sind solche Schnitte gewöhnlich etwa fünf Mikrometer (1/200 Millimeter) dick. TEM-Präparate müssen noch ungefähr 50mal dünner sein; sie liegen bei 100 Nanometern (1/10000 Millimeter) oder darunter.

Biologische Dünnschnittpräparate sind normalerweise durchsichtig und so kontrastarm, daß man sie anfärben muß, um ein zufriedenstellendes Bild zu erhalten. Verschiedene Färbemittel können jeweils ganz bestimmte Merkmale eines Präparats hervorheben. Färbt man beispielsweise einen Zellschnitt mit Uranacetat, einem Schwermetallsalz, so erscheint das genetische Material − DNA und RNA − in einem Transmissionselektronenmikroskop schwarz. In der Lichtmikroskopie menschlichen und tierischen Gewebes verwendet man häufig den Farbstoff Eosin, der das Cytoplasma von Zellen in verschiedenen Rot- und Rosatönen färbt.

Da Farbe eine Eigenschaft des Lichts ist, erzeugen Lichtmikroskope farbige Bilder (auch wenn sie vielleicht schwarzweiß photographiert werden). Die Farben selbst können durch Anfärben des Präparats oder durch die vom Mikroskopiker gewählte Beleuchtung entstanden sein, aber auch die natürlichen Farben des Objekts darstellen. Die Bilder kleiner lebender Organismen zeigen gewöhnlich die natürlichen Farben, doch auch hier kann der Mikroskopbenutzer entscheiden, ob das Lebewesen auf einem dunklen Hintergrund (Dunkelfeldbeleuchtung) oder einem hellen (Hellfeldbeleuchtung) zu sehen sein soll; im ersten Fall kann man mit Filtern den Hintergrund in jeder beliebigen Farbe tönen (Rheinberg-Beleuchtung).

Andere Beleuchtungstechniken verändern die Farbe eines Präparats völlig. Verwendet man beispielsweise polarisiertes Licht, entstehen Farben durch den Prozeß der Doppelbrechung. Mit dieser Technik lassen sich besonders farbenprächtige Bilder von kristallinem Material − etwa auch so alltäglichen Substanzen wie Vitamin C oder Aspirin − erzeugen, und das hat sie bei vielen Liebhabern der Mikroskopie populär gemacht. Sie wird auch für quantitative Analysen eingesetzt. Die Farben, die beispielsweise bei einem Gesteinsschnitt mit bekannter Dicke auftreten, rühren von grundlegenden Eigenschaften der Minerale her, aus denen sich der Stein zusammensetzt. Ein Geologe kann diese Technik daher zur genauen Identifizierung von Gesteins- und Mineralarten benutzen.

Elektronenmikroskopische Aufnahmen sind ursprünglich immer einfarbig. Anders als die Photonen des sichtbaren Lichts „transportieren" Elektronen keine Farbe und können daher über die natürliche Färbung eines Präparats keine Auskunft geben. Die Aufnahmen lassen sich jedoch mit EDV und photographischen Verfahren sowie per Hand künstlich färben.

Mit solchen „Falschfarben" lassen sich bestimmte Strukturen eines Präparats manchmal leichter unterscheiden, doch gewöhnlich werden sie aus ästhetischen Gründen zugefügt und brauchen kaum eine oder keine Beziehung zur natürlichen Farbe des dargestellten Objekts oder Organismus zu haben.

Die ungefähr 300 Bilder in diesem Buch* zeigen nur einen winzigen Ausschnitt aus der modernen Mikroskopie. Wir haben weder versucht, Beispiele jeder Technik oder jedes Spezialmikroskops zu bringen, noch sämtliche Anwendungsgebiete der Mikroskopie abzudecken. Unser Ziel war es, in einem Buch einige der besten und aufschlußreichsten Mikroaufnahmen zusammenzustellen und mit ihnen einen Einblick in den Mikrokosmos zu vermitteln.

1.9 Der Dünnschnitt menschlichen Nierengewebes in dieser lichtmikroskopischen Aufnahme enthält ein diagonal von rechts oben nach links unten verlaufendes Blutgefäß und drei Glomeruli. Unsere Nieren besitzen Tausende solcher Glomeruli − winziger Bündel aus eng gepackten Kapillaren, die überschüssiges Wasser und Giftstoffe aus dem Blut filtern. Die leuchtende Farbe des Gewebes stammt von dem Färbemittel, das zur Vorbereitung des Präparats verwendet wurde. [LM, Trichromfärbung, ×940]

1.9

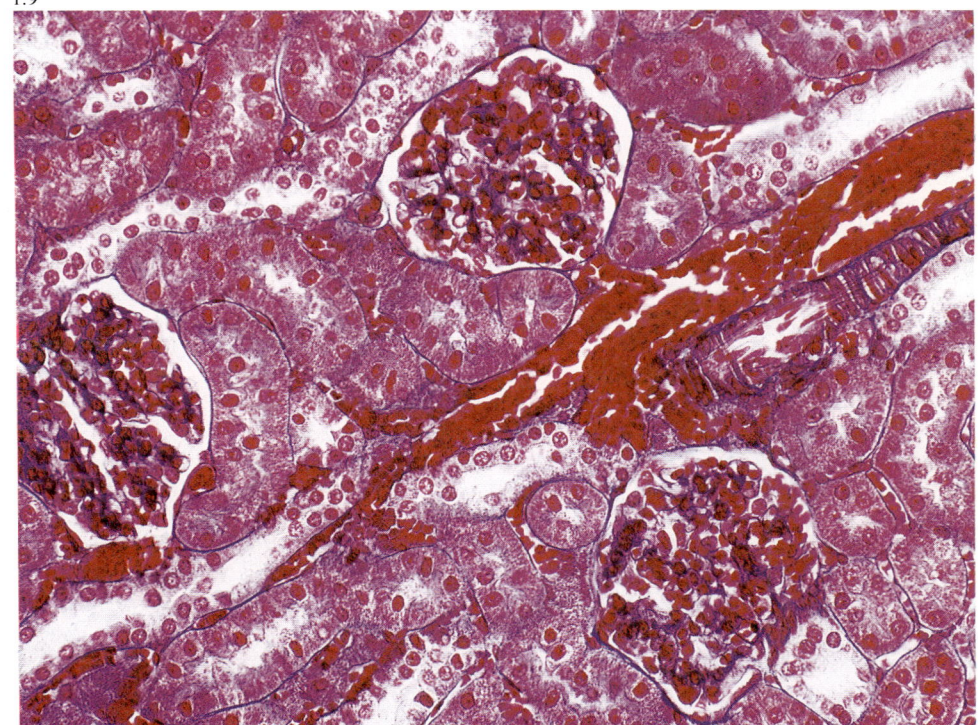

---

* Die Bildlegenden enden alle mit einer in eckige Klammern gestellten „technischen Information". Hier sind der Typ des zur Bildherstellung verwendeten Mikroskops und die Vergrößerung sowie − falls relevant und bekannt − Genaueres über die Beleuchtungstechnik, die Art des Schnittpräparats und die benutzte Färbemethode angegeben. Alle rasterelektronenmikroskopischen Aufnahmen im Buch entstanden, wenn nicht anders vermerkt, mit der Sekundärelektronenabbildung. Die verwendeten Abkürzungen sind: LM, Lichtmikroskop; REM, Rasterelektronenmikroskop; TEM, Transmissionselektronenmikroskop; STEM, Rastertransmissionselektronenmikroskop; HREM, Hochauflösungselektronenmikroskop (HR steht für *high resolution*); DIK, differentieller Interferenzkontrast; HE, Hämatoxylin-Eosin.

2. Der menschliche Körper

Während der letzten drei Jahrhunderte haben sich Mikroskopie und Medizin Hand in Hand entwickelt. Und dieser Prozeß setzt sich auch weiterhin fort. Weil Struktur und Funktion eng miteinander verknüpft sind, hängt die Erweiterung unserer Kenntnisse über normale und krankhafte Körperprozesse in beträchtlichem Maße von der Möglichkeit ab, immer feinere Strukturen in Organen und Geweben zu erkennen. Und gerade die Fortschritte im Verständnis sind es, die – mehr als neue Geräte oder Medikamente – den wichtigsten Entwicklungen in der Medizin zugrunde liegen.

Im 16. Jahrhundert wurden erstmals systematische Tierkörpersektionen durchgeführt. Gleichzeitig wuchs auch das Interesse an der *post mortem*-Untersuchung des menschlichen Körpers. Ausgehend von dem, was man mit bloßem Auge direkt sehen konnte, fingen Ärzte an, Beziehungen zwischen Krankheiten und dem allgemeinen Erscheinungsbild der inneren Organe herzustellen. Im 17. Jahrhundert begannen dann Mikroskopiker, die verborgene innere Struktur biologischen Materials zu ergründen. Als Leeuwenhoek 1723 starb, hinterließ er 26 Mikroskope, und zu jedem gehörte ein Präparat des Materials, für das es gebaut worden war: unter anderem Proben von Blut, Sperma, Haaren und Muskeln.

Die zunehmende Verwendung von Mikroskopen im späten 18. Jahrhundert weckte das Interesse an Feinstrukturen und lieferte die Erkenntnis, daß Organe aus verschiedenen Arten von „Gewebe" aufgebaut sind – ein Begriff, der zu jener Zeit erstmals in Gebrauch kam. Man glaubte, das Grundmaterial, aus dem wir bestehen, seien Fasern, die manchmal dicht, dann wieder locker miteinander verwoben sind.

Mitte des 19. Jahrhunderts erkannte man aufgrund des größeren Auflösungsvermögens der Mikroskope die Zelle als Grundbaustein der Gewebe und als Sitz der gestörten Prozesse, die einer Krankheit zugrunde liegen. Zu den Fortschritten trugen auch Verbesserungen in der Präparation der Proben, insbesondere bei der Herstellung von Dünnschnitten, und der zunehmende Einsatz von Färbemitteln zur Aufdeckung von Strukturen bei. In den siebziger und achtziger Jahren des vergangenen Jahrhunderts wurde fast jede bekannte farbige Substanz als Färbemittel in der Mikroskopie erprobt, und die Entwicklung der synthetischen Farben erweiterte die begrenzte Palette der verfügbaren Pflanzenextrakte erheblich.

Gegen Ende des 19. Jahrhunderts hatten die Mikroskopiker erkannt, daß in fast jeder Zelle ein Kern zu finden ist, der sich dunkel anfärben läßt und der erhalten bleibt, wenn sich die Zelle teilt. Sie hatten bandartige Chromosomen im Kerninneren gesehen und um 1900 den Vorgang der Befruchtung direkt beobachtet. Erst mit diesen Beobachtungen der grundlegenden Eigenschaften einer Zelle wurde klar, wie der männliche und der weibliche Elternteil gleichermaßen zur Entstehung der Nachkommen beitragen und wie die Merkmale einer Generation systematisch an die nächste weitergegeben werden.

In neuerer Zeit hat das Aufkommen der Elektronenmikroskopie unsere Vorstellungen von der Zelle grundlegend umgestaltet; im Zellinneren wurden komplizierte Strukturen entdeckt, die für viele der spezialisierten Funktionen einer Zelle verantwortlich sind. Wir wissen beispielsweise erst seit der Transmissionselektronenmikroskopie von Muskelzellen in den fünfziger Jahren, wie Muskelkontraktionen zustande kommen.

Die medizinische Mikroskopie ist jedoch vor allem eine angewandte, praktische Technik. Beispielsweise liefern bei den meisten Krebsarten Symptome und äußeres Erscheinungsbild nur unsichere diagnostische Hinweise; die Bösartigkeit eines Tumors wird immer durch eine mikroskopische Untersuchung nachgewiesen, und Chirurgen warten mit einer Operation häufig, bis die möglicherweise abnormen Proben, die sie entnommen haben, analysiert sind. Dies sind die Arbeitsbereiche der Histologie und der Histopathologie – des Studiums gesunder und kranker Gewebe.

Die Vorbereitung eines histologischen Präparats für die lichtmikroskopische Analyse beginnt mit der Entnahme einer jeweils repräsentativen Gewebeprobe und ihrer Fixierung (häufig in Formalin), die dazu dient, Fäulnis- und Abbauprozesse zu verhindern. Anschließend wird die Probe in zunehmend höhere Konzentrationen von Alkohol überführt, um ihr sämtliches Wasser zu entziehen. Ist eine vollständige Entwässerung erreicht, entfernt man den Alkohol durch ein Tauchbad in einer organischen Lösung wie Xylol. Als nächstes muß das Gewebe in ein Medium eingebettet werden, das ihm Halt und Festigkeit bietet. In der Lichtmikroskopie tränkt man die Probe gewöhnlich mit Paraffin. Der erstarrte Gewebeblock wird dann mit Hilfe eines Mikrotoms geschnitten. Dieses Gerät schabt nacheinander Schnitte mit einer Dicke von jeweils vier bis fünf Mikrometern ab, die in Wasser überführt werden und darin ein Band von Präparaten bilden. Schließlich bringt man die Schnitte auf einen gläsernen Objektträger, wo sie nun bereit zum Trocknen und Färben sind.

Die Verwendung von Farbstoffen ist in der Histologie von entscheidender Bedeutung: Die Weiterentwicklung der Färbemethoden hat die Geschichte dieser Wissenschaft ebenso geprägt wie die Verbesserung der Mikroskope. Hämatoxylin und Eosin sind zwei Standardfarbstoffe, mit denen fast alle Präparate zuerst einmal behandelt werden. Sie färben Zellkerne blau und das Cytoplasma in Rot- oder Rosatönen. Um bestimmte Strukturen hervorzuheben, kann anschließend eine ganze Batterie weiterer Farbstoffe eingesetzt werden.

Angesichts der ungeheuren Vielfalt von Geweben im Körper und der Bandbreite mikroskopischer Techniken, die für ihre Untersuchung zur Verfügung stehen, können die Bilder in diesem Kapitel keinen umfassenden Überblick bieten. Und obwohl die Mikroskopie gerade in der Pathologie unersetzlich ist, zeigen die Abbildungen auf den folgenden Seiten überwiegend den gesunden Körper. Die Präparate stammen meistens vom Menschen. Nur wo Struktur und Funktion im wesentlichen identisch sind, wurden auch Bilder tierischer Gewebe – gewöhnlich von Säugetieren – hinzugenommen.

2.1 Diese lichtmikroskopische Aufnahme zeigt einen hauchdünnen Schnitt durch eine der Falten in der Wand des Jejunums – des zweiten Dünndarmabschnitts. Der erfaßte Bereich mißt quer etwa einen halben Millimeter. Der Darm ist an dieser Stelle tief gefaltet und mit vielen tausend fingerartigen Ausstülpungen, sogenannten Zotten oder Villi, ausgekleidet. Sie ragen in das Innere der Darmröhre, in der die Nahrung entlangwandert. Im Bild sind ungefähr 20 Villi zu sehen. Alle diese Ausstülpungen haben in Wirklichkeit in etwa die gleiche Länge, doch der ungewöhnliche Schnittwinkel des Präparats läßt sie unterschiedlich lang aussehen. Jede Zotte setzt sich aus einer rosa gefärbten Schleimhaut und einem zentralen Teil mit Blutkapillaren und kleinen Lymphgefäßen zusammen. Die Schleimhaut (Mucosa) besteht hauptsächlich aus großen zylindrischen Zellen, die man Enterocyten nennt. Man kann diese Epithelzellen, die in einer einschichtigen Lage die Oberfläche jedes Villus bilden, gerade noch erkennen. Das bei der Präparation verwendete Färbemittel läßt den Zellkern am Grund jeder Zelle dunkelrot erscheinen. Enterocyten sind an der Aufspaltung der Nahrung beteiligt, doch ihre Hauptaufgabe besteht in der Resorption von Nahrungsstoffen. Verstreut zwischen den Enterocyten liegen blaßblau gefärbte Becherzellen. Sie sondern die Schleimschicht ab, die den Darm vor Selbstverdauung schützt. Die von den Enterocyten resorbierten Nahrungsstoffe wandern in das reich verzweigte Netzwerk von Kapillaren und Lymphgefäßen im Zentrum jeder Zotte. An der Basis der Zotten erstreckt sich die Muscularis mucosae, die blau angefärbte glatte Muskelzellen enthält. [LM, Trichromfärbung, ×430]

2.1

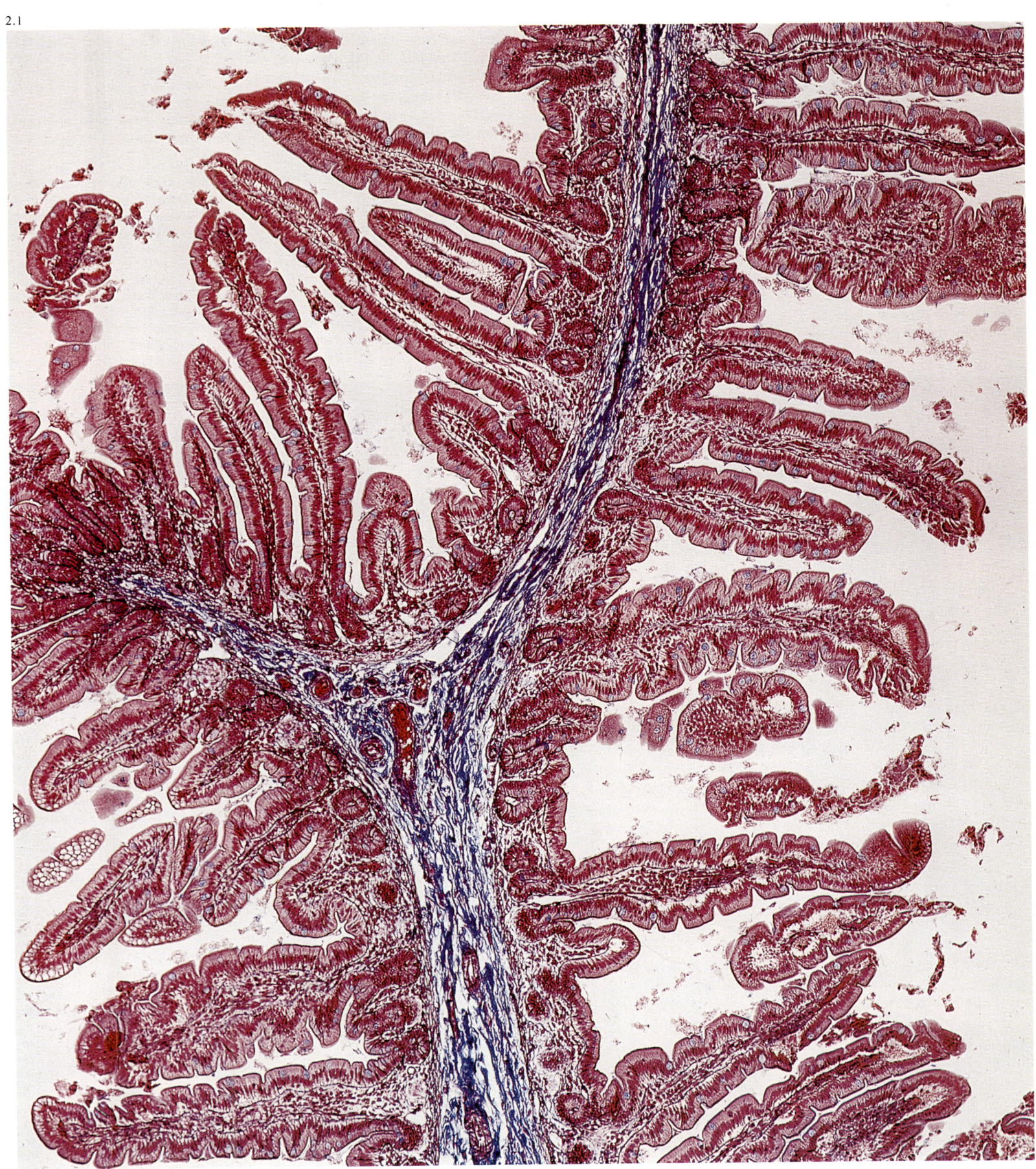

Fortpflanzung

Bei der geschlechtlichen Vermehrung verschmelzen zwei spezialisierte Zellen, die zusammen den genetischen Bauplan für die Entwicklung eines einzigartigen Individuums bereitstellen. Die Vereinigung der männlichen und weiblichen Geschlechtszellen, der *Gameten*, ist ein komplizierter Vorgang, dem jahrelange Vorbereitungen vorausgehen. Die Photographien auf den folgenden vier Seiten zeigen drei entscheidende Abschnitte dieses Prozesses: die Entwicklung der Samenzellen, die Entwicklung der Eizellen und den Augenblick der Befruchtung. Die Spermienerzeugung in den Samenkanälchen des Hodens ist ein längerer, aber kontinuierlicher und unbegrenzter Prozeß. Bei jeder Ejakulation werden etwa 500 Millionen Spermien ausgestoßen. Im Gegensatz dazu sind die wenigen hunderttausend Eizellen oder Oocyten einer Frau schon von Geburt an in ihren beiden Eierstöcken angelegt. Wegen ihrer relativen Knappheit werden sie viel weniger verschwenderisch eingesetzt: Pro Menstruationszyklus steht nur eine Eizelle zur Verfügung. Und um das Beste aus dem beschränkten Angebot zu machen, wird die langsame, zweiwöchige Reifung der betreffenden Eizelle, ihre Entlassung in den Eileiter (Ovulation) und ihre Aufnahme in die Gebärmutter (falls eine Befruchtung stattfand) von einem hormonellen Zusammenspiel mit feinster zeitlicher Abstimmung begleitet.

2.2 Spermien entstehen in den Hunderten von gewundenen Samenkanälchen, die eng in jeden Hoden gepackt sind. Diese rasterelektronenmikroskopische Aufnahme zeigt einen Querschnitt durch ein einzelnes Kanälchen. Zu seinem kreisförmigen Rand hin liegen relativ große, runde und undifferenzierte Zellen, die sogenannten *Spermatogonien*. Manche dieser Zellen entwickeln sich in einem Zeitraum von rund zwei Monaten zu fertigen Spermien mit langen Schwanzstücken, die hier als Fadengewirr in der Mitte des Kanälchens zu sehen sind. Dieser Prozeß schließt eine Phase der doppelten Zellteilung (Meiose) ein, die die Anzahl der Chromosomen in jeder Samenzelle gegenüber der in anderen Körperzellen auf die Hälfte reduziert. Andere Spermatogonien teilen sich auf normale Weise (Mitose) und erhalten so die Population potentieller Geschlechtszellen in dem Kanälchen aufrecht. [REM, ×720]

2. DER MENSCHLICHE KÖRPER

2.3 Der äußere Teil des Eierstocks – die Rindenschicht – enthält Säckchen (*Follikel*) mit Eizellen in unterschiedlichen Reifestadien, angefangen von ganz rudimentären Oocyten bis hin zu der einen reifen Eizelle, die bei der Ovulation entlassen wird. In dieser rasterelektronenmikroskopischen Aufnahme sieht man durch Bindegewebe voneinander getrennte Follikel in einem menschlichen Eierstock. Jeden Monat treten etwa 20 primitive Follikel samt den darin enthaltenen Eizellen in den Prozeß der Reifung ein. Doch nur ein Follikel entwickelt sich bis zu dem Punkt, an dem eine reife Eizelle ausgestoßen wird. Die übrigen werden abgebaut. [REM, ×1615]

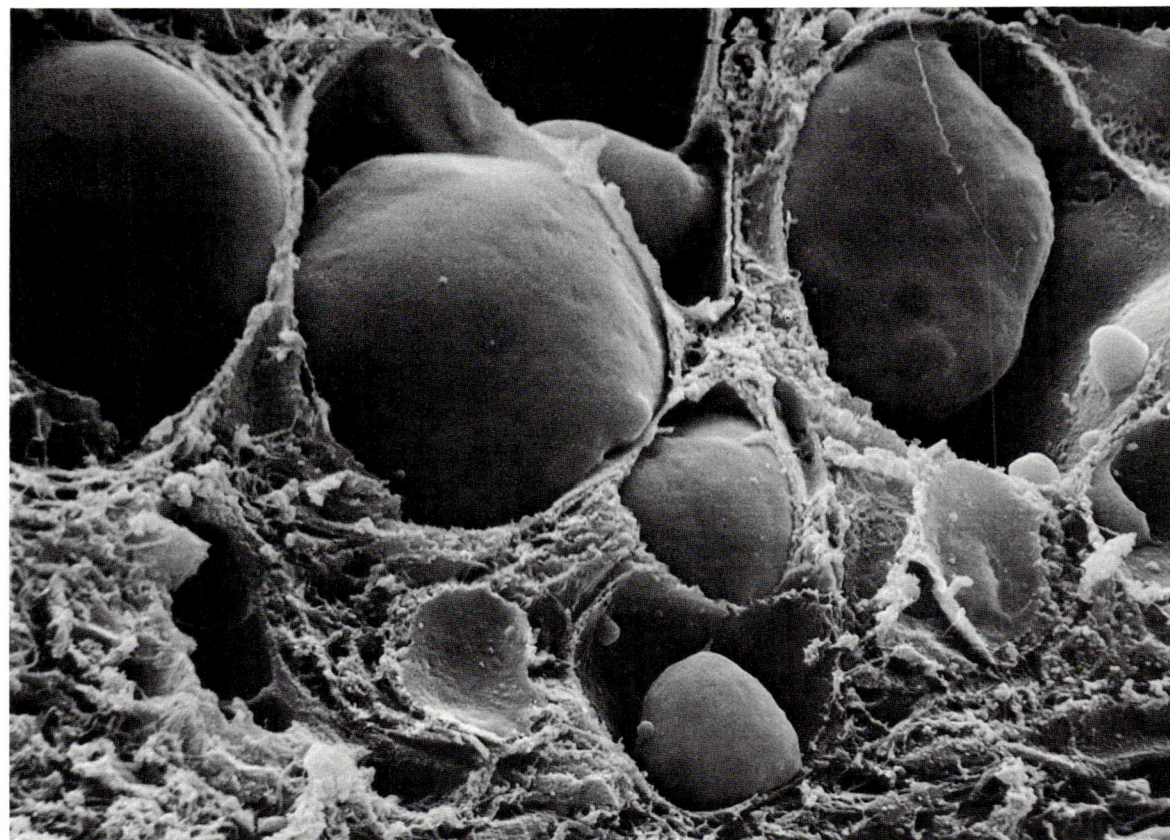
2.3

2.4 Diese lichtmikroskopische Aufnahme zeigt einen Querschnitt durch einen einzelnen Follikel in der Rindenschicht des Eierstocks. Die kleine, vollkommen runde Oocyte in der Mitte hat ihre endgültige Größe erreicht, aber ihre Reifung noch nicht vollständig abgeschlossen. Sie ist von einem feinen blauen Ring, der *Zona pellucida*, umgeben. Darauf folgt eine mehrschichtige Lage von Granulosazellen – in diesem Stadium sind es etwa zehn bis zwölf Schichten –, in der man unregelmäßig geformte, mit Follikelflüssigkeit gefüllte Säckchen sieht. Sie werden sich bald zu einer einzigen großen Kammer, der *Follikelhöhle* (*Cavum folliculi*), zusammenschließen. Längliche Bindegewebszellen bilden einen Hof um den Follikel. Die Follikelzellen haben bereits begonnen, das Hormon Östrogen auszuschütten, das eine Verdickung der Gebärmutterauskleidung bewirkt und diese für die Aufnahme einer befruchteten Eizelle (beziehungsweise des daraus hervorgehenden mehrzelligen Keims) vorbereitet. Zum Zeitpunkt des Eisprungs platzt der reife Follikel; die Eizelle wird ausgestoßen und sofort von fingerartigen Fortsätzen umhüllt, die sie in den Eileiter lenken, wo sie in Erwartung von Samenzellen einige Tage bleibt. Der vom geplatzten Follikel gebildete Krater hat weiterhin eine Aufgabe. Seine Zellen bilden sich vorübergehend zu einer endokrinen Drüse, dem *Gelbkörper*, um und schütten das Hormon Progesteron aus, das die Gebärmutter weiter auf die Einnistung des Keims vorbereitet. [LM, ×110]

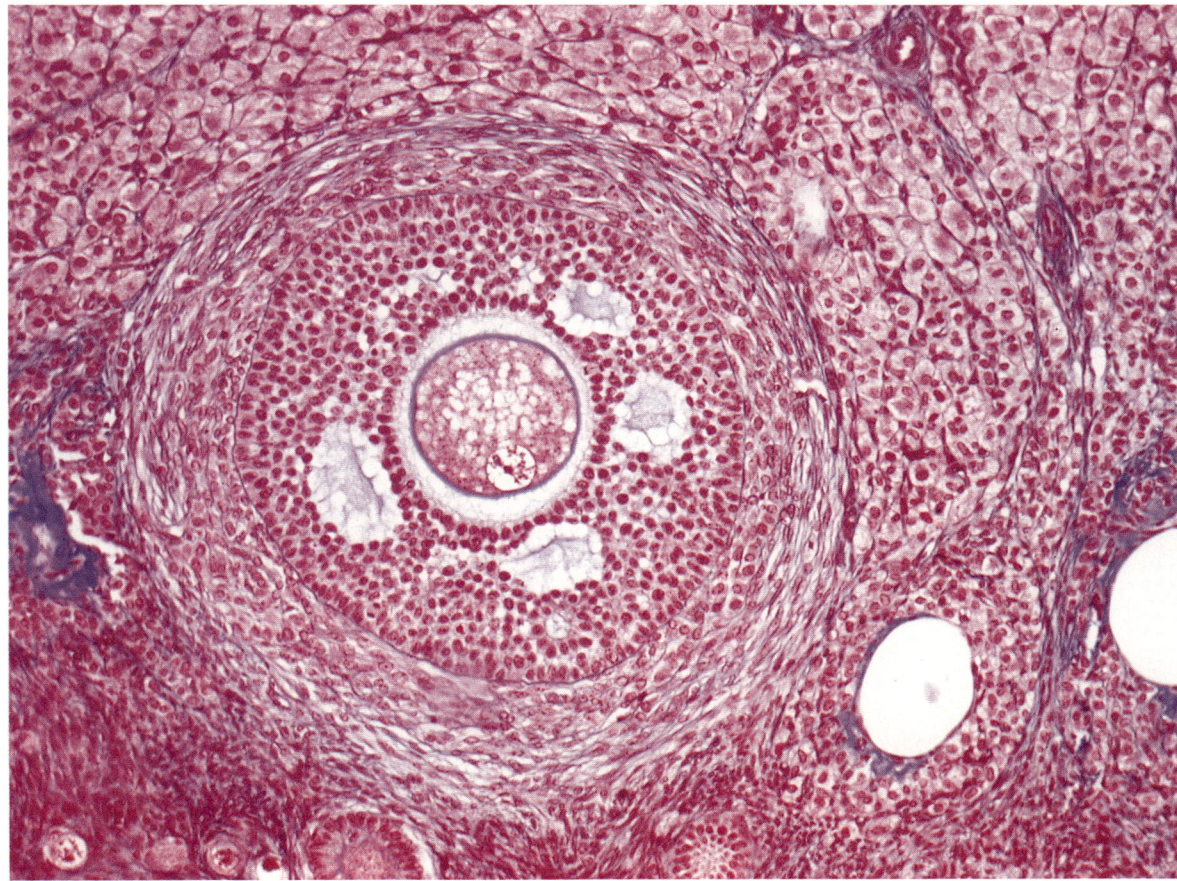
2.4

15

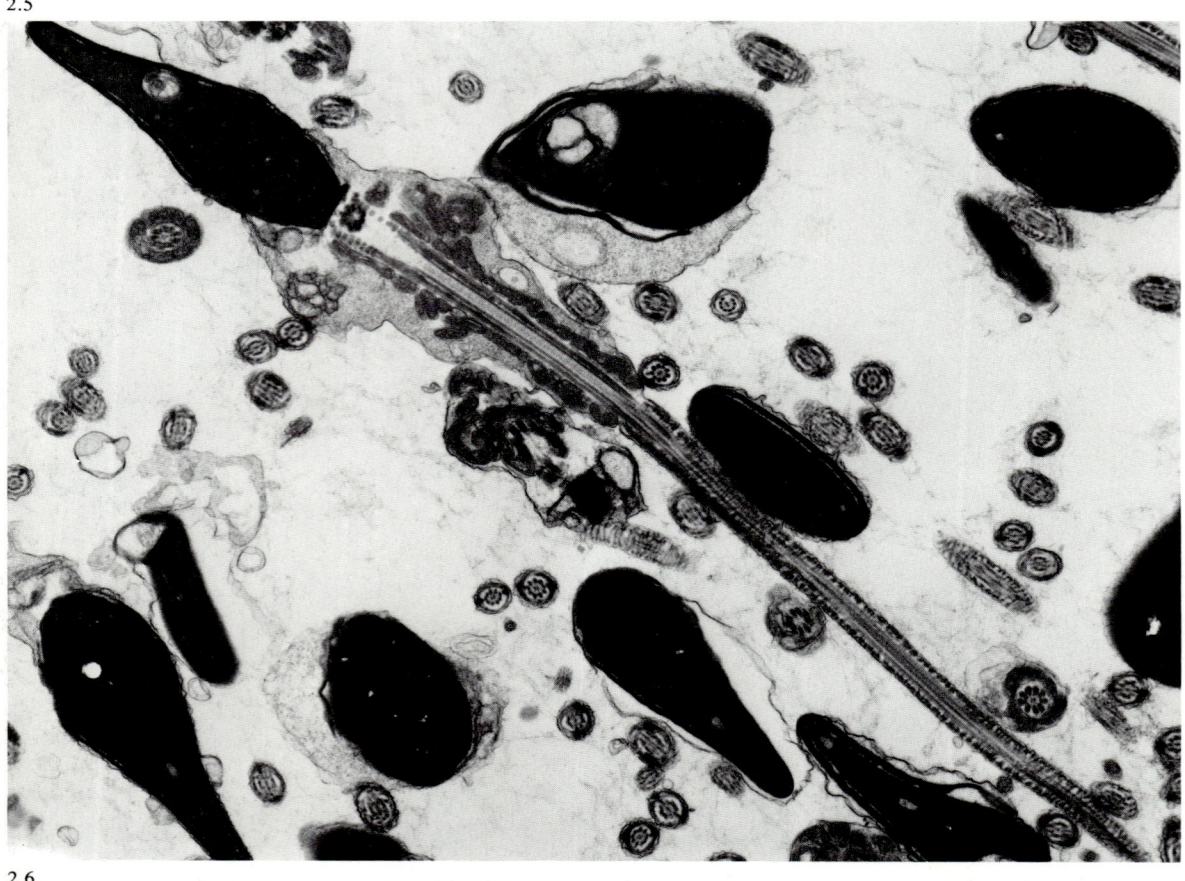

2.5 Die bei der Herstellung dieses Dünnschnitts menschlicher Samenzellen verwendete Kontrastierungstechnik läßt die Spermienköpfe schwarz erscheinen. Von links oben nach rechts unten zieht sich ein vollständiger Samenfaden samt Schwanz durch das Bild. Er ist etwa 65 Mikrometer lang. Der wie eine Pfeilspitze geformte Zellkern enthält die 23 Chromosomen der männlichen Geschlechtszelle und in seiner Kopfkappe Enzyme, die das Eindringen in die Eizelle erleichtern. Das durchsichtige Material um den „Hals" des Samenfadens besteht aus Resten vom Cytoplasma der Spermatogonie, aus der sich die Samenzelle entwickelte. Dann folgt das *Flagellum*, der peitschenartige Schwanz, der den Samen vorwärtstreiben kann. Im Zentrum des Schwanzstücks verlaufen über seine ganze Länge neun kräftige Fibrillen, die zur Verstärkung noch von einer faserigen Hülle umgeben sind. Im kopfseitigen ersten Drittel des Flagellums sieht man eng an die Schwanzachse angelagerte Mitochondrien — Zellbestandteile, die die Energie für den Antrieb des Spermiums erzeugen. [TEM, Negativkontrastierung, ×1300]

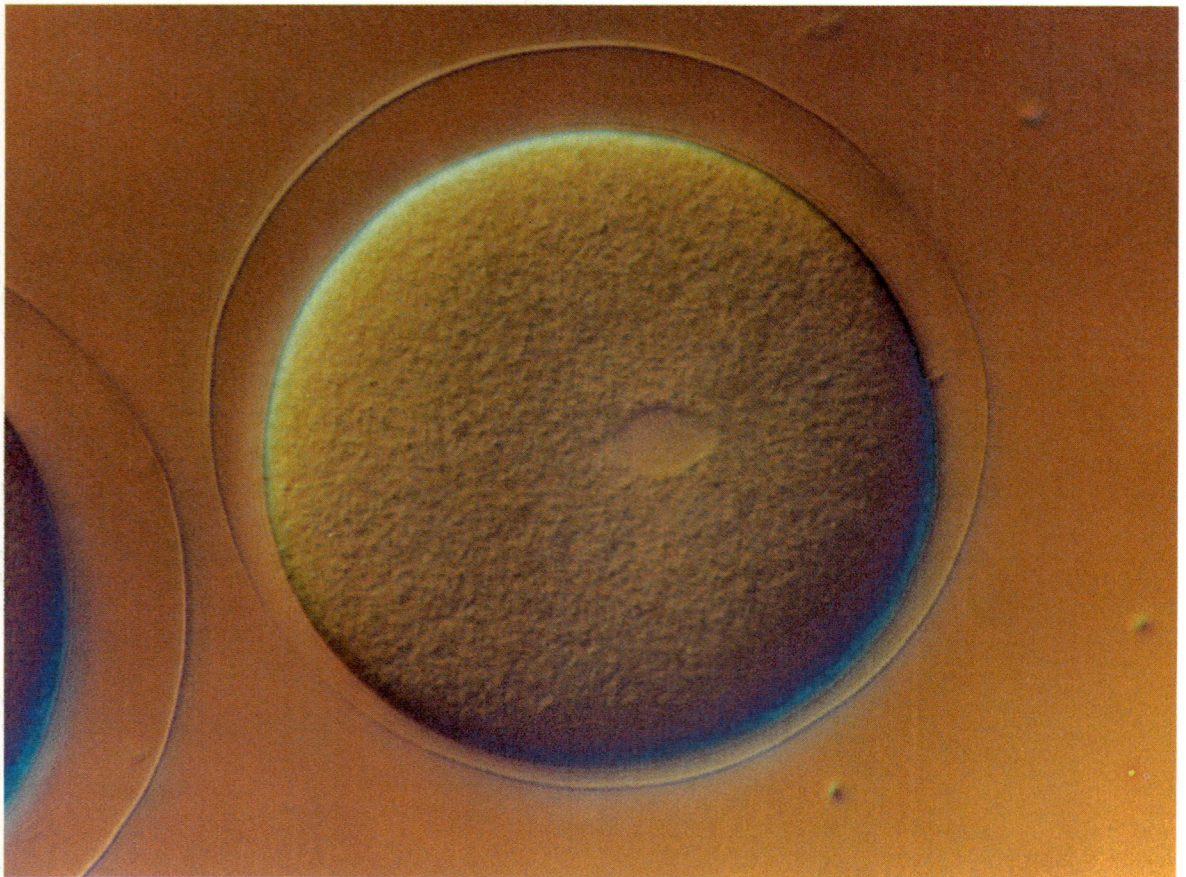

2.6 Weil Seeigeleier im Wasser befruchtet werden und dieser Vorgang sich deshalb leicht unter dem Mikroskop beobachten läßt, wurde der Seeigel zu einem klassischen Forschungsobjekt. Trotz des weiten evolutionären Abstands ist der Befruchtungsvorgang bei Mensch und Seeigel sowohl in biologischer Hinsicht als auch im Aussehen sehr ähnlich. Dieses lichtmikroskopische Bild zeigt ein Seeigelei, dessen Zellmembran sechs Minuten vor der Aufnahme von einer Samenzelle durchdrungen wurde. Den Eintrittsort kann man gerade über dem Drei-Uhr-Punkt erkennen. Früher hielt man die Samenzelle für den allein aktiven Teil, der durch das Cytoplasma der Eizelle wandert, um mit ihrem im Zentrum liegenden Zellkern zu verschmelzen. Dieses Bild zeigt aber, wie sich der normalerweise kreisrunde Zellkern bei der Bewegung auf die Samenzelle zu länglich verformt hat. [LM, DIK, Vergrößerung unbekannt]

2. DER MENSCHLICHE KÖRPER

2.7 Eine menschliche Eizelle (blaßrosa) ist fast begraben unter Samenzellen, die darum kämpfen, als erste und einzige in sie einzudringen. Sobald ein Spermium Erfolg hat, bewirkt eine rasche chemische Veränderung, daß sich die äußere Membran der Eizelle verdickt und so das Eindringen weiterer Spermien verhindert. Man sieht in dieser rasterelektronenmikroskopischen Aufnahme deutlich die kaulquappenartige Form der Samenzellen, ebenso den enormen Größenunterschied zwischen männlichen und weiblichen Gameten: Mit ihrem Durchmesser von rund einem zehntel Millimeter – für das bloße Auge ein gerade erkennbares Pünktchen – ist eine Eizelle 200mal größer als eine Samenzelle. Eineiige Zwillinge entstehen durch die Teilung einer einzelnen befruchteten Eizelle, zweieiige dagegen aus zwei verschiedenen Eizellen, die zur gleichen Zeit befruchtet wurden. Zwillingsbildung hat also nichts mit dem Eindringen von mehr als einer Samenzelle in dieselbe Eizelle zu tun. [REM, Falschfarben, ×2650]

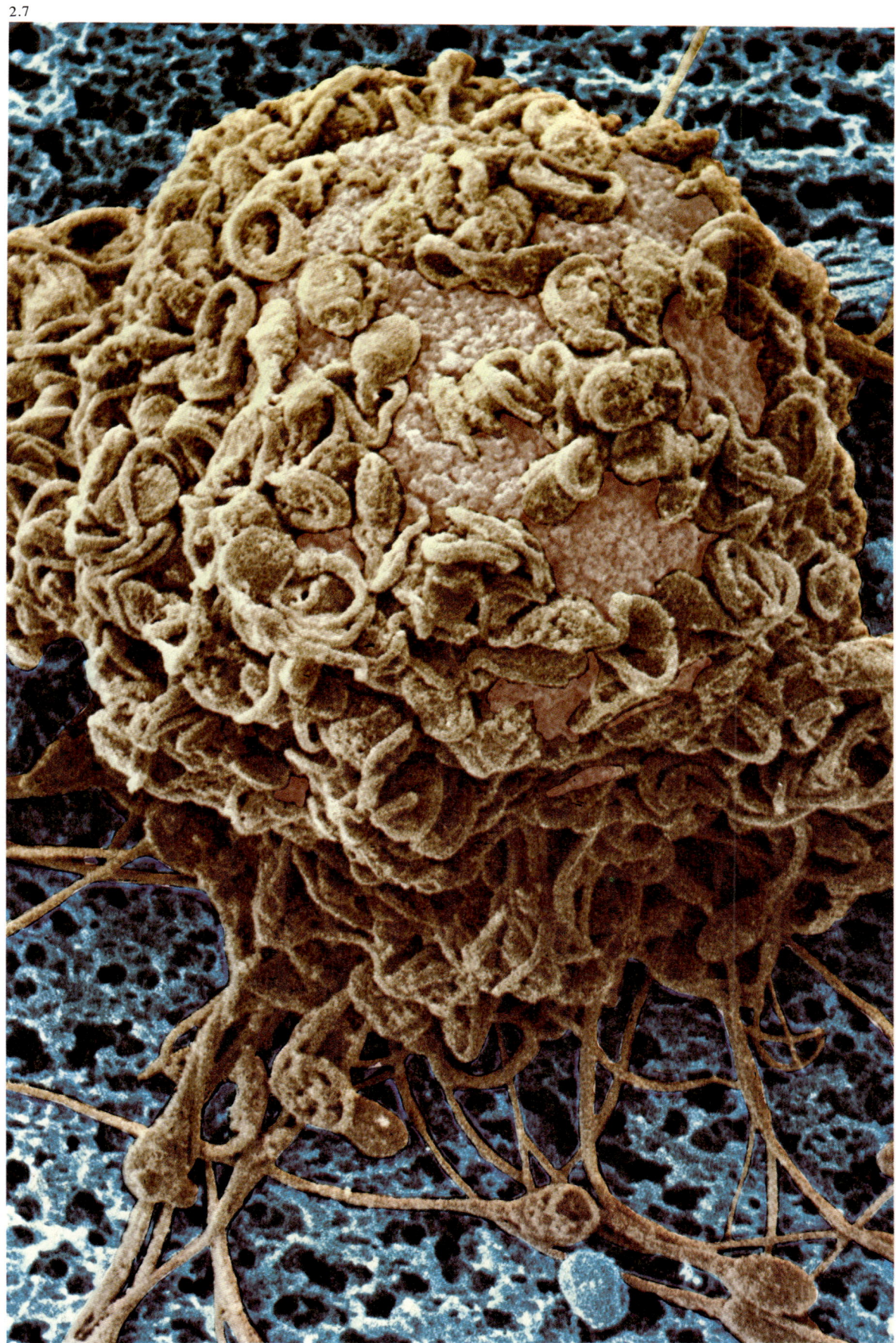

2.7

2.8

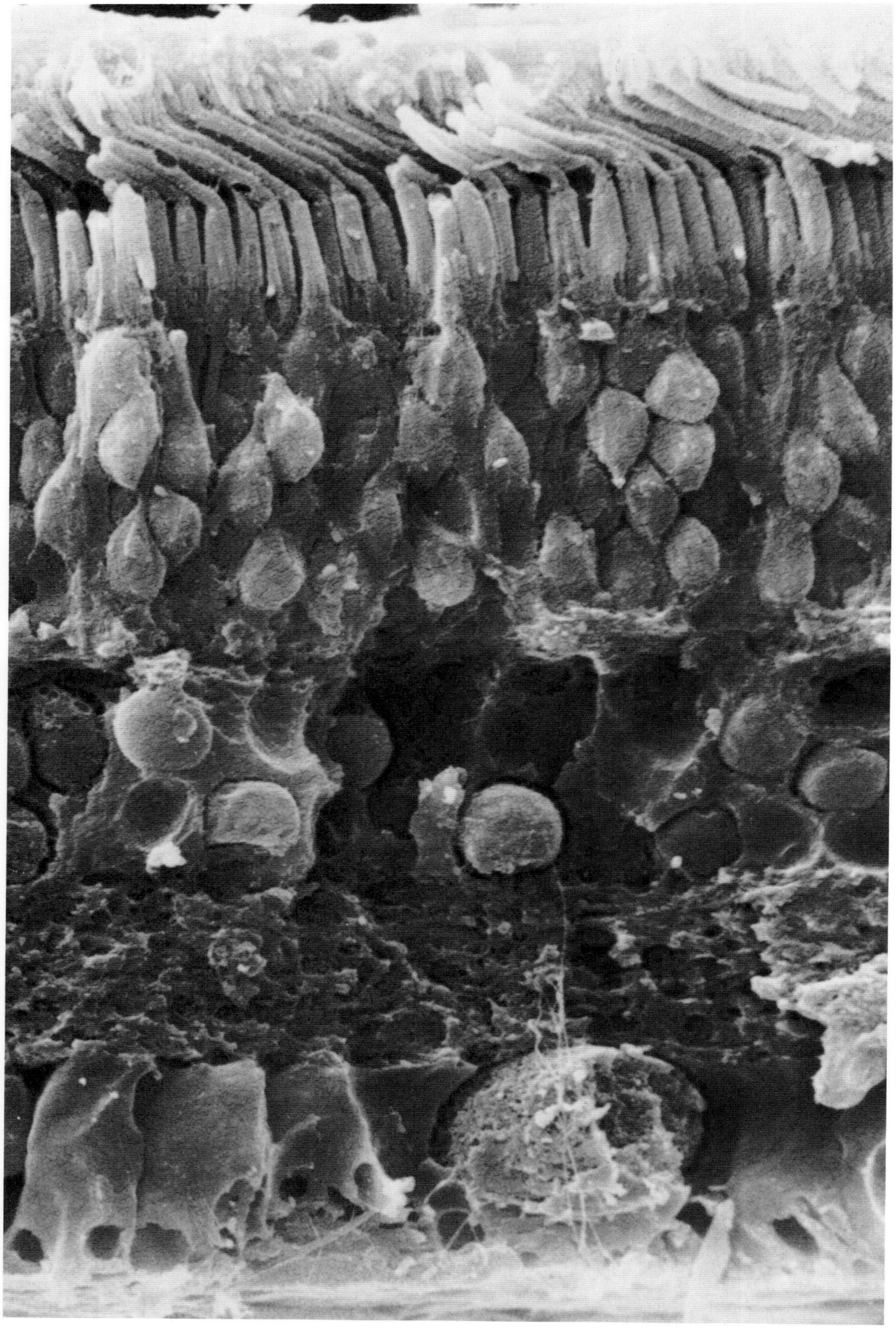

Sehen

Um die Welt wahrnehmen zu können, brauchen wir Sinneszellen, die auf Veränderungen in der Umgebung reagieren, eine Möglichkeit, diese Rohinformation zum Gehirn weiterzuleiten, und Prozesse, die analysieren und mit Bedeutung versehen, was sonst nur ein wirres Durcheinander für uns wäre. Wenn auch am Wahrnehmungsvorgang beileibe nicht nur die Sinnesorgane beteiligt sind, so besitzen sie doch grundlegende Bedeutung, und beim Menschen sind die wichtigsten von allen die Augen.

Licht tritt durch die Pupille, deren Öffnungsgrad zwischen der Größe einer Nadelspitze und der einer Erbse variiert, in das Auge ein. Von der Linse wird es dann gebündelt und auf die Netzhaut an der Rückseite des Augapfels gerichtet, wo es das Pigment spezieller Detektorzellen (der *Stäbchen* und *Zapfen*) „bleicht". Diese chemische Veränderung erzeugt elektrische Potentiale, die zum Gehirn geleitet werden. Die drei mit einem Rasterelektronenmikroskop aufgenommenen Photographien auf dieser Doppelseite zeigen Strukturen, die zum optischen System des Auges gehören, und einige der Nervenzellen, die für die visuelle Empfindung verantwortlich sind.

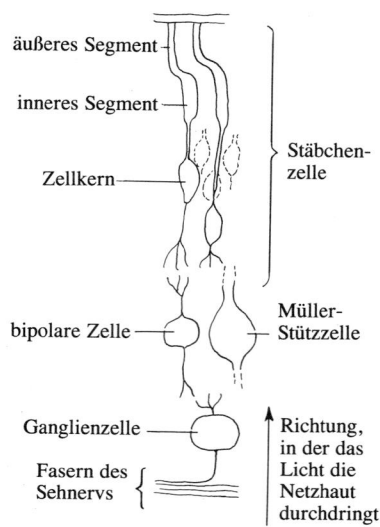

2. DER MENSCHLICHE KÖRPER

2.8 Diese Mikrophotographie und die zugehörige Schemazeichnung zeigen einen Querschnitt durch die komplexe Zellschichtung in der Netzhaut eines Säugetierauges. Die Vorderseite der Netzhaut liegt am unteren Bildrand; Licht tritt hier also von unten ein und trifft die stäbchenförmigen Photorezeptoren (die regelmäßige Zellreihe oben im Bild) erst, nachdem es mehrere Lagen von Zellen durchdrungen hat. Die äußeren Segmente der Stäbchenzellen enthalten ein lichtempfindliches Pigment, dessen Bleichung die elektrische Aktivität der Zelle verändert. Die entsprechenden Signale gelangen über verzweigte Nervenendigungen zu den bipolaren Zellen, welche die Information dann an die nachgeschalteten Ganglienzellen weitergeben; diese bilden schließlich die Fasern des Sehnervs. Große, unregelmäßig geformte Müller-Stützzellen erstrecken sich durch die gesamte Netzhaut und liefern Halt und Nahrung. [REM, ×4350]

2.9 Das tief gefaltete Gewebe, das den Hauptteil dieses schwach vergrößerten Bilds einnimmt, wird Ciliarkörper genannt. Normalerweise umgibt diese Struktur die Linse des Auges und reguliert deren Form: Zur scharfen Abbildung von entfernten Objekten auf der Netzhaut muß die Linse abgeflacht, zur Einstellung auf nahe Gegenstände stärker gewölbt werden. In dieser Aufnahme mit Blick von der Rückseite des Auges ist die Linse entfernt. Deshalb kann man bis zu den weniger gefalteten Muskeln der Regenbogenhaut (Iris) sehen, die den Öffnungsgrad der Pupille (des schwarzen Bereichs rechts unten) bestimmen und damit die Lichtmenge steuern, die auf die Netzhaut trifft. [REM, ×15]

2.10 Die vier Millimeter dicke Linse des Auges ist so bemerkenswert lichtdurchlässig, weil ihre Zellen keine Zellkerne besitzen und mit kristallartiger Präzision angeordnet sind. Die nach dem Reißverschlußprinzip ineinandergreifenden Kugelgelenkverbindungen, die lange Zellreihen zusammenschließen, mögen dabei ebenfalls eine Rolle spielen. Im Querschnitt erscheinen die Zellen der Linse als abgeflachte Sechsecke, die in regelmäßigen Stapeln angeordnet sind. Ihre Länge (zehn Millimeter) übersteigt ihre Dicke (fünf Mikrometer) etwa um das 2000fache. Es überrascht deshalb nicht, daß man sie gewöhnlich als Fasern betrachtet. [REM, ×6240]

2.9

2.10
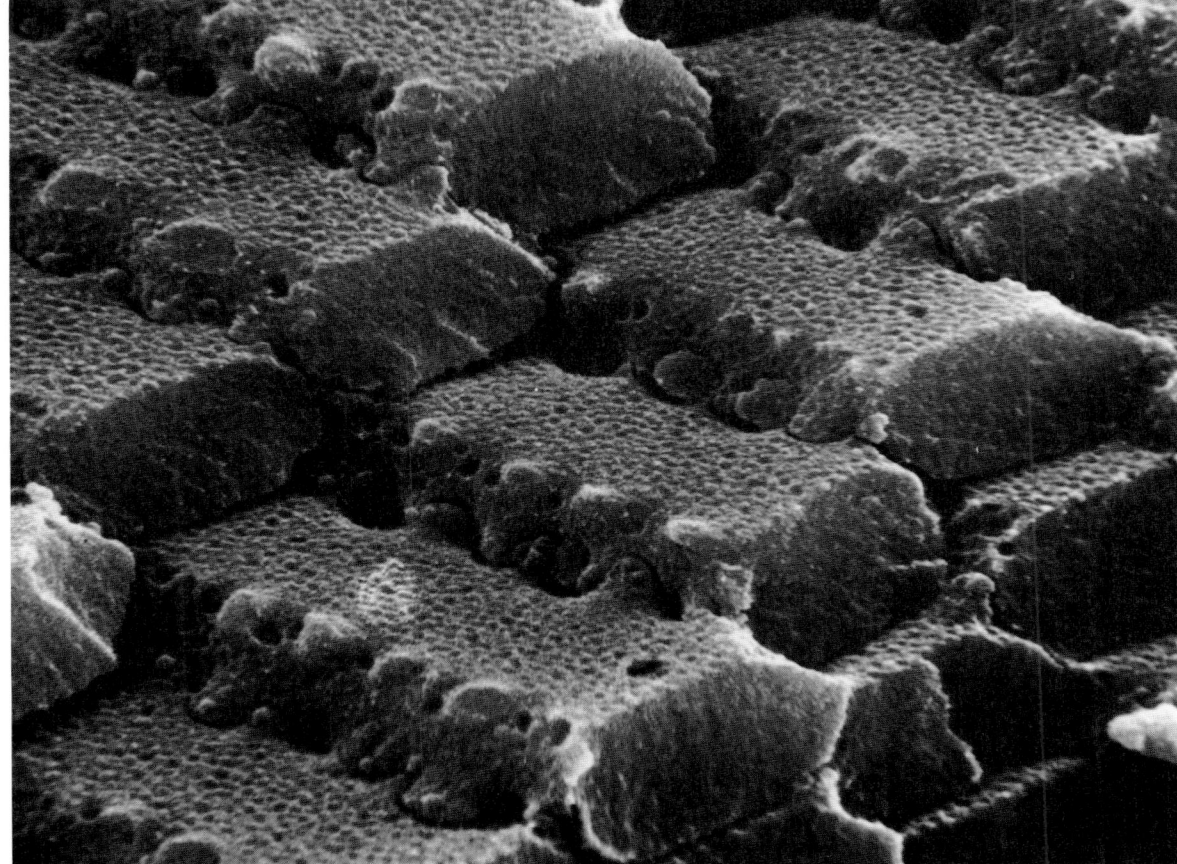

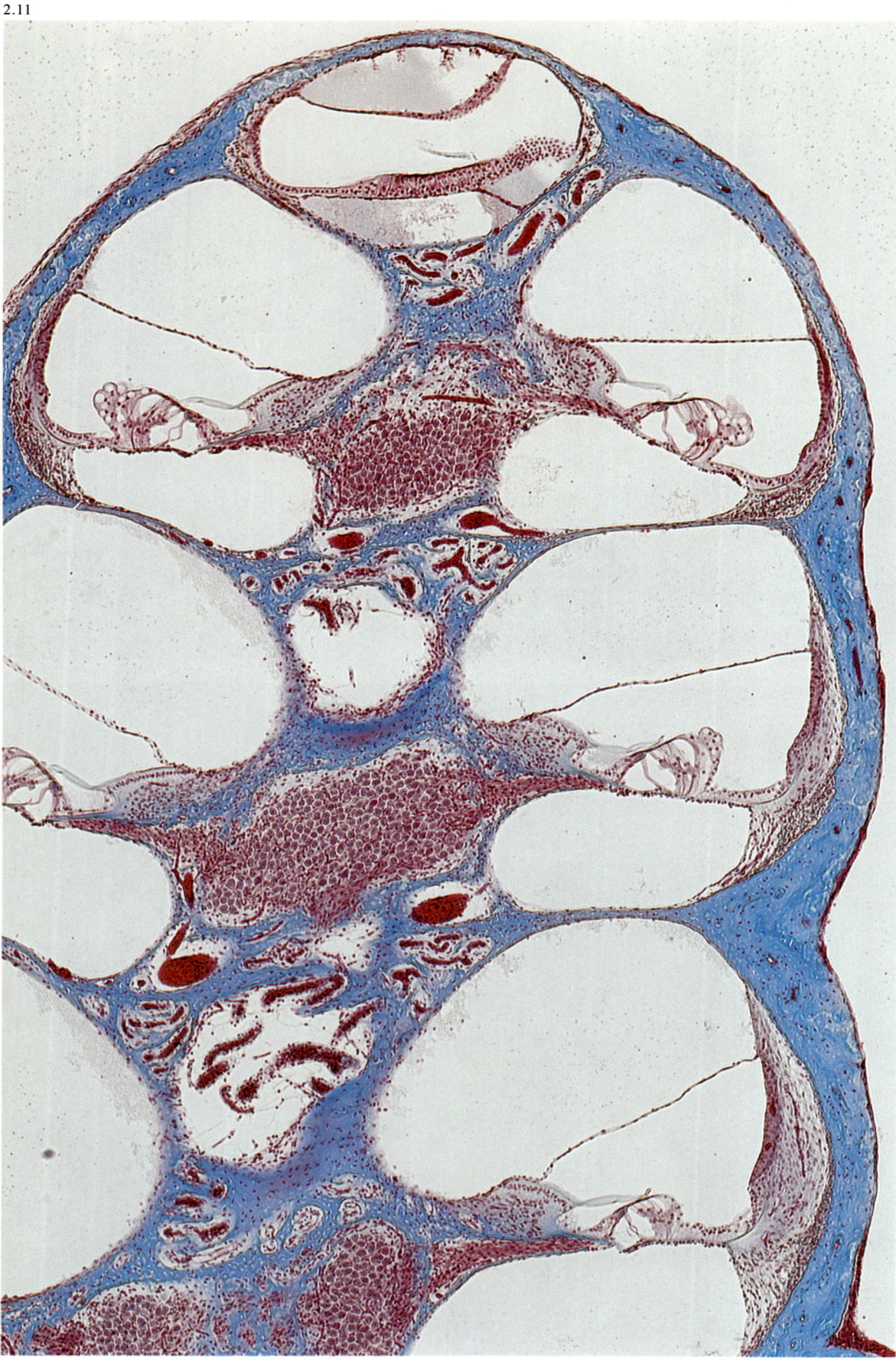

2.11

Hören

Unser Hörorgan — die *Cochlea* oder Schnecke — ist wie ein Schneckenhaus geformt. Es besteht aus einem spitz zulaufenden, spiralig gewundenen Hohlraum, der 3,5 Zentimeter lang und mit Flüssigkeit gefüllt ist. Zwei Membranen durchziehen die Spirale in ganzer Länge und teilen sie in drei parallele Gänge auf. Der obere und der untere Gang sind an der Spitze der Schnecke miteinander verbunden.

2.11 Diese lichtmikroskopische Aufnahme zeigt einen Schnitt durch die Windungen der Cochlea. Der umgebende Knochen erscheint blau, und die mit Flüssigkeit gefüllten Kammern der Spirale sind weiß. Deutlich kann man die beiden Membranen sehen. Die obere Membran erscheint hauchdünn, die untere — die *Basilarmembran* — ist etwas kräftiger. Die drei von ihnen gebildeten Gänge lassen sich ebenfalls gut erkennen. Auf der Basilarmembran, die den Boden des mittleren Gangs bildet, sitzt das *Cortische Organ*. Es durchzieht den mittleren Gang wie eine spiralenförmige Klaviertastatur in ganzer Länge. Hier in diesem Querschnitt taucht es als kleiner Keil in jeder Schneckenwindung auf. Das Cortische Organ ist derjenige Teil der Cochlea, der direkt auf Töne reagiert. An seiner Oberseite befindet sich ein dachartiger Vorsprung, die *Membrana tectoria*; darunter sitzen Reihen von Sinneszellen, die in der Basilarmembran wurzeln. Diese *Haarzellen* — man sieht sie auf den rasterelektronenmikroskopischen Bildern der gegenüberliegenden Seite genauer — sind letzten Endes für unsere Wahrnehmung von Tonhöhe und Lautstärke verantwortlich.

Schallwellen, die auf das Trommelfell treffen, gelangen über drei kleine Knochen, die Gehörknöchelchen, zu einer Öffnung am Beginn des oberen Gangs der Cochlea, dem sogenannten ovalen Fenster. Dort wird die Schwingung in eine Bewegung der Flüssigkeit in der Schnecke (der *Endolymphe*) übersetzt. Diese Bewegung bewirkt, daß Basilarmembran und Membrana tectoria sich heben und senken und Scherkräfte erzeugen, die wiederum die zwischen ihnen liegenden Haarzellen zu elektrischer Aktivität anregen. Fasern aus den Haarzellen, die zu Bündeln zusammengeschlossen den Hörnerv bilden, leiten die Impulse zum Gehirn. Die Lautstärke eines wahrgenommenen Tons scheint von der *Amplitude* der Basilarmembranschwingung abzuhängen. Laute Geräusche erzeugen eine starke Auslenkung und eine hohe Impulsrate bei den Haarzellen. Die Wahrnehmung der Tonhöhe ist komplizierter, scheint aber von der *Position* der am stärksten feuernden Zellen entlang der Basilarmembran abhängig zu sein. Man weiß, daß die Haarzellen in verschiedenen Bereichen der Cochlea auf unterschiedliche Frequenzen ansprechen. Hochfrequente Töne haben eine kurze Wellenlänge und erzeugen in der Flüssigkeit der Schnecke eine Bewegung, die nahe am breiten Ursprung der Cochlea ihren Gipfel erreicht und daher die Haarzellen an dieser Stelle maximal erregt. Bei tieferen Tönen dauert es länger, bis sich die maximale Wellenamplitude aufbaut; sie tritt erst in der Nähe des spitzen Endes der Schnecke auf und ruft somit die größte Stimulation bei einer anderen Population von Haarzellen hervor. Das Cortische Organ scheint am empfindlichsten auf die Frequenz menschlicher Schreie anzusprechen. [LM, Trichromfärbung, ×234]

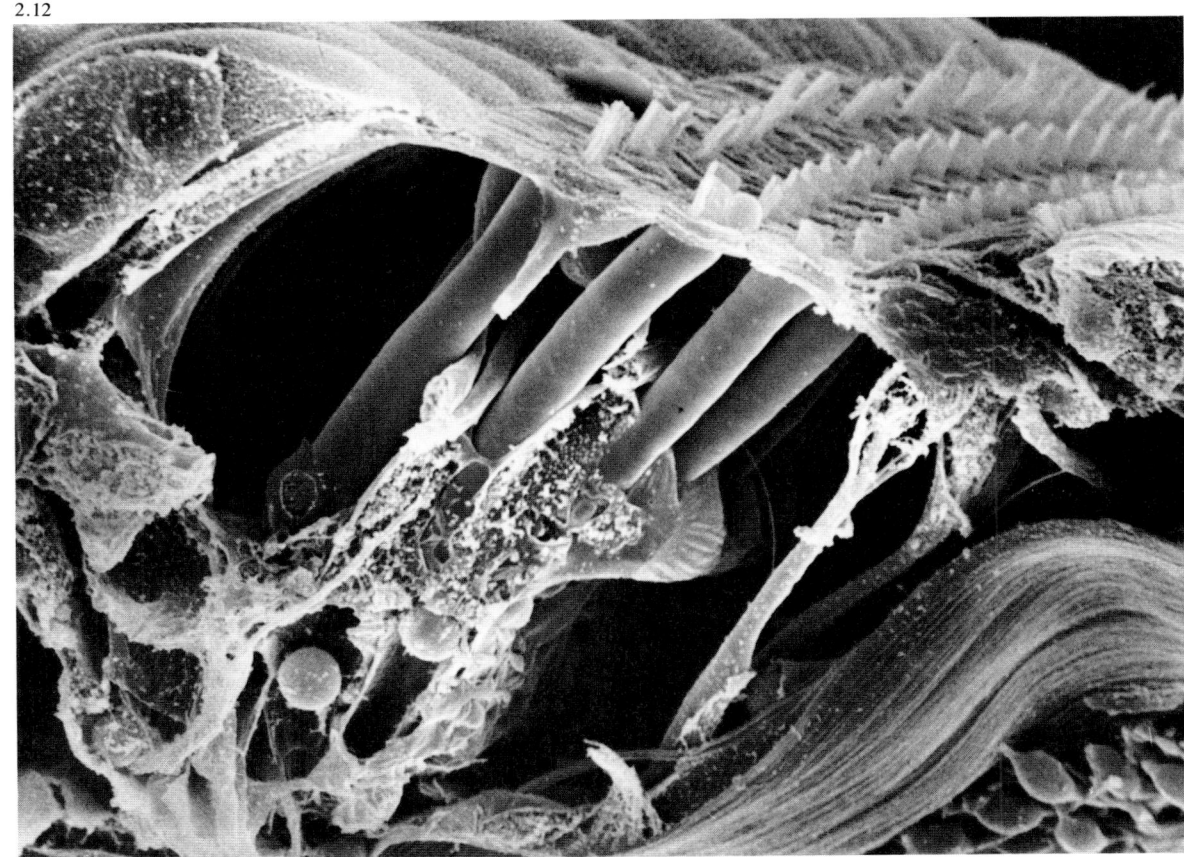

2.12

2.12 Mehr als 20 000 Haarzellen, von denen jede bis zu 100 einzelne Haare besitzt, bilden zusammen das Cortische Organ. Sie haben die Aufgabe, die mechanischen Bewegungen, die mit ihrer Auslenkung einhergehen, in elektrische Impulse zu übersetzen. Nahe am oberen Rand dieser Mikrophotographie sieht man vier Reihen von Haaren. Unter dreien liegen als kräftige Stützen die säulenartigen *Deiters-Zellen*. Die Basilarmembran hat sich während der Präparation verformt und erscheint rechts unten als wellige Fläche. Normalerweise liegt die Membrana tectoria über den Haaren und berührt die jeweils längsten. [REM, ×1970]

2.13 Bei stärkerer Vergrößerung sieht man, daß die Haarzellen mehrere schön geordnete Reihen von Haaren hervorbringen, die man auch *Stereocilien* nennt. Die Haare sind deutlich der Größe nach gruppiert. Der glatte Bereich direkt vor den kleineren Stereocilien gehört ebenfalls zur Haarzelloberfläche. [REM, ×7585]

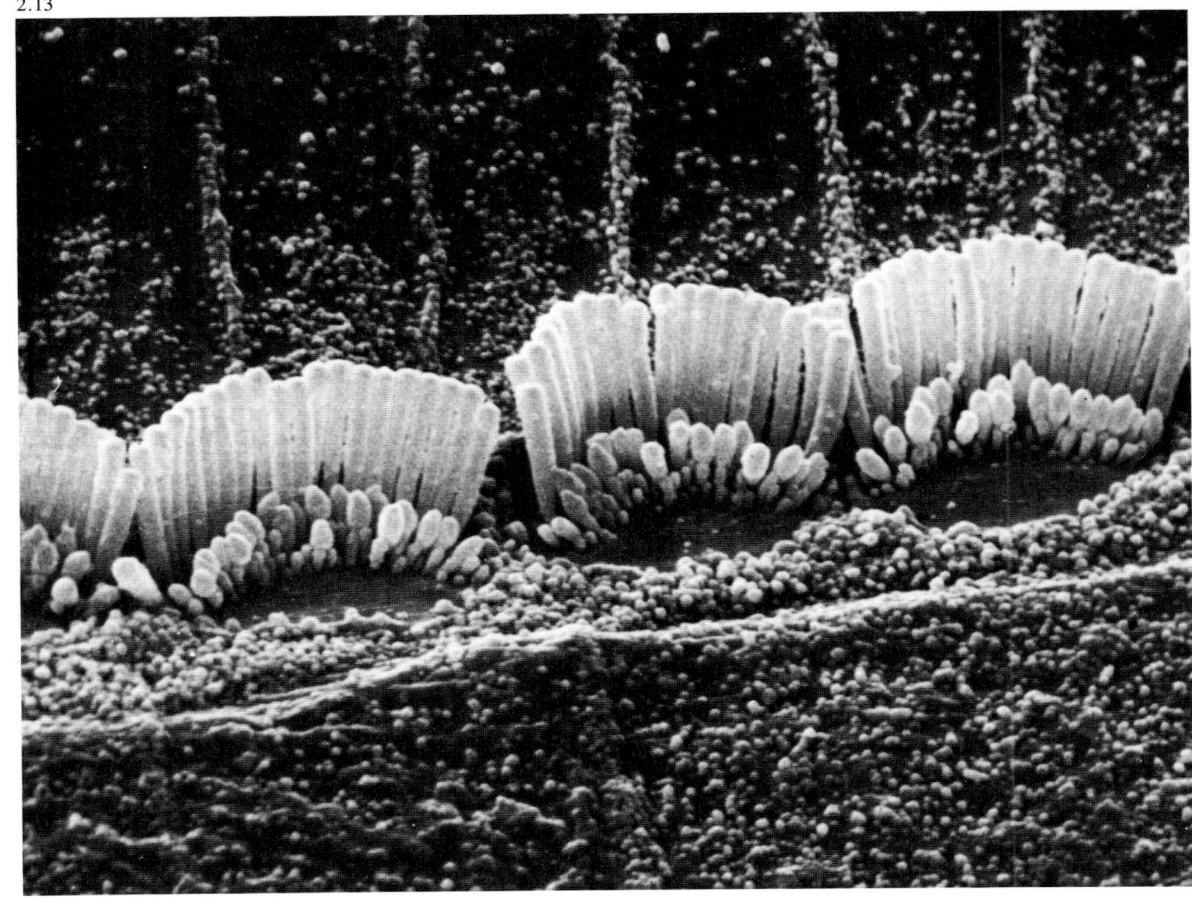

2.13

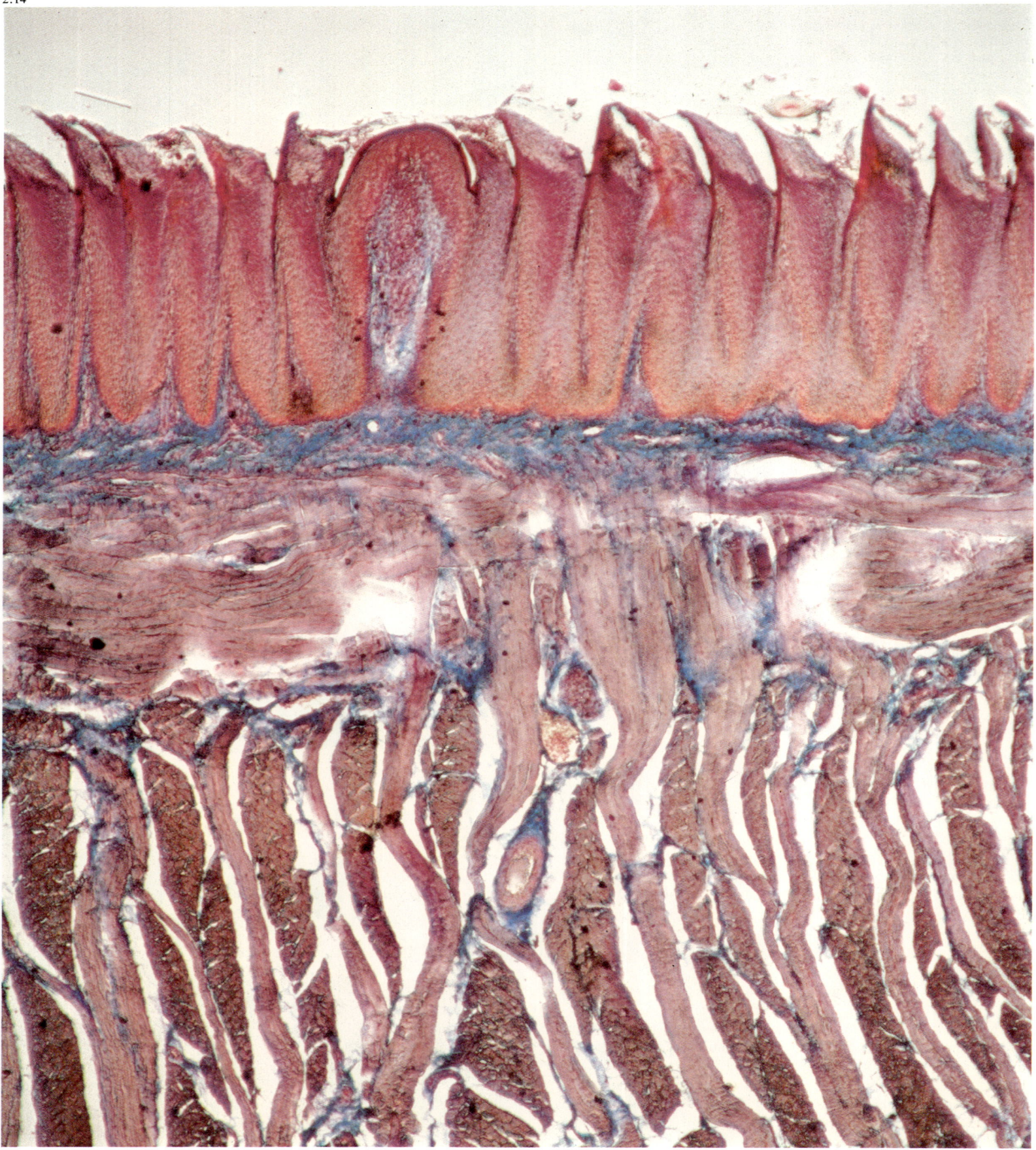

2. DER MENSCHLICHE KÖRPER

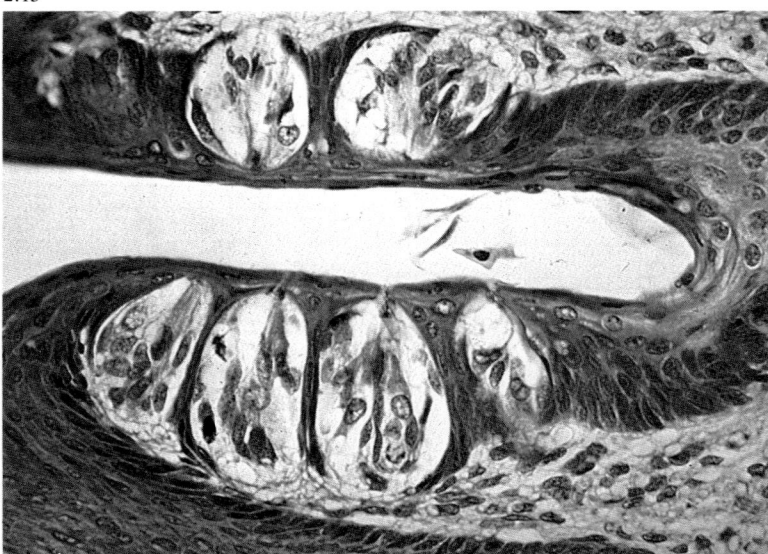

2.15

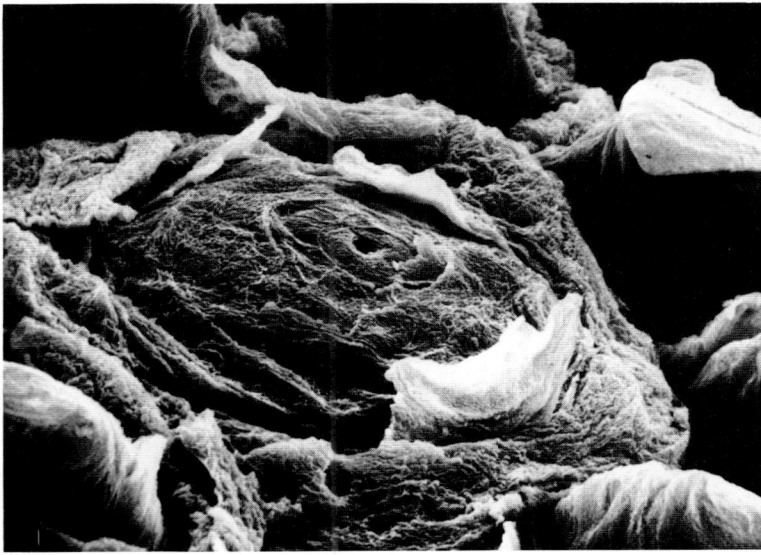

2.16

2.14 Kräftige Muskelfasern bilden die unteren zwei Drittel dieses Schnitts durch eine Kaninchenzunge. Die ausgefranste Schicht im obersten Drittel setzt sich aus vielen wie Federchen aussehenden Fadenpapillen zusammen, die rosa gefärbt sind. Die größere, zwiebelartige Struktur enthält eine Geschmacksknospe – vermutlich fein abgestimmt auf die Freuden eines Salatblatts. [LM, ×85]

2.15 Beim Menschen säumen Geschmacksknospen den tiefen Graben, der die Wallpapillen umgibt. In diesem stärker vergrößerten Schnitt durch eine menschliche Zunge sieht man sechs Geschmacksknospen, zwei oben und vier unten. Gruppen von Drüsen am Grund des Grabens (ganz rechts) scheiden eine Flüssigkeit aus, die die Nahrung auflöst und damit die Wahrnehmung ihres Geschmacks erleichtert. [LM, HE-Färbung, ×580]

2.16 Dieses mit einem Rasterelektronenmikroskop aufgenommene Bild zeigt eine einzelne Pilzpapille. Der kleine Krater in ihrer Mitte ist eine „Geschmackspore", die den Zugang zum Zentrum einer Geschmacksknospe bildet. [REM, ×1100]

2.17 Dieser Schnitt zeigt bis zu 30 spindelförmige Zellen, die sich von oben nach unten durch eine Geschmacksknospe erstrecken. Nervenverbindungen lassen vermuten, daß nur einige dieser Zellen Geschmacksrezeptoren sind; andere mögen eine unterstützende Rolle spielen. Obwohl man die vier Grundelemente des Geschmacks kennt und weiß, daß sie offenbar in verschiedenen Bereichen der Zunge lokalisiert sind, ist es bis jetzt noch nicht gelungen, unterschiedliche Typen von Geschmacksknospen zu identifizieren. [LM, HE-Färbung, ×1680]

2.17

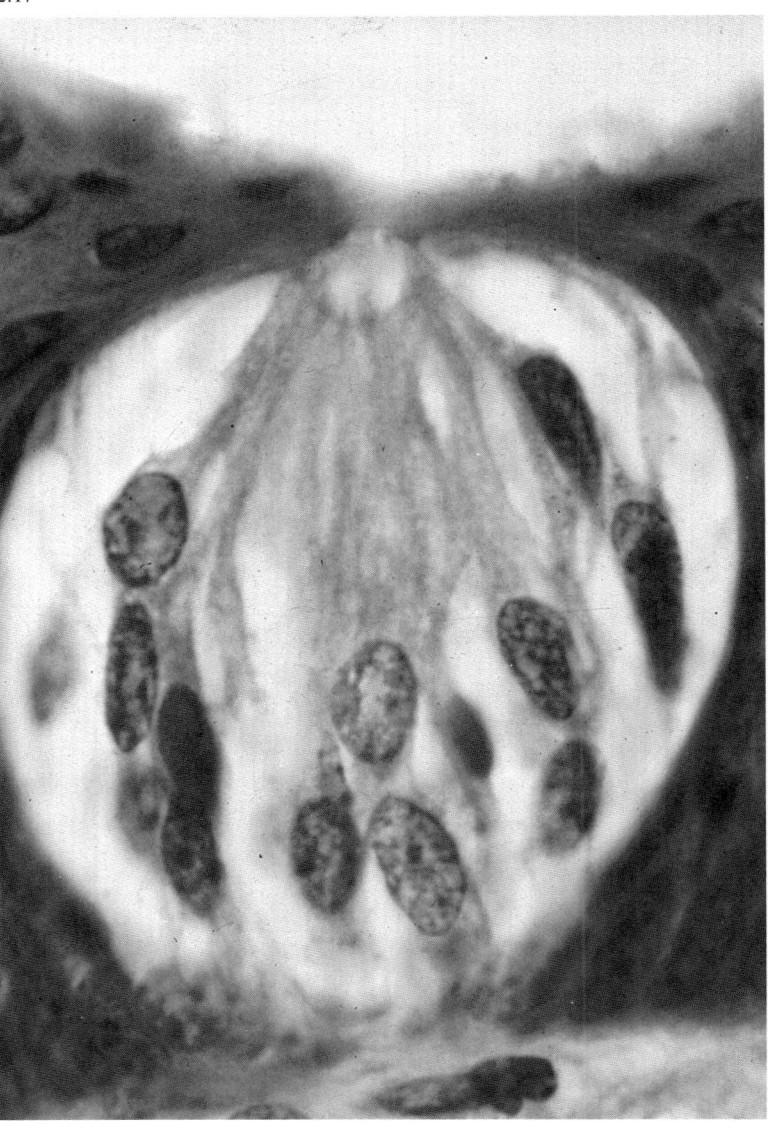

Schmecken

Unsere Zunge besteht überwiegend aus Muskelgewebe; dies verleiht ihr die große Beweglichkeit, die wir zum Sprechen und zum Befördern der Nahrung brauchen. Ihre schleimige Oberfläche jedoch ist in hohem Maße auf Sinneswahrnehmungen spezialisiert, ganz besonders auf Geschmacksempfindungen. Die Zunge ist mit zahlreichen winzigen Erhebungen, sogenannten *Papillen*, bedeckt, die sich in Form, Größe und Farbe leicht unterscheiden. Die Fadenpapillen erscheinen als dünne weißliche Fasern. Die größeren Pilzpapillen haben eine gute Blutversorgung, die sie rot aussehen läßt, und sind als kleine rote Punkte zu erkennen, wenn man seine Zunge im Spiegel betrachtet. Noch größer sind die Wallpapillen, die so heißen, weil jede von einem Schleimhautwall und einem tiefen Graben umgeben ist. Es gibt acht bis zehn solche Wallpapillen am Hinterrand des Zungenrückens, und hier findet man auch die meisten Geschmacksknospen. Vier grundlegende Geschmackselemente hat man identifiziert: süß, bitter, sauer und salzig. Viele der feineren Unterscheidungen, die wir treffen können, haben wir vermutlich mehr unserem Geruchs- als unserem Geschmackssinn zu verdanken.

Nervensystem

Vom Kniesehnenreflex bis zum Geigespielen, vom mittäglichen Hunger bis zum Verständnis der Quantenphysik — das Kommunikationsnetzwerk des Nervensystems mit seinen 100 000 Millionen Zellen durchzieht den ganzen Körper und vermittelt jeden Gedanken und jede Tat. Alle Nervenzellen oder *Neuronen* bestehen aus einem Zellkörper, der den Zellkern enthält, und etlichen feinen Auswüchsen, die man zusammenfassend als Zellfortsätze bezeichnet. Aus dem Zellkörper treten zahlreiche dünne „Arme" aus, die jeweils in verzweigten „Fingern" oder *Dendriten* enden; diese treten mit den Zellkörpern anderer Neuronen in Verbindung. Gewöhnlich gibt es außerdem noch einen wesentlich längeren Fortsatz: das *Axon*. Bei Neuronen, die die Peripherie des Körpers versorgen, kann sich das Axon ohne Unterbrechung über mehr als einen Meter erstrecken.

Man teilt das Nervensystem üblicherweise in zwei Teile ein: das Zentralnervensystem (ZNS), das aus Gehirn und Rückenmark besteht, und die peripheren Nerven. Das ZNS ist eine konzentrierte Masse miteinander verbundener Neuronen, die Information integrieren und analysieren und Entscheidungen fällen. Das periphere Nervensystem besteht dagegen überwiegend aus Nervenfortsätzen — aus Axonen und Dendriten —, die das ZNS mit den Sinnesrezeptoren des Körpers und mit seinen Erfolgsorganen, insbesondere Muskeln und Drüsen, verbinden. Die Rezeptoren nehmen Information über die äußere und innere Umwelt auf, und die Erfolgsorgane liefern entsprechend den Weisungen des ZNS eine koordinierte Antwort.

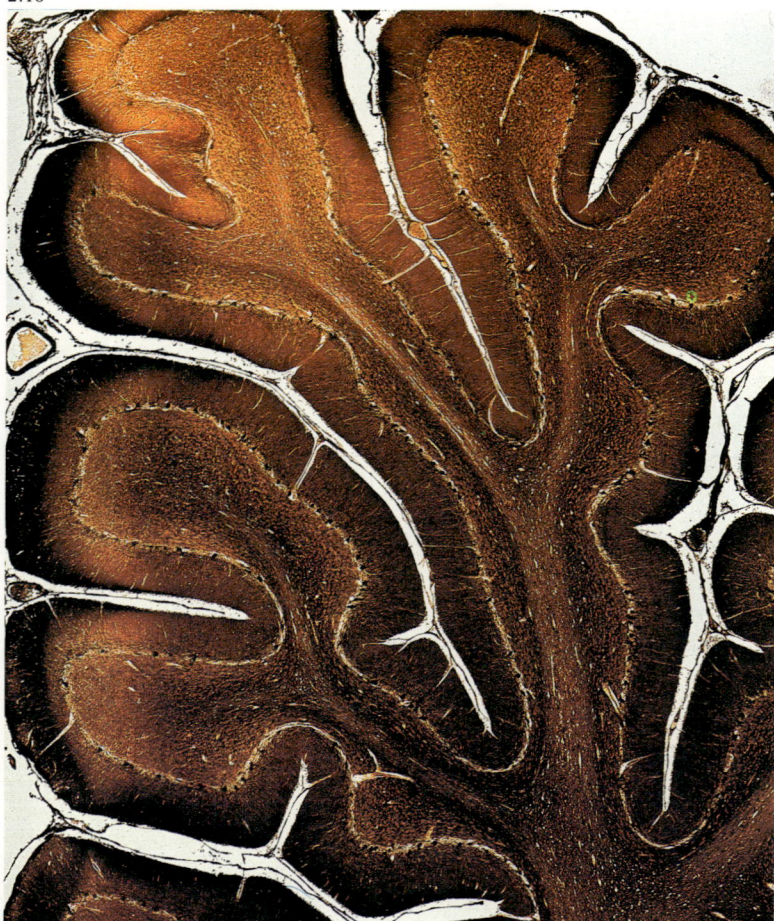

2.18

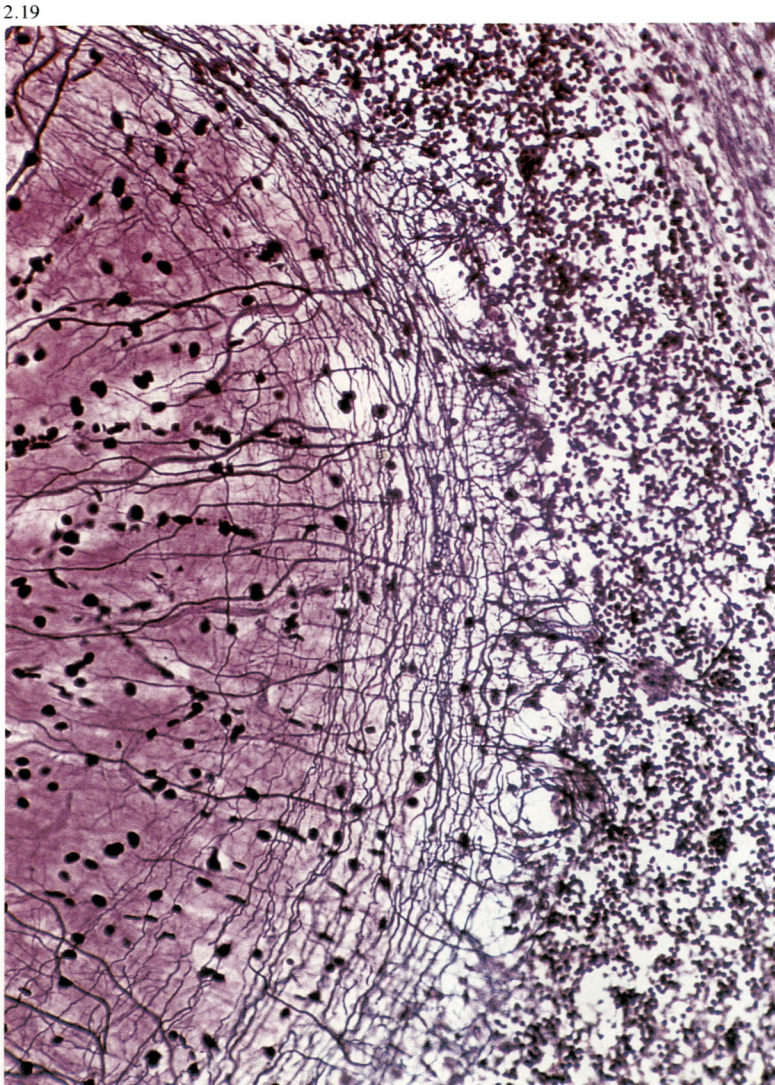

2.19

2.18 Das menschliche Kleinhirn, eine große, windungsreiche Struktur im hinteren unteren Bereich des Gehirns, koordiniert Feinmotorik, Körperhaltung und Gleichgewicht. In dieser schwach vergrößerten lichtmikroskopischen Aufnahme sieht man, daß jede Windung des Kleinhirngewebes aus mehreren Schichten besteht. Die Zellen im äußeren Teil sind dunkler gefärbt. Ungewöhnlich geformte Neuronen, sogenannte *Purkinje-Zellen*, besetzen das gelbliche Band zwischen den inneren und äußeren Schichten. Der zentrale Bereich jeder Kleinhirnwindung besteht aus dicht gepackten Nervenfasern. [LM, Glee-Marsland-Silberimprägnierung, ×60]

2.19 In diesem stärker vergrößerten Ausschnitt des Kleinhirns zeigt sich die unendliche, verwickelte Komplexität der Nervenbahnen. Im menschlichen Gehirn können bis zu 50 000 Dendriten mit einem einzigen Zellkörper verbunden sein, und jeder Dendrit ist fähig, eine Nachricht von einem anderen Neuron zu übermitteln. Einige dieser Verbindungen machen es wahrscheinlicher, daß eine Zelle feuern wird, andere wirken dagegen hemmend. Ob eine bestimmte Nervenzelle feuert oder nicht, hängt vom Nettobetrag der erregenden und hemmenden Eingänge ab. Neuronen im Kleinhirn sind unter anderem für unsere Handgeschicklichkeit verantwortlich. [LM, Silberimprägnierung nach Bodian, Vergrößerung unbekannt]

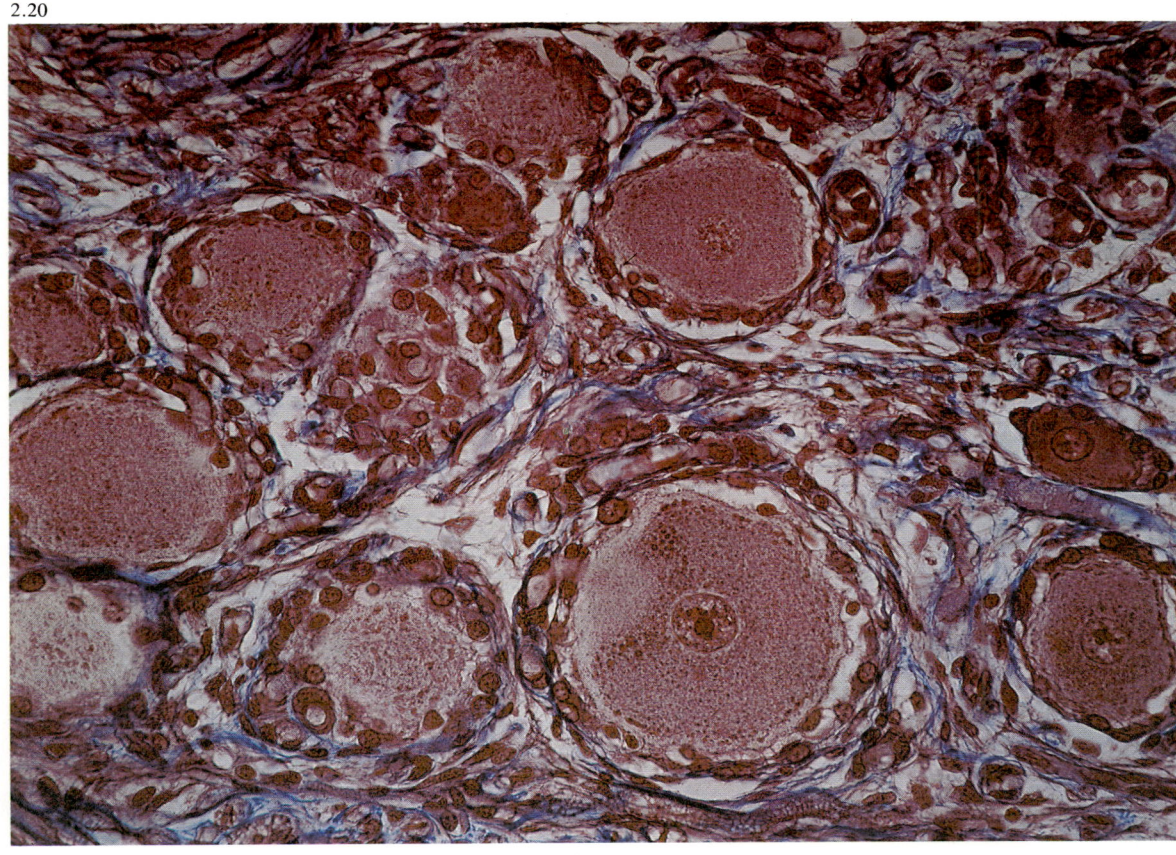

2.20 Die großen, rosa gefärbten Kreise in dieser lichtmikroskopischen Aufnahme sind dicht nebeneinanderliegende Zellkörper von Nervenzellen in einem menschlichen *Spinalganglion* — einer Ansammlung von Nervenzellen, die knapp außerhalb des Rückenmarks am Eintrittsort eines Spinalnervs liegt. In der Mitte der größeren Zellkörper sieht man jeweils einen kleineren Kreis — den Zellkern. Jeder Zellkörper ist von einer einzelnen Lage flacher, stützender *Mantelzellen* umhüllt, die dunkelrot gefärbt sind. Der einfache Kniesehnenreflex ist ein Beispiel für eine Bewegung, an der ein Spinalganglion beteiligt ist. Die Botschaft, daß das Knie einen Schlag erhalten hat, gelangt von den Sinnesorganen dort über das Axon einer sensorischen Nervenzelle, deren Zellkörper in einem Spinalganglion liegt, in das Rückenmark. Dort ist das sensorische Neuron über ein zwischengeschaltetes Interneuron mit einem motorischen Neuron verbunden, das aus dem Rückenmark austritt und den Befehl zur Muskelkontraktion zurück zum Knie leitet. [LM, Trichromfärbung, ×710]

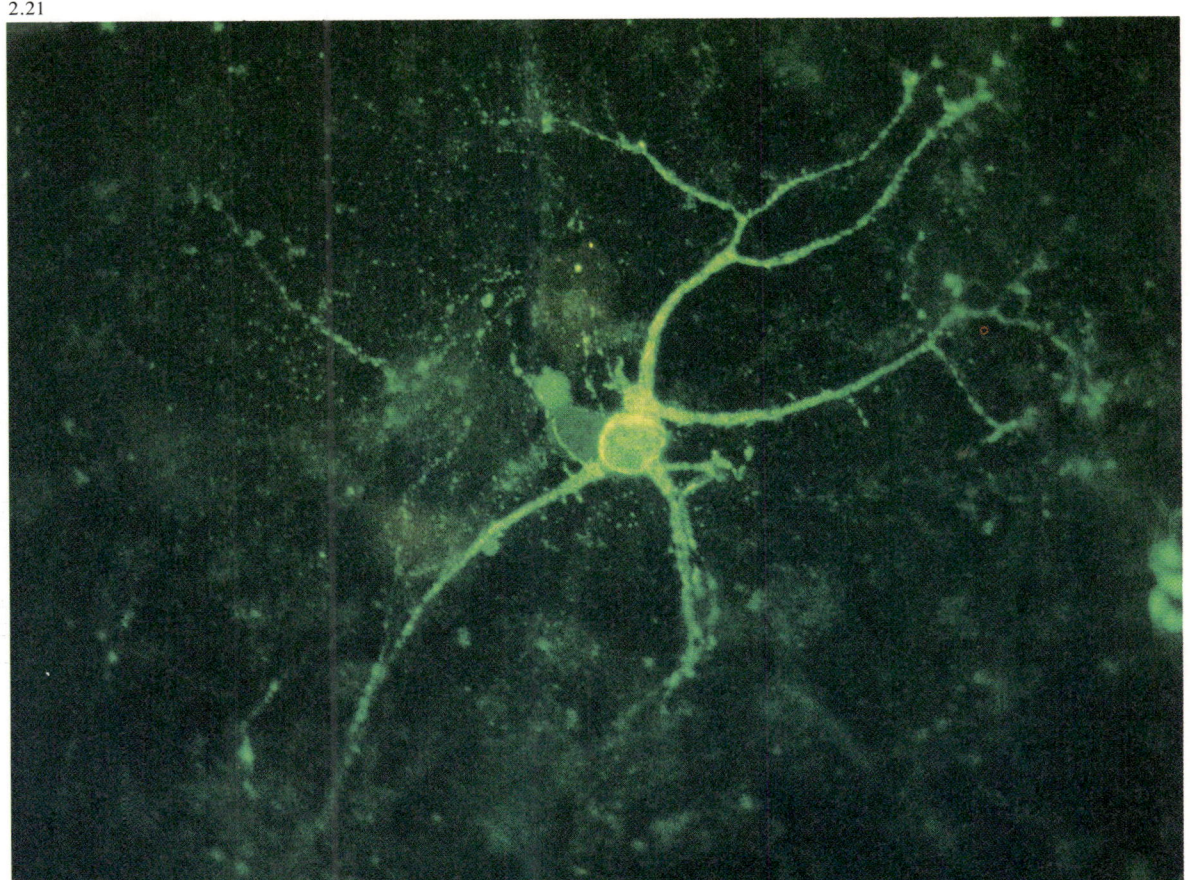

2.21 Die Entdeckung, daß der Körper seine eigenen opiumähnlichen Substanzen herstellt, war bahnbrechend für unser Verständnis von Sucht, Schmerzwahrnehmung und Schmerzlinderung. Die Immunfluoreszenzmikroskopie, wie sie dieses Bild veranschaulicht, spielte eine entscheidende Rolle bei der Lokalisation jener neuronalen Systeme, in denen solche Substanzen wirksam sind. Bei dieser Technik markiert man ein Antikörpermolekül, das sich an die zu untersuchende Substanz heften wird, mit einem fluoreszierenden Farbstoff. Anschließend wird ein Gewebestück mit dem Antikörper behandelt. Betrachtet man das Präparat dann unter ultraviolettem Licht, zeigt die Fluoreszenz die Position der Zielsubstanz an. Hier weist die gelbgrüne Fluoreszenz die Gegenwart der opiumähnlichen Verbindung *Enkephalin* im Zellkörper und in den Fortsätzen eines einzelnen Neurons nach. Das Neuron ist ein Beispiel für eine *multipolare* Nervenzelle mit vielen aus dem Zellkörper austretenden Dendriten. [LM, Fluoreszenz, ×110]

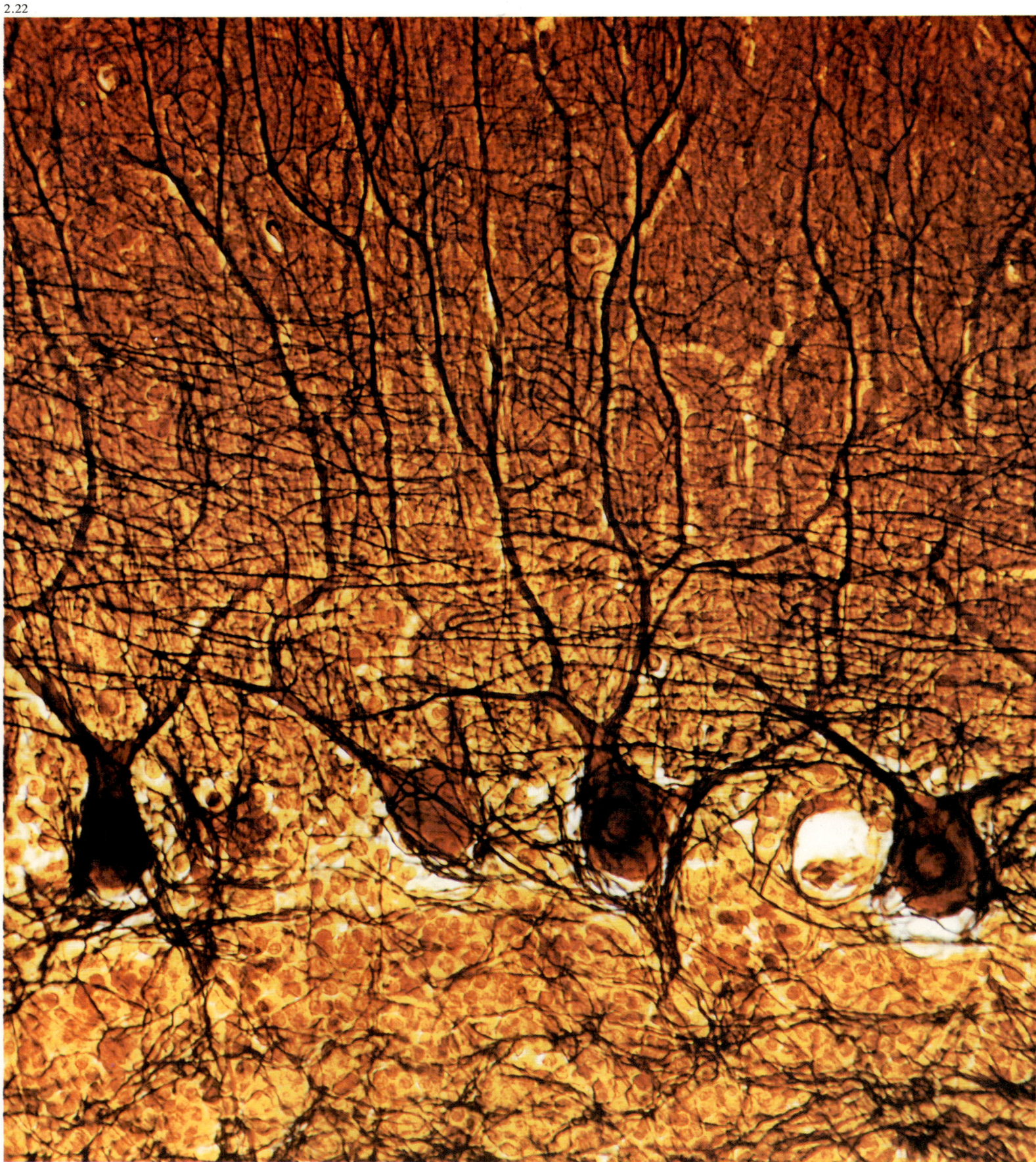

2. DER MENSCHLICHE KÖRPER

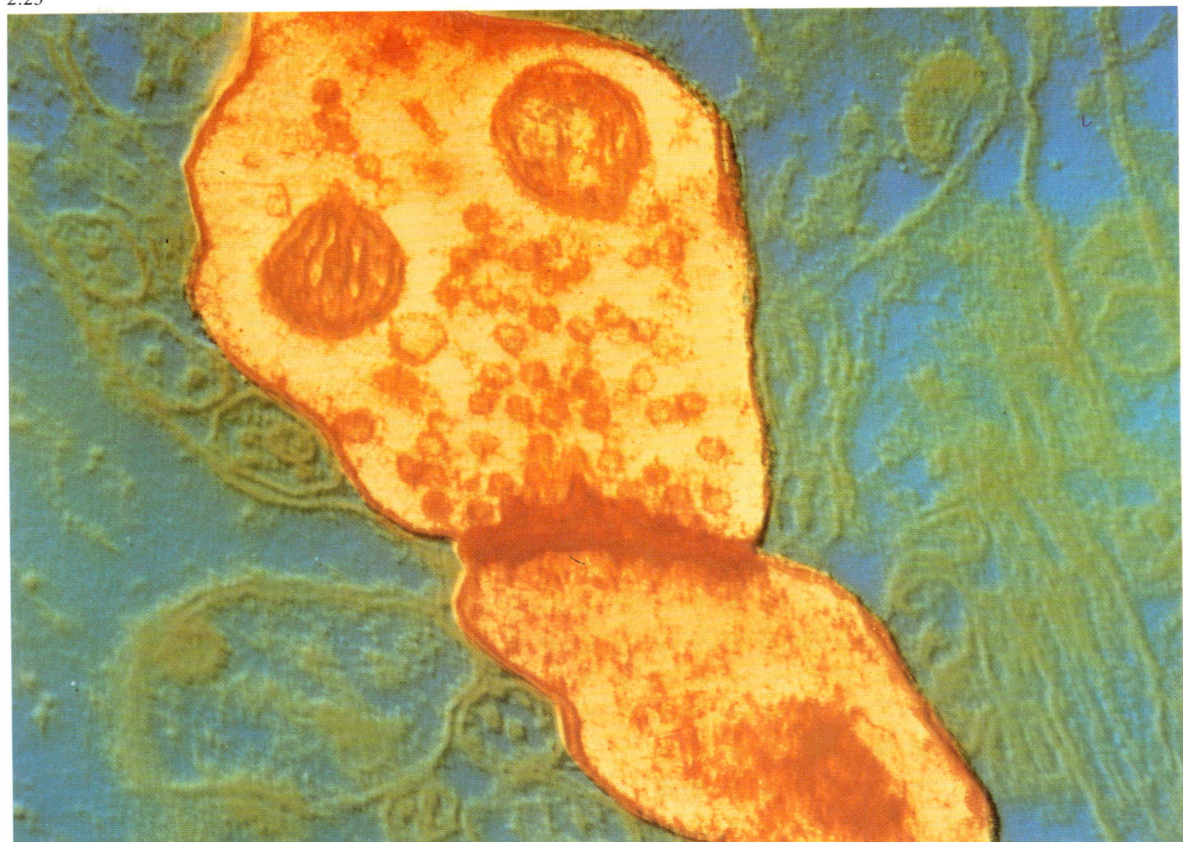

2.22 Die oberen zwei Drittel dieser Mikrophotographie zeigen einen Teil des äußeren Bereichs des Kleinhirns. Darunter sieht man vier spinnenartige Purkinje-Zellen, die zu den größten Neuronen im Körper zählen. Das Kleinhirn wird sowohl von Bereichen des Gehirns, die für die Auslösung von Bewegungen verantwortlich sind, als auch von Sinnesrezeptoren des Körpers mit Eingangsinformationen versorgt; es ist jedoch nicht genau bekannt, wie die Kleinhirnzellen motorische und sensorische Information integrieren und die Feinmotorik koordinieren. [LM, Silberimprägnierung, ×980]

2.23 Diese elektronenmikroskopische Aufnahme zeigt eine Verbindungsstelle, eine *Synapse*, zwischen zwei Neuronen der menschlichen Großhirnrinde. Obwohl die knopfartige Endigung des oberen Nervs die postsynaptische Membran des unteren zu berühren scheint, gibt es einen winzigen Spalt zwischen beiden, der hier rot gefärbt ist. Entlang von Nervenfasern wird Information durch elektrische Impulse weitergegeben, doch bei ihrer Übertragung von einem Nerv zum anderen sind chemische Neurotransmitter beteiligt. Die kleinen rot und orange gefärbten Flecken in der oberen Nervenendigung sind sackartige Bläschen (*Vesikel*), die Neurotransmittersubstanz enthalten. Bei Aktivierung der Endigung werden diese biochemischen Wirkstoffe freigesetzt und diffundieren über den synaptischen Spalt. Dann treten sie mit Rezeptoren auf dem nächsten Neuron in Wechselwirkung und fördern oder hemmen einen neuen elektrischen Impuls. Die zwei größeren Kreise oben im Bild sind Mitochondrien — Organellen, die die Zelle mit Energie versorgen. [TEM, Falschfarben, ×78300]

2.24–2.25 Ein motorisches Neuron aktiviert eine Muskelzelle über *motorische Endplatten* — kleine Schwellungen an den verzweigten Enden des Axons. Diese neuromuskulären Verbindungen sind hier lichtmikroskopisch (Abbildung 2.24) und als rasterelektronenmikroskopische Aufnahme (Abbildung 2.25) wiedergegeben. Wo Feinmotorik erforderlich ist, kann jeweils ein Neuron eine Muskelfaser kontrollieren; bei einer gröberen Steuerung regt ein einzelnes Axon — wie hier — mehrere Muskelfasern an. Der Weitergabe von Befehlen vom Nerv zum Muskel liegen die gleichen chemischen Prozesse zugrunde wie der synaptischen Übertragung zwischen einzelnen Neuronen. [2.24 LM, Goldchloridimprägnierung, ×170; 2.25 REM, Vergrößerung unbekannt]

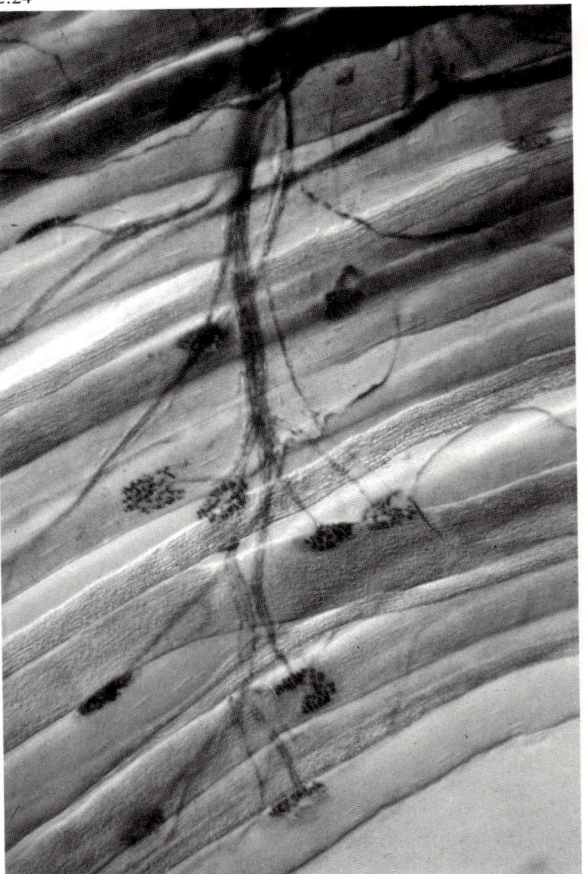

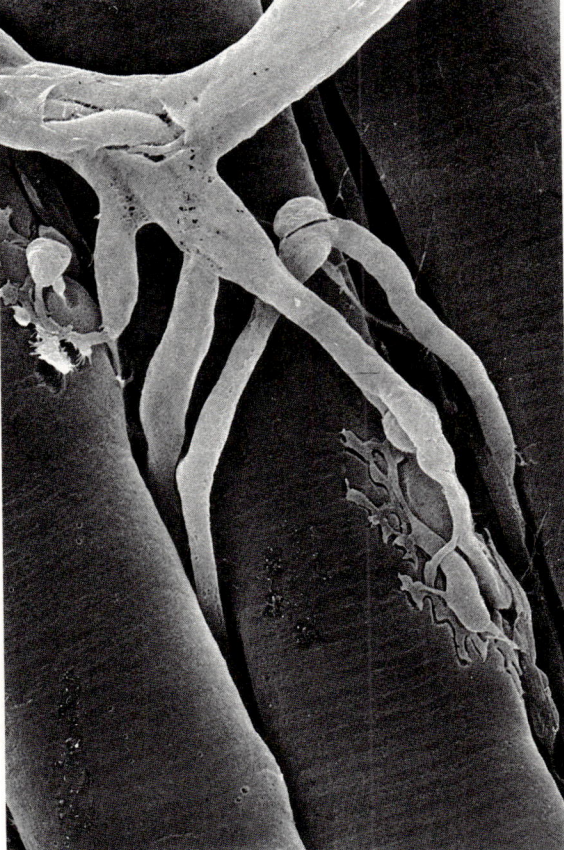

Muskelgewebe

Muskelzellen bilden drei verschiedene Arten von Gewebe. Am vertrautesten ist uns die Skelettmuskulatur, denn sie sorgt für die Bewegung unserer Gliedmaßen. Wegen ihrer auffallenden Streifung nennt man sie auch *quergestreifte Muskulatur*. Dieses Streifenmuster fehlt in der sogenannten glatten Muskulatur, die hauptsächlich automatische Bewegungen wie Kontraktionen der Blutgefäße und des Magen-Darm-Trakts ausführt. Der Herzmuskel ähnelt im Aussehen dem Skelettmuskel, hat aber die einzigartige Fähigkeit, unabhängig von einer Kontrolle durch das Nervensystem einen eigenen Kontraktionsrhythmus aufzubauen. Einmalig ist die Herzmuskulatur auch in ihrer Unermüdbarkeit: Ein Leben lang zieht sie sich jede Sekunde einmal zusammen.

2.26 Hier ist quergestreiftes Muskelgewebe des Menschen sowohl im Querschnitt (oben) als auch im Längsschnitt (unten) zu sehen. Skelettmuskelzellen sind lang, weshalb man sie als Muskel*fasern* bezeichnet. Jede Faser besitzt mehrere Zellkerne, die in Abständen über ihre gesamte Länge verteilt sind. Beide Teile der Mikrophotographie zeigen, daß sich diese dunkel gefärbten Zellkerne jeweils am Rand der Zelle befinden. Jede Muskelfaser ist der Länge nach von kontraktilen Proteinen durchzogen, die in Form dünner Fäden, sogenannter *Myofibrillen*, angeordnet sind. In den längsgeschnittenen Fasern kann man sie gerade noch erkennen. Auffälliger ist die Streifung *quer* zu den Fasern, die darauf beruht, daß sich die Myofibrillen aufgrund der Anordnung der kontraktilen Proteine aus abwechselnd hellen und dunklen Abschnitten zusammensetzen. [LM, ×620]

2.27 Glatte Muskeln bestehen aus spindelförmigen Zellen, die in unregelmäßigen Bündeln zusammengelagert sind. Sie müssen sich im allgemeinen nicht mit derselben Kraft und auch nicht mit derselben Schnelligkeit und Präzision wie die Skelettmuskeln zusammenziehen. Jede Zelle hat nur einen Zellkern. [LM, HE-Färbung, ×445]

2.28 Die kleinen schwarzen Punkte in dieser Herzmuskelzelle sind Körnchen aus *Glykogen* („tierische Stärke"). Glykogen wird chemisch zu Glucose abgebaut, und Glucose wiederum liefert die Energie für Muskelkontraktionen. Diese chemischen Vorgänge finden größtenteils in den Mitochondrien statt — den elliptischen Strukturen links und unten rechts im Bild. Die Aufnahme zeigt auch deutlich die langen Fäden der Myofibrillen und ihre abwechselnd hellen und dunklen Abschnitte. [TEM, kontrastierter Schnitt, Vergrößerung unbekannt]

2.26

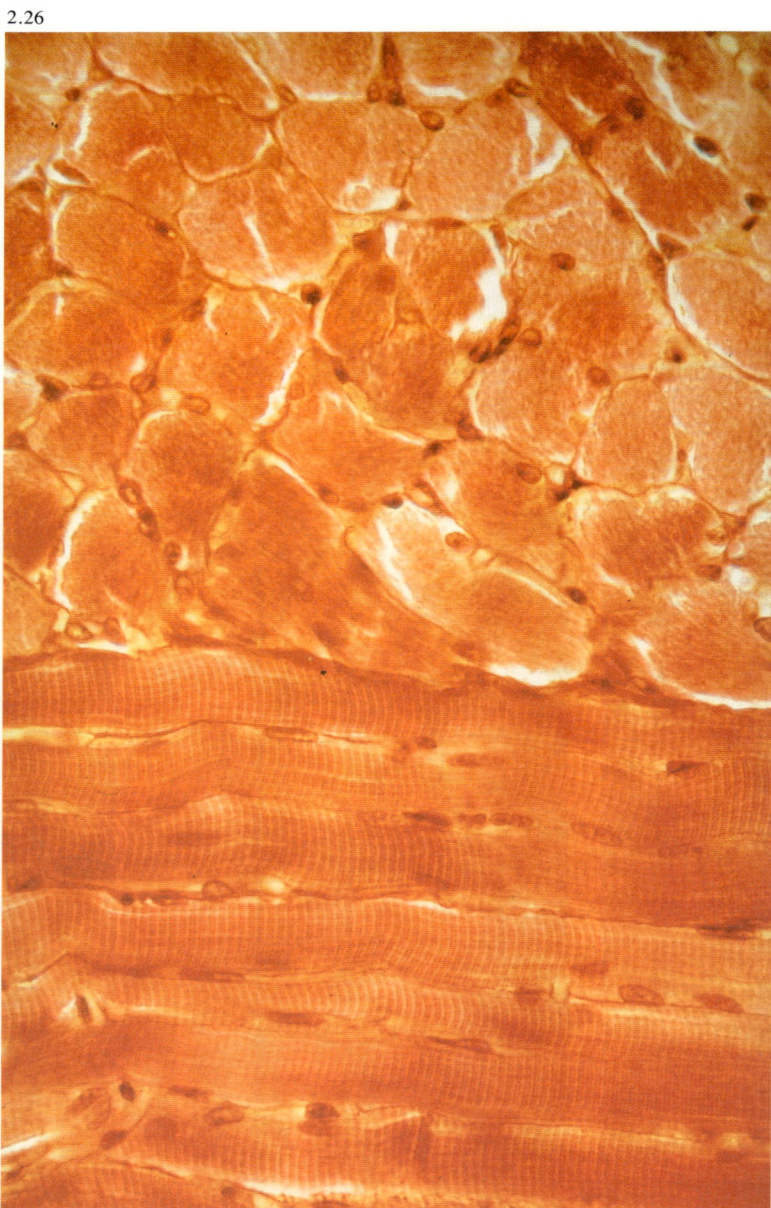

2.27

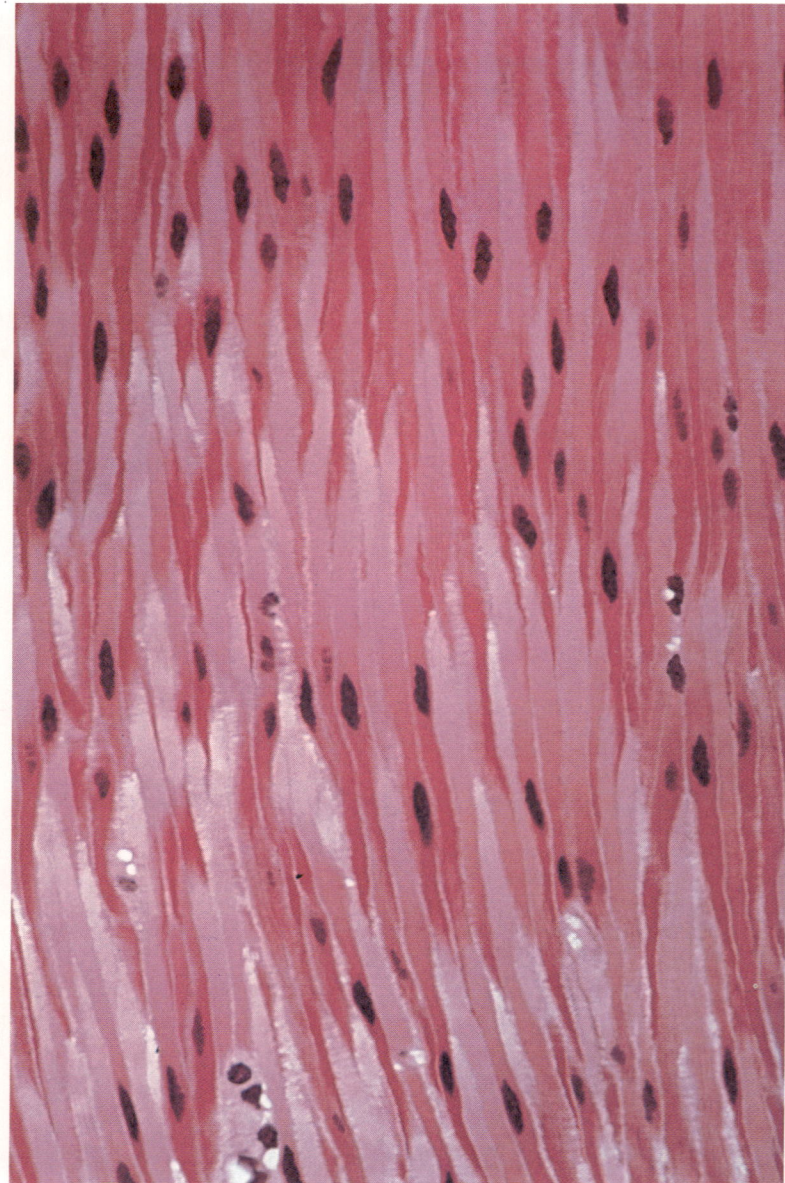

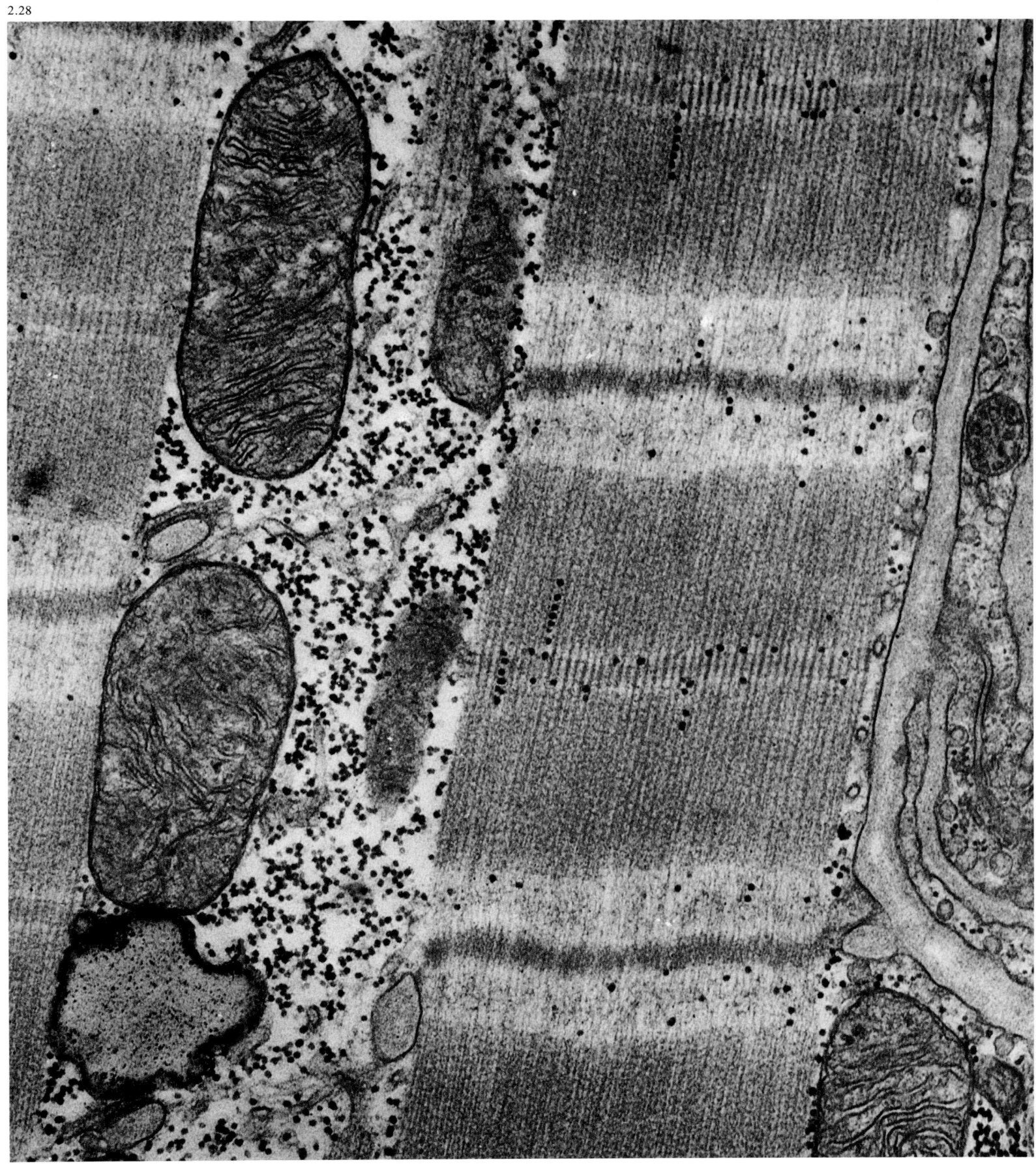

Knochen

Das menschliche Skelett gibt dem Körper Form und Halt. Es besteht aus 206 starren Knochen und dem Knorpelgewebe, das die Gelenke umkleidet und die kissenartigen Scheiben zwischen den Wirbeln bildet. Das ganze Knochengerüst ist höchst sinnvoll konstruiert. In typischen langen Röhrenknochen wie dem Oberschenkelknochen besteht die feste äußere Wand des Schafts aus einer kompakten Knochensubstanz, während das Knocheninnere ein mehr schwammähnliches Material darstellt. So ergibt sich eine hohe Widerstandskraft gegenüber mechanischer Beanspruchung bei geringem Gesamtgewicht. Der Bau des Knochengerüsts hat leistungsfähige architektonische Prinzipien wie die Kuppel (Schädel), die Säule (Oberschenkelknochen, Oberarmknochen) und das Gewölbe (Fuß) vorweggenommen.

Neben seiner formgebenden Funktion hat das Skelett entscheidenden Anteil an der Aufrechterhaltung des inneren biochemischen Milieus des Körpers: Es wirkt als Speicher für Minerale, die der Körper in Zeiten des Mangels abrufen kann. Außerdem beherbergen Knochen in ihrer hohlen Mitte das Knochenmark, das sowohl weiße als auch rote Blutkörperchen erzeugt.

Knochen erlangen ihre Härte durch den großen Anteil an Calciumsalzen, doch sind sie trotz ihres hohen Mineralgehalts keineswegs inaktiv. Abhängig von den Bedürfnissen des Körpers wird Knochensubstanz beständig auf- und wieder abgebaut. Das Calcium lagert sich in einer Matrix ab, die *Osteoid* genannt und von „knochenbildenden" Zellen, den *Osteoblasten*, abgesondert wird. Diese Zellen umgeben Kanäle, die Blutgefäße führen.

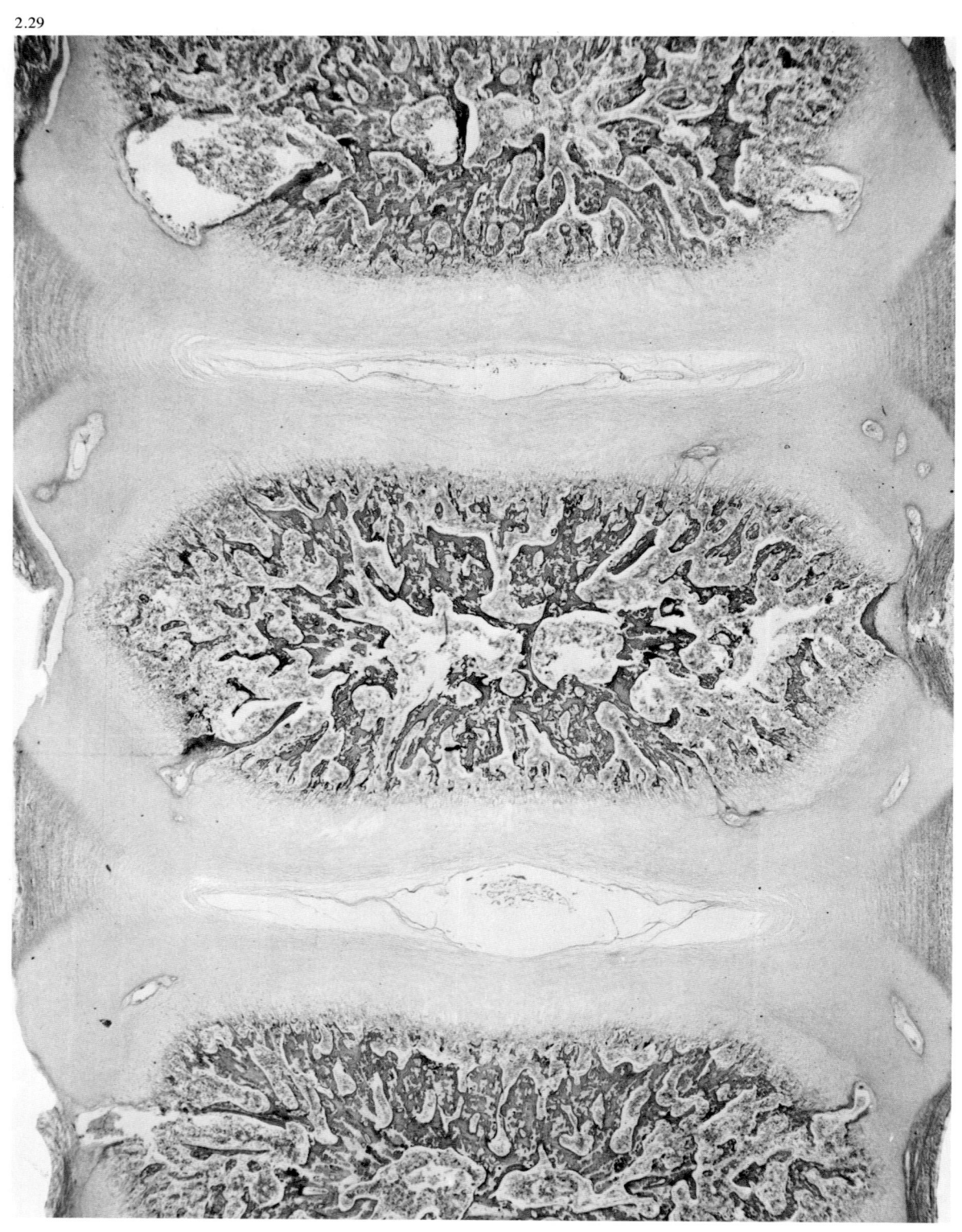

2.29

2.29 Diese schwach vergrößerte lichtmikroskopische Aufnahme zeigt einen Schnitt durch die menschliche Wirbelsäule. Das Gewebe in der Mitte jedes Wirbels erscheint schwammartig. Zwischen den drei Bereichen aus Knochensubstanz liegen zwei Bandscheiben, die wie hydraulische Stoßdämpfer wirken und Rückgrat und Gehirn vor unnötigen Erschütterungen schützen. Die Bandscheiben bestehen überwiegend aus Knorpelmasse, die mit biegsamen, aber extrem festen und undehnbaren Kollagenfasern verstärkt ist. Diese Knorpelscheiben verbinden die Wirbel in einer Weise, die ohne Einbuße an Festigkeit ein gewisses Maß an Bewegung erlaubt. Die hellgrauen, feinen konzentrischen Knorpelschichten umgeben einen weißen Raum, den *Nucleus pulposus*, der mit einer gallertartigen Flüssigkeit gefüllt ist; eben diese ungewöhnliche Art von flüssigem Bindegewebe wirkt als stoßdämpfendes hydraulisches Element. Bandscheiben rutschen nicht wirklich zwischen den Wirbelknochen heraus, aber mit zunehmendem Alter wird der Knorpelring oft schwächer, so daß der Nucleus pulposus austreten kann. Dies ruft den schmerzhaften Zustand hervor, der als Bandscheibenvorfall bekannt ist. [LM, ×18]

2. DER MENSCHLICHE KÖRPER

2.30 Bei langen Röhrenknochen wie dem Oberschenkelknochen besteht der Schaft aus kompakter Knochensubstanz, die man in dieser Mikroaufnahme im Querschnitt sieht. Konzentrische Kreise von Knochenmaterial umgeben große Kanäle (schwarz), die Blutgefäße, Lymphgefäße und Nerven enthalten. Diese *Haversschen Kanäle* durchlaufen die Knochen in Längsrichtung. Die wie ein eingestickter Faden aussehenden schwarzen Flecken um jeden Kanal sind *Lakunen* – buchstäblich Löcher im Knochen. Jede Lakune ist von einem *Osteocyten* besetzt (einem in die Knochenmatrix eingebetteten Osteoblasten). Die Osteocyten nehmen mit feinen Ausläufern Verbindung zu ihren Nachbarn auf. Die anfangs weitlumigen Haversschen Kanäle werden allmählich aufgefüllt, wenn Lagen von Knochensubstanz entstehen. Jeder Kanal bildet zusammen mit seinen umgebenden knöchernen Platten (Knochenlamellen) ein Haverssches Lamellensystem. Diese Systeme folgen den Linien starker Beanspruchung und wirken wie Gerüststangen. Lebende Knochen werden ständig umgebildet. Große Osteo*klasten* bauen sie ab, und die Bestandteile werden entfernt. Während dies geschieht, verschwinden alte Haverssche Systeme, und neue entstehen. [LM, Picro-Thionin-Färbung nach Schmorl, ×210]

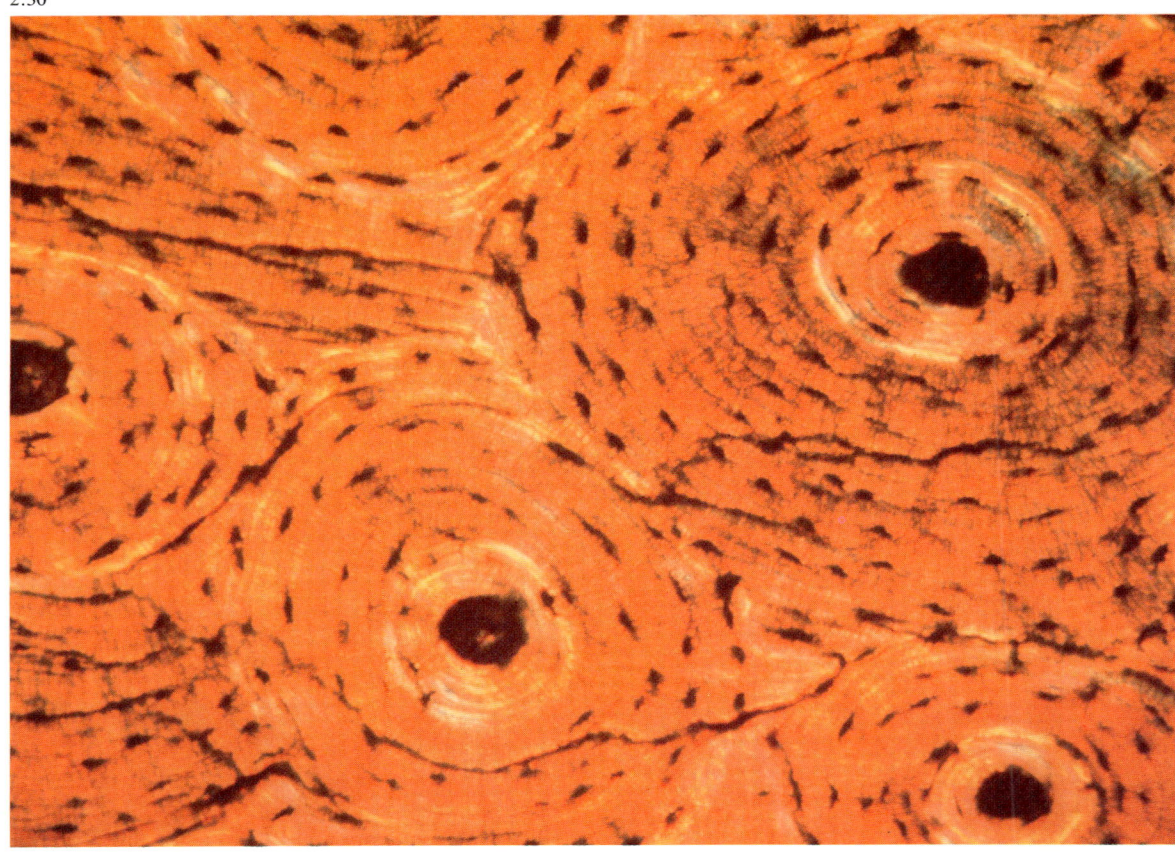

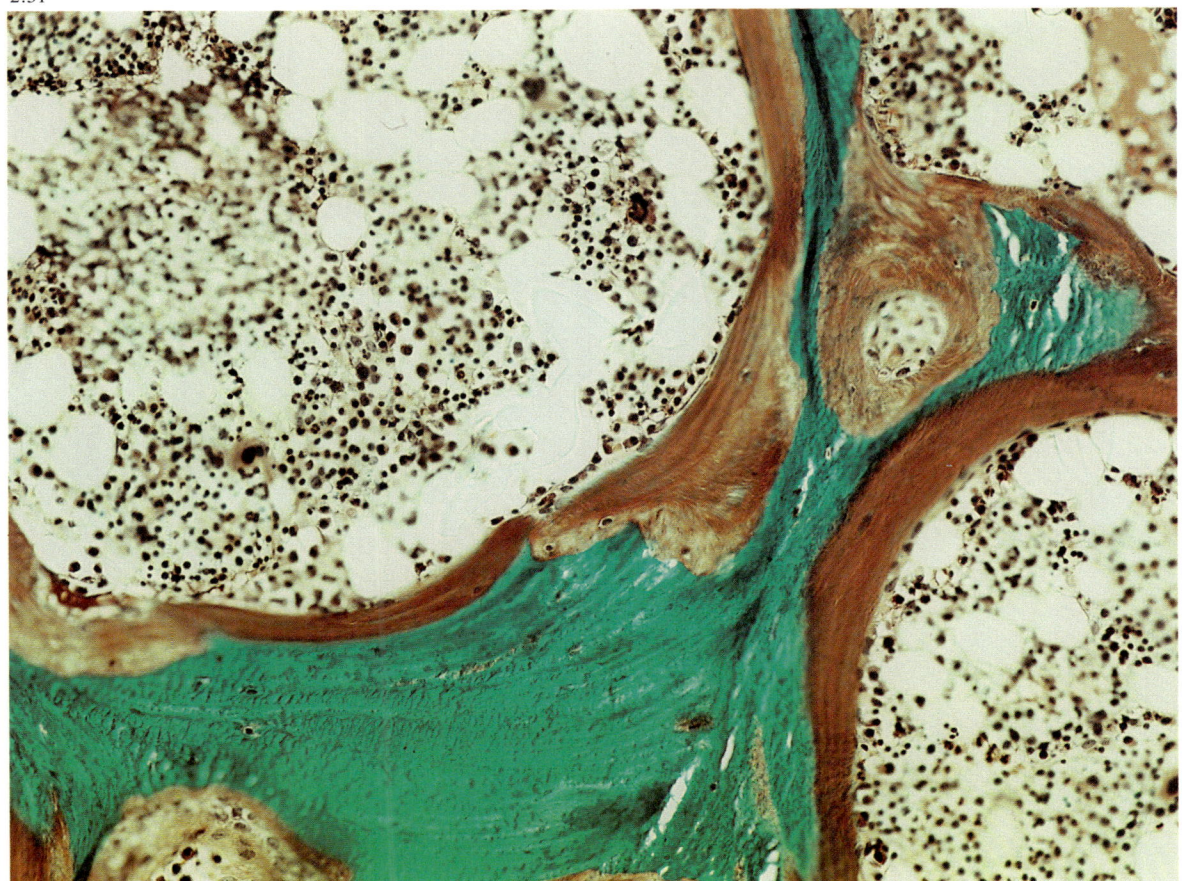

2.31 Durch geeignete Färbetechniken läßt sich die *Osteomalazie* oder „Knochenerweichung" nachweisen, eine Krankheit, deren bei Kindern auftretende Variante als Rachitis bekannt ist. Unbehandelt führt sie zu abnormen Verbiegungen der Knochen und zu Mißbildungen im Erwachsenenalter. Sie wird durch einen Mangel an Vitamin D verursacht, der gewöhnlich eine Folge schlechter Ernährung und ungenügender Sonneneinwirkung auf die Haut ist. Außerdem tritt sie bei schweren Erkrankungen wie chronischen Nierenstörungen auf. Das Grundproblem bei dieser Krankheit besteht darin, daß die Osteoblasten fortwährend ihre organische Matrix, das Osteoid, ausscheiden, die Einlagerung von Calciumkristallen aber verzögert ist. Dadurch häuft sich unmineralisiertes Osteoidgewebe an. In dieser Mikrophotographie erscheinen aktive Osteoblasten als winzige schwarze Körnchen; die vollständig mineralisierte Knochensubstanz ist grün, und die braune Schicht dazwischen besteht aus unmineralisiertem Osteoid. [LM, unentkalkter Harzschnitt, Trichromfärbung nach Goldner, Vergrößerung unbekannt]

Atmung

Mit Hilfe des Atmungssystems kann Sauerstoff aus der Luft vom Blut aufgenommen und Kohlendioxid im Austausch dafür abgegeben werden. Der aufgenommene Sauerstoff wird an die Gewebe weitergeleitet, die ihn benötigen, um zur Energiegewinnung Kohlenhydrate verbrennen (oxidieren) zu können. Die Atmungsorgane sind im wesentlichen ein System sich verzweigender Röhren, die überwiegend aus Knorpel bestehen und Luft von Mund und Nase zu den Stellen in der Lunge leiten, an denen der Gasaustausch stattfindet. Obwohl die menschliche Lunge in voll aufgeblähtem Zustand ungefähr fünf Liter Luft enthalten kann, faßt ein Atemzug typischerweise nur einen halben Liter.

Das Atemwegssystem beginnt mit einer einzelnen Röhre, der Luftröhre oder *Trachea*, die sich dann gabelt und den rechten und den linken Hauptbronchus bildet. Diese Hauptäste zweigen sich wiederum nacheinander in zwei oder drei kleinere Röhren und dann in unzählige feinere luftführende Verästelungen, die sogenannten *Bronchiolen*, auf. Da der Gasaustausch eine große Oberfläche erfordert, enden die Bronchiolen in Gruppen winziger Lungenbläschen oder *Alveolen*. Wegen der zahlreichen Hohlräume sieht die gesunde Lunge wie ein luftgefüllter Schwamm aus.

Die röhrenförmigen Organe des Körpers, beispielsweise der Darmtrakt und die Atemwege, sind mit Gewebe ausgekleidet, das der äußeren Haut unseres Körpers ähnelt. Diese als *Epithel* bezeichnete Auskleidung besteht aus Lagen dicht gepackter Zellen mit wenig Kittsubstanz dazwischen. Unter dem Epithel liegt eine Stützschicht aus Bindegewebe, die gewöhnlich Drüsen enthält. Das Epithel und diese Schicht bilden zusammen die Schleimhaut.

2.32 Büschel feiner Haare, sogenannter *Cilien* („Flimmerhärchen"), ragen aus der Spitze spezialisierter Epithelzellen hervor, mit denen die Bronchien ausgekleidet sind. Neben den Cilien zeigt diese rasterelektronenmikroskopische Aufnahme auch zahlreiche *Becherzellen*. Sie haben die Aufgabe, Schleim auf die Oberfläche des Epithels auszuscheiden. Rhythmische Bewegungen der Cilien dienen dazu, Bakterien und andere Partikel von den gasaustauschenden Teilen der Lunge weg in Richtung Kehle zu befördern, wo sie verschluckt oder ausgehustet werden können. [REM, ×950]

2.33 Im Gegensatz zu dem gesunden Zustand im vorangehenden Bild zeigt diese Mikrophotographie ein Bronchialcarcinom – die häufigste Form des Lungenkrebses. Solche Tumoren werden durch Rauchen hervorgerufen und verlaufen fast immer tödlich. Sie treten häufig nahe an der Stelle auf, wo sich die Luftröhre in die zwei Hauptbronchien gabelt, da sich in dieser Region der krebserregende Teer im Tabakrauch besonders stark ablagert. Der desorganisierte Bereich bösartiger (maligner) Zellen unten rechts dringt in das normale Flimmerepithel links und oben vor. Krebsgeschwulste bestehen aus

2.32

2.33

primitiven Zellen, die keine spezialisierte Funktion entwickelt (oder sie verloren) haben. In diesem Fall fehlen beispielsweise die Cilien. Das Hauptmerkmal von Krebszellen ist ihr unkontrolliertes Wachstum. [REM, ×950]

2.34 In dieser mit einem Rasterelektronenmikroskop aufgenommenen Photographie sieht man die filigranartigen Wände der Alveolen und eine einzelne Bronchiole (oben). Die menschliche Lunge enthält rund 700 Millionen Alveolen, deren Gesamtoberfläche die Größe eines Tennisplatzes erreicht. Die Alveolarwände sind extrem dünn und gewöhnlich aus nur einer Schicht von Zellen aufgebaut. Unmittelbar neben ihnen (obwohl in diesem Präparat nicht zu sehen) liegen feine Blutkapillaren, deren Wände ebenfalls aus einer einlagigen Zellschicht bestehen. Dies bedeutet, daß die Trennwand zwischen der Luft auf der einen Seite und dem Blut auf der anderen nur 0,3 Mikrometer dick ist; Sauerstoff und Kohlendioxid können leicht hindurchdiffundieren. Auf ihrem Weg in die tieferen Bereiche der Lunge werden die luftführenden Wege zunehmend enger, und ihre Wände bestehen mehr aus glatter Muskulatur und weniger aus Knorpel. Die Innenfläche der hier gezeigten Bronchiole sieht gerillt aus; die Struktur ihrer tief gefalteten Epithelauskleidung ist in der lichtmikroskopischen Aufnahme unten genauer zu sehen. [REM, ×280]

2.35 Diese Mikrophotographie zeigt fast die gleiche Ansicht wie die vorangehende rasterelektronenmikroskopische Aufnahme, doch ist hier die Bronchiole mit den umgebenden weißen Bereichen der Alveolen im Querschnitt zu sehen. Mit ihrem Durchmesser von 0,5 bis 1,0 Millimeter sind die Bronchiolen die kleinsten Luftwege der Lunge. Die deutlich erkennbare tief gefaltete Oberfläche des Bronchiolarepithels besteht aus einfachen Reihen zylindrischer Zellen, die von einem Ring glatter Muskelzellen umgeben sind; diese regulieren den Durchmesser der Bronchiole. Eine abnorme Kontraktion der glatten Muskeln in den Bronchiolen — wie bei Asthma — behindert den Luftstrom stark und ruft die Symptome der Atemnot und pfeifende Atemgeräusche hervor. Außerhalb des Rings glatter Muskeln liegen die Alveolen. Ihre dünnen Wände bestehen aus abgeflachten Epithelzellen und aus rundlicheren Zellen, von denen man annimmt, daß sie eine oberflächenaktive Substanz ausscheiden, die ähnlich wie ein Waschmittel die Oberflächenspannung herabsetzt und die Elastizität der Lunge verbessert. [LM, HE-Färbung, ×180]

2.34
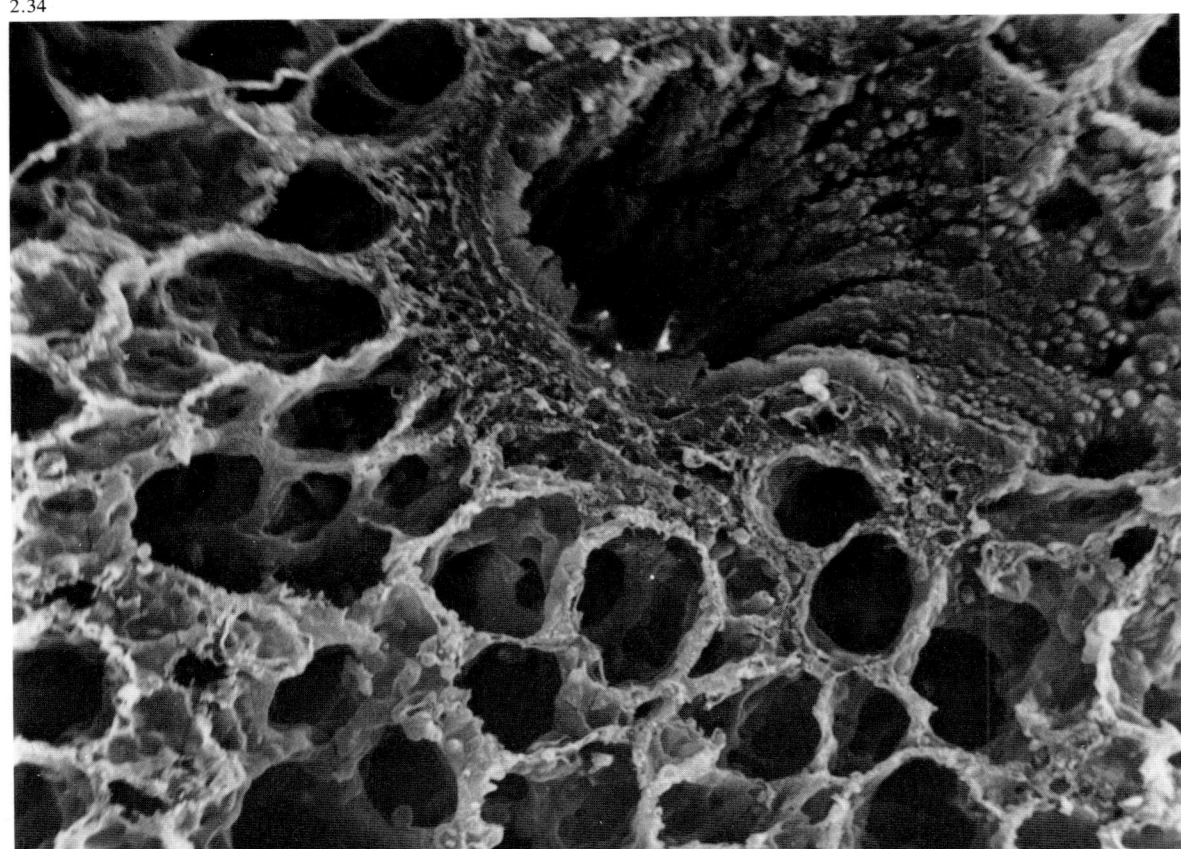

2.35
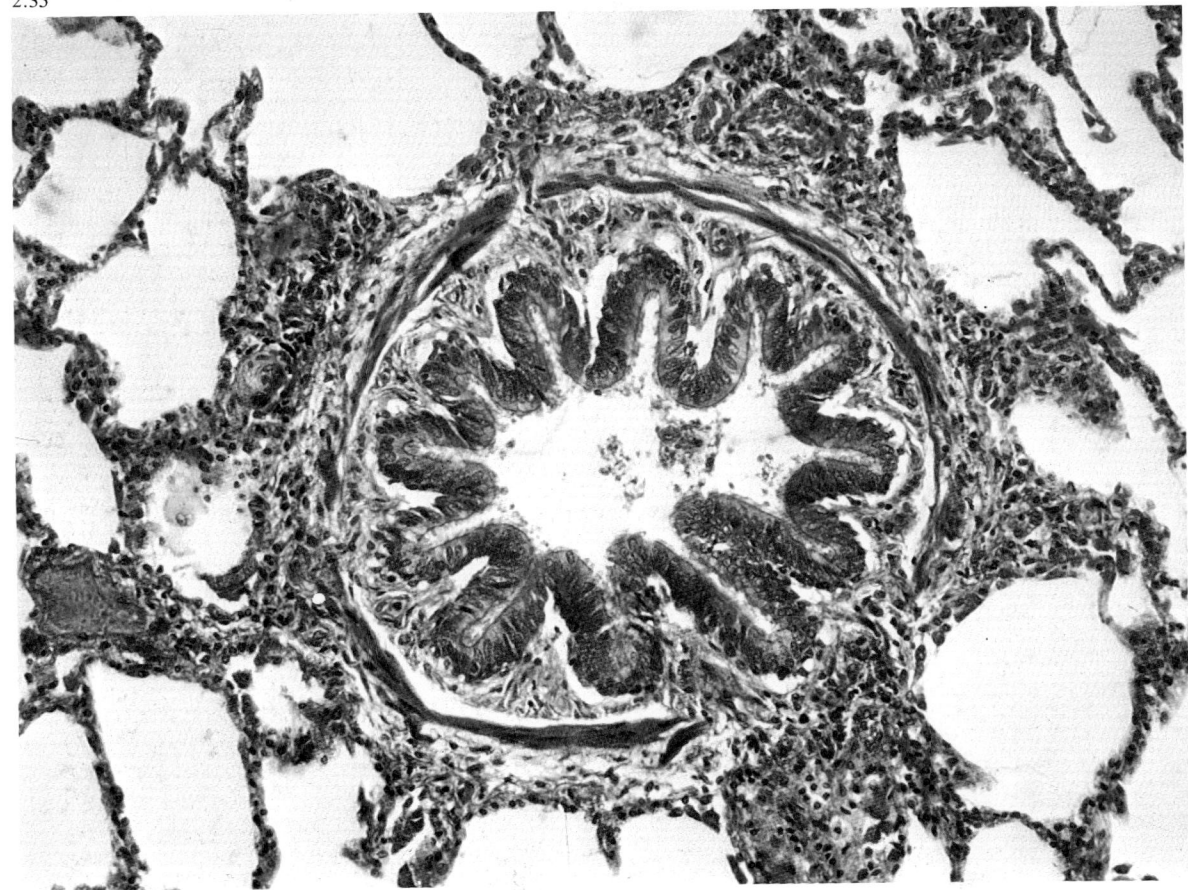

2.36

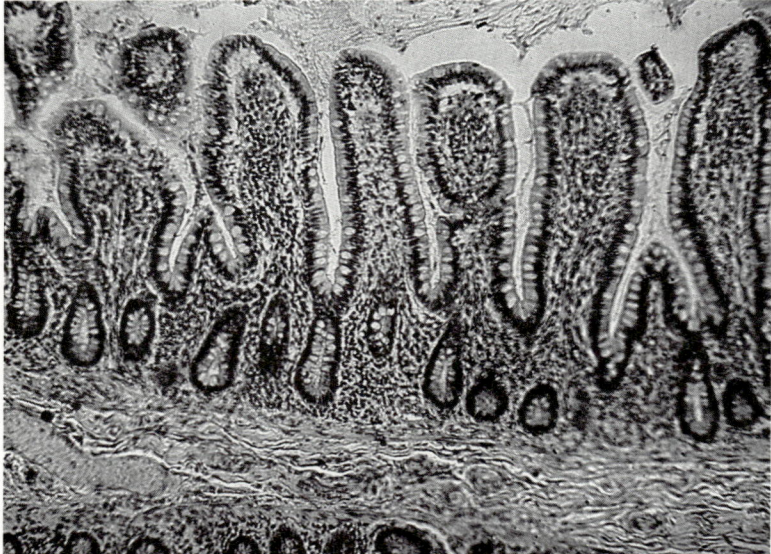

2.37

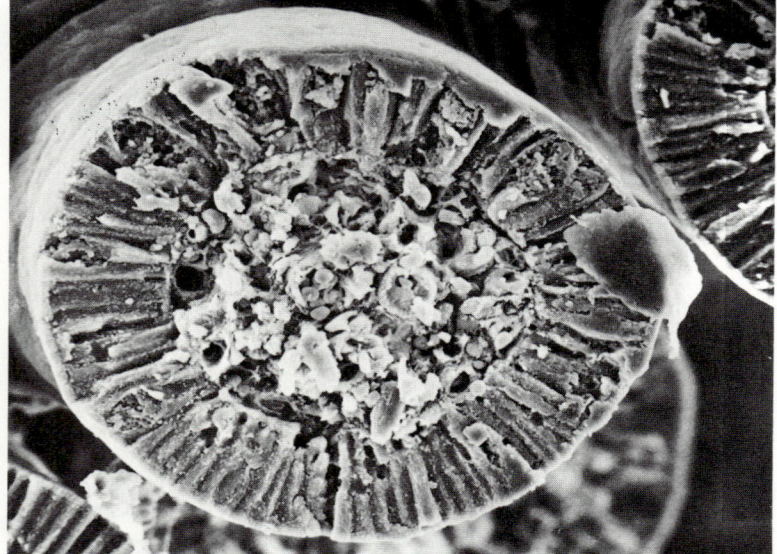

2.38

Verdauung

Ehe ein Organismus Nahrung nutzen kann, muß sie chemisch abgebaut werden. Im Magen-Darm-Trakt findet sowohl die Verdauung als auch die Resorption der Nahrungsstoffe statt. Die Verdauung erfolgt in erster Linie mit Hilfe von *Enzymen* – Proteinen, die spezifische chemische Reaktionen katalysieren. Sie läuft hauptsächlich im Magen und im oberen Teil des Dünndarms, dem Zwölffingerdarm, ab. Die Enzyme werden von Drüsen in der Darmwand und von eigenständigen Organen wie der Bauchspeicheldrüse in den Darminhalt abgegeben. Da dieser Teil des Verdauungsapparats auf den chemischen Abbau von Gewebe eingestellt ist, muß gewährleistet sein, daß keine Selbstverdauung eintritt. Normalerweise erfüllt Schleim, der auf die Darmoberfläche ausgeschieden wird, diese Schutzfunktion. Schleim erleichtert auch die Weiterleitung der Nahrung. Zusätzlich zu seiner Fähigkeit, Nahrung chemisch zu verdauen, ist der Darm so konstruiert, daß er sie mischen, zermalmen und weiterbefördern kann.

Beim Verdauungsvorgang wird Nahrung in Moleküle zerlegt, die klein genug sind, um von den Darmwänden resorbiert werden zu können. Diese Aufnahme der Nahrungsstoffe findet überwiegend im Jejunum (dem zweiten Dünndarmabschnitt) statt, wo die verfügbare Resorptionsfläche durch zahllose Zotten oder Villi enorm vergrößert ist. Villi sind Gewebeausstülpungen, die wie Laderampen aus der Darmwand ins Darminnere ragen (siehe auch Abbildung 2.1).

2.36 Dieser Schnitt zeigt die Auskleidung der menschlichen Darmwand mit fingerähnlichen Villi. Die „Haut" der „Finger" besteht überwiegend aus zylindrischen Zellen mit einem dunklen Zellkern an der Basis, den sogenannten *Enterocyten*. Diese Zellen sind sehr kurzlebig. Sie entstehen durch rasche Zellteilung in den „Krypten" am Grund der Gräben zwischen den Villi, wandern dann an deren Wänden empor und werden schon vier Tage später wieder abgestoßen. Gewebe, das reich an Blutgefäßen ist, bildet den Kern der Villi und zieht sich an ihrer Basis entlang. Resorbierte Verdauungsprodukte werden in dieses Netzwerk von Gefäßen aufgenommen und anschließend durch den ganzen Körper transportiert. [LM, Hämatoxylin- und Van-Gieson-Färbung, ×100]

2.37 Diese elektronenmikroskopische Aufnahme ergänzt die Abbildung 2.36. Sie zeigt den Aufbau eines einzelnen Villus. Die säulenförmigen Zellen an seiner Außenfläche sind mit schleimabsondernden Becherzellen durchsetzt, die sich bei diesem Präparat in der oberen Hälfte des Villus häufen. Man erkennt sie an den körnigen Schleimtröpfchen in ihrem Inneren. Große Blutgefäße und kleinere Kapillaren bilden den Kern des Villus. [REM, ×615]

2.39

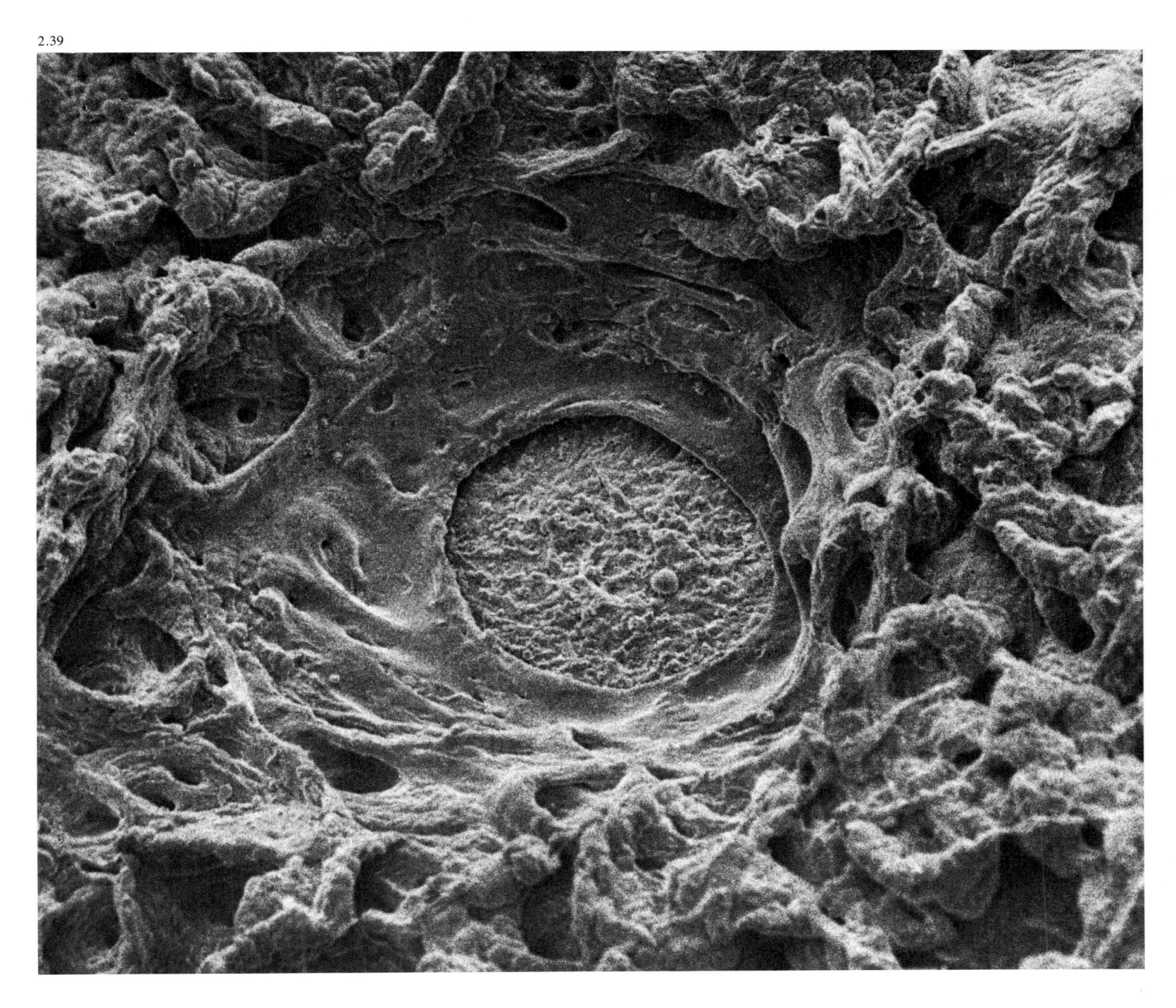

2.38 Das orangefarbene Wesen in der Mitte dieses Bildes, das an eine Nacktschnecke oder einen Egel erinnert, ist ein Darmparasit des Menschen, Giardia (Lamblia) intestinalis. Bei diesen Parasiten handelt es sich um Protozoen — Einzeller, die zu den primitivsten Organismen im Tierreich zählen. Die hier abgebildete Giardia benutzt ihre Sauggrube, um sich an Mikrovilli im Dünndarm anzuheften; das sind winzige Zellfortsätze, die aus der Oberfläche der Enterocyten herausragen — also jener Zellen, welche die weit größeren Villi der Darmwand umkleiden (Abbildungen 2.36 und 2.37). Die Mikrovilli sind alle gleich lang und wirken deshalb wie ein bürstenartiger Saum. Zusammen dienen die etwa 30000 Mikrovilli pro Zelle dazu, die resorbierende Oberfläche eines Darmvillus ungefähr 30fach zu vergrößern. Ein Befall mit Giardia (Giardiasis) vermindert die Resorption von Nahrungsstoffen aus dem Darmtrakt und kann Durchfall hervorrufen. [TEM, Falschfarben, ×5000]

2.39 Die Magensäfte haben einen pH-Wert von 2 und sind damit äußerst sauer. Unter normalen Umständen ist die Magenauskleidung durch eine Schleimschicht geschützt, doch wenn die Schleimbarriere fehlt oder zu dünn wird, beginnt eine Verdauung der Auskleidung selbst. Das Ergebnis ist ein Geschwür, wie man es in diesem Bild eines Rattenmagens sieht. Alle Oberflächen im Inneren des Körpers zeichnen sich dadurch aus, daß ihre Epithelzellen Wunden im allgemeinen gut schließen können. Von den Rändern der Verletzung her schiebt sich eine Lage von Zellen allmählich über den beschädigten Bereich und stellt schließlich wieder eine durchgehende Auskleidung her. Hier ist eine Phase dieses Heilungsvorgangs festgehalten. Das abgebildete Geschwür wurde im Rahmen eines Forschungsprojekts zum Mechanismus der Wundheilung künstlich hervorgerufen. Solche experimentellen Untersuchungen sind nicht zuletzt deshalb wichtig, weil sie den Medizinern Aufschluß darüber geben, wie Magengeschwüre beim Menschen schneller geheilt werden können. Obwohl das Geschwür in diesem Fall chronisch war und die Heilung nur recht langsam erfolgte, kann man deutlich den glatten erhöhten Ring von Epithelzellen sehen, der über den körnigen Grund der Wunde vorrückt. Die Magenschleimhaut um die Wunde herum ist gesund. [REM, Vergrößerung unbekannt]

MIKROKOSMOS

Blut

Die zwei Hauptbestandteile von Blut sind die Blutzellen und die Flüssigkeit (Plasma), in der diese suspendiert sind. Die Zellpopulation besteht überwiegend aus roten Blutkörperchen oder *Erythrocyten*. Diese Zellen transportieren Sauerstoff und sind für diesen Zweck mit dem eisenreichen Pigment Hämoglobin gefüllt. Bei den restlichen Zellen handelt es sich um weiße Blutkörperchen oder *Leukocyten*, die in mehreren verschiedenen Varianten auftreten. Sie sind Teil des Immunsystems, das Infektionen abwehrt (siehe Seite 39). Blut enthält auch Blutplättchen (*Thrombocyten*) – Zellfragmente, die für die Blutgerinnung unentbehrlich sind.

2.40 Dieser Ausstrich menschlichen Bluts besteht überwiegend aus Erythrocyten. Sie sind auf beiden Seiten konkav und in der Mitte heller gefärbt, weil sie dort dünner sind. Reife Erythrocyten haben keinen Zellkern. Zwei Drittel der zirkulierenden Leukocyten sind *neutrophile Granulocyten*, von denen man zwei in der Bildmitte sieht. Sie haben nur einen Zellkern, der jedoch so gelappt ist, daß oft der Eindruck entsteht, es gebe mehrere Kerne in einer Zelle. Die Lappen sind durch Stränge aus Zellkernmaterial miteinander verbunden. [LM, Giemsa-Färbung, ×675]

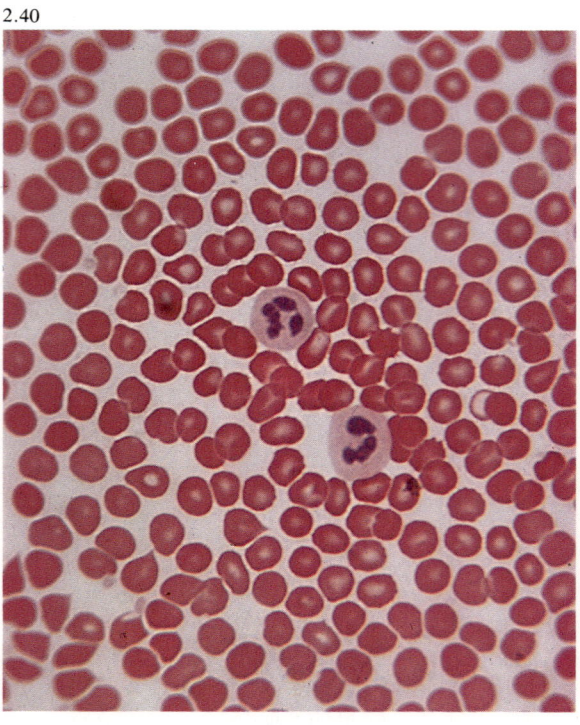

2.41 Die bikonkave Form der roten Blutkörperchen vergrößert die für den Gasaustausch verfügbare Oberfläche. Erythrocyten sind im Grunde genommen Beutel voller Hämoglobin; sie bestehen aus nichts anderem als diesem Pigment, einigen Enzymen sowie einer hochflexiblen Zellmembran. [REM, ×6320]

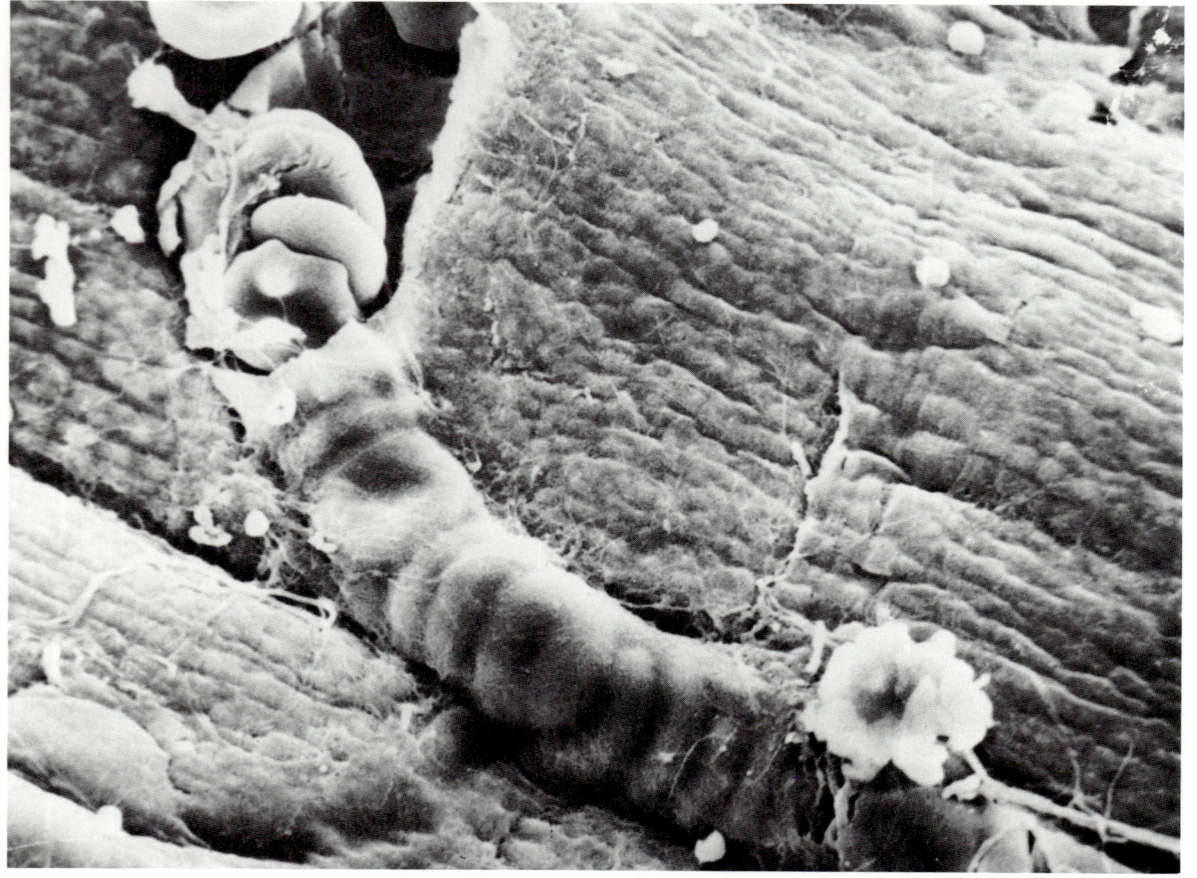

2.42 Die eigentliche Arbeit der Blutzirkulation wird von dem rund 60 000 Kilometer langen Netzwerk der Kapillaren geleistet. Es stellt sicher, daß keine Zelle im Körper mehr als den Bruchteil eines Millimeters von einer Blutversorgung entfernt ist. Viele Kapillaren sind nicht dicker als die roten Blutkörperchen, die in ihnen eines hinter dem anderen entlangwandern – so wie es in dieser Kapillare aus Muskelgewebe zu sehen ist. Die kleinsten Kapillaren haben sogar lediglich einen halb so großen Durchmesser wie die Erythrocyten, so daß diese sich stark verformen müssen, um überhaupt hindurchzukommen. [REM, ×3740]

2.43 Die extreme Flexibilität der roten Blutkörperchen wird von diesen drei Erythrocyten demonstriert, die sich gerade durch eine winzige Öffnung in der Wand einer Kapillare zwängen (sie verläuft von links oben nach rechts unten). Bei Entzündungen gelangen auf diese Weise große Mengen weißer Blutkörperchen und eine kleinere Anzahl von Erythrocyten in das Gewebe, das die Kapillaren umgibt. Blutplasma tritt an solchen Stellen ebenfalls aus und trägt zur Schwellung bei. [TEM, Falschfarben, ×21750]

2. DER MENSCHLICHE KÖRPER

2.43

2.44 Die Sichelzellenanämie ist eine Erbkrankheit, bei der die Hämoglobinsynthese gestört ist. Die Krankheit hat ihren Namen von einer charakteristischen Deformation der Erythrocyten (wie sie die untere der beiden Zellen zeigt). Rote Blutkörperchen entwickeln diese abnorme Form, weil die Hämoglobinmoleküle in ihnen winzige Stäbchen bilden, die sich zu Bündeln anordnen und die Zellmembran strecken. Im Gegensatz zur normalen Flexibilität der Erythrocyten sind Sichelzellen starr. Sie blockieren deshalb feine Kapillaren, behindern die Blutversorgung und enthalten dem Gewebe dadurch Sauerstoff und Nahrungsstoffe vor. Die rundliche Zelle mit den Stacheln ist ein sogenannter *Echinocyt* oder „Stechapfel"-Erythrocyt, ein weiteres Beispiel für die vielfältigen (pathologischen) Formen roter Blutkörperchen. [REM, Vergrößerung unbekannt]

2.45 Erythrocyten sind so auf den Transport von Sauerstoff spezialisiert, daß sie den üblichen Apparat im Inneren der Zelle, der Reparaturarbeiten ausführt, aufgegeben haben. Ein rotes Blutkörperchen kann weder seine Enzyme ergänzen noch Abnutzungen seines Proteinmantels ausbessern. Rote Blutkörperchen leben deshalb nur etwa 120 Tage. Wenn ihr nützliches Leben vorüber ist, werden sie von weißen Blutkörperchen verzehrt. Niemand weiß sicher, was den Leukocyten sagt, wann sie eingreifen sollen, doch könnte eine Unfähigkeit der roten Blutkörperchen, ihre konkave Form beizubehalten, dabei eine Rolle spielen. Neben den neutrophilen Granulocyten sind vor allem die *Makrophagen*, eine andere Gruppe weißer Blutkörperchen, die aktivsten „Saubermacher" des Körpers. Der Vorgang der *Phagocytose* – des „Zellfressens" – ist in dieser Serie von Mikrophotographien dramatisch eingefangen. Ein Makrophage nähert sich einer roten Blutzelle, umfaßt sie mit einem trichterförmigen „Mund" und verschlingt sie schließlich als Ganzes. Makrophagen sind die größten weißen Blutkörperchen des Körpers und gegenüber eindringenden Mikroorganismen und anderen Fremdkörpern genauso aktiv wie gegenüber alten Erythrocyten. Doch die Phagocytose ist nur ein Element im Verteidigungssystem des Körpers gegen Krankheiten. Zu den weiteren Mechanismen gehört die Immunreaktion, die auf der gegenüberliegenden Seite beschrieben ist. [REM, Vergrößerung unbekannt]

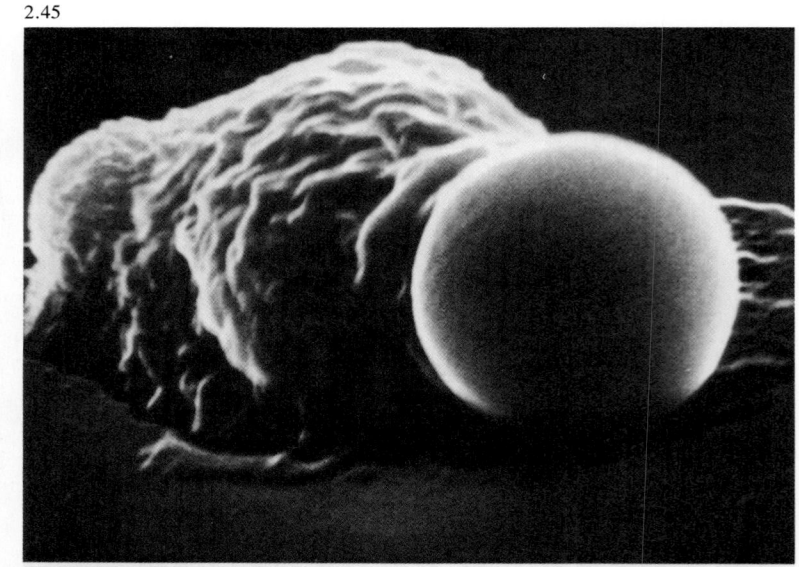

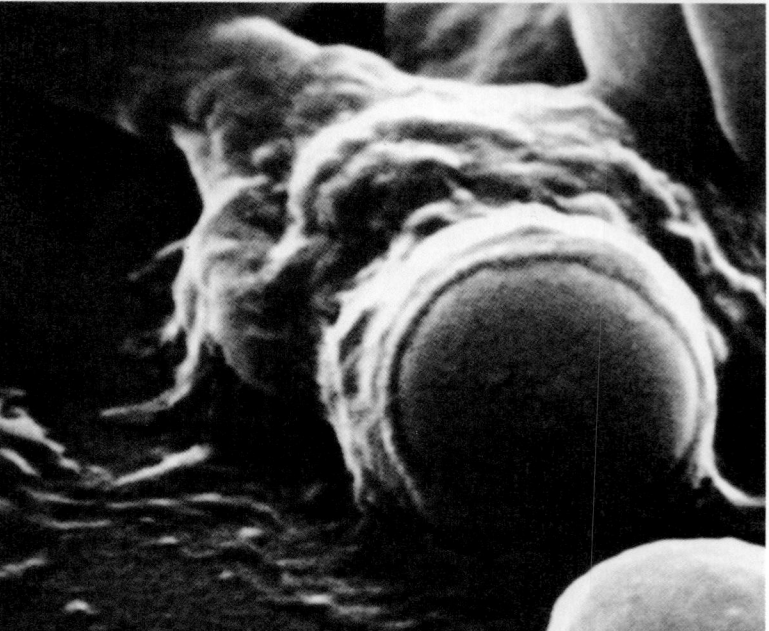

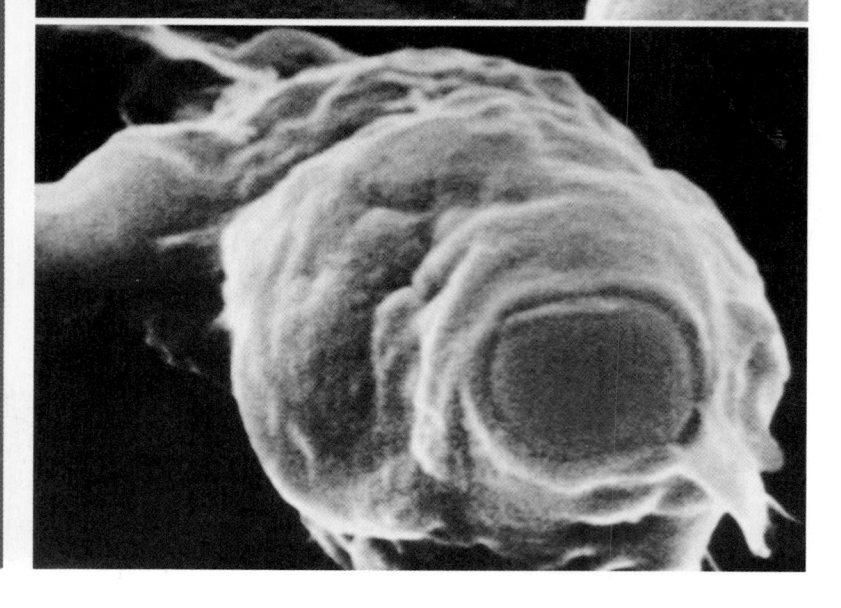

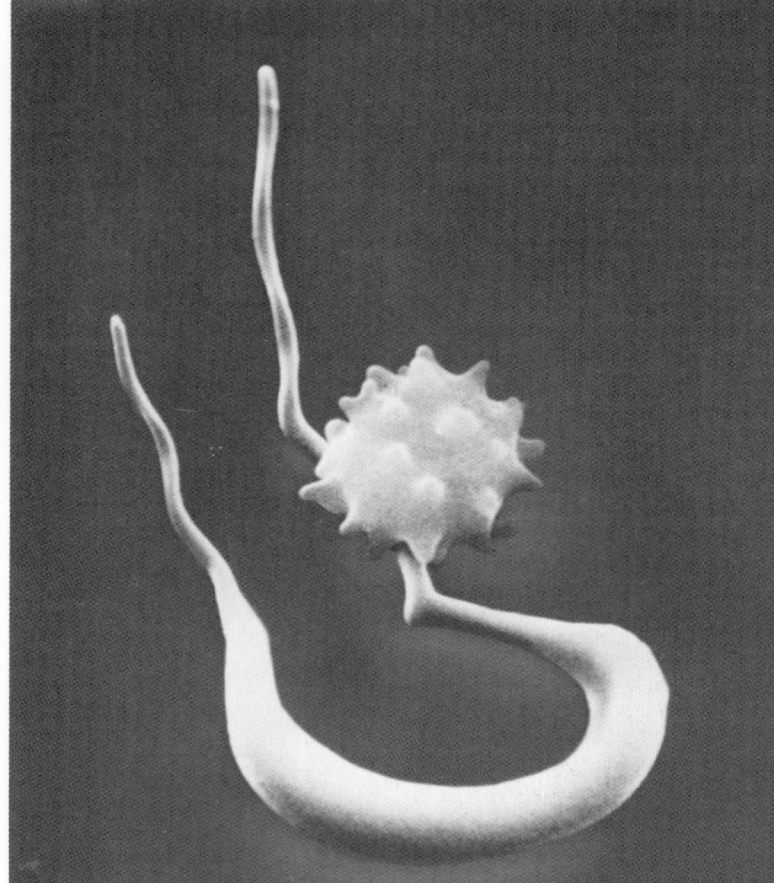

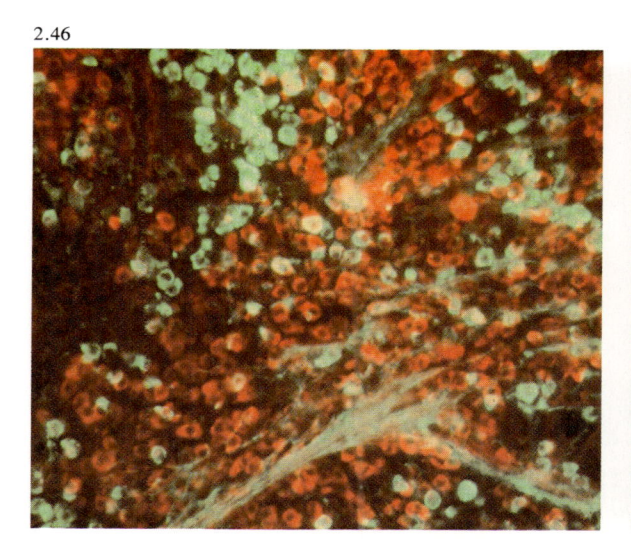

Immunsystem

Bakterien und andere Organismen, die unsere äußeren Abwehrschranken durchdringen, enthalten große Proteine, die der Körper als fremd erkennt (Antigene). Eine mögliche Reaktion ist die Herstellung von Antikörpern — spezifischen Proteinen, die im Blut zirkulieren, bis sie sich mit ihren Zielantigenen verbinden können. Die Produktion von Antikörpern obliegt den *B-Lymphocyten*. Lymphocyten sind weiße Blutkörperchen, die in Geweben des lymphatischen Systems wie dem Thymus und der Milz heranreifen. Andere Arten von Lymphocyten — die *T-Zellen* — zerstören eindringende Organismen auf direktere Weise.

2.46 Wenn B-Lymphocyten auf Antigene stoßen, teilen sie sich und reifen zu sogenannten *Plasmazellen*, die Antikörper ausschütten. Solche Zellen können in den wenigen Tagen ihres Lebens 2000 identische Antikörpermoleküle pro Sekunde absondern. Diese immunfluoreszenzmikroskopische Aufnahme zeigt Plasmazellen in der Milz einer Maus, die zwei Klassen von Antikörperproteinen produzieren: Die rot gefärbten scheiden Immunglobulin G (IgG), die grünen Immunglobulin M (IgM) aus. Die Tatsache, daß keine Zelle sowohl rot als auch grün gefärbt ist, spiegelt die Spezifität der Immunreaktion wider: Zellen spezialisieren sich auf die Produktion von Antikörpern eines ganz bestimmten Typs. Zur Herstellung dieser Aufnahme wurde Milzgewebe der Maus mit zwei fluoreszierenden Farbstoffen behandelt. Antikörper gegen IgM wurden mit dem grünen Farbstoff Fluorescein, solche gegen IgG mit dem roten Farbstoff Rhodamin markiert. Die markierten Antikörper binden sich selektiv an Zellen, das entsprechende Immunglobulin auf ihrer Oberfläche tragen. [LM, Fluoreszenz, ×950]

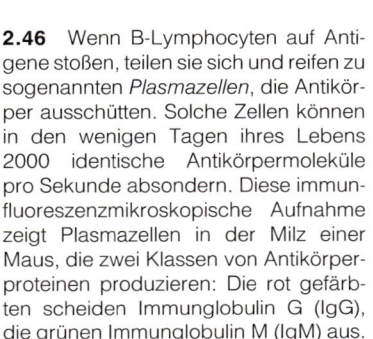

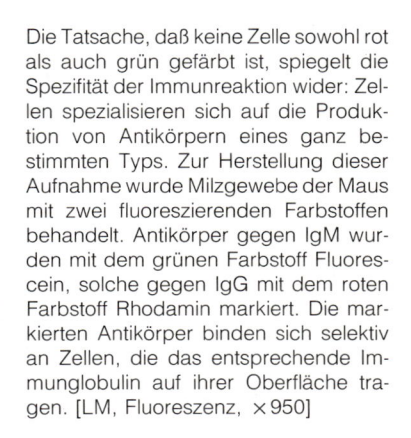

2.47 Wenn ein Antikörper sich mit seinem Antigen verbindet, kann dies auf mehreren Wegen die Zerstörung der Zelle auslösen, die das Antigen trägt. Eine Möglichkeit ist die Aktivierung der *Komplementkaskade* — eines Systems aus neun mit C1 bis C9 bezeichneten Proteinen, die im Blutplasma zirkulieren. Das baumartig geformte Proteinmolekül in dieser enorm vergrößerten transmissionselektronenmikroskopischen Aufnahme hat die Bezeichnung C1q. Ein Antikörper, der sich an eine Zielzelle angeheftet hat, wird sich an einen der sechs „Köpfe" des C1q binden. Dies löst eine kaskadenartige Aktivierung der anderen Komplementproteine (von C1 bis C9) aus, die letztlich Löcher in die Membran der Zielzelle stanzen und damit ihre Zerstörung herbeiführen. [TEM, Negativkontrastierung, ×1 400 000]

2.48 Das Immunsystem wird nicht nur durch eindringende Organismen aktiviert, sondern reagiert auch auf abnorme körpereigene Zellen wie beispielsweise Tumorzellen. Diese rasterelektronenmikroskopische Aufnahme zeigt, wie vier kleine T-Lymphocyten (so genannt, weil sie im Thymus heranreifen) eine große Krebszelle angreifen. Einige T-Zellen erzeugen Substanzen, die umherstreifende Makrophagen anlocken und deren Phagocytose-, also Freßaktivität anregen. Andere — wie diese hier — greifen ihr Ziel direkt an. Sie sind als *Killerzellen* bekannt. Leider haben ihre Anstrengungen nicht immer Erfolg, wie die weite Verbreitung von Krebserkrankungen beweist. [REM, ×1125]

Haut und Haare

Obwohl die Haut nur wenige Millimeter dick ist, bildet sie mit ihrer Fläche von knapp zwei Quadratmetern das größte Organ unseres Körpers und eine wichtige Schnittstelle mit der Außenwelt. Die Haut des Menschen ist nur spärlich mit Haaren bedeckt und daher verletzlich, doch ihre zum Teil verhornte äußere Schicht — die Oberhaut oder *Epidermis* — bietet einen gewissen Schutz; gesunde Haut ist eine wirksame Barriere gegenüber Viren und Bakterien. Unter der Epidermis liegt eine dichte Gewebeschicht — die Lederhaut oder *Dermis* —, die reich an Blutgefäßen und Nervenendigungen ist. Die Haut ist ein sehr vielseitiges Sinnesorgan: Sie reagiert auf Berührung, Druck, Schmerz, Hitze und Kälte und ist für die Regelung der Körpertemperatur von grundlegender Bedeutung.

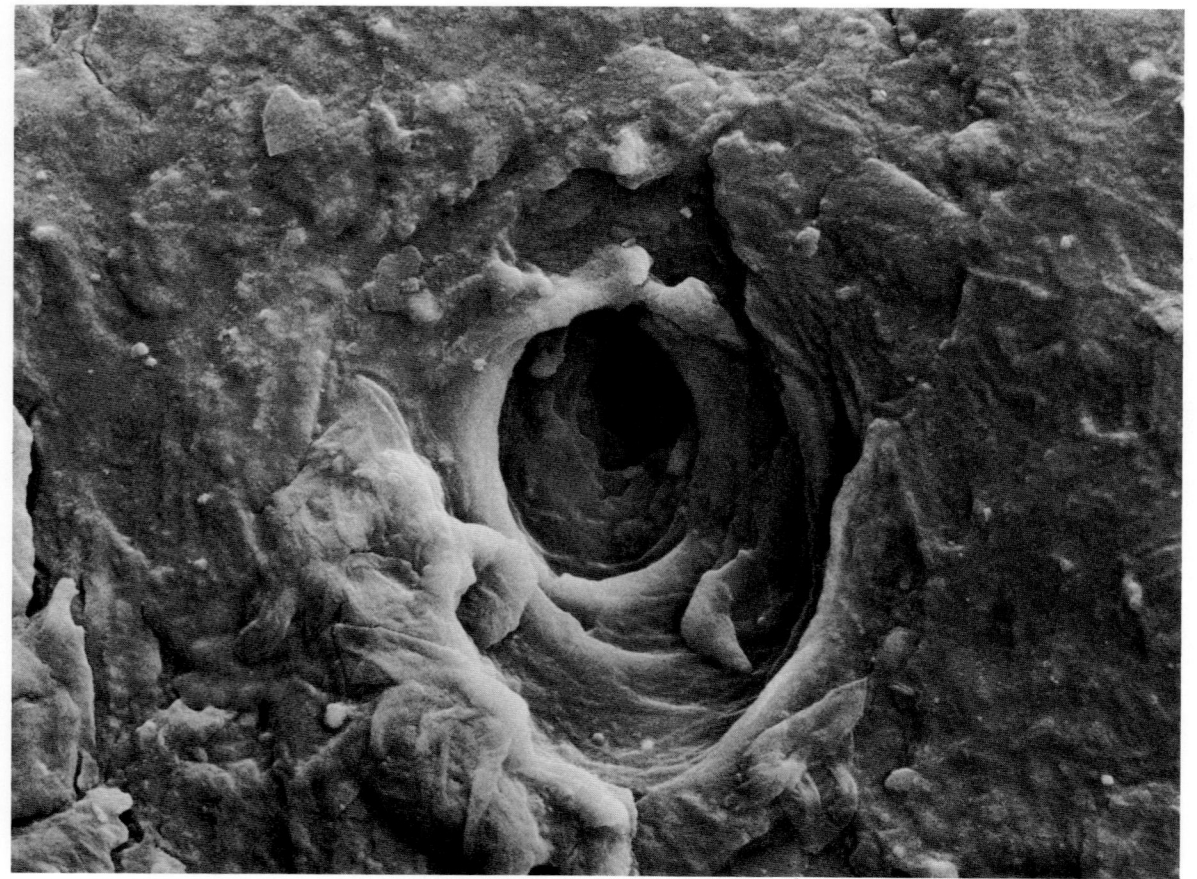

2.49 Die Haut der Handflächen (hier im Bild), Fußsohlen und Fingerspitzen zeigt ausgeprägte Hautleisten, deren genaues Muster bei jedem Menschen individuell verschieden ist. Entlang den „Höhenzügen" liegen Schweißdrüsen, die wie kleine Krater aussehen. Die Zellen in und direkt unter der verhornten Oberflächenschicht der Haut sind abgeflacht und verhärtet, weil sich in ihnen das Protein Keratin abgelagert hat. Diese zähe, tote Barriere aus Zellresten wird fortlaufend abgestoßen; die Mikrophotographie zeigt deutlich ihr schuppiges Aussehen. Tote Zellen werden ständig durch jüngere, reifende Zellen ersetzt, die ungefähr einen Monat brauchen, um vom Grund der Epidermis emporzuwandern. [REM, ×30]

2.50 Wie der Eingang zu einer tiefen Höhle windet sich eine Schweißpore durch die äußere Hautschicht hinab. Sie endet in einer geknäuelten Schweißdrüse in der Lederhaut oder in subcutanen Schichten. Die hier gezeigte Pore sitzt in der Handfläche — einem der Körperbereiche mit den meisten Schweißdrüsen. Ein Viertel der Wärmeabgabe unseres Körpers erfolgt durch Schwitzen. [REM, ×560]

2.51 Diese lichtmikroskopische Aufnahme zeigt die verschiedenen Schichten der Haut und ein einzelnes Haar im Schnitt. Die Hornschicht der Epidermis erscheint als dünnes, dunkles Band über der viel dickeren, aber weniger dichten Lederhaut, die in die subcutanen Schichten am unteren Bildrand übergeht. Man beachte, wie die Epidermis sich nach unten einstülpt und die Auskleidung des Haarbalgs oder Haarfollikels unter der Hautoberfläche bildet. Das Haar wurzelt in einem erweiterten Abschnitt – der Haarzwiebel, einem Bereich sich aktiv teilender Zellen, aus dem das Haar wächst. Haare können sich kräuseln, wenn die Follikel gewunden sind oder in einem Winkel zum Haarschaft liegen. Zu jedem Follikel gehören ein Bündel glatter Muskeln, die das Haar bei Kälte oder Furcht aufrichten, und eine oder mehrere Drüsen, die öligen, wasserfesten Talg auf das Haar und die Hautoberfläche absondern. Eine Talgdrüse ist auf halber Höhe an der linken Seite des Haarfollikels zu sehen. [LM, Vergrößerung unbekannt]

2.52 Haare bestehen überwiegend aus Keratin. Diese rasterelektronenmikroskopische Aufnahme zeigt die Oberfläche eines normalen menschlichen Haars. Man sieht deutlich die sich überlappenden Keratinplättchen oder -schuppen, die vermutlich das Verfilzen der Haare vermindern. [REM, ×480]

2.53–2.54 Dies ist die Art von Vergleich, die Hersteller elektrischer Rasierapparate erbittert. Links sieht man das Barthaar eines Mannes, das von der Klinge eines Naßrasierers sauber abgeschnitten wurde. Die rechte Aufnahme zeigt ein Barthaar desselben Mannes, das ein elektrischer Rasierapparat zerfetzt und zersplittert hat. Da jedes Haar nur einen Durchmesser von annähernd einem fünftel Millimeter hat, kann man den Unterschied mit bloßem Auge kaum oder gar nicht erkennen, und wenn jemand beim Küssen einen Unterschied fühlt, ist dieser wahrscheinlich mehr eingebildet als wirklich. Trotzdem kann man sehen, warum die Hersteller von Elektrorasierern es lieber hätten, wenn das Rasterelektronenmikroskop nie erfunden worden wäre. [REM, beide Aufnahmen ×275]

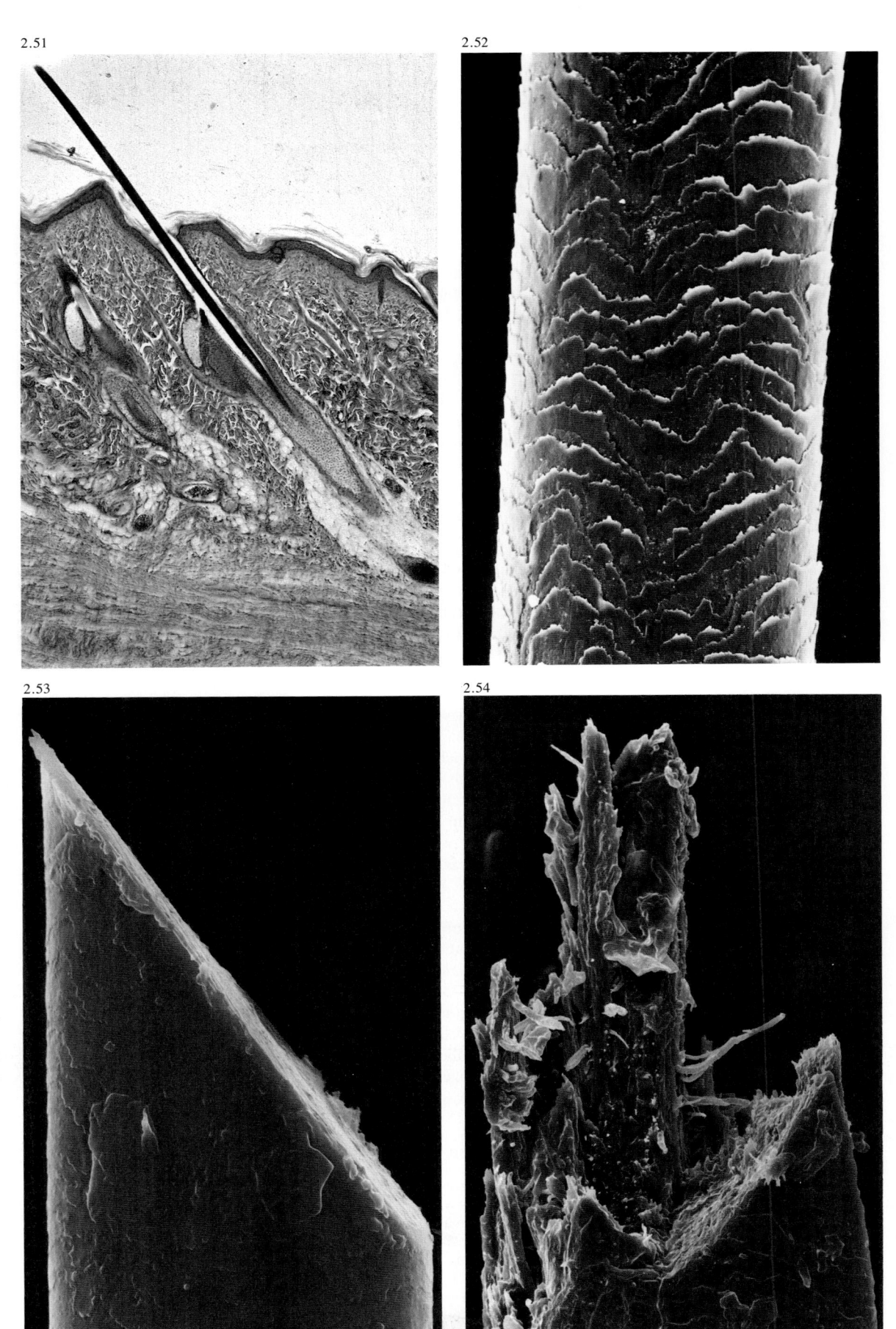

3. Tiere

Mikroskope tragen dazu bei, unsere einseitige Vorstellung vom Reich der Tiere zu verändern: Die Säugetiere, Vögel, Reptilien, Amphibien und Fische, die in unserem Bewußtsein einen so übergroßen Raum einnehmen, verschwinden auf einmal aus unserem Blickfeld. An ihre Stelle treten die Einzeller (Protozoen), Würmer und Gliederfüßer, von denen das vorliegende Kapitel handelt. Sowohl hinsichtlich der Anzahl der Arten als auch, was die Individuenzahlen betrifft, beherrschen in Wahrheit diese Lebewesen das tierische Leben auf der Erde.

Das wichtigste Merkmal, das ein Lebewesen als „Tier" definiert, ist die Art, mit der es Energie für sein Wachstum gewinnt. Die meisten Pflanzen und viele Mikroorganismen brauchen nur einfache Mineralstoffe, Wasser und gewöhnlich Luft und Licht zum Leben. Tiere dagegen benötigen vorgeformte Nahrung organischen Ursprungs. Diese Bedingung diktiert viele Aspekte ihrer Lebensweise — etwa die Entwicklung von Wahrnehmungs- und Fortbewegungssystemen, die es ihnen ermöglichen, Beute zu fangen und andererseits selbst Räubern zu entgehen. Die Mechanismen der Nahrungsaufnahme und der Verdauung sind an die jeweilige Nahrungsquelle angepaßt. Insekten verfügen beispielsweise über eine große Vielfalt kauender, schneidender oder stechender Mundwerkzeuge, um Holz, Blätter oder Blut aufzunehmen. Bandwürmer haben dagegen weder einen Mund noch ein Verdauungssystem: Sie leben in den Därmen anderer Tiere und resorbieren die bereits verdaute Nahrung ihrer Wirte. Das Ausmaß solcher Spezialisierungen liefert eine Grundlage für die Klassifikation dieser Lebewesen.

Die primitivsten „Tiere" (die neuerdings gar nicht mehr zu den Tieren, sondern in ein eigenes, ursprünglicheres Organismenreich gestellt werden) besitzen relativ dürftige Sinnessysteme und einen einfachen Körperbau. Sie bestehen nämlich nur aus einer einzigen Zelle oder einer Kolonie von Einzelzellen, die sich zusammengeschlossen haben. Dennoch erfüllen diese „Urtierchen", die Protozoen, in ihrer einen Zelle, die äußerst komplex sein kann, alle Funktionen eines Tiers. „Höhere" Tiere haben vielzellige Körper mit einem Nervensystem und spezialisierten Organen und Geweben; die Zellen, aus denen diese bestehen, führen gewöhnlich eine oder mehrere spezifische Aufgaben aus und können vergleichsweise einfach gebaut sein.

Wichtige Schritte in der Evolution der höheren Tiere waren die Bildung einer speziellen (sekundären) inneren Leibeshöhle, des *Coeloms*, die Entwicklung getrennter Körpersegmente (bei den Ringelwürmern) und der Erwerb einer schützenden Cuticula als Außenskelett (bei den Gliederfüßern). Zusammen mit anderen ermöglichten diese Errungenschaften die große Vielfalt in Körperbau und Lebensweise, die wir von den Gliederfüßern im allgemeinen und den Insekten, den erfolgreichsten aller Tiere, im besonderen kennen.

Menschen, die sich aus Liebhaberei oder beruflich mit der Lichtmikroskopie beschäftigen, haben schon seit langem mit Vergnügen kleine Wassertiere beobachtet — von Einzellern bis zu den Larven von Insekten und Krebsen. Viele dieser Lebewesen bewegen sich unter dem Lichtmikroskop mit großer Geschwindigkeit und Eleganz, nehmen Nahrung auf oder vermehren sich. Das Rasterelektronenmikroskop vermag uns zwar keine lebende Welt vorzuführen, doch seine detaillierten Ansichten kleiner Tiere zeigen, wie kompliziert diese sein können.

3.1 Die Blattläuse (Aphidina) stellen eine große, erfolgreiche Insektengruppe dar. Es sind spezialisierte Pflanzensauger, die während einer Saison zwei verschiedene Wirte ausbeuten. Die hier gezeigte Gruppe nicht identifizierter flügelloser Blattläuse nimmt an einem Pflanzenstiel Nahrung auf. Die Blattlaus ganz rechts ist mit ihrem Rüssel in den Stiel eingedrungen und trinkt die darin enthaltenen zuckerreichen Säfte. Blattläuse entwickeln sich schnell zu großen Populationen, und die befallenen Pflanzen sind nach kurzer Zeit erschöpft, so daß sie welken und absterben. Am Hinterende jeder Blattlaus sitzen zwei kurze röhrenförmige Anhänge, die sogenannten *Rückenröhrchen*, die Pheromone und Wachs ausscheiden. Am Vorderende, vor den seitlichen Facettenaugen, sieht man die gegliederten Fühler. [REM, Falschfarben, ×175]

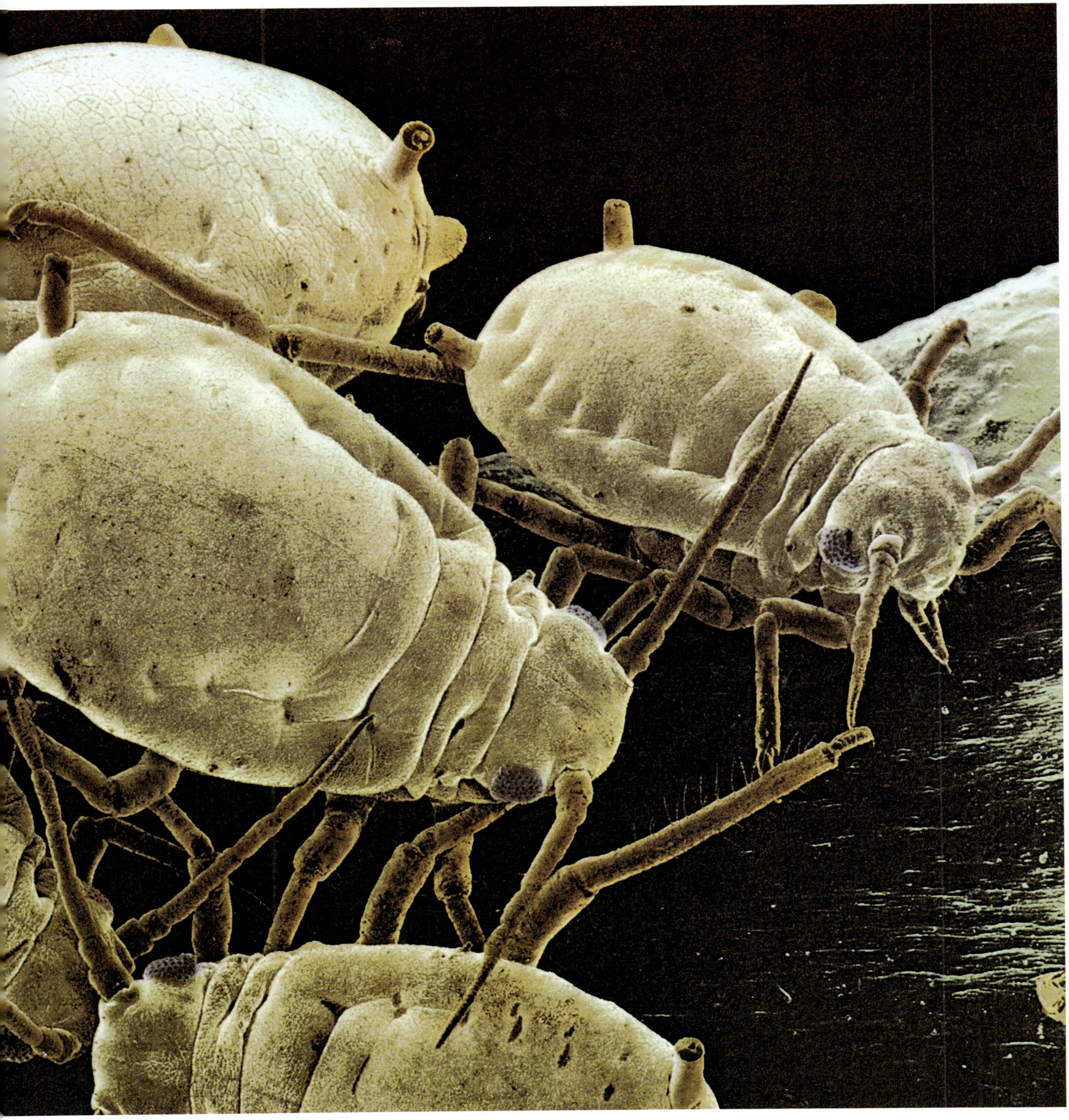

MIKROKOSMOS

Protozoen

Die Protozoen oder „Urtierchen" werden, wie schon der Name sagt, an den Beginn des Tierreichs gestellt (neuere Klassifikationssysteme ordnen sie allerdings einem getrennten Reich zu) und sind dessen einfachste Vertreter. Weitaus die meisten bestehen aus einer einzigen Zelle, die mit allem ausgerüstet ist, was sie für eine Existenz als tierisches Lebewesen braucht. Einige wenige zu den Protozoen gezählte Arten sind insofern außergewöhnlich, als sie auf die gleiche Weise wie Pflanzen Energie aus Sonnenlicht gewinnen. Rund 80000 Protozoenarten wurden bisher beschrieben und in vier große Gruppen eingeteilt: Geißeltierchen (Flagellaten), Wurzelfüßer (Rhizopoden), Wimpertierchen (Ciliaten) und Sporentierchen (Sporozoen).

Protozoen besitzen nicht nur die grundlegenden Zellorganellen wie Zellkern und Mitochondrien, sondern noch eine ganze Reihe zusätzlicher Strukturen, mit deren Hilfe sie Nahrung aufnehmen, Abfallprodukte ausscheiden, sich verteidigen und in ihrer Umwelt fortbewegen. Manche Arten bilden eine äußere Schutzhülle, die sogenannte *Pellicula*, andere fertigen komplizierte Schalen oder Gehäuse an.

Die meisten Protozoen ernähren sich wie Tiere, indem sie organische Verbindungen aufspalten und deren Bestandteile resorbieren. Viele haben einen „Zellmund"; bei den Wimpertierchen handelt es sich dabei um eine komplizierte, dauerhafte Struktur, bei manchen Amöben dagegen ist er nur vorübergehend vorhanden und verschwindet nach Beendigung des Freßvorgangs sofort wieder. Wenn die Nahrung das Cytoplasma des Tiers erreicht, wird sie in eine *Nahrungsvakuole* eingeschlossen und dort mit Hilfe von Enzymen verdaut.

Protozoen verwenden mehrere Mechanismen, um sich in ihrer Umwelt fortzubewegen. Die Flagellaten benutzen *Flagellen* — peitschenartige Fäden, die eine wellenförmige, manchmal kreiselnde Fortbewegung durch das Wasser ermöglichen. Ciliaten verlassen sich auf ihre *Cilien* (auch Wimpern oder Flimmerhärchen genannt), die gegen das Wasser schlagen und eine Strömung hervorrufen. Amöben kommen mit Hilfe von *Pseudopodien* oder „Scheinfüßchen" voran — Fortsätzen ihres Cytoplasmas, die sie in eine oder mehrere Richtungen gleichzeitig ausstülpen.

Protozoen kommen im Süßwasser, im Meerwasser und besonders reichlich im Erdboden vor. Die meisten sind wertvolle Glieder am Beginn der Nahrungsketten. Manche Arten leben jedoch parasitisch, und einige wenige davon rufen ernste Erkrankungen beim Menschen hervor. Der Malariaerreger *Plasmodium* ist beispielsweise ein parasitischer Einzeller, ebenso *Entamoeba histolytica*, der Erreger der tropischen Amöbenruhr.

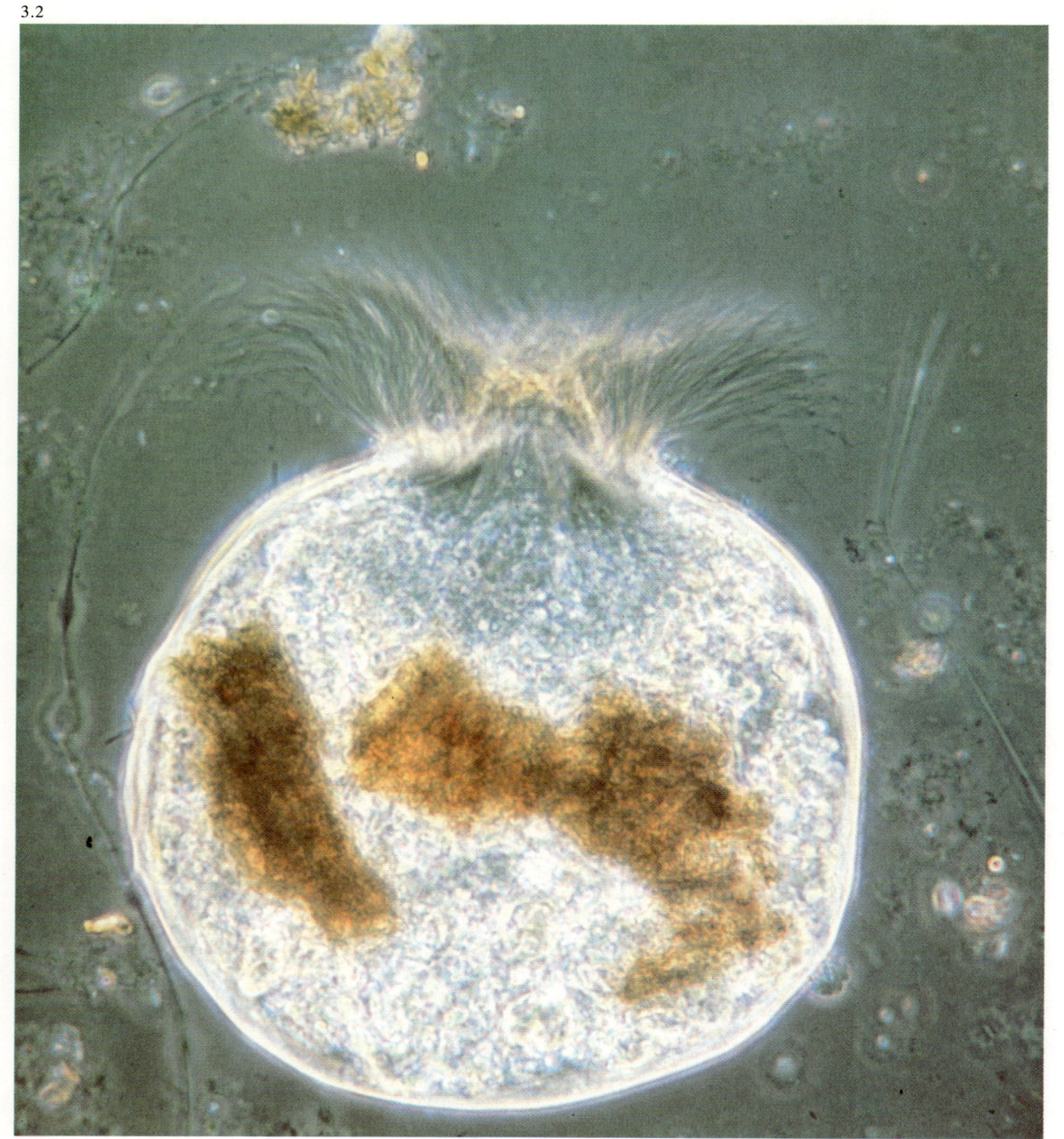

3.2 Der hier abgebildete Flagellat *Barbulonympha ufalula* geht eine symbiontische Beziehung mit der seltenen holzfressenden Schabe *Cryptocercus punctulatum* ein. Der Einzeller lebt im Enddarm der Schabe, wo er die notwendigen Verdauungsenzyme bereitstellt, die seinem Wirt fehlen. Die Schabe frißt ausschließlich Holz, ist jedoch selbst nicht fähig, Cellulose in einfachere Kohlenhydrate umzuwandeln. *B. ufalula* übernimmt diese Arbeit und frißt als Gegenleistung einen Teil der verdauten Produkte. In diesem Bild sieht man zwei braune Fragmente halbverdauter Nahrung im Cytoplasma und darüber die mit vielen Flagellen besetzte Krone, die den Mundbereich verdeckt. [LM, ×520]

3.3 Das Blaue Trompetentierchen *Stentor coeruleus* aus der Klasse der Ciliaten schwimmt frei im Süßwasser oder heftet sich an eine Unterlage — beispielsweise einen Algenfaden — an, indem es seinen spitz zulaufenden „Fuß" als Anker benutzt. *Stentor* kann sich stark zusammenziehen und schrumpft bis dicht an das Substrat heran, wenn er gestört oder gereizt wird. Die lichtmikroskopische Aufnahme zeigt eine Gruppe dieser Organismen in ausgestreckter Freßhaltung. Die breite Lippe des glockenförmigen Munds und die innere Oberfläche des Mundfelds sind von Reihen miteinander verbundener Wimpern besetzt, die heftig schlagen und verschiedenste mikroskopisch kleine Nahrungsteilchen wie Bakterien, Kieselalgen und Rädertiere hineinziehen und filtern. [LM, ×400]

3.4 Die Pellicula oder Außenhaut gibt Protozoen eine gewisse Festigkeit. Sie zeigt in ihrem Bau beträchtliche Unterschiede zwischen den Arten. Das Exemplar in dieser Mikroaufnahme, *Euglena fusca*, ist ein Flagellat. Um ein deutliches Bild der Pellicula zu erhalten, wurde das Geißeltierchen punktiert und sein Zellinhalt herausgedrückt (er ist oben rechts zu sehen). Zwei braune Paramylonkörper, die überschüssiges Kohlenhydrat speichern, blieben in der Zellmembran zurück. Man sieht, daß die Pellicula aus einer Reihe sich überlappender, spiralig gewundener Streifen besteht; diese werden von einem Protein gebildet und sind mit Schleimperlen besetzt, deren hoher Eisengehalt dem Tier eine rötlich-braune Färbung gibt. [LM, ×960]

3.5 Amöben sind die Verwandlungskünstler der Natur. Sie ändern ständig ihre Körperform, um sich fortzubewegen und um Nahrung aufzunehmen. Manche Arten bilden nur ein einziges Scheinfüßchen (Pseudopodium) aus, doch die Amöbe hier im Bild hat drei; sie schieben sich in Richtung auf den unteren Bildrand vor. Wie Pseudopodien genau entstehen, ist immer noch ein Geheimnis. Das Cytoplasma von Amöben ist in zwei Zonen aufgeteilt: einen inneren, flüssigen Bereich, das sogenannte *Endoplasma*, das den Großteil des sichtbaren Cytoplasmas ausmacht, und eine äußere, gelartige Schicht, das *Ektoplasma*, die unter der Außenmembran der Zelle liegt. Man nimmt an, daß Wechselwirkungen zwischen diesen Zonen irgendwie die Protoplasmaströmung steuern, welche die Scheinfüßchen erzeugt. [LM, Vergrößerung unbekannt]

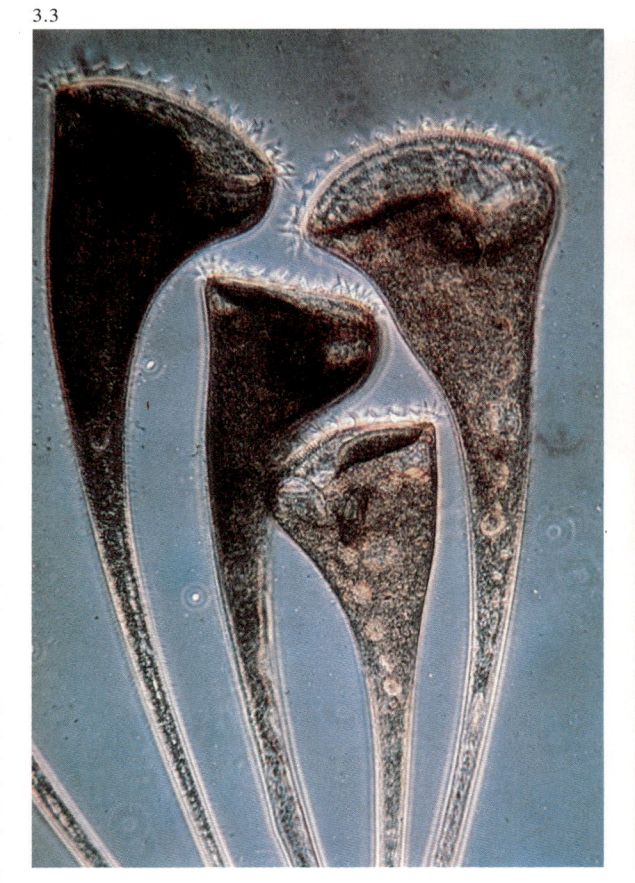

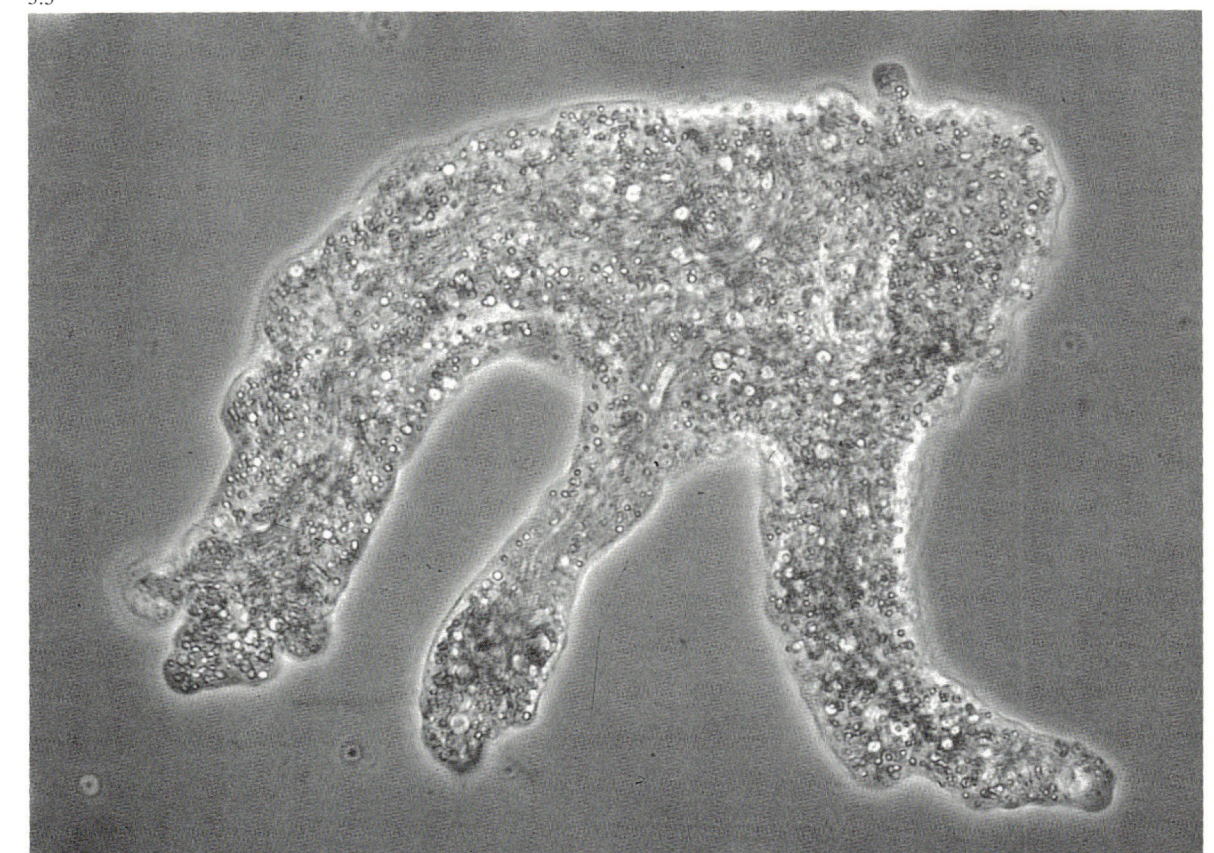

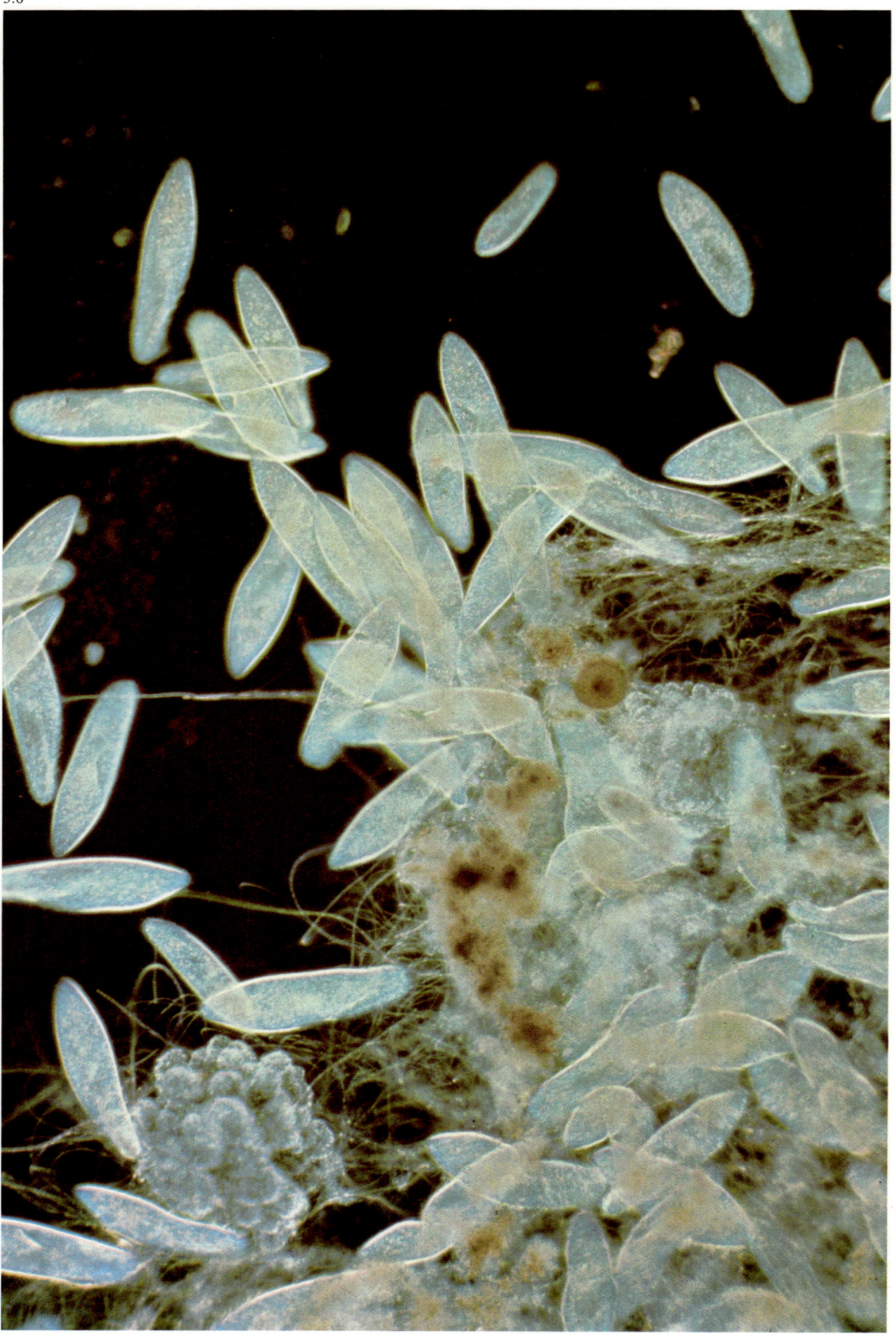

3.6 Ein Tropfen Teichwasser verwandelt sich in eine dichtbevölkerte Mikrowelt, wenn man ihn unter dem Lichtmikroskop betrachtet. Hier weidet eine Gruppe von Pantoffeltierchen *(Paramecium* sp.) zwischen einem Klumpen fadenförmiger Bakterien der Gattung *Beggiatoa*. Pantoffeltierchen gehören zur Klasse der Ciliaten und kommen im Wasser und in der Erde häufig vor. Sie haben einen permanenten Mund und ernähren sich vielseitig, unter anderem von Algen, Kieselalgen und zerfallendem organischen Material. [LM, Dunkelfeldbeleuchtung, ×160]

3.7–3.10 Pantoffeltierchen sind eine bevorzugte Nahrung für viele Organismen, doch keiner dieser Räuber ist so sonderbar wie das ebenfalls zu den Ciliaten gehörende „Nasentierchen" *Didinium nasutum*. Diese Folge von rasterelektronenmikroskopischen Aufnahmen zeigt, wie ein *Didinium* ein fast doppelt so großes *Paramecium* angreift und in einem Ruck verschlingt. *Didinium* ist wie ein Fäßchen geformt und besitzt zwei Wimperngürtel zur Fortbewegung sowie eine vorspringende „Schnauze" oder „Nase". Diese dient beim Fressen als Untersuchungs- und Greiforgan und ist durch zahlreiche stabartige Strukturen verstärkt, die zum Festhalten der Beute benutzt werden. In Abbildung 3.7 hat das *Paramecium* die sich nähernde Gefahr bemerkt und sein Arsenal von *Trichocysten* ausgestoßen – ein Gewirr steifer Fasern, das einige Feinde abschreckt, aber bei *Didinium* offenbar wenig Wirkung zeigt. In Abbildung 3.8 ergreift das *Didinium* das *Paramecium* nahe bei dessen Mund, wobei es Schnauze und Schlund in Vorbereitung auf die Mahlzeit enorm erweitert. In Abbildung 3.9 bringt es das Pantoffeltierchen in eine Lage, in der sich dieses leichter verschlingen läßt. Abbildung 3.10 zeigt, wie sich die als Greiforgan benutzte Schnauze des Räubers in das Zellinnere hineinbewegt und dabei das *Paramecium* mitzieht. Das Opfer füllt das Innere von *Didinium* vollständig aus, das jetzt einer riesigen Nahrungsvakuole gleicht. Sobald die Verdauung abgeschlossen ist, kehrt die Schnauze zur Vorderseite der Zelle und in Freßposition zurück. Unter Laborbedingungen kann ein *Didinium* alle drei Stunden ein *Paramecium* verzehren. [REM, alle Aufnahmen ×700]

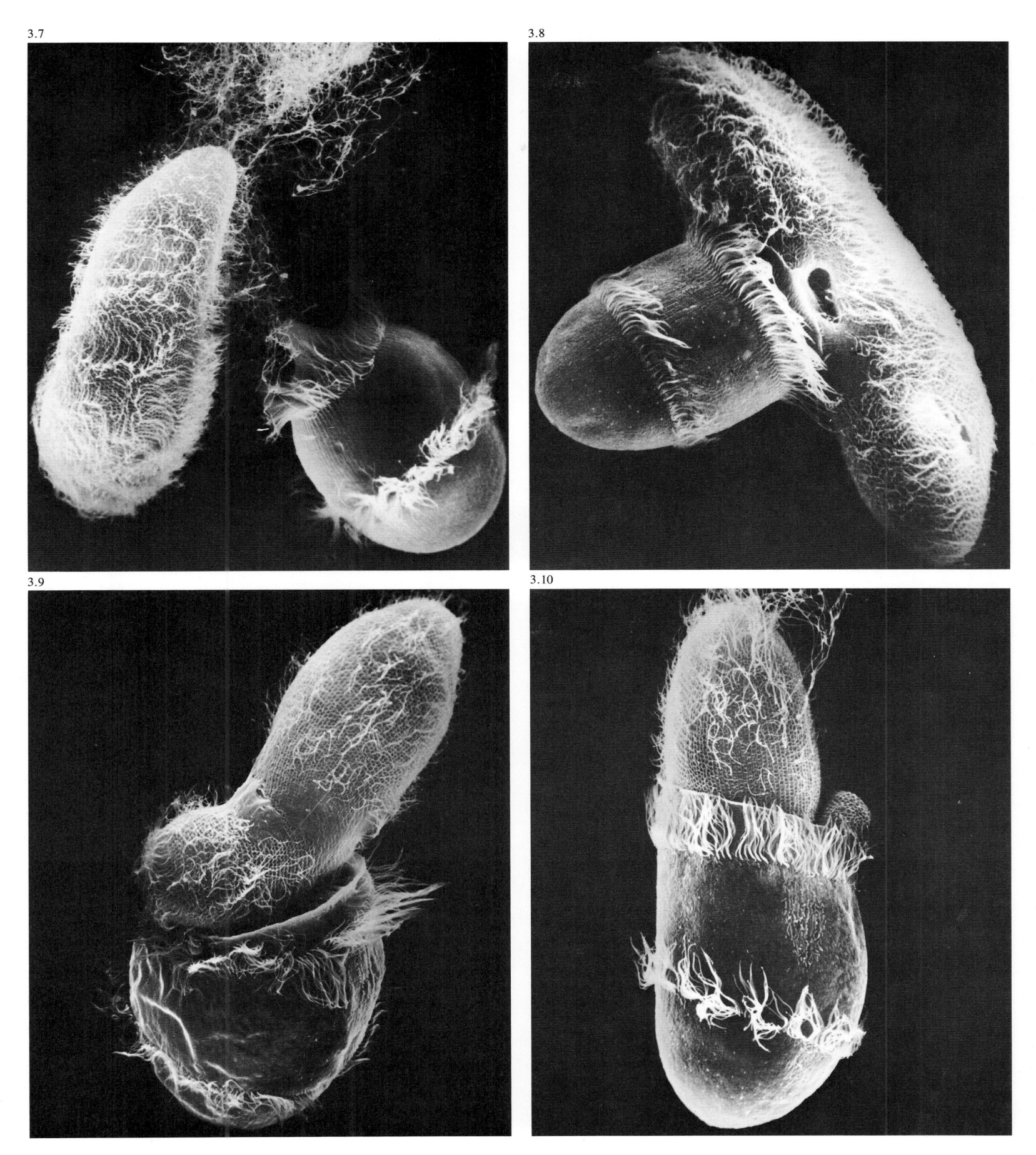

3. TIERE

3.7

3.8

3.9

3.10

47

Parasitische Würmer

Zahlreiche Organismen führen ein parasitisches Leben, doch nur wenige haben es zu einer derartigen Vollendung entwickelt wie die parasitischen Würmer. Die vorherrschenden Gruppen sind die Trematoden oder Saugwürmer, die Cestoden oder Bandwürmer und die Nematoden oder Fadenwürmer. Zusammengenommen leben sie auf oder in fast jeder Art von Lebewesen: Insekten, Mollusken, Reptilien, Vögeln und Säugetieren. Es gibt ungefähr 70 im Menschen parasitierende Arten, und von den zehn häufigsten ist immerhin die halbe Erdbevölkerung befallen, wenn auch nur eine Minderheit der betroffenen Menschen ernste Krankheitssymptome entwickelt.

Ein auffallendes Merkmal parasitischer Würmer ist ihr komplizierter Lebenszyklus. In den unterschiedlichen Entwicklungsstadien von der Larve bis zum voll entwickelten, geschlechtsreifen Tier nehmen die Würmer gewöhnlich zwei oder mehr Wirtsarten in Anspruch. Der Saugwurm *Alaria mustelae* bewohnt beispielsweise nacheinander eine Wasserschneckenart, einen Frosch und einen Nager; die endgültige Reifung und die Fortpflanzung erfolgen dann in seinem Endwirt, dem nordamerikanischen Nerz. Würmer wie *A. mustelae* können nur in einer bestimmten Wirtsart zur Reife kommen. Andere sind weniger wählerisch. Der Japanische Pärchenegel *Schistosoma japonicum* — ebenfalls ein Saugwurm — kann in Katzen, Hunden, Nagern, Schweinen, Schafen, Ziegen, Rindern und Menschen reifen. Diese Vielseitigkeit macht es nur noch schwieriger, ihn auszurotten.

Das komplizierte Leben schmarotzender Würmer ist bemerkenswert, wenn man ihre „Einfachheit" in evolutionärer Hinsicht bedenkt. Sie sind alles in allem primitiver als der wohl bekannteste Wurm — der Regenwurm; dieser ist ein gegliedertes Tier und trotz seines wurmartigen Aussehens enger mit den Krebsen und Insekten als mit den parasitischen Würmern verwandt. Saugwürmer und Bandwürmer gehören zum Stamm der Plattwürmer oder Plathelminthen und sind die einfachsten vielzelligen Tiere mit bilateraler Symmetrie. Sie haben keine sekundäre Leibeshöhle (Coelom), weder ein Gefäß- noch ein Atmungssystem und keinen After.

Eine Ansammlung von Nervenzellen am Vorderende des Körpers dient als primitives „Gehirn". Die Fadenwürmer, die einen eigenen Stamm innerhalb der Gruppe der Schlauchwürmer oder Nemathelminthen bilden, sind etwas höher entwickelt — beispielsweise besitzen sie zwar kein echtes Coelom, aber doch ein Pseudocoelom, und einen After.

3.11 Zum Kopf oder *Skolex* des kleinen Bandwurms *Acanthocirrus retrirostris*, der hier im Larvenstadium zu sehen ist, gehört ein kolbenähnlicher Apparat, der in den Skolex zurückgezogen oder aber ausgefahren und in das Gewebe des Wirts eingebohrt werden kann. Die Haken an seiner Spitze arbeiten wie die Speichen eines Schirms beim Öffnen und Schließen. Unter dem Hakenkranz treten zwei der vier um den Skolex angeordneten Saugnäpfe wie ein Paar fremdartiger Augen hervor. Sie

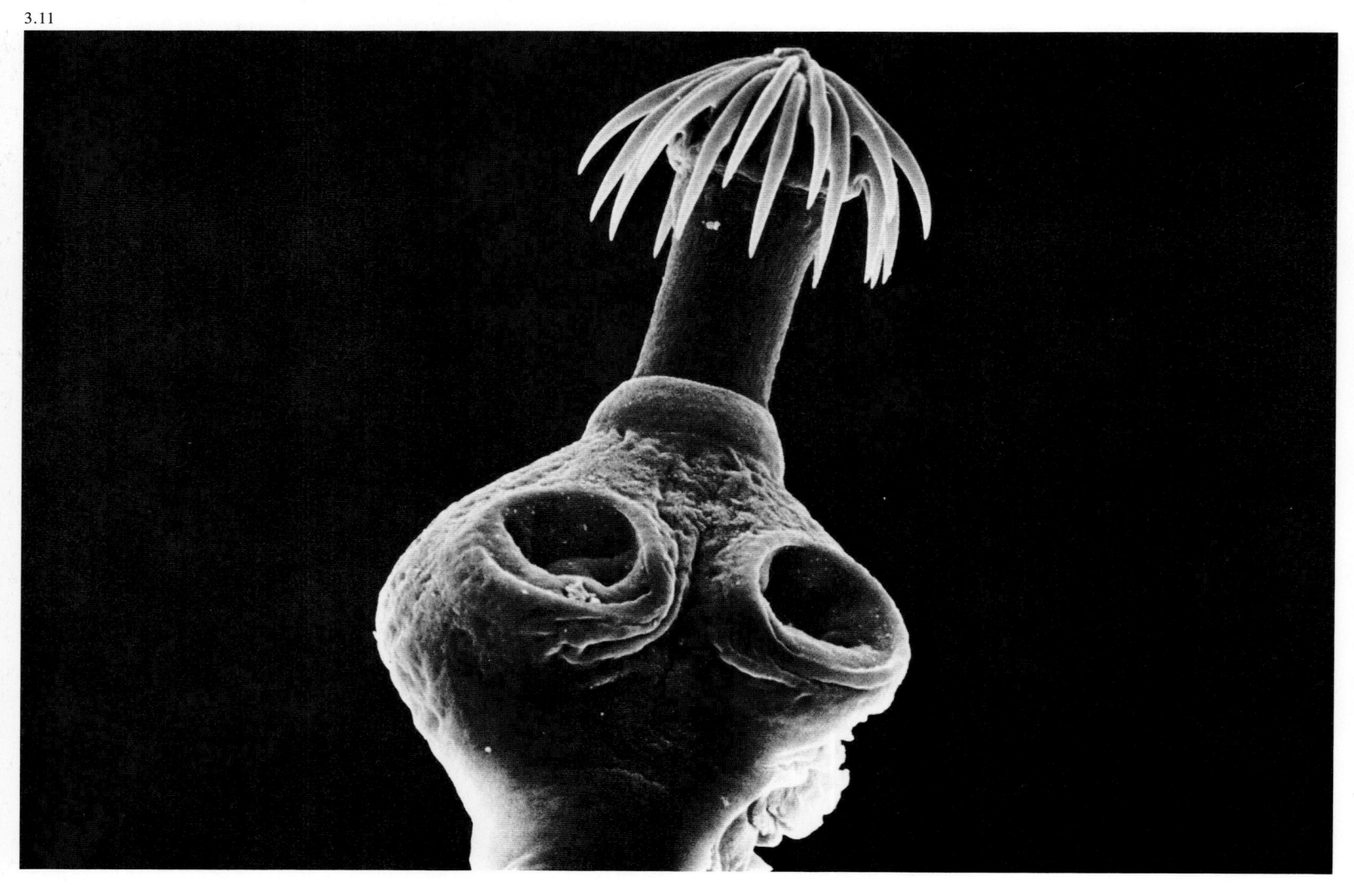

3.11

3.12 Schätzungsweise vier Millionen Menschen sind Wirte des Schweinebandwurms *Taenia solium*, dessen vier Saugnäpfe und hakenbewehrten Skolex man in dieser lichtmikroskopischen Aufnahme sieht. Reife Bandwürmer leben stets im Darmtrakt ihrer Wirte, wo sie von verdauter Nahrung umgeben sind. Sie absorbieren diese direkt mit ihrer ganzen Körperoberfläche und ersparen sich dadurch ein eigenes Verdauungssystem. Bandwürmer erzeugen eine Reihe hintereinanderliegender zwittriger Fortpflanzungsorgane, und es sind diese deutlich ausgeprägten *Proglottiden*, die dem erwachsenen Bandwurm ein gegliedertes Aussehen geben. Jede voll entwickelte Proglottis kann Tausende von Eiern enthalten. Reife Proglottiden lösen sich am Hinterende vom „Band" des Wurms ab und gelangen mit dem menschlichen Kot nach außen. In diesem Stadium können sie dann von Hausschweinen aufgenommen werden, in denen sich die Eier zu Larven (*Finnen*) entwickeln. Schweine sind der wichtigste Zwischenwirt, doch können die Finnen auch in vielen anderen Tieren leben. Menschen sind nicht nur Endwirte, sondern dienen ebenfalls als Zwischenwirt; in solchen Fällen neigen die Finnen dazu, zum Nervensystem oder zu den Augen zu wandern, wo sie schwere Schäden anrichten können. [LM, ×50]

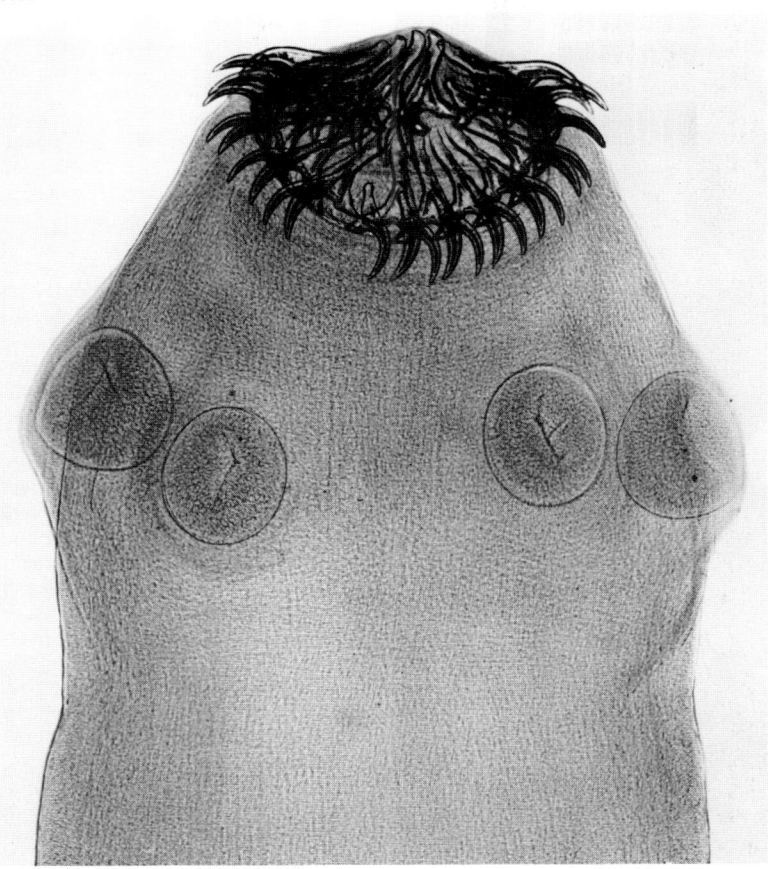

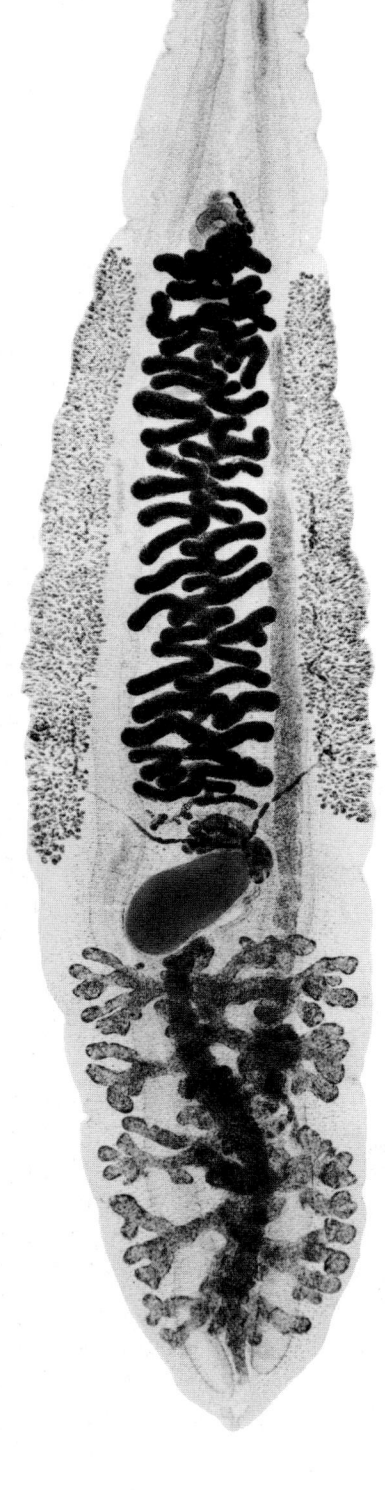

sind ein weiteres Mittel zur Anheftung an den Wirt. Die Bandwurmlarven leben als Parasiten in der Seepocke *Balanus balanoides* (die zu den Krebstieren gehört); zur Reife gelangen sie in den Eingeweiden von Watvögeln wie den Steinwälzern, die sich von Seepocken ernähren. [REM, ×475]

3.13 Diese Mikrophotographie zeigt den inneren Bau des Chinesischen Leberegels *Clonorchis sinensis*. Von diesem Saugwurm sind rund 28 Millionen Menschen in China, Korea und Japan befallen. Er kann Durchfall, Bauchschmerzen und Leberzirrhose hervorrufen. Saugwürmer (Trematoden) sind gewöhnlich kürzer als Bandwürmer und oval geformt. Sie besitzen außerdem ein Verdauungssystem; man kann es hier schwach als ein Paar von Darmröhren erkennen, die vom Bereich der Saugnäpfe am Vorderende des Tiers (oben) den ganzen Körper durchziehen. Die verzweigten Strukturen unten im Bild sind die Hoden des zwittrigen Wurms. Sie entlassen Spermien in den Samenspeicher – das dunkelgraue ovale Gebilde in der unteren Bildhälfte. Die kleinere, dunkle, unregelmäßige Struktur dicht am schmaleren Ende des Samenspeichers ist das Ovar. Die schwarzen „Finger" in der oberen Bildmitte stellen den Uterus dar, an dessen beiden Seiten sich die körnig aussehenden Dotterstöcke (*Vitellarien*) befinden. Sie tragen zur Entwicklung der Eier des Wurms bei. Wie die meisten Saugwürmer hat auch *C. sinensis* zwei Zwischenwirte – als ersten Süßwasserschnecken und als zweiten Fische aus der Familie der Elritzen und Karpfen. Menschen infizieren sich durch den Verzehr von rohem Fisch. [LM, ×15]

3.14 Pärchenegel haben im Gegensatz zu den übrigen Saugwürmern, die allesamt Zwitter sind, getrennte Geschlechter. Die voll entwickelten Tiere, die in den Venen ihrer Wirte leben, kommen stets paarweise vor, wobei das Weibchen in einer Bauchrinne des Männchens liegt. In dieser lichtmikroskopischen Aufnahme ist das Männchen dicker und blau gefärbt, das Weibchen weiß und fadenförmig. Das braune Band im Inneren des Weibchens ist halbverdautes Blut von seiner letzten Mahlzeit. Links und unten rechts sind Teile weiterer Würmer zu sehen. Es gibt drei medizinisch bedeutsame Pärchenegelarten: den hier gezeigten Darmpärchenegel *Schistosoma mansoni* und zwei seiner Verwandten, den Blasenpärchenegel *S. haematobium* und den Japanischen Pärchenegel *S. japonicum*. Etwa 200 Millionen Menschen in Asien, Afrika und Lateinamerika sind von ihnen befallen. Ein Mensch kann Wirt mehrerer Dutzend Wurmpaare sein, die jeweils Tausende von Eiern erzeugen. Die Krankheit Schistosomiasis — auch als Bilharziose bekannt — beruht in erster Linie auf der Ansammlung von Eiern im Gewebe, die zu inneren Blutungen, Anämie, Durchfall und anderen Symptomen führen kann. Die Eier von *Schistosoma* gelangen mit dem Kot oder im Urin ins Wasser, wo die Larven des ersten Stadiums (Flimmerlarven) schlüpfen und Süßwasserschnecken — ihre Zwischenwirte — befallen. Im Inneren der Schnecken vermehren sie sich dann ungeschlechtlich und erzeugen eine große Anzahl von Larven des zweiten Stadiums (Gabelschwanzlarven). Diese verlassen ihre Wirte und schwärmen ins Wasser aus. In dieser Phase der Entwicklung können sich Menschen infizieren, beispielsweise in Bewässerungsgräben, Reispflanzungen, Flüssen oder Bächen. Die Larven bohren sich in die Haut, bis sie auf eine Vene stoßen; mit dem Blutstrom wandern sie dann über die rechte Herzkammer und die Lunge durch das Venensystem, bis sie schließlich die Leber erreichen. Dort gelangen sie zur Reife und suchen sich einen Paarungspartner, mit dem sie dann in den Venen ihres Wirts leben. [LM, Dunkelfeldbeleuchtung, ×30]

3.15 Diese lichtmikroskopische Aufnahme zeigt die Larvenform des Blasen- oder Hundebandwurms *Echinococcus granulosus*. Obwohl der voll entwickelte Wurm lediglich in Hunden schmarotzt, gedeihen die Larven in Wiederkäuern, Nagern, Schweinen, Pferden und gelegentlich auch im Menschen. Sie verursachen die seltene, aber gefährliche Echinokokkose (Hydatidose), bei der sich in Leber, Lung Gehirn oder anderen Organen große Finnenblasen – sogenannte *Hydatidencysten* – bilden, die zahlreiche Larven enthalten. Die Natur der Krankheit hängt davon ab, welches Organ befallen ist. Im Gehirn können die Cysten Blindheit und Epilepsie verursachen. Wenn die Larven aus der Cyste austreten, wandern sie zu den Därmen, wo sie sich mit ihrer Hakenkrone (die hier gut zu sehen ist) in der Darmwand verankern. Die zahlreichen Kugeln im Inneren dieser Larve sind „Kalkkörperchen", die aus einer organischen Grundsubstanz und anorganischem Material wie Calcium, Magnesium, Phosphor und Kohlendioxid bestehen. Ihre Funktion ist ungewiß, doch dienen sie möglicherweise als Energiequelle. [LM, ×355]

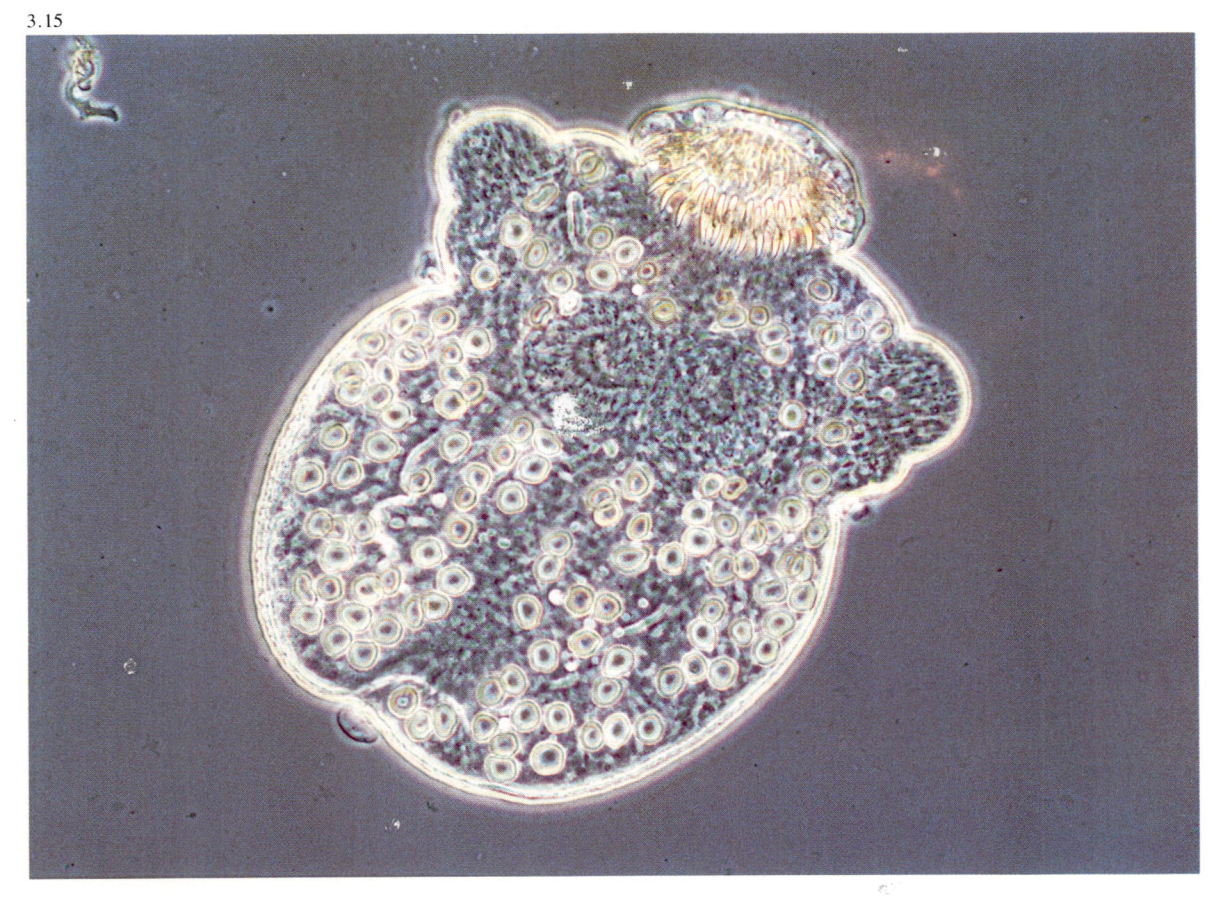

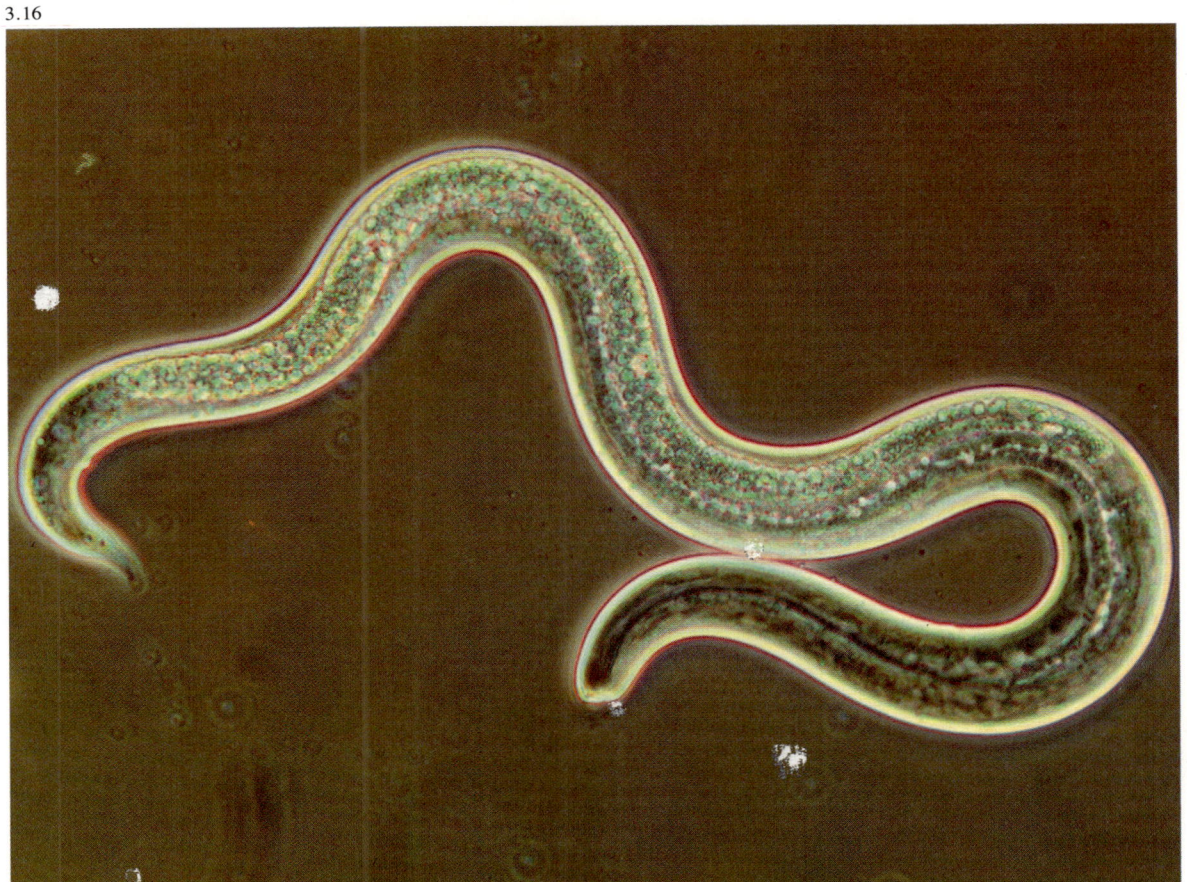

3.16 Hunde sind auch Endwirt des Fadenwurms *Toxocara canis*, dessen erstes Larvenstadium in dieser Mikroaufnahme zu sehen ist. Fadenwürmer durchlaufen vier Larvenstadien, ehe sie zum erwachsenen Tier reifen. Menschen können sich mit Eiern und Larven von *T. canis* infizieren, und obwohl diese sich nicht dauerhaft in uns einnisten, bewirken sie Gewebeschäden, während sie im Körper umherwandern. Etwa 80 000 Nematodenarten sind bekannt, doch vermutlich gibt es mindestens zehnmal so viele. Sie kommen in großer Menge als freilebende Meeres-, Süßwasser- und Bodenorganismen und auch als Tier- und Pflanzenparasiten vor. Der kleinste Fadenwurm ist nur etwa 100 Mikrometer lang, der größte kann mehrere Meter lang werden und lebt als Schmarotzer in der Placenta von Pottwalen. [LM, ×570]

Rädertiere

Obwohl sie völlig anders aussehen, gehören auch die Rädertiere — wie der Fadenwurm auf der vorangehenden Seite — zu den Nemathelminthen oder Schlauchwürmern. Sie sind zwischen 0,04 und 2 Millimeter lang und in fast jeder Süßwasserprobe vorhanden. Rädertiere haben mit ihren schönen und vielgestaltigen Formen, ihrer ständigen Aktivität und ihrer Durchsichtigkeit, die es erlaubt, ihre inneren Organe zu erkennen, schon Generationen von Lichtmikroskopikern entzückt. Die ersten Beobachter gaben ihnen den Namen „Rädertiere" oder „Rotatorien", weil das synchronisierte Schlagen der Cilien um ihren trichterförmigen Mund aussieht, als würde sich ein winziges Rädchen drehen.

Es gibt etwa 2000 Rotatorienarten. Manche leben im Meer, die meisten kommen jedoch im Süßwasser, auf wassergetränkten Moospolstern oder im Boden vor. Wenn ihre Umgebung austrocknet, bilden viele Rädertiere Cysten, in denen sie jahrelang überleben können. Die weitaus meisten Rädertiere sind Weibchen. Bei vielen Arten sind Männchen nicht bekannt, und man nimmt an, daß die Fortpflanzung ausschließlich durch „Jungfernzeugung" (*Parthenogenese*) erfolgt. Bei anderen Arten treten Männchen zwar gelegentlich auf, sind jedoch nicht fähig, Nahrung aufzunehmen, und leben nur einige Stunden oder Tage; die meisten ihrer Organe sind zurückgebildet, ausgenommen jene, die zum Auffinden der Weibchen und zur Paarung dienen.

3.17 Dieses Exemplar des häufigen teichbewohnenden Rädertiers *Philodina* sp. nimmt in einem Gewirr fadenförmiger und anderer Algen Nahrung auf. Kopf und Mund sind wie ein Trichter geformt. Die schlagenden Cilien des Räderorgans an der Spitze erzeugen Strömungen und befördern damit organische Reste, Algen, Bakterien und Einzeller in den Schlund des Tiers. [LM, Rheinberg-Beleuchtung, ×160]

3. TIERE

3.18 *Philodina gregaria* ist eine antarktische Art, die den Polarwinter in Cystenform übersteht und wieder aktiv wird, wenn sich im kurzen südlichen Sommer Tümpel und Seen aus Schmelzwasser bilden. Sie kann sich dann so massenhaft vermehren, daß sie den Boden eines Sees rot färbt. Das Bild zeigt deutlich ihr paariges Räderorgan und ihren Y-förmigen Mund und Schlund. [LM, Dunkelfeldbeleuchtung, ×220]

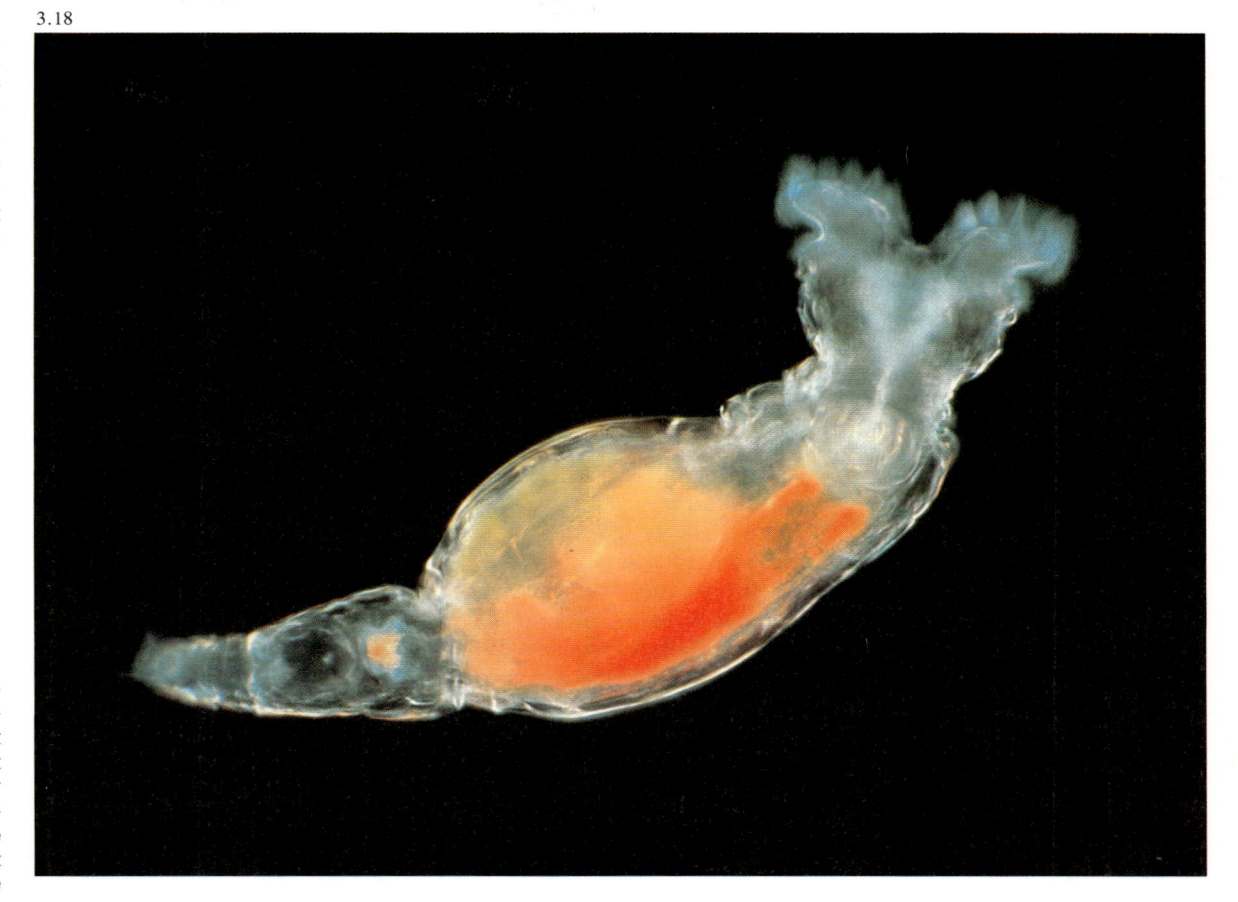

3.18

3.19 Die drei Rädertiere in dieser Mikroaufnahme fressen an einer fadenförmigen Grünalge. Das größere gehört zur Gattung *Mytilina*. Sein Mund liegt links, ebenso der rote Augenfleck. Der dornartige Vorsprung am anderen Körperende ist eine lange „Zehe"; eine zweite befindet sich dahinter und ist nicht mehr scharf im Bild. Wie etliche andere Rädertiere ist *Mytilina* durch einen durchsichtigen Panzer — die sogenannte *Lorica* — geschützt, der den Großteil ihres Körpers umgibt. Der grüne Bereich in ihrem Inneren ist der durch aufgenommene Algen gefärbte Magen und das weiße Gebiet das *Germovitellarium* (Keim-Dotterstock) — das Organ, das die Eier hervorbringt. Das ovale Gebilde unmittelbar unter dem Kopf der *Mytilina* ist ein Ei einer nichtidentifizierten Rotatorienart. Die beiden kleineren Rädertiere in der oberen Bildhälfte — ebenfalls mit deutlichen Zehen ausgestattet — gehören zur Gattung *Lecane*. [LM, Dunkelfeldbeleuchtung, ×160]

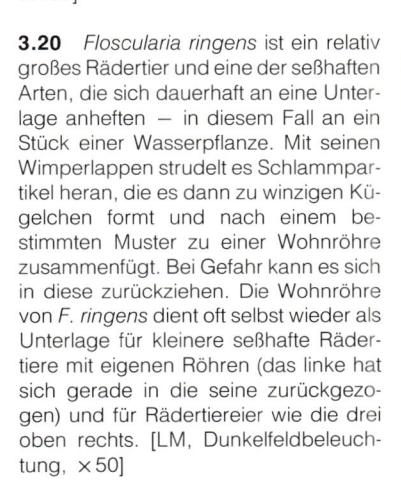

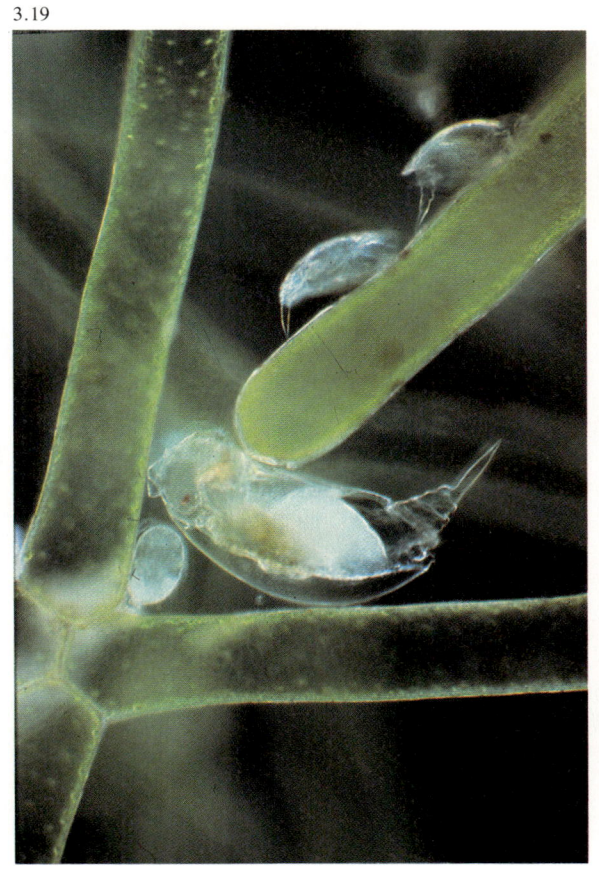

3.19

3.20

3.20 *Floscularia ringens* ist ein relativ großes Rädertier und eine der seßhaften Arten, die sich dauerhaft an eine Unterlage anheften — in diesem Fall an ein Stück einer Wasserpflanze. Mit seinen Wimperlappen strudelt es Schlammpartikel heran, die es dann zu winzigen Kügelchen formt und nach einem bestimmten Muster zu einer Wohnröhre zusammenfügt. Bei Gefahr kann es sich in diese zurückziehen. Die Wohnröhre von *F. ringens* dient oft selbst wieder als Unterlage für kleinere seßhafte Rädertiere mit eigenen Röhren (das linke hat sich gerade in die seine zurückgezogen) und für Rädertiereier wie die drei oben rechts. [LM, Dunkelfeldbeleuchtung, ×50]

MIKROKOSMOS

Insekten

Insekten stellen die weitaus größte Gruppe im Tierreich dar. Über eine Million Arten sind bekannt, und viele davon bilden ungeheuer große Populationen. Dieser zahlenmäßigen Überlegenheit entspricht eine verwirrende Vielfalt im Körperbau und in den Lebensräumen, welche die außerordentliche Anpassungsfähigkeit der Insekten widerspiegelt.

Ein Faktor, der zum Erfolg der Insekten beigetragen hat, ist ihr hartes Außenskelett (*Exoskelett*) aus *Chitin*. Diese vielseitige Rüstung schützt die Insekten zum Beispiel vor dem Austrocknen — eine Anpassungsleistung, die es ihnen erlaubt, die feuchte Umgebung ihrer wurmähnlichen Vorfahren zu verlassen und sich auf dem trockenen Land zu verbreiten. Mit der Entwicklung von Flügeln besiedelten die Insekten den Luftraum.

Der Prozeß der *Metamorphose*, den die meisten Insekten — in unterschiedlichem Maße — durchlaufen, ist nicht nur eine Quelle des Staunens für jeden Beobachter, sondern auch eine wichtige adaptive Errungenschaft für das Tier. Die Trennung von Larven- und Erwachsenenstadium (Adultstadium) sowohl hinsichtlich des Körperbaus als auch im Hinblick auf den Lebensraum stellt sicher, daß die beiden Formen nicht miteinander um Nahrung konkurrieren. Die meisten Insekten durchlaufen in ihrem Lebenszyklus drei oder vier Entwicklungsstadien: Ei, Larve, Puppe und geschlechtsreifes Tier (letzteres bezeichnet man auch als Imago).

Voll entwickelte (adulte) Insekten sind in drei Abschnitte gegliedert: Kopf, Thorax und Abdomen. Der Kopf trägt den Hauptteil der sensorischen Ausrüstung — die Facettenaugen und die mit Tast- oder Riechorganen besetzten Fühler. Die Mundwerkzeuge sind auf die Ernährungsweise der jeweiligen Art abgestimmt und daher sehr verschieden. Käfer, Ameisen und Termiten ernähren sich von festen Substanzen wie Holz oder Pflanzensamen; sie verfügen über starke Mandibeln zum Ergreifen, Kauen oder Schneiden. Schmetterlinge, Blattläuse und Fliegen dagegen besitzen in Anpassung an ihre flüssige Nahrung aus Nektar, Pflanzensäften oder Blut einen Saug- oder Stechrüssel.

Der Thorax des erwachsenen Insekts trägt sechs Beine und zwei Paar Flügel. Die meisten adulten Insekten können fliegen — aber keineswegs alle. Springschwänze haben nie Flügel entwickelt, und bei den Echten Läusen haben sie sich zurückgebildet; bei den Ameisen fliegen zwar die Königinnen und die paarungsbereiten Männchen einmal während des Hochzeitsflugs, Arbeiterinnen und Soldaten aber nie.

Viele Menschen fühlen sich Insekten gegenüber unbehaglich. Manche Arten sind einfach nur lästig, andere weitverbreitete Schädlinge, besonders für die Landwirtschaft. Mikroskopische Untersuchungen haben bestätigt, daß einige Arten Träger von krankheitserregenden Mikroorganismen sind. Beim Saugen von Blut überträgt beispielsweise die Stechmücke *Anopheles* den Malariaparasiten und die Tsetsefliege den Erreger der Schlafkrankheit auf den Menschen.

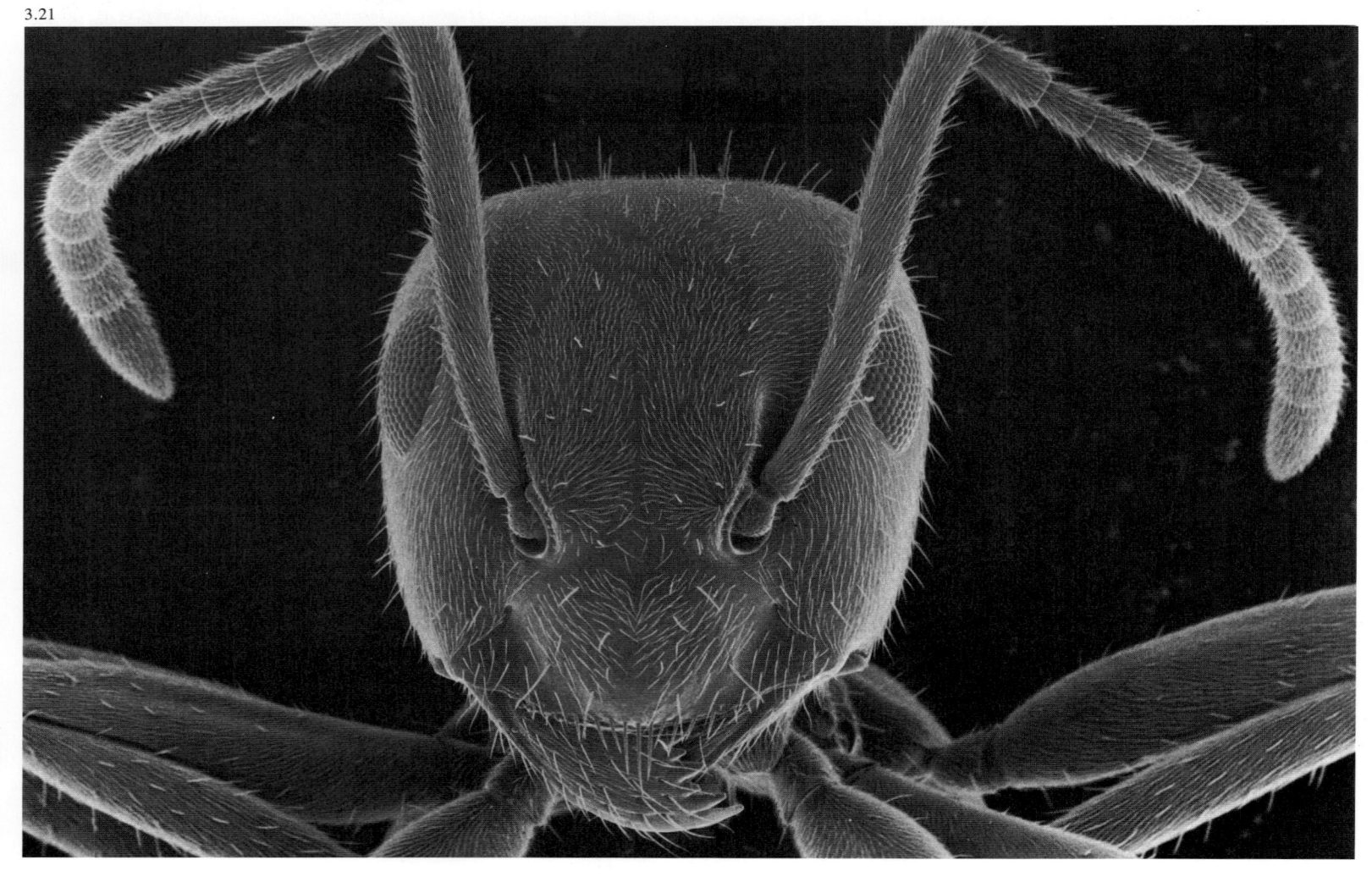

3.21

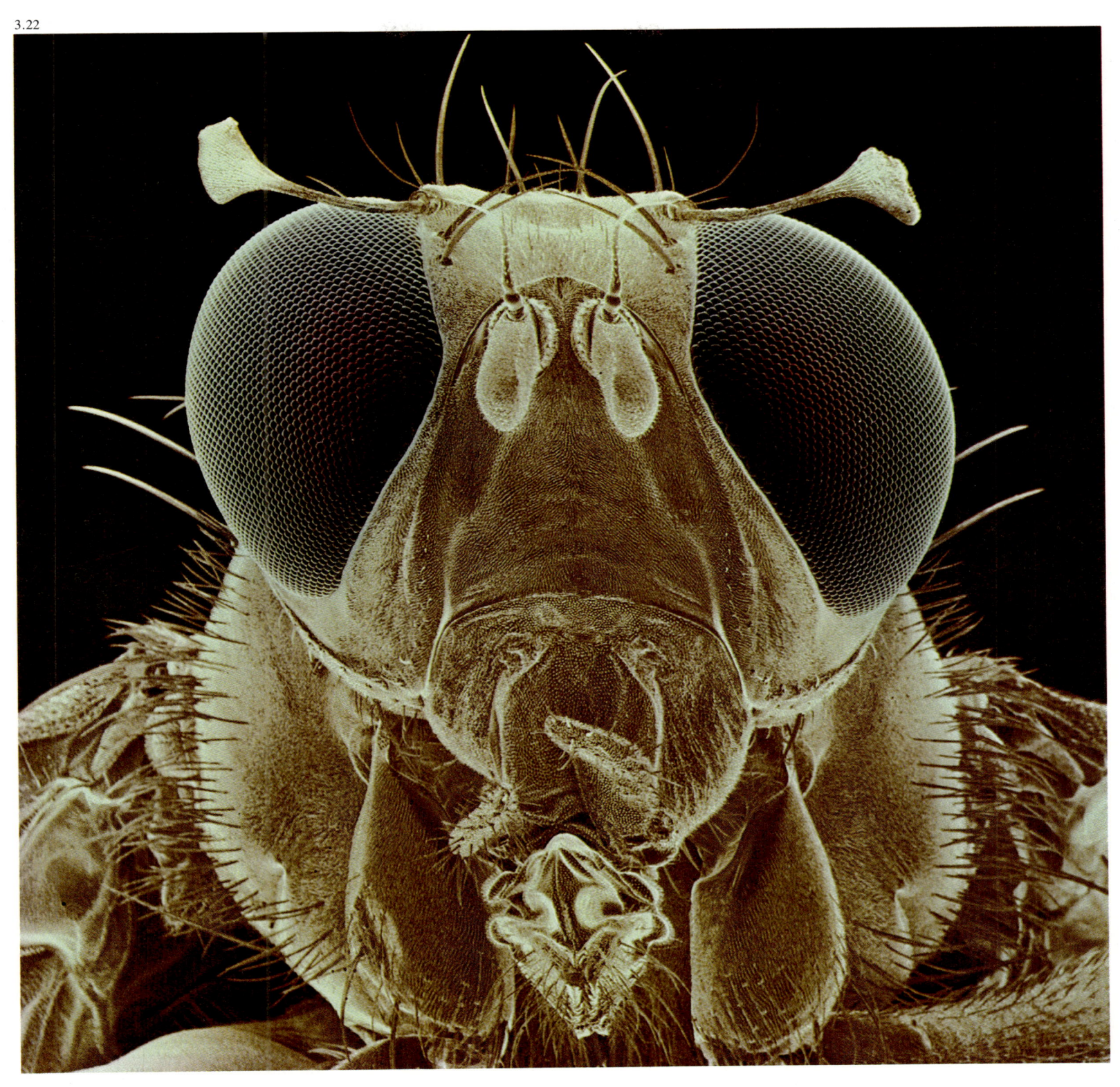

3.21 Der Kopf eines Insekts ist eine robuste Kapsel, die aus sechs miteinander verschmolzenen Chitinplatten besteht. Die Mundteile der Schwarzen Wiesenameise *Lasius niger* (die auch als Schwarzgraue Wegameise oder Gartenameise bekannt ist) sind als Kauwerkzeuge ausgebildet. Unten am Kopf dieser Arbeiterin sieht man die Mandibeln (die „Oberkiefer"). Sie enden in kräftigen Zähnchen, mit denen die Nahrung ergriffen und zerrissen wird. Ameisen benutzen ständig ihre mit Sinneshaaren besetzten Fühler oder Antennen, um Information zu sammeln. Die Fühler sind gegliedert und durch ein Kugelgelenk mit dem Kopf verbunden. [REM, ×60]

3.22 Große Facettenaugen beherrschen den Kopf der Mittelmeerfruchtfliege *Ceratitis capitata*. Die „Fähnchen" über den Augen sind ein Merkmal der Männchen. Die rückgebildeten Fühler zwischen den Augen bestehen aus zwei kräftigen Höckern, die borstenartige Auswüchse – sogenannte *Aristae* – tragen. Über der trompetenförmigen Öffnung des Rüssels unten im Bild sitzt ein Paar Taster. Der Rüssel ist bei diesem Insekt als Saugrohr ausgebildet und endet in zwei fleischigen Lappen, den *Labellen*, die über ein System feiner Röhren gärende Säfte auftupfen können. Die Mittelmeerfruchtfliege ist ein großer Schädling in Zitrusfruchtpflanzungen. [REM, Falschfarben, ×115]

MIKROKOSMOS

3.23 Die plastische Qualität rasterelektronenmikroskopischer Aufnahmen bestätigt viele Menschen in ihrer Einschätzung, Insekten seien unangenehme und möglichst zu meidende Monster im Miniformat. Sie können aber auch komische und liebenswerte Eigenschaften aufdecken, wie diese Mikrophotographie beweist. Der Kopf des Kornkäfers Sitophilus granarius, eines Rüsselkäfers, ist zu einem sogenannten Rostrum verlängert, das an der Spitze die klingenförmigen Mandibeln trägt. Mit diesem „Rüssel" durchbohrt der Käfer die faserige Hülle von Weizenkörnern, und mit den Mandibeln kaut und zerquetscht er den Keim. Weibliche Kornkäfer bohren Löcher in Weizenkörner, legen ihre Eier hinein und sichern den Larven damit einen Nahrungsvorrat. Gelagertes Getreide wird besonders leicht von S. granaria befallen, obwohl die Bedeutung dieses Schädlings durch den Einsatz von Desinfektionsmitteln und verbesserte Speichermethoden zurückgegangen ist. Das Facettenauge liegt kaum erkennbar als Gruppe kleiner Punkte hinter den abgewinkelten Fühlern. Das erste Thoraxsegment ist bei Käfern zu einem Halsschild, dem „Pronotum", vergrößert, das unterschiedlich geformt sein kann. Bei die-

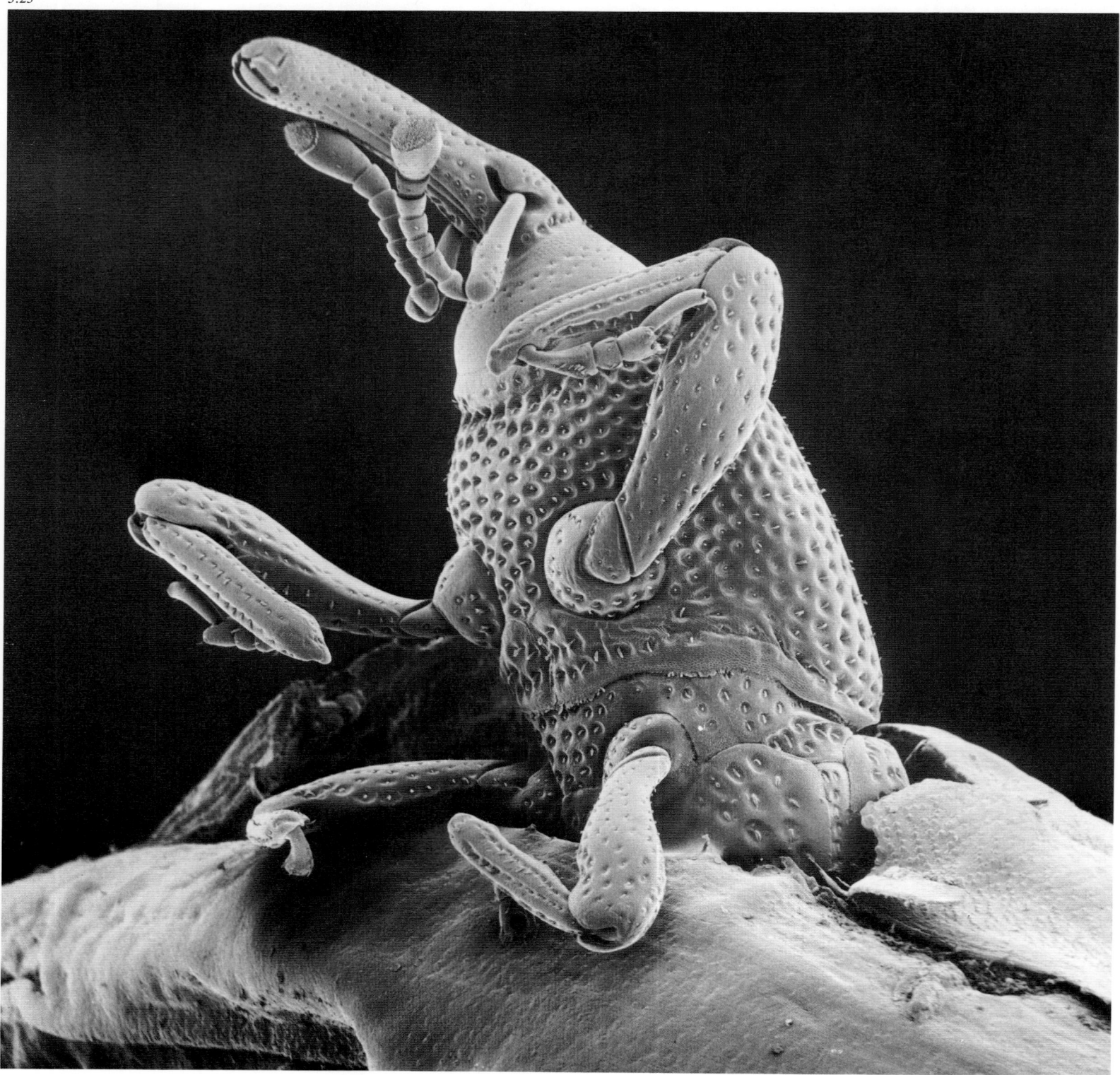

3. TIERE

sem Rüsselkäfer fügt es sich wie eine kugelsichere Weste dicht an den unteren Rand des Kopfs an und umschließt das erste Beinpaar. [REM, ×50]

3.24 Mit ihren Klauen, die ein Schamhaar fest im Griff haben, bietet die Filz- oder Schamlaus *Phthirus pubis* einen furchterregenden Anblick. Sie gehört zur Gruppe der Echten Läuse, die alle als blutsaugende Schmarotzer auf Säugetieren leben. *P. pubis* ist ein Außenparasit des Menschen und wählt sich den warmen Bereich der Schamhaare als Nahrungsgrund. Der Befall mit Läusen ruft Pedikulose hervor, deren Symptome ein heftiger Juckreiz und Hautausschläge sind. Läuse verbreiten sich rasch durch direkten Kontakt und über Bettzeug und Kleidung. Jedes der sechs Beine einer Laus endet in einer massiven Kralle, die sich nach innen biegt und auf einen gegenüberliegenden daumenartigen Vorsprung trifft. Die Laus klettert und schwingt sich damit durch ihre Umwelt und klammert sich fest, wenn sie gestört wird. Ihre Mundwerkzeuge bilden einen kleinen und in dieser Mikroaufnahme kaum erkennbaren Stechrüssel. Er besteht aus drei schlanken Stiletten. Eines endet in vier gezähnten Fortsätzen, mit denen das Tier in die Haut sägt. Eine Laus nimmt fünfmal am Tag Blut auf und braucht 35 bis 45 Minuten, um sich vollzusaugen. An beiden Seiten des Kopfs sieht man die kräftigen Fühler. [REM, ×80]

3.25 Ein anderer Schädling, den vor allem die Hausbesitzer fürchten, ist der Klopfkäfer oder Holzwurm *Anobium punctatum* (auch „Totenwurm" genannt). Den größten Schaden verursachen seine Larven. Sie ernähren sich vom Holz abgestorbener Bäume, aber auch von Dachstühlen, Balken und Möbeln. Nach dem Ausschlüpfen aus dem Ei fressen sie Tunnel durch das Holz und zerstören damit das Holzinnere. Die adulten Käfer ergänzen ihre Holznahrung durch Pollen und Nektar. Zur Holzzerkleinerung benutzen sie gezähnte Mandibeln, die unter den Fühlern sitzen. Man sieht hier einen Käfer, der gerade aus einem Bohrloch auftaucht. Der von Holzwürmern angerichtete Schaden kann groß sein, ohne daß man ihn gleich bemerkt, denn die wenigen Löcher an der Oberfläche lassen kaum etwas von dem Netzwerk der Tunnel ahnen, die im Inneren kreuz und quer laufen. Das Pronotum des Käfers ist eine haubenartige Struktur, die den oberen Teil des Kopfs bis hinunter zu den Facettenaugen bedeckt. [REM, ×60]

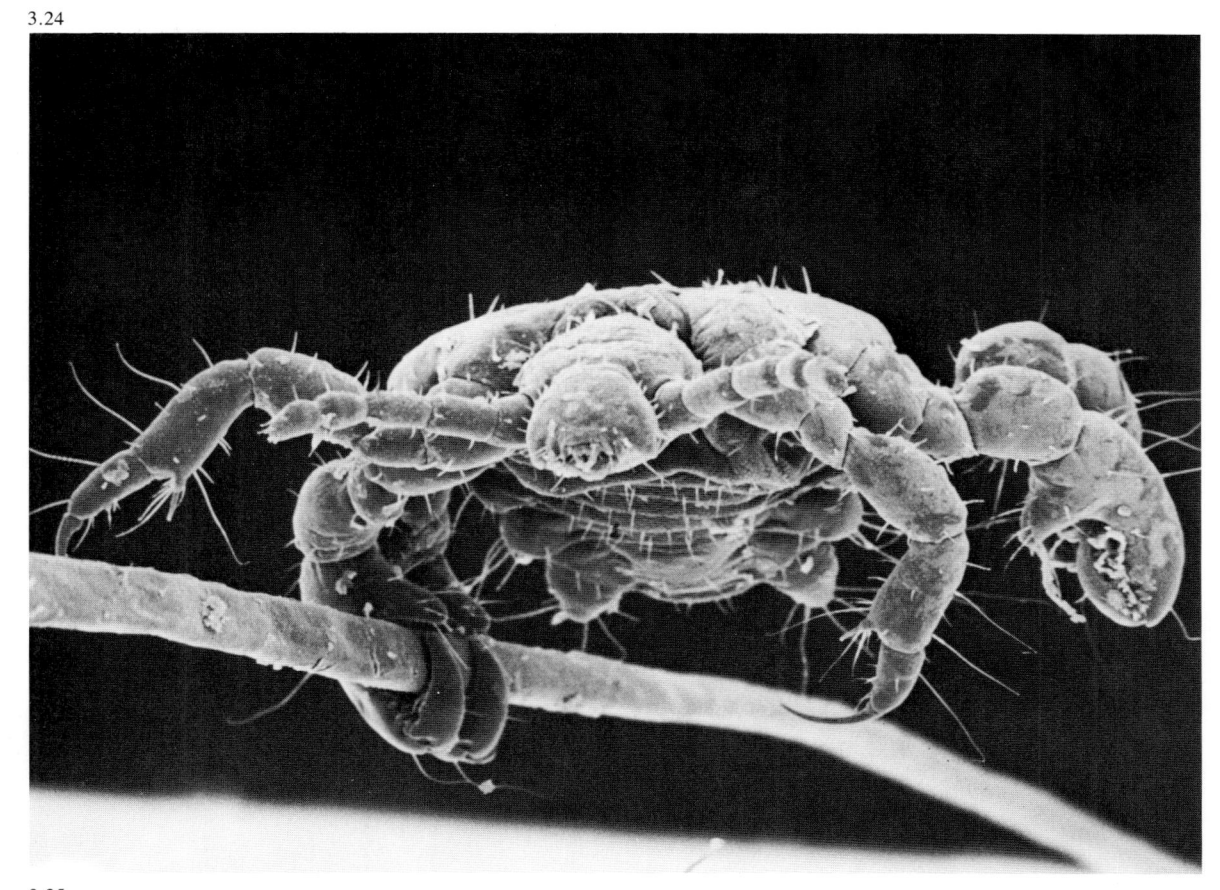

Die Portraitaufnahmen auf dieser Doppelseite zeigen eine winzige Auswahl aus der Vielfalt der Strukturen von Insektenköpfen. Alle Bilder entstanden mit einem Rasterelektronenmikroskop.

3.26 Zu den primitivsten Insekten gehören die Springschwänze (Collembolen). Fossilfunde dieser Tiere reichen bis ungefähr 300 Millionen Jahre zurück. Über 2000 Arten sind weltweit verbreitet. Der Name Springschwanz beruht auf der Gewohnheit dieser Tiere, mit Hilfe ihres Schwanzes (der Sprunggabel) in die Luft zu springen. Sie haben nie Flügel entwickelt und besitzen lediglich reduzierte Facettenaugen. Neben der Basis des linken Fühlers dieses Springschwanzes sieht man ein solches „Seitenauge", das aus sechs bis acht lose nebeneinanderliegenden Ommatidien (den Grundelementen der Facettenaugen, siehe die folgende Doppelseite) besteht. Unterhalb der schlaffen, gegliederten Fühler sind in der Kopfkapsel die beißenden Mundwerkzeuge versenkt. Am Thorax setzen drei Paare von Beinen an, die jeweils in einer Klaue enden. [REM, ×40]

3.27 Bei dieser Springschwanzart kann man in dem Wald von Haaren hinter den Fühlern deutlich die Seitenaugen erkennen. Die kräftigen beißenden Mundwerkzeuge sitzen ziemlich weit zurückgesetzt unter der Kopfspitze. Von den Haaren, die ein Insekt bedecken, dienen manche als Sinnesorgane. Solche Sinneshaare (Sensillen) sind an der Basis mit Nervenzellen verbunden, die durch Berührung oder chemisch stimuliert werden. [REM, ×175]

3.28 Diese Nymphe einer Buckelzirpe (Familie Membracidae) muß sich noch mehrmals häuten, ehe sie zum voll entwickelten Insekt wird. Dabei spaltet sich die längs über die Kopfmitte laufende Naht, und das neue Entwicklungsstadium erscheint. Die Nymphe ist mit kleinen Stacheln bedeckt, die denen auf der Oberfläche des Blatts, auf dem sie frißt, bemerkenswert ähnlich sind. Der Rüssel, der sich in das Blatt senkt, besteht aus einer äußeren Scheide und davon umschlossenen schlanken bohrenden und saugenden Stiletten, die zum Trinken von Pflanzensäften dienen. Die Facettenaugen ragen wie Fingerhüte an jeder Seite des Kopfs hervor. Darunter kann man gerade noch die kurzen Fühler erkennen. [REM, ×40]

3.29 Die in Büscheln und sich wiederholenden Mustern verteilten Haare auf dem Kopf der Schmetterlingsmücke *Psychoda* sp. bieten einen faszinierenden Anblick. Der pelzige Gesamteindruck, den sie hervorrufen, verleiht der Mücke eine gewisse (namengebende) Ähnlichkeit mit manchen Nachtschmetterlingen (siehe Abbildung 3.30). Die Facettenaugen dieser Mücke ziehen sich wie Halbmonde um die Seiten des Gesichts und treffen oben und unten fast zusammen. Zwischen den Halbmondaugen treten die großen, fedrigen Fühler aus. Unten am Kopf sitzt in der Mitte ein Paar Taster. [REM, ×300]

3.30 Schuppen sind ein typisches Merkmal von Schmetterlingen und Motten, die zur Ordnung Lepidoptera, den „Schuppenflüglern", gehören. Die hier gezeigte Kohlmotte *Plutella xyhostella* ist mit winzigen, sich überlappenden Schuppen bedeckt. Es handelt sich dabei um abgewandelte Haare — manche sind breit und flach, andere lang und schmal —, die in kleinen Vertiefungen auf dem Körper und der Flügelmembran stecken. Über den runden Facettenaugen sitzen die zurückgeschwungenen, über den Bildrand hinausreichenden Fühler. Man sieht außerdem einen der beiden Taster der Motte unter dem Auge hervor nach oben ragen sowie darunter die eingerollte Spitze des Saugrüssels. [REM, ×70]

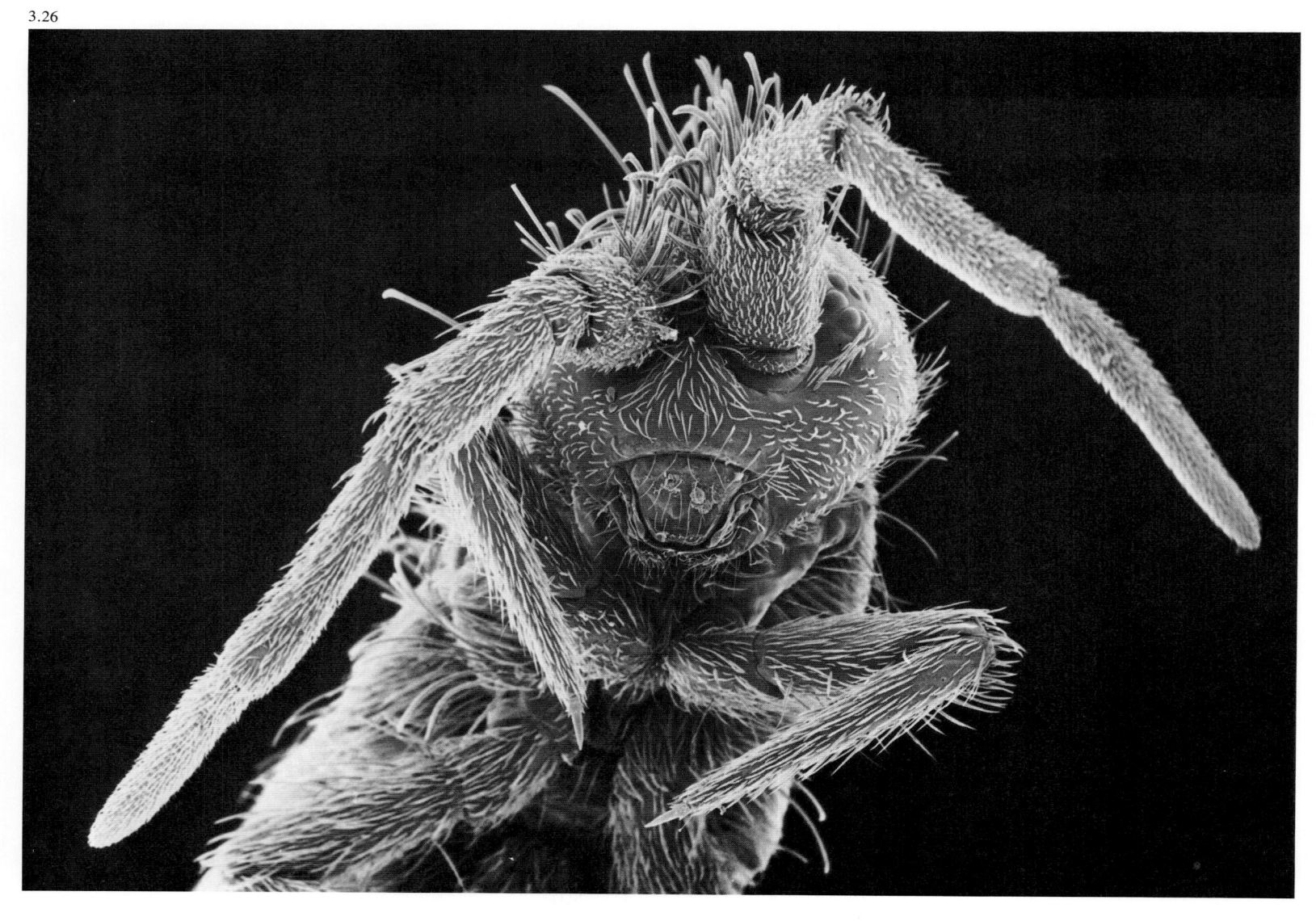

3.26

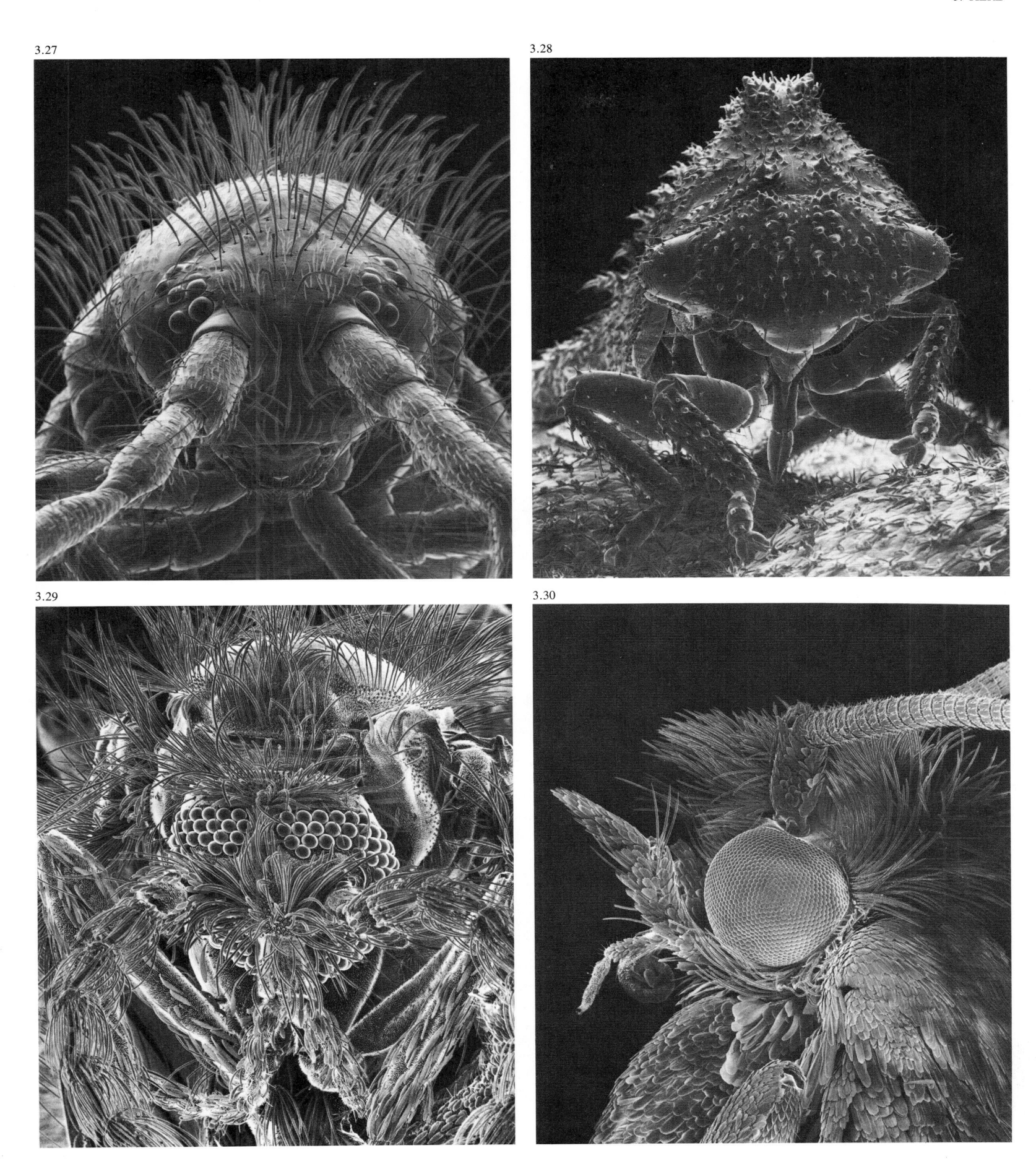

3. TIERE

3.27

3.28

3.29

3.30

59

MIKROKOSMOS

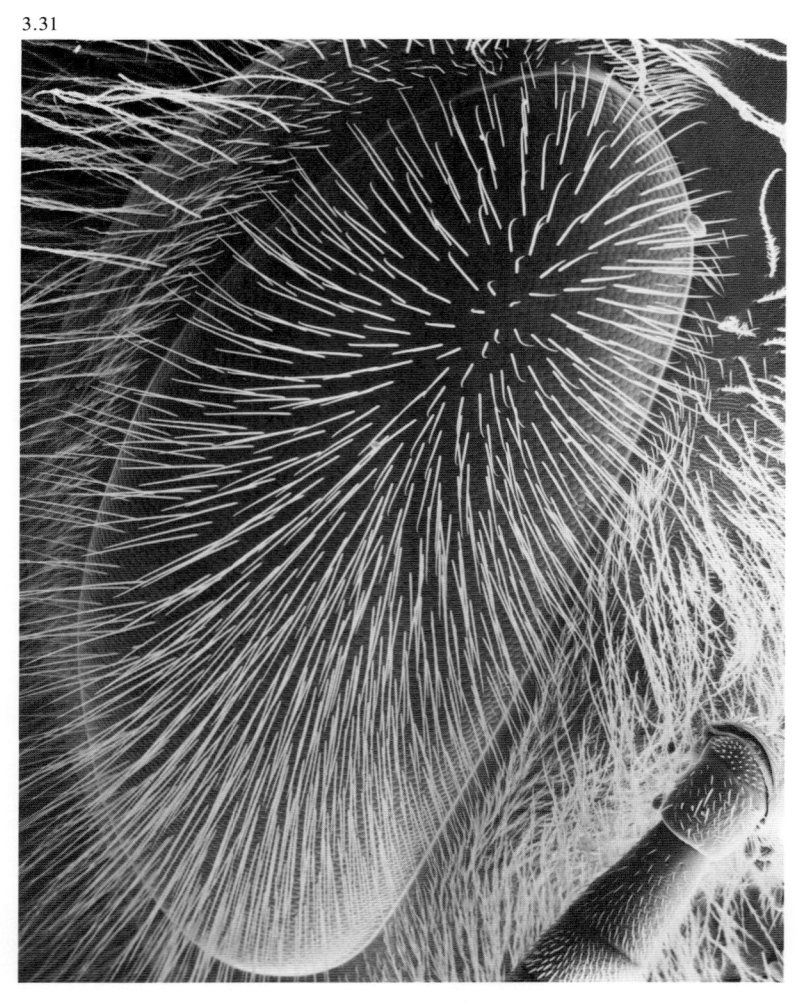

3.31

Dies wird durch eine Schicht von Pigmentzellen erreicht, die jedes Streulicht zwischen den Einzelaugen absorbiert. Das Insekt sieht die Welt als ein aus vielen Einzelausschnitten zusammengesetztes Mosaik. Zwar ist das Bild nicht besonders scharf, doch lassen sich damit auch schwache Bewegungen schnell aufspüren. Bei manchen nachtaktiven Insekten können die Pigmentzellen nachts zurückgezogen werden, so daß Licht von mehreren Ommatidien auf einen lichtempfindlichen Stab trifft. Bei schlechten Lichtverhältnissen kann das Insekt dadurch mehr Licht aufnehmen und ein helleres Bild herstellen.

3.31 Das Auge der Honigbiene *Apis mellifera* ist mit langen Borsten besetzt, die das Sechseckmuster der darunterliegenden Ommatidien teilweise verdecken. Die Haare auf dem Körper der Biene werden mit ihrer Rolle als Pflanzenbestäuber in Verbindung gebracht. Daß auch die Augen diese Funktion erfüllen können, zeigt das Pollenkorn, das sich in den Borsten oben rechts verfangen hat. Unten sieht man die Basis eines der Fühler der Biene. [REM, ×90]

3.32 Das große halbkugelförmige Auge der Schwebfliege *Syrphus ribesii* ist unbehaart und besteht aus weit mehr Ommatidien als das Auge der Honigbiene in Abbildung 3.31. Jede „Facette" sitzt in einem leicht veränderten Winkel zur nächsten und liefert damit eine etwas andere Ansicht der Welt. Verglichen mit dem Auge ist der Fühler winzig. Man sieht ihn am rechten Bildrand als kleine Keule mit einem kurzen Borstenausläufer. [REM, ×70]

3.33 Libellen sind starke, schnelle Flieger. Sie jagen, fressen und paaren sich im Flug. Ihre Facettenaugen haben unter den Insekten die größte Anzahl von Einzelaugen und befähigen sie zu einem schnellen, genauen Sehen. In dieser lichtmikroskopischen Aufnahme sind einige wenige der 30 000 Ommatidien zu sehen. [LM, gefilterte Vertikalbeleuchtung, ×480]

3.32

Facettenaugen

Für die meisten Insekten ist Sehen eine wichtige Sinnesfunktion, die ihnen hilft, sich zu orientieren, Nahrung aufzufinden und Gefahren zu meiden. Die Größe der Facetten- oder Komplexaugen ist sehr unterschiedlich und reicht von einigen hundert Einzelaugen (*Ommatidien*) bei manchen Arten bis zu den 30 000 der Libellen. Voll entwickelte Insekten, die wie beispielsweise die Bienen und Libellen ihr Leben überwiegend im Flug zubringen, besitzen mehr „Facetten" als hauptsächlich bodenlebende Arten wie die Käfer. Die größeren Augen erweitern ihr Gesichtsfeld und ermöglichen es ihnen, im Flug schnell Beute und Feinde zu entdecken. Insekten können Farben wahrnehmen, und zwar primär Blau, Gelb und Ultraviolett. Außer den Schmetterlinge sehen nur wenige Arten Rot.

Die dicht nebeneinanderliegenden lichtempfindlichen Ommatidien, aus denen sich ein Facettenauge zusammensetzt, haben die Form von Kegeln, wobei die Linse jeweils an der breiteren Seite liegt und die lichtempfindlichen Zellen nach innen spitz zusammenlaufen. Die Linse besteht aus einer durchsichtigen Cuticula und einem kristallinen Kegel unmittelbar dahinter. Das Licht wird von einem kleinem Ausschnitt der Außenwelt auf einen Ring von Zellen hinter der Linse gerichtet. Die innersten Ränder dieses Rings sind miteinander verschmolzen und bilden einen lichtempfindlichen Stab. Licht, das den Stab stimuliert, wird in elektrische Signale umgewandelt, die zu den Nerven an der Basis des Ommatidiums und von dort zum Gehirn gelangen.

Bei den meisten Facettenaugen empfängt jedes Ommatidium das Licht getrennt von den anderen.

3. TIERE

3.33

61

Schlüpfende Raupen

Die meisten Insekten legen Eier. Die Eischale besteht wie das Außenskelett des vollentwickelten Insekts aus dem widerstandsfähigen Polysaccharid Chitin. Die ausschlüpfenden Raupen kauen die Eischale entweder durch oder sprengen sie mit Hilfe ihrer Muskeln. Borsten — sogenannte „Schlüpfstacheln" — mögen den Vorgang unterstützen. Die folgenden Aufnahmen, die mit einem Rasterelektronenmikroskop gemacht wurden, zeigen das Schlüpfen der Larve beziehungsweise Raupe des Großen Kohlweißlings *Pieris brassicae*.

3.34 Das Weibchen des Großen Kohlweißlings zementiert die befruchteten Eier auf die Unterseite eines Blatts, in diesem Fall von einer Kresse. Sie sehen wie Reihen winziger Kegel aus. Die in ihnen heranwachsenden Larven fressen sich beim Schlüpfen durch die Eischalen und nehmen so ihre erste Mahlzeit zu sich. Diese enthält möglicherweise Nahrungsbestandteile, ohne die die zukünftige Entwicklung der Larven beeinträchtigt wäre. In dem Bild unten kauen sich gerade zwei Raupen ihren Weg in die Welt, während eine dritte bereits ausgeschlüpft ist und sich entfernt hat. [REM, ×110]

3.35 Die Larve ist durch die furchterregenden Borsten, die ihren Körper bedecken, vor Freßfeinden geschützt. Die Kopfkapsel erscheint aus diesem Blickwinkel glatt, ausgenommen die fünf Punkte, die ein Seitenauge darstellen. An der Seite des ersten Segments sieht man eine kleine Erhebung mit einem Loch in der Mitte. Dabei handelt es sich um ein sogenanntes *Stigma*, einen Teil des Atmungssystems. Durch solche Poren wird Luft aufgenommen und über ein Netzwerk von dünnen Röhren (*Tracheen*) durch den Körper geleitet. Die Luft diffundiert von diesen Röhren direkt in jede Körperzelle. [REM, ×100]

3.36 Das Ausschlüpfen dauert einige Minuten. Die befreite Raupe spinnt sich sofort ein Sicherheitsnetz aus feinen Seidenfäden, die ihr als Rettungsleine zurück zum Blatt dienen, falls sie abstürzt. Man sieht um die Blatthaare gewickelte Seidenfäden sowie einen, der an einem der drei echten Beinpaare der Raupe befestigt ist. Die Seide wird von einem Paar abgewandelter Speicheldrüsen erzeugt. [REM, ×50]

3.37 Bis zur ersten Häutung ernährt sich die Raupe von der äußeren wachsartigen Schicht — der Cuticula — des Blatts; anschließend frißt sie das ganze Blatt. Sie zerkaut es mit ihren gezähnten Mandibeln, die an beiden Seiten des unteren Gesichtsbereichs sitzen. Ein Befall mit Raupen von *P. brassicae* kann besonders bei Kohlpflanzen, auf denen sie häufig vorkommen, beträchtliche Blattschäden verursachen. Die ersten drei Segmente der Raupe tragen je ein Paar seitlich angeordneter echter Gehbeine. Entlang der Körperseite kann man die Stigmen oder Atemlöcher erkennen. [REM, ×90]

3.34

3.35

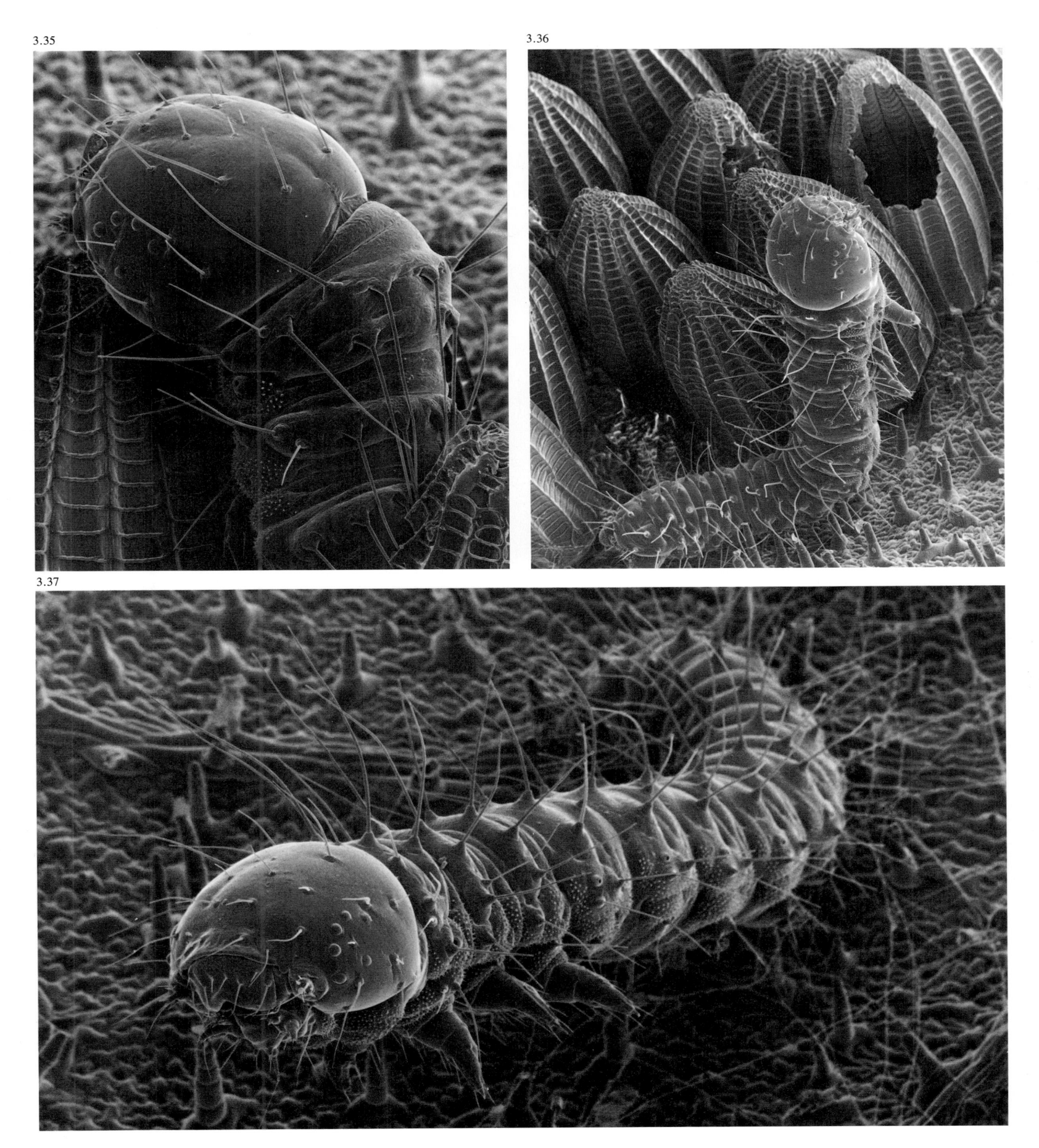

3.36

3.37

Milben

Die Milben gehören wie die Spinnen und Skorpione zur Klasse Arachnida. Die etwa 15000 Milbenarten, die man kennt, sind über die ganze Erde verbreitet und bewohnen eine große Vielfalt von Lebensräumen. Viele sind Pflanzen- und Tierparasiten, und manche übertragen Krankheiten – Faktoren, die ihnen wirtschaftliche und medizinische Bedeutung verleihen.

3.38 *Glyciphagus domesticus*, die Haus- oder Polstermilbe, ist eine verbreitete häusliche Plage. Sie gedeiht in feuchten Häusern, wo sie reichlich Nahrung in Form von Lebensmitteln, Möbelpolstern, Tapetenkleister und Staub findet. Die Milbe hier im Bild stammt aus dem Inhalt eines Staubsaugers. Man sieht sie zwischen Hautschuppen, Fasern und Katzenhaaren. [REM, ×625]

3.39 Die Spinnmilben der Familie Tetranychidae haben als Pflanzenparasiten und Schädlinge in der Landwirtschaft Bedeutung. Sie gedeihen auf Gemüse, Obstbäumen und Blumen, wo sie den Saft aus den Blattzellen saugen. Befallene Blätter werden zuerst gesprenkelt, dann gelb und fallen schließlich ab. Die Milben verbreiten sich schnell über die Pflanzen. Diese Mikroaufnahme zeigt eine nichtidentifizierte Spinnmilbe auf der Oberfläche eines Hanfblatts. Die Beine sind gegliedert und dadurch sehr beweglich. [REM, ×280]

3.40 Die meisten Milben sind Landbewohner, aber manche – wie diese leuchtendrote Wassermilbe *Hydrarachna* sp. – leben im Wasser. Als vollentwickeltes Tier lebt die Milbe freischwimmend, ihre Larven jedoch parasitieren in verschiedenen wirbellosen Süßwassertieren, besonders in Wasserskorpionen und aquatischen Stabwanzen (Wassernadeln). Die vier Paare gegliederter Beine der Milbe sind hier in Schwimmposition ausgestreckt. Das Tier benutzt sie wie Ruder, um durch das Wasser voranzukommen. Die langen Schwimmhaare an den hinteren zwei Beinpaaren unterstützen den Rudervorgang. [LM, Rheinberg-Beleuchtung, ×90]

3. TIERE

3.40

65

4.1

4. Samenpflanzen

Nach den Erkenntnissen der Wissenschaft begann das Leben auf der Erde vor über drei Milliarden Jahren in den warmen Gewässern urzeitlicher Meere. Seither entstand im Prozeß der Evolution die erstaunliche Vielfalt von Lebewesen, die heute die Erde bewohnen. Die ersten Pflanzen waren einfache Organismen, die im Wasser lebten und sich dort fortpflanzten. Allmählich eroberten Pflanzen das Land, doch waren sie noch auf Wasser angewiesen, um sich erfolgreich vermehren zu können.

Vor etwa 350 Millionen Jahren befreiten dann zwei Erfindungen die Landpflanzen von der Notwendigkeit einer wäßrigen oder doch feuchten Umgebung: Pollen und Samen. Die Erfinder waren die Nacktsamer (Gymnospermen) — eine Pflanzengruppe, die heute durch die Nadelbäume, die Palmfarne und den Ginkgobaum *Ginkgo biloba* vertreten ist.

Der nächste Schritt in der Evolution fand vor etwa 130 Millionen Jahren statt. Damals tauchten die ersten bedecktsamigen Blütenpflanzen (Angiospermen) auf, die heute das Pflanzenreich beherrschen. Charles Darwin nannte das relativ plötzliche Erscheinen der Blütenpflanzen ein „unergründliches Geheimnis". Es war ein bemerkenswert erfolgreiches Unternehmen. Heute sind rund 250 000 Arten von Blütenpflanzen bekannt. Ihre Größe reicht von der winzigen, nur etwa einen Millimeter großen Zwerglinse *Wolffia arrhiza* bis zu riesigen Bäumen wie dem Mammutbaum *Sequoia sempervirens*, der bis zu 110 Meter hoch werden kann.

Der Erfolg der Samenpflanzen beruht auf den Methoden, mit denen sie sich fortpflanzen und für die Verbreitung ihrer Nachkommen sorgen. Die männlichen Geschlechtszellen entstehen in einer widerstandsfähigen Verpackung — dem Pollenkorn. Sie sind darin auf ihrer ersten Reise zur weiblichen Pflanze vor dem Austrocknen geschützt. Nach erfolgreicher Befruchtung werden die Nachkommen als Samen(körner) verpackt. Pflanzensamen sind trockene Strukturen, die sehr lange Zeitspannen überleben und große Entfernungen überwinden können, ohne Wasser zu benötigen. Mit dieser Doppelstrategie — widerstandsfähige Pollen und ausdauernde Samen — besiedelten die Samenpflanzen fast die gesamte Erdoberfläche.

Das Wort „Blüte" löst eine bestimmte Vorstellung aus: Man denkt an etwas Buntes, möglicherweise Duftendes, Schönes — an einen Schmuck für unsere Gärten und Wohnungen. Tatsächlich vertreten Blüten dieser Art nur einen Teil des weiten Formenspektrums, das die Evolution hervorgebracht hat. Gräser, Getreidepflanzen und Waldbäume erzeugen eine ungeheure Zahl von Blüten, die allerdings meistens unbemerkt bleiben. Der Grund, warum manche Blüten so auffällig sind und andere nicht, hängt mit der Methode zusammen, die die Pflanzen verwenden, um männliche und weibliche Geschlechtszellen erfolgreich zu vereinen.

Unauffällige Blüten verlassen sich im allgemeinen auf den Wind, der die Pollenkörner für sie weiterträgt. Der Wind kann nicht sehen, deshalb ist es nicht nötig, auffallende Blüten hervorzubringen. Bunte und duftende Blüten wurden entwickelt, um Lebewesen anzulocken, die als Pollenüberträger dienen. Die häufigsten Bestäuber sind Insekten, doch einige Pflanzen nehmen auch Vögel, Fledermäuse und sogar Schlangen in Anspruch. Die Tiere werden vom Aussehen oder vom Geruch der Blüte angezogen und mit Gaben von Nektar oder einem Teil des sehr nahrhaften Pollens selbst für ihren Besuch belohnt. In Spezialfällen ist die Belohnung anderer Natur. Die Blüten vieler Orchideenarten sehen beispielsweise wie die Weibchen von Insektenarten aus. Sie werden von hoffnungsvollen Männchen besucht, die versuchen, ihre eigenen sexuellen Bedürfnisse zu befriedigen, und dabei die Blüte bestäuben.

Die Probleme des Lebens auf dem Festland sind nicht auf die Fortpflanzungsstrategien beschränkt. Eine große Landpflanze hat völlig andere Lebensbedingungen als ein kleiner Wasserorganismus, ganz zu schweigen von einer einzelnen Zelle. Noch immer wird Wasser für das Wachstum benötigt: Es muß dem Boden entzogen und zu allen Teilen des Pflanzenkörpers geleitet werden. Landpflanzen müssen deshalb ein ausgedehntes Wurzelsystem und ein inneres Netzwerk von Gefäßen entwickeln. Um Energie für ihr Wachstum zu gewinnen, müssen sie grünes photosynthetisches Gewebe dem Sonnenlicht aussetzen. Für Wasserpflanzen stellt dies kein mechanisches Problem dar, denn das Wasser trägt das Gewicht der Pflanzengewebe. Auf dem Land jedoch muß ein verstärkter Stengel oder Stamm gebildet werden, der die Blätter trägt. Die Blätter selbst, die Sonne und Wind ausgesetzt sind, müssen so gebaut sein, daß der Verlust des kostbaren Wassers auf ein Minimum reduziert wird, während sie gleichzeitig ihre photosynthetische Funktion erfüllen.

Im gesamten Zeitraum ihrer Evolution sind Pflanzen ständig von anderen — pflanzenfressenden — Lebewesen bedroht gewesen. Dieses Risiko ist an Land besonders groß, wo die Pflanzen sowohl von fliegenden Insekten und Vögeln als auch von bodenbewohnenden Tieren heimgesucht werden.

Pflanzen haben diese Probleme auf vielfältige Weise gelöst. Man könnte fast sagen, daß die 250 000 Arten von Blütenpflanzen 250 000 verschiedene Lösungswege darstellen. Nur mit Hilfe der Mikroskopie lassen sich Schönheit und Einfallsreichtum mancher Arten richtig einschätzen; vor allem das Rasterelektronenmikroskop hat sich als Quelle neuer Entdeckungen für den Botaniker erwiesen. Bei vielen rasterelektronenmikroskopischen Aufnahmen in diesem Kapitel wurde das Objekt in intaktem, gefrorenem Zustand aufgenommen. Die Bilder zeigen Einzelheiten von Oberflächenstruktur und Funktion, die keine andere Methode aufdecken könnte. Vor der Erfindung des Rasterelektronenmikroskops in den späten vierziger Jahren waren solche Bilder undenkbar.

4.1 Der erste Schritt bei der Vermehrung einer Samenpflanze ist die sichere Ankunft des Pollens auf dem weiblichen Blütenteil, der Narbe. In dieser rasterelektronenmikroskopischen Aufnahme einer gefrorenen Blüte des Rübsens *Brassica campestris* bedecken Pollenkörner die Narbenfläche. Jedes Pollenkorn ist eiförmig und hat eine skulpturierte Oberfläche mit einer Längsfurche. Unten sieht man außerdem zwei glatte Auswüchse des Narbengewebes. Das Pollenkorn in der Bildmitte hat einen engen Pollenschlauch gebildet. Er ist in das weibliche Gewebe eingedrungen und wird nach unten in die Blüte wachsen, bis er in die Nähe einer Eizelle kommt. Im Inneren des wachsenden Pollenschlauchs rücken zwei Spermazellen nach. Wenn die Eizelle erreicht ist, platzt der Schlauch und entläßt die Spermazellen, von denen eine das Ei befruchten wird. Der ganze Vorgang findet statt, ohne daß Wasser von außen benötigt wird. [REM, Falschfarben, ×350]

Wurzeln

Wurzeln haben zwei grundlegende Funktionen: Sie verankern die Pflanze im Boden und entziehen der Erde das für den Stoffwechsel benötigte Wasser. Auf ihrer Suche nach Wasser können Wurzeln bis in beträchtliche Tiefen wachsen. Bei Maispflanzen reichen sie eineinhalb Meter tief in den Boden, und manche Baumwurzeln dringen in leichtem Erdreich sogar sechs Meter oder noch tiefer hinab. Die Hauptwurzel verzweigt sich in viele Seitenwurzeln. Darüber hinaus erzeugen Wurzeln feine Härchen und vergrößern damit ihre Absorptionsfläche erheblich. In einer Untersuchung an einer vier Monate alten Roggenpflanze schätzte man die Anzahl der Wurzelhaare im Wurzelsystem auf 14 Milliarden und dessen Gesamtoberfläche auf über 600 Quadratmeter — was dem 130fachen der Fläche der oberirdischen Pflanzenteile entspräche.

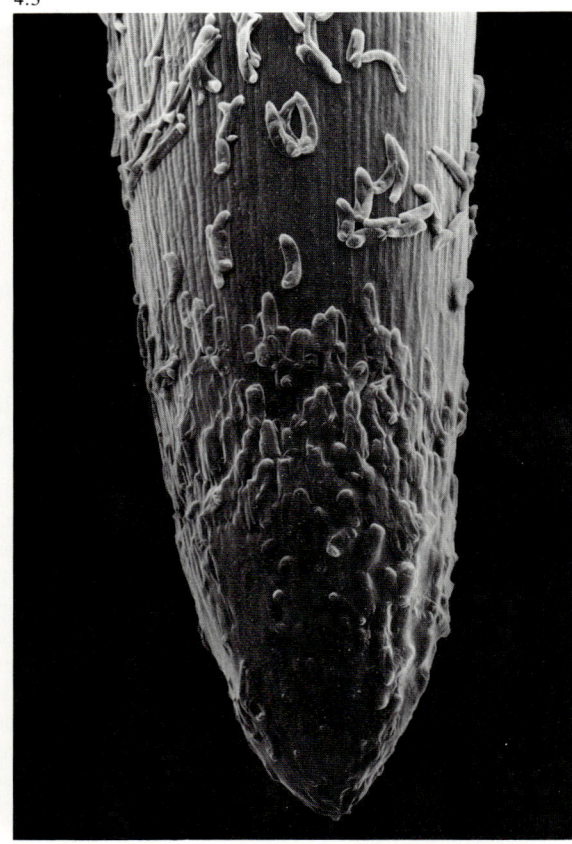

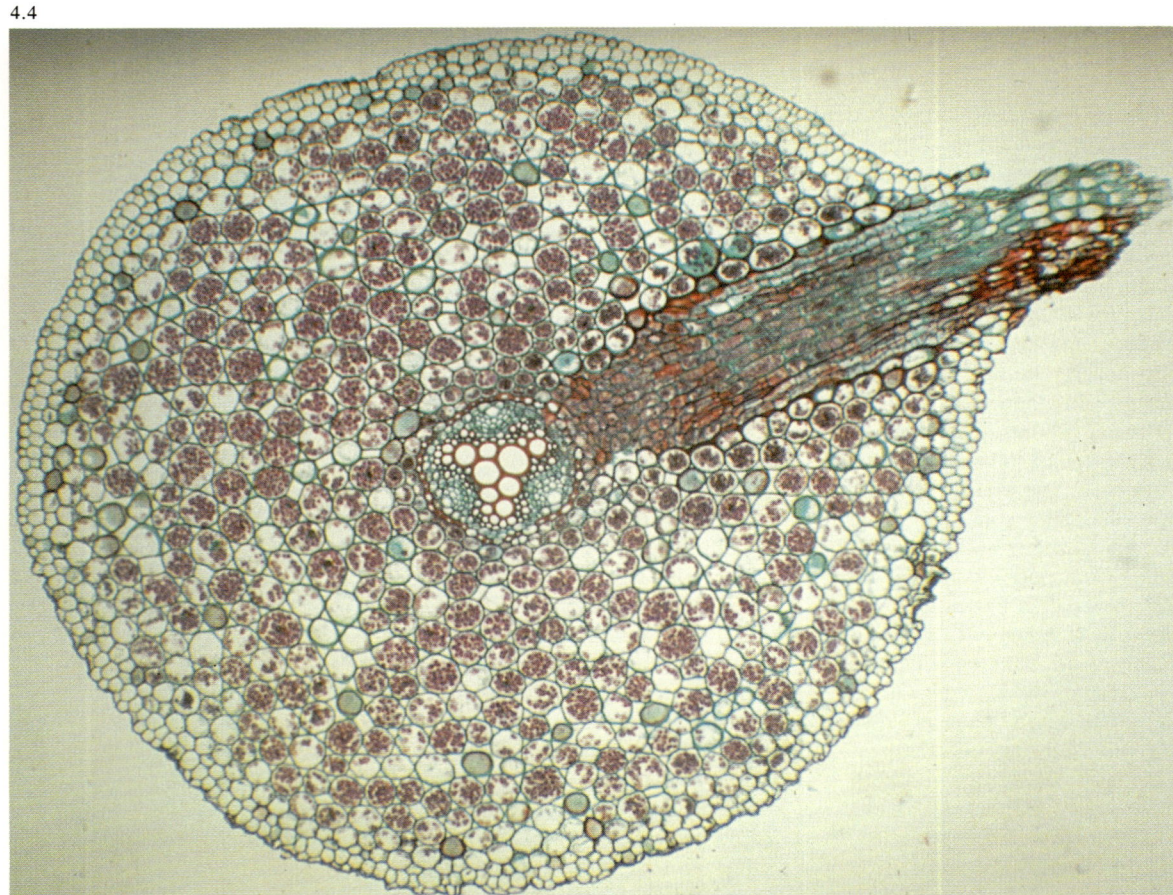

In der Spitze der Wurzel bilden sich spezialisierte Zellen, sogenannte Statocysten, welche die Schwerkraft wahrnehmen können und so das Wachstum nach unten veranlassen. Sie enthalten große und dichte Stärkekörner, die als Schwerkraftdetektoren wirken. Später wandern eben diese Zellen an die Außenfläche der Wurzelspitze und erzeugen dort eine Art Schleim, der den Wurzeln das Vorankommen durch das Erdreich erleichtert.

Das von den Wurzelhaaren aufgenommene Wasser wird zum Gefäßsystem der Pflanze weitergeleitet. In der Wurzel besteht dieses System aus einem zentralen Zylinder mit einem Gewebe, das sogenannte *Xylem*- und *Phloem*zellen enthält. Die Xylemzellen haben die Aufgabe, Wasser von den Wurzeln zu den übrigen Teilen der Pflanze zu transportieren, während die Phloemzellen insbesondere Zucker von den Blättern zu den Wurzelspitzen bringen, um deren Wachstum aufrechtzuerhalten.

4. SAMENPFLANZEN

4.5

4.2 Wurzelhaare sind kurzlebige, zarte Gebilde. Wurzeln wachsen von der Spitze aus, und von einem Bereich direkt hinter der Wurzelspitze werden ständig neue Härchen gebildet. Der Vorgang ist in dieser sehr schwach vergrößerten rasterelektronenmikroskopischen Aufnahme deutlich sichtbar festgehalten. Das Bild zeigt den gefrorenen Keimling einer Kohlpflanze. Nahe der Wurzelspitze sind die Haare jung und kurz, weiter hinten länger. Das Bild zeigt auch, wie die Samenschale rechts oben aufgeplatzt ist, um die Wurzel austreten zu lassen. Im Inneren des geplatzten Samens müssen sich die ersten Blätter noch entfalten. [REM, ×12]

4.3 Die Wurzelspitze muß sich ihren Weg durch die Erde bahnen. Zur Erleichterung dieser Arbeit erzeugt sie an ihrer Außenfläche fortlaufend eine lockere Schicht schleimiger Zellen. Dieses Bild einer im Labor gezüchteten Weizenwurzel zeigt die Zellen eingebettet in der Schleimschicht, die hier bei diesem gefrorenen Exemplar als glatter Überzug erscheint. Beim Wachsen in der Erde werden die Zellen abgerieben und sterben ab. [REM, ×60]

4.4 Seitenwurzeln werden tief im Inneren der Hauptwurzel von einer besonderen Zellschicht gebildet, die das Leitgewebe umgibt und *Perizykel* genannt wird. Diese lichtmikroskopische Aufnahme zeigt eine sich entwickelnde Seitenwurzel in der Hauptwurzel des Scharfen Hahnenfußes *Ranunculus acer*. Wenn sich die Seitenwurzel nach außen schiebt, zerdrückt und tötet sie die Zellen in der Wurzelrinde, die ihr im Weg sind. Das Bild verdeutlicht auch, daß viele in der Lichtmikroskopie angewandte Färbemittel nicht sehr spezifisch wirken. Der grüne Farbstoff wurde nur von den Zellwänden angenommen, doch die rote Farbe hat sowohl Stärkekörner (die kleinen Partikel innerhalb der Rindenzellen) als auch die verdickten Wände der Xylemzellen im Zentrum der Wurzel und andere Zellen in der Seitenwurzel gefärbt. [LM, Hellfeldbeleuchtung, gefärbter Schnitt, ×22]

4.5 Diese Nahaufnahme zeigt den zentralen Bereich einer Wurzel ähnlich der in Abbildung 4.4, nur lassen sich hier die Einzelheiten des zentralen Leitbündelsystems, der *Stele*, deutlicher erkennen. In der Mitte liegen in Form eines Kreuzes die großen, leeren Xylemzellen mit rot gefärbten Zellwänden. Zwischen den Armen des Kreuzes sieht man am Rand des Zentralzylinders vier Gruppen anderer, ebenfalls rot gefärbter Zellen. Dies sind Phloemzellen. Außen herum liegt die Wurzelrinde mit ihren großen Zellen, die rot gefärbte Stärkepartikel enthalten. [LM, Hellfeldbeleuchtung, gefärbter Schnitt, ×870]

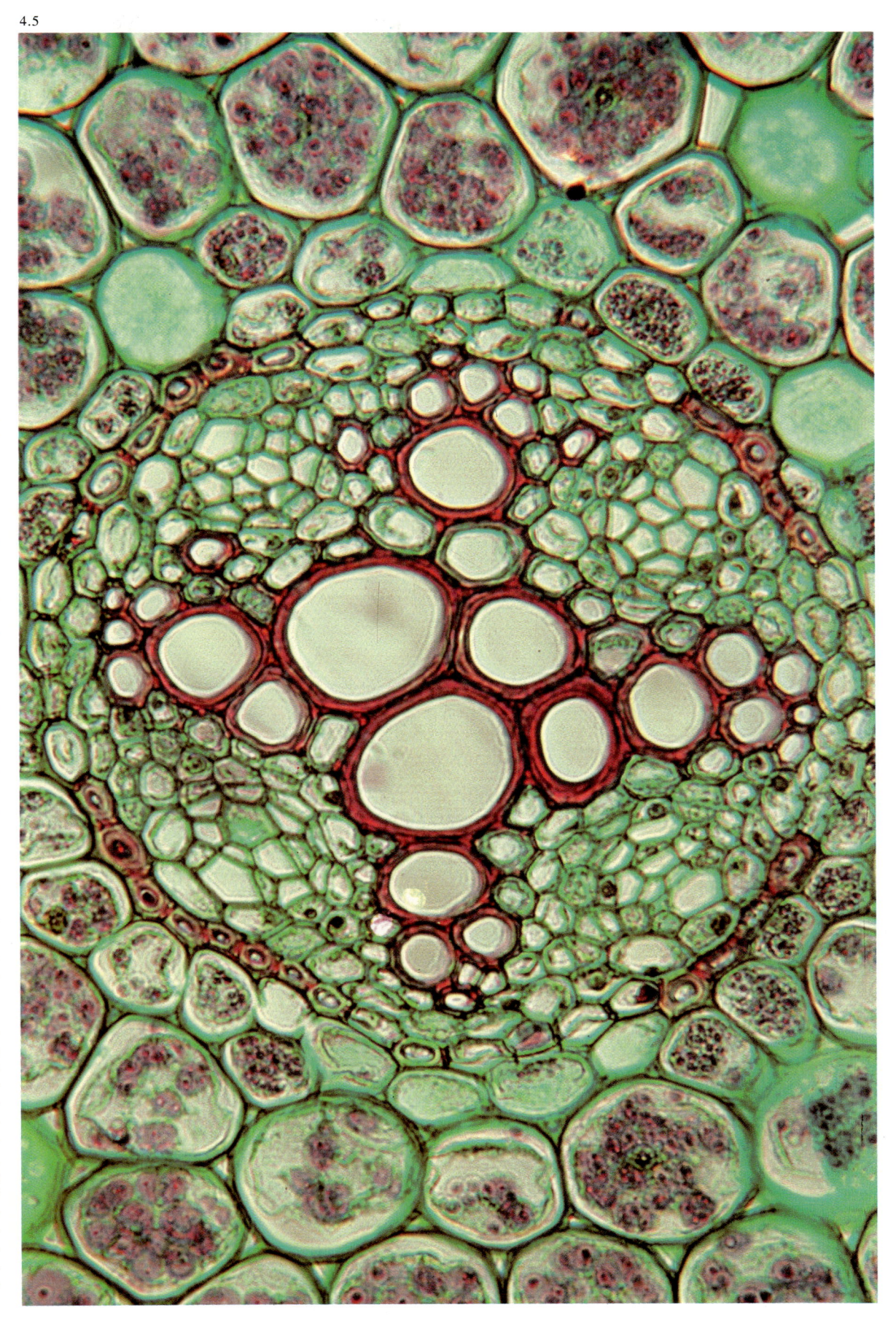

Stengel, Stamm und Holz

Der Stengel oder Stamm einer Pflanze verbindet die Blätter mit dem Wurzelsystem. In den Zellen des Xylems gelangen Wasser und Minerale aus dem Boden nach oben, und im Phloem fließt Zuckerlösung hinunter. Der Stamm hat noch eine weitere wichtige Funktion: Er trägt das gesamte Gewicht der in der Luft befindlichen Pflanzenteile. Dieses Gewicht mag im Fall kleiner einjähriger Pflanzen gering sein, ein langlebiger Baum kann jedoch ein schwieriges statisches Problem darstellen. Übrigens ist das massereichste Lebewesen auf der Erde ein Baum: Man schätzt das Gesamtgewicht des gewaltigen Mammutbaums „General Sherman" — eines Exemplars der Art *Sequoiadendron giganteum* — auf über 2000 Tonnen.

Das Dickenwachstum von Stengeln und Stämmen wird in zwei Typen eingeteilt. Das primäre Dickenwachstum tritt bei einjährigen Pflanzen auf. Deren Stengelgewebe besteht aus Gefäßzellen und unspezialisierten Rindenzellen. Die nötige Festigkeit wird durch den Aufbau von Zellgruppen erreicht, die als *Kollenchym* bezeichnet werden und sehr dicke Zellwände aufweisen. Stengel sind oft hohl, weil eine Röhre weniger leicht knickt als ein massiver Stab gleichen Gewichts.

Sekundäres Dickenwachstum findet bei langlebigen, mehrjährigen Pflanzen mit einem dauerhaften Stamm statt. Die Bäume sind die auffallendsten Vertreter diese Gruppe. Ein zellbildender Ring von weichem Gewebe unter der Baumrinde — das sogenannte *Kambium* — läßt den Stamm in jeder Saison dicker werden. Die an der Außenseite des Kambiums entstehenden Zellen werden zu Phloem, die zur Stammitte hin liegenden zu Xylem. Die Xylemzellen entwickeln massiv verdickte Zellwände aus Cellulose und einem widerstandsfähigen Füllstoff, dem *Lignin*. Sobald die Wandverdickung abgeschlossen ist, sterben die Zellen ab und bleiben als ein extrem festes und zugleich elastisches Röhrensystem für die Leitung von Wasser bestehen. Dieses Gewebe nennen wir Holz.

4.6 Diese rasterelektronenmikroskopische Aufnahme eines Schnitts durch den Stengel der Weißen Taubnessel *Lamium album* zeigt alle Merkmale des primären Dickenwachstums. Die hohle Mitte entsteht durch den Zusammenbruch dünnwandiger Markzellen. Um diesen Kern liegt eine Schicht unspezialisierter Rindenzellen — das corticale *Parenchym*. Acht *Leitbündel* leiten Wasser und Nährstoffe: je eines in der Nähe

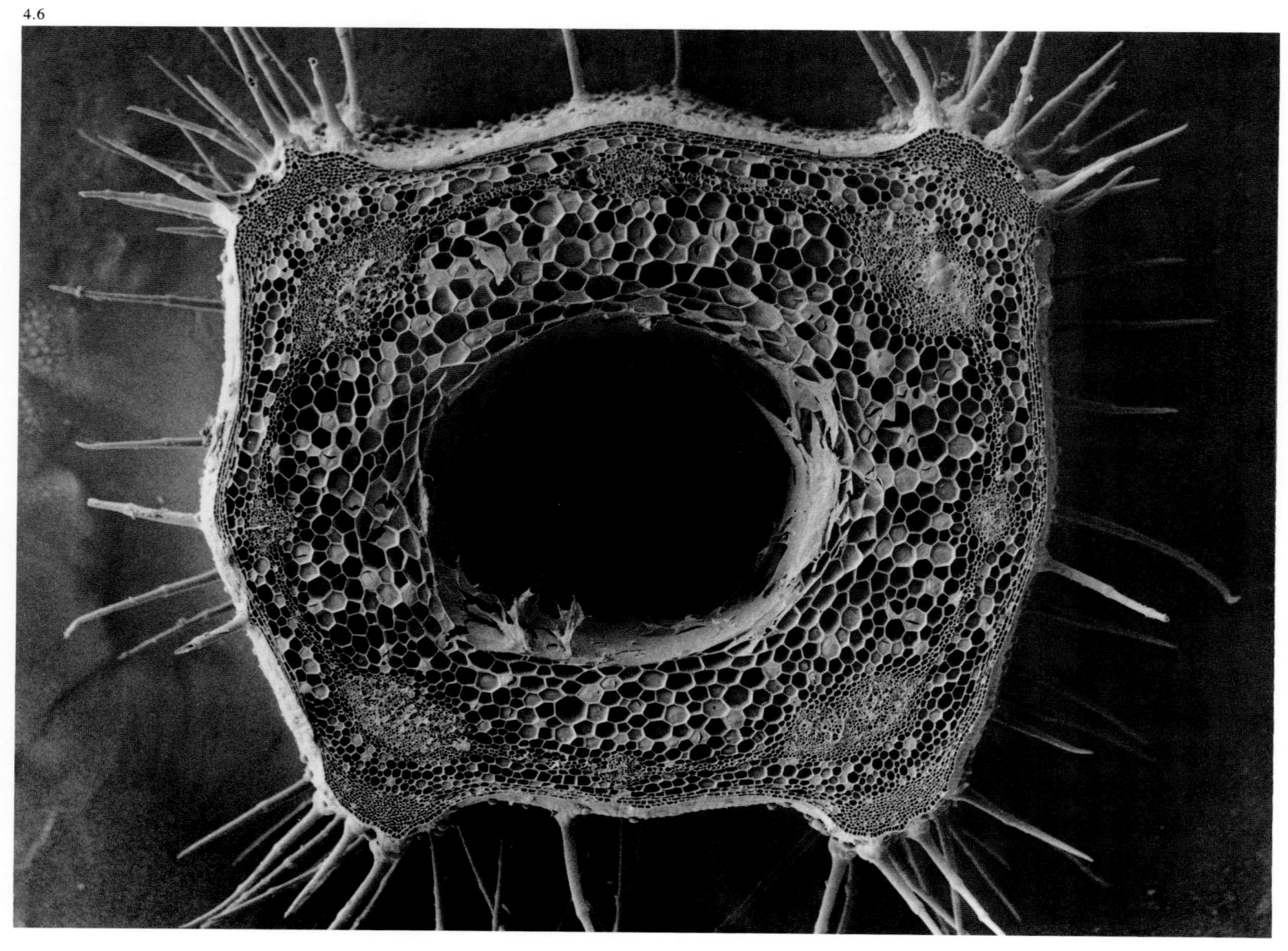

4.6

4. SAMENPFLANZEN

der vier Ecken und in der Mitte jeder Stengelseite. In den äußersten Ecken des Stengels — der mechanisch vorteilhaftesten Position — sieht man kleine Kollenchymzellen. Die Stacheln an der Außenseite des Stengels sind Haare, die kriechende Insekten davon abhalten sollen, die Pflanze hinaufzuklettern. [REM, ×30]

4.7 Bäume wachsen in Jahreszyklen, und dadurch entstehen die bekannten Jahresringe, die man an durchgesägten Stämmen sieht. In diesem Radialschnitt durch Holz der Kanadischen Hemlocktanne *Tsuga canadensis* zeigt sich der Jahreszyklus in der unterschiedlichen Breite der im Laufe eines Jahres hinzugekommenen Zellen. Die vier hellroten, schräg von rechts oben nach links unten laufenden Bänder entsprechen vier Jahren des Wachstums im Leben des Baums. Früh im Jahr sind die Zellen weiträumig, doch sie drängen sich enger zusammen, wenn der Herbst näherrückt. Ganz oben links im Bild liegt also quasi der Frühling eines Jahres; die leuchtend roten Linien laufen hier noch in weitem Abstand voneinander, bis sie zum Herbst hin zusammenrücken und das dicke rote Band bilden. Im folgenden Frühjahr wiederholt sich das Muster. Die dunkelroten, rechtwinklig zu den Jahresringen verlaufenden Bänder sind *Markstrahlen* — ein System waagerechter Xylemzellen. Die leuchtenden Farben dieser Mikrophotographie entstanden durch die Wechselwirkung von polarisiertem Licht mit der geordneten Zellwandstruktur des Xylems. [LM, polarisiertes Licht, ×660]

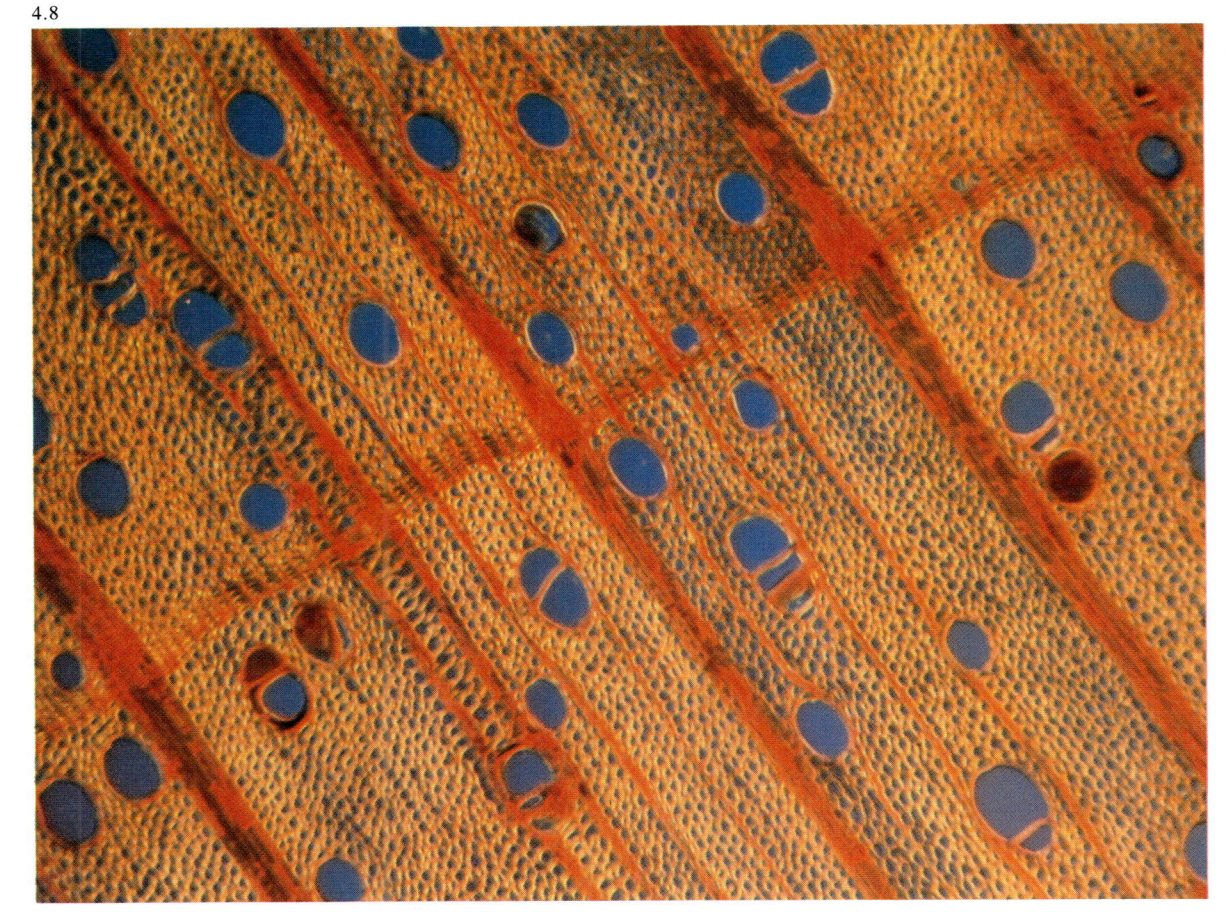

4.8 Harthölzer sind komplizierter aufgebaut als die von Nadelbäumen erzeugten Weichhölzer. Hartholz besitzt mehr unterschiedliche Zelltypen und insbesondere sehr große wasserleitende Gefäße, sogenannte *Tracheen*. Diese Aufnahme eines Querschnitts durch Hartholz des Zuckerahorns *Acer saccharum* entstand mit derselben Beleuchtungstechnik wie das vorangehende Bild. Die großen blauen Zellen sind die Tracheen und die roten Bänder Zellen des waagerechten Xylemsystems — der Markstrahlen, die Wasser zum Kambium verteilen und auch als Speicherzentren für Stärke und Lipide dienen. Man sieht in diesem Schnitt keine Jahresringe. (Der Streifen in der Mitte zeigt eine anderweitige Veränderung der Wachstumsgeschwindigkeit an.) [LM, polarisiertes Licht, Vergrößerung unbekannt]

Blätter

In den Blättern findet die Photosynthese statt — die Umwandlung von Kohlendioxid aus der Luft in Zucker. Dieser chemische Prozeß liefert der Pflanze Energie, und als Abfallprodukt entsteht der Sauerstoff, den wir atmen. Die chemischen Vorgänge laufen im Inneren der Blattzellen in Organellen ab, die man *Chloroplasten* nennt. Sie sind auf den Seiten 116 und 117 im Kapitel über die Zelle beschrieben.

Die Ausgangsstoffe für die Photosynthese sind Sonnenlicht, Wasser und Luft. Die beiden ersten bieten kaum Probleme. Das typische Blatt ist flach und zum Einfangen von Licht geeignet, und das nötige Wasser erhält es über Stengel oder Stamm von den Wurzeln. Schwieriger ist die Versorgung mit Luft. Ein Blatt setzt der Atmosphäre eine große Oberfläche aus und muß deshalb mit einer wasserdichten Schicht, der sogenannten *Cuticula*, bedeckt sein. Ohne diese würde die Pflanze zu schnell Wasser verlieren und absterben. Doch die Cuticula verhindert auch, daß Luft in das Blatt gelangt. Es muß deshalb mit einer Reihe von Öffnungen versehen sein. Diese Poren, die *Spaltöffnungen* oder *Stomata*, sind tagsüber offen und werden nachts geschlossen, um die Verdunstung zu verringern.

Wenn man die Oberfläche eines Blatts durch ein Mikroskop betrachtet, sieht sie selten wie eine platte Landschaft aus. Vielmehr kommt eine Fülle spezialisierter Strukturen zum Vorschein. Diese Auswüchse werden zusammenfassend als *Trichome* bezeichnet, und die Rasterelektronenmikroskopie zeigt ihre Verschiedenartigkeit besonders gut, wie die Abbildungen 4.14 bis 4.18 beweisen.

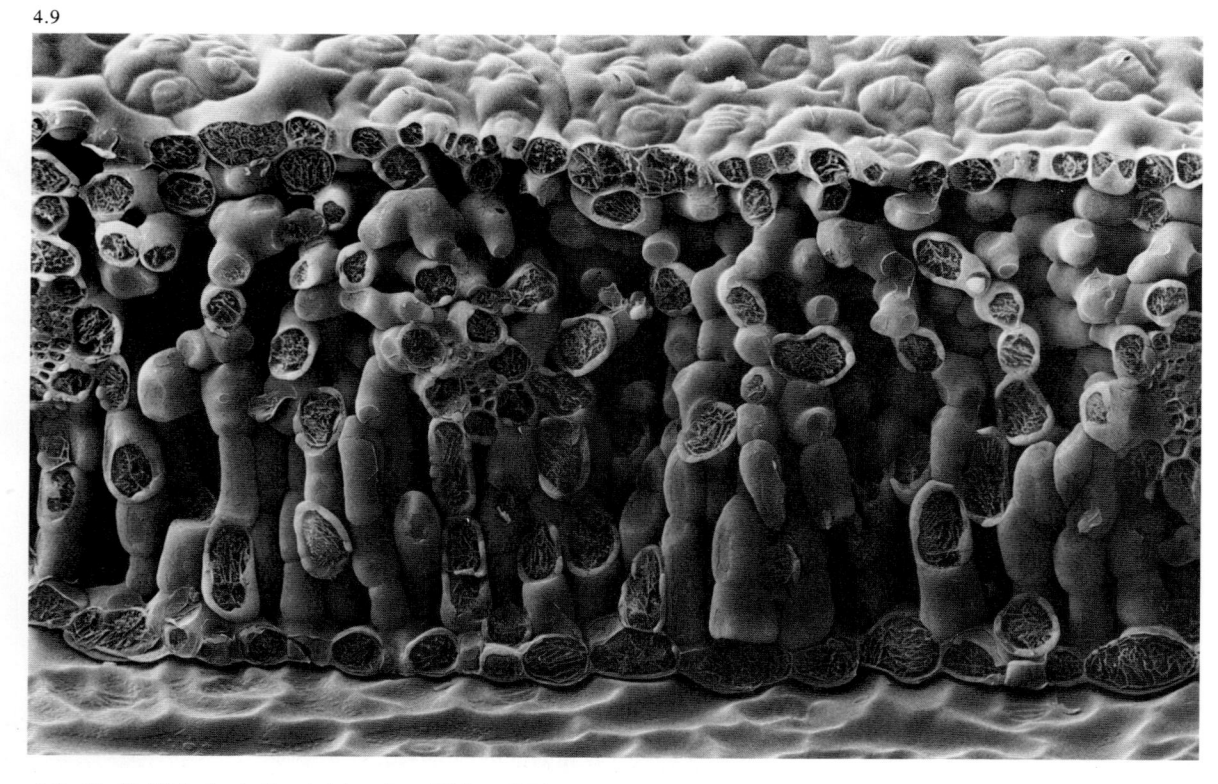

4.9 Ein Blatt ist wie ein Sandwich aufgebaut. Damit man mit einem Rasterelektronenmikroskop ins Innere sehen kann, muß das Blatt zuerst gefroren und aufgebrochen werden. Dieses Bild zeigt ein Blatt des Rübsens *Brassica campestris*, das auf diese Weise präpariert wurde. Die einzelnen waagerechten Zellreihen nahe am oberen und unteren Bildrand bilden die Haut oder *Epidermis* des Blatts und sind mit der Cuticulaschicht bedeckt. Spezielle Zellen in der Epidermis regeln die Größe der Spaltöffnungen. Diese sitzen fast alle an der Unterseite des Blatts, die hier im Bild oben liegt. Die locker aneinandergefügten Zellen im Inneren des Blatts werden *Mesophyll*zellen genannt. In ihnen findet der größte Teil der Photosynthese statt. Einige Zellen sind intakt, andere aufgebrochen. [REM, ×250]

4.10 Eine völlig andere Ansicht eines Blatts liefert das Lichtmikroskop. In diesem Schnittpräparat eines Blatts des Ligusters *Ligustrum vulgare* fällt besonders das verzweigte Netzwerk der Blatt-

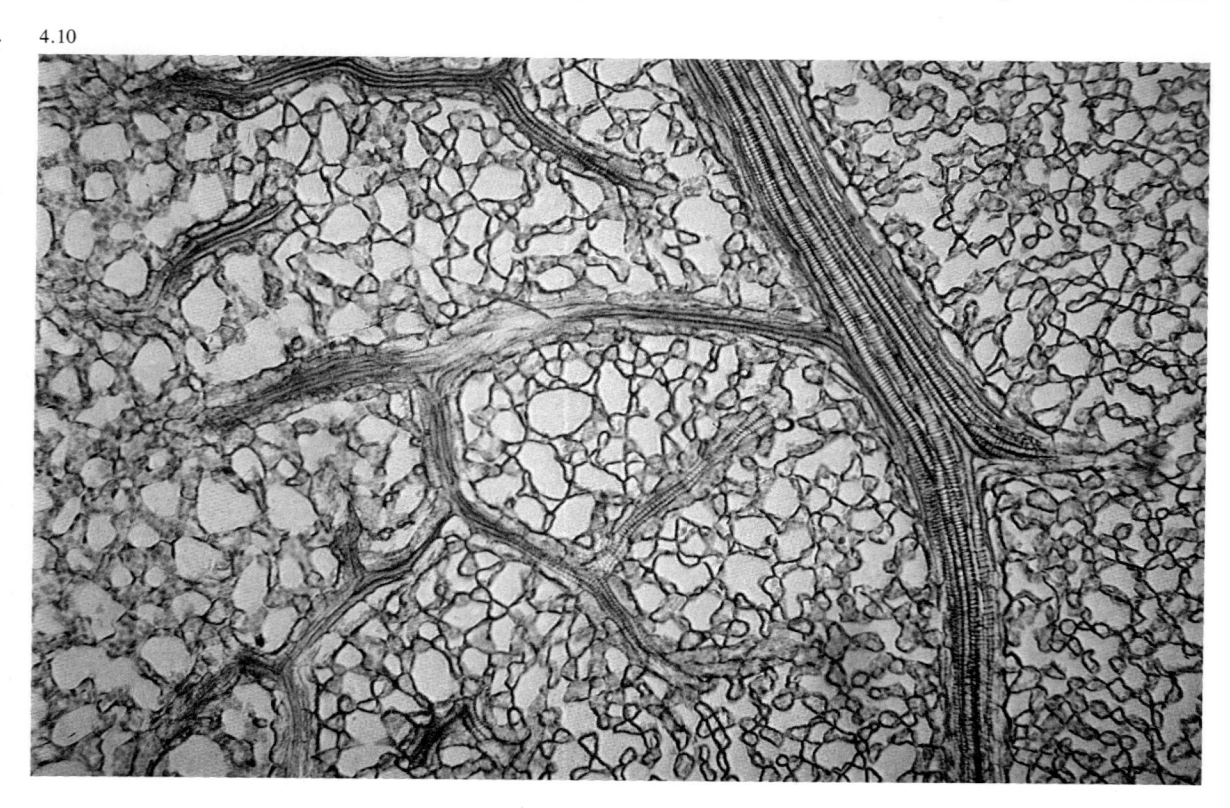

4. SAMENPFLANZEN

adern ins Auge. Die Mesophyllzellen liegen zwischen den Adern locker nebeneinander und sind klein und unregelmäßig geformt. Die großen freien Bereiche zwischen ihnen sind Lufträume. [LM, Hellfeldbeleuchtung, ×180]

4.11 Wenn man Einzelheiten im Inneren von Zellen sehen will, muß man ein Transmissionselektronenmikroskop verwenden. Dieses Zellenpaar in der Epidermis eines Blatts der Gartenerbse *Pisum sativum* befindet sich in einem Frühstadium der Bildung einer Spaltöffnung. Im Zentrum jeder Zelle liegt ein großer ovaler Zellkern, der schwarz gefärbtes genetisches Material enthält. Die fünf dunkelgrauen Körper im Cytoplasma sind stärkehaltige Chloroplasten; vier von ihnen haben einen blaßgrauen Inhalt – die Stärke. Die Wand zwischen den beiden Zellen wird sich bald in der Mitte spalten und dadurch einen Luftweg ins Blattinnere eröffnen (das bei dieser Aufnahme hinter der Bildebene liegen würde). Der Öffnungsgrad des Spalts hängt von der Aktivität der beiden Zellen ab, die *Schließzellen* genannt werden. Wenn sie anschwellen, wird der Spalt aufgestoßen; wenn sie schrumpfen, schließt er sich. [TEM, kontrastierter Schnitt, ×5000]

4.12 Diese Spaltöffnung auf einem Kelchblatt von *Primula malacoides* sieht auf den ersten Blick geöffnet aus. Tatsächlich aber ist sie geschlossen. Die längliche Öffnung ist eine permanente Lücke in der Cuticula; darunter kann man die eng zusammengepreßten Wände der Schließzellen sehen, die die Spaltöffnung regulieren. Die Rillen auf der Oberfläche des Kelchblatts sind eine Besonderheit dieser Pflanze; die tieferen Furchen zeigen die Umrisse der angrenzenden Epidermiszellen an. [REM, ×750]

4.13 Dieser Oberflächenschnitt eines Blatts von *Tradescantia* zeigt die Verteilung der Spaltöffnungen unter dem Lichtmikroskop. Die paarigen Schließzellen sind rotbraun gefärbt; bei den verstreuten kleinen dunkelbraunen Partikeln handelt es sich um Zellkerne von Epidermiszellen. Das breite blaue Band quer im Bild ist ein Strang von Gefäßen, eine Blattader. [LM, ×445]

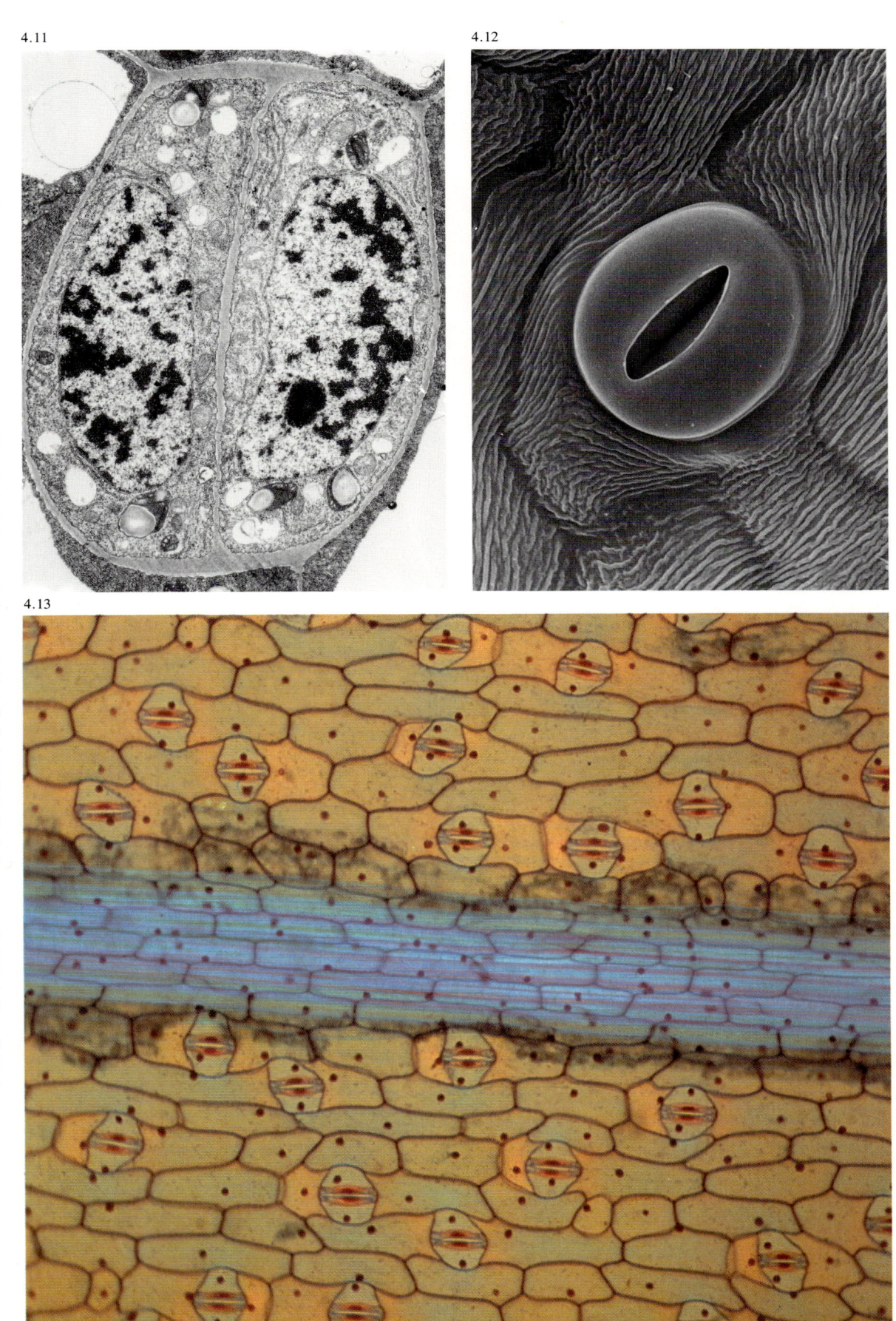

MIKROKOSMOS

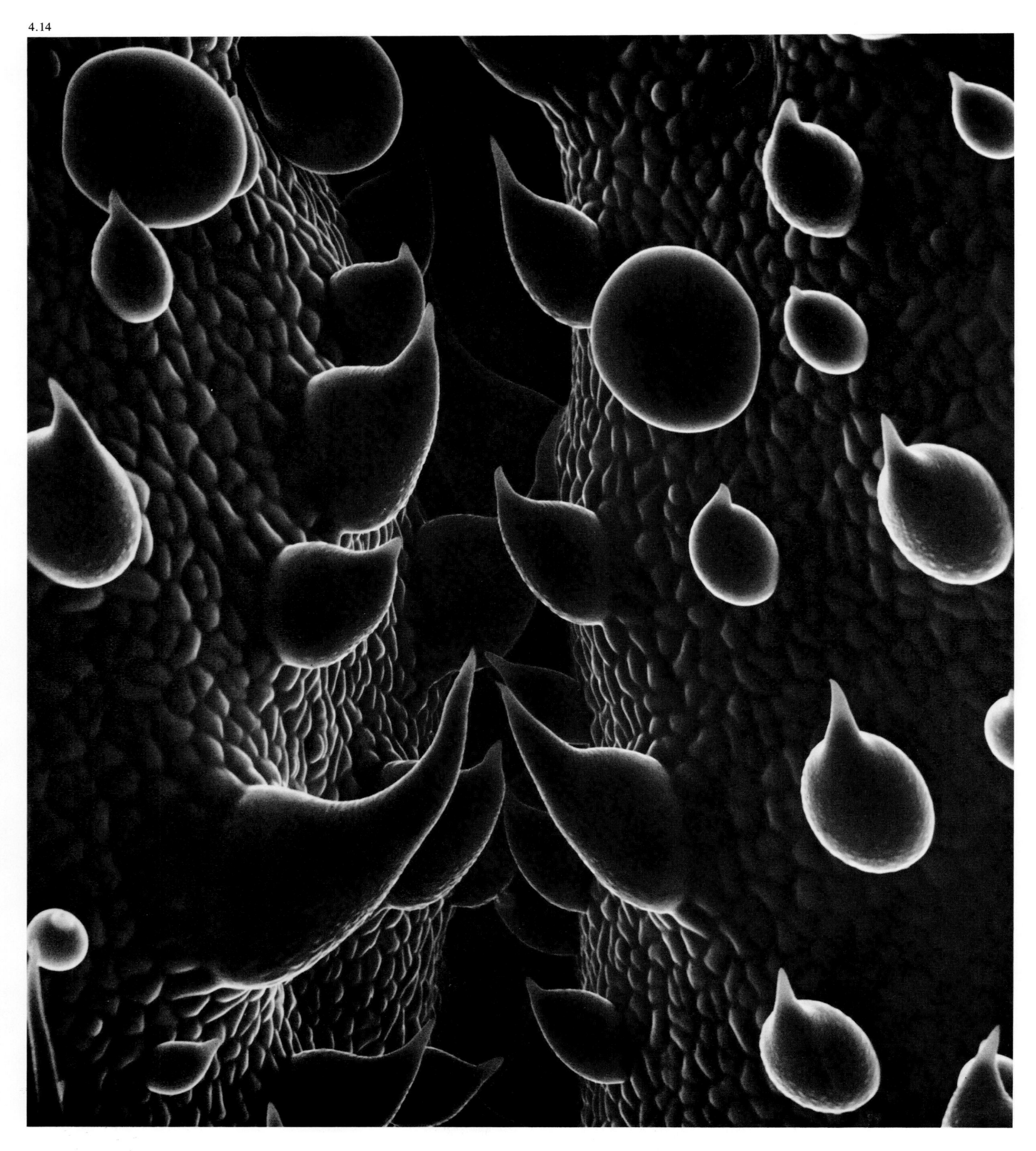

4.14

4. SAMENPFLANZEN

4.15

4.16

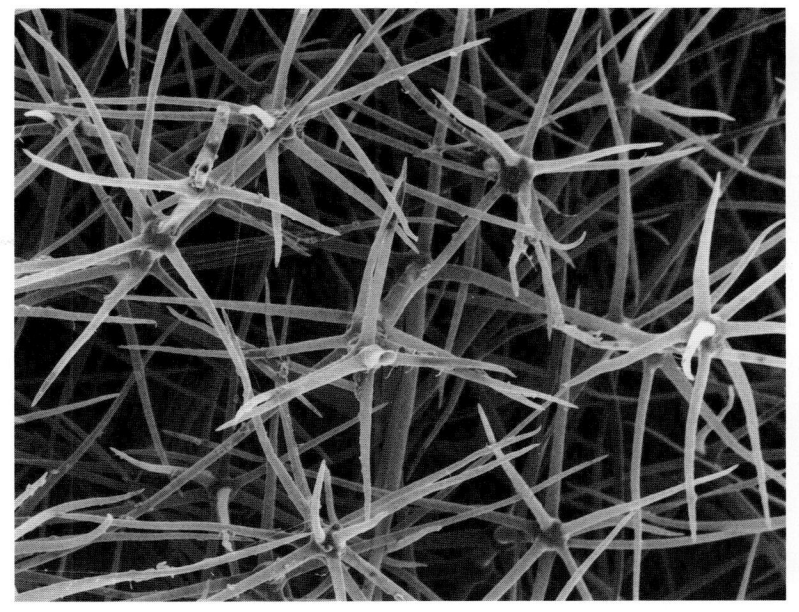

4.14 Blütenpflanzen erzeugen ein breites Spektrum von Substanzen, die Tiere vom Fressen abschrecken sollen. In den Trichomen auf diesem Blatt der Hanfpflanze *Cannabis sativa* werden zwei derartige *sekundäre Pflanzenstoffe* gebildet. Bei den spitzen Auswüchsen handelt es sich um Cystolithen, die harte, widerstandsfähige Kristalle des Minerals Calciumcarbonat enthalten. Die runden Strukturen in der oberen Bildhälfte sind drüsige Trichome, die Tetrahydrocannabinol enthalten. Es scheint wie eine Ironie, daß die Evolution das Überleben dieser Art mit Hilfe eines Gifts sicherte, das sich — in Form von Haschisch oder Marihuana — für Menschen als höchst attraktiv erwiesen hat. [REM, ×850]

4.15 Die verzweigten Trichome der Flockigen Königskerze *Verbascum pulverulentum* verdecken vollständig die Oberfläche des Blatts, das sie hervorbringt. Sie haben die Aufgabe, Sonnenlicht zu reflektieren und das Blatt kühl zu halten. Funde in den Feuersteinvorkommen von Grimes Graves im englischen Norfolk zeigen, daß Bergleute der Jungsteinzeit die dicke, haarige Trichomschicht von den Blättern kratzten — vermutlich, um sie wie Watte zusammenzudrehen und als Dochte in Öllampen zu benutzen. [REM, ×105]

4.16 Die beliebte Topfpflanze *Primula malacoides* sieht aus, als sei sie mit Mehl bestäubt. Ursache dafür ist die Wachsproduktion durch gestielte Trichome, die man hier auf der Oberfläche eines Kelchblatts sieht. Das Wachs wirkt als Isolierschicht und verhindert die Bildung von Kondenswasser, das sonst die Spaltöffnungen zwischen den Trichomen blockieren würde. [REM, ×335]

4.17 Dieses verzweigte Trichom sitzt nicht auf der Oberfläche, sondern im Inneren eines Blatts. Die Blätter der Weißen Seerose *Nymphaea alba* sind von weiten Durchgängen durchzogen, die Luft über den Stiel zu den Wurzeln unter Wasser leiten. Die Innenflächen dieser Luftwege sind mit harten Trichomen bedeckt, die eine Kruste aus giftigen Calciumoxalatkristallen überzieht. Sie haben die Funktion, neugierig eindringende Insekten abzuhalten. [REM, ×120]

4.18 Pflanzen müssen mit Wasser haushalten, besonders im Winter, wenn es dem kalten oder gefrorenen Boden nur schwer entzogen werden kann. Der japanische immergrüne Strauch *Elaeagnus pungens* setzt zu diesem Zweck schirmartige Trichome ein. Sie sitzen an der Unterseite der Blätter, überlappen sich und schützen das Blatt vollständig vor der austrocknenden Wirkung des Winds. [REM, ×80]

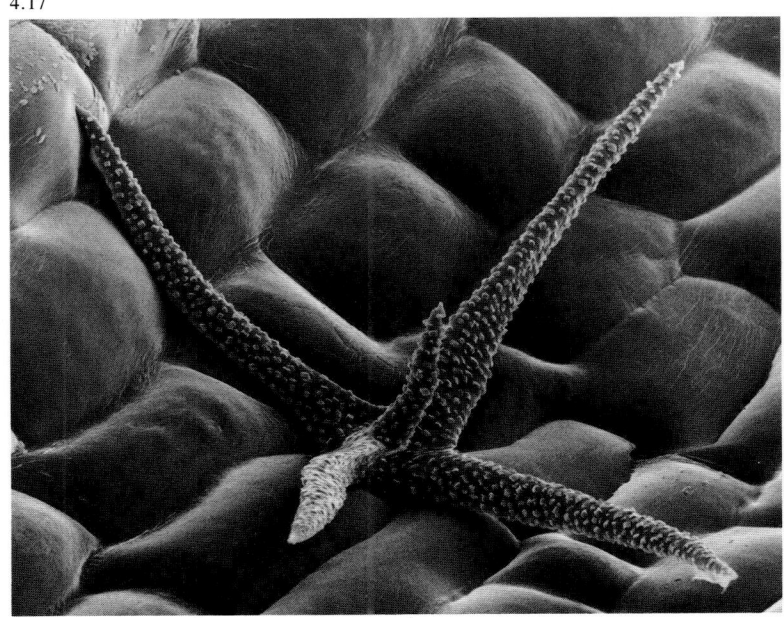

4.17

4.18

4.19

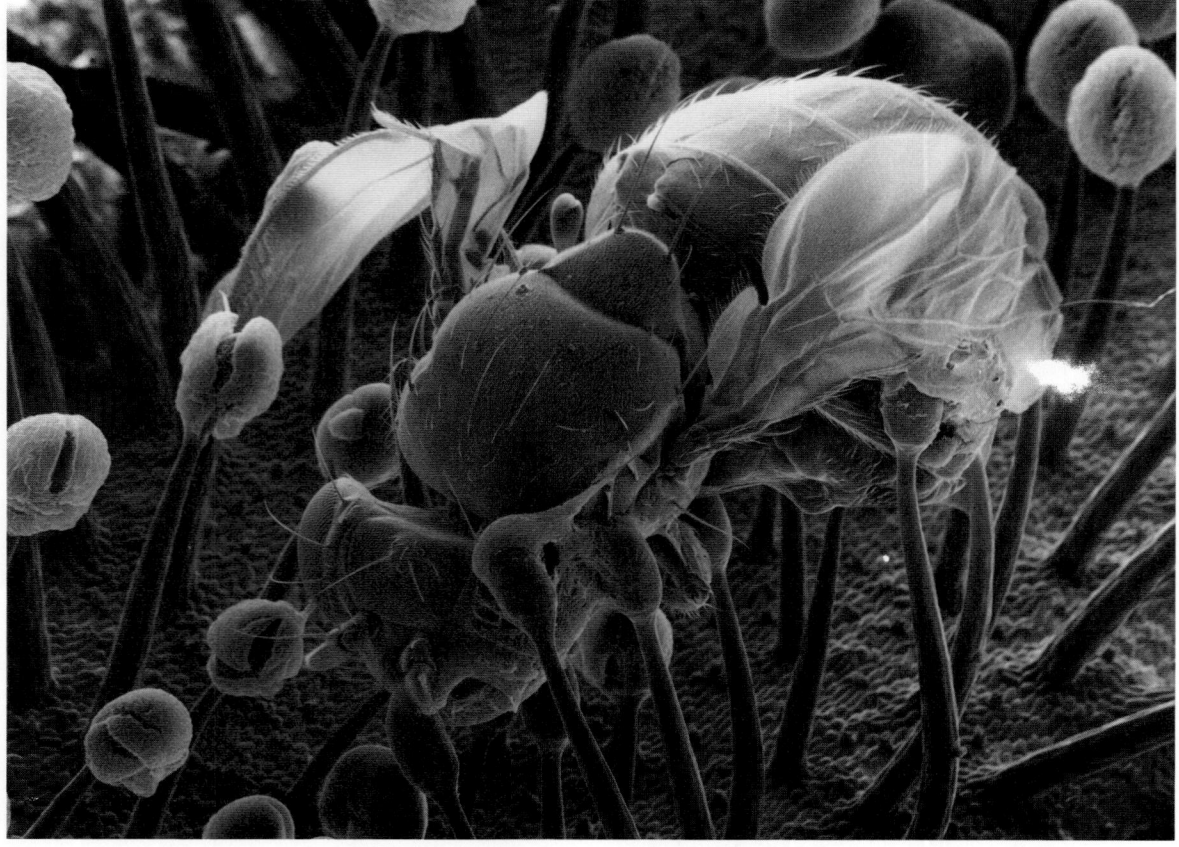

4.20

Angriff und Verteidigung

Pflanzen haben eine ambivalente Beziehung zum Tierreich. Für die Bestäubung ihrer Blüten und die Verbreitung ihrer Samen sind sie oft auf Insekten und andere Tiere angewiesen. Andererseits stellen sie für Horden von Käfern, Blattläusen und Raupen eine prächtige Mahlzeit dar, ganz zu schweigen von den noch bedrohlicheren Gegnern in Gestalt pflanzenfressender Säugetiere. Pflanzen schützen sich vor solcher Verfolgung, indem sie Gifte herstellen oder sich mit Dornen, scharfen Stacheln oder klebrigem Leim bedecken.

Manche dieser Verteidigungsmechanismen sind erstaunlich raffiniert. Alle Kartoffelarten erzeugen beispielsweise als Reaktion auf eine Verletzung sehr rasch eine chemische Substanz, welche die im Verdauungssystem von Insekten eingesetzten Enzyme hemmt. Sie machen sich damit praktisch selbst unverdaulich.

Solche chemischen Waffen funktionieren nicht immer wie vorgesehen. Pflanzen der Wolfsmilchfamilie enthalten ein starkes, für Wirbeltiere tödliches Herzgift. Insekten, bei denen das Gift wirkungslos ist, haben gelernt, sich vor ihren eigenen Wirbeltierfeinden zu schützen, indem sie die Gewebe dieser Pflanzen fressen.

Pflanzen sind nicht unbedingt passive, defensive Lebewesen. Manche Sumpfbewohner fangen und verdauen Insekten und verschaffen sich dadurch den Stickstoff und die Minerale, die dem Boden fehlen. Es gibt etwa 500 Arten solcher fleischfressender Pflanzen, und sie haben vielfältige Methoden entwickelt, um ihre Mahlzeit bewegungsunfähig zu machen. Ein Beispiel ist der Sonnentau.

4. SAMENPFLANZEN

4.19 Die Oberseite eines Sonnentaublatts ist mit gestielten Trichomen bedeckt. Jedes Trichom trägt an der Spitze eine Drüse, die eine stark klebrige Substanz ausscheidet. Diese rasterelektronenmikroskopische Aufnahme eines gefrorenen Blatts des südafrikanischen Sonnentaus *Drosera capensis* zeigt die Drüsen in Aktion. Eine kleine Fliege der Familie Psilidae ist auf das Blatt gekrabbelt und hängengeblieben. Je mehr die Fliege zappelt, um so mehr Drüsen berührt sie, bis sie schließlich bewegungsunfähig ist. [REM, ×30]

4.20 Dieser Ausschnitt aus einem ähnlichen Präparat wie in Abbildung 4.19 zeigt, daß der anfängliche Kontakt zwischen Pflanze und Insekt sehr schwach sein kann. In dem Bild sieht man zwei Beine der Fliege. An einem ist das Paar winziger Klauen zu erkennen, mit denen sich die Fliege an rauhen Oberflächen festhält. Ein sehr dünner Klebstoffaden zieht sich von dem anderen Bein zur Spitze eines Trichoms. Zu diesem Zeitpunkt kann die Fliege vielleicht noch entkommen, falls sie stark genug ist. Doch wenn ihr das nicht gelingt, löst sie mit ihrem Zappeln elektrische Signale im Stiel des Trichoms aus. Über einen Zeitraum von vielleicht 30 Minuten bewirken diese Signale, daß sich der Stiel nach innen auf die Fliege zu biegt. Sobald er Kontakt mit dem Fliegenkörper hat, scheidet die Drüse einen Verdauungssaft aus, und das Trichom nimmt die dadurch aus der Beute freigesetzten Nährstoffe auf. [REM, ×125]

4.21 Blätter und Stengel der Großen Brennessel *Urtica dioica* sind mit Haaren bedeckt. Die meisten dieser Haare haben einen einfachen Bau, doch einige sind in *Brennhaare* umgewandelt. Brennhaare treten — vor allem entlang von Blattadern — in Zweier- oder Dreiergruppen auf. Dieses Bild zeigt die Basis eines Brennhaars (die dicke Struktur im Hintergrund) und die Spitze eines anderen im Vordergrund. Die Wand des Brennhaars ist spröde und enthält Siliciumdioxid. Die Spitze ist mit einem kleinen, kugelförmigen Deckel versiegelt. Bei der geringsten Berührung bricht der Deckel ab und legt eine scharfe Hohlnadel frei, die dünner als eine Injektionsnadel ist. Die Spritze enthält eine Mischung aus zwei chemischen Stoffen, Acetylcholin und Histamin. Das Brennhaar der Nessel ist eine wirkungsvolle Waffe gegen weidende Tiere, aber großenteils nutzlos gegenüber Insekten. [REM, ×250]

4.21

MIKROKOSMOS

Blüten

Die verwirrende Vielfalt der Formen, Farben und Düfte von Blüten dient einem einzigen Zweck: der Vermehrung der Pflanze. Eine Blüte besteht in ihrer Grundform aus einer Reihe verschiedener Strukturen, die in konzentrischen Schichten angeordnet sind. An der Außenseite der Blüte sitzt eine Schicht schützender *Kelchblätter*, dann folgt ein Kreis von *Blütenblättern* und schließlich ein Ring von *Staubblättern*, den männlichen Organen. Jedes Staubblatt besteht aus einem Stiel und einem Staubbeutel (einer *Anthere*) an der Spitze. Im Staubbeutel werden die Pollen erzeugt. In der Mitte der Blüte sitzen die weiblichen Organe — die meist zu einem *Fruchtknoten* verwachsenen Fruchtblätter. Sie enthalten die Eizellen und entwickeln auch die *Narbe*, die bei der Bestäubung den Pollen aufnimmt. Bei vielen Blüten entsteht die Narbenfläche am Ende eines *Griffels*, der aus der Spitze des Fruchtknotens wächst. Je nach Blütenart kann jede dieser Schichten abgewandelt sein oder ganz fehlen.

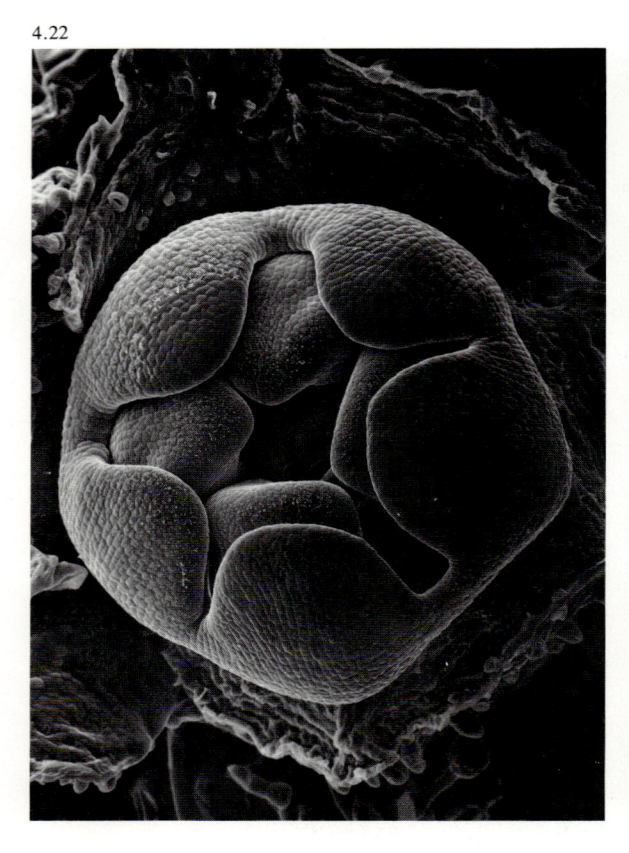

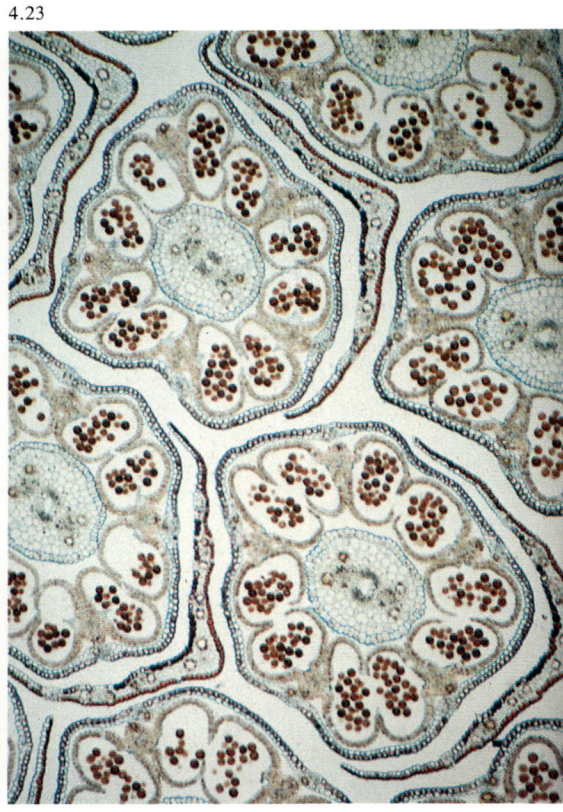

Blüten können einzeln entstehen oder wie bei der Familie der Korbblütler komplexe Blütenstände bilden, die sich aus Tausenden von Einzelblüten zusammensetzen. Manche Blüten sind mikroskopisch klein; andererseits bringt eine *Rafflesia*-Art eine Blüte von fast einem Meter Durchmesser und einem Gewicht von sieben Kilogramm hervor. Auch sind nicht alle Blüten zart und unschuldig: Die afrikanische Wasserlilie *Nymphaea citrina* ertränkt systematisch ihre Insektenbesucher, um Pollen von den toten Tieren zu ihren weiblichen Organen zu spülen.

4. SAMENPFLANZEN

4.22 Eine Blüte beginnt ihr Leben in Form mehrerer kleiner Höcker an der Seite einer Sproßspitze. Ihre endgültige Gestalt bildet sich erst nach beträchtlichem Wachstum aus. Diese kleine Blütenknospe des Gartenlöwenmauls *Antirrhinum majus* sieht fast symmetrisch aus; die fertige Blüte jedoch ist höchst asymmetrisch. Für diese Aufnahme wurden die Kelchblätter abgetrennt, so daß die äußere fünflappige Schicht im Bild den Blütenblättern entspricht. Weiter innen sieht man die Spitzen von vier sich entwickelnden Staubbeuteln. In der Mitte der Knospe hat sich die gespaltene Narbe gebildet. [REM, ×80]

4.23 Jede „Blüte" eines Korbblütlers wie *Cosmos bipinnatus* (mit dem schönen deutschen Artnamen „Doppeltgefiedertes Schmuckkörbchen") besteht aus Tausenden von kleinen Blüteneinheiten. Jene am Rand — quasi die „Blütenblätter" — sind unfruchtbar. Diese lichtmikroskopische Aufnahme zeigt einen Schnitt durch eine Gruppe fruchtbarer Einzelblüten im Zentrum des Blütenstands von *Cosmos*. Jedes Blütchen enthält fünf paarige Staubbeutel. Man erkennt sie an den vielen braun gefärbten Pollenkörnern in ihrem Inneren. Sie umgeben das blaßblau angefärbte Fruchtknotengewebe. Die kleinen orangefarbenen Ringe im Fruchtknoten sind die sich entwickelnden Samenanlagen. [LM, Hellfeldbeleuchtung, ×50]

4.24 Die Blüte der Vogelmiere *Stellaria media* kommt der idealisierten Blütengrundform ziemlich nahe. Diese schwach vergrößerte rasterelektronenmikroskopische Aufnahme zeigt die fünf Kelchblätter an der Außenseite und weiter innen die fünf tief gelappten Blütenblätter. Die drei körnig erscheinenden Gebilde sind die mit Pollen bedeckten Staubbeutel. Im Mittelpunkt der Blüte sitzt der Fruchtknoten mit seinen drei rauhen Narbenflächen. [REM, ×15]

4.25 Diese Aufnahme zeigt eine Blüte derselben Pflanzenart wie in Abbildung 4.24, dieses Mal jedoch von der Seite. Ein Teil der Blüte wurde entfernt und der verbleibende Teil gekippt unter das Mikroskop gebracht. Man sieht den zwiebelförmigen Fruchtknoten und die Narben, die am Ende dreier kurzer Stiele, der Griffel, aus ihm austreten. Zwei der langstieligen Staubbeutel haben sich nach innen geneigt, um mit den Narben in Kontakt zu kommen; der eine rechts im Bild blieb aufgerichtet und ist mit seiner pollenbedeckten Spitze deutlich zu sehen. Die glatten runden Gebilde an der Basis zweier Staubbeutelstiele sind Tropfen von *Nektar*, einer zuckerhaltigen Substanz, die Insekten als Belohnung für den Besuch der Blüte und die Bestäubung angeboten wird. Interessanterweise ist die Vogelmiere durchaus fähig, sich selbst zu bestäuben, und sie tut dies auch häufig. Die Pollenkörner auf den Narben zeigen, daß die Blüte schon bestäubt worden ist, wahrscheinlich von den beiden Staubbeuteln, die die Narben berühren. [REM, ×40]

4.25

4.26 Die Blütenblätter der meisten Blüten sind eigentlich Staubblätter, die im Lauf der Evolution ihre Rolle als Geschlechtsorgan aufgaben und zu Werbeagenten wurden. Mit bloßem Auge sehen sie glatt aus, doch unter dem Mikroskop zeigen sie oft fein skulpturierte Muster. Die Oberfläche dieses Blütenblatts einer Rose besteht aus dicht nebeneinanderliegenden Zellen, die alle feine Rillen an der Spitze aufweisen. Deren Funktion ist nicht bekannt, könnte aber mit der Lichtreflexion durch das Blütenblatt zusammenhängen. [REM, ×365]

4.27 Die Narbe ist die erste Kontaktstelle zwischen dem Pollen und den weiblichen Organen, die er befruchten soll. Gewöhnlich ist die Narbenoberfläche feucht und klebrig und oft feder- oder bürstenartig geformt. Dadurch vergrößert sich die Landefläche für den Pollen, und die Chancen für eine erfolgreiche Vereinigung werden erhöht. In dieser rasterelektronenmikroskopisch gewonnenen Aufnahme einer Hibiskusblüte sieht man fünf getrennte Narben. Nicht jedes Pollenkorn, das auf der Narbe landet, wird von dieser angenommen. Pflanzen vermehren sich in der Regel durch Fremdbestäubung. Dabei stammt der bestäubende Pollen von einer anderen Pflanze derselben Art. Die Narbe hemmt das Wachstum von Pollen, die nicht von der richtigen Spezies stammen. In vielen Fällen weist sie auch Pollen von anderen Blüten derselben Pflanze ab. [REM, ×20]

4.28 Nicht alle Blüten sind zwittrig. Einige sind ausschließlich männlich, andere weiblich. In solchen Fällen fehlen der Blüte die Gewebeteile des anderen Geschlechts. In dieser Gruppe von Einzelblüten des Gänseblümchens *Bellis perennis* sind alle Blüten weiblich. Das Bild zeigt die sich entwickelnden Narben an den Spitzen mehrerer Fruchtknoten. Staubbeutel sind nicht vorhanden. Die meisten Blüten erzeugen fünf Narben, doch eine hat sich interessanterweise abnorm entwickelt und besitzt sechs. [REM, ×35]

4.29 Der Staubbeutel entwickelt sich zuerst als geschlossene Kammer, die in vier Fächer unterteilt ist. Wenn sich die Pollenkörner bilden, bricht die Wand zwischen je zwei Fächern zusammen, so daß der Staubbeutel im Reifezustand aus zwei geschlossenen Pollensäcken besteht. Der in dieser Photographie gezeigte reife Staubbeutel stammt vom Echten Hirtentäschel *Capsella bursa-pastoris*. Die grob strukturierte Oberfläche ist die Außenseite der Staubbeutelwand, die feiner gemusterte Fläche die Innenseite; man sieht sie, weil der Staubbeutel aufgeplatzt ist, um die Pollen zu entlassen — ein Vorgang, den man Dehiszenz nennt. Etwa ein Dutzend Pollenkörner ist in dem geöffneten Pollensack zurückgeblieben. [REM, ×220]

4.30 Diese Aufnahme zeigt einen der Staubbeutel der Vogelmiere von Abbildung 4.24 aus der Nähe. Bei diesen Pflanzen öffnen sich die Pollensäcke wirklich maximal: Sie wenden ihr Inneres nach außen und sehen dann so aus wie hier im Bild — eine Masse von Pollenkörnern haftet leicht an der Innenwand des Sacks. Bei windbestäubten Pflanzen werden die Pollenkörner durch Luftströmungen weggeweht. Der Pollen der Vogelmiere wartet einfach. Wenn zufällig ein Insekt vorbeikommt, bürstet es mit seinem Körper vielleicht Pollenkörner ab, die dann bei einer anderen Blüte eine Fremdbestäubung bewirken können. Taucht kein Insekt auf, neigt sich der Stiel des Staubbeutels nach innen, so daß der Pollen seine eigene Blüte befruchtet. [REM, ×150]

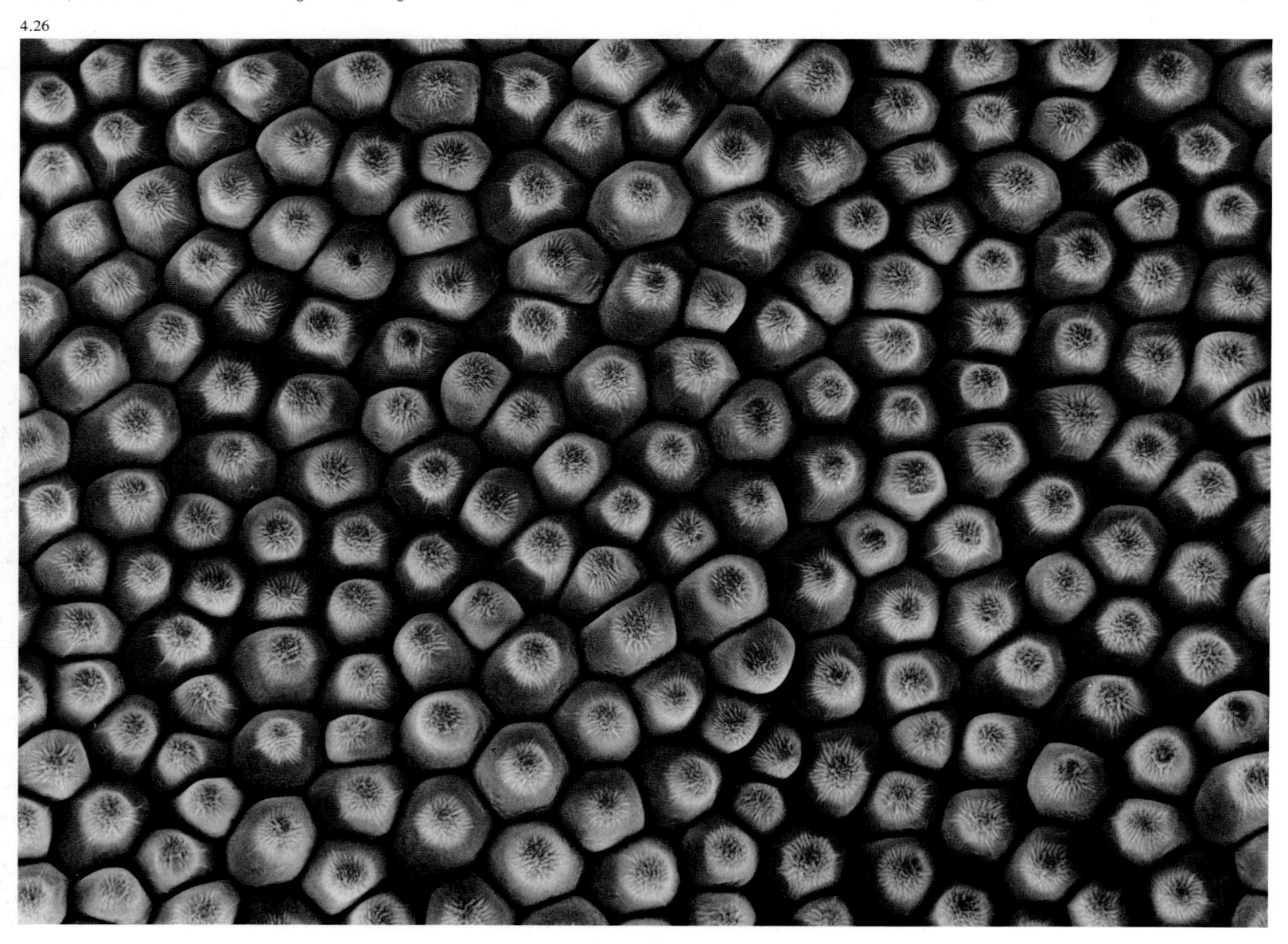

4.26

4. SAMENPFLANZEN

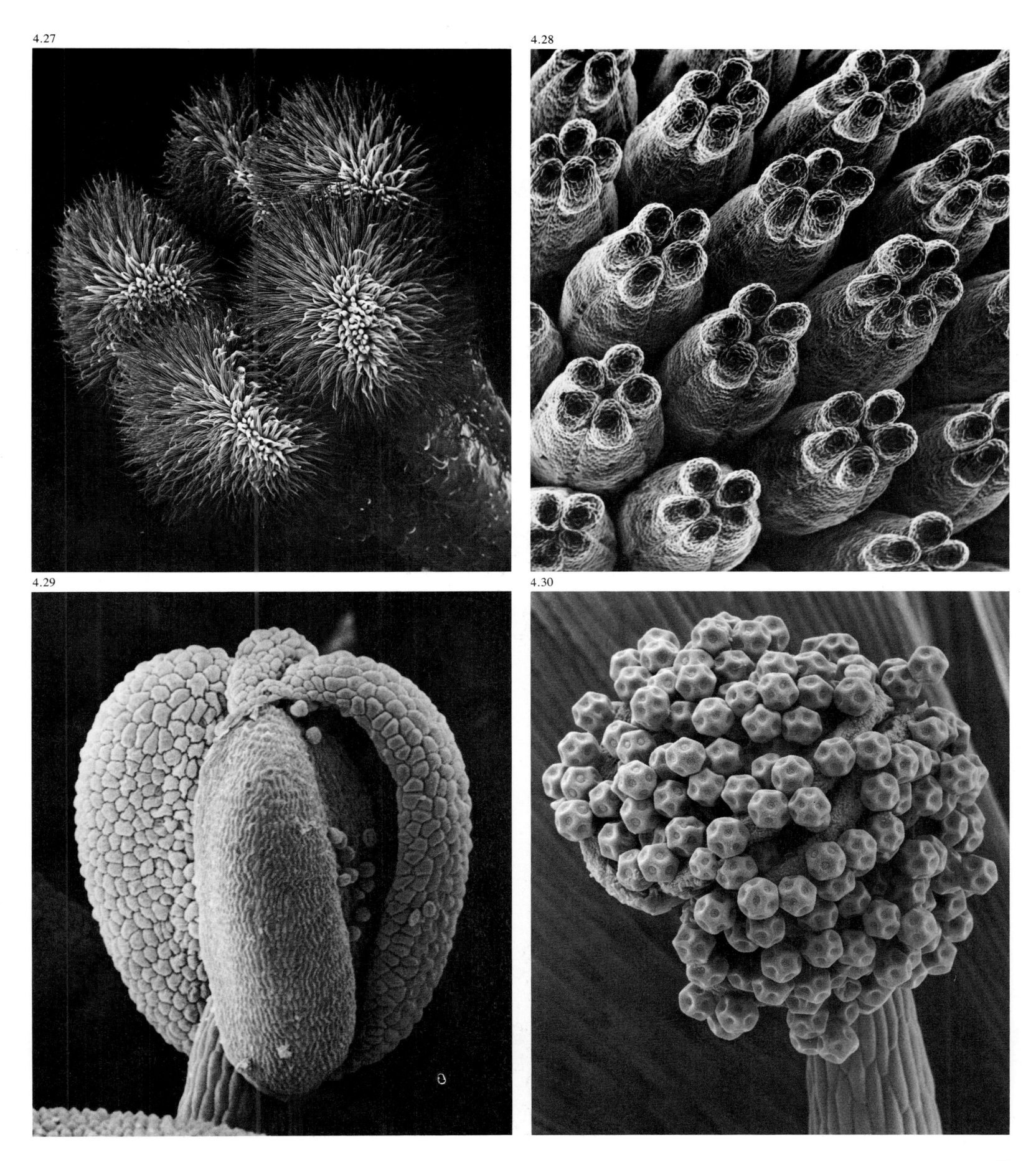

4.27

4.28

4.29

4.30

81

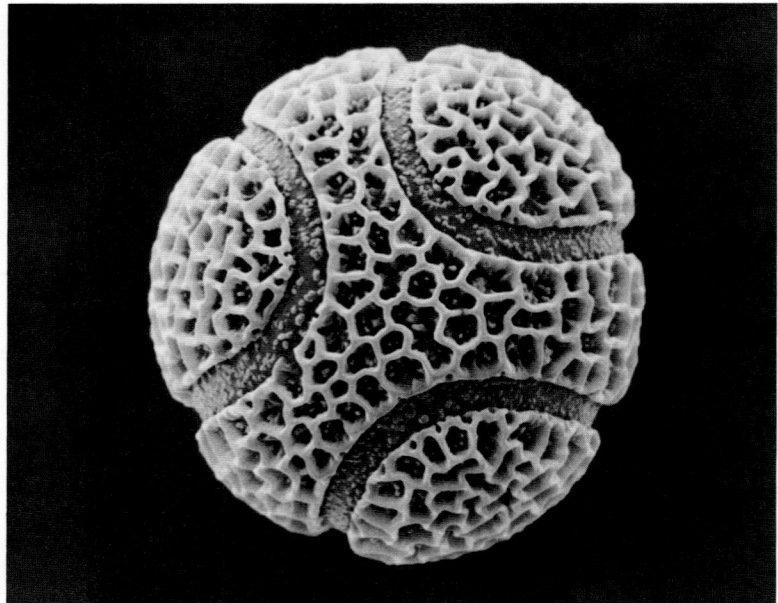

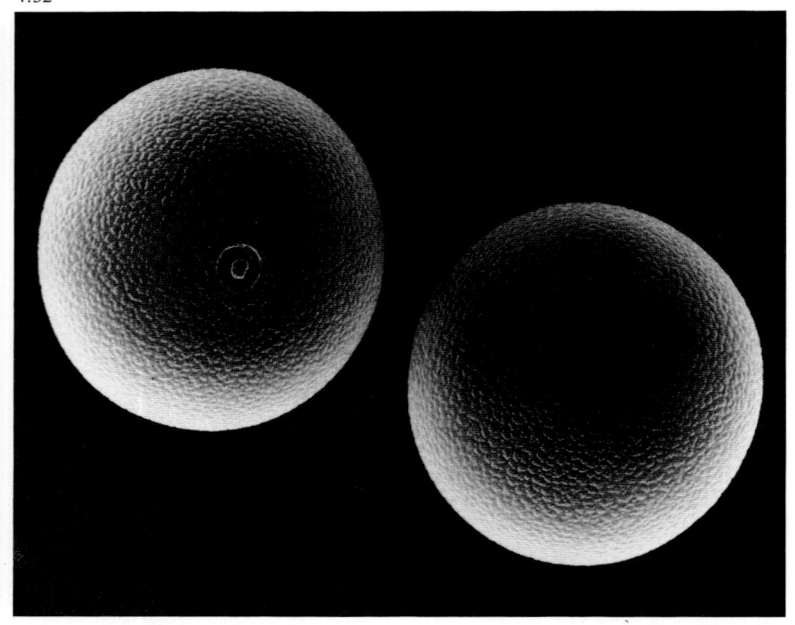

Bestäubung

Für das bloße Auge sehen alle Pollen ziemlich gleich aus — wie feiner gelber Staub. Mikroskope zeigen jedoch, daß Pollenkörner sich in Größe, Form und Oberflächenstruktur stark unterscheiden. Die Pollen des Alpenvergißmeinnichts *Myosotis alpestris* sind nur drei Mikrometer groß, während die Pollen der Gurke (*Cucurbita pepo*) einen Durchmesser von 200 Mikrometern haben. Etwa die Hälfte der Blütenpflanzen erzeugt ellipsoidische Pollenkörner, doch kommen auch Kugeln, Polyeder und lange dünne Stäbchen vor. Die Oberfläche kann beinahe glatt, aber auch stark strukturiert sein; oft erscheinen kleine Dornen, Rillen und Furchen in komplizierten Mustern. Glatte Pollen findet man besonders bei Windblütlern; sie trennen sich zur Vorbereitung auf den Flug leicht voneinander. Strukturierte Pollenkörner sollen dagegen aneinander und an den Haaren bestäubender Insekten haften. Das Oberflächenmuster eines Pollenkorns ist in manchen Fällen so charakteristisch, daß damit die Pflanzenart, von der es stammt, bestimmt werden kann. Die Pollenwand enthält ein sehr schwer lösliches Polymer, das sogenannte *Sporopollenin*, was zur Folge hat, daß das Muster Hunderte oder Tausende von Jahren überdauern kann. Dies ist etwa bei Pollen der Fall, die in Torfmooren erhalten blieben, und hat Bedeutung in der Archäologie.

Ein Pollenkorn hat die Aufgabe, die männlichen Geschlechtszellen zur weiblichen Narbe zu tragen. Wenn die Partner zueinander passen (Kompatibilität), keimt das Pollenkorn aus und erzeugt einen dünnen Schlauch — den *Pollenschlauch*. Dieser wächst durch die Narbenoberfläche hinunter zur Samenanlage, wo er platzt und zwei Spermazellen entläßt.

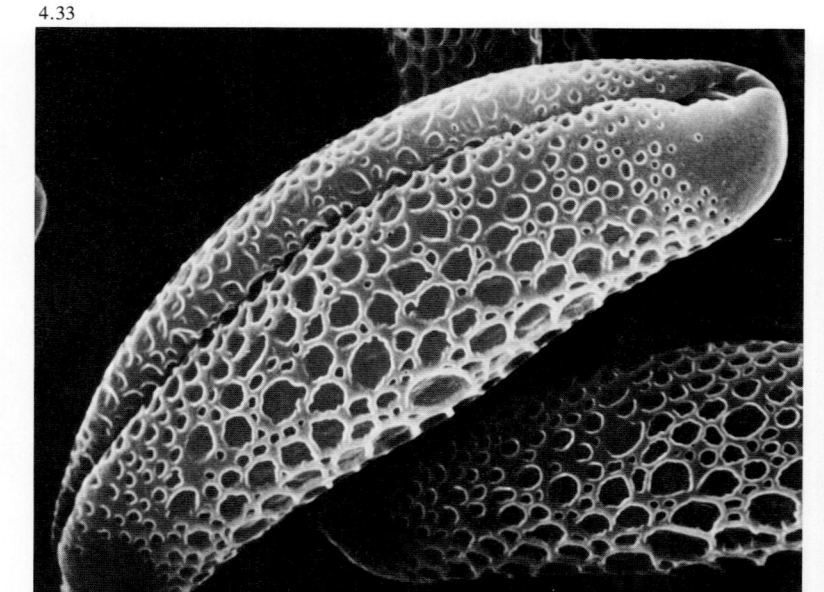

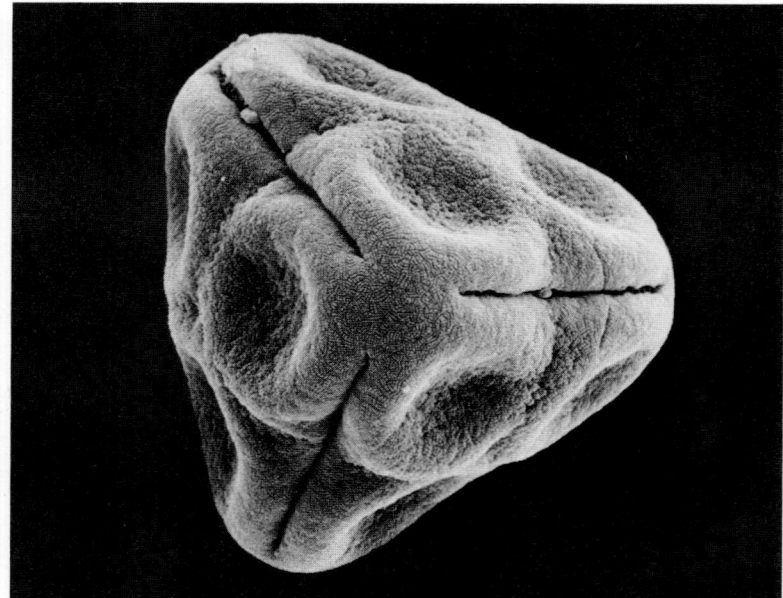

Kompatibilität besteht, wenn die Narbe bestimmte Proteine erkennt, die der Pollen abgibt. Diese Proteine können beim Menschen sehr leicht Allergien auslösen. Zu Heuschnupfen kommt es, wenn Pollenkörner von Windblütlern — vor allem von Gräsern — eingeatmet werden. Solche Blüten können gewaltige Mengen von Pollen erzeugen. Ein einziges Kätzchen eines Haselstrauchs bildet beispielsweise rund vier Millionen Pollenkörner.

4.31 Pollenkörner sind beliebte Objekte in der Rasterelektronenmikroskopie. Sie sind nicht nur schön, sondern auch oft so robust, daß sie nicht chemisch fixiert oder eingefroren werden müssen. Das an einen Tennisball erinnernde Pollenkorn in diesem Bild stammt von der Blauen Passionsblume *Passiflora coerulea*. Passionsblumen erzeugen reichlich Nektar und werden von Insekten bestäubt. Bei einer eben aufgeblühten Passionsblume liegen die Staubbeutel völlig frei, während weibliche Blütenteile noch nicht vorhanden sind. Im Lauf mehrerer Tage entlädt die Blüte ihren Pollen auf vorbeikommende Insekten. Danach schrumpfen die Staubbeutel, und an ihre Stelle treten neu gebildete Narben, die am Ende verlängerter Griffel sitzen. Diese Trennung der Geschlechter stellt eine Fremdbestäubung sicher. Der Pollenschlauch tritt aus einer der drei hier sichtbaren gebogenen Furchen aus. [REM, ×1275]

4.32 Dieser kugelförmige Pollen ist typisch für viele Grasarten, die vom Wind bestäubt werden. Er stammt vom Wiesenknäuelgras *Dactylis glomerata*, einer Pflanze, die in Europa und Nordamerika für den frühsommerlichen Heuschnupfen mitverantwortlich ist. Die allergieauslösenden Proteine sitzen in der Keimpore der Pollenwand. Beim linken Pollenkorn ist diese Pore gut zu sehen. [REM, ×1065]

4.33 Der Pollen von *Billbergia nutans*, einem brasilianischen Mitglied der Familie der Ananasgewächse, hat eine tiefe Längsfurche. Der Pollenschlauch tritt an einem Ende dieser Furche aus. [REM, ×1475]

4.34 Dieses Gebilde ist kein einzelnes Pollenkorn, sondern aus vier Pollenkörnern zusammengesetzt, die in Form eines Tetraeders angeordnet sind. Alle Pollenkörner entwickeln sich anfangs in Vierergruppen, sogenannten *Tetraden*. Bei den meisten Pflanzen führt das nachfolgende Wachstum zur Trennung der Tetraden, doch bei manchen Arten — wie der Schneeheide *Erica carnea* — bleiben sie zusammen. Im Bild sind drei der vier Pollenkörner der Tetrade zu sehen. Jedes hat drei flache Einsenkungen an der Oberfläche und ist von einer tiefen Furche begrenzt, durch die der Pollenschlauch beziehungsweise die Pollenschläuche austreten werden. [REM, ×1900]

4.35 Bei dieser Aufnahme von keimenden Pollenkörnern des Schlafmohns *Papaver somniferum* wurde die Blüte eingefroren, ehe sie in das Rasterelektronenmikroskop kam. Acht Pollenkörner erscheinen im Bild. Sie scharen sich um einen fingerartigen Vorsprung, der zur Oberfläche der Narbe gehört. Man kann mehrere Pollenschläuche erkennen. Besonders auffallend ist derjenige, der die Narbenspitze umschlingt, ehe er schließlich abwärts auf die Basis der Blüte zuwächst. Das Pollenkorn rechts unten hat bislang nicht mit dem Keimen begonnen und besitzt daher noch die Oberflächenfurchen, die für diese Pflanzenart charakteristisch sind. Sobald die Keimung einsetzt, schwillt der Pollen an, und die Furchen verschwinden. Mindestens fünf der Pollenkörner im Bild haben gekeimt, was zur Bildung einer entsprechenden Anzahl von Samen führen würde. Diese entwickeln sich aus den Samenanlagen im Fruchtknoten, und während dies geschieht, dehnt sich das Fruchtknotengewebe aus und bildet die bekannte Samenkapsel des Mohns. Eine einzige Kapsel kann 2000 Samen enthalten. [REM, ×1080]

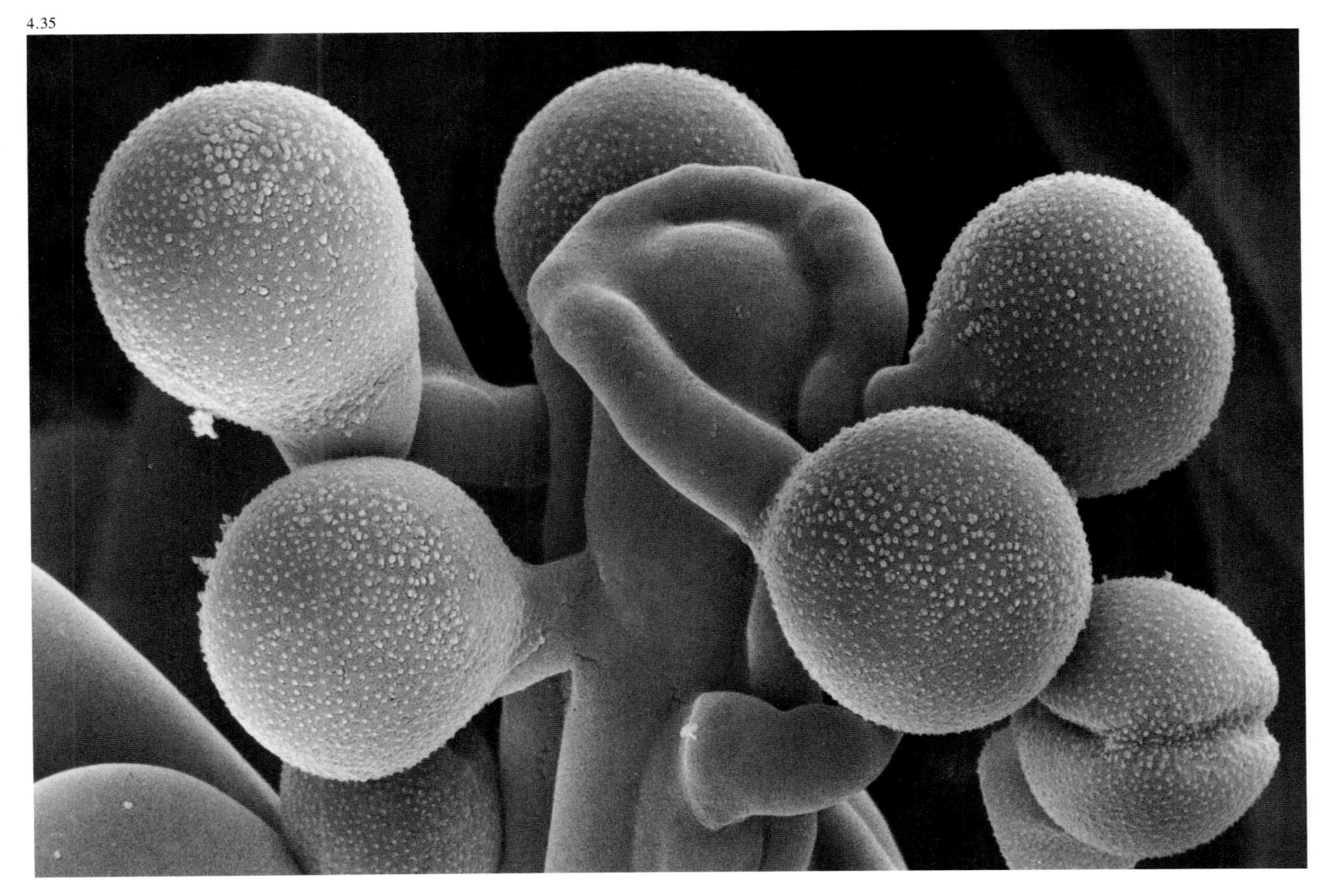

4.35

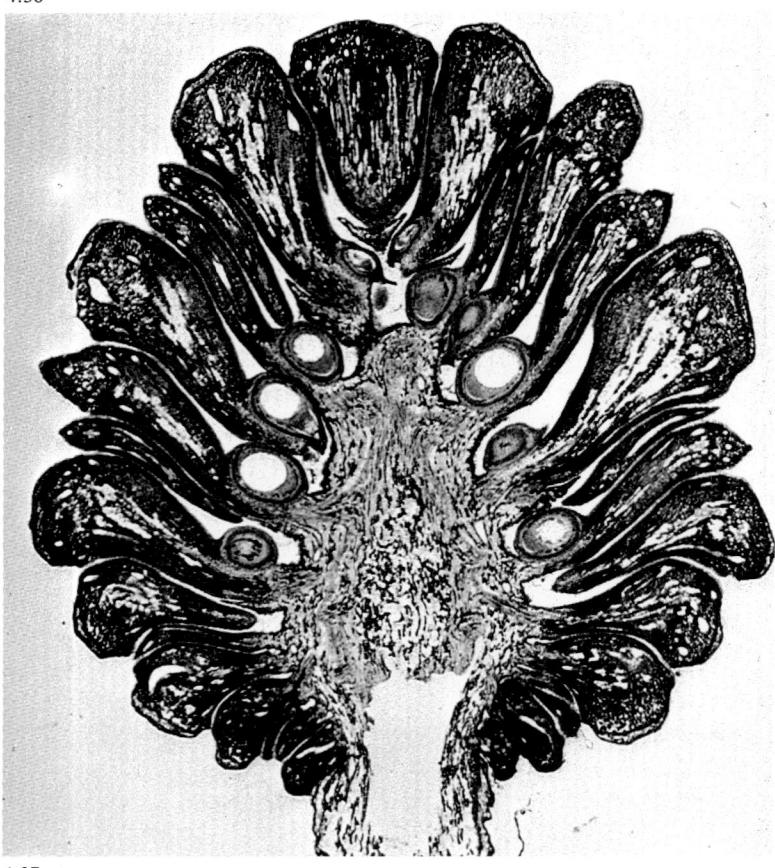

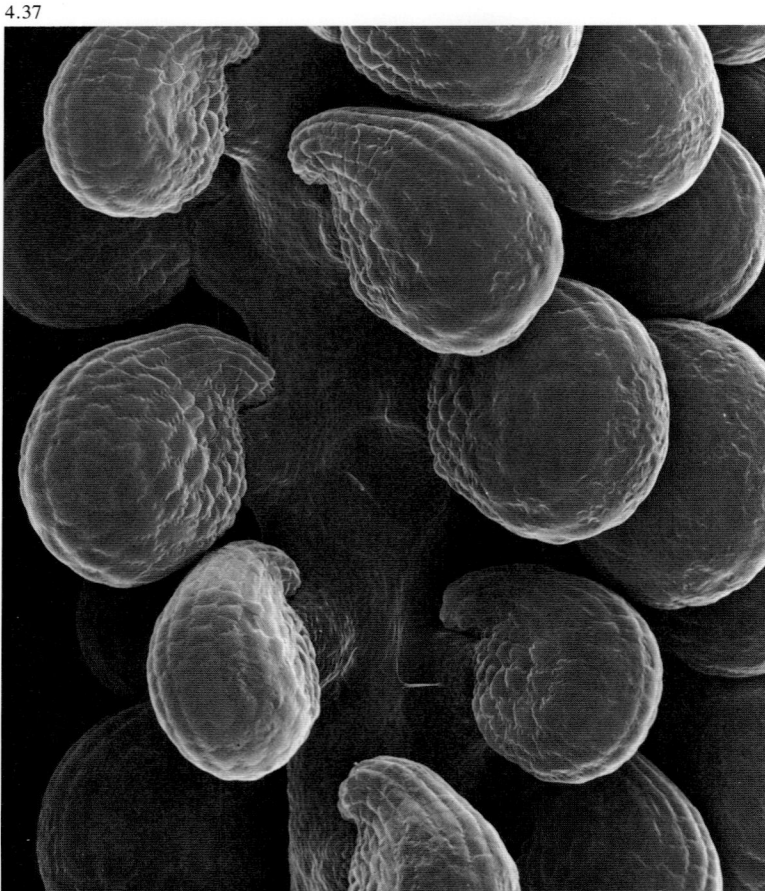

Embryonen

Die Bestäubung und die Bildung des Pollenschlauchs führen zur Entlassung zweier Spermazellen in den *Embryosack* — jenen Teil der Samenanlage, der die Eizelle enthält. Eine der Spermazellen befruchtet die Eizelle. Dadurch entsteht die sogenannte *Zygote*, die sich schließlich zum Embryo entwickelt. Die zweite Spermazelle verschmilzt mit zwei Zellkernen des Embryosacks und bildet ein besonderes Gewebe, das *Endosperm*, das rasch wächst und dem jungen Embryo als Nahrungsquelle dient.

All dies vollzieht sich im Inneren einer Samenanlage. Eine Blüte kann viele Samenanlagen enthalten, von denen jede ein Samenkorn erzeugt, falls sie befruchtet wird. Neben dem Embryosack umfaßt die Samenanlage noch ein als *Nucellus* bezeichnetes Nährgewebe sowie eine oder zwei Hüllen (*Integumente*).

Pflanzenembryonen folgen einer Vielzahl von Entwicklungsmustern, die von der jeweiligen Pflanzenart abhängen. In groben Zügen verläuft die Entwicklung folgendermaßen. Die Zygote teilt sich und erzeugt zunächst eine kurze fadenförmige Zellreihe, den sogenannten *Suspensor* (Embryoträger). Ein Ende des Suspensors ist am Embryosack verankert, während das andere in das Endospermgewebe hineinwächst. An diesem freien Ende teilen sich die Endzellen wiederholte Male und bilden eine kompakte Masse kleiner Zellen, die anfänglich alle gleich aussehen. Wenn diese kugelförmige Masse eine gewisse Zellenanzahl erreicht hat — gewöhnlich einige hundert —, setzt eine Spezialisierung des Gewebes ein. Die Sproßspitze, die Wurzelspitze, das Gefäßsystem und die Keimblätter entstehen. Danach wächst der Embryo sehr rasch und lagert Speicherstoffe wie Stärke und Protein ein, die ihn während der ersten Zeit seiner späteren Keimung versorgen sollen. Der wachsende Embryo bezieht seine Nahrungsstoffe vom umgebenden Gewebe, aber auch über den Stiel, der die Samenanlage mit der Fruchtknotenwand verbindet, von der Elternpflanze.

Im Endstadium der Embryonalentwicklung wird Wasser ausgeschieden. Der Embryo schrumpft, und die Verbindungen zwischen ihm und der Elternpflanze werden getrennt. Die Samenanlage entwickelt eine harte, schützende Hülle aus den Integumentschichten. Schließlich ist der Embryo trocken, mit Nahrungsvorräten angefüllt und von einer robusten Schale geschützt. Er ist zum Samenkorn geworden.

4.36 Nadelhölzer (Koniferen) gehören zur Gruppe der *Gymnospermen*, der „Nacktsamer". Den Namen erhielt diese Pflanzengruppe, weil ihre Samenanlagen — und daher auch die Samen — an der Außenseite der weiblichen Blüten sitzen und nicht in einem Fruchtknoten eingeschlossen sind. In dieser lichtmikroskopischen Aufnahme eines weiblichen Kiefernzapfens erscheinen die Samenanlagen als eiförmige Gebilde rund um den Zapfenkern. Sie sind für Pollenkörner zugänglich, die vom Wind herangetragen werden und zwischen die umhüllenden Schuppen fallen. [LM, Vergrößerung unbekannt]

4.37 Die zweite Gruppe von Samenpflanzen sind die *Angiospermen* oder „Bedecktsamer". Für diesen Blick auf die Samenanlagen des Schlafmohns *Papaver somniferum* wurde die sich entwickelnde Samenkapsel aufgeschnitten. Das Bild zeigt, wie die Samenanlagen mit Hilfe eines kurzen Stiels — des *Funiculus* — an der Mutterpflanze befestigt sind. Jede Samenanlage wird schließlich zu einem Samenkorn. [REM, ×45]

4. SAMENPFLANZEN

4.38 Dieser Embryo des Rübsens *Brassica campestris* wurde zwei Tage nach der Bestäubung aus der Samenanlage herauspräpariert. Er besteht aus zehn Zellen: Sechs bilden den langgestreckten Suspensor und vier das kleine kugelförmige Köpfchen am oberen Ende. Das Material am unteren Ende des Suspensors sind Reste des Embryosacks. Die Zellen der kugeligen Spitze werden den embryonalen Sproß und die Blätter hervorbringen, während die Wurzel aus der Suspensorzelle entstehen wird, die dem Köpfchen am nächsten liegt. Die Farben entstanden durch Verwendung von polarisiertem Licht im Differentialinterferenzkontrastmikroskop nach Nomarski. [LM, DIK nach Nomarski, ×385]

4.39 Diese transmissionselektronenmikroskopische Aufnahme zeigt die kugelförmige Spitze und die erste Suspensorzelle eines Embryos ähnlich dem in Abbildung 4.38; hier jedoch ist ein Tag weiteren Wachstums verstrichen. Das Köpfchen besteht nun aus 16 Zellen, wenn auch in diesem nur 70 Nanometer dicken Schnittpräparat lediglich sieben dieser Zellen zu sehen sind. Die großen grauen Körper mit schwarzen Zentren, die man in fast allen Zellen sehen kann, sind die Zellkerne. Die großen weißen Bereiche im Suspensor sind wassergefüllte Hohlräume, sogenannte Vakuolen. An der Außenseite des Embryos haften noch Reste des Endospermgewebes. [TEM, kontrastierter Schnitt, ×2600]

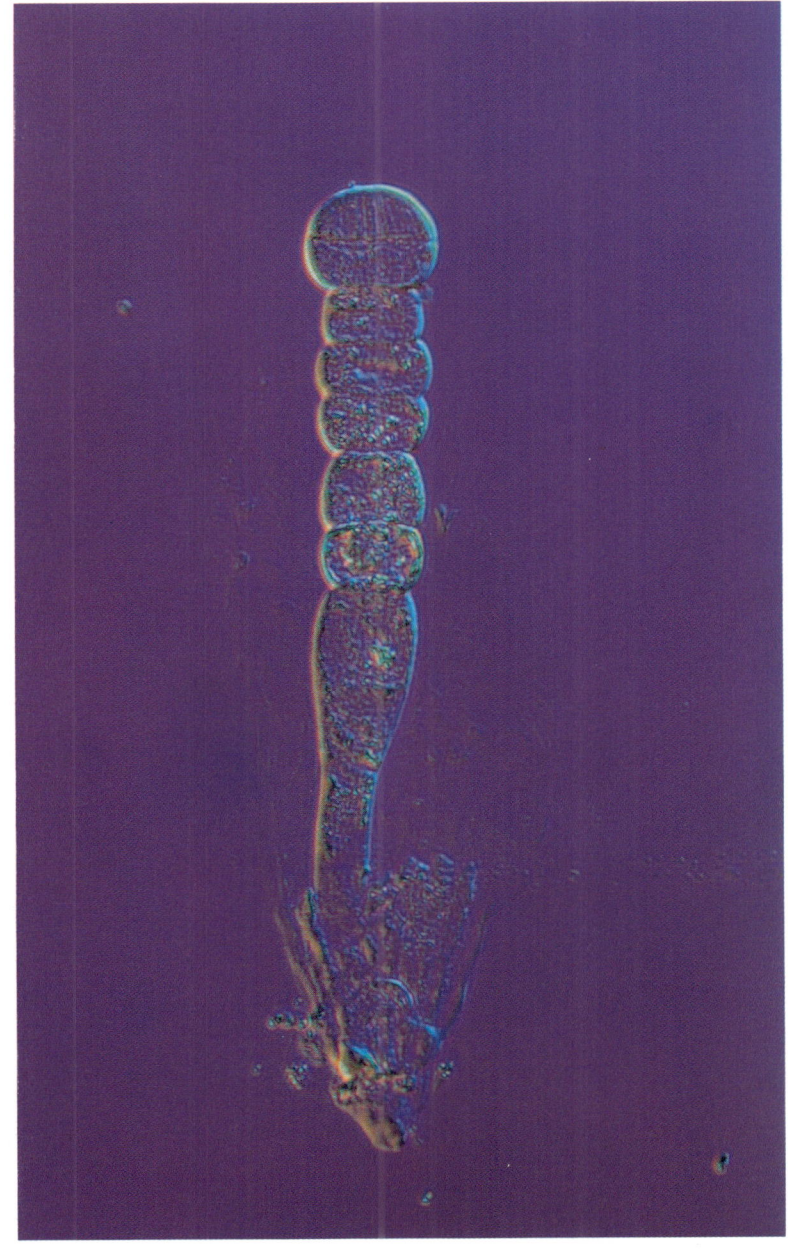

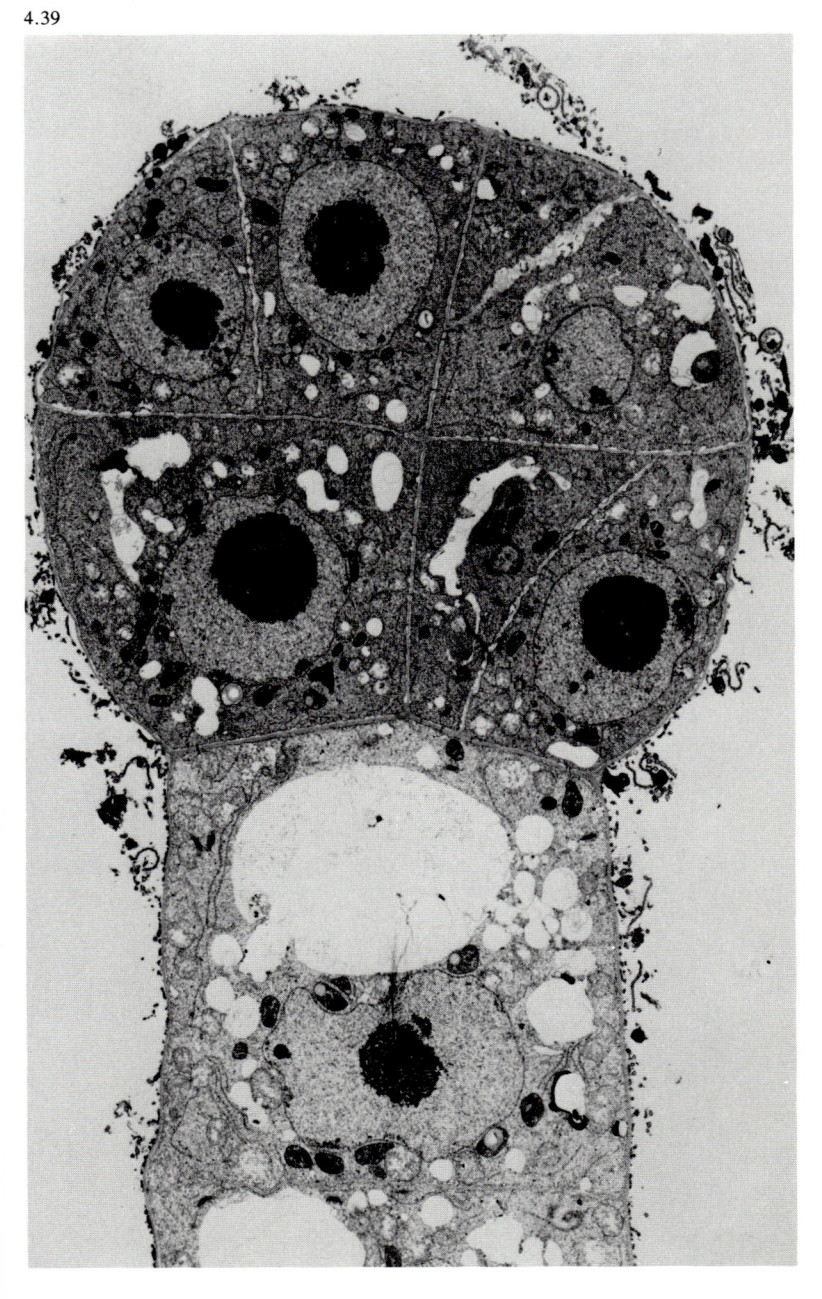

85

Samen

Samen haben zwei Funktionen: Mit ihrer Hilfe können die Pflanzen Kälte und Dürre überleben – ohne Samen gäbe es in den gemäßigten oder arktischen Zonen keine einjährigen Pflanzen –, und sie ermöglichen es den Pflanzen, neue Lebensräume zu besiedeln. Zur Verbreitung der Samen werden eine Reihe von Mechanismen eingesetzt. Manche Samen sind einfach sehr klein und leicht und werden durch Luftströmungen getragen. Die winterblühende Sukkulente *Kalanchoë blossfeldiana* hat Samen, die nur ein hunderttausendstel Gramm wiegen. Andere Samen entwickeln Flügel oder Propeller und können fliegen – manchmal über weite Strecken. Manche hängen sich heimlich an vorüberkommende Tiere, wieder andere werden im Inneren farbenprächtiger, wohlschmeckender Früchte angeboten, die von Tieren – wie auch Menschen – gesammelt und weggetragen werden.

Weil Samen eine harte Schale haben und sich in einem trockenen Ruhezustand befinden, können sie lange Zeit im Erdboden überleben. Gewöhnliche „Unkräuter" wie der Mohn erzeugen Samen, die 30 Jahre oder länger am Leben bleiben, bis sie durch Zufall wieder an die Erdoberfläche kommen und zu wachsen beginnen. Den Rekord an Langlebigkeit halten Samen der Indischen Lotosblume *Nelumbo nucifera*, die zu keimen begannen, nachdem sie tausend Jahre auf dem Boden eines Sees gelegen hatten.

4.40 Kleine Samen wie dieser des Gartenlöwenmauls *Antirrhinum majus* haben oft eine sehr rauhe Oberflächenstruktur. Die Rippen und Kräter werden von Auswüchsen des Integuments der Samenanlage gebildet. Sie haben den Zweck, kleine Erdpartikel zu umschließen, so daß der Samen, wenn er zu Boden fällt, dort verankert wird und in Sicherheit keimen kann, ohne weggeblasen zu werden. [REM, ×150]

4.41 Das Klettenlabkraut *Galium aparine* verbreitet seine Samen mit Hilfe winziger Haken, die die Außenseite der Frucht bedecken. Hier entwickeln sich die Häkchen gerade. Die zwei jungen Früchte (Kletten) sitzen noch fest auf ihrem gemeinsamen Stiel. Bei der Reife lockert sich diese Verbindung, und jedes vorbeistreifende Pelztier oder der Mensch mit seinen Kleidern kann die Frucht weitertragen. Diese Technik der Samenverbreitung hat die Erfindung des Klettverschlusses inspiriert (siehe Seite 179). [REM, ×140]

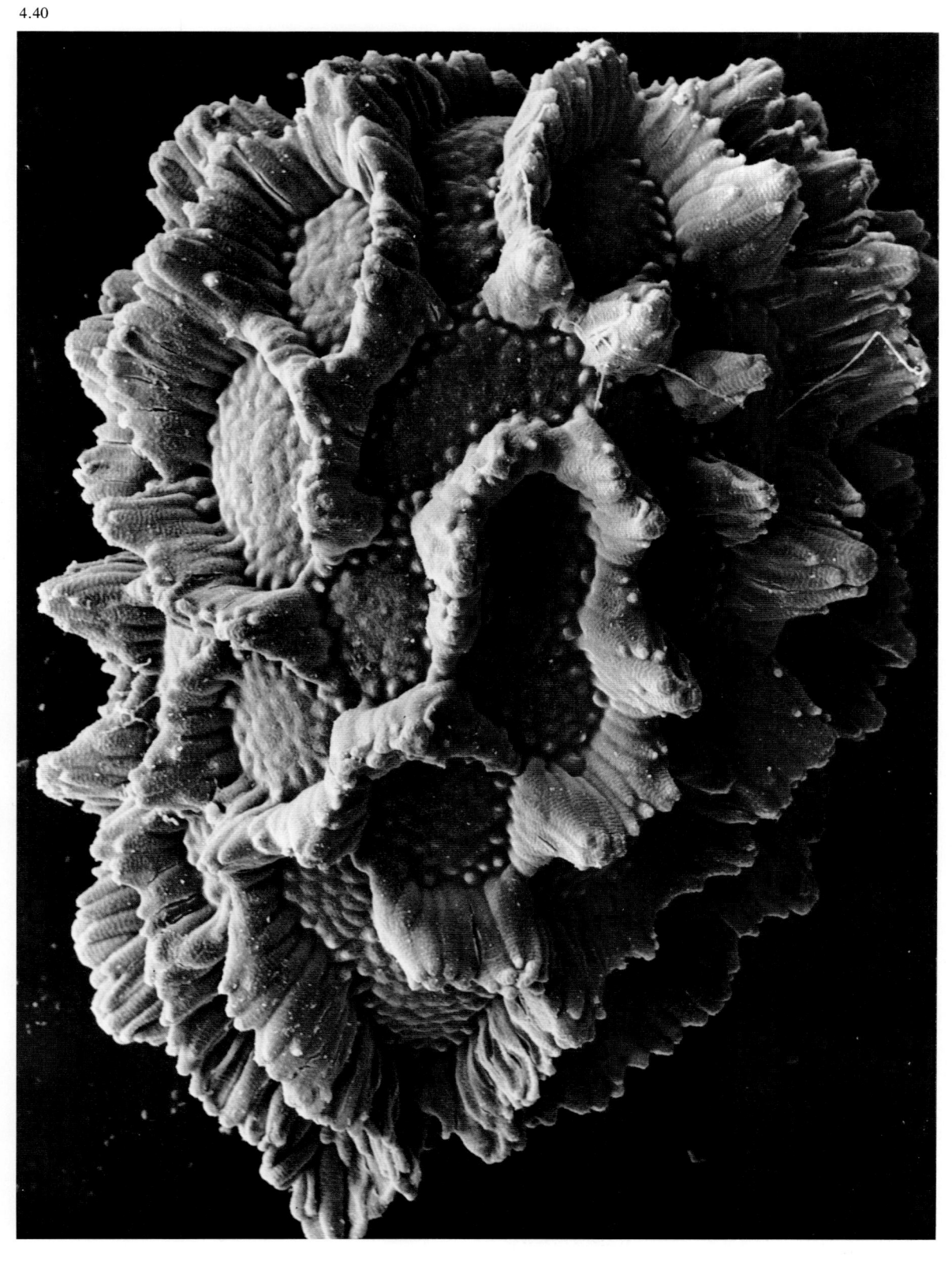

4. SAMENPFLANZEN

4.41

5.1

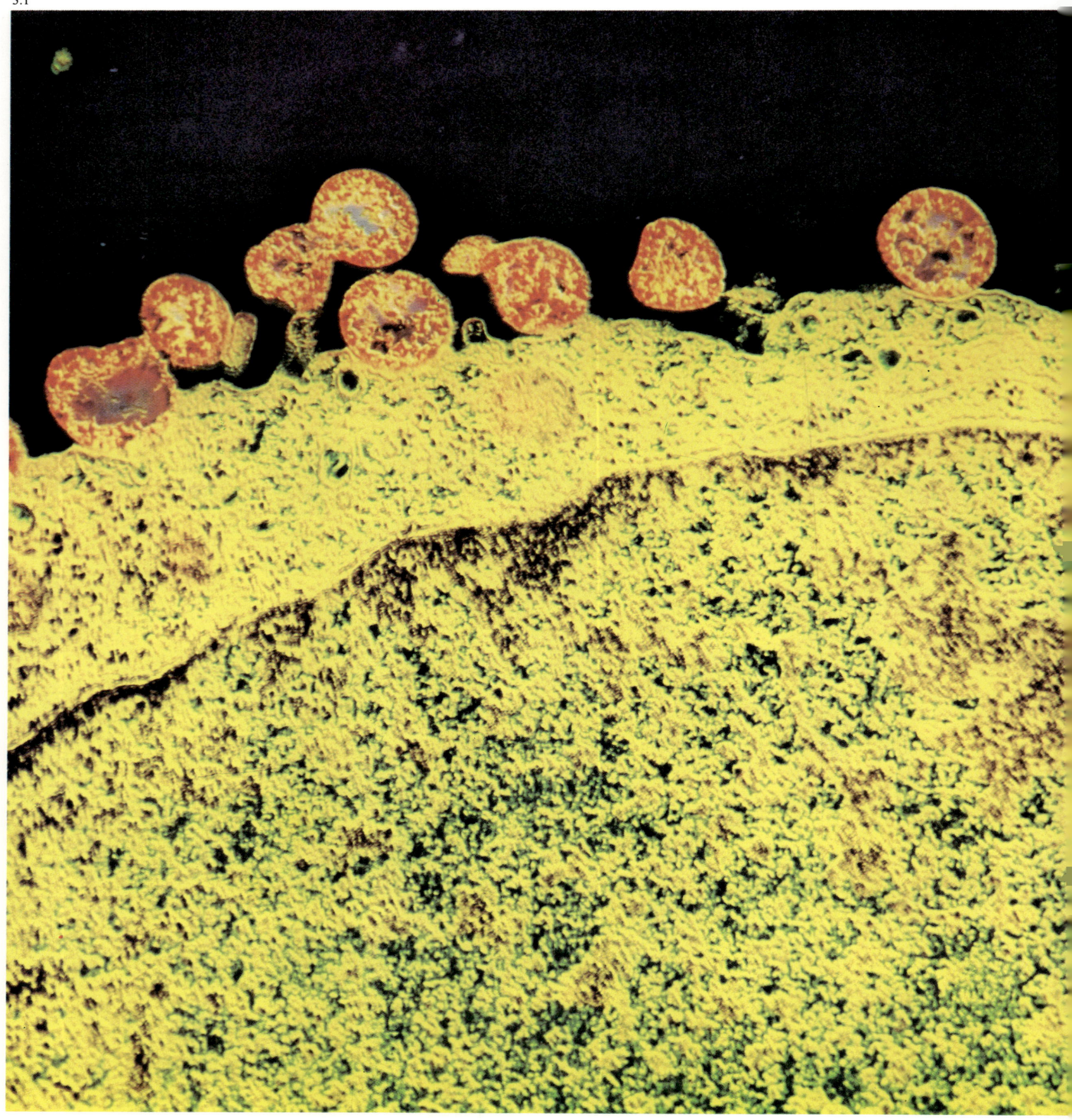

5. Mikroorganismen

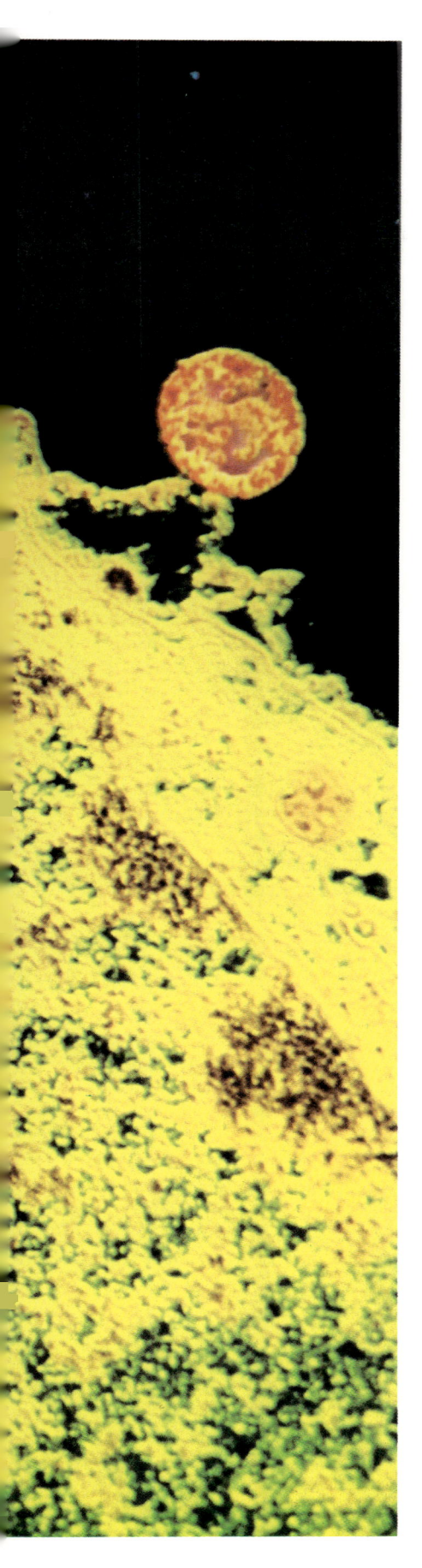

Der Begriff „Mikroorganismus" wird gewöhnlich auf ein weites biologisches Spektrum angewandt. Tatsächlich sind einige Mikroorganismen gar keine Lebewesen, und andere erzeugen Formen, die nicht mikroskopisch klein sind. Wir ordnen in diesem Kapitel Viren, Mycoplasmen, Bakterien, Algen und Pilze in diese Kategorie ein. Die Protozoen wurden schon im Kapitel über die Tiere besprochen.

Antonie van Leeuwenhook, der holländische Mikroskopiker des 17. Jahrhunderts, bekam als erster Mensch Mikroorganismen zu sehen. Er beschrieb verschiedene Bakterien und Protozoen und faßte sie alle als „Animalcula" zusammen. Spätere Entdeckungen zeigten dann, daß eine so einfache Klassifikation nicht haltbar ist. Wir können heute nicht nur die äußere Form, sondern auch Einzelheiten der inneren Struktur von Mikroorganismen erkennen und wissen nun, wie verschiedenartig sie sind. Einige lassen sich zwar nach ihrem Bau und ihrem Verhalten tatsächlich als „kleine Tierchen" ansprechen, doch andere ähneln eher Pflanzen, und viele – etwa die Bakterien – können weder als Pflanze noch als Tier bezeichnet werden. Viren schließlich sind überhaupt keine lebenden Organismen.

Ohne die Mikroskopie könnte man Mikroorganismen weder identifizieren noch beschreiben und erforschen. Die Natur der Viren begann man beispielsweise erst zu verstehen, nachdem sie in den späten dreißiger Jahren erstmals mit Hilfe der Elektronenmikroskopie sichtbar geworden waren. Jede Probe von Mikroorganismen – ob aus dem Wasser, dem Boden oder von abgestorbenem Gewebe – betrachtet der Biologe zunächst durch ein Mikroskop.

Die meisten Mikroorganismen sind wirklich sehr klein. Zu den winzigsten zählen im Jahre 1963 entdeckte fadenförmige Viren; sie bestehen aus einem DNA-Molekül und damit verbundenen Proteinen und sind lediglich 5,5 Nanometer ($5{,}5 \times 10^{-9}$ Meter) dick und etwa 1000 Nanometer lang. Andere Viren bilden Partikel mit einem Durchmesser von 20 bis 100 Nanometern. Viren sind zu klein, als daß man sie mit einem Lichtmikroskop sehen könnte. Die kleinsten lebenden Zellen lassen sich dagegen in einem optischen Mikroskop noch erkennen, allerdings braucht man auch bei ihnen das hohe Auflösungsvermögen eines Elektronenmikroskops, um sie in ihren Einzelheiten zu untersuchen. Mycoplasmen und die kleinsten Bakterien sind rund 0,3 Mikrometer ($0{,}3 \times 10^{-6}$ Meter) groß. Größere zelluläre Mikroorganismen wie Hefen und einzellige Algen haben Dimensionen von 1 bis 100 Mikrometern. Manche Algen und Pilze erzeugen lange fadenförmige Zellen, die man eben noch mit bloßem Auge sehen kann, und diese wiederum können zu großen Komplexen zusammentreten. Arten des Riesentangs *Macrocystis* haben beispielsweise Vegetationskörper (Thalli), die bis zu 100 Meter lang werden und zu den größten lebenden Gebilden überhaupt gehören.

Die wissenschaftliche Klassifikation beruht auf der Biologie und der Struktur der Organismen, nicht auf ihrer Größe. Die einfachsten „Mikroorganismen" sind die Viren, die lebende Zellen brauchen, um sich zu vermehren. Die kleinsten Zellen leben ebenfalls meist parasitisch, obwohl einige Mycoplasmen und kleine Bakterien in komplexen Nährmedien *in vitro* kultiviert werden können. Größere Bakterien sind gewöhnlich freilebend und in ihrer Gesamtheit sehr anpassungsfähig; verschiedene Arten können in so unterschiedlichen Lebensräumen wie Quellwasser und Mineralöl gedeihen.

Alle solch einfachen Zellen sind *prokaryotisch*: Ihre genetische Information – die DNA – liegt als nacktes Molekül frei in der Zelle. Sämtliche anderen Zellen einschließlich der von Algen und Pilzen sind *eukaryotisch*: Ihre DNA ist in einen speziellen Raum – den Zellkern oder *Nucleus* – eingeschlossen. Diese Unterscheidung hat evolutionäre Bedeutung. Die ersten Zellen waren fast sicher prokaryotisch. Man nimmt heute an, daß die eukaryotische Organisation durch eine Spezialisierung von Prokaryoten entstand, die als Parasiten innerhalb von Zellen lebten. Beispielsweise könnten sich die Mitochondrien – die kleinen für die Zellatmung zuständigen Organellen, die in allen eukaryotischen Zellen vorhanden sind – aus intrazellulären Bakterien entwickelt haben.

Mikroorganismen kommen überall und sehr zahlreich vor. Schon ein Gramm Erde kann 100 Millionen Bakterien und 250000 Pilzzellen enthalten. Mikroorganismen finden sich in der Luft, im Trinkwasser, und sie leben in unserem Körper. Einige wenige verursachen bei Pflanzen oder Tieren einschließlich des Menschen Krankheiten, doch die meisten sind nützlich, besonders als Beseitiger organischen Abfalls.

5.1 Mycoplasmen sind die einfachsten lebenden Zellen, die man kennt; man hat bislang etwa 60 Arten identifiziert. Ihre DNA codiert ungefähr 750 Proteine, was als Minimum für eine selbständige Existenz angesehen wird. Anders als Bakterien erzeugen sie keine Zellwand. In dieser transmissionselektronenmikroskopischen Aufnahme erscheinen die Mycoplasmen als rote Partikel an der Oberfläche einer gelb gefärbten tierischen Zelle. Man sieht nur einen Bruchteil dieser Zelle; ihr Durchmesser ist hundertmal größer als der eines jeden Mycoplasmas. Die braune Linie, die im Bogen quer über das Bild läuft, stellt die Grenze des Zellkerns der tierischen Zelle dar. Mycoplasmen können bei Menschen und Nutzvieh bestimmte Formen von Lungenentzündungen hervorrufen. [TEM, kontrastierter Schnitt, Falschfarben, ×59400]

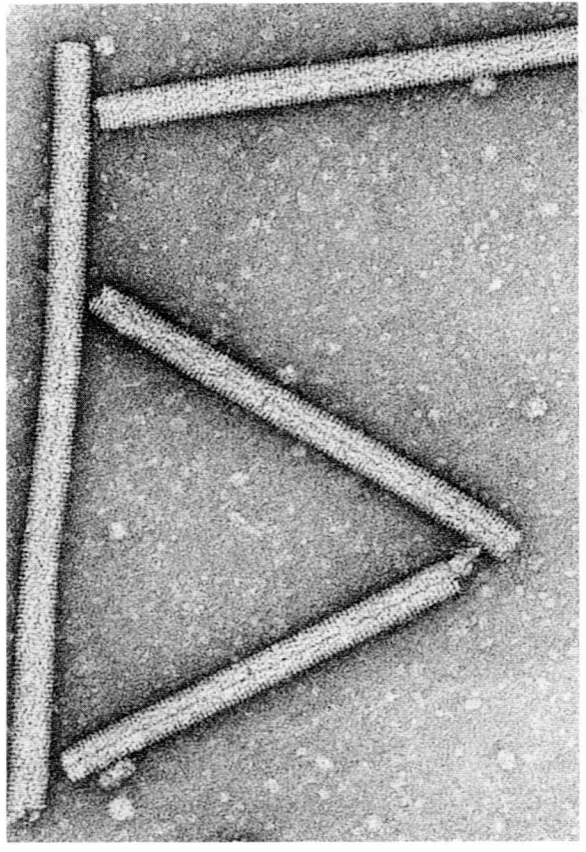

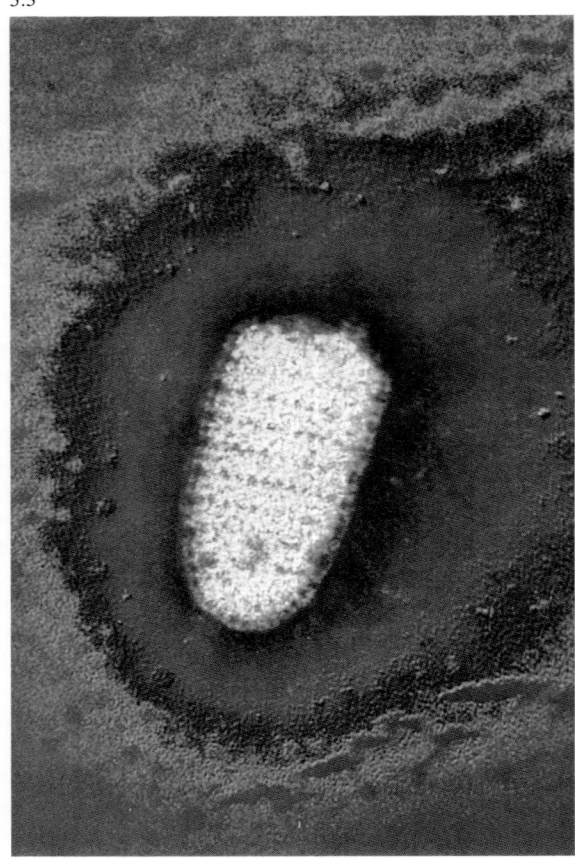

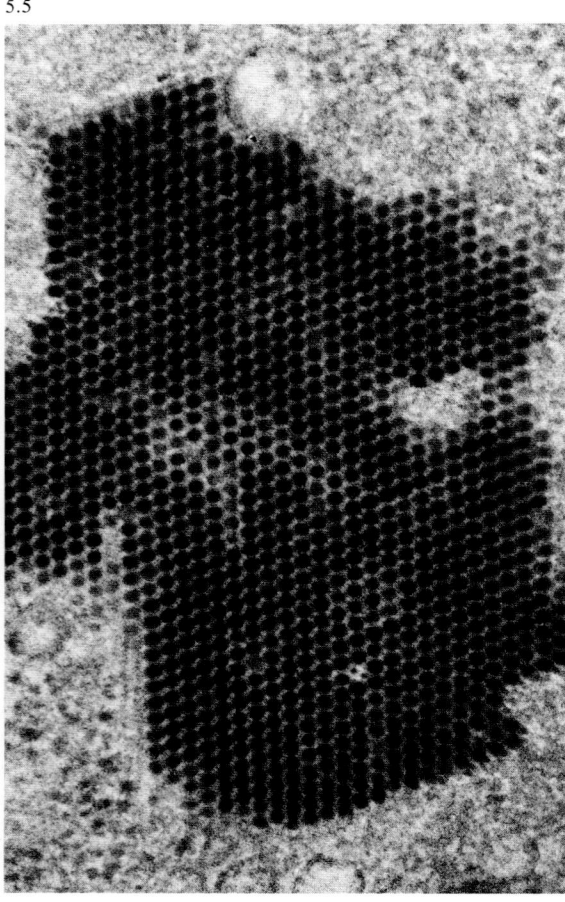

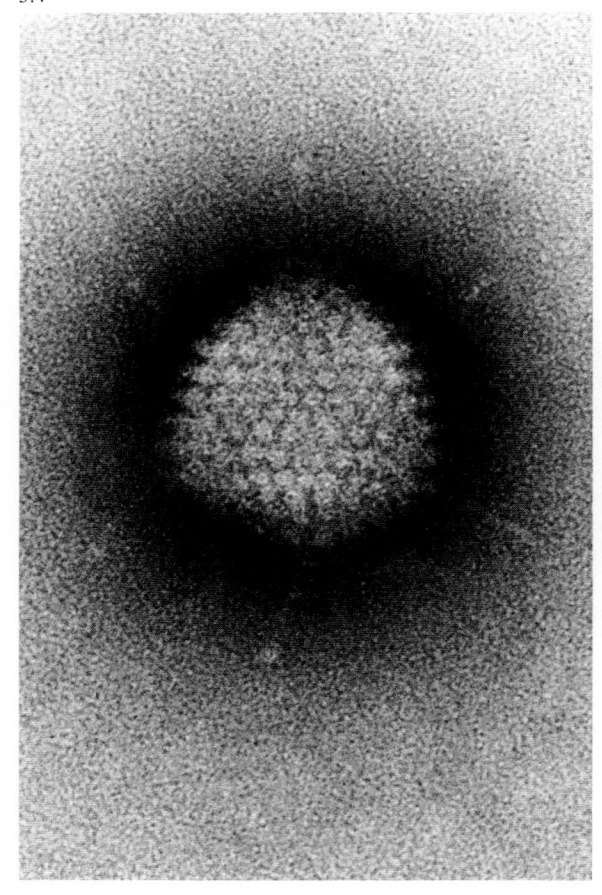

Viren

Viren hat man einmal als mobile Gene bezeichnet. Sie existieren außerhalb lebender Zellen als einzelne Partikel, die man *Virionen* nennt. Jedes Virion besteht aus einem Nucleinsäurestrang — dem Genom — und einer Proteinhülle, dem *Capsid*. Manche Viren sind noch in eine weitere Schicht aus Lipiden und Proteinen eingehüllt. Viren werden nach Form und Größe sowie nach der Art ihrer Nucleinsäure klassifiziert.

Die Form eines Viruspartikels ist durch die Anordnung der Proteine bestimmt, aus denen sich die Hülle zusammensetzt. Die Untereinheiten der Hülle, die sogenannten *Capsomere*, fügen sich häufig in Form einer Helix oder als Flächen von Polyedern aneinander. Helikale Viren können wie gerade oder biegsame Stäbchen oder wie eine Gewehrkugel geformt sein. Unter den polyedrischen Formen ist das Ikosaeder mit 20 Flächen am häufigsten. Die Größe eines Virions hängt von der Anzahl der Capsomere in seiner Hülle ab, und diese wiederum steht zur Größe des Genoms in Beziehung.

Die Nucleinsäure kann entweder DNA oder RNA sein. Man kennt kein Virus, das beide enthält. Das Genom dient als Bauanleitung für die Erzeugung von Kopien seiner selbst sowie von Enzymen, die das Hüllprotein aufbauen. Ein Virus ist nicht lebendig; um sich zu verdoppeln, muß es in eine lebende Zelle eintreten. Sobald ein Virion in das Innere seines Wirts eingedrungen ist, zerfällt die Virushülle und legt das Genom frei, welches nun das Kommando über den chemischen Apparat der Zelle übernimmt und zahlreiche Hüllproteine sowie Kopien seiner selbst herstellt. Das neue Protein und die neue Nucleinsäure fügen sich dann zusammen und bilden die nächste Virionengeneration.

Viruserkrankungen können — wie etwa bei der Virusgrippe — durch die Luft übertragen werden oder

5. MIKROORGANISMEN

wie bei der Tollwut einen direkten Kontakt erfordern. Pflanzenviren werden sehr häufig durch Insekten mit saugenden Mundwerkzeugen weitergegeben.

5.2 Das Rübenvergilbungsvirus (*beet necrotic yellow vein virus*, BNYV) ist ein Vertreter der stäbchenförmigen RNA-Pflanzenviren. Es ist nach den Symptomen benannt, die es bei Zuckerrüben hervorruft: Die Blattadern werden gelb, und die Pflanze stirbt ab (Nekrose). Diese transmissionselektronenmikroskopische Aufnahme zeigt vier Partikel des Virus. Jedes ist ein Rohr aus helixförmig angeordneten Capsomeren, in dessen Innerem die RNA liegt. Die Riffelungen zeigen den räumlichen Abstand der Capsomere; sie sind 2,6 Nanometer voneinander entfernt. Die klare Wiedergabe derart feiner Einzelheiten ist für die Technik der Negativkontrastierung charakteristisch, die bei der Herstellung dieses stark vergrößerten Bilds angewendet wurde. [TEM, Negativkontrastierung, ×200 000]

5.3 Das geschoßförmige Tollwutvirus besitzt ebenfalls helikale Symmetrie und ein Genom aus RNA. Im hellen Bereich der Mikroaufnahme kann man die spiralige Anordnung der Capsomere sehen. Die verschwommene dunkle Umgebung ist die äußere Hülle des Virus, die aus Lipoproteinen besteht. [TEM, Negativkontrastierung, ×117 500]

5.4 Das Adenovirus enthält DNA, die von einer ikosaederförmigen Proteinhülle umschlossen ist. Die Hülle besteht aus 252 Proteinuntereinheiten. Mit Hilfe der feinen „Stacheln", die man in diesem negativkontrastierten Präparat sehen kann, erkennt das Virus die Wirtszelle. Adenoviren verursachen beim Menschen Infektionen der oberen Luftwege mit gewöhnlichen Erkältungssymptomen; man schreibt ihnen außerdem eine Rolle bei Krebserkrankungen zu. [TEM, Negativkontrastierung, ×92 800]

5.5 In diesem Schnittpräparat einer mit dem Poliovirus (dem Kinderlähmungsvirus) infizierten Zelle sieht man die Viruspartikel in einer kristallinen Anordnung. Eine befallene Zelle kann Hunderte oder Tausende neuer Viruspartikel erzeugen. Die dunkle Färbung der Virionen kommt durch die hohe Konzentration von Nucleinsäure in ihrem Inneren zustande. [TEM, kontrastierter Schnitt, ×83 200]

5.6 Die Immunschwächekrankheit AIDS (*acquired immune deficiency syndrome*) wird durch ein RNA-Virus verursacht, das weiße Blutkörperchen des menschlichen Immunsystems — die sogenannten T4-Lymphocyten — als Wirt benutzt. Die Mikrophotographie zeigt neu erzeugte AIDS-Viruspartikel, die eine befallene T4-Zelle verlassen. Der tiefrote Kern jedes Partikels stellt die RNA dar. Die neuen Virionen verbreiten die Infektion weiter, was schließlich zur massiven Beeinträchtigung jeder Immunreaktion führt. Das Opfer stirbt am Ende an einer sekundären Infektion, die sein Immunsystem nicht bekämpfen kann. [TEM, kontrastierter Schnitt, Falschfarben, ×191 100]

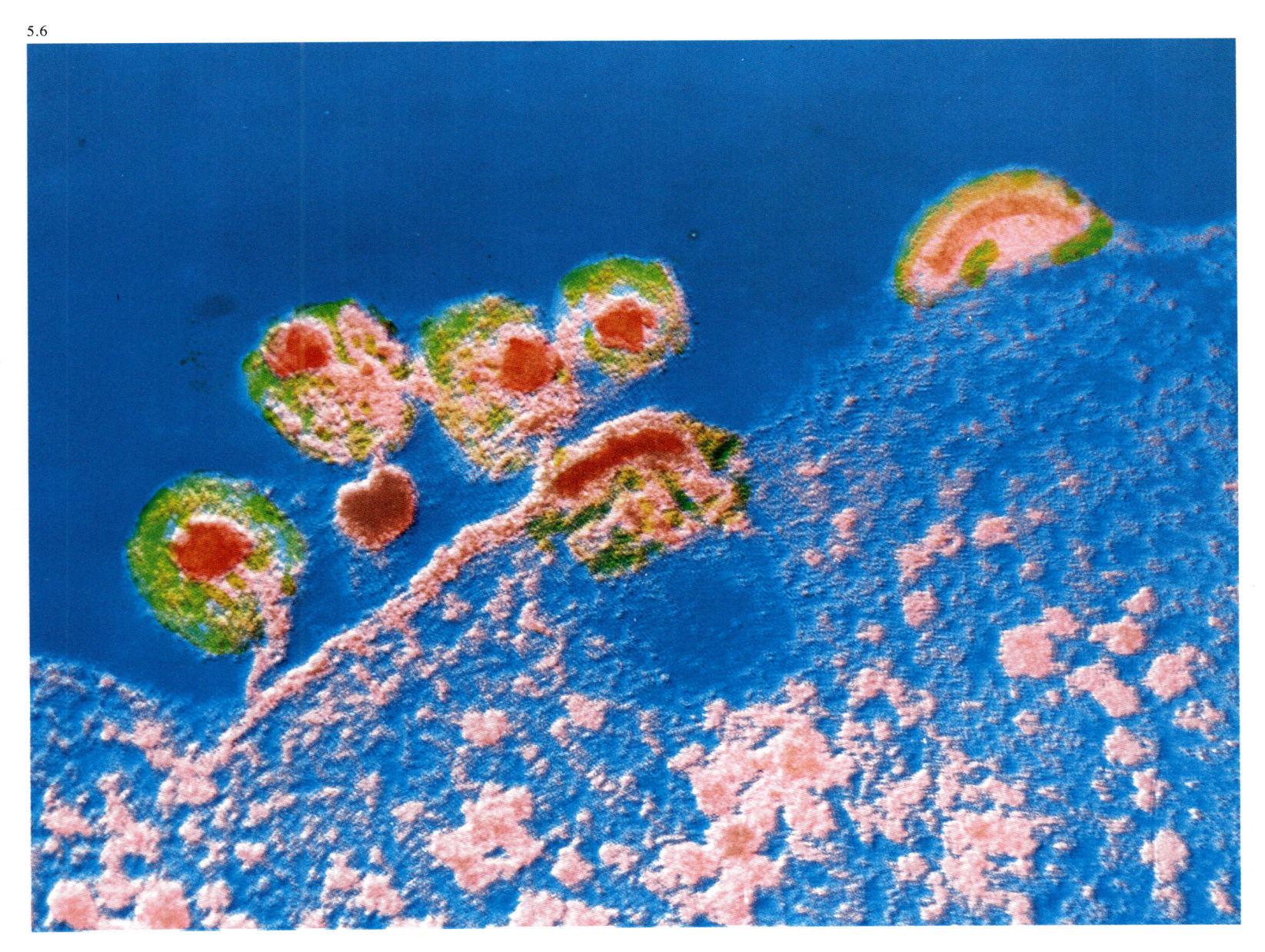

5.6

Bakteriophagen

Bakteriophagen (oder kurz Phagen) sind Viren, die Bakterien befallen. Sie haben für unser Verständnis genetischer Prozesse und in der Entwicklung der Molekularbiologie eine wichtige Rolle gespielt. Wie andere Viren bestehen sie aus einem Stück Nucleinsäure, das in eine komplexe Proteinhülle eingeschlossen ist.

Der Vermehrungszyklus eines Bakteriophagen beginnt damit, daß er sich an die Außenfläche des Wirtsbakteriums anheftet. Die Nucleinsäure in seinem Inneren wird dann — oft mit Hilfe eines zusammenziehbaren Schwanzes — in den Wirt injiziert. Die Entdeckung, daß nur die Nucleinsäure in die Bakterienzelle eintritt, war in den fünfziger Jahren ein wichtiger Beweis dafür, daß DNA allein genügt, um die Struktur vollständiger Viruspartikel zu codieren. Sobald die DNA im Inneren der Zelle ist, kann sie eines von zwei Dingen tun.

Bei einer lytischen (virulenten) Infektion beginnt sie sofort mit der Steuerung der Synthese von Proteinen einschließlich der Enzyme, die für die Bildung neuer DNA sorgen. Auf diese Weise umgeht das Virus die normalen Kontrollprozesse der Zelle, die sicherstellen, daß die DNA nur einmal in jeder Generation repliziert wird. Das Virus kontrolliert seine eigenen Enzyme und kann sich daher mehrere hundert Male verdoppeln, bis nach ungefähr 30 Minuten das Bakterium mit neuen Viruspartikeln gefüllt ist. Die Zelle platzt dann und entläßt die Viren.

Bei einer lysogenen (temperenten) Infektion baut sich die DNA des Virus in das Chromosom des Bakteriums ein. Dort wartet sie und wird jedesmal, wenn sich das Bakterium teilt, auf normale Weise verdoppelt. So kann ein einziges Bakterium Dutzende bis Hunderte infizierter Nachkommen erzeugen, die alle das Virus in latenter Form in sich tragen. Erst wenn diese Bakterien lebensbedrohenden Belastungen wie ultraviolettem Licht oder ionisierenden Strahlen ausgesetzt werden, verläßt das virale Genom das Chromosom und weist sofort die Bildung neuer Viruspartikel an. So überlebt das Virus, nicht aber das Bakterium.

Bakteriophagen können zur Klonierung von DNA verwendet werden. Dabei setzt man ein fremdes Stück in die virale DNA ein und läßt die normale Infektion ablaufen. Das Wirtsbakterium teilt sich und erzeugt schließlich Tausende von Kopien der eingepflanzten DNA. Diese Technik wird eingesetzt, um nützliche Gene zu identifizieren und zu isolieren — etwa solche, die für die Bildung von Antibiotika und menschlichen Hormonen zuständig sind.

Bakteriophagen kommen natürlicherweise in einem weiten Spektrum von Lebensräumen vor — in der Erde und im Abwasser ebenso wie in Molkereiprodukten und in abgestorbenem Gewebe. Anders als die Viren höherer Organismen, die meist nach der Krankheit benannt werden, die sie hervorrufen, bezeichnet man Bakteriophagen mit Buchstaben und Zahlen.

5.7 Die komplexe Proteinkapsel dieser zwei SP105-Bakteriophagen besteht aus drei Teilen. Der große Kopfbereich beherbergt den größten Teil der DNA. Der hohle Schwanz kann sich zusammenziehen und dient dazu, die DNA in den Wirt zu injizieren. Die feinen Fasern am Schwanzende erkennen die Oberfläche des Wirtsbakteriums und heften sich an sie an, ehe die Infektion stattfindet. In dieser transmissionselektronenmikroskopischen Aufnahme hat der Bakteriophage links den Schwanz gestreckt, während er beim rechten kontrahiert ist und die Röhre hervortreten läßt, durch welche die DNA bei der Infektion wandert. [TEM, Negativkontrastierung, ×470000]

5.7

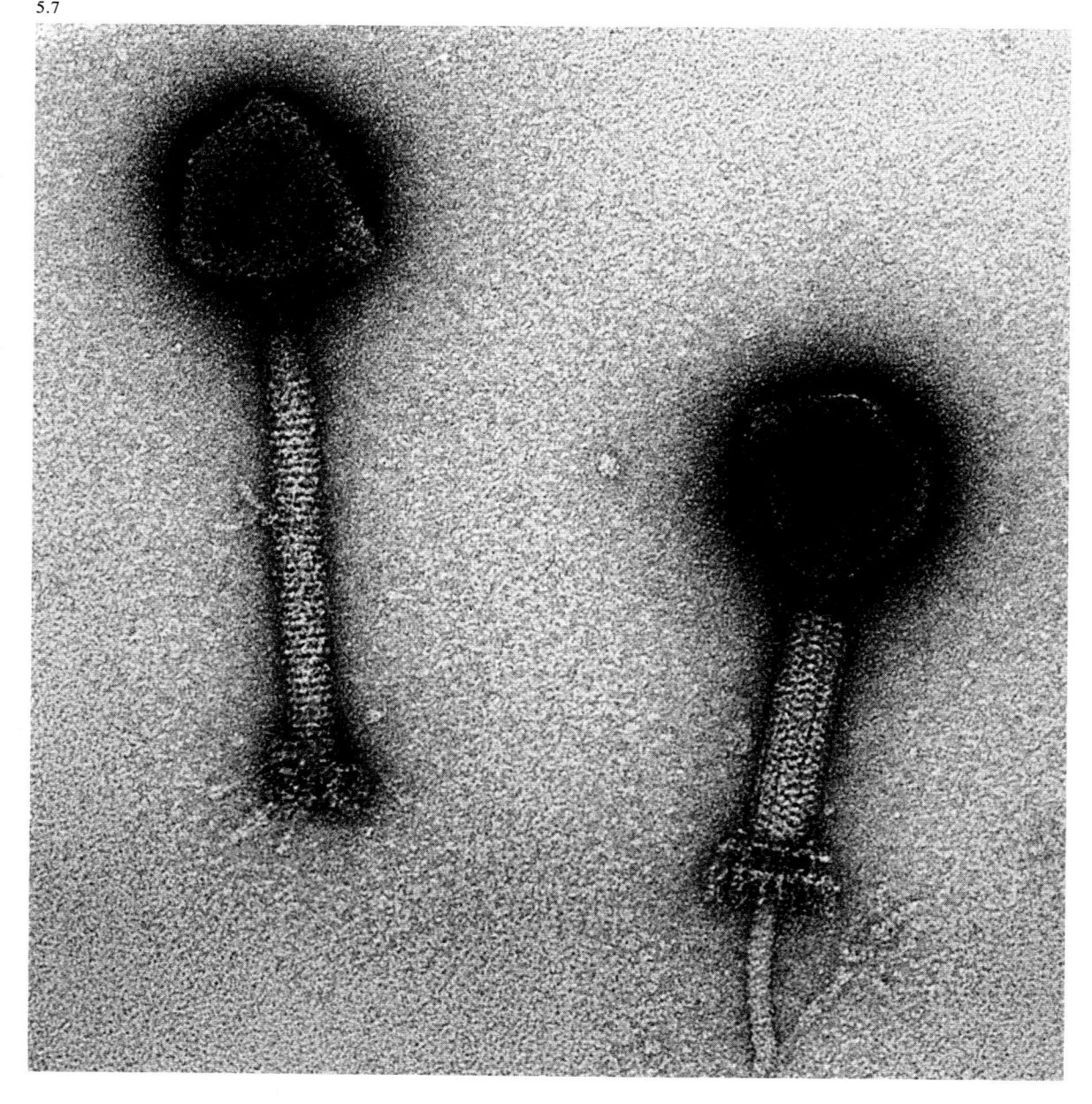

5. MIKROORGANISMEN

5.8 Dieser Schnitt durch eine Zelle des Bakteriums *Escherichia coli* zeigt, wie sie von T2-Bakteriophagen angegriffen wird. Nucleinsäure läßt sich leicht anfärben und erscheint in elektronenmikroskopischen Aufnahmen schwarz. Das leere T2-Partikel rechts hat seine DNA bereits in das Bakterium injiziert, und die tiefschwarzen, rundlichen Gebilde innerhalb der Zelle sind neu erzeugte Viruspartikel. Die viel kleineren körnigen Strukturen im Zellinneren sind Ribosomen, an denen die Proteinsynthese stattfindet. Ein Schnitt wie dieser ist sehr dünn — ungefähr 70 Nanometer. Dies entspricht etwa einem Fünfzigstel der ganzen Bakterienzelle. [TEM, kontrastierter Schnitt, Vergrößerung unbekannt]

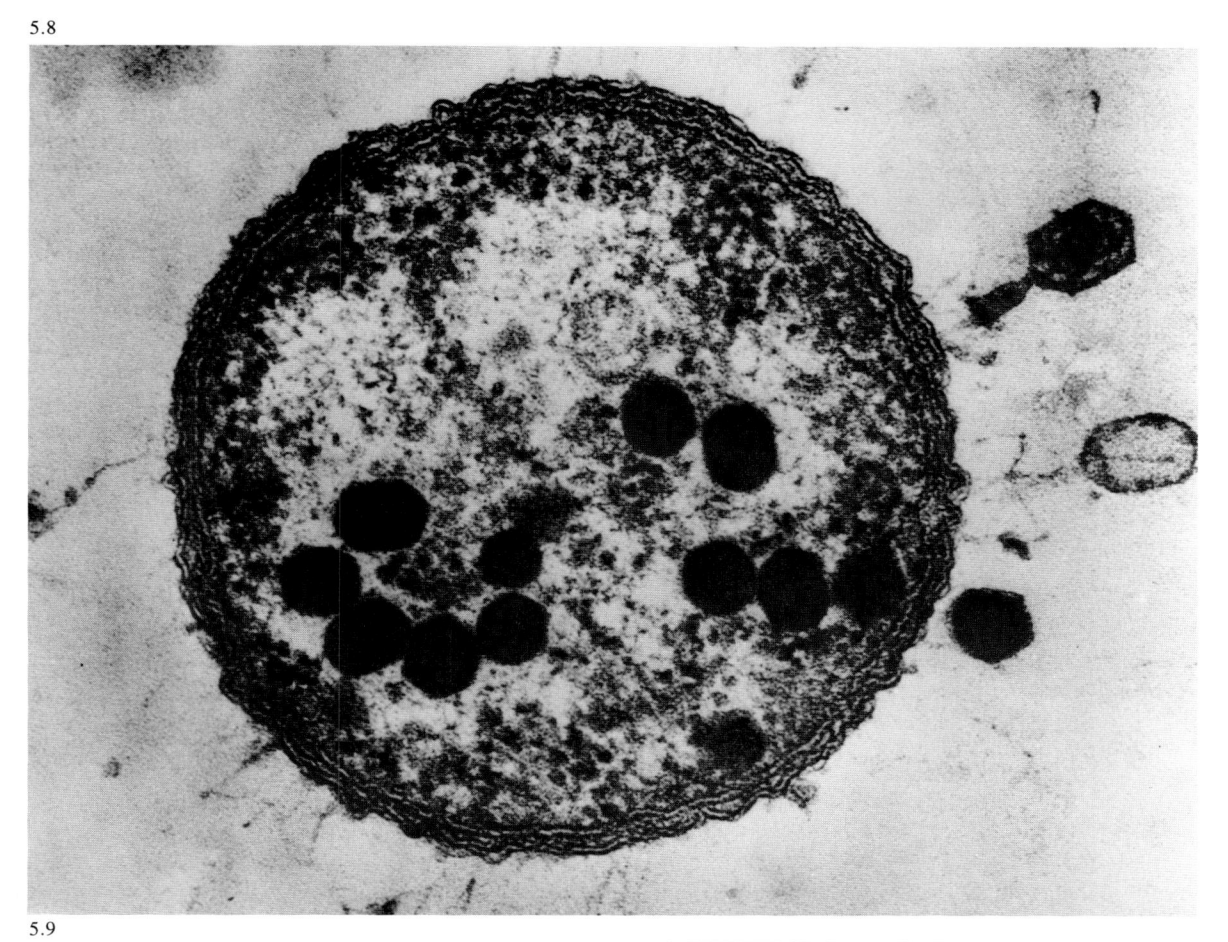

5.9 Das Platzen des Wirtsbakteriums, die *Lyse*, ist das Endstadium einer virulenten Infektion. Der Vorgang ist in dieser Mikroaufnahme eingefangen; er führt zur Freisetzung Tausender neuer Bakteriophagenpartikel. Im Bild sind T4-Bakteriophagen gezeigt. Sie erscheinen als kleine weiße Partikel, weil das Präparat negativkontrastiert wurde. Man sieht hier das gesamte Bakterium, nicht einen Dünnschnitt wie im vorangehenden Bild. [TEM, Negativkontrastierung, ×120000]

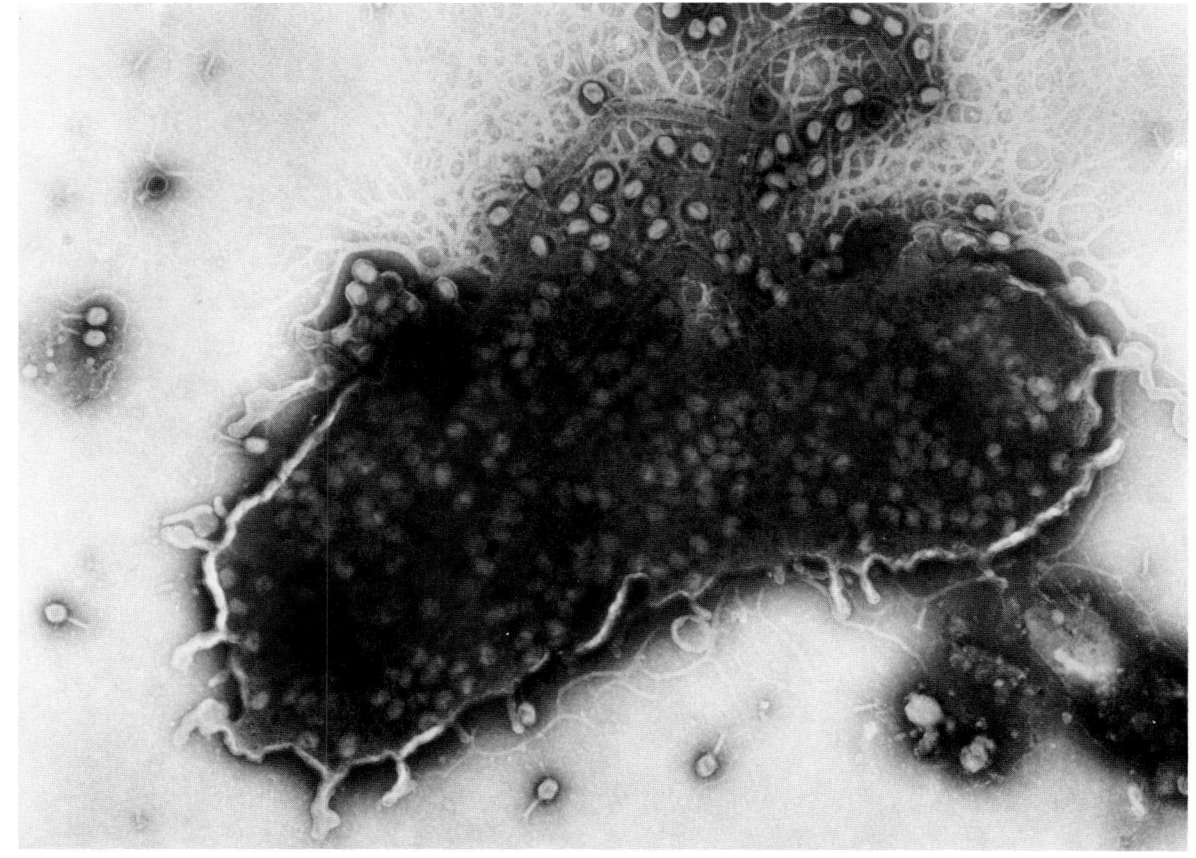

Bakterien

Bakterien sind prokaryotische zelluläre Mikroorganismen. Es gibt mehrere tausend Arten, deren Größe von Kugeln mit einem Durchmesser von 0,3 Mikrometern bis zu fadenförmigen Zellen mit 20 Mikrometern Länge reicht. Bakterien kommen in drei Grundformen vor: als Kugeln (Kokken), Stäbchen (Bazillen) und Spiralen (Spirillen). Einzelne Bakterien können sich zu Gruppen zusammenschließen; Streptokokken beispielsweise bilden Ketten aus kugelförmigen Zellen.

Eine Bakterienzelle ist recht einfach aufgebaut. Als genetisches Material enthält sie DNA in Form einer geschlossenen Schlaufe. Ihr Cytoplasma ist mit Ribosomen gefüllt — den Strukturen, an denen die Proteinsynthese stattfindet. Die Zellmembran kann an ihrer Innenfläche gefaltete Bereiche, sogenannte *Mesosomen*, aufweisen. Die Außenseite kann glatt, von einer schleimigen Kapsel umhüllt oder mit feinen „Haaren" — sogenannten *Pili* — besetzt sein. Die Pili befestigen die Zelle an ihrer Unterlage und während der Übertragung von genetischem Material an anderen Zellen. Bewegungsfähige Bakterien besitzen eine oder mehrere *Geißeln* (Flagellen). Diese gewellten Proteinfasern drehen sich und treiben so die Zelle in flüssigen Medien voran.

Bakterien unterscheiden sich in ihrer Fähigkeit, Nährstoffe zu nutzen. Heterotrophe Bakterien brauchen vorgeformte organische Moleküle, die von anderen Zelltypen erzeugt wurden, und kommen daher stets zusammen mit anderen Organismen vor — man findet sie etwa im Mund und in den Eingeweiden des Menschen. Autotrophe Bakterien dagegen können ihre Bedürfnisse mit anorganischen Mineralstoffen und Kohlendioxid aus der Luft decken. Sie sind in Boden und Wasser weit verbreitet.

Einige Bakterienarten verursachen Krankheiten — beispielsweise die Erreger der Cholera, der Pest und der Legionellose (Legionärskrankheit). Doch die weitaus meisten sind nützlich; sie bauen organischen Abfall ab, erhalten die Bodenfruchtbarkeit und verdauen sogar einige Bestandteile unserer Nahrung für uns.

5.10 Für dieses Bild wurde eine Zelle des Bodenbakteriums *Pseudomonas fluorescens* mit einer dünnen Kohleschicht und dann mit Platin überzogen. Dadurch entstand ein Abdruck der Oberfläche, der als Präparat im Mikroskop benutzt wurde. *P. fluorescens* ist beweglich und setzt das hier sichtbare Bündel peitschenartiger Flagellen ein, um sich durch die Wasserschicht zu bewegen, die Erdpartikel umgibt. [TEM, Oberflächenabdruck, ×18750]

5.11 Die „geschlechtliche Vereinigung" von Bakterien — die *Konjugation* — wurde 1946 entdeckt. Bei diesem Vorgang erfolgt eine Übertragung von DNA zwischen Zellen. Im Bild sieht man drei Zellen von *Escherichia coli*. Die linke ist „männlich", die beiden anderen sind „weiblich". Männliche *E. coli*-Zellen erkennt man an langen hohlen Oberflächenhaaren, sogenannten *F-Pili* (Sexpili). Hier hat die männliche Zelle F-Pili an den zwei weiblichen Zellen befestigt, und durch das hohle Innere wird DNA zwischen ihnen übertragen. Durch

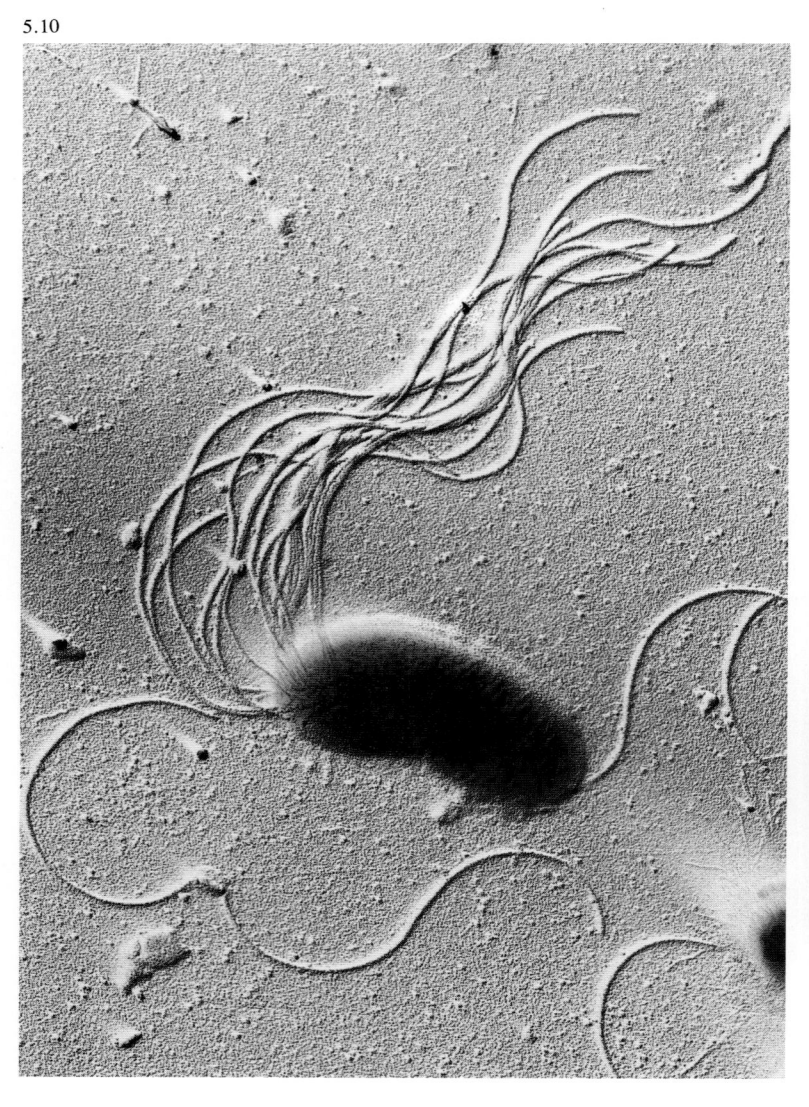

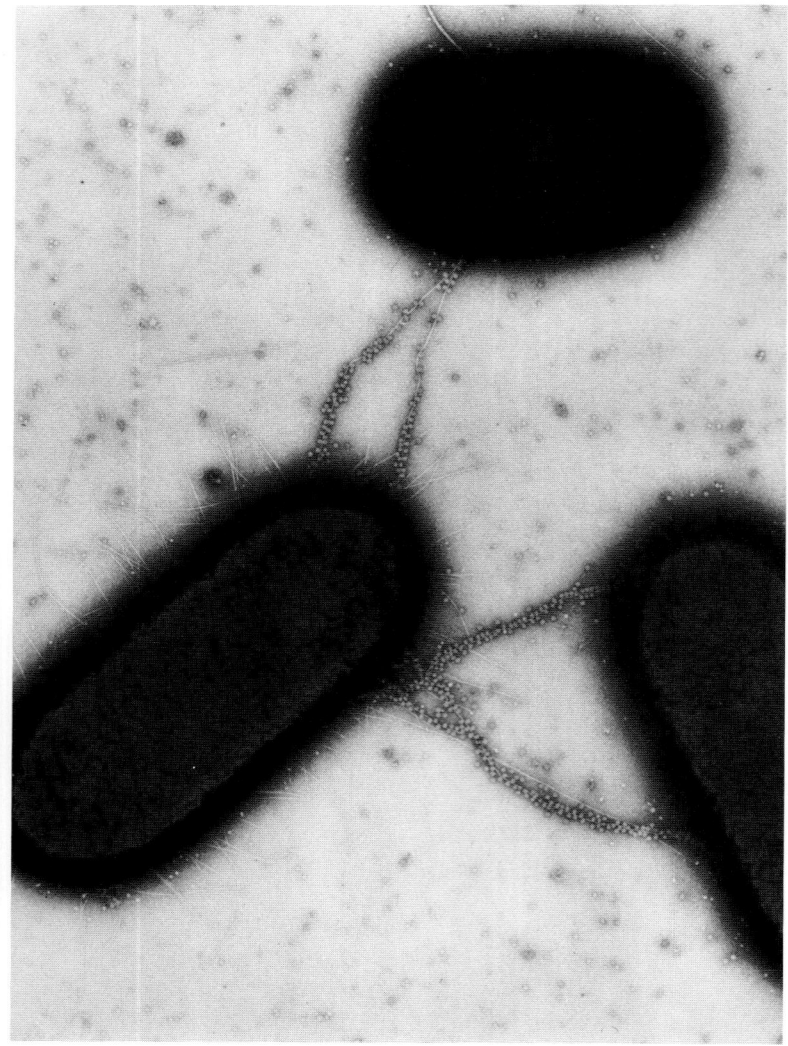

5. MIKROORGANISMEN

sorgfältige Kontrolle und Unterbrechung dieses Vorgangs können Wissenschaftler die relative Lage der Gene des Bakteriums kartieren. Die F-Pili in dieser Mikroaufnahme sind fast völlig mit winzigen Körnchen bedeckt; dabei handelt es sich um MS2-Bakteriophagen, die sich spezifisch an F-Pili binden. [TEM, Negativkontrastierung, ×10 250]

5.12 Diese lichtmikroskopische Aufnahme einer Bakterienpopulation aus dem menschlichen Mund zeigt die Grenzen der optischen Mikroskopie beim Studium derart kleiner Zellen auf. Verglichen mit den anderen Bildern auf diesen Seiten erkennt man hier kaum mehr als die Umrißformen der Bakterien, einer Mischung aus Kokken und Bazillen. [LM, Hellfeldbeleuchtung, ×1600]

5.13 Bakterien teilen sich durch Spaltung in zwei Hälften. In diesem Bild einer sich teilenden Zelle von *Staphylococcus epidermidis* ist der blaugelbe Bereich in der Zellmitte das genetische Material, das gerade in zwei Teile bricht. Die Zellteilung wird durch das Hineinwachsen einer neuen Zellwand vervollständigt; man sieht die Zellwand hier als feine gelbe Linie um den Rand der Zelle. Die blaue Schicht ganz außen ist die Zellkapsel. *S. epidermidis* kommt in Massen überall auf der menschlichen Haut vor; im allgemeinen rufen diese Bakterien keine Krankheiten hervor, doch möglicherweise spielen sie eine gewisse Rolle bei der Entstehung von Akne und der Entzündung von Schnittwunden und Kratzern. [TEM, kontrastierter Schnitt, Falschfarben, ×60 000]

5.14 Dieses Bakterium, eine *Leptospira*-Art, hat die Form einer langen dünnen Spirale. Leptospiren gehören zu einer Gruppe helixförmiger Bakterien, den sogenannten Spirochaeten, die viele gefährliche Krankheitserreger umfaßt. Unter den Leptospirosen ist vor allem die Weilsche Krankheit bekannt, die durch Kontakt mit Ratten übertragen wird. Die hier gezeigte, rot gefärbte Einzelzelle ist 20mal länger als die anderen Bakterien auf dieser Doppelseite. [TEM, Negativkontrastierung, Falschfarben, ×20 000]

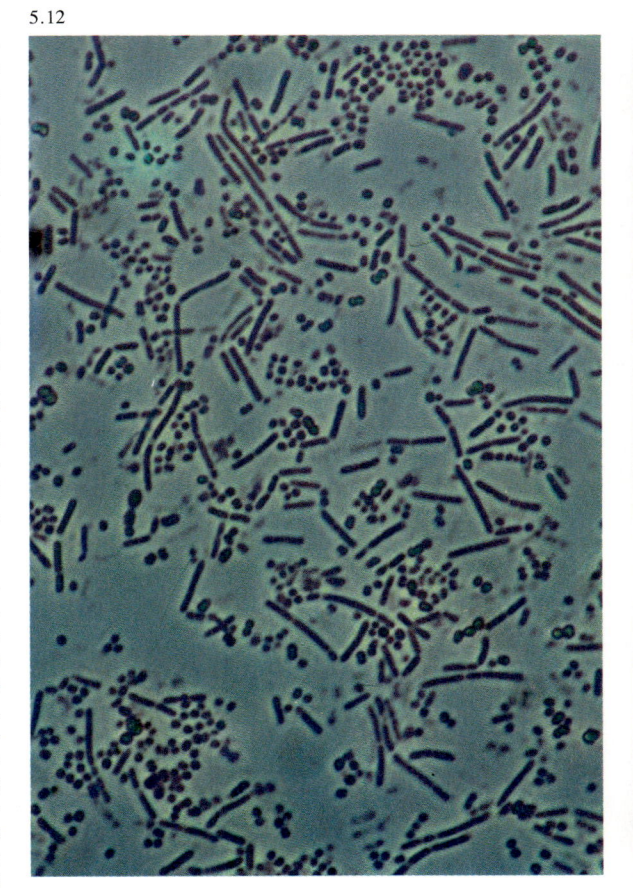

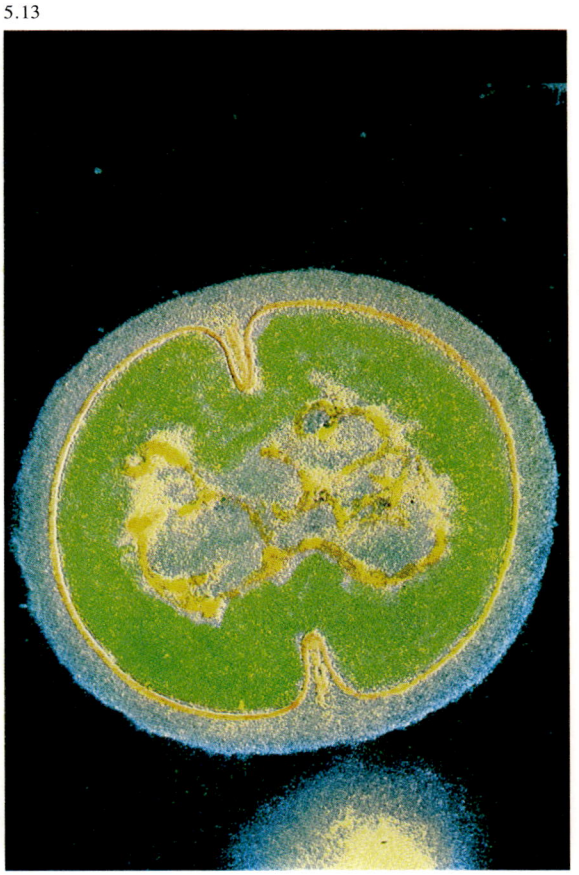

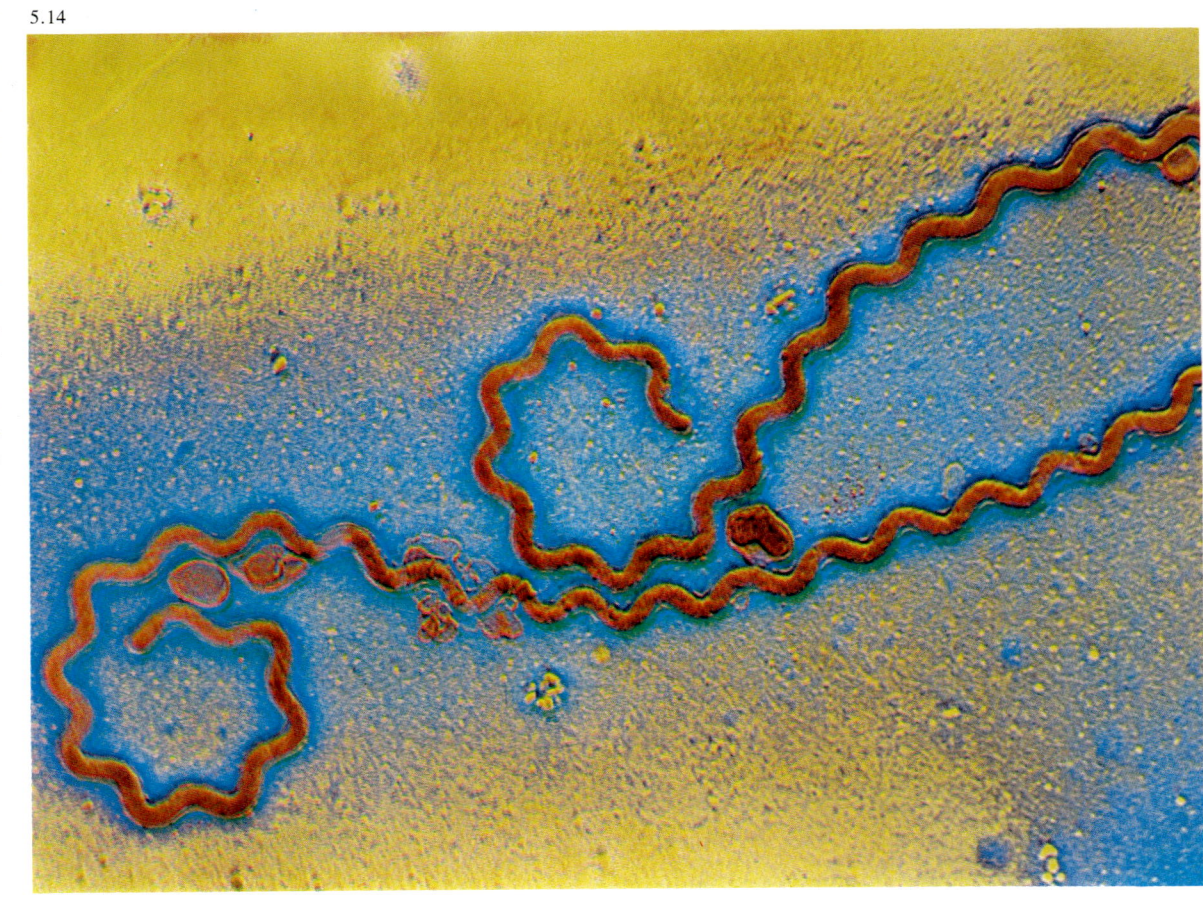

95

MIKROKOSMOS

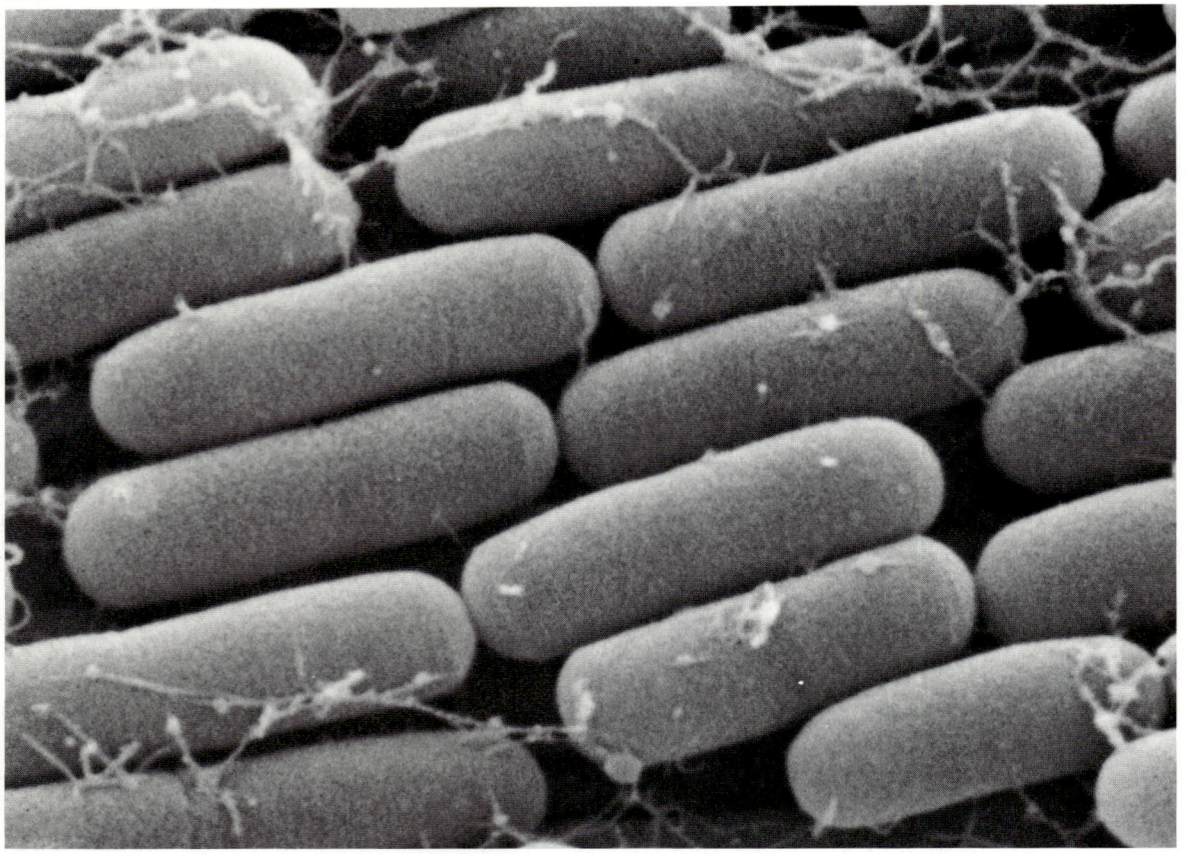

E. coli

Escherichia coli oder *E. coli*, wie sie üblicherweise genannt wird, ist ein normaler, gewöhnlich harmloser Bewohner des menschlichen Verdauungssystems. Außerdem stellt dieses Bakterium den bestuntersuchten Labororganismus der Welt dar. Man weiß sehr viel über seine Genetik, und zahlreiche Laboratorien besitzen große Sammlungen verschiedener Zuchtstämme, die jeweils ganz spezifische Reaktionsfolgen ausführen können. Unser Wissen über die Funktionsweise von Genen stammt zu einem erheblichen Teil aus Untersuchungen an *E. coli*. Heute nutzt man diese genauen Kenntnisse in der Gentechnologie. Indem man gezielt Stücke fremder DNA in das Bakterium einpflanzt, kann man die Bakterienzellen dazu bringen, nützliche medizinische Produkte wie Insulin oder Interferon herzustellen.

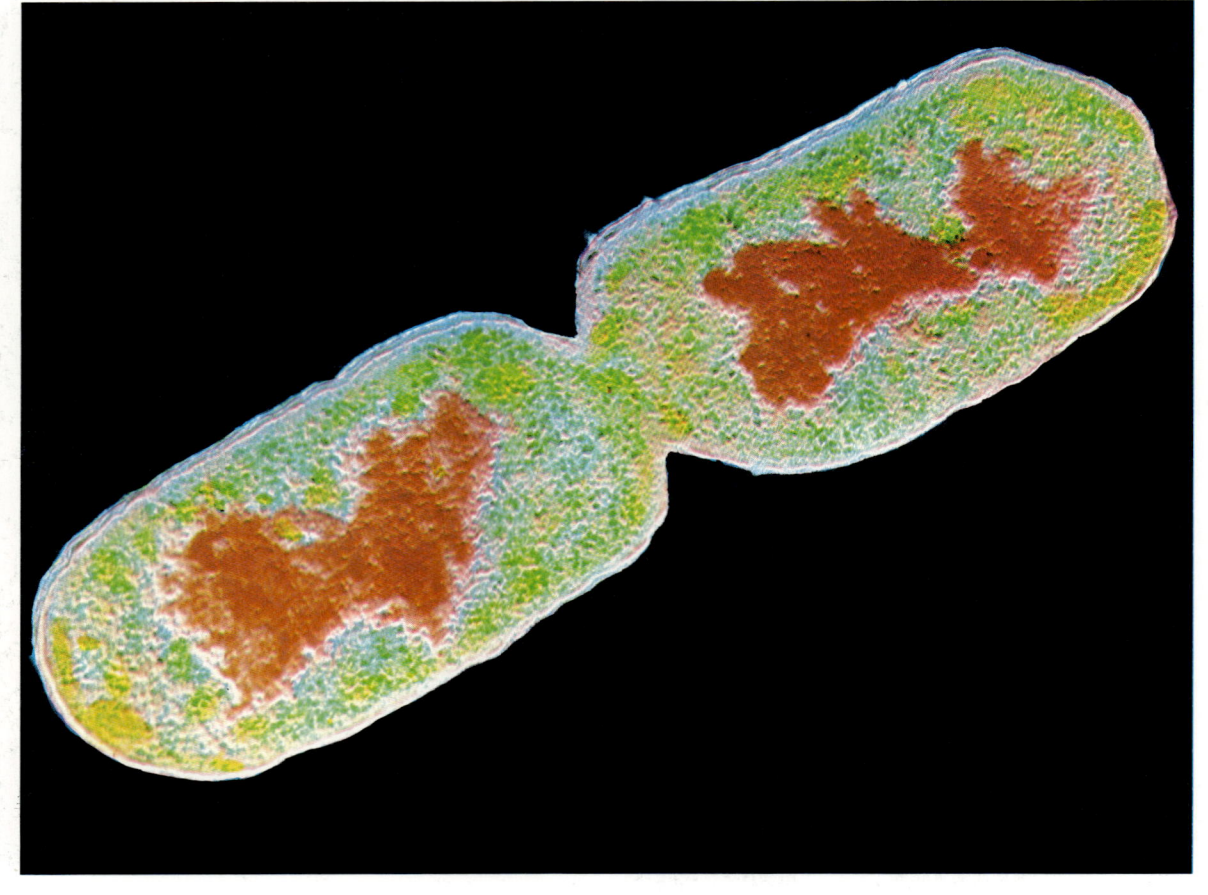

5.15 Im Rasterelektronenmikroskop entsteht ein deutlich dreidimensional wirkendes Bild; hier sind *E. coli*-Zellen als typische stäbchenförmige Bazillen zu sehen. Das faserige Material besteht aus Resten des Nährmediums, in dem die Bakterien gezüchtet wurden. [REM, ×17000]

5.16 Das Transmissionselektronenmikroskop liefert dagegen ein Bild des inneren Aufbaus von Zellen, das nur einen geringen räumlichen Eindruck vermittelt. Dieser Photographie liegt ein lediglich 70 Nanometer dicker Schnitt durch *E. coli* zugrunde. Die roten Bereiche stellen die DNA dar, die sich in Vorbereitung auf die Zweiteilung verdoppelt hat. [TEM, kontrastierter Schnitt, Falschfarben, ×78000]

5.17 Zur Herstellung dieser Aufnahme wurde die Bakterienzelle in der Bildmitte mit einem Enzym behandelt, das die Zellwand schwächt, und anschließend in Wasser überführt; dies bewirkte die Ausstoßung ihrer DNA. Man sieht die DNA hier als goldfarbenes Fasergewirr rund um die Zelle liegen; sie ist 1,5 Millimeter lang und damit 1000mal länger als die Zelle, aus der sie stammt. Das Präparat wurde mit einer Schicht Platin „schattiert" — eine Technik, die Bilder mit sehr hoher Auflösung liefert. [TEM, schattierter Abdruck, Falschfarben, ×67500]

5.17

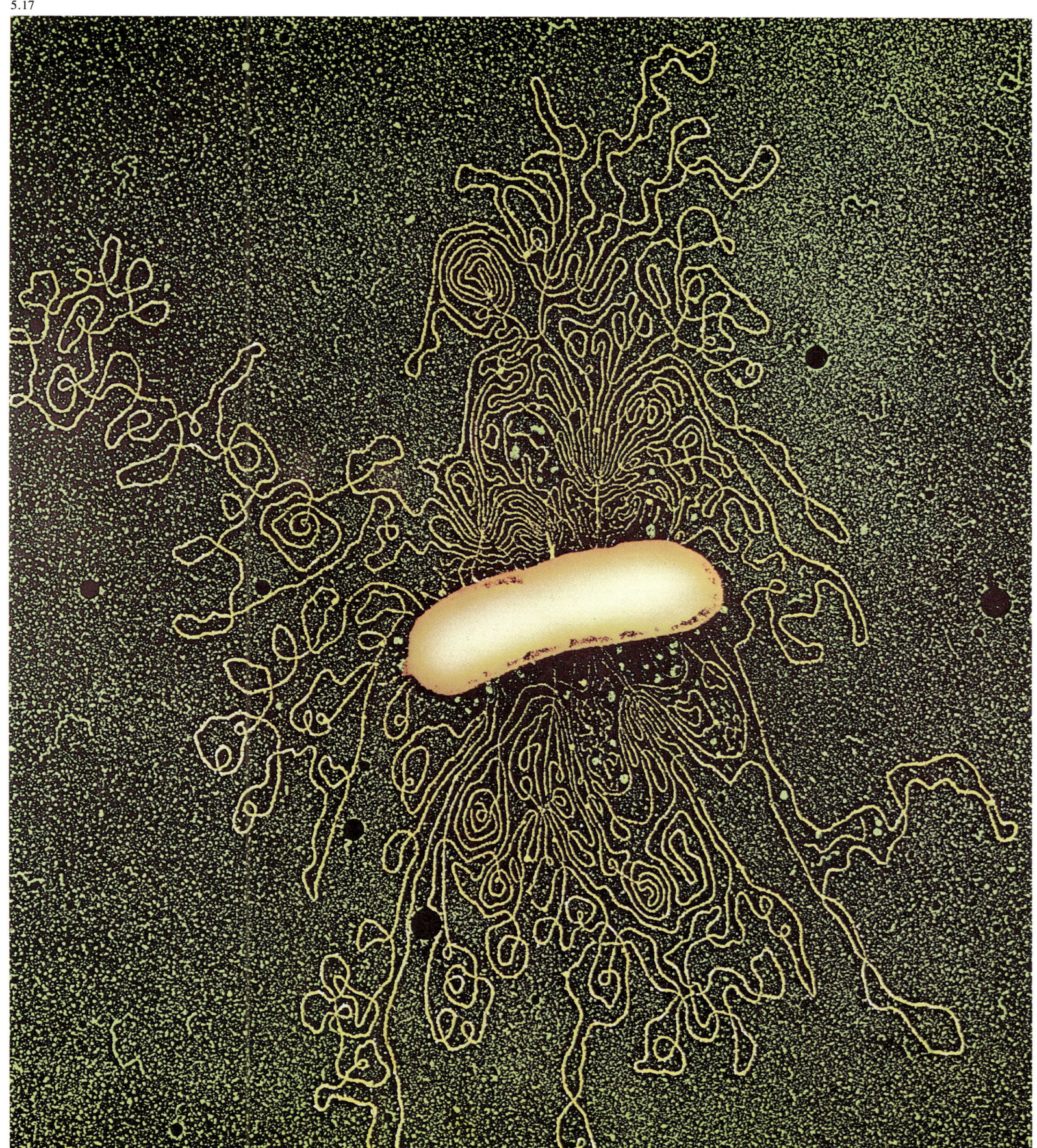

5. MIKROORGANISMEN

MIKROKOSMOS

Rhizobium

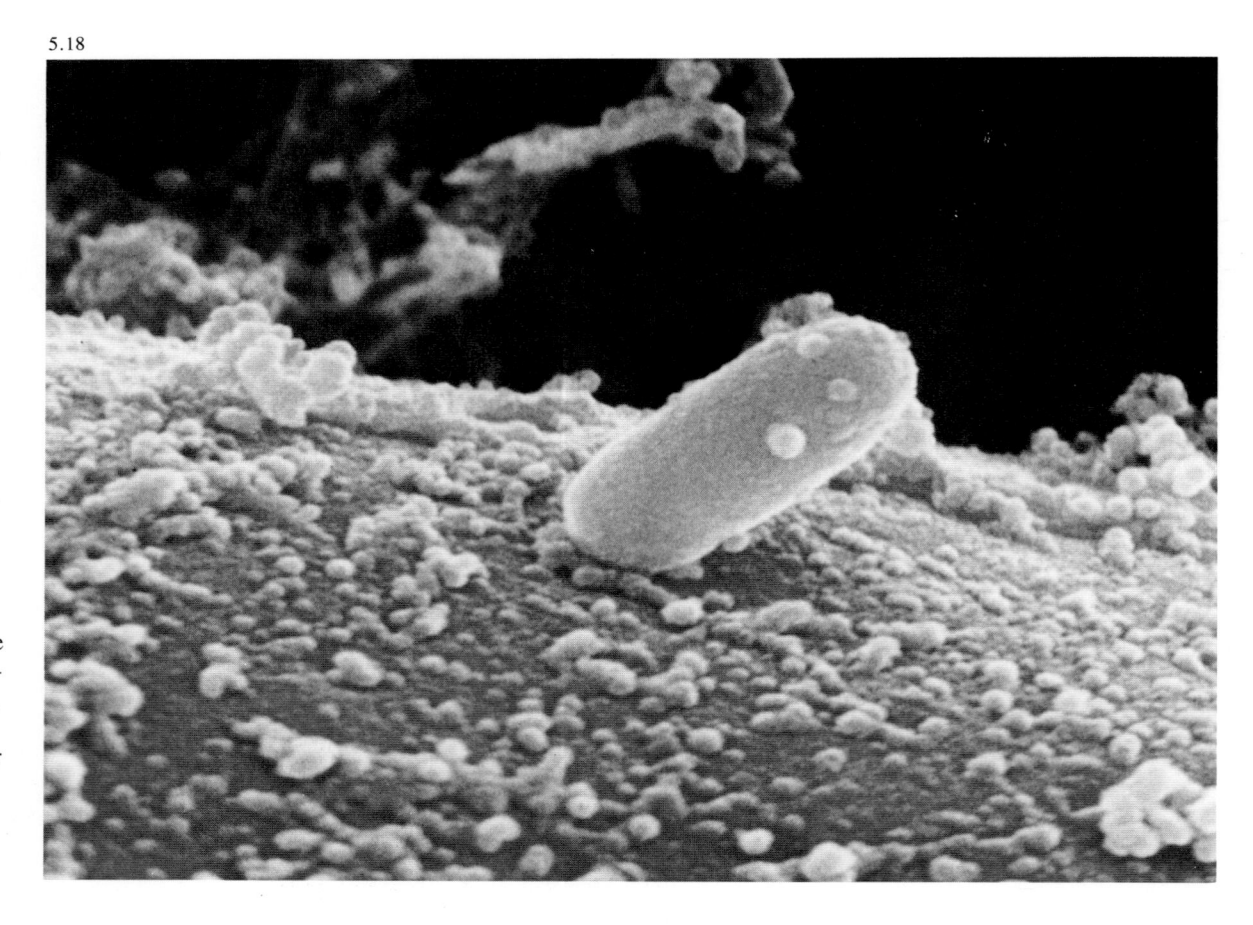

Fruchtbare Erde enthält viele Arten von Bakterien. Die meisten bauen organisches Material ab und erzeugen Humus. Eine Art, die das Wachstum von Pflanzen auf direktere Weise fördert, ist das Knöllchenbakterium *Rhizobium leguminosarum*. Es geht eine spezifische Beziehung mit den Wurzeln von Hülsenfrüchtlern (Leguminosen) ein, einer Pflanzenfamilie, zu der beispielsweise der Klee, die Erbse und die Bohne gehören.

Am Anfang der Beziehung steht der Kontakt zwischen einer frei im Boden lebenden Bakterienzelle und einem der feinen Haare, welche die Pflanzenwurzel ausbildet, um Feuchtigkeit aus dem Boden zu ziehen. Das in das Wurzelhaar eingedrungene Bakterium tritt dann über einen speziell konstruierten Tunnel, den sogenannten *Infektionsfaden*, ins Innere der Wurzel ein. Sobald das Bakterium in der Wurzel ist, veranlaßt es die Wurzelzellen zur Teilung. Dadurch entsteht schließlich ein großer Auswuchs an der Wurzeloberfläche — ein *Wurzelknöllchen*, das mit bloßem Auge sichtbar ist. In den Zellen des Knöllchens verliert das Bakterium seine Außenwand, teilt sich wiederholte Male und bringt so eine Masse neuer Zellen hervor, die man als *Bakterioide* bezeichnet, da ihnen die Zellwand fehlt. Auf diese Weise trägt die Wirtspflanze zur Vervielfältigung eines einzigen Bakteriums in Millionen von Bakterioiden bei.

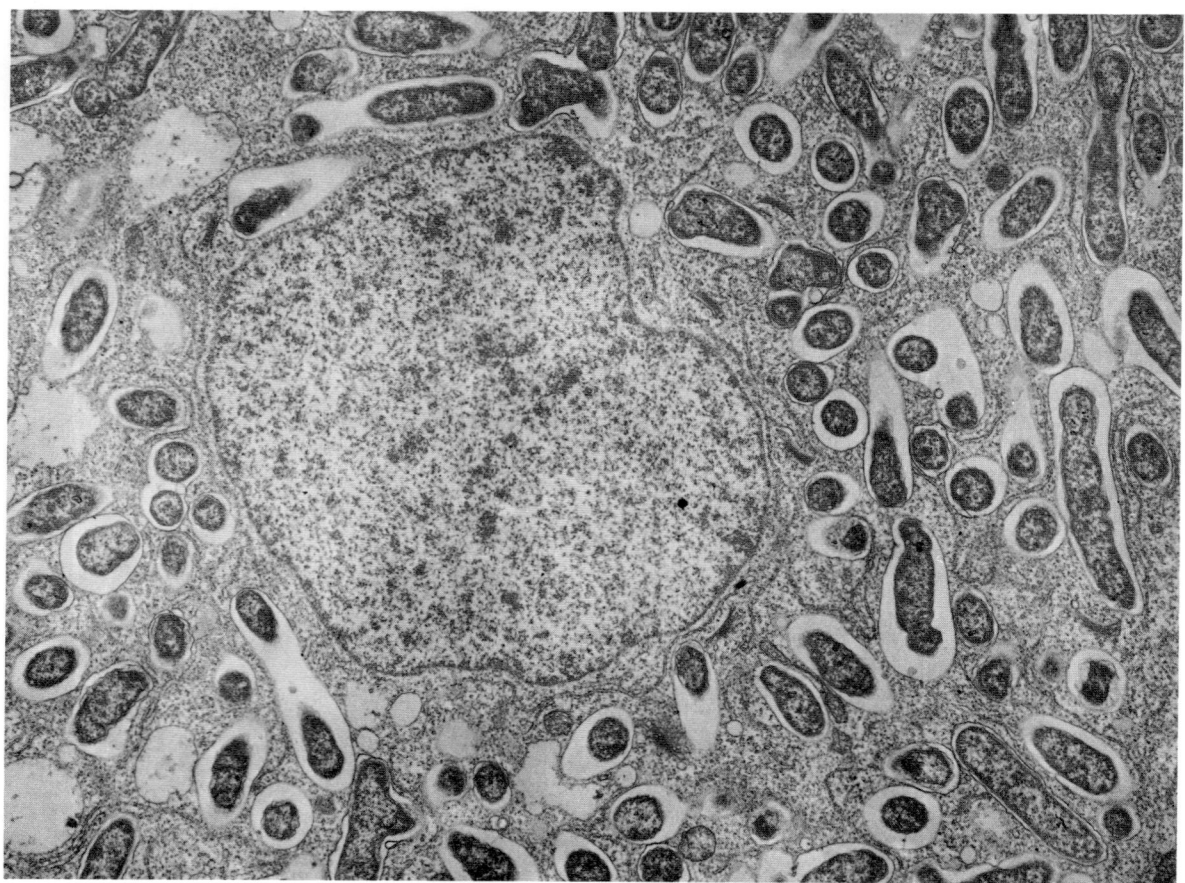

Die Beziehung ist jedoch nicht parasitisch, sondern stellt eine für beide Seiten vorteilhafte Symbiose dar. Als Gegenleistung für ihren Wohnsitz in dem Wurzelknöllchen leistet *Rhizobium* der Pflanze einen einzigartigen Dienst. In ihrer bakterioiden Form kann sie Stickstoff aus der Luft, der den Boden durchdringt, in Ammoniumsalze umwandeln. Diese wirken als Stickstoffdünger für die Pflanze.

5. MIKROORGANISMEN

Unter den Bodenbakterien, die Stickstoff für Pflanzen fixieren, ist die Gattung *Rhizobium* die bei weitem wichtigste. Man schätzt, daß jährlich 150 bis 200 Millionen Tonnen Stickstoff von Bakterien fixiert werden – rund dreimal soviel wie die gesamte Weltproduktion von Stickstoffdüngern in Chemiefabriken. Der Lebenszyklus von *Rhizobium* ist vollendet, wenn das Knöllchen nach einigen Wochen degeneriert. Die Bakterioide bilden dann Zellwände aus und gelangen als Bakterien in die Erde, wo sie den Infektionsvorgang wiederholen.

5.18 Diese stark vergrößerte rasterelektronenmikroskopische Aufnahme zeigt ein einzelnes Bakterium, das an einem Wurzelhaar einer im Labor gezüchteten Gartenerbse haftet. Die Verbindung ist sehr spezifisch: *Rhizobium leguminosarum* befällt nur Pflanzen aus der Familie der Leguminosen, obwohl man nicht genau weiß, wie es diese erkennt; der anfängliche Kontakt mit dem Wurzelhaar scheint oft – wie hier im Bild – an einem Ende des stäbchenförmigen Bakteriums zu erfolgen. Die körnigen Partikel auf der Oberfläche des Wurzelhaars und des Bakteriums sind Reste des Mediums, in dem die Pflanze gezüchtet wurde. [REM, ×40000]

5.19 Jede befallene Zelle dient als Wirt für Tausende von Bakterioiden. Der große Körper in der Mitte dieses Schnitts ist der Zellkern einer Knöllchenzelle. Um ihn herum verteilen sich die kleinen, dunkel gefärbten Bakterioide. Sie haben keine festgelegte Form und sind von der Wirtszelle durch eine Membran und einen Hohlraum getrennt. Das halbe Gewicht eines reifen Knöllchens kann aus Bakterioiden bestehen. [TEM, kontrastierter Schnitt, ×6250]

5.20 Dieses große Wurzelknöllchen hat einen Durchmesser von etwa drei Millimetern. Die locker nebeneinanderliegenden Zellen an seiner Außenfläche sind normalerweise weniger stark von Bakterioiden befallen als innere Zellen wie die in Abbildung 5.19. Das Knöllchen ist aus dem Stück Erbsenwurzel am unteren Bildrand herausgewachsen. Links am Fuß des Knöllchens sieht man einige Wurzelhärchen; rechts sitzt ein weitaus kleineres Knöllchen. [REM, ×35]

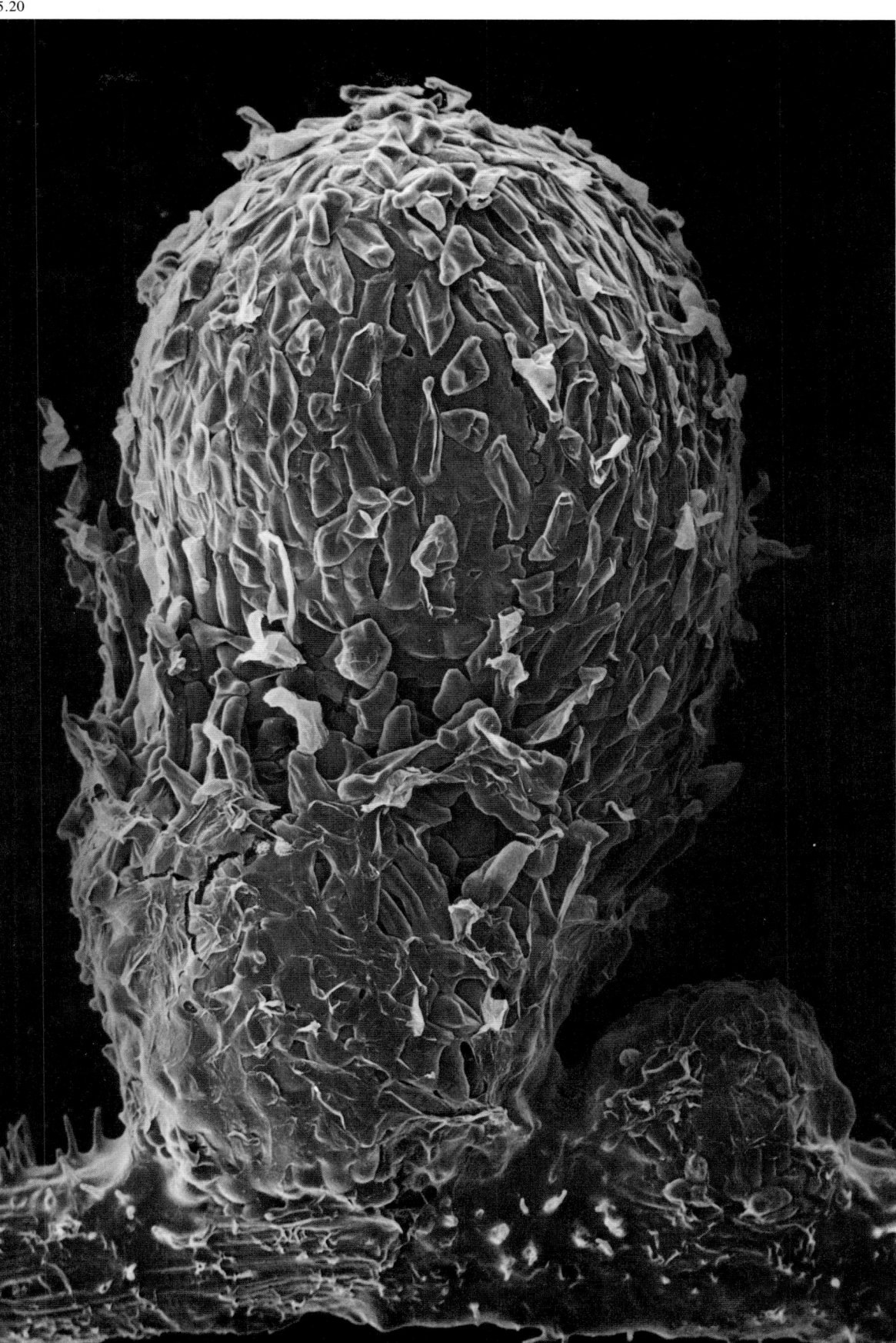

Algen

Algen findet man überall, wo Wasser und Licht vorhanden sind. Alle haben die Fähigkeit, durch Photosynthese Kohlendioxid in Zucker umzuwandeln. Sie sind gewissermaßen die „Gräser des Wassers" und besonders in den Ozeanen als Basis vieler Nahrungsketten von ungeheurer Bedeutung. Das Algenplankton der Meere fixiert jedes Jahr 10^{10} Tonnen Kohlenstoff durch Photosynthese — das ist mehr als die Gesamtproduktion sämtlicher Landpflanzen auf der Erde.

Die meisten Algen sind mikroskopisch klein; sie leben als einzelne Zellen oder reihen sich zu Zellfäden aneinander. Manche — wie die Seetange — bilden große, gut sichtbare Vegetationskörper. Algen haben oft komplizierte Lebenszyklen mit einer hochspezialisierten geschlechtlichen Vermehrung, die im Wasser stattfindet.

Algen benutzen für die Photosynthese verschiedenartige Pigmente, und diese sind eine der Grundlagen für eine grobe Einteilung in Klassen — in Grünalgen, Braunalgen, Rotalgen und so weiter. Die Zellen dieser Algen sind eukaryotisch. Sie haben einen deutlichen Zellkern, und die Pigmente sitzen in Organellen, die man Chloroplasten nennt. Die *Blaualgen* sind primitivere Verwandte, die heute gewöhnlich (als *Cyanobakterien*) den Bakterien zugeordnet werden. Wie diese sind sie prokaryotisch. Ihr Hauptpigment ist jedoch Chlorophyll, das in Algen und allen höheren Landpflanzen vorkommt. Möglicherweise sind die Chloroplasten höherer Pflanzenformen ursprünglich aus Blaualgenzellen entstanden, die früh in der Evolution von einer nichtphotosynthetischen Zelle aufgenommen wurden.

5.21 Auch bei primitiven Organismen wie dieser Blaualge der Gattung *Cylindrospermum* können sich verschiedene Zelltypen ausbilden. Die Ketten aus kleinen Einheiten in dieser lichtmikroskopischen Aufnahme bestehen aus vegetativen photosynthetisch aktiven Zellen. Die etwas größeren Zellen mit dicken Wänden werden *Heterocysten* genannt; sie können Stickstoff fixieren. Die größten Zellen sind eine Art Sporen, die man *Akineten* nennt. [LM, DIK nach Nomarski, Vergrößerung unbekannt]

5.22 Die Zieralgen sind Grünalgen, die sich durch schön geformte Zellwände auszeichnen. Hier sieht man eine einzelne Zelle der Zieralge *Micrasterias* zwischen verschiedenen fadenförmigen Algen und Abfallstoffen. Die Zellen dieser Gattung bestehen aus zwei durch eine enge „Taille" getrennten Hälften. Bei der Zellteilung spalten sie sich an eben dieser Stelle, und jede Hälfte erzeugt eine genaue Kopie ihrer selbst, um die ursprüngliche Form wiederherzustellen. Bei der Zelle in diesem Bild ist die neue Zellhälfte (oben rechts) fast ausgewachsen. [LM, spektrale Rheinberg-Beleuchtung, ×850]

5.23 Die Grünalge *Volvox* bildet Kolonien aus Hunderten oder Tausenden von Zellen, die zu einer Hohlkugel zusammengeklebt sind. Im Bild erscheinen die einzelnen Zellen als leuchtend grüne Partikel. Die größeren grünen Gebilde, von denen man sechs sieht, sind asexuelle Tochterkolonien, die sich im Inneren der Kugel bilden. [LM, Dunkelfeldbeleuchtung, ×315]

5.24 *Spirogyra* ist eine Grünalge, bei der sich die Einzelzellen an den Enden verbinden und zu langen Fäden zusammenschließen. Ihre Chloroplasten sind in Spiralmustern angeordnet, die während der Zellteilung zerstört werden. In dieser Aufnahme teilt sich die Zelle in der Bildmitte gerade; die Zellen darüber und darunter zeigen die spiraligen Chloroplasten, wie sie für Zellen, die sich nicht teilen, typisch sind. [LM, Hellfeldbeleuchtung, ×200]

5.25 *Hydrodictyon* ist eine andere koloniebildende Grünalge. Ihre Kolonien können aus bis zu 20000 Zellen bestehen, die sich zu einem hohlen, schwimmenden, an beiden Enden geschlossenen Netz zusammenfügen. Große Kolonien können 50 Zentimeter lang werden. Dieses Bild zeigt einen kleinen Teil einer Kolonie. Man sieht, wie sich die einzelnen Zellen an den Enden gabelförmig verbinden und so das dreidimensionale Netzwerk erzeugen. [LM, Rheinberg-Beleuchtung, ×735]

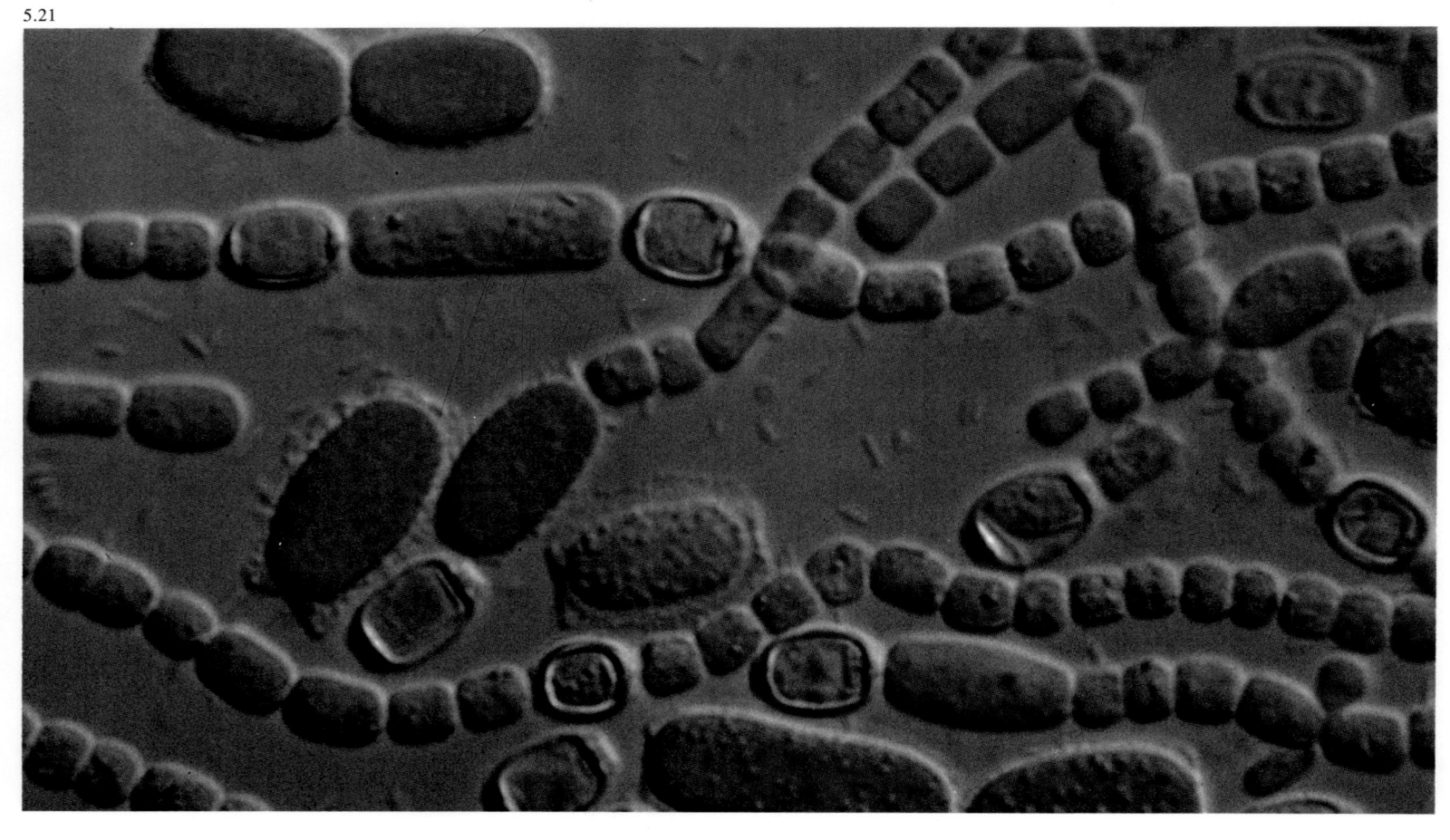

5.21

5. MIKROORGANISMEN

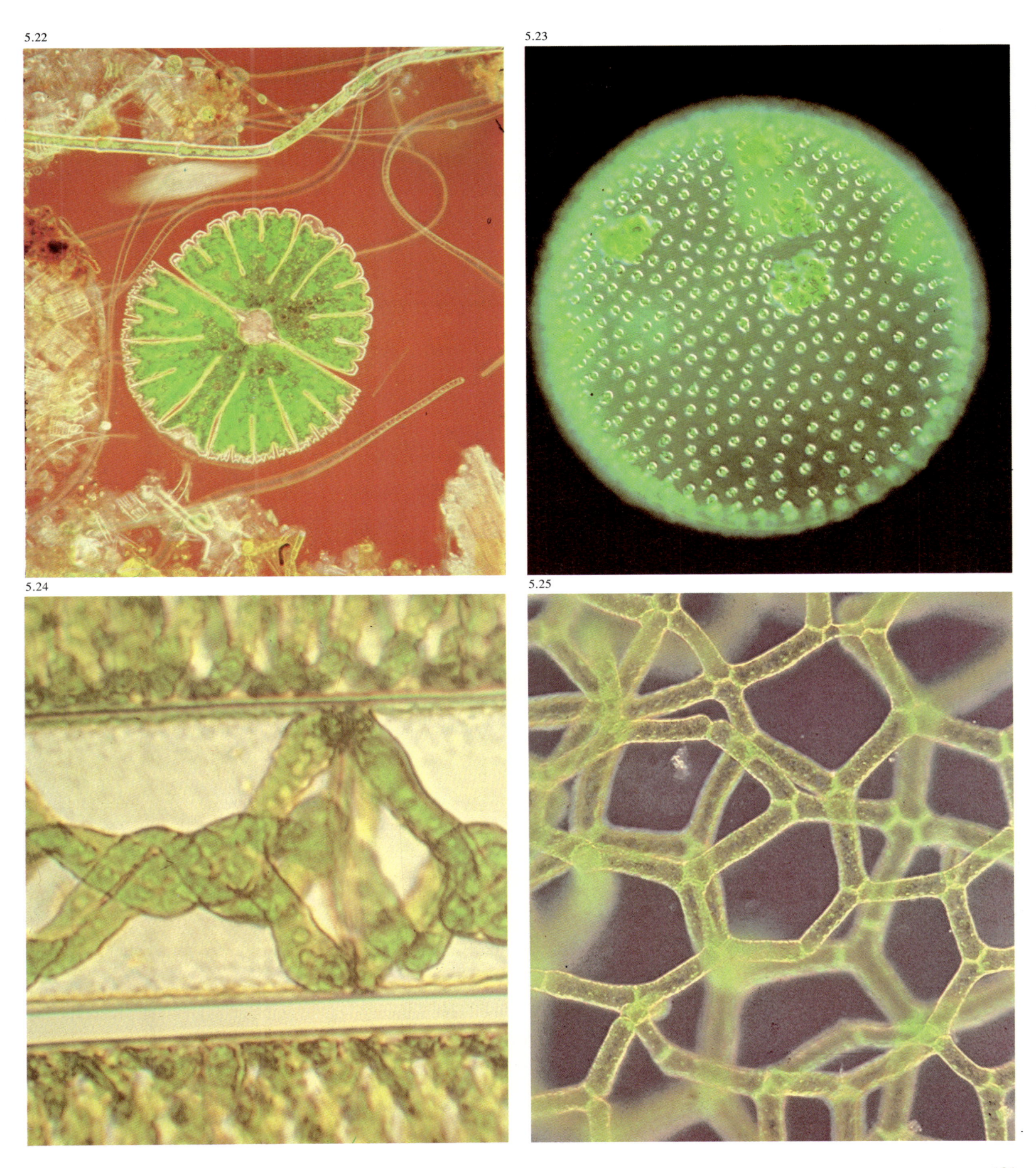

5.22

5.23

5.24

5.25

101

Diatomeen

Die Diatomeen oder Kieselalgen bilden eine charakteristische eigene Gruppe einzelliger Algen. Mit ihren rund 10 000 Arten sind sie ein wichtiger Bestandteil des Süß- und Meerwasserplanktons. Die Zahl der Kieselalgen in den Meeren ist ungeheuer groß, besonders in den gemäßigten Zonen, wo ein Liter Oberflächenwasser 15 000 dieser Algen enthalten kann.

Das kennzeichnende Merkmal der Kieselalgen ist die meist kompliziert gemusterte, glasähnliche Schale (auch Frustel genannt). Sie besteht aus zwei Hälften, die wie die Teile einer Pillendose ineinandergreifen. Die eine Hälfte (*Epitheka*) ist ein wenig größer als die andere (*Hypotheka*) und stellt den „Deckel" der Dose dar.

Wenn sich eine Kieselalge teilt, erzeugt jede Schale in ihrem Inneren eine neue Hälfte (jeweils die Hypotheka). Folglich bringt der „Deckel" stets eine Zelle hervor, die genauso groß ist wie die ursprüngliche, wohingegen der „Boden" eine geringfügig kleinere herstellt. Dieser Vorgang kann sich viele Male wiederholen, doch schließlich sind die ständig kleiner werdenden Nachkommen der „Böden" nicht mehr lebensfähig. Die Kieselalge löst dieses merkwürdige Paradoxon, indem sie ab einer gewissen Minimalgröße sexuelle *Auxosporen* erzeugt, die wieder zur Ausgangsgröße heranwachsen.

Diatomeen sind seit langem beliebte Objekte der Mikroskopiker. Im Viktorianischen Zeitalter ordneten Amateure zur Unterhaltung Kieselalgen in komplizierten Mustern an. Die Diatomeenschale besteht überwiegend aus Silicaten, welche die Kieselalge dem umgebenden Wasser entnimmt. Sie ist oft mit winzigen Löchern geschmückt, die in so feinen und regelmäßigen Reihen angeordnet sind, daß man sie zum Teil als Testpräparate zur Qualitätsbestimmung von Mikroskoplinsen benutzt. In der Industrie verwendet man Diatomeenerde, die aus den Skeletten unzähliger Kieselalgen besteht, zur Herstellung so verschiedener Produkte wie Zahnpasta, Dynamit und Siegelwachs.

5.26 Kieselalgen werden nach ihrem Bau in zwei große Gruppen eingeteilt. Bei den zentrischen Diatomeen (Centrales) sind die Schalenperforationen radiärsymmetrisch angeordnet. Dagegen liegen sie bei den pennaten Kieselalgen (Pennales) in Reihen zu beiden Seiten einer zentralen Symmetrieachse. Das Bild zeigt Vertreter beider Typen. Die Farben entstanden durch Verwendung polarisierten Lichts und beruhen nicht auf irgendwelchen Pigmentierungen der Schalen. [LM, DIK nach Nomarski, ×280]

5.27 Manche Kieselalgen bilden sehr einfache Kolonien aus Zellen, die sich nach der Zellteilung nicht getrennt haben. Dieses Bild zeigt 14 solcher Zellen der Art *Fragilaria crotonensis*. Jede ist in der Mitte durch eine schleimhaltige Substanz mit ihren Nachbarn verkittet. Aufgrund des Mechanismus der Zellteilung sind die Zellen an den beiden Enden der Kolonie verschieden groß, doch ist der Unterschied so gering, daß man ihn hier nicht mit Sicherheit erkennen kann. *F. crotonensis* lebt in Süßwasserseen. [REM, Vergrößerung unbekannt]

5.28 Viele Kieselalgen können sich nicht von alleine bewegen, und die, die dazu fähig sind, bringen gewöhnlich nur seltsame ruckartige Bewegungen zustande. *Navicula monilifera* ist eine solche bewegungsfähige Art. Als pennate Kieselalge besitzt sie eine Schale, deren Perforationen in Reihen zu beiden Seiten einer zentralen Furche – der *Raphe* – angeordnet sind. In der Raphe liegt das Geheimnis der Beweglichkeit der Kieselalge: Wenn Flüssigkeit die Furche entlanggespritzt wird, schiebt sich die ganze Zelle vorwärts. Die Fähigkeit, sich zu bewegen, kommt am häufigsten bei bodenlebenden Arten wie *N. monilifera* vor; schwebende Kieselalgen verlassen sich auf Wasserströmungen, die sie von Ort zu Ort tragen. [REM, ×1250]

5.29 Die verzierten Schalen von Kieselalgen bestehen aus einer Mischung von Pektin und Silicaten. Bei zentrischen Diatomeen wie der hier gezeigten *Cyclotella meneghiniana* liegt zwischen Deckel- und Bodenfläche ein ungemustertes Gürtelband. Dieses kann sich ausdehnen und ermöglicht der Zelle zu wachsen. *C. meneghiniana* bewohnt das Brackwasser von Salzseen und Flußmündungen am Meer. [REM, ×3750]

5.30 Diese *Biddulphia*-Zelle liegt auf der Seite und läßt deutlich das Gürtelband zwischen den beiden Schalenhälften erkennen. Es hält die Schalen zusammen und erlaubt gleichzeitig ein Wachstum der Zelle. *Biddulphia* gehört zum Meeresplankton. [REM, ×1200]

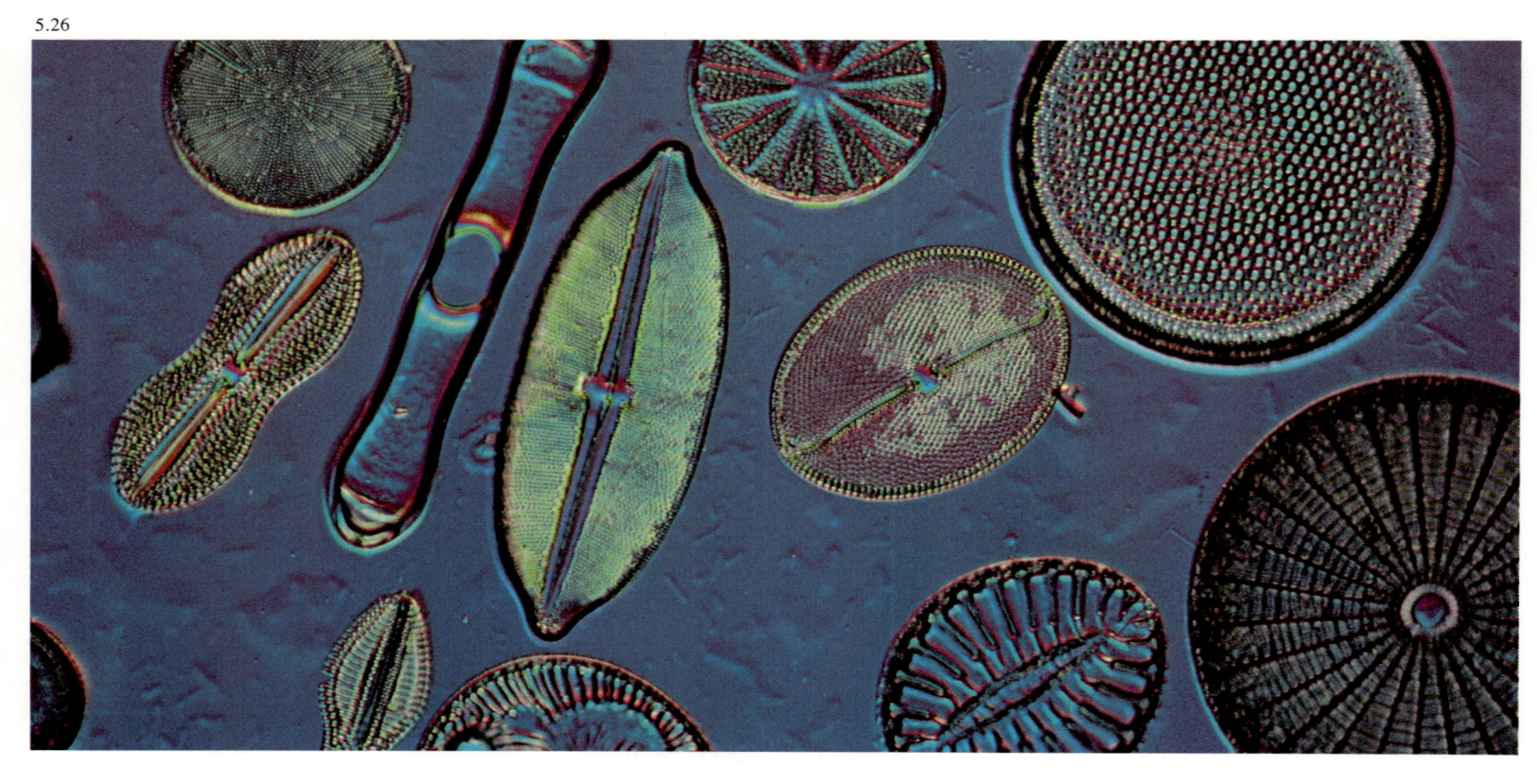

5.26

5. MIKROORGANISMEN

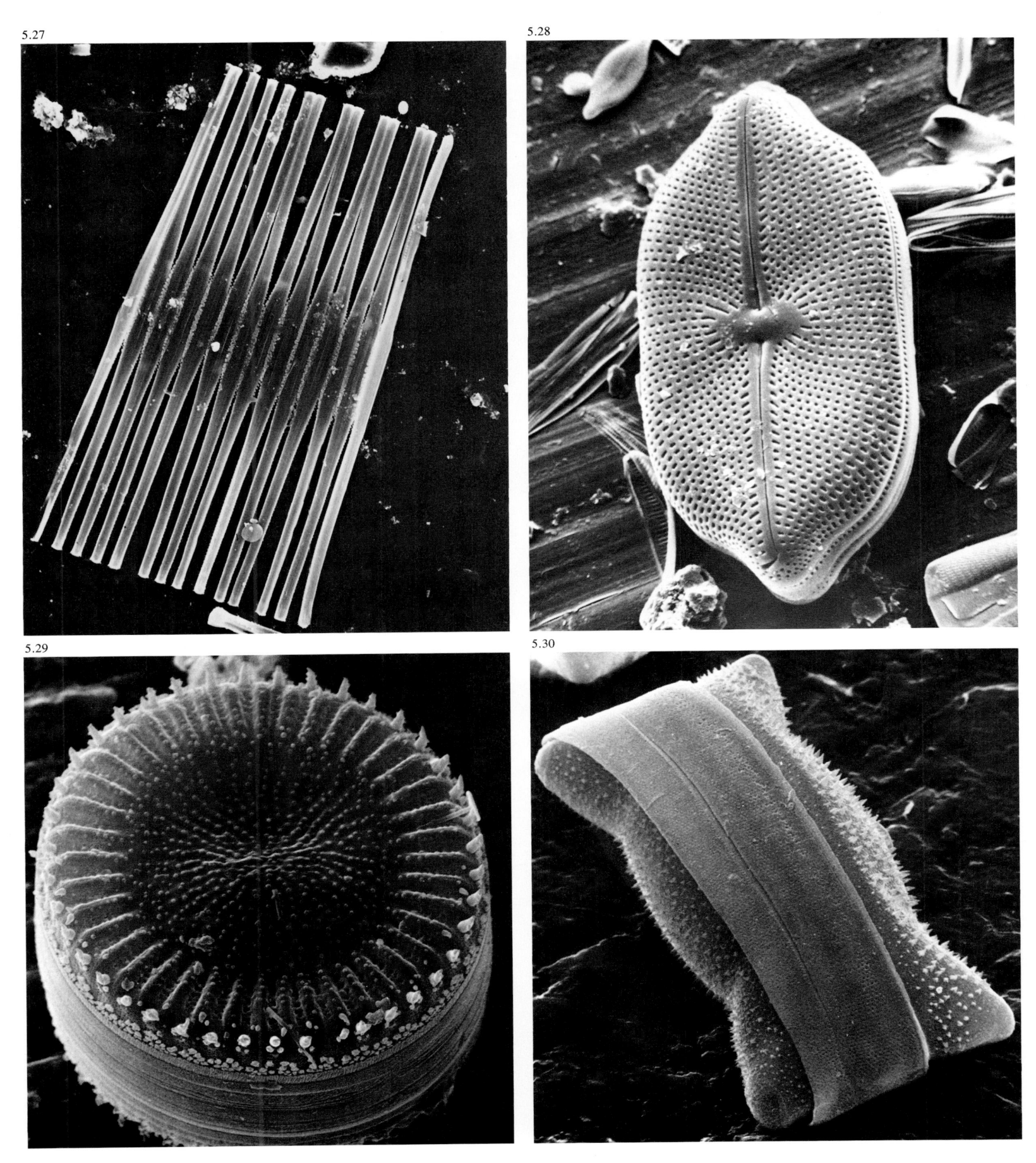

5.27

5.28

5.29

5.30

103

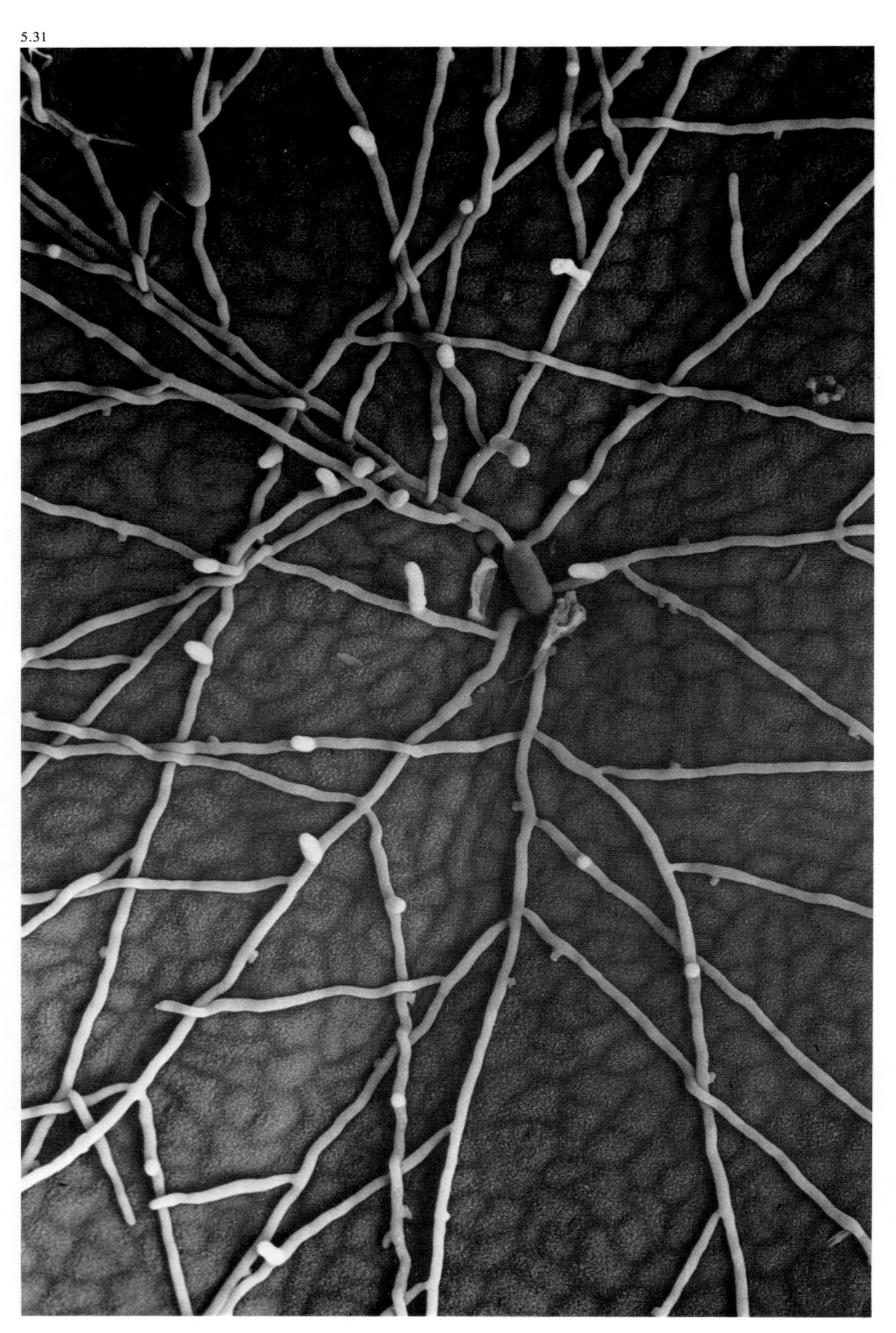

Pilze

Pilze (Fungi) kommen wie Algen in einer Vielzahl von Formen vor, die von wirklich mikroskopisch kleinen Organismen bis zu den gut sichtbaren vertrauten Speise- und Giftpilzen reichen. Viele leben als einzelne Zellen. Die höheren Pilze bilden charakteristischerweise fädige Auswüchse, die man als *Hyphen* bezeichnet. Diese verzweigen sich mehrfach und formen ein Netzwerk, das *Mycel* genannt wird. Pilze bringen keine echten Gewebe hervor. Der „Stiel" eines Speisepilzes besteht beispielsweise aus einer verflochtenen Hyphenmasse.

Pilze besitzen kein Chlorophyll, und dies unterscheidet sie grundlegend von den Algen. Sie können daher keine Photosynthese durchführen und müssen sich von organischem Material ernähren, das von anderen Lebewesen hergestellt wurde.

Viele Pilze sind Saprophyten: Sie ernähren sich von abgestorbenen Resten anderer Lebensformen. Sie kommen bevorzugt auf Waldböden mit ihrem großen Vorrat an abgefallenen Blättern und Zweigen vor. Alle unsere Speise- und Giftpilze sind Saprophyten. Saprophytische Pilze tragen zur Humusbildung bei und erfüllen dadurch eine nützliche Funktion bei der Aufrechterhaltung der Bodenfruchtbarkeit. Bekannt sind auch die Schimmelpilze, die unsere Nahrung verderben und die in einem Glas Marmelade ebenso gedeihen wie auf Brot, Käse oder einer Orange. Wieder andere Vertreter leben vom Baumaterial unserer Häuser — die Naßfäule von Holz ist ein Werk saprophytischer Pilze.

Eine zweite große Gruppe von Pilzen lebt parasitisch. Diese Pilze greifen lebendes Gewebe ihres Wirts an und verursachen Krankheitssymptome. Der Ausbruch einer Pilzkrankheit — der Kraut- und Knollenfäule der Kartoffel im Irland des 19. Jahrhunderts — gab den ersten Anstoß zur Entwicklung der Pflanzenpathologie. Pilzkrankheiten haben beim Menschen im großen und ganzen weniger ernste Folgen als Infektionen mit Bakterien oder Viren.

5.31 Eine der häufigsten Pilzkrankheiten bei Pflanzen ist der Mehltau. Dieser Name bezieht sich auf das Aussehen befallener Pflanzen, deren Blätter wie mit Mehl bestäubt erscheinen. Tatsächlich besteht das „Mehl" aus winzigen Pilzsporen. Mehltaupilze umfassen ein weites Spektrum von Pilzarten. Hier ist die Art *Erisyphe pisi* abgebildet, die Gartenerbsen befällt. Die Infektion beginnt mit der Landung einer Spore auf einem Blatt. In der Photographie ist die Ausgangsspore knapp über der Bildmitte zu sehen. Die Spore keimt und erzeugt eine Reihe sich verzweigender Fäden, die über das Blatt kriechen und in gewissen Abständen Zweige ins Blattinnere entsenden. Schließlich entwickelt der Pilz Lufthyphen, die neue Sporen erzeugen. Diese werden vom leisesten Windhauch weggeblasen und verbreiten so die Krankheit. Mehltaupilze befallen Nutzpflanzen wie Erbsen und Getreide sowie viele Gräser. [REM, ×280]

5.32 Die sporentragenden Strukturen (*Sporangien*) von Pilzen haben oft eine komplizierte Form, anhand derer sich der Pilz identifizieren läßt. Dieses Sporangium von *Mycotypha africana* sieht wie eine Flaschenbürste aus. Das Bild zeigt auch die Hyphen dieses Pilzes, der ebenfalls zu den Mehltauarten gehört. [REM, ×900]

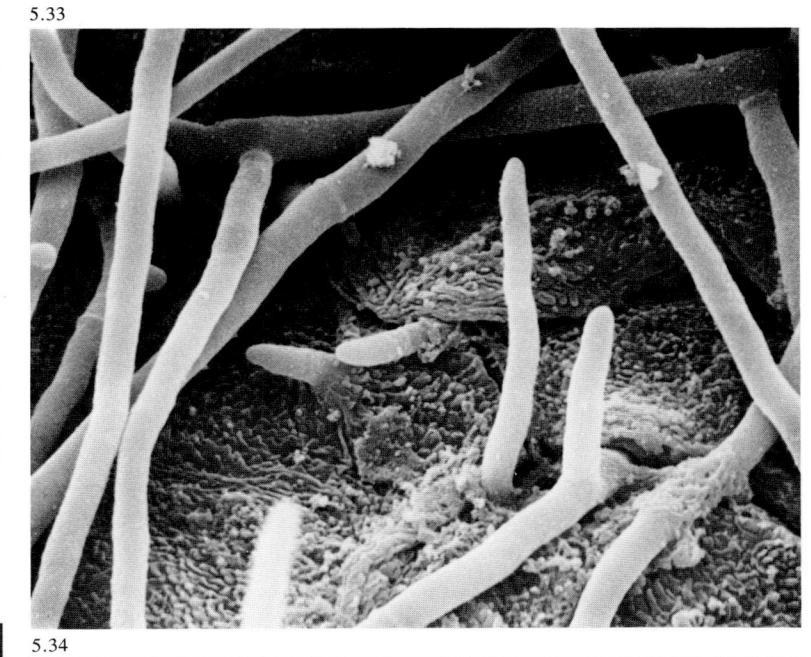

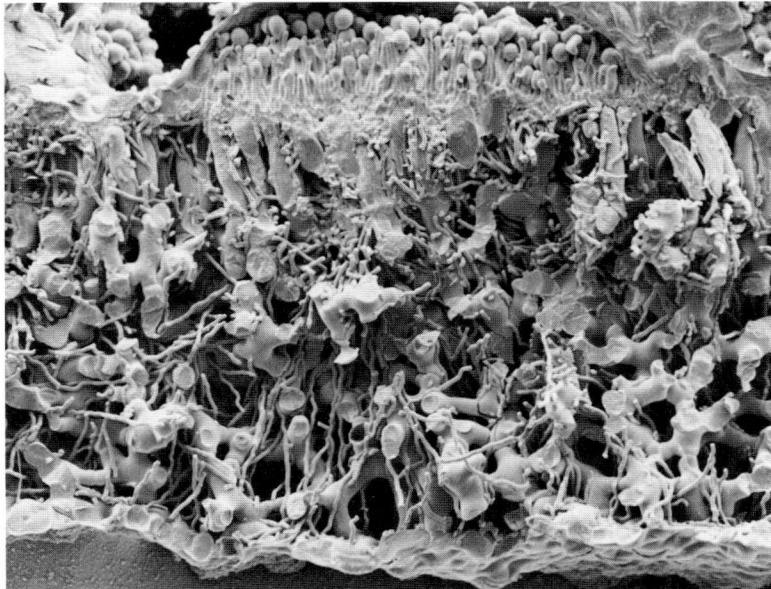

5.33 Haut und Haare enthalten in reichem Maß das Protein Keratin. Es dient einigen Pilzarten als Nahrung, etwa den Erregern von Scherpilzflechte und Fußpilz. Hier sieht man die Hyphen von *Trichophyton interdigitalis* durch menschliche Hautschuppen wachsen. Der Pilz, der im Boden und auf kleinen Pelztieren wie der Feldmaus lebt, verursacht beim Menschen eine Hautflechte. [REM, ×3500]

5.34 Wenn man sehen will, was im Inneren eines Blatts geschieht, muß man es aufbrechen. Für diese rasterelektronenmikroskopische Aufnahme wurde ein vom Rostpilz *Uromyces fabae* befallenes Blatt einer Bohnenpflanze gefroren und dann auseinandergebrochen. Das Bild zeigt die Bruchkante und das von den schnurartigen Hyphen des Pilzes befallene Blattinnere. Rostkrankheiten werden so genannt, weil sie braune Blasen auf den betroffenen Blättern hervorrufen. Diese „Rostflecken" enthalten Millionen von Sporen, die bereitstehen, die Infektion weiterzutragen. Auf der Blattoberfläche oben im Bild ist eine Ansammlung solcher Sporen zu sehen. [REM, ×145]

5.35 Penicillium-Arten sind die am weitesten verbreiteten Schimmelpilze, die die Menschheit kennt. Die Luft ist voll von ihren Sporen, den *Konidien*. Deshalb werden offen dastehende Nahrungsmittel wie Brot, Milch und Käse schnell von dem Pilz befallen. Anfänglich wächst er in Form von farblosen Hyphen, doch nach ein paar Tagen entwickelt er spezielle Lufthyphen, sogenannte *Konidiophoren*, die man hier auf einem verschimmelten Stück Cheddar-Käse wachsen sieht. An den Enden der Konidiophoren entstehen Reihen von Konidien. Sie haben eine grüne Farbe, deshalb sieht verschimmelter Käse oft grün aus. Die geringste Luftbewegung löst die Konidien ab und bläst sie weg. Die zufällige Ankunft einer Spore von *Penicillium notatum* auf einer Schale mit Bakterien im Labor von Alexander Fleming führte zur Entdeckung und schließlich zur Isolierung des Antibiotikums Penicillin. In der Natur unterdrückt der Pilz mit Hilfe des Penicillins das Wachstum von Bakterien, die ihm die Nahrung streitig machen oder ihn selbst als Nahrung benutzen könnten. Bei der kommerziellen Antibiotikaproduktion wird *P. chrysogenum* eingesetzt. Andere Penicillium-Arten dienen der Herstellung von Käsesorten wie Camembert und Roquefort. [REM, ×400]

5.36 Der vertraute Pilz unserer Wälder ist nur ein kleiner Abschnitt im Lebenszyklus des Organismus, der ihn hervorbringt. Er entsteht nach jahrelangem Wachstum des Mycels im Boden. Unter geeigneten Umweltbedingungen — in gemäßigten Zonen gewöhnlich im Herbst — schließen sich Teile des Mycels zusammen und bilden eine dichte Gewebemasse, die sich aus dem Erdboden hebt. Dieser *Fruchtkörper* — der sichtbare Pilz — erzeugt in einer *Hymenium* genannten Schicht an seiner Oberfläche Millionen von speziellen Zellen, sogenannte *Basidien*. In einer rasterelektronenmikroskopischen Aufnahme des Fruchtkörpers von *Coprinus disseminatus* (einem Tintling) sind die länglichen Basidien in der oberen Bildhälfte zu sehen. Die untere Bildhälfte zeigt einen Querschnitt durch das Hymenium (die Röhrenschicht). Im Inneren der Basidien findet die geschlechtliche Verschmelzung statt. Aus ihr gehen kleine elliptische Zellen, sogenannte *Basidiosporen* (oben im Bild), hervor, die entlassen und durch Luftströmungen fortgetragen werden und schließlich neue Pilzkolonien gründen. Nach der Freisetzung der Sporen bricht der Fruchtkörper zusammen und verschwindet, doch das Mycel bleibt am Leben und erzeugt in den nachfolgenden Jahren weitere Fruchtkörper. *C. disseminatus* ist auch als „Schrumpfkopf" bekannt. Er ist eßbar, doch sehr klein, und wächst auf verrottenden Baumstümpfen. [REM, ×4000]

5.37 Die Bierhefe *Saccharomyces cerevisiae* ist ein einzelliger Pilz, der sich durch Knospung teilt. In dieser rasterelektronenmikroskopischen Aufnahme sind einige kleine Knospen auf den Hefezellen zu sehen. Hefe wird seit fast 5000 Jahren bei der Herstellung alkoholischer Getränke benutzt. Der Alkohol entsteht, wenn die Hefezellen sich in Abwesenheit von Luft von Zucker ernähren. Beim Bierbrauen stammt der Zucker von den keimenden Gerstenkörnern. Zur Herstellung von Weinen verwendet man eine andere Hefeart — *S. ellipsoideus* —, die natürlicherweise auf der Haut von Weintrauben wächst. Hefe wird auch beim Brotbacken benutzt. Im durchgekneteten Teig ist genügend Luft vorhanden, so daß die Hefe keinen Alkohol erzeugt. Die Atmung der Hefezellen führt jedoch zur Bildung von Kohlendioxid, und dieses Gas bewirkt, daß der Teig aufgeht. Hefearten werden auch zur Herstellung von Vitamin B_1, Riboflavin und Nicotinsäure kommerziell gezüchtet und ausgenutzt. Unter günstigen Kulturbedingungen kann eine Hefezelle in rund 100 Minuten eine zweite hervorbringen. [REM, ×2550]

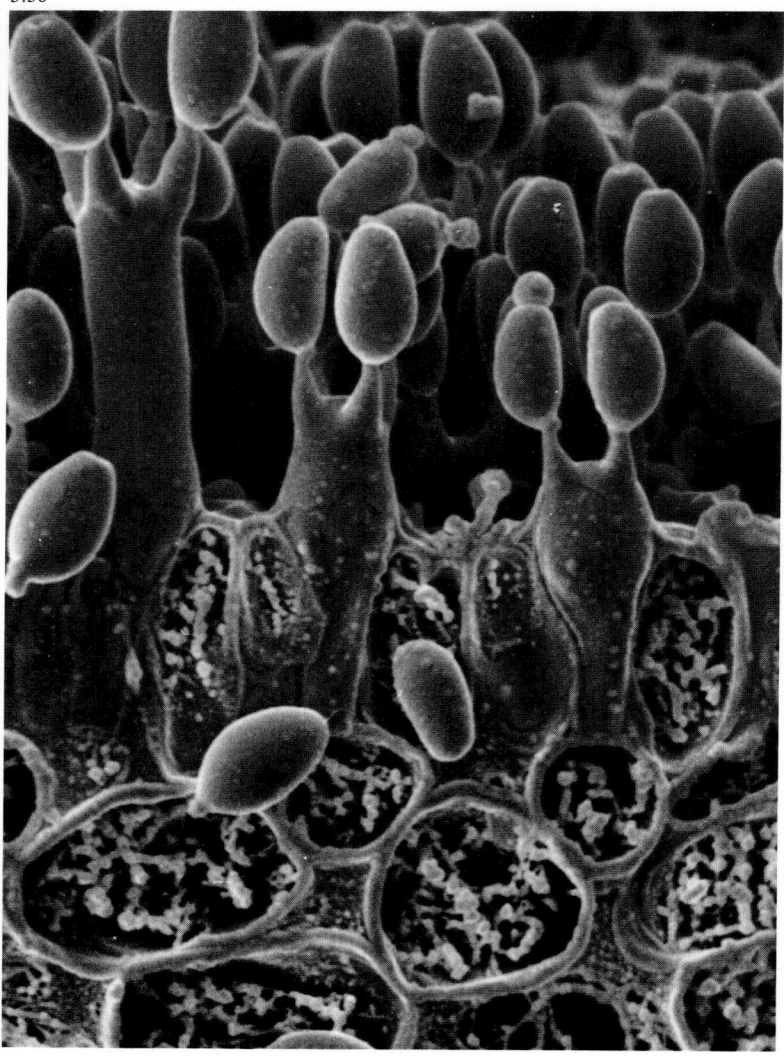

5.37

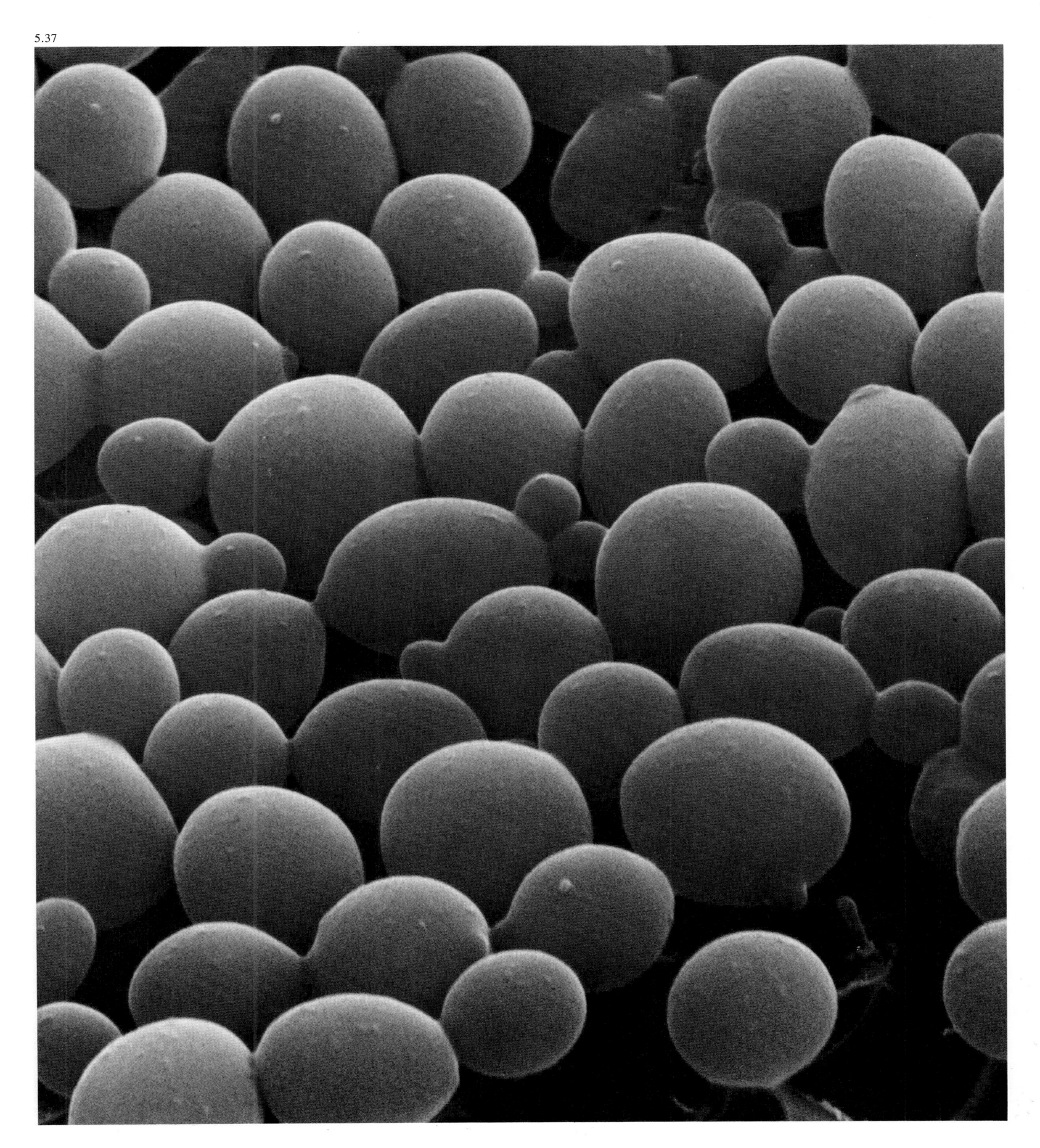

6. Die Zelle

Alle Lebewesen bestehen aus Grundeinheiten, die man Zellen nennt. Jede dieser Einheiten ist von einer Membran – der *Plasmamembran* – begrenzt, die den Materialstrom zwischen der Zelle und ihrer Umgebung regelt. Viele Organismen – beispielsweise die Protozoen – bestehen nur aus einer einzigen Zelle. Größere Lebewesen besitzen Tausende, Millionen oder Milliarden von Zellen. Schon ein einziger Tropfen Blut aus der Fingerspitze enthält ungefähr fünf Millionen Zellen.

Das Wort „Zelle" in seiner wissenschaftlichen Bedeutung wurde von Robert Hooke geprägt. Er beschrieb damit die Kammern, die er in dünn geschnittenen Korkscheibchen wahrnahm. Die Lichtmikroskopie eignet sich zwar für das Studium ganzer Zellen, doch erst seit der Erfindung des Elektronenmikroskops – und der Entwicklung von Techniken zur Herstellung sehr dünner Schnitte – ist die Komplexität des inneren Aufbaus von Zellen erkannt worden. Nach ihrer inneren Organisation unterscheidet man prokaryotische und eukaryotische Zellen. Dieses Kapitel befaßt sich mit eukaryotischen Zellen, also solchen, deren genetisches Material in einem deutlichen Zellkern oder *Nucleus* konzentriert ist.

Der von der Plasmamembran begrenzte Innenraum einer Zelle ist mit einer Flüssigkeit, dem *Cytoplasma*, gefüllt. Im Cytoplasma befinden sich verschiedene Körperchen, sogenannte *Zellorganellen*, die ebenfalls von einer Membran umgeben sind. Eines der wichtigsten ist der Zellkern mit seinem Inhalt an genetischem Material. Alle eukaryotischen Zellen besitzen auch Mitochondrien – Organellen, die für Energieerzeugung und Zellatmung zuständig sind. Pflanzenzellen enthalten im Gegensatz zu tierischen Zellen noch eine Familie von Organellen, die man *Plastiden* nennt. Hierzu gehören beispielsweise die *Chloroplasten*, die grundlegende Bedeutung für die Photosynthese besitzen. Im Cytoplasma aller Zellen findet man schließlich eine Vielzahl weiterer Membranen, die man als *intrazelluläres Membransystem* (auch Endo- oder Cytomembransystem) zusammenfaßt. Zu ihren Aufgaben gehören die chemische Synthese von Polymeren wie etwa Proteinen und deren Transport innerhalb der Zelle. Früher hielt man die Cytoplasmaflüssigkeit für ein mehr oder weniger einheitliches Gemisch löslicher chemischer Substanzen, das mit kleinen Partikeln, den *Ribosomen*, durchsetzt ist. Heute weiß man, daß ein Netzwerk von Proteinfasern das Cytoplasma durchzieht; es dient offenbar als eine Art „Skelett" für die geordnete Bewegung von chemischen Stoffen und Organellen.

Während des Wachstums nimmt die Anzahl der Zellen in einem Organismus durch Zellteilung zu. Nach einer bestimmten Anzahl von Teilungsschritten übernehmen die Zellen gewöhnlich eine spezialisierte Funktion. Im Körper des Menschen kann man aufgrund von Struktur und biochemischen Besonderheiten etwa 200 Zelltypen unterscheiden. In Pflanzen sind es ungefähr 20.

6.1 Pflanzenzellen unterscheiden sich von tierischen Zellen unter anderem dadurch, daß sie eine zusätzliche Hülle außerhalb der Plasmamembran besitzen; diese *Zellwand* besteht aus einer Mischung von Proteinen und Polysacchariden, darunter vor allem Cellulose. In der hier wiedergegebenen transmissionselektronenmikroskopischen Aufnahme einer Zellgruppe im Inneren der Wurzelspitze einer Maispflanze (*Zea mays*) sieht man die Zellwand als dünne Schicht zwischen den Zellen. Die Wand legt die Form der Zelle fest und dehnt sich während des Zellwachstums aus. Die auffallenden runden Organellen in den Zellen sind die Zellkerne; jeder Zellkern enthält wiederum einen kleineren, dunkelgefärbten Körper, den *Nucleolus*. Die weißen Bereiche im Cytoplasma stellen *Vakuolen* dar – wassergefüllte Hohlräume, die sich während des Zellwachstums ausdehnen und schließlich zusammenwachsen. Bei den grauen bis schwarzen Körpern im Cytoplasma handelt es sich um Mitochondrien (dunkelgrau) und Plastiden (schwarzgrau). Die kleinen weißen Ovale im Inneren der Plastiden sind Stärkekörner. Die Wurzelzellen in diesem Bild gehören zum *Meristem* – jenem Gewebe, das fortlaufend neue Zellen erzeugt, während die Wurzel länger wird (und das man auch als Bildungsgewebe bezeichnet). Ihre „Spezialität" ist es, sich zu teilen. Ähnliche Zellen findet man auch in den Sproßspitzen und unter der Rinde holziger Pflanzenteile wie den Stämmen und Ästen von Bäumen. [TEM, kontrastierter Schnitt, ×5000]

6.2 Anders als Pflanzenzellen haben tierische Zellen keine starre Zellwand; ihre Plasmamembran zwingt der Zelle keine feste Form auf. In diesem Schnitt durch einen menschlichen Lymphocyten ist das Cytoplasma grün gefärbt. Der große Zellkern (orangebraun) nimmt fast den ganzen Innenraum der Zelle ein. Der orangefarbene Fleck nahe am unteren Zellkernrand ist der Nucleolus, während das dunkler braune Material an der Innenseite der Kernmembran das verpackte genetische Material, das *Chromatin*, darstellt. Die ebenfalls orangebraunen, kleineren Organellen im Cytoplasma sind Mitochondrien. Lymphocyten gehören zum Immunsystem und haben die Aufgabe, Antikörper herzustellen. Dazu muß die Zelle aktiviert werden und sich von dem hier gezeigten Ruhezustand zu einem aktiven Lymphocyten differenzieren. [TEM, kontrastierter Schnitt, Falschfarben, ×26000]

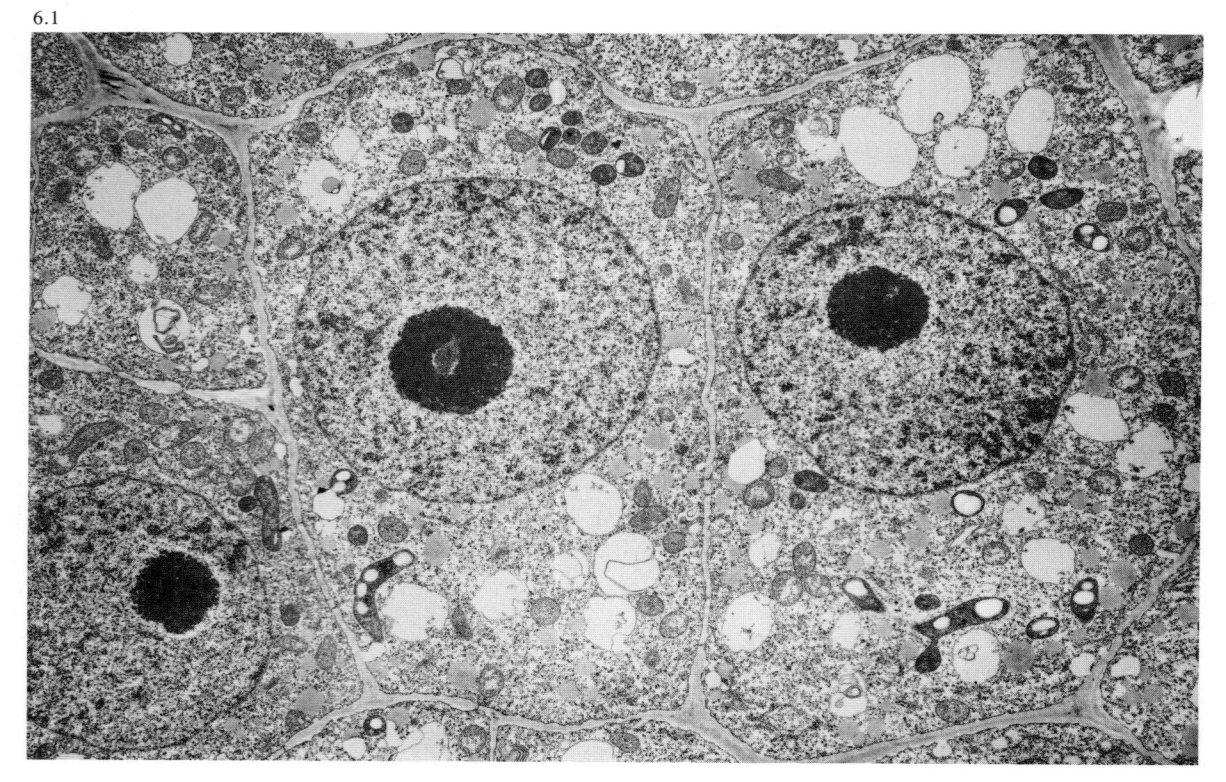

6.1

6.2

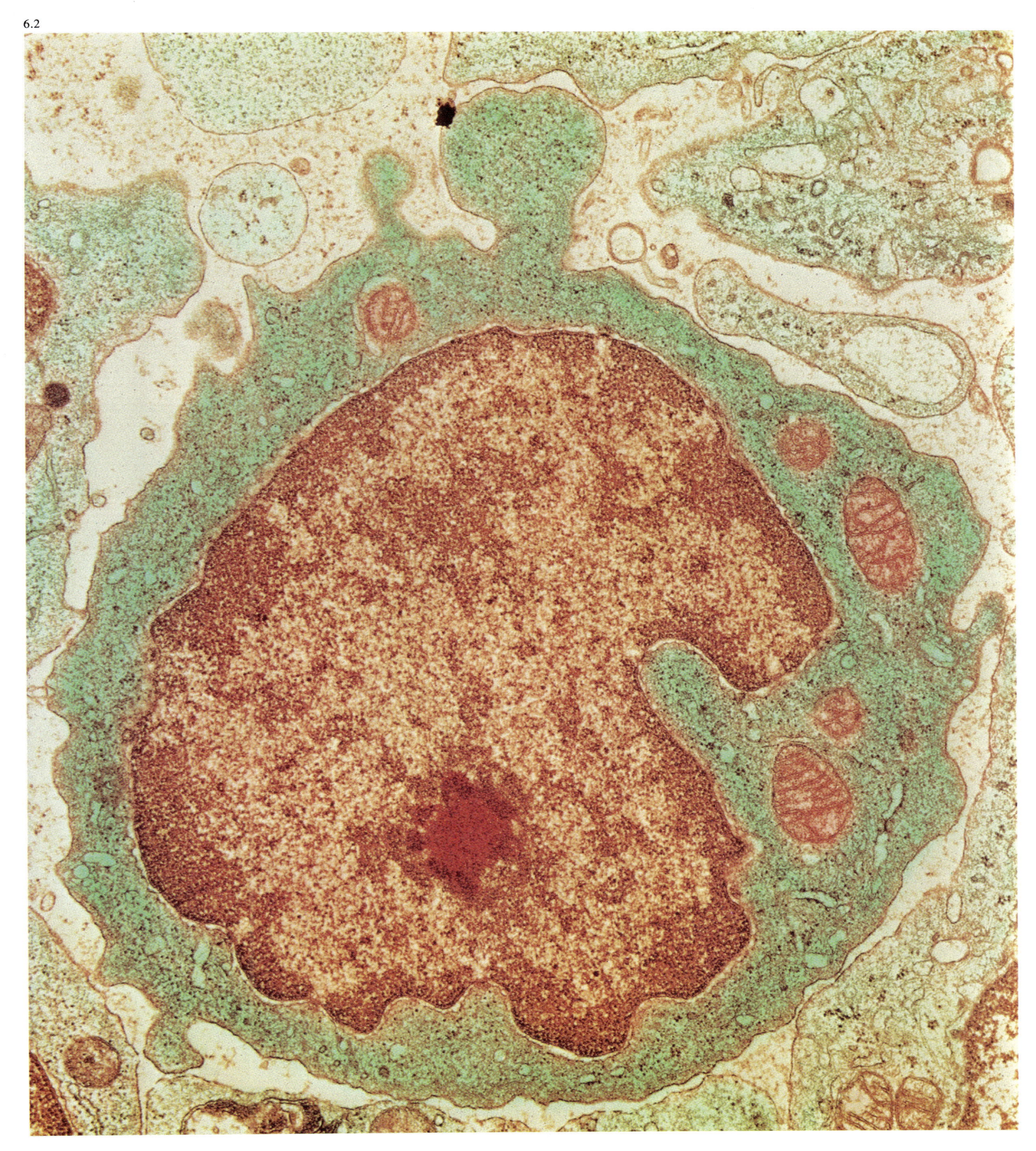

6.3 Eine Pflanzenzelle in ihrer Zellwand ähnelt einem Luftballon in einer Schachtel: Die Schachtel bestimmt die Form des Ballons und schützt ihn vor Beschädigung von außen. Wenn man die Zellwand auflöst, nimmt eine Pflanzenzelle Kugelgestalt an. In diesem künstlichen Zustand bezeichnet man sie als *Protoplasten*. Protoplasten sind sehr verletzlich und müssen in einem besonderen Nährmedium gehalten werden, damit sie nicht platzen. Sie haben jedoch einige Eigenschaften, die sie für Biologen sehr interessant machen. Eine davon ist ihre Fähigkeit, Zellwände neu zu bilden und sich in gewissen Fällen wieder zu normalen Pflanzen zu entwickeln. Darüber hinaus können Protoplasten durch chemische Stoffe oder elektrische Impulse miteinander verschmolzen werden, da ihre Plasmamembran freiliegt. Diese rasterelektronenmikroskopische Aufnahme zeigt zwei aus den Blattzellen einer Tabakpflanze (*Nicotiana tabacum*) gewonnene Protoplasten, die als Folge einer Behandlung mit der Chemikalie Polyethylenglykol gerade miteinander verschmelzen. Das Endprodukt der Fusion ist eine einzige Zelle, die zwei Genome besitzt — eines von jedem Protoplasten. Genau hier liegt der Grund für das Interesse an der Protoplastenfusion: Wenn sich zwei Protoplasten von verschiedenen Pflanzen miteinander verschmelzen lassen und man aus diesem Fusionsprodukt eine neue Pflanze ziehen kann, so ist diese ein Hybrid. Und weil man die Protoplastenfusion künstlich auslösen kann, ist sie nicht den natürlichen Barrieren unterworfen, die anderen Methoden der Pflanzenzüchtung Grenzen setzen. Es ist deshalb mit diesem Verfahren theoretisch möglich, völlig neue Pflanzenhybride zu schaffen. Obwohl Protoplastentechniken noch vergleichsweise neu sind — die ersten Experimente wurden in den späten sechziger Jahren durchgeführt —, hat man in dieser Richtung schon einige Fortschritte erzielt. Ein weiterer Vorteil von Protoplasten ist, daß Pflanzenzüchter und Gentechnologen mit ihrer Hilfe eine große Anzahl von Pflanzenzellen in Lösung behandeln können. Dies erlaubt Experimente — beispielsweise zur Widerstandsfähigkeit gegenüber Viruserkrankungen —, die unmöglich wären, wenn man ganze Pflanzengewebe benutzen würde. [REM, Kritische-Punkt-Trocknung, ×2100]

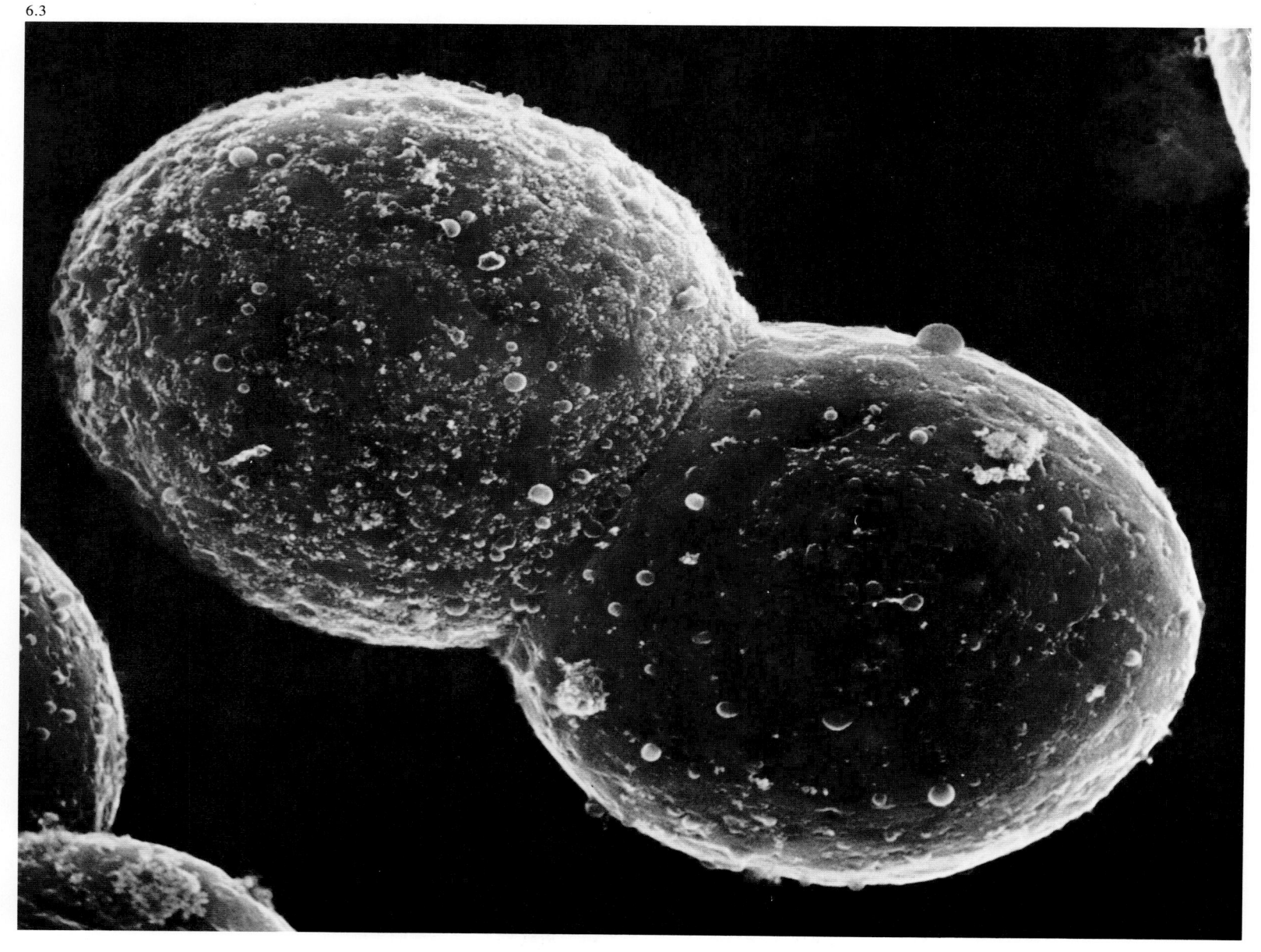

Zellkern

Der Zellkern oder Nucleus enthält den größten Teil des genetischen Materials der Zelle, der DNA. Die Kern-DNA ist immer mit Proteinen verbunden und bildet mit ihnen zusammen einen *Chromatin* genannten Komplex. Das Chromatin liegt in jeweils paarweise vorkommenden Portionen vor, den *Chromosomen*. Die Anzahl der Chromosomen ist artspezifisch: Menschliche Zellen besitzen beispielsweise 46 Chromosomen in 23 Paaren. Außerhalb der Zellteilungsphasen liegt das Chromatin in aufgelockerter Form vor, und gewöhnlich sind dann keine einzelnen Chromosomen sichtbar.

Die DNA hat die Aufgabe, der Zelle zu sagen, was sie tun soll. Chemische Vorgänge in der Zelle werden durch Proteine gesteuert, die man *Enzyme* nennt und die als Katalysatoren chemischer Reaktionen wirken. Die Struktur jedes Enzyms wird von einem bestimmten Abschnitt der DNA, einem *Gen*, codiert. Ein Chromosom kann viele tausend Gene enthalten, doch nicht alle befassen sich direkt mit der Codierung von Enzymstrukturen.

Die Wirkungsweise der Gene bei der Steuerung der Enzymsynthese ist äußerst kompliziert und umfaßt die Erzeugung verschiedener Formen der verwandten Nucleinsäure RNA aus der DNA. Die RNA tritt aus dem Zellkern aus und wirkt an kleinen Partikeln im Cytoplasma, den *Ribosomen*, bei der Enzymsynthese mit. Die Ribosomen bestehen selbst aus Protein, das im Cytoplasma erzeugt wurde, und aus RNA, die vom Zellkern stammt. Somit erfordert die Aktivität des Zellkerns einen ständigen Export von Material ins Cytoplasma. Dieser Export erfolgt durch Poren in der Hülle, die den Zellkern umgibt.

6.4 Für dieses Bild der Außenfläche eines Zellkerns wurde die Zelle gefroren, dann im Vakuum aufgebrochen und das Präparat anschließend mit einer Metallschicht überzogen. Die Mikrophotographie zeigt den Metallabdruck. Man sieht einen Teil des Kerns zusammen mit dem umgebenden Cytoplasma. Die Kernhülle ist von zufällig verteilten Poren durchsetzt; an einigen Stellen fehlen sie. Am unteren Bildrand ist die Kernhülle aufgerissen, so daß die innere Membranschicht sichtbar wird. [TEM, Gefrierbruchabdruck, ×16000]

6.5 Dieses stark vergrößerte Teilbild eines Schnitts durch eine Zelle zeigt die Kernhülle von der Seite. Sie trennt den Zellkern rechts vom Cytoplasma links. Die Hülle besteht aus zwei Membranen, die durch einen weißen Hohlraum voneinander getrennt sind. Man sieht zwei Kernporen. Jede ist durch eine dunkel gefärbte Trennwand geschlossen. Die großen, dunklen, körnigen Massen, die sich an die Innenseite der Kernhülle schmiegen, sind Chromatinansammlungen. [TEM, kontrastierter Schnitt, ×50000]

6.6 Der Nucleolus ist der Bereich des Zellkerns, in dem Gene aktiv sind, welche den Aufbau ribosomaler RNA (rRNA) steuern. In diesem Schnitt durch einen Nucleolus ist das dunkel gefärbte Material die RNA, die sich später im Cytoplasma mit Proteinen zu Ribosomenpartikeln zusammenschließen wird. Die sehr feinkörnigen Bereiche sind Stellen, in denen an den rRNA-Genen die RNA-Synthese stattfindet. Das grobkörnigere Material ist ribosomale RNA, die auf den Export ins Cytoplasma wartet. [TEM, kontrastierter Schnitt, ×25000]

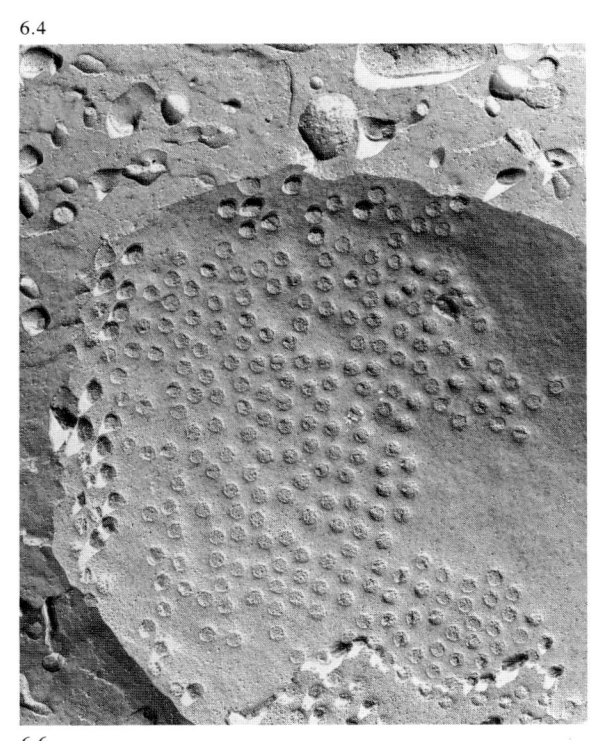

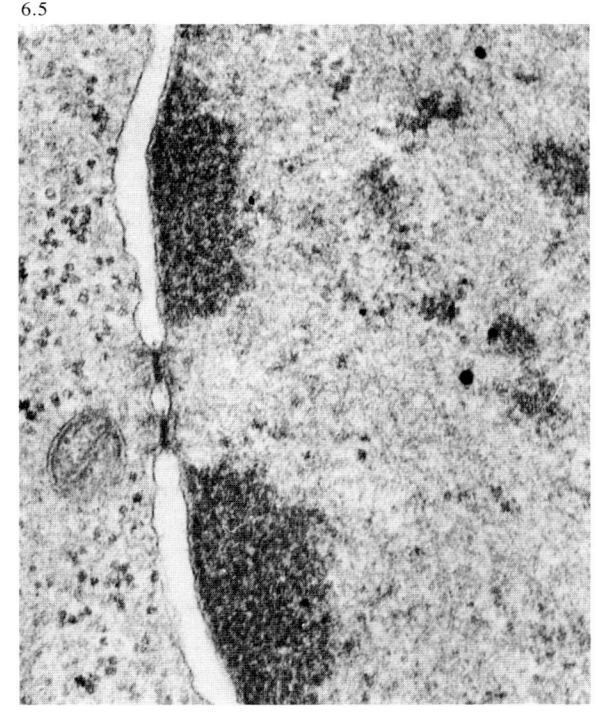

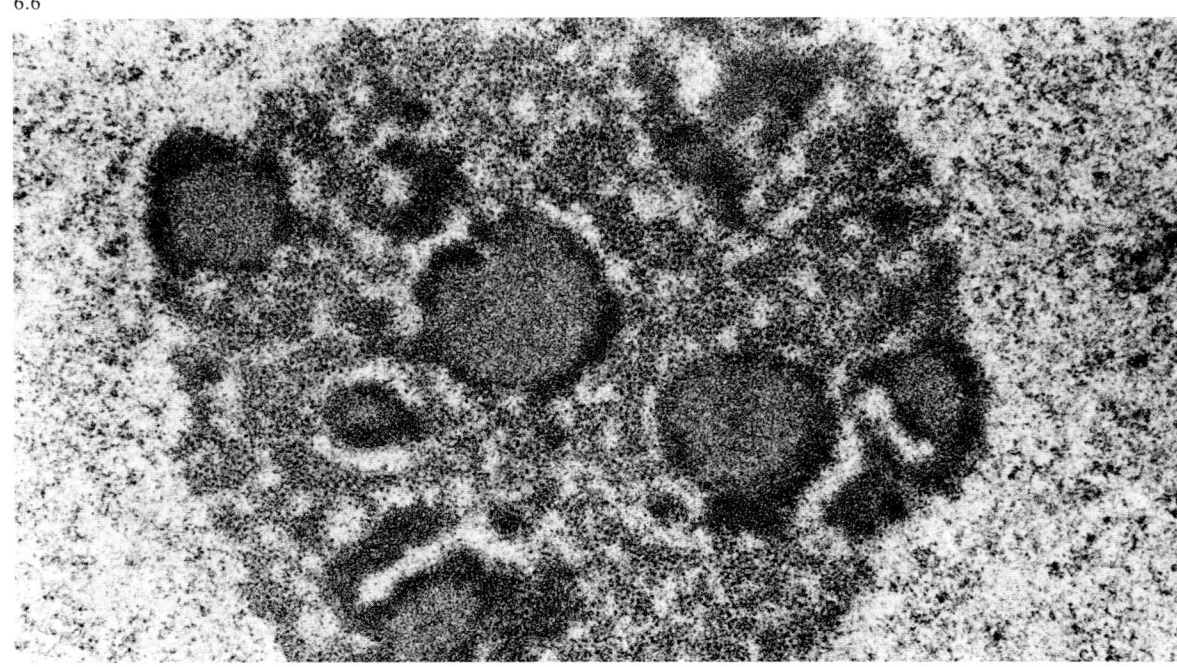

6.7

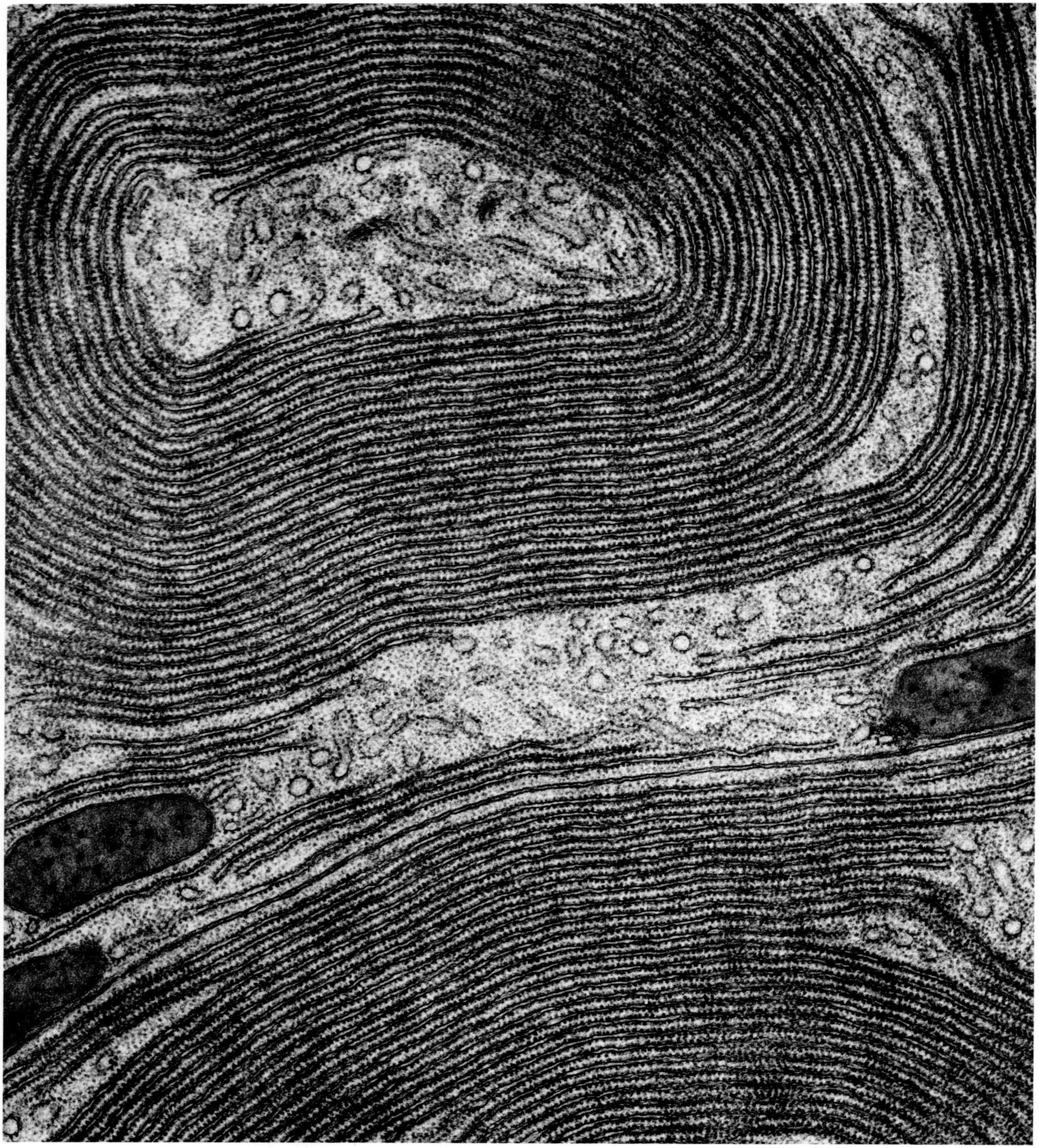

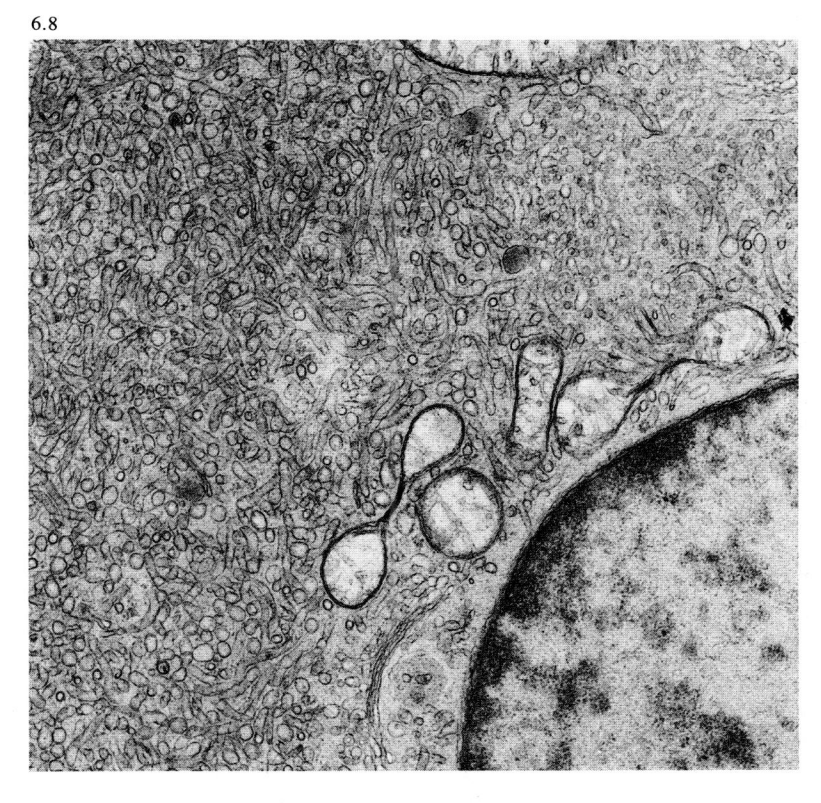

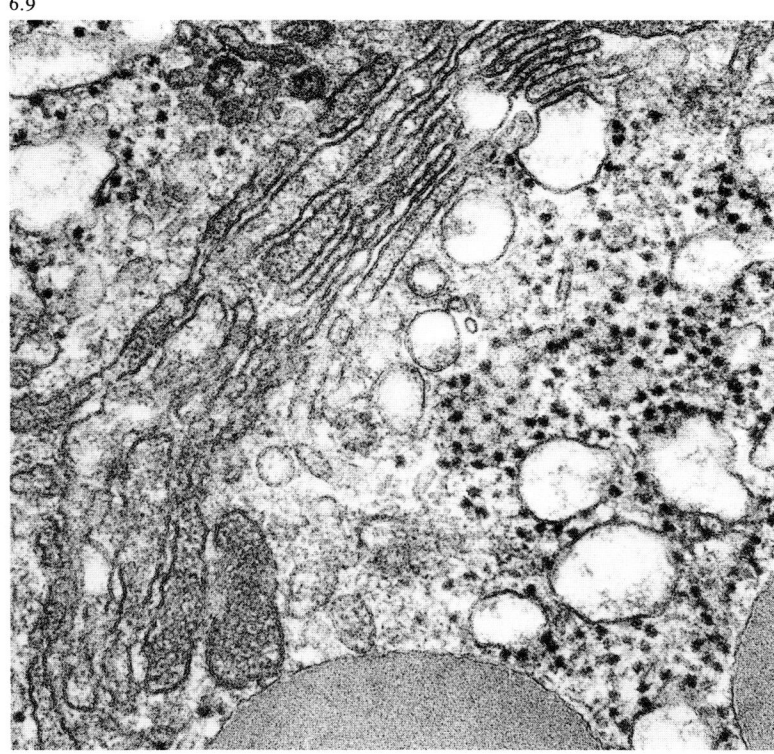

Intrazelluläre Membranen

Das Membransystem des Cytoplasmas hat zwei Hauptbestandteile — das endoplasmatische Reticulum (ER) und den Golgi-Apparat. Das ER tritt in zwei Formen auf. Das *rauhe endoplasmatische Reticulum* besteht aus ausgedehnten Flächen paariger Membranen, deren Außenflächen mit Ribosomen besetzt sind. Dieser ER-Typ kommt in Zellen vor, die sehr aktiv Proteine synthetisieren. Der chemische Prozeß der Proteinsynthese findet an den Ribosomen statt, doch die weitere Verarbeitung der Proteine und ihr Transport zu anderen Stellen der Zelle kann in dem Binnenraum zwischen den paarigen Membranen — dem *Lumen* des ER — erfolgen. Ein gut entwickeltes rauhes endoplasmatischen Reticulum besitzen unter anderem jene Zellen, die in Tieren Proteinhormone oder in Pflanzen Speicherproteine erzeugen, so die insulinproduzierenden Zellen der Bauchspeicheldrüse oder Zellen in sich entwickelnden Samen von Hülsenfrüchtlern wie Erbsen und Bohnen. Der zweite ER-Typ wird *glattes endoplasmatisches Reticulum* genannt, weil es keine Ribosomen besitzt. Es liegt in Form von Röhren oder geweiteten paarigen Membranflächen vor und ist insbesondere in Zellen zu finden, die sich mit der Synthese von Lipiden, Steroiden und anderen hydrophoben Polymeren befassen. Die Synthese dieser Stoffe findet im Lumen des ER statt; wiederum können sich die Produkte innerhalb dieses Binnenraums durch die Zelle bewegen.

Der nach einem italienischen Histologen benannte *Golgi-Apparat* setzt sich aus einer Reihe membranöser Organellen zusammen, die man als *Dictyosomen* bezeichnet. Jedes Dictyosom besteht aus einem Stapel von Doppelmembranen und dient als eine Art Sortierbüro: Es verpackt die Produkte des endoplasmatischen Reticulums und schickt sie an ihren korrekten Zielort. Das Material tritt an einem Ende des Membranstapels, der sogenannten Bildungsseite (*cis*-Seite), ein und verläßt es in kleinen, kugelförmigen Vesikeln, die sich vom anderen Ende des Membranstapels, der Sekretions- oder *trans*-Seite, abgliedern. Auf ihrem Weg durch den Membranstapel können die Substanzen chemisch modifiziert werden, um sicherzustellen, daß sie richtig an ihre endgültigen Bestimmungsorte gelangen.

Der Golgi-Apparat ist besonders gut in Zellen entwickelt, die ein chemisches Produkt ausschleusen. Daher findet man viele aktive Dictyosomen zum Beispiel in tierischen Zellen, die Verdauungsenzyme herstellen; auch in Pflanzenzellen, die rasch wachsen und deshalb große Mengen von Zellwandmaterial erzeugen, kommen sie in großer Zahl vor. Die Vesikel verschmelzen mit der Plasmamembran der Zelle und entladen ihren Inhalt in den extrazellulären Raum.

6.7 Diese Mikrophotographie zeigt das rauhe endoplasmatische Reticulum in einer Zelle aus der Bauchspeicheldrüse einer Fledermaus. Die paarigen Membranen liegen hier in Form großer Rollen vor und tragen an ihren Außenflächen winzige schwarze Ribosomen. Der Raum innerhalb der Doppelmembranen ist durchgehend und vom Cytoplasma getrennt. Die Zelle stellt Verdauungsenzyme her. Die Oberfläche des endoplasmatischen Reticulums solcher Zellen beträgt für jeden Kubikzentimeter Zellvolumen mehr als einen Quadratmeter. [TEM, kontrastierter Schnitt, ×31000]

6.8 Diese Zelle aus dem Hoden eines Opossums erzeugt Steroide. Das Cytoplasma ist dicht mit glattem endoplasmatischen Reticulum in Gestalt sich verzweigender Röhren gefüllt. Der große runde Körper rechts unten ist der Zellkern; die anderen Organellen im Bild sind Mitochondrien. [TEM, kontrastierter Schnitt, ×15000]

6.9 Bei diesem Schnitt durch ein einzelnes Dictyosom liegt die Bildungsseite (*cis*-Seite) oben links und die Sekretionsseite (*trans*-Seite) in der rechten Bildhälfte. Das Dictyosom besteht aus einem Stapel von sechs paarigen Membranen, die im Bogen diagonal über das Bild laufen. Innerhalb des Lumens jeder Doppellamelle sieht man eine graue, körnige Ablagerung — das für den Export bestimmte Protein. Die weißen, von einer Membran begrenzten und von schwarzen Ribosomenpartikeln umgebenen Bereiche sind Fragmente des rauhen endoplasmatischen Reticulums. Die großen grauen Körper ganz unten sind Lipidtröpfchen. [TEM, kontrastierter Schnitt, ×30000]

MIKROKOSMOS

6.10

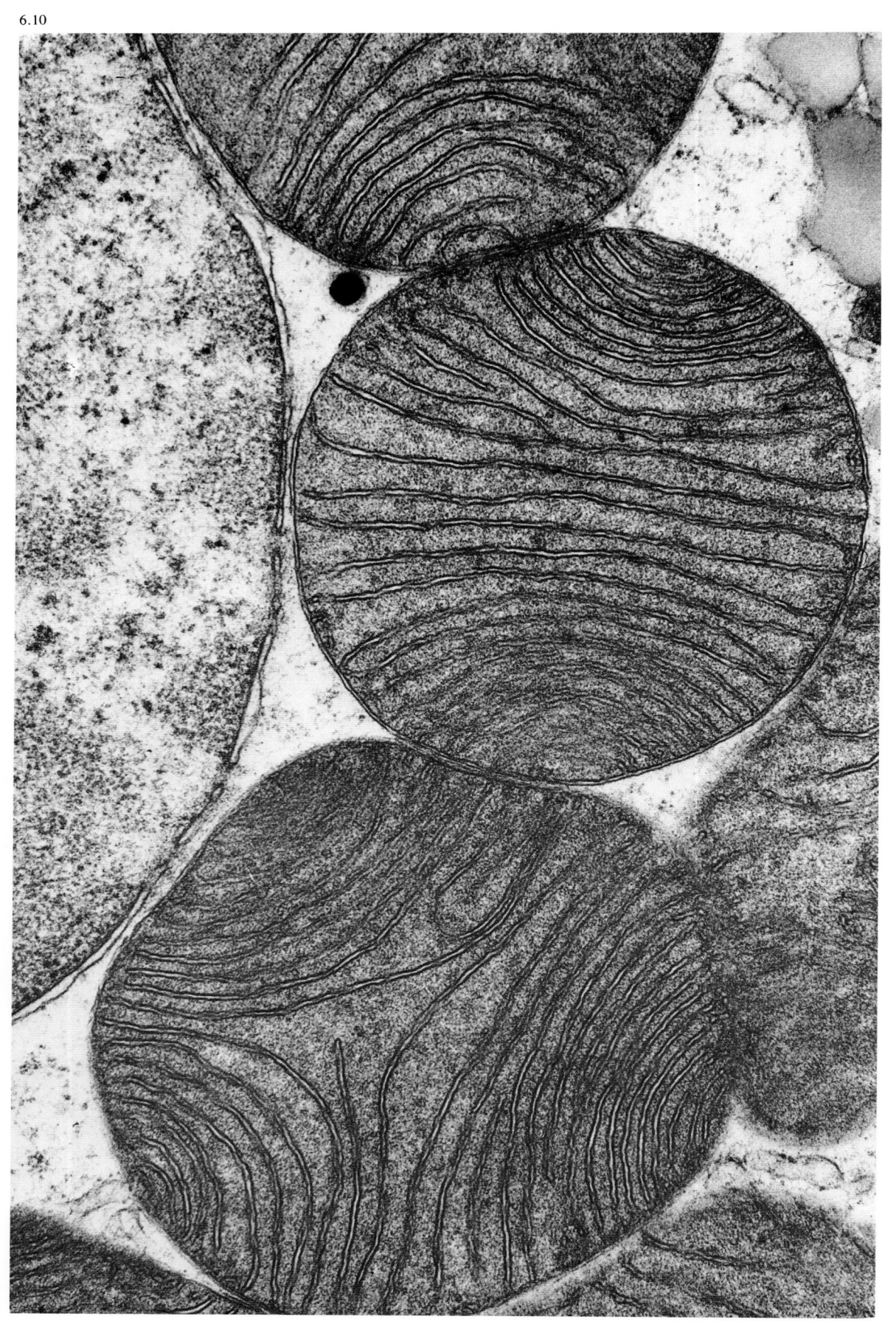

Mitochondrien

Mitochondrien kommen in allen pflanzlichen und tierischen Zellen vor. Sie sind der Ort der Zellatmung — jener chemischen Reaktionsfolge, bei der molekularer Sauerstoff eingesetzt wird, um Zucker und Fette zu oxidieren und dadurch Energie zu erzeugen. Diese wird in Form eines kleinen Moleküls, des Adenosintriphosphats (ATP), gespeichert. ATP betreibt in der ganzen übrigen Zelle chemische Reaktionen — etwa jene, die zur Bildung neuer Proteine führen — und stellt Energie für Bewegungsvorgänge innerhalb der Zelle bereit.

Mitochondrien sind ungefähr so groß wie Bakterien und im Lichtmikroskop gerade noch sichtbar; sie erscheinen in lebenden Zellen als kleine, fadenartige Strukturen, die ständig ihre Form verändern und im Cytoplasma umherwandern. Mitochondrien sind von einer zweischichtigen Membran begrenzt. Die Innenmembran ist stark gefaltet und bildet Auswüchse, die *Cristae* genannt werden. In diesen finden die komplizierten Reaktionen der Zellatmung statt. Die Flüssigkeit im Inneren der Mitochondrien, die *Matrix*, enthält zahlreiche Ribosomen und eine geringe Menge DNA. Mit Hilfe dieser DNA können Mitochondrien einen Teil der Proteine, die sie zur Durchführung der Zellatmung brauchen, selbst herstellen. Der Rest wird aus dem umgebenden Cytoplasma importiert.

Eine einzelne Zelle kann Dutzende oder sogar Hunderte von Mitochondrien enthalten. Wenn sie sich teilt, werden die Mitochondrien zwischen den zwei Tochterzellen aufgeteilt, so daß jede ungefähr die Hälfte bekommt. Damit die Anzahl der Mitochondrien während wiederholter Zellteilungen erhalten bleibt, teilen sich auch diese Organellen, und zwar ähnlich wie Bakterien durch Spaltung in zwei Hälften. In bestimmten Umgebungen entwickeln Mitochondrien eine feste Beziehung zu anderen Zellbestandteilen. Im Herzmuskel sitzen sie beispielsweise immer nahe an den Muskelfasern, und in Spermienzellen sind sie um das Anfangsstück des Schwanzes angeordnet (siehe Abbildung 2.5). Aufgrund dieser räumlichen Nähe kann das im Zuge der Zellatmung erzeugte ATP schnellstmöglich seinen Wirkungsort erreichen.

Man vermutet, daß Mitochondrien sich zu einem frühen Zeitpunkt der Evolution eukaryotischer Zellen durch Modifikation intrazellulärer Bakterien entwickelt haben. Sie besitzen eine ähnliche Größe wie Bakterien, sie teilen sich wie diese, und die Proteinsynthese an ihren Ribosomen kann durch einige antibakteriell wirkende Antibiotika blockiert werden. Falls diese Hypothese zutrifft, liegt hier eine äußerst subtile Form der Symbiose vor: Die Mitochondrien sind vom Rest der Zelle abhängig, die viele ihrer Proteine liefern muß, und die Zelle braucht die Mitochondrien zur Energiegewinnung.

6.10 Diese Mitochondrien in einer Zelle des braunen Fettgewebes einer Fledermaus im Winterschlaf sind mit etwa fünf Mikrometern Durchmesser ungewöhnlich groß. Ihre Cristae bilden schmale Bänder, die sich durch die gesamte Matrix erstrecken. Links im Bild ist ein Teil des Zellkerns zu sehen. Die Mitochondrien erzeugen die Wärme, die notwendig ist, um die Fledermaus aus ihrem Winterschlaf zu wecken. [TEM, kontrastierter Schnitt, ×43 000]

6.11 Die menschliche Netzhaut besitzt zwei Typen von lichtempfindlichen Zellen, die Stäbchen und die Zapfen. Die transmissionselektronenmikroskopische Aufnahme zeigt einen Schnitt durch eine Zapfenzelle (Mitte) und Teile zweier Stäbchen (links und rechts). Beide Zelltypen haben stark verlängerte Mitochondrien; die des Zapfens sind stärker angefärbt. Die schwarzen, sehr fein und eng gestapelten Schichten oder Lamellen an der Spitze der Zapfenzelle sind Sitz des lichtempfindlichen Pigments. Der Prozeß der Photorezeption ist noch nicht genau verstanden, doch die Entwicklung solch auffallender Zusammenballungen von Mitochondrien legt nahe, daß er große Mengen von Energie erfordert. [TEM, kontrastierter Schnitt, ×3900]

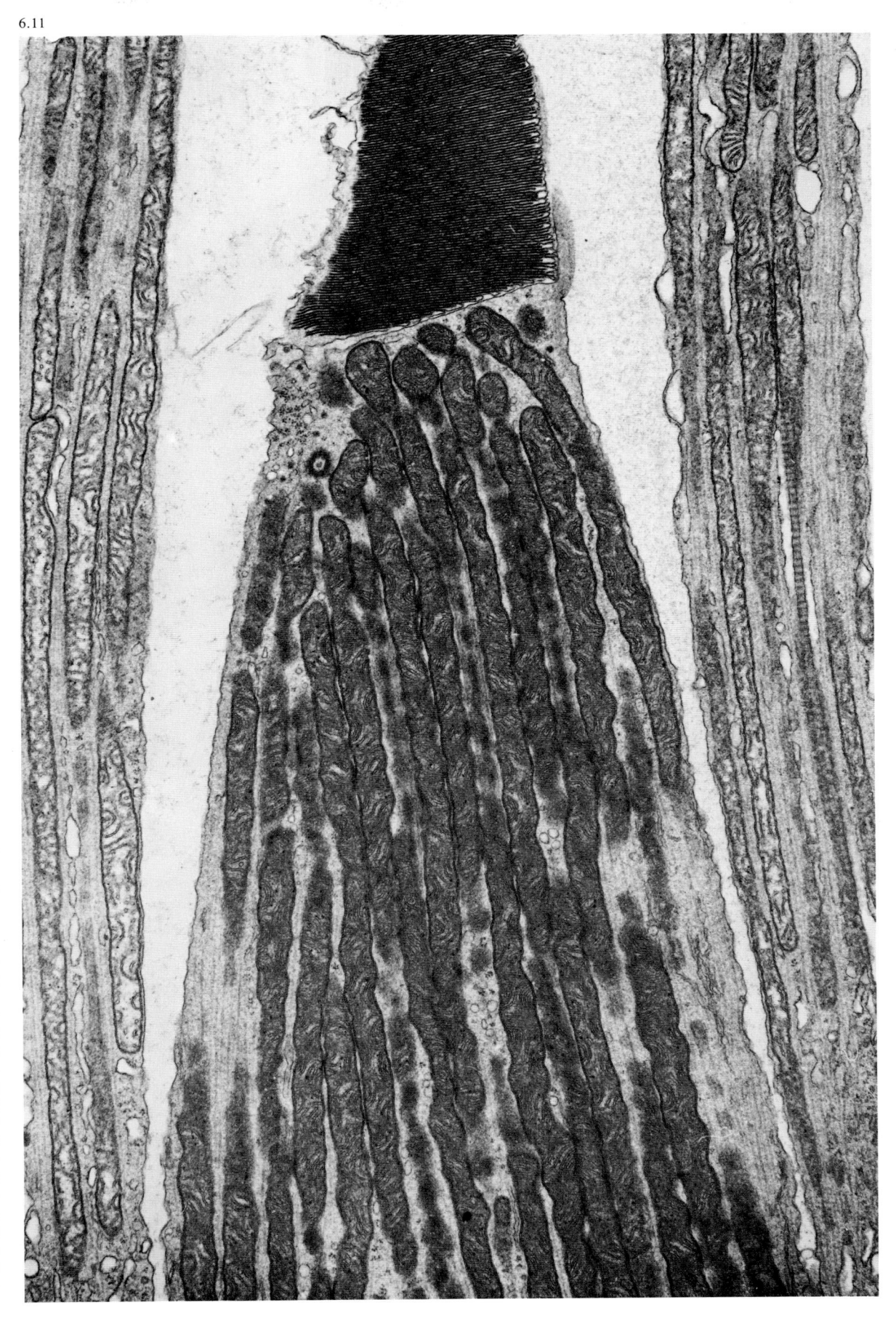

6.12

6.13

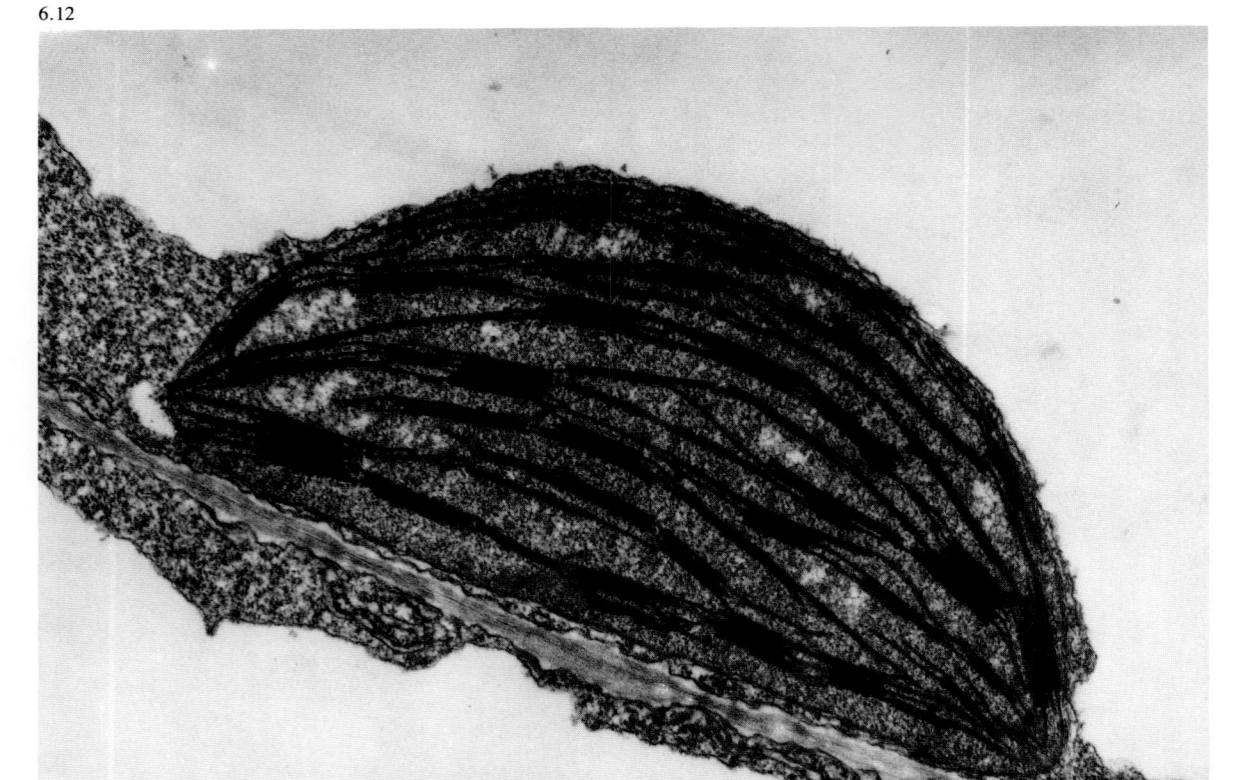

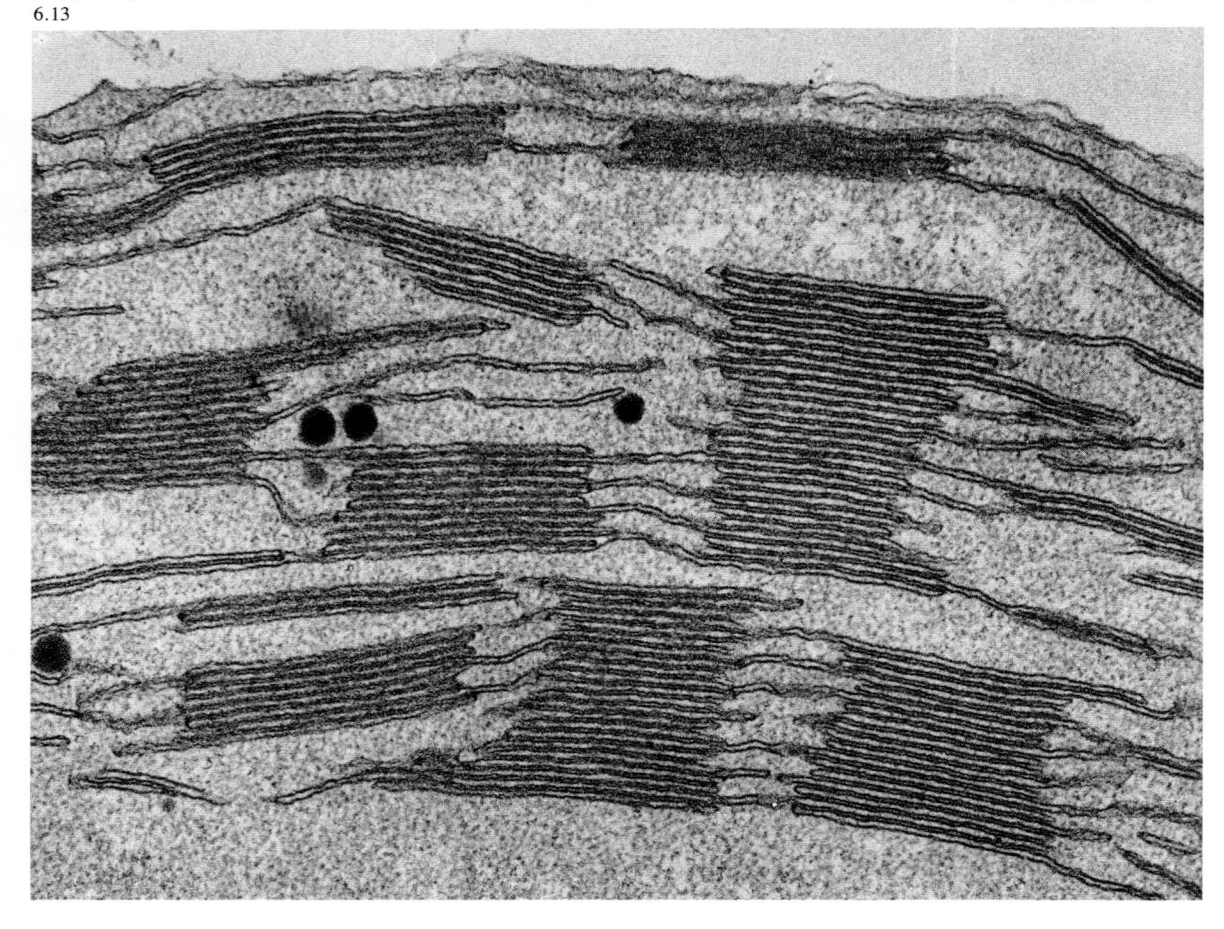

Chloroplasten

Chloroplasten sind von Membranen begrenzte Organellen, die in Algen — mit Ausnahme der Blaualgen oder Cyanobakterien — und in den grünen Geweben aller höheren Pflanzen vorkommen. In ihnen findet die Photosynthese statt. Sie enthalten das grüne Pigment Chlorophyll in einer hochstrukturierten Anordnung in ihren inneren Membranen. Wenn Licht auf das Chlorophyll fällt, werden Elektronen auf ein höheres Energieniveau gehoben und schrittweise auf andere Moleküle übertragen; dies löst eine komplexe Kette chemischer Reaktionen aus, welche zur Bildung von Zucker (Saccharose) aus Kohlendioxid führt. Der Zucker kann in den Chloroplasten als Stärke gespeichert oder über das Phloem des Gefäßsystems zu allen Teilen der Pflanze geleitet werden. Molekularer Sauerstoff — der „Atem des Lebens" für Menschen und Tiere — ist ein Abfallprodukt der Photosynthese.

Chloroplasten sind größer als die meisten Mitochondrien und typischerweise linsenförmig; ihre Längsachse mißt etwa fünf Mikrometer. Sie sind von zwei Membranen begrenzt; aus der inneren gehen zahlreiche miteinander verbundene Stapel hervor, die *Grana* genannt werden. Die Verbindungen zwischen den Grana sehen zum Teil wie die Sprossen einer Leiter aus. Die Flüssigkeit in den Chloroplasten, das *Stroma*, enthält Ribosomen und Bereiche von DNA, sogenannte *Nucleoide*, sowie manchmal Fetttröpfchen oder Stärkekörner. Wie Mitochondrien können Chloroplasten ihren Proteinbedarf teilweise — aber nicht ganz — selbst decken, und auch sie teilen sich durch Zweiteilung.

Chloroplasten gehören zu einer Familie von Organellen, den *Plastiden*, die je nach dem Zelltyp, in dem sie vorkommen, verschiedene Funktionen haben. Photosynthetisch aktive Zellen besitzen Chloroplasten, doch in Speichergeweben wie der Kartoffelknolle treten

Plastiden als *Amyloplasten* mit großen Stärkekörnern auf. In Karottenwurzeln und gelben Blütenblättern kommen *Chromoplasten* vor, die gelbe Pigmentmoleküle enthalten. Die Anzahl von Chloroplasten in einer Zelle ist unterschiedlich groß. Manche Algen besitzen nur einen pro Zelle, während die Blattzellen höherer Pflanzen gewöhnlich 20 bis 50 enthalten; das bedeutet, daß in jedem Quadratmillimeter der Blattoberfläche etwa 500 000 Chloroplasten dem Licht ausgesetzt sind.

Wie bei der Entstehung von Mitochondrien aus Bakterien nimmt man auch bei den Chloroplasten an, daß sie sich aus intrazellulären prokaryotischen Zellen entwickelten, und zwar aus solchen, die den heutigen Blaualgen glichen. Genetische Untersuchungen haben gezeigt, daß die Proteinsynthesemaschinerie der Chloroplasten der von Prokaryoten ähnelt.

6.12 In dieser transmissionselektronenmikroskopischen Aufnahme eines Chloroplasten in einem Blatt der Tabakpflanze *Nicotiana tabacum* sieht man deutlich seine linsenförmige Gestalt. Die Grana erscheinen als dicht gepackte Membranstapel, die durch freie Doppelmembranabschnitte miteinander verbunden sind. Die blasseren Bereiche im Stroma sind die Nucleoide, in denen sich die Chloroplasten-DNA befindet. [TEM, kontrastierter Schnitt, ×27 700]

6.13 Bei stärkerer Vergrößerung tritt die gestapelte Struktur der Grana deutlicher hervor. Der Grund für diese Art des Aufbaus ist nicht klar, da auch Pflanzen, die keine Granastapel besitzen, Photosynthese betreiben können. Die schwarzen Gebilde in diesem Bild eines Blattchloroplasten von Mais (*Zea mays*) sind Fetttröpfchen. Sie dienen als Speicher von Rohmaterial für die Bildung neuer Membranen. [TEM, kontrastierter Schnitt, ×43 500]

6.14 Das Rasterelektronenmikroskop liefert eine völlig andere Ansicht vom Inneren eines Chloroplasten. Dieses Bild zeigt die Membranen, aus denen die Granastapel bestehen, von der Seite. Das körnige Aussehen beruht auf dem Präparationsverfahren: Das Präparat, ein Chloroplast der Goldorange *Aucuba japonica*, wurde getrocknet und aufgebrochen. Die Vergrößerung ist für eine rasterelektronenmikroskopische Aufnahme sehr hoch. [REM, gebrochenes, getrocknetes Präparat, ×62 500]

6.15 Die Chloroplasten von Blütenpflanzen brauchen Licht, um sich bilden zu können. Ein Samenkorn, das man im Dunkeln keimen läßt, bringt ein blasses, spindliges Gewächs hervor. Von einer solchen Pflanze sagt man, sie sei vergeilt (oder etioliert). Die Blätter vergeilter Pflanzen enthalten besondere Plastiden, die *Etioplasten* genannt werden. Der hier gezeigte Etioplast stammt von einem Keimling des Mais (*Zea mays*). Statt zu Granastapeln haben sich seine Membranen zu einem kristallinen Muster mit wenigen Verbindungsleisten angeordnet. Wenn eine vergeilte Pflanze dem Licht ausgesetzt wird, entwickelt sich aus einer solchen kristallinen Struktur innerhalb weniger Stunden ein normaler Chloroplast. Der weiße Körper im Inneren des Etioplasten ist ein Stärkekorn. [TEM, kontrastierter Schnitt, ×31 500]

6.14

6.15

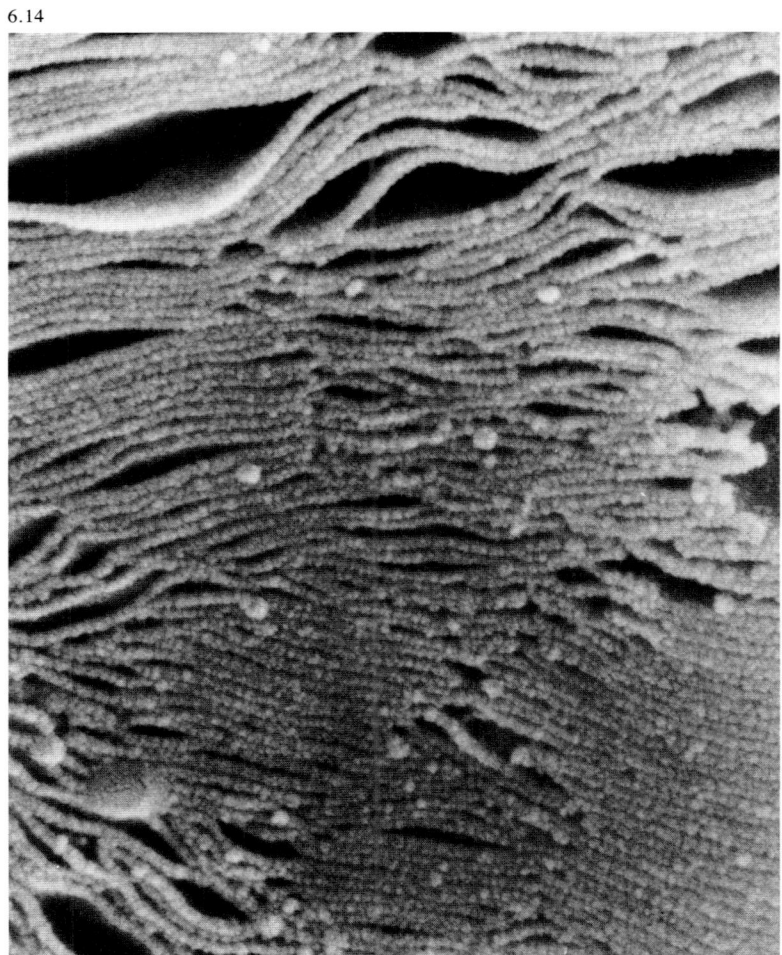

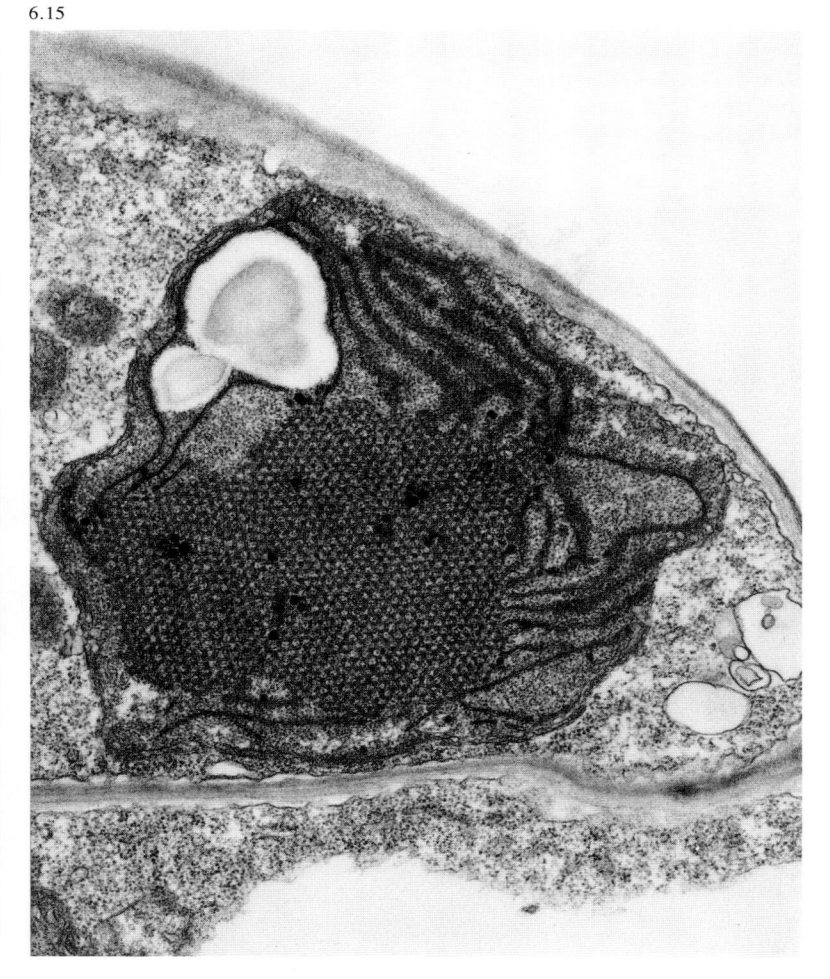

Cytoskelett

Das Cytoplasma von Zellen ist hoch organisiert. Die kleineren Organellen sind in ständiger Bewegung, und die chemischen Stoffwechselprodukte werden gezielt an verschiedene Stellen in der Zelle verteilt. Worauf diese Organisation beruht, ist noch wenig verstanden, doch haben Fortschritte in der Lichtmikroskopie gezeigt, daß das Cytoplasma von Netzwerken aus röhren- und faserförmigen Proteinen durchzogen ist. Diese dreidimensionalen Anordnungen von Proteinmolekülen werden zusammen als *Cytoskelett* bezeichnet.

Die Bestandteile des Cytoskeletts lassen sich in zwei Gruppen einteilen. Die *Mikrotubuli* sind aus kugeligen Untereinheiten aufgebaute starre Proteinröhrchen. Man vermutet, daß sie innerhalb der Zelle als Richtungsanzeiger wirken — sozusagen als eine Art cytoplasmatische Schienenstränge. Die faserigen Bestandteile des Cytoskeletts (*Mikrofilamente* und *intermediäre Filamente*) bilden dreidimensionale netzartige Systeme und sind wahrscheinlich über Gleitmechanismen, die dem in Muskelfasern gleichen, direkt an der Bewegung von Organellen, Vesikeln und Membranen beteiligt.

Die Strukturen des Cytoskeletts können sichtbar gemacht werden, indem man die Proteinmoleküle mit Antikörpern „anfärbt", die mit fluoreszierenden Farbstoffen markiert wurden, und die Zelle dann in einem Ultraviolettfluoreszenzmikroskop betrachtet. Wahrscheinlich besitzen alle Zellen ein Cytoskelett, doch wegen technischer Schwierigkeiten, die mit der Pflanzenzellwand zusammenhängen, hat man bisher überwiegend tierische Zellen untersucht.

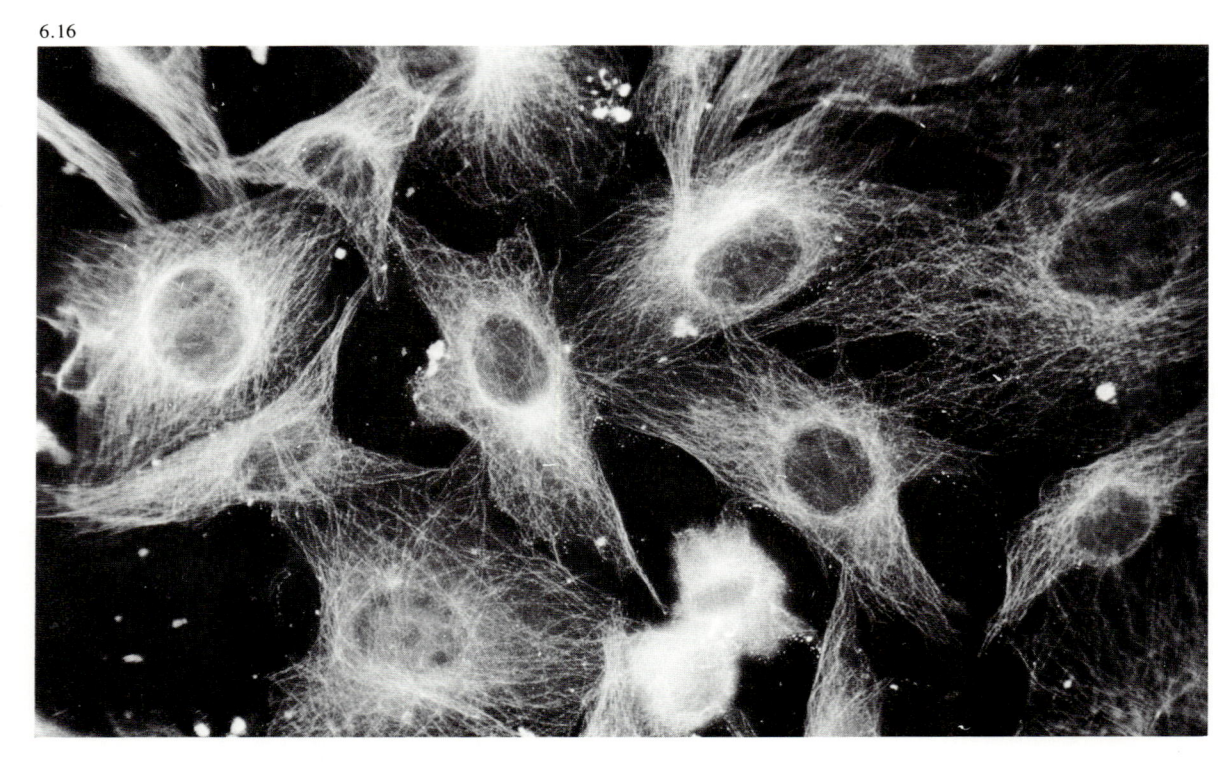

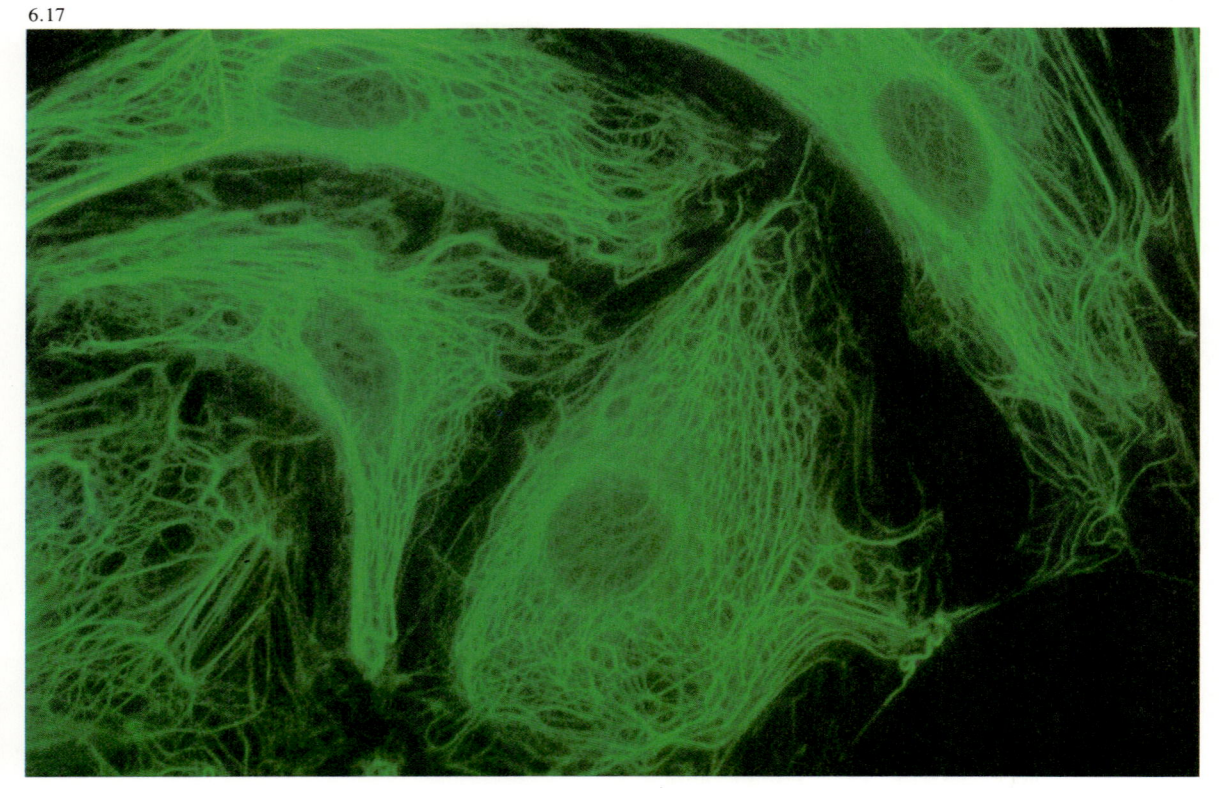

6.16 Dieses Bild einer Gruppe tierischer Zellen, die in einer Nährlösung gezüchtet wurden, zeigt die Mikrotubuli des Cytoskeletts. Die Zellen wurden fixiert und mit einem Antikörper behandelt, der sich an Mikrotubuli bindet; die Antikörpermoleküle waren zuvor chemisch mit dem Farbstoff Fluorescein markiert worden, der in ultraviolettem Licht eine intensiv grüne Fluoreszenz erzeugt. Der große, anscheinend leere Raum in der Mitte jeder Zelle ist der Zellkern. Die überwiegend geraden Mikrotubuli strahlen radial vom Zellkern zur Zellperipherie aus. [LM, Ultraviolettfluoreszenz, Antitubulinfärbung, ×200]

6.17 Diese Mikrophotographie zeigt die Verteilung des intermediären Faserproteins *Vimentin* in Nierenepithelzellen einer Känguruhratte. Sie wurden auf einem Deckglas gezüchtet, dann fixiert und mit einem für Vimentin spezifischen und mit Fluorescein markierten Antikörper angefärbt. Oberflächlich betrachtet gleicht das Bild der Abbildung 6.16, doch zeigt die Aufnahme, daß intermediäre Faserproteine biegsam sind und Netze ausbilden. [LM, Ultraviolettfluoreszenz, Antivimentinfärbung, ×440]

Spezialisierte Zellen

Höhere Organismen enthalten verschiedene Zelltypen mit unterschiedlicher Spezialisierung. Die Aktivität der Gene im Zellkern bestimmt, was eine Zelle tut. Zwar besitzt jeder Zellkern eine riesige Bibliothek von Informationen und Bauplänen, doch geben in einer bestimmten Zelle immer nur wenige Bände dieser Bibliothek Anweisungen aus. Zellen können sich in biochemischer Hinsicht spezialisieren — beispielsweise auf die Produktion eines ganz bestimmten Stoffwechselprodukts. Oft schlägt sich die Spezialisierung auch in beträchtlichen strukturellen Veränderungen nieder. Beispiele, die in diesem Kapitel schon vorgestellt wurden, sind die starke Entwicklung des endoplasmatischen Reticulums und die Bildung von Chloroplasten. Schließlich können Zellen auch spezielle Fähigkeiten entwickeln — beispielsweise die zur Wahrnehmung der Schwerkraft oder der Farbe und Intensität von Licht. Doch was auch immer ihre Aufgabe ist — stets arbeiten sie mit anderen Zellen zusammen und bilden gemeinsam ein funktionierendes Gewebe wie eine Leber oder ein Blatt. Diese Fähigkeit zu koordinierter Zusammenarbeit unterscheidet die Zellen hochentwickelter Lebewesen von jenen einfacherer Gruppen.

6.18 Muskelfasern bestehen aus einer hochorganisierten Anordnung von zwei Faserproteintypen, die während der Muskelkontraktion übereinandergleiten. Diese Aufnahme zeigt einen Querschnitt durch die Fasern im Flugmuskel der Fliege *Bombylius major*. Die in Sechsecken angeordneten schwarzen Kreise sind quergeschnittene Myelinfasern. Jede ist von sechs schwarzen Punkten umgeben, die Schnitte durch Aktinfasern darstellen. Die beiden Fasertypen sind in Abständen durch Querbrücken miteinander verbunden, die als verschwommener grauer Hof um die Myelinfasern erscheinen. Muskelkontraktionen erfordern den Abbau großer Mengen von ATP. Deshalb kommen Muskelfasern oft in enger Verbindung mit energieerzeugenden Mitochondrien vor. [TEM, kontrastierter Schnitt, ×31000]

6.19 Spermien haben sich auf das Schwimmen spezialisiert: Sie sind stromlinienförmig gebaut, und ihr Cytoplasma enthält nur die absolut notwendigen Bestandteile. Sie besitzen weder ein endoplasmatisches Reticulum noch einen Golgi-Apparat, und der Zellkern ist sehr dicht mit DNA gefüllt. Das Cytoplasma enthält viele Mitochondrien, die Energie für die Bewegung liefern. Die Zelle besteht aus einem Kopfbereich, der den Zellkern enthält, und einem langen Schwanz, dem Flagellum, um dessen Anfangsstück Mitochondrien gewickelt sind. Die Bewegung kommt durch das rhythmische Schlagen des Flagellums zustande. Dieses Bild zeigt einen Querschnitt durch eine Gruppe von Spermienschwänzen während ihrer Reifung im Hoden einer Motte. Jeder Schwanz enthält eine charakteristische Anordnung von Mikrotubuli: zwei genau in der Mitte, neun darum gruppierte Doppelmikrotubuli (Dubletts) und ganz außen schließlich noch einmal neun einzelne Mikrotubuli, die an die Plasmamembran der Zelle gepreßt sind. Das zentrale Paar und die äußeren neun Tubuli sind mit einer angefärbten Substanz gefüllt und erscheinen bei dieser Tierart kompakt. Die schlagende Bewegung des Flagellums entsteht, wenn die Doppelmikrotubuli aneinander vorbeigleiten — ein Vorgang, für den ATP die Energie liefert. Der große körnige Körper links unten innerhalb der Plasmamembran jedes Flagellums wird als „dichte Faser" bezeichnet; seine Funktion ist unbekannt. Ebensowenig weiß man, warum bei dieser Art die Außenseite der Plasmamembran mit gestreiften Auswüchsen besetzt ist. [TEM, kontrastierter Schnitt, ×83000]

6.20 Die Oberfläche einer Zelle ist gewöhnlich mehr oder minder glatt, doch unter bestimmten Umständen entwickeln Zellen feine Fortsätze, die man in ihrer Gesamtheit als *Bürstensäume* bezeichnet. Solche Zellen kommen in Geweben vor, in denen eine rasche Resorption stattfindet, beispielsweise in der Darmwand und in der Niere. Für dieses Bild wurde ein Stück Nierengewebe rasch gefroren und dann in einem Vakuum aufgebrochen. Die freigelegte Bruchfläche überzog man dann mit Platin. Die Mikrophotographie zeigt den Platinabdruck. Man sieht einen Bürstensaum im Nierenepithel; jeder der Fortsätze – der *Mikrovilli* – enthält Bündel von Aktinfilamenten. Der Bürstensaum vergrößert die Oberfläche der Zelle etwa 25fach. Die großen Gebilde rechts oben und links unten sind Oberflächen von Zellorganellen. [TEM, Gefrierbruchabdruck, ×17500]

6.21 Eine zweite Art bürstenartiger Auswüchse der Zelloberfläche ist in dieser Aufnahme zu sehen. Jeder Fortsatz stellt eine *Cilie* dar und enthält ein Bündel paralleler Mikrotubuli. Die Mikrotubuli wachsen aus *Basalkörpern* (oder *Kinetosomen*), die man hier gerade innerhalb des Cytoplasmas in einer Reihe liegen sieht und die mit einem dunkel gefärbten körnigen Material assoziiert sind. Cilien führen schlagende Bewegungen aus, indem sie benachbarte Mikrotubuli übereinandergleiten lassen. Die Funktion der Schlagbewegung ist je nach Zelltyp verschieden. Manche Protozoen sind mit Cilien bedeckt und strudeln sich mit ihnen durchs Wasser oder erzeugen Strömungen, die Nahrungsteilchen herbeibefördern. Die Innenflächen tierischer Atemwege sind ebenfalls mit Cilien besetzt; ihr Schlag transportiert Schleimschichten, Staub und abgestorbene Zellen in Richtung Mund. Cilien helfen auch, Eizellen die Eileiter entlangzutreiben. Die Bewegung der Cilien erfordert Energie, und diese wird durch Mitochondrien geliefert, von denen am linken unteren Bildrand mehrere zu sehen sind. [TEM, kontrastierter Schnitt, ×25000]

6.22 Die Leber ist das Organ des Körpers, das Nährstoffe aus dem Verdauungstrakt weiterverarbeitet und sie entweder speichert oder für die Verwendung an anderen Stellen verfügbar macht. In dieser Mikrophotographie einer Leberzelle des Wurmsalamanders *Batrachoseps attenuatus* sieht man eine große Zahl dunkel gefärbter Kristalle im Cytoplasma. Sie bestehen aus Protein und haben sich im Lumen des rauhen endoplasmatischen Reticulums gebildet. Vermutlich stellen sie eine Reserve von Speicherstoffen dar. Unten ist der Zellkern mit seinem Nucleolus und dem peripheren Chromatin zu sehen. [TEM, kontrastierter Schnitt, ×6250]

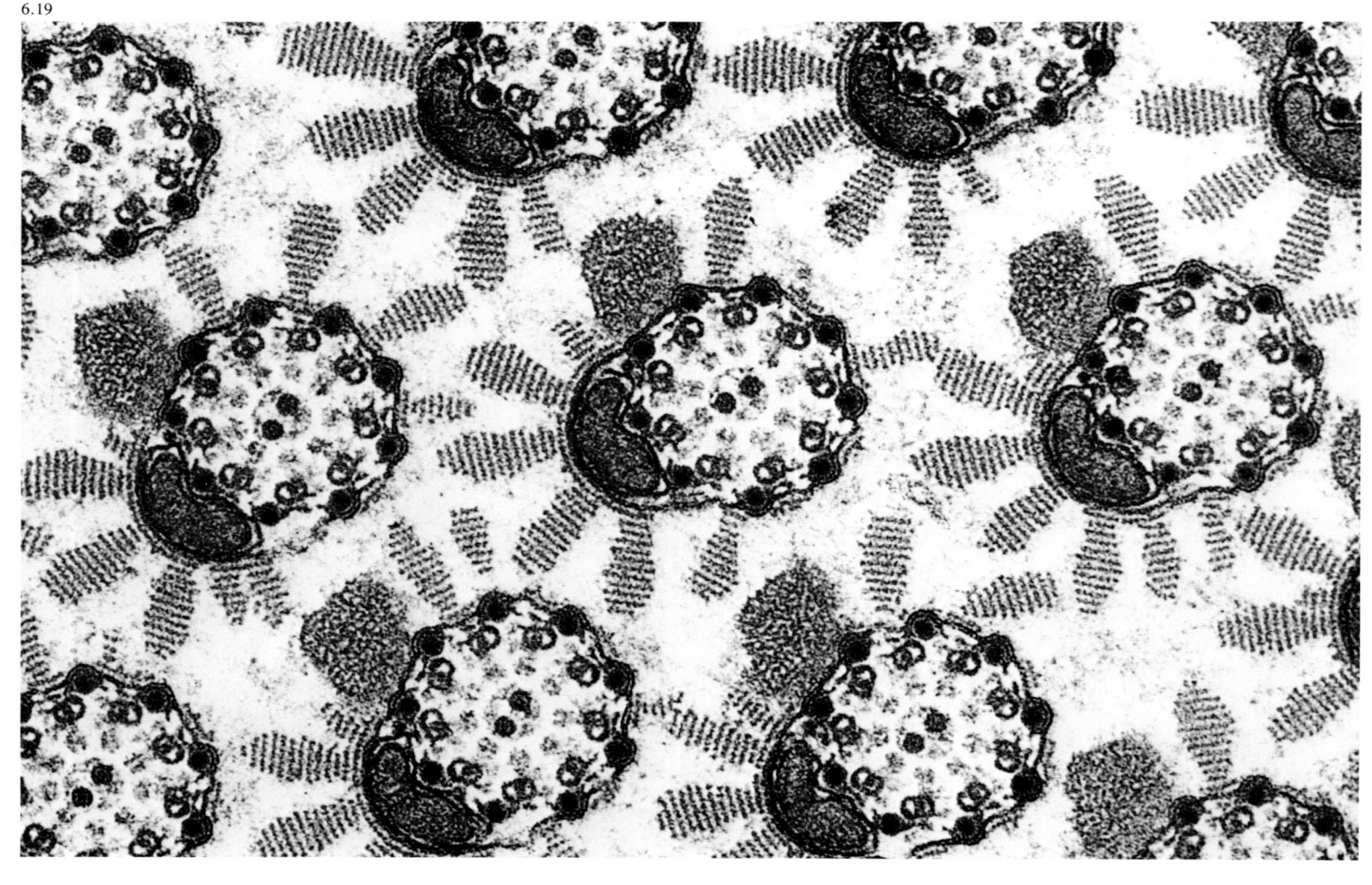

6.19

6. DIE ZELLE

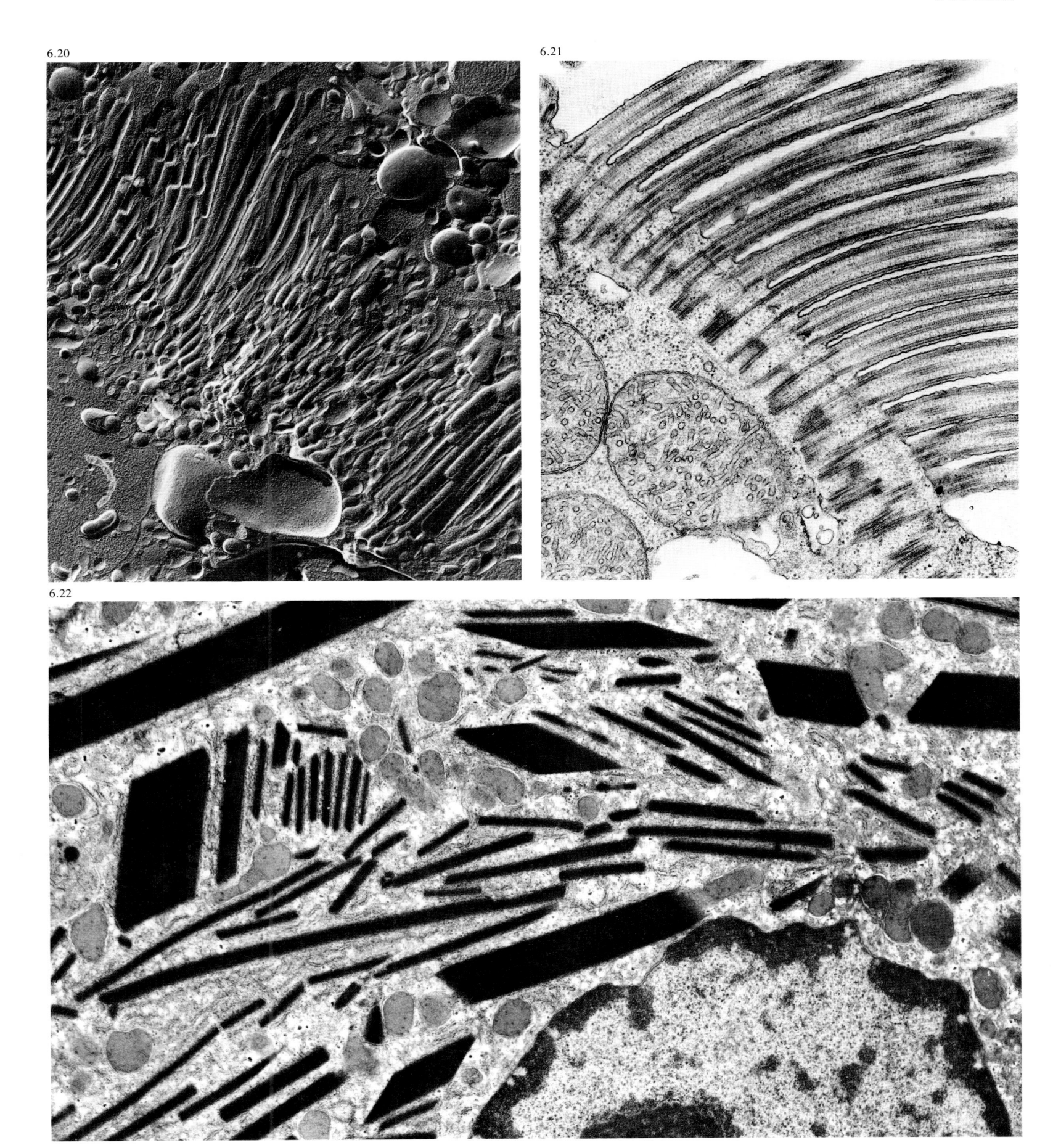

6.20

6.21

6.22

6.23 a

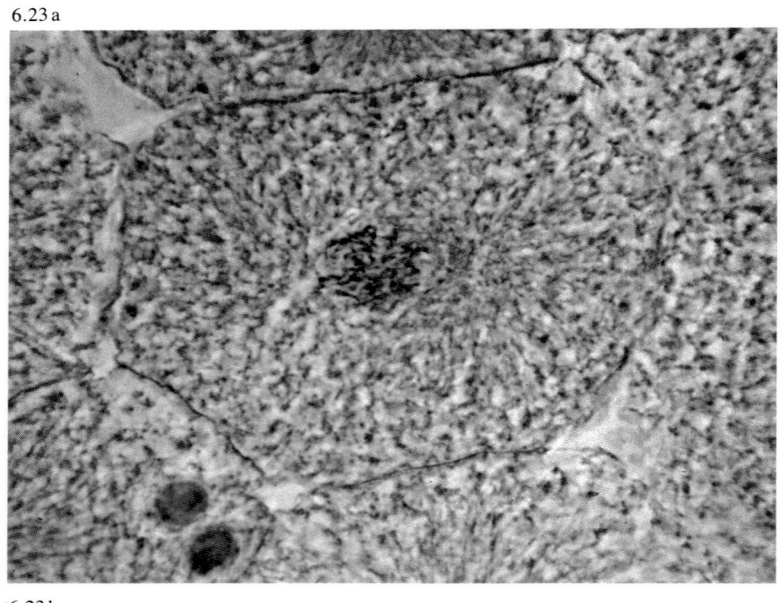

Mitose

Das genetische Material einer Zelle ist zum größten Teil im Zellkern enthalten, wo es in doppelter Ausfertigung in Form von Chromosomenpaaren vorliegt. Der Zellteilungszyklus umfaßt zwei Phasen: die Interphase, in der die gesamte DNA des Zellkerns sorgfältig verdoppelt (repliziert) wird, und die Mitose, während der die verdoppelten Chromosomenpaare durch einen mechanischen Vorgang genau aufgeteilt werden. Am Ende dieses Zyklus enthalten die beiden durch Zellteilung entstandenen neuen Zellen genau dieselbe genetische Information wie die ursprüngliche Zelle. Während der Mitose findet eine komplizierte Serie von Chromosomenbewegungen statt, die durch die sogenannte *Kernspindel* vermittelt werden.

6.23 Diese Serie von lichtmikroskopischen Aufnahmen zeigt die Hauptphasen der Mitose in einer tierischen Zelle. Der ganze Vorgang dauert gewöhnlich eine halbe bis mehrere Stunden. In der *Prophase*, am Beginn der Mitose, verdichten sich die Chromosomen und erscheinen im Zellkern als ein Gewirr dunkel gefärbten Materials (6.23a). Als nächstes löst sich die Kernhülle auf, und die Kernspindel entsteht. Eine Zeitlang bewegen sich die Chromosomen scheinbar zufällig. Wenn alle Chromo-

6.23 b

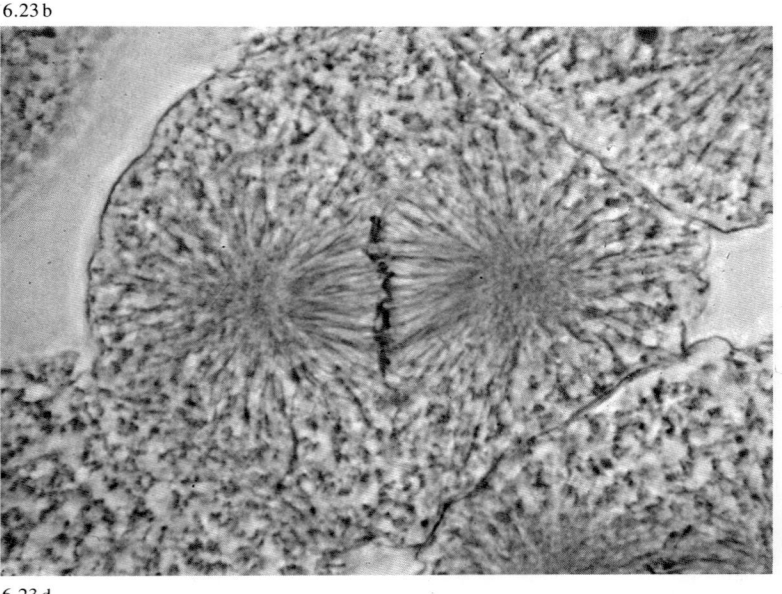

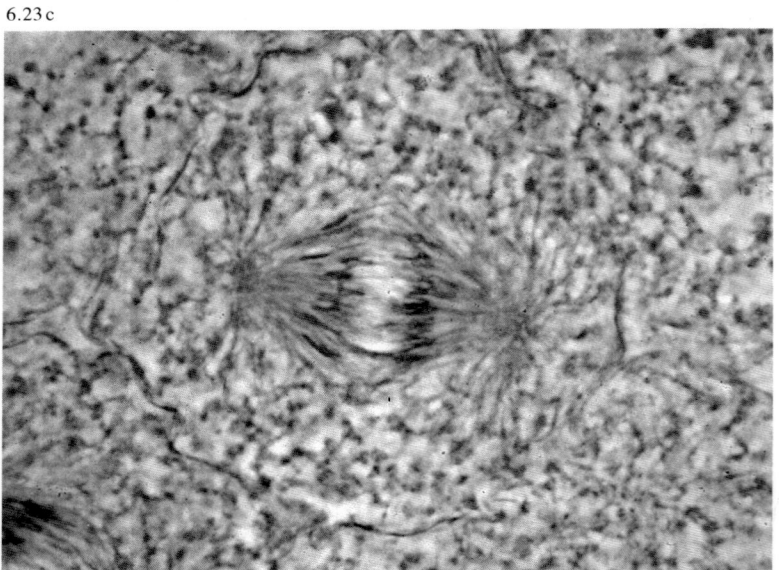

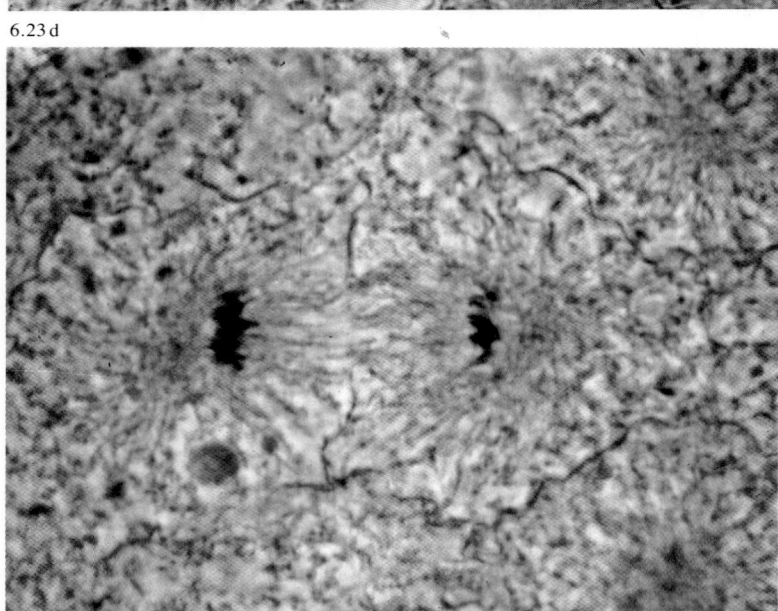

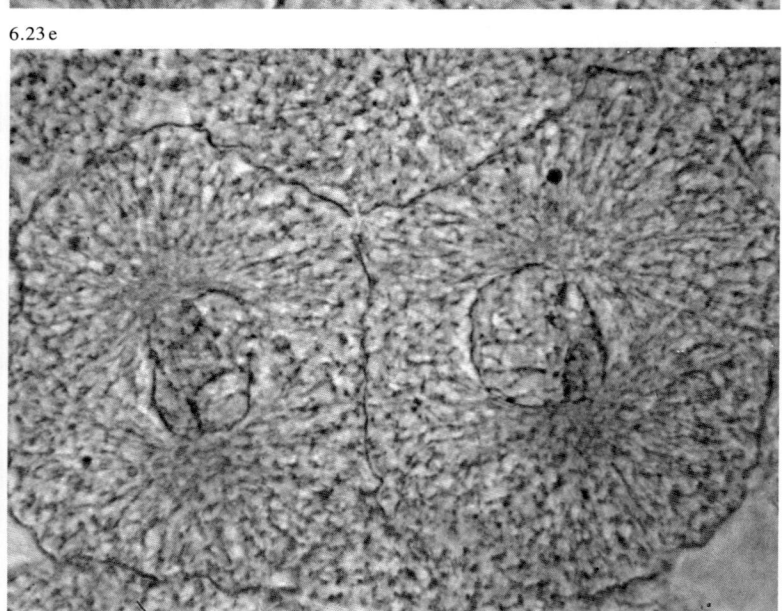

6.23 c

6.23 d

6.23 e

somen schließlich fest an der Spindel angeheftet sind, ordnen sie sich in der Mitte in einer Reihe an, und die Bewegungen hören vorübergehend auf (6.23b). Diese Pause nennt man *Metaphase*. Sie kann einige Minuten oder viele Stunden dauern. Am Ende der Metaphase spalten sich die Chromosomen in zwei gleiche Hälften, die sogenannten *Chromatiden*, die in gegensätzlicher Richtung zu den Polen der Spindel wandern. Diese Bewegung heißt *Anaphase* (6.23c). Wenn die Chromatiden die Spindelpole erreichen, treten sie zusammen, und in jeder Zellhälfte entsteht allmählich ein neuer Zellkern. Dieses Stadium ist die *Telophase* (6.23d). Schließlich sind die zwei neuen Zellkerne samt Kernhülle fertig und die beiden Tochterzellen durch eine neue Zellmembran voneinander getrennt (6.23e). Die Zellkerne befinden sich nun wieder in der *Interphase*, während der die Chromosomen nicht sichtbar sind, weil sie in aufgelockerter Form vorliegen und sich schlecht anfärben lassen. [LM, Hellfeldbeleuchtung, alle Aufnahmen ×900]

6.24 Hier ist die endgültige Trennung der zwei Tochterzellen im Anschluß an die Teilung gezeigt. Der dünne Faden, der sie verbindet, wird gleich reißen. Jede Tochterzelle hat im zentralen Bereich, wo der Zellkern sitzt, eine rauhe, von Mikrovilli bedeckte Oberfläche. Die Randgebiete sind glatter und ziemlich dünn. [REM, ×3000]

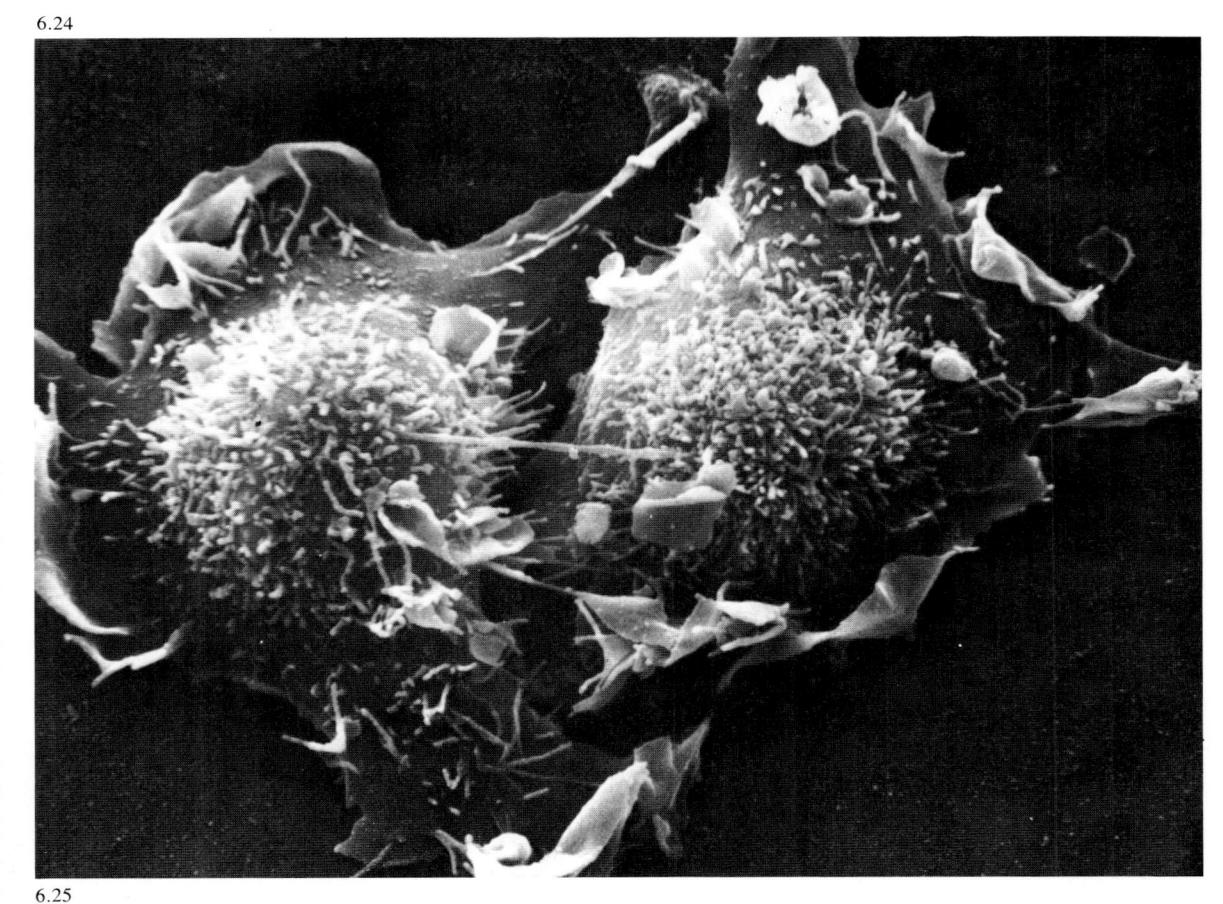

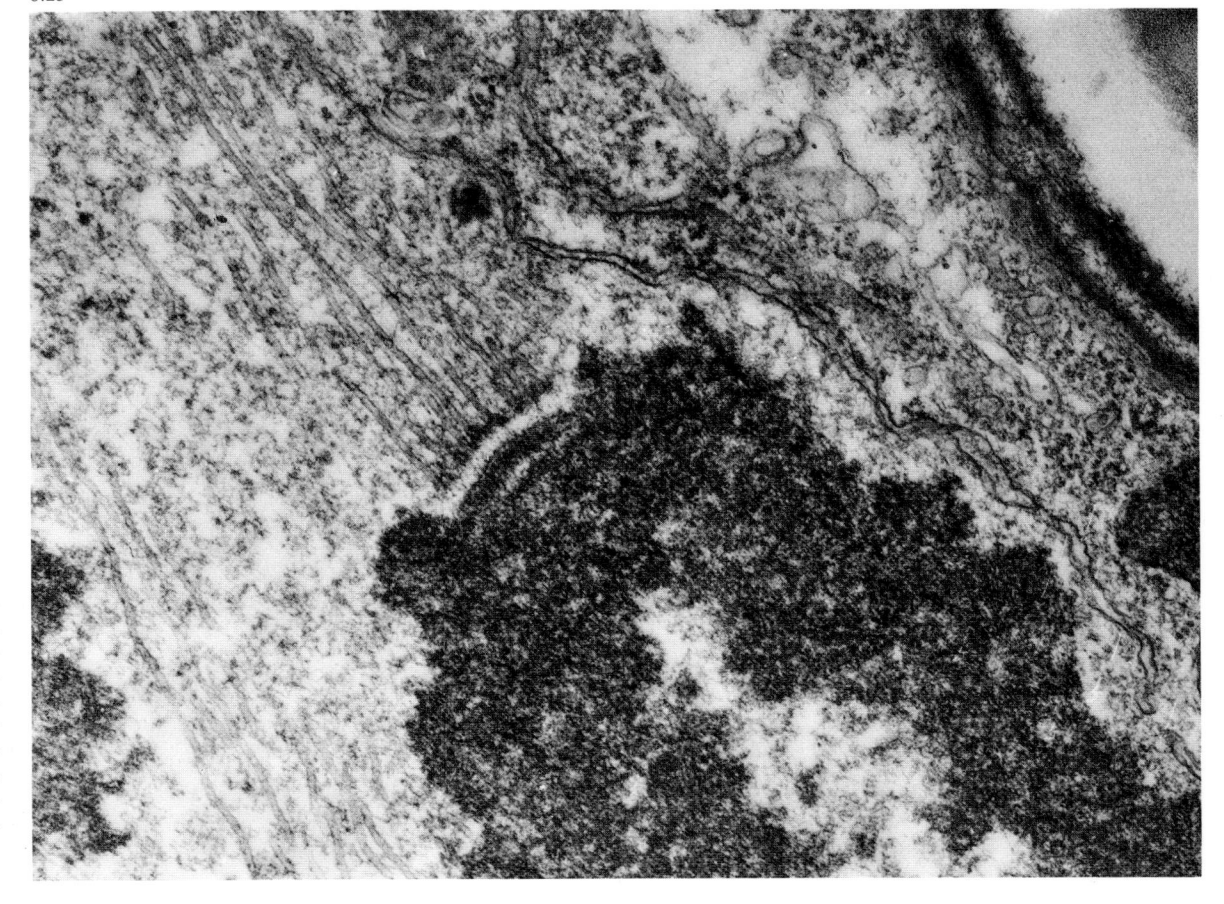

6.25 Im Lichtmikroskop erscheint die Kernspindel faserig. Im Elektronenmikroskop sieht man, daß die Fasern aus Bündeln von Mikrotubuli bestehen. Dieses Bild zeigt den Bereich des *Kinetochors* (des *Centromers*) eines Chromatids — jene Stelle, an der es mit der Kernspindel verbunden ist. Das Chromatid ist der dunkel gefärbte körnige Körper, das Kinetochor der tellerförmige Bereich, von dem mehrere Mikrotubuli (die parallelen Linien) ausgehen. [TEM, kontrastierter Schnitt, ×44 000]

7.1

7. Die Welt des Anorganischen

In unserer heutigen Welt sind wir von Materialien umgeben, deren Existenz wir dem Bestreben des Menschen verdanken, die Rohstoffe, aus denen er seine Gebrauchsgegenstände und Spielzeuge anfertigt, zu verbessern. Die Mikroskopie spielt bis heute bei der Erforschung anorganischer Stoffe und bei der Suche nach der Verwertbarkeit ihrer physikalischen Eigenschaften eine entscheidende Rolle. Ein modernes Flugzeug, das Hunderte von Passagieren befördern kann, läßt sich kaum ohne hochfeste Leichtmetalllegierungen für den Rumpf und zähe, hitzebeständige Legierungen für die Düsentriebwerke denken. Ebenso schwer kann man sich die Entwicklung des Mikrochips vorstellen, wenn nicht reine Siliciumkristalle zur Verfügung gestanden hätten. Diese Materialien können heute nur deshalb hergestellt werden, weil Wissenschaftler mit Mikroskopen jahrelang Hintergrundarbeit leisteten.

Die Objekte dieses Kapitels sind unbelebt; sie können sich nicht fortpflanzen. Es handelt sich um Metalle, Legierungen, Minerale und keramische Werkstoffe. Dies sind zwar sehr unterschiedliche Materialien, doch beim Studium auf atomarer Ebene treten viele Gemeinsamkeiten zutage. Ein Kennzeichen von Feststoffen oder Festkörpern ist ihr geordneter atomarer Aufbau, gleichgültig, ob es sich wie in einem reinen Metall um identische Atome oder wie in einer Legierung oder einem Verbundwerkstoff um Kombinationen unterschiedlicher Atome handelt. Die Anordnung der Atome ist für jedes Material charakteristisch. Meist haben die Atome in einem (kristallinen) Feststoff jeweils gleiche Positionen inne und sind von Nachbaratomen in identischer Anordnung und gleichem Abstand umgeben. Kristallographen nennen diese identische, sich periodisch wiederholende Anordnung *Elementarzelle*.

Es kann nur 14 Arten von Elementarzellen geben. Dies wurde 1848 von dem französischen Mathematiker Auguste Bravais bewiesen, weshalb sie *Bravaissche Gitter* genannt werden. Sie umfassen sieben Grundformen und sieben leichte Variationen. Erstere sind allesamt Parallelepipede; sie heißen: kubisch, tetragonal, hexagonal, trigonal, orthorhombisch, monoklin und triklin. Die Anzahl der Variationen hängt vom Grundtyp ab; es gibt beispielsweise drei kubische Elementarzellen: *primitive* (einfache), *raumzentrierte* und *flächenzentrierte*.

Solange die geordnete Struktur vorherrscht, ist ein Material ein Feststoff. Wenn es in den flüssigen Zustand übergeht, werden die Atombindungen zerstört, und die Struktur bricht auf. Die freien Atome bewegen sich nun zufallsgemäß durch die Flüssigkeit. Bei erneuter Abkühlung entstehen wieder der geordnete Aufbau und die feste Zustandsform.

Feststoffe lassen sich schwer verformen, weil die Atome einer Störung ihres geordneten atomaren Aufbaus Widerstand entgegensetzen. Deformierte Feststoffe stehen unter einer *inneren* Spannung, solange ihre Atomstruktur deformiert bleibt. Wenn man sie erhitzt, neigen solche Gegenstände dazu, ihre Form zu verändern, um ihren atomaren Aufbau neu zu ordnen. Ein Einfügen „verunreinigender" legierender Atome in die Atomstruktur kann Spannungen zwischen den Atomen erzeugen, welche die Widerstandsfähigkeit eines Werkstoffs gegenüber *äußeren* Belastungen verbessern und somit die Legierung härter und fester machen als das Ausgangsmetall. Die verbreitetste Legierung ist der Stahl, der aus der Verbindung zweier natürlicherweise schwacher Materialien — Eisen und Kohlenstoff — hervorgeht. Wenn sie sich vereinigen, baut sich der Kohlenstoff, der gewöhnlich in sehr kleinen Mengen zugegeben wird (typischerweise 0,2 bis 0,6 Gewichtsprozent), in die kubische Struktur der Elementarzelle des Eisens ein und beeinflußt dessen Eigenschaften grundlegend. Die zehnfache Zunahme der Festigkeit, die sich so erreichen läßt, erhöht den Wert des Metalls als technischem Werkstoff beträchtlich.

Die Komponenten (oder Gefügebestandteile) einer Legierung, eines Minerals oder eines keramischen Werkstoffs sind je nach Form, Kristallstruktur oder chemischer Zusammensetzung unter verschiedenen Namen bekannt. Die häufigste Bezeichnung ist *Phase*, und eine Komponente muß einen bestimmten chemischen Aufbau und eine bestimmte Kristallstruktur aufweisen, um als bestimmte Phase eingestuft werden zu können. Damit mag die Komponente jedoch erst teilweise definiert sein; eine zusätzliche Beschreibung der Form kann hinzukommen, wenn gewöhnlich eine Anzahl verschiedener Formen beobachtet wird.

Die Geheimnisse der atomaren Struktur lassen sich gerade noch mit dem Transmissionselektronenmikroskop beobachten. Mit den stärksten Vergrößerungen, die heute möglich sind, kann man einzelne Atome erkennen und ihre Beziehung zu den Nachbaratomen untersuchen. Doch um atomare Strukturen vollständig zu charakterisieren, greift man darüber hinaus auf Röntgenanalysen zurück. Die geordneten Atomreihen beugen Röntgenstrahlen in regelmäßigen Mustern, die der Mikroskopiker interpretieren kann und die ihm nicht nur den Typ und die Form der atomaren Anordnung, sondern auch ihre Dimensionen verraten.

Die Präparate in diesem Kapitel unterscheiden sich sehr von den bisher gezeigten. An die Stelle der zarten Schnitte der biologischen Wissenschaften treten nun die robusteren, aber ebenso eleganten Präparationstechniken der Materialforscher. Mit Schleifmitteln und Feinpolierdiamanten werden die Präparate in einen spiegelglatten Endzustand gebracht oder Gesteinsproben so weit heruntergeschliffen, bis sie hauchdünn und transparent sind. Statt der Färbemethoden der Biowissenschaften werden Ätzverfahren eingesetzt, die mit chemischen Mitteln oder — im Fall reiner Keramiken — mit Temperaturen von mehr als 1500 Grad Celsius arbeiten.

Etliche Präparations- und Überzugstechniken sind spezifisch für die Materialwissenschaften. Weil man gewöhnlich Auflicht verwendet, kann man die Präparatoberfläche mit dünnen Überzügen versehen, die die Phasen von Metallen sichtbar machen und so Formen und Muster von Mikrostrukturen erkennen lassen. Beim „Reliefpolieren" macht man sich die unterschiedlichen Härtegrade von Legierungskomponenten zunutze; harte Phasen ragen über die umgebende Matrix hinaus, wenn man lange mit Diamanten poliert.

In der Metallmikroskopie arbeitet man überwiegend mit Auflicht, weil alle Präparate mit Ausnahme der dünnsten natürlicherweise undurchsichtig sind. Nur in der Petrologie, der Gesteinskunde, haben die Mikroskoptechniken Ähnlichkeit mit jenen der biologischen Wissenschaften, denn der Petrologe verwendet für seine Untersuchungen meist Durchlicht als Beleuchtungsmethode.

7.1 Die innere, atomare Struktur eines Stoffes bestimmt die äußere Erscheinung seiner kristallinen Form. Obwohl die äußeren Oberflächen eines Kristalls manchmal kompliziert aussehen, besteht doch immer eine exakte Beziehung zwischen den Winkeln und Formen dieser Flächen. Gewöhnliches Kochsalz (Natriumchlorid), wie es diese Aufnahme zeigt, hat eine kubische Elementarzelle, und die Flächen der einzelnen Kristalle sind tatsächlich alle im rechten Winkel zueinander angeordnet. Die kubische Elementarzelle kann jedoch auch Kristalle in Form von Oktaedern oder rhombischen Dodekaedern bilden. Aus den sieben einfachen (primitiven) Bravaisschen Gittern können 32 verschiedene Kristallformen hervorgehen, und weitere Variationen erhöhen die Anzahl auf über 50. Die kristalline Form liefert einen wesentlichen Hinweis auf die Identität eines Materials, und ein Mikroskopiker, der regelmäßig Gesteine und Minerale untersucht, ist mit den meisten der vorkommenden Variationen vertraut. [REM, ×400]

Atome

Die kleinste Einheit der Materie, die heute mit Mikroskopen sichtbar gemacht werden kann, ist das Atom. Mit Hilfe der hochauflösenden (*high resolution*) Elektronenmikroskopie, kurz HREM, vermag der Wissenschaftler die geordneten Linien und Reihen von Atomen in den Elementarzellen zu untersuchen. Die Mikroskopie auf atomarer Ebene mutet wie eine Form von Größenwahn an. Wenn man ein Atom bei hundertmillionenfacher Vergrößerung betrachtet, ist das etwa so, als würde man sich von der Erde aus den Golfball anschauen, den Neil Armstrong auf dem Mond schlug. Heute versuchen Wissenschaftler an der vordersten Front der Hochauflösungsmikroskopie, die Nummer auf dem Golfball zu lesen!

HREM-Bilder sind nicht scharf im normalen photographischen Sinn, und in vielen Fällen wird das bilderzeugende Signal mit Hilfe von Computerprogrammen und komplizierten mathematischen Techniken „gereinigt".

7.2 Dieses Bild beruht auf der Kombination von Rastertransmissionselektronenmikroskopie (STEM) und Falschfarben-Computerbearbeitung. Das Objekt ist ein Mikrokristall von Uranylacetat, und das Bild zeigt, daß die Uranatome in Form eines perfekten Sechsecks um ein zentrales Atom angeordnet sind. Jedes Atom ist von seinem Nachbarn 0,32 Nanometer entfernt. Die Kohlenstoff-, Sauerstoff- und Stickstoffatome, aus denen der Rest des Uranylacetatmikrokristalls besteht, sind für die zur „Beleuchtung" eingesetzten Elektronen durchlässig und bleiben deshalb unsichtbar. Mikroskopiker, die die Grenzen der atomaren Auflösung erforschen, verwenden bevorzugt schwere Elemente wie Blei, Gold oder Uran, weil diese die Elektronen aufhalten können und deshalb im Elektronenmikroskop gut sichtbar werden. [STEM, Falschfarben, ×120 Millionen]

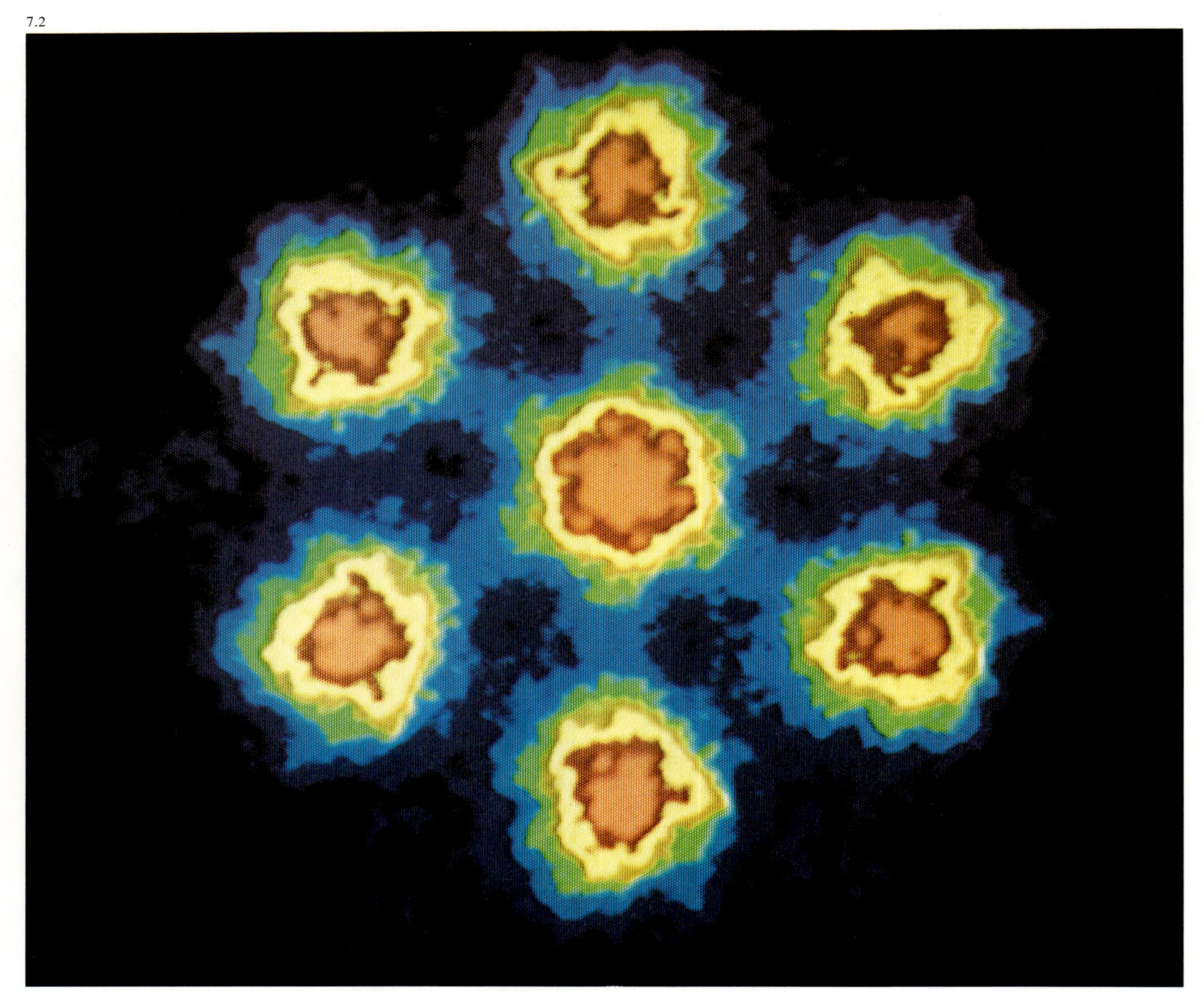

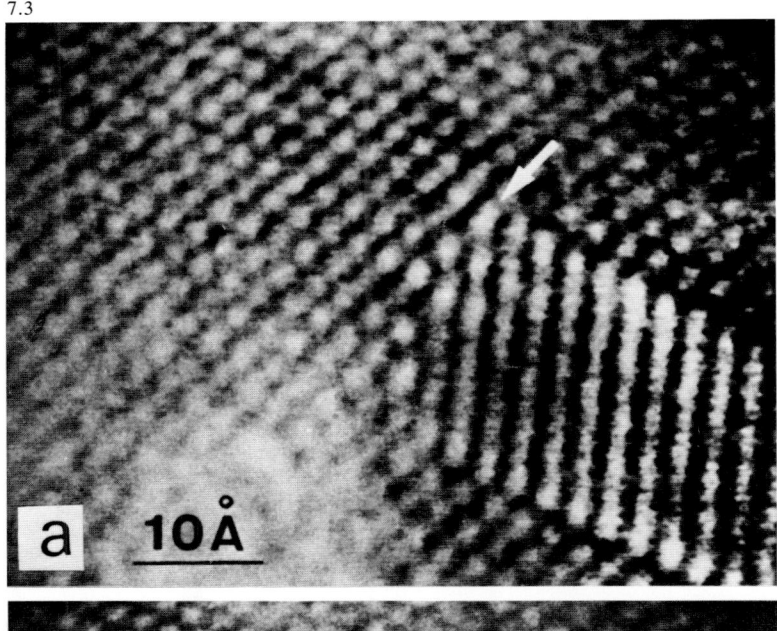

7.3 Die Hochauflösungselektronenmikroskopie macht die Symmetrie und Ordnung der Atome in Feststoffen sichtbar. In der Natur wird diese Symmetrie gewöhnlich gestört, wenn ein fester Stoff einer Spannung ausgesetzt ist. Es kommt dann zu Verformungen entlang von Ebenen der Schwäche. Ganze Blöcke von Atomen schieben sich dort in einem Prozeß, der *Gleitung* genannt wird, übereinander. Die Fähigkeit eines Atomgitters, der Gleitung zu widerstehen, bestimmt die Gesamtfestigkeit des Materials. Wenn sich mehrere Blöcke von Atomen entlang paralleler Gleitebenen bewegen, tritt eine sogenannte Zwillingsbildung auf. Die Schnittpunkte der Gleitebenen enthalten oft Leerstellen, an denen in der regelmäßigen Anordnung Atome fehlen. Diese Leerstellen haben großen Einfluß auf die Eigenschaften eines Materials. Es ist möglich, die Bewegungen der Atome beim Auftreten einer Gleitung zu beobachten. Diese Mikroaufnahmen wurden jeweils 0,07 Sekunden nacheinander aufgenommen. Der Pfeil zeigt das Voranrücken eines Kristallzwillings – des Bands von gekippten Atomgittern – in einem Goldkristall. Seine Bewegung ist sowohl lokalen atomaren Kräften als auch der Bombardierung durch die bilderzeugenden Elektronen des Mikroskops zuzuschreiben. Der zehn Ångström (ein Nanometer) lange Balken im ersten Bild gibt den Vergrößerungsmaßstab an. [HREM, ×17 Millionen]

7.4 Das hier gezeigte Muster entstand durch Beugung konvergenter Elektronenstrahlen. Nach dem japanischen Erfinder dieser Technik wird es auch Kikuchi-Muster genannt. Solche Muster sind für jedes Material individuell verschieden und lassen sich zur Identifizierung auch kleinster Partikel in einer Legierung benutzen. Man kann sie im Transmissionselektronenmikroskop erzeugen, indem man konvergente Elektronenstrahlen auf das Präparat fokussiert und dann statt des konventionellen Bilds die hintere Brennebene der Objektivlinse photographiert. Dort entsteht das *Beugungsbild*, das darauf beruht, daß die geordneten atomaren Ebenen im Inneren eines Partikels die durchlaufenden Elektronen in höchst regelmäßiger Weise beugen. Der so erzeugte „Fingerabdruck" kann vom Mikroskopiker interpretiert werden. Die Aufnahme zeigt das Beugungsbild eines Partikels aus der Gamma-(γ-)Phase der schwer schmelzbaren Superlegierung „Astralloy". Die Gamma-Phase ist für die große Hitzebeständigkeit von Astralloy verantwortlich. Alle Linien im Bild, ihre Anzahl, ihre relativen Winkel und ihre Lage bestätigen, daß die Gamma-Phase in der Probe vorhanden ist und daß die Atome in einer kubischen Elementarzelle angeordnet sind. Bei einem Beugungsbild gibt man üblicherweise keine Vergrößerung an, da sie nichts aussagt. [TEM, Beugung konvergenter Elektronenstrahlen]

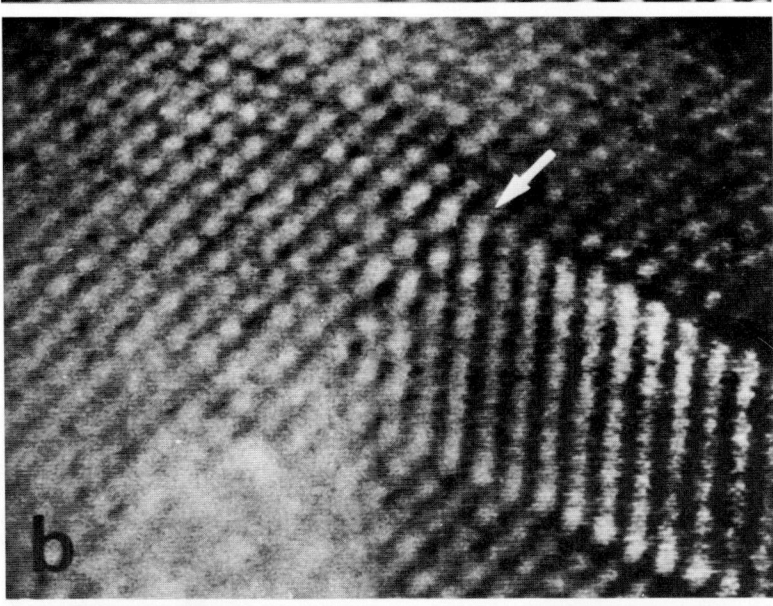

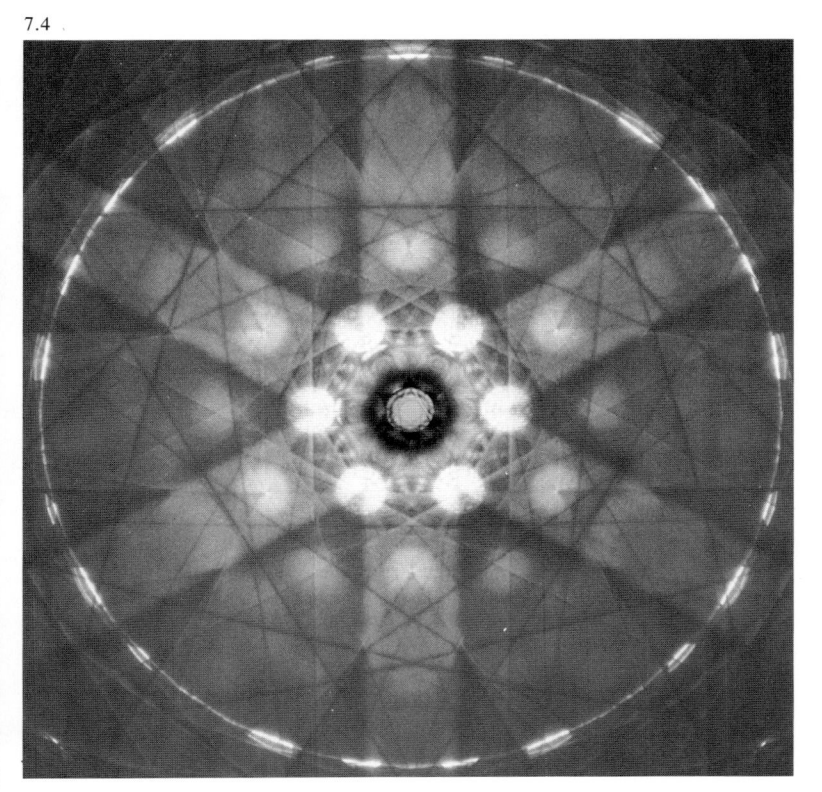

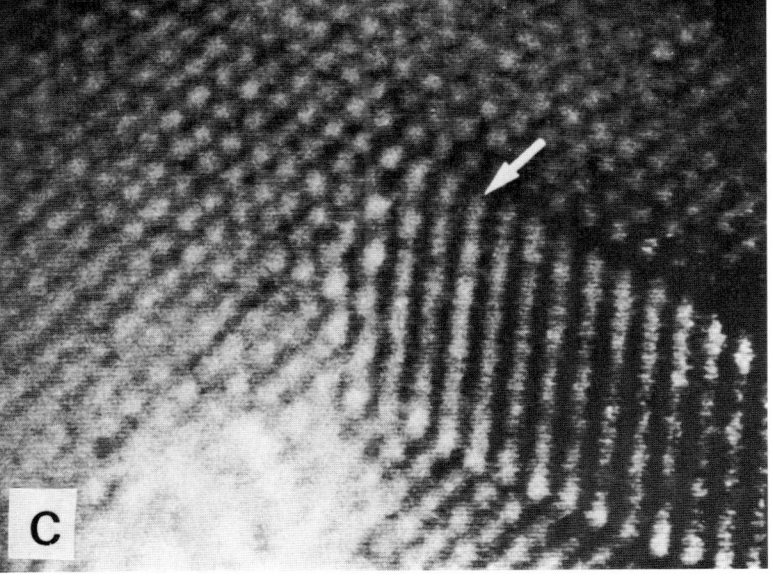

Versetzungen und Korngefüge

Wenn man bei der mikroskopischen Untersuchung die atomare Ebene verläßt, wird die einfache Welt geordneter Strukturen komplizierter. Einzelne atomare Defekte wie die in Abbildung 7.3 gezeigten beginnen zu Gruppen zusammenzutreten und bilden *Versetzungen*. Diese bestehen jeweils aus einer großen Anzahl von Defekten, die auf bestimmte Weise im Inneren einer atomaren Struktur angeordnet sind und sich über viele Elementarzellen erstrecken. Sie treten in verschiedenen Formen auf, und manche erreichen Größen, die sich mit dem Lichtmikroskop oder sogar mit bloßem Auge wahrnehmen lassen. Versetzungen können sich auch regelrecht durch einen Feststoff hindurchbewegen, wobei sie manchmal Schlingen bilden und sich verwickeln wie Fäden, die in einer Flasche mit Wasser geschüttelt werden. Im Transmissionselektronenmikroskop erscheinen Versetzungen als schwarze Linien.

Viele Werkstoffe setzen sich aus *Körnern* zusammen (auch *Kristallite* genannt), die jeweils eine bestimmte kristallographische Orientierung aufweisen. Die Kristallgitter nebeneinanderliegender Körner können unterschiedlich orientiert sein. Ein Kornwachstum kann auf verschiedenen Wegen erfolgen, am häufigsten tritt es jedoch auf, wenn eine Flüssigkeit sich abkühlt. Atome, die von der flüssigen in die feste Phase übergehen, bevorzugen die geordnete Struktur, weil dadurch die interatomaren Kräfte am wirksamsten verteilt werden. Atome, welche die korrekte Position im Gitter einnehmen, befinden sich auf dem niedrigsten Energieniveau und neigen daher weniger dazu, diese Positionen zu verlassen. Die dreidimensionalen Oberflächen, die Körner einschließen, nennt man *Korngrenzen*. Sie sind für den Materialwissenschaftler deshalb so interessant, weil Verunreinigungen vor einem sich verfestigenden Material hergeschoben und schließlich in den Korngrenzen eingefangen werden, wenn benachbarte Körner zusammenstoßen. Die Festigkeit eines Werkstoffs wird durch Korngrenzeneffekte oft verbessert, wenngleich sich die Korrosionsbeständigkeit dadurch gewöhnlich vermindert.

7.5 Dieses winzige Stückchen eines mechanisch gewalzten Blechs einer Nickel-Aluminium-Legierung zeigt ein Netzwerk von Versetzungen. Sie bauten sich entlang der Korngrenze auf, die gerade noch in der oberen linken Ecke der Mikrophotographie zu sehen ist. Die Versetzungen entwickelten sich, als das kaltgewalzte Blech zur *Vergütung* erneut erhitzt wurde. Ihre Dichte kann in einem solchen Material bis zu 80 000 Millionen pro Quadratzentimeter betragen. [TEM, ×65 000]

7.6 Die meisten Werkstoffe lassen ein Korngefüge erkennen, vorausgesetzt, man hat die Probe geeignet präpariert und einen ausreichenden Vergrößerungsmaßstab gewählt. Eine Ausnahme bilden die Gläser, die einen speziellen Typ von atomarer Struktur aufweisen. Die in dieser rasterelektronenmikroskopischen Aufnahme gezeigte Alpha-Aluminiumoxid-Keramik hat einen recht typischen Kornaufbau, der sich als Netzwerk von Linien zeigt. Man sieht zwei unreine Phasen im Bereich der Korngrenzen: eine große direkt oberhalb der Bildmitte und eine deutlich kleinere rechts unten. Es handelt sich bei beiden um Beta-Aluminiumoxid-Phasen, die Natriumoxid enthalten, eine chemische Verbindung, die im Alpha-Aluminiumoxid, welches über 97 Prozent des Materials ausmacht, nicht vorkommt. Die Löcher sind Hohlräume, die während des Brennens (Sinterns) der Keramik nicht eliminiert wurden. [REM, polierter Schliff, Wärmeätzung, ×2000]

7.7 Diese lichtmikroskopische Aufnahme von gewöhnlichem Messing zeigt, daß das Korngefüge einer Metalllegierung dem einer Keramik wie dem Alpha-Aluminiumoxid sehr ähnlich ist. Das Präparat wurde poliert und dann chemisch geätzt. Die Korngrenzen, die von dem Ätzmittel bevorzugt angegriffen werden, treten als feine Linien um die mehr oder weniger polygonalen Körner hervor. Die geraden, parallelen Gruppen von Linien, die quer durch die Polygone laufen, kennzeichnen Zwillingskristalle; sie zeigen andere Farbschattierungen als das übrige Korn, weil polarisiertes Licht verwendet wurde. [LM, polarisiertes Licht, polierter und geätzter Schliff, ×500]

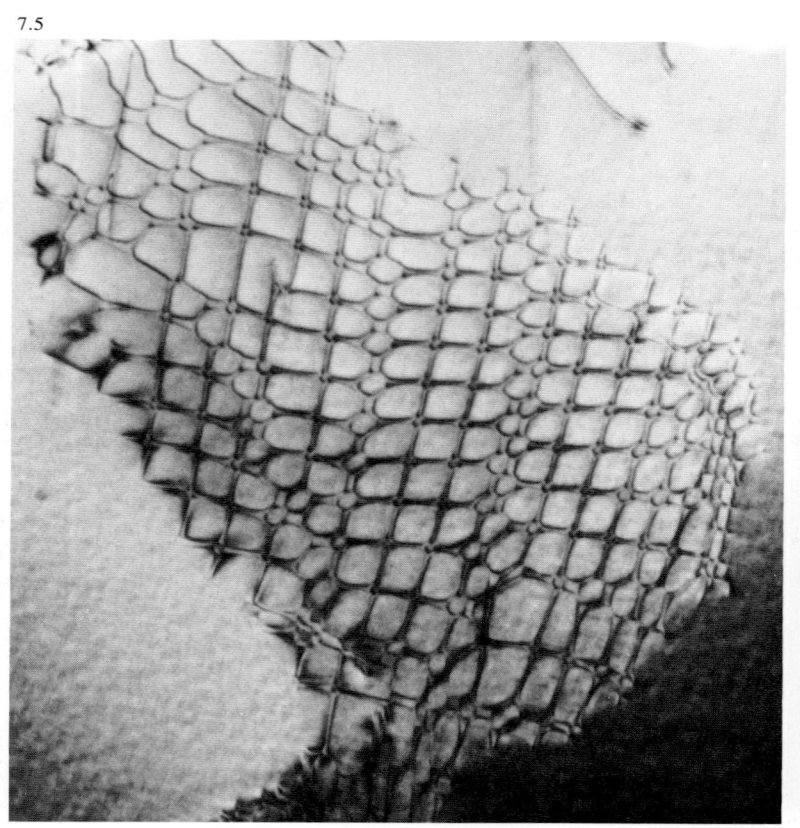

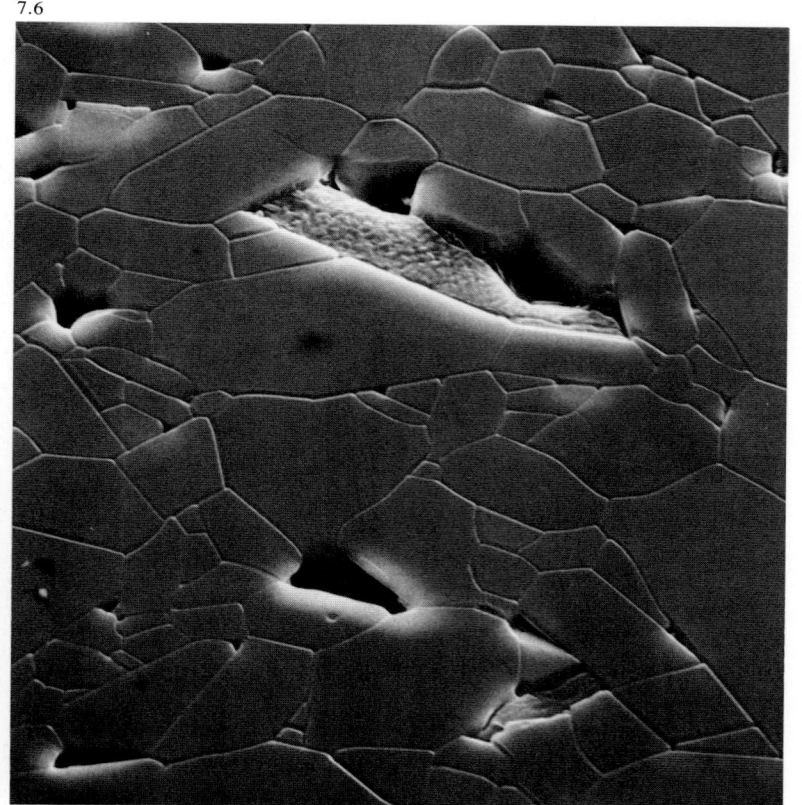

7.5

7.6

7.7

7. DIE WELT DES ANORGANISCHEN

Strukturen, die durch Wärmebehandlung entstehen

Einige Werkstoffe besitzen die nützliche Eigenschaft, je nach Art der chemischen Legierung oder Wärmebehandlung ihre Atomstruktur zu verändern. Stahl läßt sich wärmebehandeln, und dies hat ihn zur wichtigsten aller je erfundenen Legierungen gemacht. Er entsteht, wenn man zu Eisen kleine Mengen von Kohlenstoff zufügt. Bei einer Temperatur unter Rotglut liegt das Eisen in der kubisch-raumzentrierten oder *Ferrit*-Phase vor. Die Ecken und die Mitte der würfelförmigen Elementarzelle sind von Eisenatomen besetzt, und die Kohlenstoffatome sitzen „dazwischen". Bei Temperaturen über Rotglut befinden sich auch in den Zentren der Würfelflächen Eisenatome. Dies ist die kubisch-flächenzentrierte oder *Austenit*-Phase. Wenn man rotglühenden Stahl sehr rasch abkühlt, wird die Neubildung von Ferrit verhindert, und es entsteht ein sprödes Umwandlungsprodukt — der *Martensit*. Erwärmt man den Stahl dann wieder sorgsam, so daß der Zerfall des Martensits gesteuert werden kann, erhält man einen Stahl mit optimalen Eigenschaften — der harte, aber brüchige Martensit steht in einem ausgewogenen Verhältnis zum zäheren Ferrit. Umwandlungen wie diese lassen sich direkt beobachten, wenn man Proben wärmebehandelt, während sie sich im Mikroskop befinden.

7.8 Diese beiden Mikrophotographien zeigen die Umwandlung von Austenit in Martensit. Der Austenit (links) hatte eine Temperatur von 1070 Grad Celsius. Er wurde dann in acht Sekunden auf 850 Grad abgekühlt und verwandelte sich dadurch in Martensitlamellen (rechts). Die Aufnahmen wurden mit einem Photoemissionselektronenmikroskop erstellt. Dieser Mikroskoptyp erzeugt ein Bild mit Hilfe des Lichts, das abstrahlt, wenn eine Probe mit Elektronen bombardiert wird. Man kann damit auch heiße Proben betrachten. [Photoemissionselektronenmikroskop, ×870]

7.9 Diese Mikrophotographie zeigt typische Auswirkungen einer sehr raschen Wärmebehandlung. Die Probe, eine Magnesiumoxidkeramik, wurde mit einem Laserstrahl wärmebehandelt, und man sieht drei verschiedenartige Strukturen. Die glatten Körner unten im Bild besitzen eine gut gesinterte Mikrostruktur — das Pulver, aus dem man die Keramik fertigte, wurde bei einer Temperatur unterhalb seines Schmelzpunkts zusammengebacken. Oberhalb der glatten Körner wurde die Keramik vom Laserstrahl geschmolzen. Der körnige Bereich besteht aus kleinen Kristallen, die nur begrenzt gewachsen sind, weil eine rasche Abkühlung folgte. Oben im Bild schloß sich dagegen nach einem längeren Schmelzvorgang eine weniger rasche Abkühlung an, was zur Bildung von Körnern mit einer „Tannenbaum"- oder Dendritenstruktur führte. [REM, ×750]

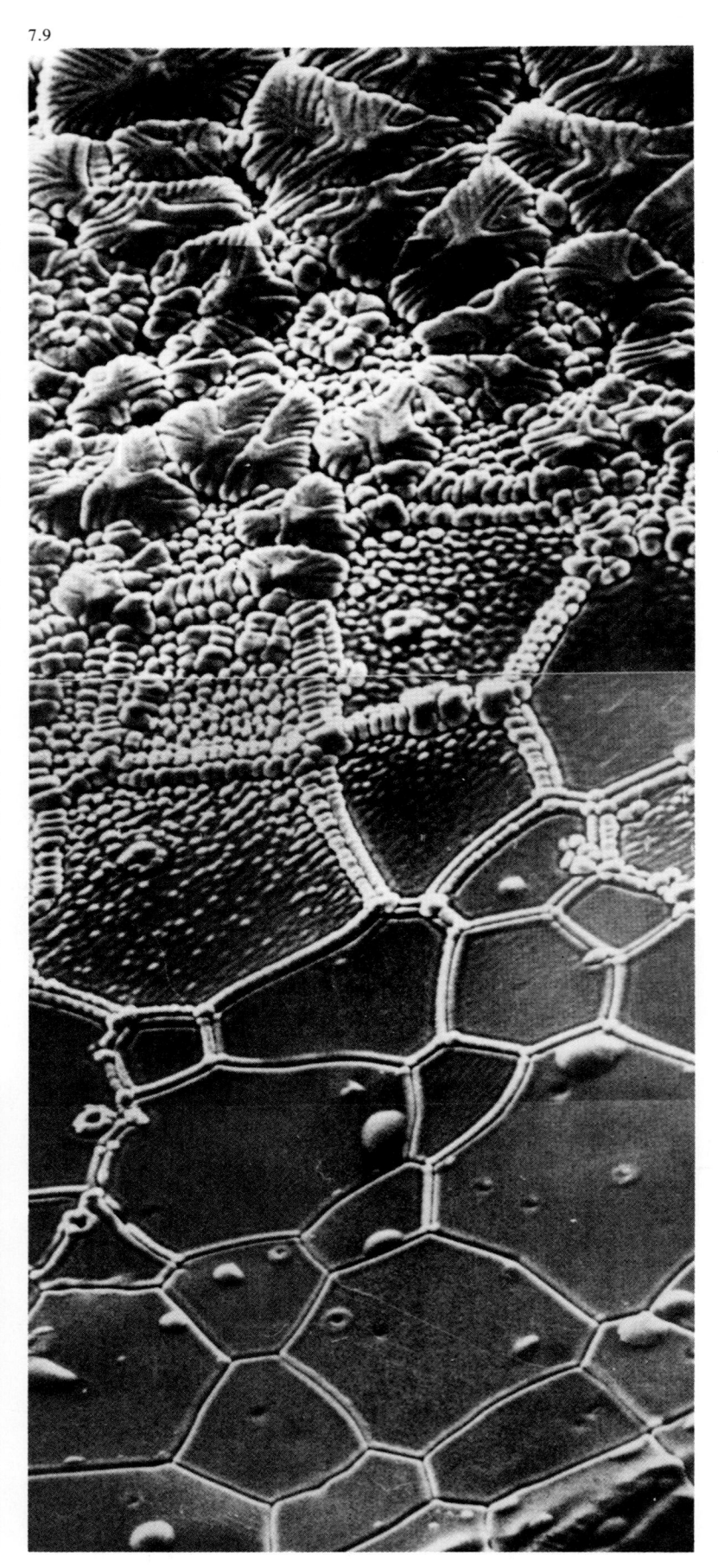

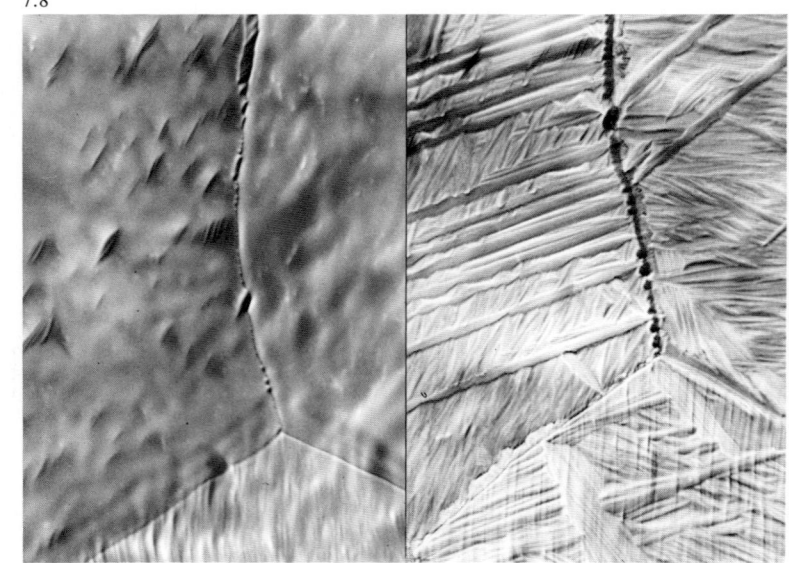

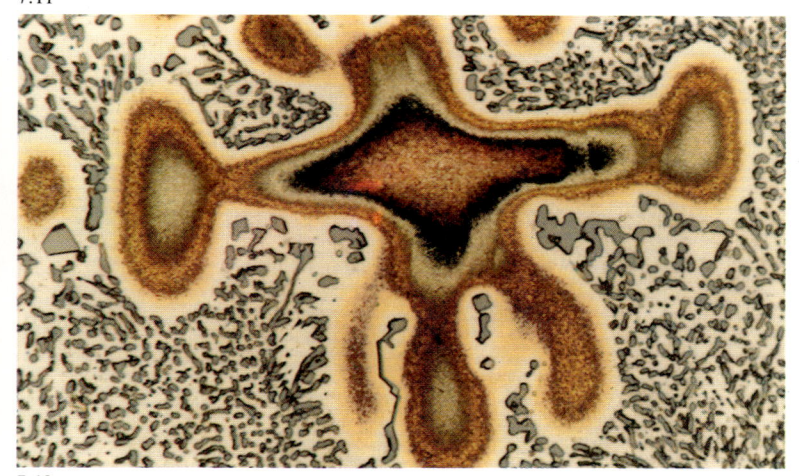

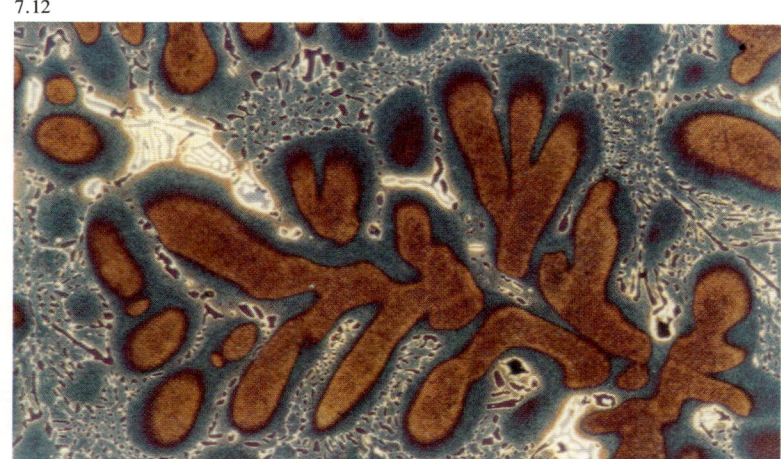

Dendritenstrukturen

Die ziemlich regelmäßigen Polygone im unteren Teil der vorigen Mikroaufnahme sind die einfachsten Vertreter einer Vielzahl von Kornmorphologien. Der jeweilige Korntyp hängt vom Material selbst und von der Methode ab, mit der es hergestellt wurde. Wenn Werkstoffe wärmebehandelt werden, verändern sich ihre Atomstruktur und ihr Korngefüge, und beim Abkühlen kommt es zu weiteren Veränderungen. Dendritische oder baumartige Strukturen sind typisch für gegossene Materialien — also solche, die in einer Gußform vom geschmolzenen, flüssigen Zustand in den festen übergingen. Die Erstarrung ist ein komplizierter, dynamischer Vorgang. Wenn sich Atome aus der flüssigen Phase den geordneten kristallinen Strukturen der festen Phase anschließen, lagern sie sich bevorzugt an bestimmte atomare Ebenen an. Im Prozeß der Erstarrung geben Atome auch Wärme ab, und dies trägt dazu bei, daß in der Schmelze „Finger" aus festem Material wachsen. Diese primären *Dendriten* senden sehr rasch sekundäre Arme in spezifischen Winkeln und dann tertiäre Arme in anderen spezifischen Winkeln aus, so daß sich baumartige Strukturen bilden. Die Erstarrung ist abgeschlossen, wenn sich schließlich die Flüssigkeit zwischen jedem „Baum" verfestigt hat. In einem reinen Werkstoff beginnen viele Dendriten gleichzeitig zu wachsen und kollidieren dann miteinander. Ihre Grenzen bilden die auf den vorangehenden Seiten gezeigten Korngrenzen.

7.10 Diese Dendriten einer Aluminium-Titan-Legierung (Al_3Ti) wurden unter kontrollierten Bedingungen gezüchtet und dann mit Säure freigelegt, um die Winkelbeziehungen der Kristallgitter und der Dendritenarme untersuchen zu können. Mehrere primäre Dendriten haben sich vom linken Bildrand her gebildet. Die sekundären Dendriten verlaufen bemerkenswerterweise exakt parallel zueinander (und die auf ihnen wachsenden tertiären Dendriten wiederum parallel zu den jeweiligen primären Dendriten). [REM, Säureextraktion, ×100]

7.11 Wenn eine unreine Flüssigkeit (oder eine Legierung aus mehreren Metallen) abgekühlt wird, bilden sich die Dendriten aus der Phase, die bei der höchsten Temperatur erstarrt. Der verbleibenden Schmelzflüssigkeit fehlt nun das Material, aus dem die Dendriten entstanden; sie verfestigt sich in die Dendritenzwischenräume hinein und verdickt die Dendritenarme. Die lichtmikroskopische Aufnahme zeigt einen Anschliff eines inhomogenen Dendriten, der auf diese Weise in einer bei Druckgußverfahren verwendeten Aluminium-Silicium-Legierung entstanden ist. Eine Farbätzung hat das dunkelbraune rautenförmige Zentrum des Dendriten zum Vorschein gebracht. Um diesen Kernbereich liegen mehrere olivgrün, hellbraun und gelbweiß gefärbte „Häute", die links und rechts des Zentrums Seitenarme und über und unter ihm Lappen ausbilden. Diese Häute gingen aus immer stärker „verarmten" Varianten jenes Materials hervor, aus dem der Kern besteht. Als der Dendrit fertig war, verfestigte sich das verbleibende Material zu der eutektischen grauen und weißen Struktur, die den Rest des Bilds ausfüllt. Ein *Eutektikum* ist ein Gemenge, das bei einer gegebenen Temperatur *en masse* und mit einheitlicher Gesamtzusammensetzung erstarrt; als Folge davon haben Eutektika in Dünnschliffen eine charakteristische „gesprenkelte" Struktur. [LM, polierter Schliff, Weck-Farbätzung, ×100]

7.12 Diese Legierung ähnelt der von Abbildung 7.11, nur wurden hier noch Magnesium und Eisen hinzugefügt. Die rotbraunen Dendriten sind von einer dunkelblauen Phase umhüllt. Die eutektische Phase zwischen den Dendriten besteht nun aus zwei Varianten, einem überwiegend weißen Aluminium-Silicium-Eisen-Eutektikum und einem vorwiegend blauen Silicium-Aluminium-Eutektikum. [LM, polierter Schliff, Weck-Farbätzung, ×100]

7.13

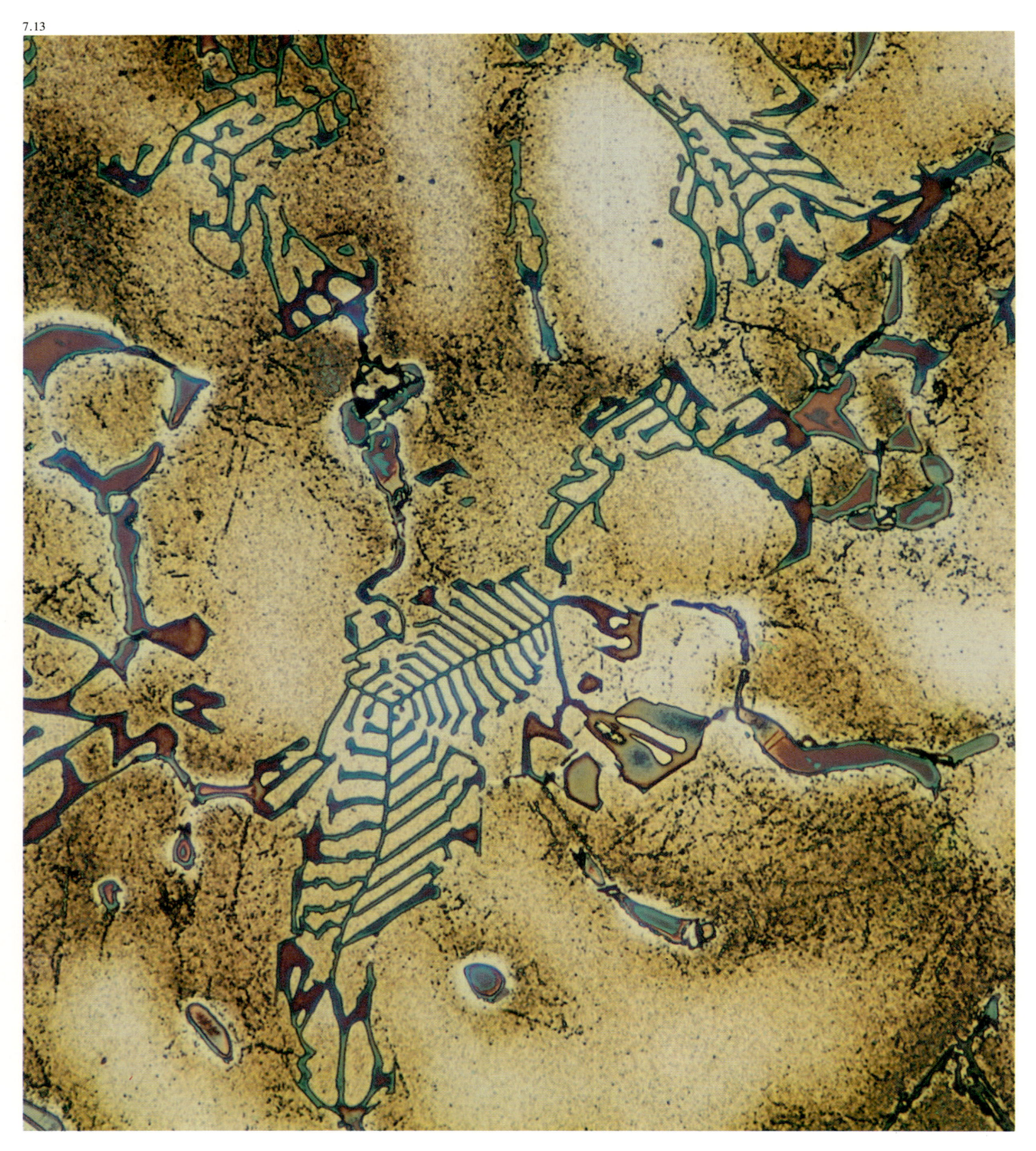

7. DIE WELT DES ANORGANISCHEN

7.13 Für den industriellen Bedarf ist eine große Vielfalt von Aluminiumlegierungen entwickelt worden. Die auf der vorangehenden Seite beschriebene Aluminium-Silicium-Legierung ist eine binäre oder Zweistofflegierung mit eutektischer Zusammensetzung — Aluminium und etwa elf Prozent Silicium. Da die Festigkeit des Werkstoffs abnehmen kann, wenn die Dendriten zu groß werden, reguliert man deren Größe, indem man die Gußschmelze durch die Zugabe kleiner Mengen metallischen Natriums modifiziert. Damit läßt sich zwar die metallurgische Qualität des eigentlichen Gußstücks kontrollieren, doch können das in der Gußpfanne verbleibende Metall oder irgendwelche Reste aus dem Gußvorgang nicht wieder neu eingeschmolzen werden. Wenn man den Anteil an Silicium verringert und es durch Kupfer ersetzt, muß die Schmelze nicht mehr mit Natrium modifiziert werden; außerdem nimmt die Festigkeit der Legierung zu. Man kann noch andere Elemente beifügen, um die Gießfähigkeit der Legierung zu verbessern und mikrostrukturelle Veränderungen hervorzurufen. Solche Legierungszusätze bilden komplexe und zahlreiche Phasen. Die treffend als „chinesische Schrift" bezeichneten Strukturen in dieser lichtmikroskopischen Aufnahme stellen Aluminium-Kupfer-Eisen-Mangan-Dendriten dar, die von primären (Wirts-)Dendriten aus der Aluminium-Silicium-Legierung umgeben sind. Der Raum zwischen den primären Dendritenarmen ist stellenweise von der intermetallischen chemischen Verbindung Kupferaluminid ausgefüllt; dies sind die braunroten Bereiche mit grünen Rändern. Über das gesamte Bild verteilen sich verschiedene Braunschattierungen auf weißem Grund. Nach dem Polieren wurde die ganze Probe in ein färbendes chemisches Ätzmittel getaucht. Diese Lösung lagerte die braunen Schattierungen entsprechend der variierenden chemischen Zusammensetzung des Präparats ab (die auf einem als „Gußseigerung" bezeichneten Effekt beruht). [LM, polierter Schliff, Ammonium-Molybdat-Farbätzung, ×50]

7.14 Diese rasterelektronenmikroskopische Aufnahme zeigt, welche komplizierten Formen Dendriten annehmen können. Das Präparat ist ein Schnellarbeitsstahl der Art, wie er beispielsweise für Schneidwerkzeuge metallverarbeitender Maschinen verwendet wird. Die leiterähnlich geformten Dendriten wurden durch eine langdauernde Säureätzung freigelegt und bestehen aus Metallcarbiden. Die Gestalt der Dendriten und die Art, wie ihr Wachstum die umgebende Mikrostruktur beeinflußte, beruhen auf der Verwendung von Niob als Legierungselement in dem Stahl. [REM, Tiefätzung, ×2000]

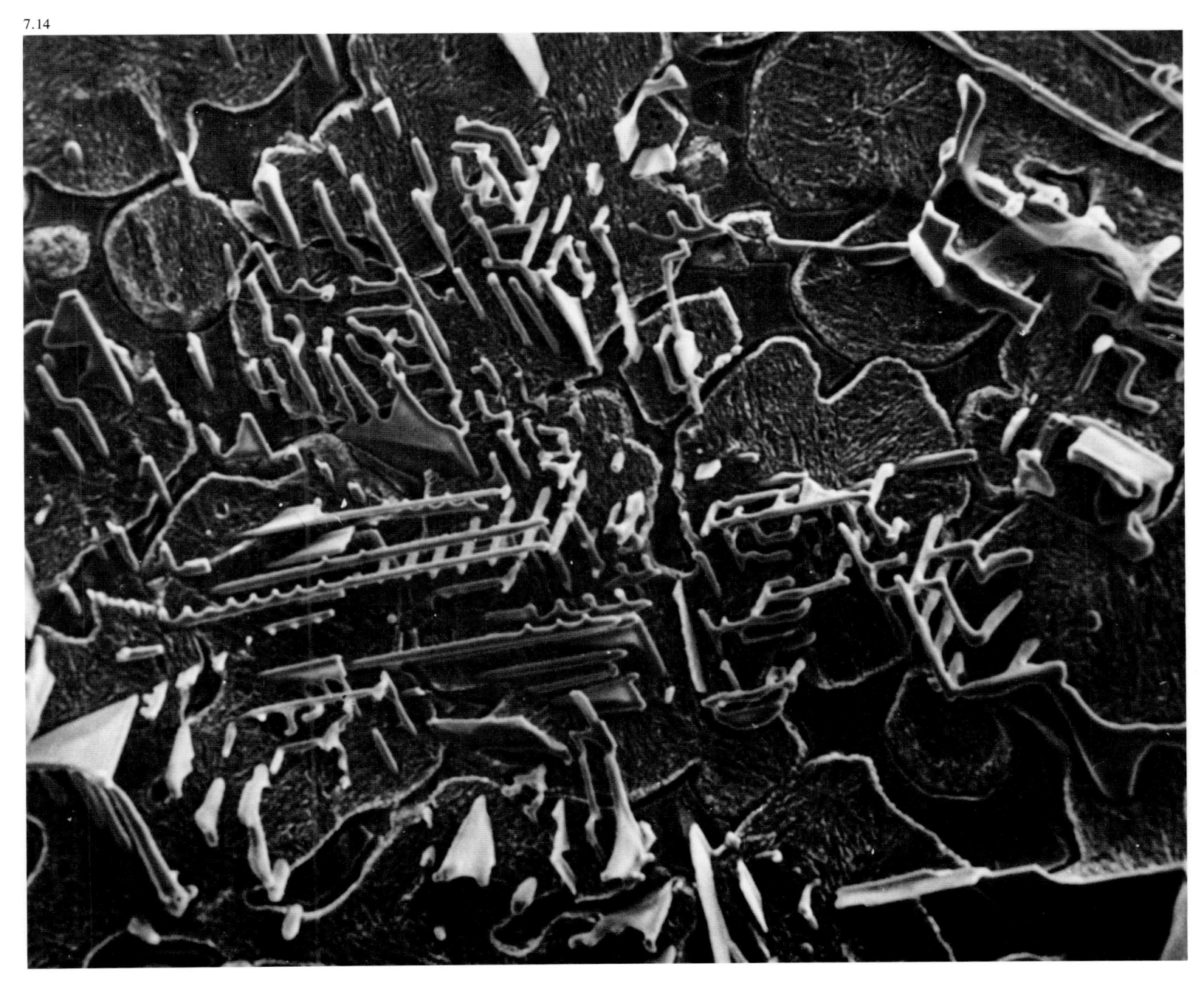

7.14

Kristallstrukturen

Die atomare Anordnung, die der Symmetrie kristalliner Feststoffe zugrunde liegt, läßt sich nur mit Hilfe des Elektronenmikroskops sichtbar machen, doch die daraus entstehenden Kristallformen sind oft so groß, daß man sie im Lichtmikroskop oder sogar mit bloßem Auge sehen kann. Diese ausgedehnten Gebilde entsprechen eher den Vorstellungen, die der Laie vom Aussehen eines Kristalls hat.

Wenn man Kristalle in einem engen Raum wachsen läßt — etwa zwischen einem Objektträger und einem Deckglas — und sie dann mit polarisiertem Licht beleuchtet, entstehen Bilder, die zu den farbenfrohsten gehören, die in der Mikroskopie möglich sind. Obwohl sich ein normaler, dreidimensionaler Kristall unter diesen Bedingungen nicht entwickeln kann, ist die zugrundeliegende atomare Symmetrie noch vorhanden und beeinflußt die Lichtwellen. Sie beugt die einzelnen Komponenten weißen polarisierten Lichts auf unterschiedliche Weise, so daß reine Spektralfarben entstehen, die diesen Bildern ihre strahlende Klarheit verleihen.

Das Betrachten und Photographieren von Kristallen unter polarisiertem Licht zählt zu den Lieblingsbeschäftigungen vieler Amateurmikroskopiker. Ein Hauptgrund dafür ist, daß sich dies sehr einfach bewerkstelligen läßt. Mit Ausnahme von Glas und amorphen Substanzen wie Ruß bildet fast jedes Material Kristalle. Von vielen allgemein erhältlichen Elementen und Chemikalien kann man auf dem Objektträger eines Mikroskops Kristalle züchten, indem man sie entweder schmilzt und dann abkühlt oder auflöst und anschließend ein Tröpfchen der Lösung verdampfen läßt.

7. DIE WELT DES ANORGANISCHEN

7.15 Diesen sehr reinen Schwefel ließ man zwischen einem Objektträger und einem Deckglas erstarren. Nur eine „mikroskopisch" kleine Menge wurde verwendet, um die weniger als zehn Mikrometer breite Lücke zwischen den beiden Glasplättchen zu füllen. Der Objektträger wurde dann erhitzt, bis der Schwefel schmolz. Die anschließende Abkühlung führte zu einer spontanen Bildung von Kristallen, die in alle Richtungen wuchsen, bis sie miteinander zusammenstießen und dabei unregelmäßige Korngrenzen erzeugten. Eine weitere Abkühlung rief *Mikrofrakturen* hervor, die als Serie feiner, nahezu paralleler schwarzer Linien zu sehen sind. Die kleinen schwarzen Punkte stellen Hohlräume dar. [LM, kreuzpolarisiertes Licht, ×120]

7.16 Wenn chemische Substanzen auskristallisieren, können dendritische Strukturen entstehen, die jenen in erstarrenden Metallen und Legierungen sehr ähnlich sind. Die federartige Anordnung der primären und sekundären Dendriten in diesen Kristallen des Schmerzmittels Distalgesic gleicht jener der Aluminium-Titan-Legierung in Abbildung 7.10, obwohl die beiden Substanzen völlig verschieden sind. [LM, kreuzpolarisiertes Licht, ×45]

7.17 Diese rasterelektronenmikroskopische Aufnahme vom Belag eines elektrischen Wasserkochers könnte leicht mit einem Objekt aus dem Bereich des Gartenbaus verwechselt werden. Kesselstein besteht aus Calciumsulfatnadeln, die aus hartem Wasser in regelmäßigen kristallinen Formen ausgefällt werden. Dem Geologen ist Calciumsulfat als Anhydrit bekannt. Auch in der Natur besitzt es meist ein monoklines Kristallgitter und bildet blumenähnliche Nadelklumpen aus. Von anhydrithaltigem Gestein bezieht Wasser seine Härte. Jedes Jahr werden annähernd zehn Millionen Tonnen Anhydrit (und sein Hydrat – Gips) abgebaut und für Baustoffe verwendet. [REM, ×500]

7.18

7.18–7.19 Diese beiden Mikrophotographien zeigen das Vitamin C – eine Substanz, die wie Anhydrit eine monokline Kristallstruktur besitzt. Die rasterelektronenmikroskopische Aufnahme könnte leicht als Nahaufnahme des Kesselsteins von Abbildung 7.17 durchgehen, da sie einen sehr ähnlichen Kristallhabitus zeigt. Das lichtmikroskopische Bild dagegen sieht völlig anders aus und veranschaulicht sehr gut, was geschieht, wenn man das Kristallwachstum auf die Dicke eines Dünnschnitts beschränkt. Eine solche räumliche Einschränkung läßt sich auf die gleiche Art wie beim Schwefel in Abbildung 7.15 oder durch Verdampfen eines kleinen Tropfens Vitamin-C-Lösung auf einem Ojektträger erreichen.

Die kreuzförmige *Interferenzfigur*, die in der lichtmikroskopischen Aufnahme im Zentrum des „Auges" auftritt, ist ein typisches Kennzeichen des Einsatzes von polarisiertem Licht. Sie entsteht, weil Polarisator und Analysator im optischen Gang des Mikroskops im rechten Winkel zueinander stehen (gekreuzte Polarisationsfilter; in den technischen Informationen am Legendenende ist kurz „kreuzpolarisiertes Licht" notiert). Interferenzfiguren betrachtet man normalerweise durch ein Mikroskop, bei dem man das Okular entfernt hat. Indem der Mikroskopiker untersucht, wie sie sich bewegen, während die Probe gedreht wird, kann er bestimmen, zu welcher kristallographischen Gruppe die Probe gehört. Wie beim Schwefel in Abbildung 7.15 traten auch hier in einem gewissen Maß Mikrofrakturen auf. In diesem Fall bildeten sich die Sprünge im Präparat durch die Spannung, die beim Trocknen des Materials entstand. Die Belastung verlief im rechten Winkel zu den Frakturen und wirkte daher fast rechtwinklig auf die Korngrenze ein, die das Bild in der Mitte teilt und um das „Auge" herum ausgelenkt ist. Die zackigen „Berggipfel" an beiden Seiten des Bilds sind unvollständig gebildete Dendriten, die zu wachsen aufhörten, als alles verfügbare Wasser verdunstet war. [7.18 REM, ×80; 7.19 LM, kreuzpolarisiertes Licht, ×150]

7. DIE WELT DES ANORGANISCHEN

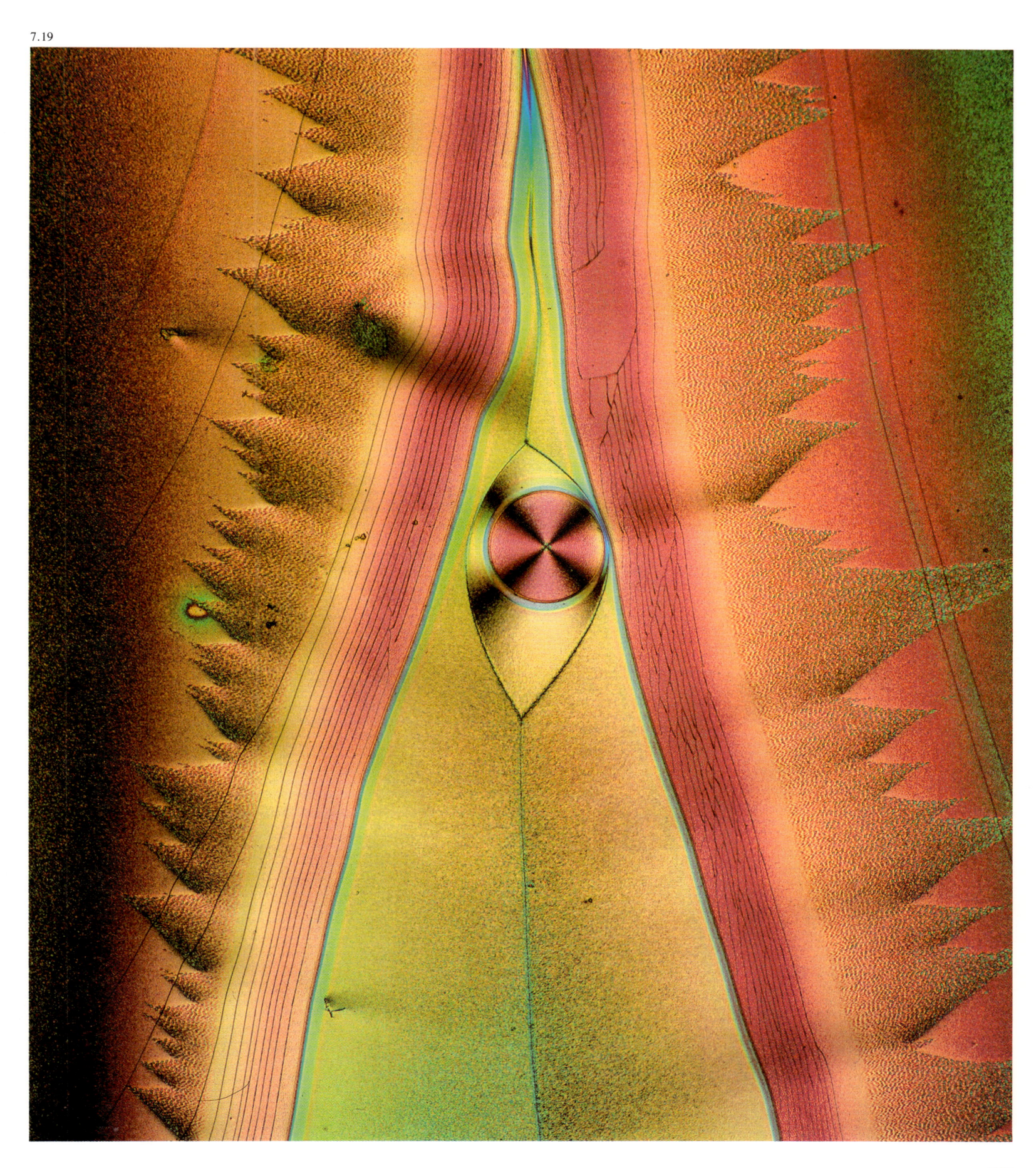

7.19

Petrologie

Das Studium der Gesteine ist ein Zweig der geologischen Wissenschaften und wird Petrologie genannt. In mancher Hinsicht bildet die petrologische Mikroskopie eine Brücke zwischen der biologischen und der materialwissenschaftlichen Mikroskopie. Der Petrologe verwendet Dünnschnitte (beziehungsweise Dünnschliffe) wie der Biologe, teilt jedoch alle Konzepte von Kristallstruktur, Erstarrung und Phase mit dem Metallurgen. Das petrologische Mikroskop ist ein Spezialinstrument, das ausgeklügelte Polarisationseinrichtungen und einen exakt drehbaren Objekttisch besitzt. Gesteinsproben, die untersucht werden sollen, klebt man auf einen Glasträger und schleift sie dann, bis sie nur noch 30 Mikrometer dick sind. Bei dieser Dicke sind die Minerale im Stein überwiegend durchsichtig, doch wenn man sie in kreuzpolarisiertem Licht untersucht, zeigen sie eine Vielzahl von Farben und Schattierungen (einschließlich Grau). Durch Kenntnis dieser Farben und ihrer Veränderungen bei einer Drehung der Probe kann der Petrologe bestimmen, welche Minerale in dem Gesteinsstück vorhanden sind.

Der Petrologe ist der Historiker unter den Mikroskopikern — letztlich sind seine Untersuchungsobjekte so alt wie die Erde. Das Erdinnere (genauer gesagt, der Mantel) enthält eine geschmolzene Mischung gesteinsbildender chemischer Substanzen — das *Magma*, das von Zeit zu Zeit in vulkanischen Prozessen durch die feste, äußere Erdkruste ausgestoßen wird. Wenn es erstarrt, bildet es ein *Eruptivgestein*, dessen Zusammensetzung vom ursprünglichen Magma und von der thermischen Geschichte während der Ausstoßung und unmittelbar danach abhängt.

7.20 Gabbro ist ein Eruptivgestein, das die Minerale Olivin und Plagioklas enthält. Olivin läßt sich im Mikroskop an den vielen zufällig ausgerichteten Frakturen erkennen, Plagioklas (ein trikliner Natrium-Calcium-Feldspat) am Vorkommen multipler Zwillinge in seinen leistenförmigen Kristallen. In dieser mit polarisiertem Licht erzeugten Mikrophotographie erscheinen die Kristallzwillinge in vielen verschiedenen Farben, weil eine spezielle Filterplatte (*tint plate*) im optischen Gang des Mikroskops verwendet wurde. [LM, kreuzpolarisiertes Licht mit *tint plate*, ×36]

7.21 Die oberen vier Bilder auf der rechten Seite zeigen ebenfalls Eruptivgesteine. Im ersten ist ein Granit aus Cornwall zu sehen, der eine kompliziertere Mineralzusammensetzung als Gabbro hat. Er enthält Quarz, Orthoklas, Plagioklas, Biotit und Chlorit. Bei den unterschiedlich schattierten grauen Kristallen handelt es sich um Quarz, bei den Kristallzwillingen um Plagioklas. Das Biotit erscheint in einer Vielzahl leuchtender Interferenzfarben. Die mittelgrauen, mit weißen Adern durchsetzten Kristalle sind Orthoklaswirte mit eingelagerten Albitlamellen. [LM, kreuzpolarisiertes Licht, ×7]

7.22 Diese Probe, ein porphyrischer Basalt vom Mont Dore in Frankreich, zeigt eine ganz andere Textur als Granit, obwohl er mit ihm ein Mineral — den Plagioklas — gemeinsam hat. Der Plagioklas tritt deutlich in Form der langen „zebrastreifigen" Kristallzwillinge hervor, die in einer sehr feinen basaltischen Grundmasse (Matrix) liegen. Große Kristalle in einer feinkörnigen Matrix werden *Einsprenglinge* genannt. Bei den leuchtend gefärbten Einsprenglingen in dieser Probe handelt es sich um Pyroxen und Olivin. Es ist ein Kennzeichen dieser Gesteinsart, daß die feinkörnige Matrix eine vergleichbare chemische Zusammensetzung hat wie die Einsprenglinge. Deren jeweilige Größe hängt von der Geschwindigkeit ab, mit der sie sich im Magma abkühlten. [LM, kreuzpolarisiertes Licht, ×7]

7.23 Bei diesem porphyrischen Gestein aus Aberdeen in Schottland ist der Unterschied zwischen den großen Einsprenglingen und der feinen Matrix noch deutlicher. Während diese Einsprenglinge aus klarem, grauen Quarz und trübem Orthoklas (einem anderen Feldspatvertreter) wuchsen, fand eine langsame Abkühlung statt, der dann, als die vulkanische Lava an die Erdoberfläche geschleudert wurde, ein sehr rasches Erstarren der Matrix folgte. Der große Kristallzwilling in der oberen rechten Bildhälfte ist ein Karlsbadzwilling, eine einfachere Variante der multiplen Zwillinge des Plagioklas. [LM, kreuzpolarisiertes Licht, ×7]

7.24 Im Inneren eines einzelnen Einsprenglings können durch einen Prozeß, der *Kristallseigerung* genannt wird, zyklische Variationen in Zusammensetzung und Textur auftreten (Zonenmischkristall). Die stark farbigen Einsprenglinge in dieser Plagioklasprobe haben alle eine Zonenstruktur, doch in dem blau-gelben Sechseck rechts unten ist sie am deutlichsten ausgeprägt. Die Zonen entstanden, weil sich die chemische Zusammensetzung der magmatischen Schmelze änderte, als vor der Erstarrung des Gesteins die Einsprenglinge wuchsen und in Richtung Erdoberfläche trieben. Die Erstarrung blockierte dann weitere Veränderungen und hielt alle bis dahin entstandenen Variationen an ihrem Platz fest. [LM, kreuzpolarisiertes Licht, ×7]

7.25–7.26 Der Ablagerung von Eruptivgesteinen folgt im „Gesteinszyklus" die Verwitterung. Dieser Prozeß beruht auf der Einwirkung von Regen, Wind und Temperaturschwankungen, die gemeinsam das Gestein in Fragmente zerlegen und diese in tieferliegende Gebiete transportieren. Vom Ursprungsort entferntes Gesteinsmaterial lagert sich schließlich als Sediment ab und verwandelt sich in *Sedimentgestein*. Wenn ein solches Gestein überdeckt und eingebettet wird, erfährt es unter Hitze und Druck eine Umwandlung in *metamorphes* Gestein. Dieses kann wieder an die Erdoberfläche kommen und erneut verwittern oder aber vollständig geschmolzen und dann wieder als vulkanisches Gestein ausgestoßen werden, so daß sich der Kreislauf schließt.

Die Abbildungen 7.25 und 7.26 zeigen Proben von Sediment- beziehungsweise metamorphem Gestein. Bei ersterem handelt es sich um eine *Grau*

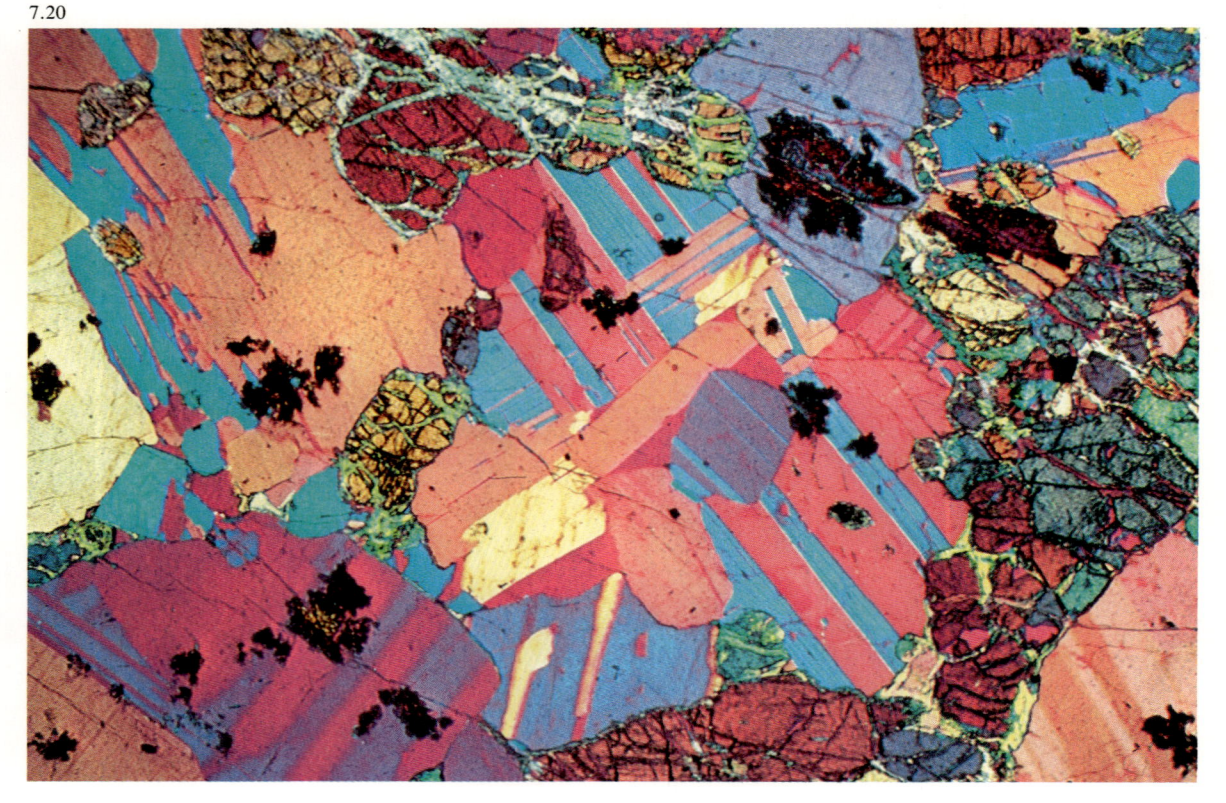

7. DIE WELT DES ANORGANISCHEN

wacke, die aus verschieden großen Fragmenten in einer überwiegend feinen Matrix besteht. Eine solche Zusammensetzung ist typisch für abgelagertes Material, das nicht sehr weit von seinem Ursprungsort wegtransportiert wurde und somit wenig Gelegenheit hatte, glattgeschliffen und verrundet zu werden. Das dunkle, ovale Korn rechts von der Bildmitte besteht aus vielen „suturierten" (ineinander verzahnten) Quarzkörnern und stammt wahrscheinlich von einem verwitterten Quarzit, einem metamorphen Gestein.

Abbildung 7.26 zeigt eine Probe eines auch als Arkose bekannten Quarzits. Sie stammt aus Ord auf der Isle of Skye, einer Insel vor der Westküste Schottlands. Die Gesteinsprobe setzt sich aus Kristallen zusammen, die eine gleichmäßigere Größenverteilung und eine stärkere Rundung aufweisen als die der Grauwacke. Daraus läßt sich der Schluß ziehen, daß ein längerer Transport stattgefunden haben muß, wodurch die Körner geglättet und nach Größe sortiert wurden. [LM, kreuzpolarisiertes Licht, ×7]

7.21

7.22

7.23

7.24

7.25

7.26

Diagenese

Der Prozeß der Neubildung von Gestein aus verwitterten Fragmenten wird *Diagenese* genannt, wenn er nahe an der Erdoberfläche bei niedrigen Temperaturen und unter geringem Druck stattfindet. Die drei Mikrophotographien auf dieser Seite veranschaulichen die Diagenese in einer Probe eines Sandsteins, der im Prozeß der Verfestigung steht.

7.27 – 7.28 Diese beiden lichtmikroskopischen Aufnahmen zeigen denselben Dünnschliff unter unpolarisiertem (links) und polarisiertem Licht. Das polarisierte Licht verändert nicht nur die Farben, sondern macht Strukturen sichtbar, die unter unpolarisiertem Licht nicht erkennbar sind. Der Sandstein besteht aus drei Typen von Quarzfragmenten, die hier übereinanderliegen. Die grünen Flächen in Abbildung 7.27 stellen Epoxidharz dar, das in das poröse Gestein gespritzt wurde, um den Dünnschliff herstellen zu können. Das oberste Quarzkorn besitzt einen eiförmigen Kern, der von einer braunen Hülle aus Hämatit umrandet ist. Aus seiner gerundeten Gestalt läßt sich schließen, daß das Gesteinsfragment durch Transportprozesse geformt und abgeschliffen wurde. Um den Kern hat sich Quarz chemisch abgelagert und eine kristallförmige *Überwachsung* mit ebenen Kristallflächen erzeugt. Die Tatsache, daß in der Aufnahme mit polarisiertem Licht der Kern des Korns und die Überwachsung denselben Grauton aufweisen, zeigt an, daß die Kristallgitter in beiden vollkommen gleich ausgerichtet sind. Das mittlere Quarzkorn besteht aus nord-südlich ausgerichteten suturierten Unterkörnern. Sie werden von dem doppelbrechenden „akzessorischen" Mineral Muskovit durchzogen, das in Abbildung 7.28 leuchtend gefärbt erscheint. Dieses Korn hatte eine andere Entstehungsgeschichte als das erste; es ist ein Quarz*schiefer* und wurde während eines metamorphen Gesteinsbildungsprozesses gequetscht. Das unterste Korn stellt einen dritten Typus dar. Während es in unpolarisiertem Licht mehr oder weniger homogen aussieht, ist in Abbildung 7.28 deutlich zu sehen, daß es aus Unterkörnern besteht, die sich in zufälligen kristallographischen Orientierungen zusammengeschlossen haben und im polarisierten Licht somit ganz unterschiedliche Farben hervorrufen. [LM, unpolarisiertes beziehungsweise kreuzpolarisiertes Licht, ×150]

7.29 Diese rasterelektronenmikroskopische Aufnahme zeigt einen Teil desselben Gesteins, aus dem auch der Dünnschliff oben hergestellt wurde. Das Korn in der Mitte ist fast ganz von kleinen, eckigen Kristallüberwachsungen bedeckt. Diese zerklüftete Oberflächenstruktur ist charakteristisch für teilweise verfestigtes und verdichtetes Gestein. Solche Gesteine sind wirtschaftlich von Bedeutung, weil die zum Teil gefüllten Porenräume Gas oder Öl enthalten können. [REM, ×100]

7. DIE WELT DES ANORGANISCHEN

7.30–7.31 Diese Mikroaufnahmen eines Sedimentkalksteins zeigen, wie man mit Hilfe der Kathodolumineszenz feinste Einzelheiten im Inneren einer Gesteinsstruktur aufdecken kann. Das Gestein besteht hauptsächlich aus Muschelschalenbruchstücken, die verdichtet und dann durch Kalkspat (Calcit) verkittet wurden. Abbildung 7.30 ist eine lichtmikroskopische Aufnahme, die mit planpolarisiertem Licht erstellt wurde. Sie offenbart nur sehr wenig von der Substruktur zwischen den deutlich hervortretenden Schalenfragmenten. Man kann eine solche Gesteinsprobe auf dem Objekttisch eines besonderen Lichtmikroskoptyps mit einer Vakuumkammer umgeben und mit energiereichen Elektronen bombardieren. Dies bewirkt, daß der Kalkspatzement wie in Abbildung 7.31 leuchtet. Das Präparat absorbiert kurzwellige Strahlung (Elektronen) und gibt sichtbares Licht mit längeren Wellenlängen ab (zum Beispiel orangefarbenes). Die zusätzlichen Einzelheiten, die dadurch hervortreten, sind besonders deutlich in der Bildmitte zu sehen, wo sich nun die feinen Zementlagen erkennen lassen. Das rädchenförmige Sedimentpartikel ist der Stachel eines Seeigels. Aus der Gegenwart solcher Fossilien kann man schließen, daß das Gestein aus dem Mesozoikum (dem Erdmittelalter) oder dem Känozoikum (der Erdneuzeit) stammt und demnach nicht älter als etwa 200 Millionen Jahre alt – nach geologischem Maßstab also noch sehr jung – ist. [7.30 LM, planpolarisiertes Licht, Vergrößerung unbekannt; 7.31 LM, Kathodolumineszenz, Vergrößerung unbekannt]

7.32 Geologen stoßen häufig auf pflanzliches Material, das in das Gefüge von Gesteinen aufgenommen wurde. Das hier gezeigte versteinerte Holz ist ein typisches Beispiel dieses Vorgangs. Die Zellstruktur des Holzes (braun) wurde von Siliciumdioxid durchdrungen und ersetzt; das Mineral lagerte sich aus gelöstem Zustand ab und bildete schließlich einen steinernen Abdruck des ursprünglichen Holzes. Andere Minerale umgeben das Holz, wobei der hellrote Achat am meisten auffällt. [LM, Vergrößerung unbekannt]

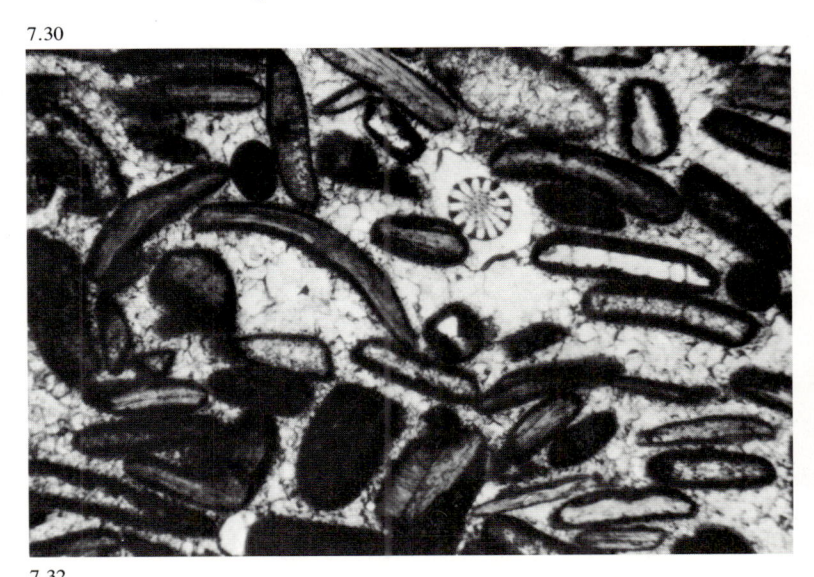

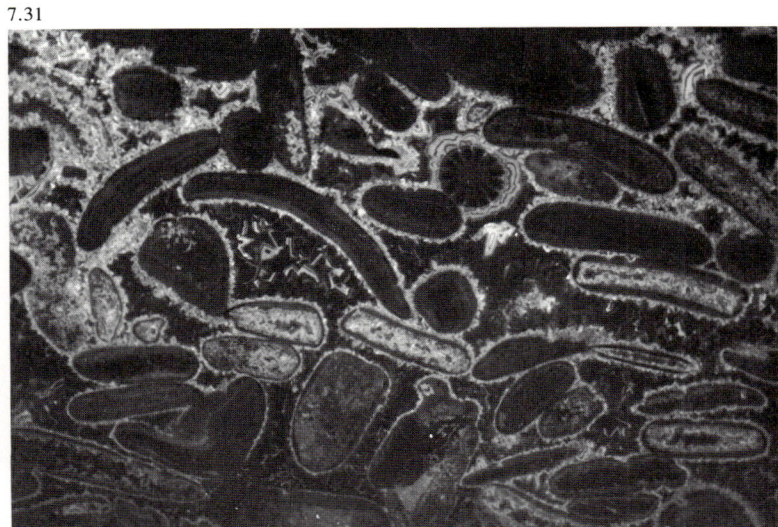

MIKROKOSMOS

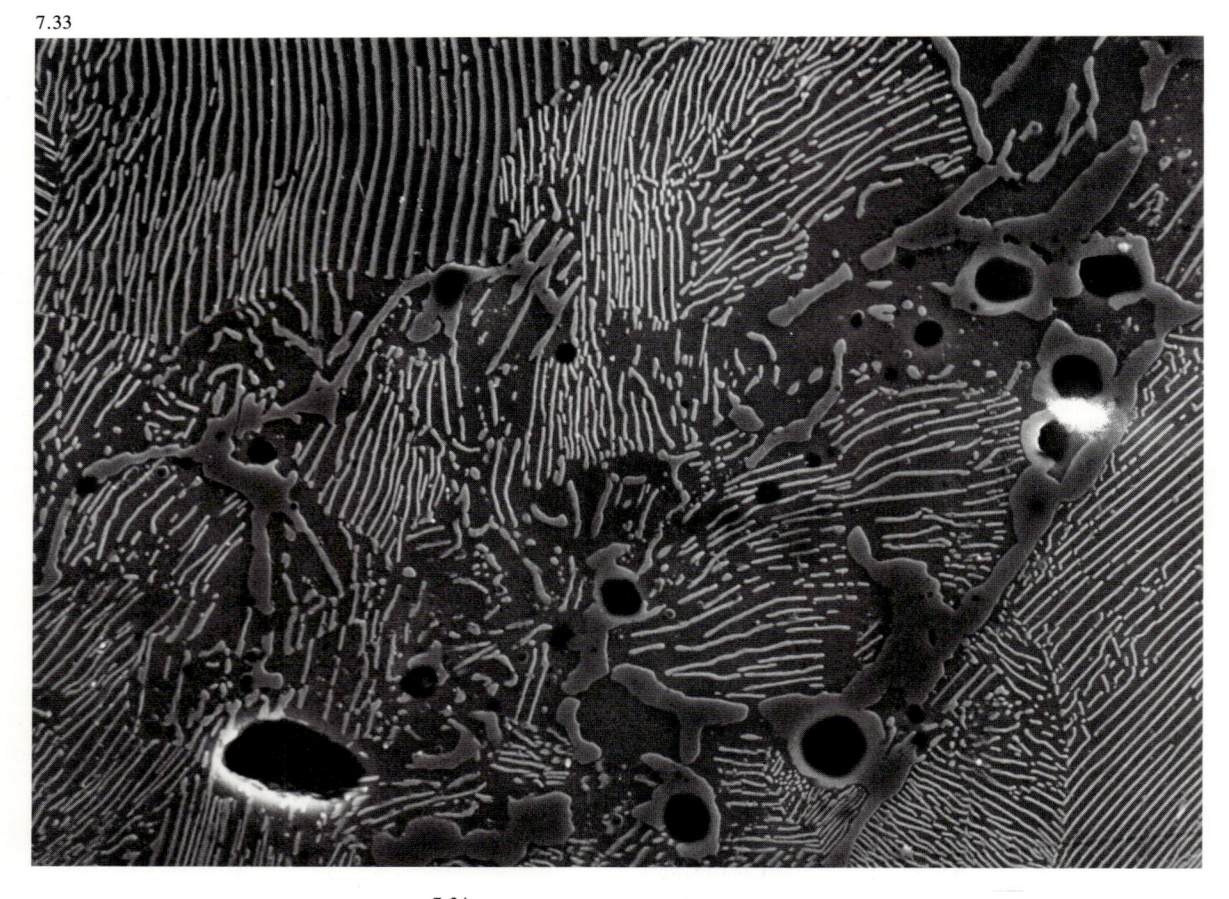

7.33

7.33 Diese Mikrophotographie zeigt einen 0,87prozentigen Kohlenstoffstahl mit einer *perlitischen* Mikrostruktur aus kleinen Lamellen. Ein solcher Stahl ist etwa zehnmal fester als reines Eisen und läßt sich mit einer Reihe von Verfahren in einer Weise wärmebehandeln, daß seine physikalischen Eigenschaften genau an die Bedürfnisse eines Konstrukteurs angepaßt werden können. Die Lamellen, die hier als helle Streifen erscheinen, weil man sie von der Seite sieht, bestehen aus abwechselnden Lagen von Eisencarbid oder *Zementit* und reinem Eisen oder *Ferrit*. Die Lamellenstruktur entsteht, weil die atomare Struktur des Eisens den Kohlenstoff abweist, wenn der Stahl abkühlt. [REM, polierter Schliff, Nital-Ätzung, ×3000]

7.34 Wenn der Kohlenstoffgehalt von Stahl weniger als 0,87 Prozent beträgt, entsteht ein gemischtes Gefüge mit getrennten Bereichen von Perlit und Ferrit. Dieser Stahl ist geschmeidiger und eignet sich deshalb besonders zur Herstellung von Teilen, die eine komplizierte Formgebung erfordern. Das Beispiel hier zeigt einen Stahl, der 0,4 Prozent Kohlenstoff enthält. Die gelbe, dreieckige Figur ist eine Korngrenze aus Ferrit, die in einem früheren Stadium der Wärmebehandlung aus Austenit bestand und während der raschen Abkühlung in

Eisenmetalle

Metalle gehören neben Nahrung und Wasser zu den wertvollsten Gütern der modernen Gesellschaft. Die Tatsache, daß zwei Zeitalter der Menschheitsgeschichte — die Bronze- und die Eisenzeit — nach Metallen benannt sind, zeugt von ihrer Bedeutung. Metalle werden in zwei große Gruppen eingeteilt: in solche, die Eisen enthalten — die *Eisenmetalle* —, und in solche, die aus anderen Materialien bestehen — die *Nichteisenmetalle* oder *Buntmetalle*. Die Hauptvertreter der ersten Gruppe sind Stähle und Gußeisenarten. Die Zugabe von Kohlenstoff zu Eisen erzeugt Stahl, wie auf Seite 130 beschrieben wurde. Schon 0,05 Prozent Kohlenstoff beginnen die Eigenschaften des Eisens zu verändern.

7.34

7. DIE WELT DES ANORGANISCHEN

das Gefüge „eingefroren" wurde. Sie zeigt einen „Fischgrat"- oder „Sägezahn"-Aufbau. Die Perlitkristalle erscheinen als Mischung von Grün- und Blautönen. [LM, DIK nach Nomarski, polierter Schliff, Nital-Ätzung, ×100]

7.35 Eisen kann nur eine begrenzte Anzahl von Kohlenstoffatomen ins *Innere* seiner Atomstruktur aufnehmen. Wenn der Anteil an Kohlenstoff vier Prozent übersteigt, bilden sich getrennte Kohlenstofflamellen oder -partikel, und der „Stahl" wird als *Gußeisen* bezeichnet. Gußeisen eignet sich sehr gut zur Herstellung großer, massiver Teile. Ein hoher Anteil an Kohlenstoff macht außerdem die Oberfläche der Gußstücke hart und widerstandsfähig. Die Abbildung zeigt einen „Grauguß", der überschüssigen Kohlenstoff in Form von Graphitlamellen enthält. Diese tragen dazu bei, Vibrationen zu dämpfen — eine nützliche Eigenschaft in großen Gußstücken. Außerdem erleichtern sie die maschinelle Bearbeitung und absorbieren Spannungen, die durch die Schrumpfung des Gußstücks während des Erstarrens entstehen. Die Probe wurde mit einer dünnen Schicht Eisenoxid überzogen, um die verschiedenen Bestandteile des Gußeisens in unterschiedlichen Farben hervortreten zu lassen. Die Graphitlamellen erscheinen dunkelblau vor einem Hintergrund aus orangefarbenem Perlit. Das dunkler orangefarbene Skelett in der Bildmitte besteht aus Ferrit, das winzige Eisenphosphidteilchen enthält. [LM, polierter Schnitt, Nital-Ätzung, Eisenoxidüberzug, ×950]

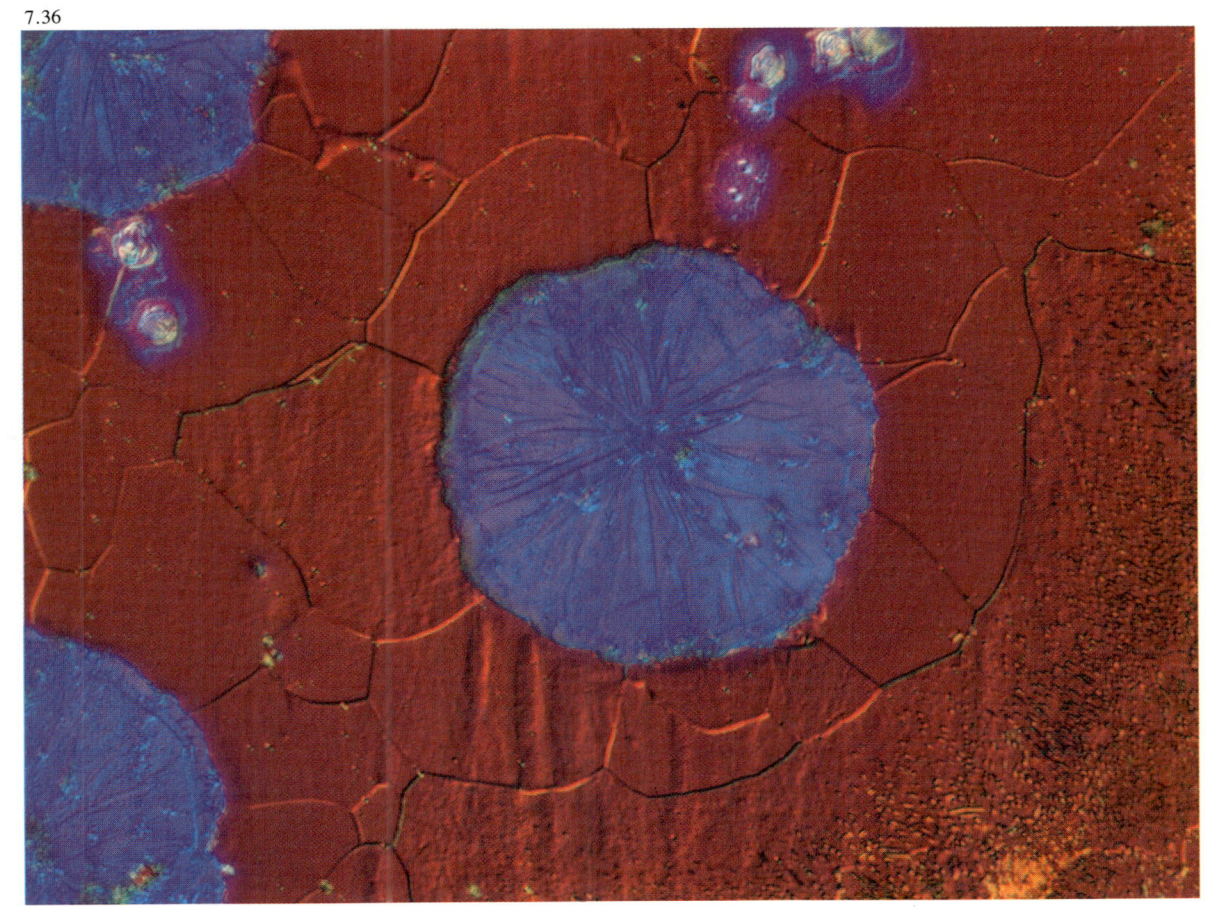

7.36 Lamellarer Graphit verbessert zwar den Grauguß in mancher Hinsicht, hat aber den Nachteil, daß er das Gußstück spröde und anfällig für Stoßbelastungen macht. Die Form des Graphits läßt sich durch die Zusammensetzung der Legierung und durch die Art der Wärmebehandlung modifizieren. Eine Zugabe von 0,04 bis 0,06 Prozent Magnesium bewirkt, daß sich der Graphit zusammenballt. Dadurch entsteht der sogenannte „Sphäroguß", der sich besser formen läßt als Grauguß, weil ihm die scharf begrenzten Lamellen fehlen. Diese Probe wurde ebenfalls mit Eisenoxid überzogen, wodurch sich die Graphitrosetten in blauem Farbton von dem roten Ferrit abheben. Über die äußere rechte Bildseite zieht sich eine andere Art von Perlit mit körnigem Aussehen; die Lamellen oder Plättchen sind hier durch kleine Kugeln aus Zementit ersetzt. [LM, DIK nach Nomarski, polierter Schliff, Nital-Ätzung, Eisenoxidüberzug, ×950]

7.37

7. DIE WELT DES ANORGANISCHEN

Nichteisenmetalle

Aus dem weiten Spektrum eisenfreier Metalle und Legierungen wurden hier sieben Vertreter ausgewählt. Die Palette der Legierungen, die den Technikern heute zur Verfügung stehen, hat die Leistungsfähigkeit der meisten Maschinen wesentlich erhöht.

7.37 Obwohl rostfreier Stahl zu 75 Prozent aus Eisen besteht, wird er nicht als Eisenlegierung eingestuft! Wenn man Stahl auf über 760 Grad Celsius erwärmt, verwandelt er sich von Ferrit in Austenit, und beim Abkühlen geht er wieder in Ferrit über. Eine Zugabe von 18 Prozent Chrom und 8 Prozent Nickel bewirkt jedoch, daß der Austenit bei Zimmertemperatur stabil ist, und liefert den „18/8 Austenitstahl", der für Haushaltwaren verwendet wird und beim Gebrauch nicht rostet. Rostfreier Stahl kann nicht wie ferritischer Stahl wärmebehandelt werden, und eine Härtung läßt sich nur durch Verformung in kaltem Zustand (*Kaltverfestigung*) erreichen. Dadurch kommt es in der polyedrischen Kornstruktur zur Zwillingsbildung. [LM, DIK nach Nomarski, polierter und geätzter Schliff, ×280]

7.38 Die engräumige Zwillingsbildung in rostfreiem Stahl unterscheidet sich stark von der in reinem Kupfer, das hier gezeigt ist. Die Probe wurde geätzt und danach unter polarisiertem Licht photographiert. Die Ausrichtung des Kristallgitters in jedem Korn bestimmte dessen Farbe. [LM, polarisiertes Licht, polierter Schliff, Ammoniumpersulfatätzung, ×300]

7.39 Die Zugabe von 11,8 Prozent Aluminium zu Kupfer erzeugt eine Aluminiumbronze. Dieser Werkstoff ist fest, gut bearbeitbar und korrosionsbeständig; da er zum Teil die Farbe des Kupfers zurückbehält, besitzt die Legierung einen kräftigem Goldton. Die in dieser Mikrophotographie gezeigte Struktur besteht aus einem feinen perlitischen Eutektoid, das sich in der Nomarski-Beleuchtung grün, orange und purpur gefärbt hat. Rechts von der Bildmitte sieht man eine senkrecht verlaufende Korngrenze, in die schwarze Kügelchen aus verunreinigenden Oxiden eingelagert sind. [LM, DIK nach Nomarski, polierter Schliff, Eisenchloridätzung, ×75]

7.40 Die Luftfahrtindustrie stellt ständig höhere Ansprüche an die Leistungsfähigkeit der verwendeten Werkstoffe. Dies hat zur Entwicklung vieler neuer Legierungen geführt. Bei der Herstellung moderner Kampfflugzeuge benutzt man große Mengen von Titanlegierungen, weil diese hochfest und gleichzeitig leicht sind. Der „Lockheed SR 71 Blackbird" hat zum Beispiel eine Haut aus einer Titanlegierung, da dieses Material der Hitze, die sich bei der Maximalgeschwindigkeit des Flugzeugs von 3540 Stundenkilometern entwickelt, am besten widersteht. Titanlegierungen werden auch zunehmend im Bereich der Biomedizin eingesetzt, denn wie sich gezeigt hat, besitzen sie eine gute Biokompatibilität. Diese Probe wurde mit polarisiertem Auflicht photographiert. Oben im Bild — nahe der Materialoberfläche — sieht man Kornzwillinge. Sie entstanden, weil das Material in kaltem Zustand in Form gewalzt wurde; das heißt, sie sind mechanisch hervorgerufen worden. [LM, polarisiertes Licht, polierter und geätzter Schliff, ×700]

7.41 Bei einigen Materialarten sind die atomaren Kräfte, welche die Form von Kristallen bestimmen, so stark, daß sie während des Übergangs vom flüssigen in den festen Zustand glatte Oberflächen aufsplittern. Dabei kann sich eine facettierte Struktur wie bei dieser Probe von reinem Aluminium entwickeln. Normalerweise bewirken Oberflächenspannungen, daß die Grenzflächen zwischen flüssigen und festen Bereichen flach und glatt bleiben. Hier aber haben die atomaren Kräfte dafür gesorgt, daß sich die Atome bei der Erstarrung in facettierten Ebenen anordneten, welche die beim Übergang in den festen Zustand abgegebene Energie besser verteilen können. [REM, Vergrößerung unbekannt]

7. DIE WELT DES ANORGANISCHEN

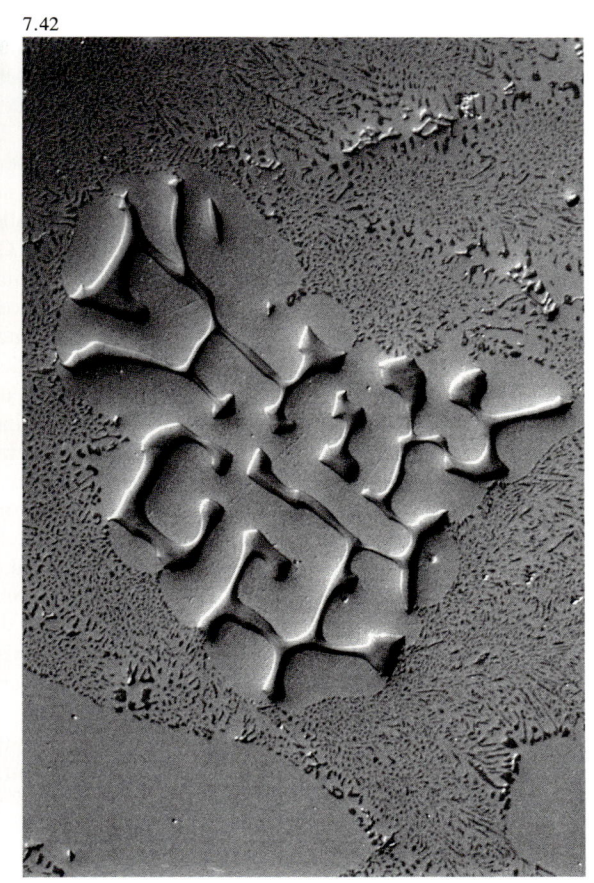

7.42 Festigkeit und Gießbarkeit von Aluminium verbessern sich, wenn man Silicium als Legierungselement hinzufügt. Beim Gießen läßt man die geschmolzene Legierung in eine starre Gußform fließen und kann auf diese Weise kompliziert geformte Teile herstellen. Das Schrumpfen beim Abkühlen muß durch Auswahl der am besten geeigneten Legierungsmischung kontrolliert werden. In dieser Probe hat sich eine dendritische Struktur – eine „chinesische Schrift" – ausgebildet, die von reinem Aluminium umgeben ist. Außerhalb dieses Bereichs sieht man ein feines, gesprenkeltes Eutektikum, das aus 11 Prozent Silicium und 89 Prozent Aluminium besteht. [LM, DIK nach Nomarski, polierter Schliff, ×1400]

7.43 Im Zentrum von Düsentriebwerken stellen die Umgebungsbedingungen höchste Ansprüche an das Material. Die Turbinenschaufeln rotieren in Gegenwart zersetzender, brennender Gase nahezu mit Schallgeschwindigkeit. Legierungen für solche Zwecke müssen sorgfältig ausgewählt werden, wenn man die erforderliche Zuverlässigkeit erreichen will. Ein Materialversagen kann in menschlicher wie wirtschaftlicher Hinsicht teuer zu stehen kommen. Obwohl die Metalle Kobalt und Chrom kostspielig sind, stellen sie in Kombination die Grundlage für viele „Superlegierungen". Gewöhnlich fügt man auch noch Kohlenstoff, Wolfram, Molybdän, Titan und Tantal hinzu. Diese Elemente bilden harte Carbidpartikel aus, die das Gefüge zusammenschließen. Sie verhindern, daß atomare Ebenen übereinandergleiten, und verleihen dem Material damit auch bei hohen Temperaturen große Festigkeit. Mit einer solchen Legierung hat der Ingenieur nun einen Werkstoff vor sich, der sich maschinell kaum bearbeiten läßt. Er muß deshalb bei der Wahl der Legierungsbestandteile auch auf eine gute Gießbarkeit achten, damit die Turbinenschaufeln gegossen statt geschmiedet werden können. Daher zeigt die Probe hier eine dendritische Gußstruktur. Die weißen Carbidteilchen sind zwischen den Dendriten zu sehen. [LM, polierter Schliff, Beraha-Farbätzung, ×300]

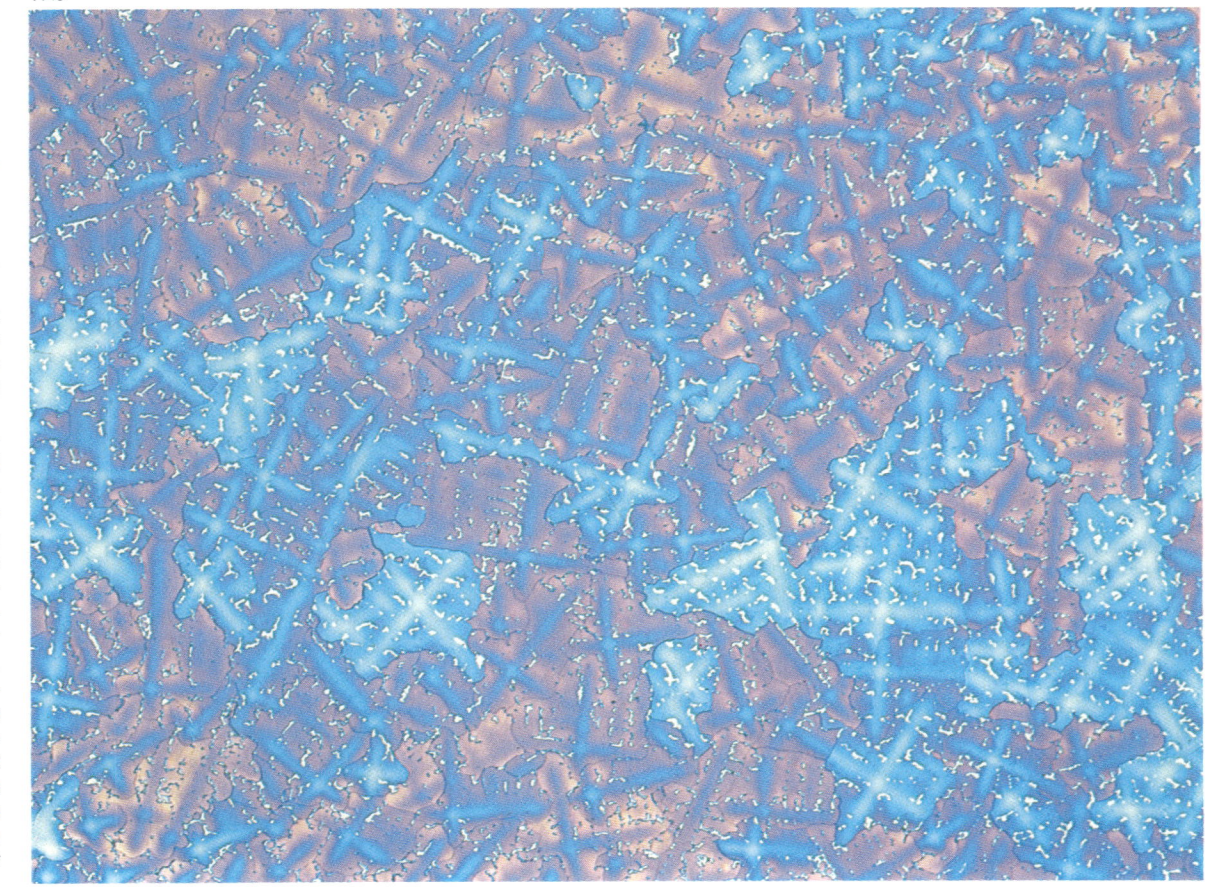

147

8. Die Welt der Industrie

Mikroskope bilden eine Brücke zwischen der Welt der wissenschaftlichen Forschung und der Welt der Industrie. In der Forschung werden Mikroskope eingesetzt, um neue oder verbesserte Werkstoffe und Verfahren zu untersuchen und zu entwickeln. Die Industrie greift diese Entwicklungen auf und versucht, deren nützliche Eigenschaften für die Herstellung von Handelswaren zu verwerten, die leistungsfähiger oder billiger sind als ihre Vorgänger. In der Industrie werden Mikroskope häufig zur Qualitätsprüfung von Produkten benutzt, und sie spielen eine entscheidende Rolle bei der Analyse von Materialfehlern und Ermüdungserscheinungen. Nach einem Flugzeugabsturz etwa sind Mikroskope sicher ein wichtiges Werkzeug in der Ausrüstung des Untersuchers.

Ein neuer Werkstoff kann so ungewohnte Eigenschaften besitzen, daß er zur Grundlage einer gänzlich neuen Technologie wird. Das bekannteste Beispiel hierfür sind die erstmals in den späten fünfziger Jahren industriell hergestellten *Silicium*kristalle. Die Tatsache, daß sich Tausende von einzelnen Transistoren in einem nur sechs Quadratmillimeter großen Siliciumplättchen unterbringen lassen, machte die moderne Revolution der Mikroelektronik möglich. Videospiele und „intelligente" Haushaltsgeräte, Taschenrechner und Supercomputer — sie alle hängen vom allgegenwärtigen Siliciummikrochip ab. Heute scheinen die Grenzen der Siliciumtechnologie erreicht, und alle Fachzeitschriften berichten nun über das neue Wundermaterial, *Galliumarsenid*.

Mikroskopie und Elektronik stehen in einer symbiontischen Beziehung zueinander. Mikroskope haben nicht nur die Entwicklung, sondern auch die Herstellung von Mikrochips ermöglicht. Die Mikrochipindustrie wiederum regte die Entwicklung neuer Geräte wie des akustischen Mikroskops an, das statt Licht oder Elektronen Schallwellen als bilderzeugende Signale benutzt. Das akustische Mikroskop wird heute schon fast routinemäßig zur Qualitätskontrolle von Mikrochips eingesetzt, weil man mit ihm die Schichten unter der undurchsichtigen Oberfläche der Chips sichtbar machen kann.

Die Hersteller von Mikrochips waren seit jeher bestrebt, die Größe ihrer Produkte zu verringern. Während der sechziger Jahre wurden die Muster der Leiterbahnen und Kontakte, die man auf die Siliciumplättchen aufbringen wollte, photographisch verkleinert, und dazu bediente man sich der lichtmikroskopischen Optik (*Photolithographie*). In den siebziger Jahren waren die Muster jedoch bereits so fein, daß sie nur noch mit elektronenmikroskopischen Techniken hergestellt werden konnten. Die Anzahl der Transistoren auf einem Mikrochip stieg von einigen tausend auf mehrere Millionen. Die Geräte, die man bei der *Elektronenstrahllithographie* zur Produktion dieser modernen Chips verwendet, kann nur noch ein Fachmann von einem Elektronenmikroskop unterscheiden.

Mikroskope kommen nicht nur im Bereich hochentwickelter Technologien wie der Mikroelektronik laufend zum Einsatz. Viele Zweige der modernen Industrie stützen sich zur Herstellung von Bauteilen oder fertigen Produkten auf Verfahren, mit denen sich verschiedene Materialien miteinander verbinden lassen. Je nach der Natur dieser Werkstoffe und dem Typ der erforderlichen Verbindung können verschiedene Techniken des Weichlötens, Hartlötens oder Schweißens eingesetzt werden. Ein Auto enthält ebenso wie moderne Küchengeräte Tausende von Schweißstellen. Zur Qualitätskontrolle müssen diese Schweißverbindungen in regelmäßigen Stichproben mikroskopisch untersucht werden. Falls bei der Produktion Probleme auftreten, wird die Stichprobenzahl drastisch erhöht. Eine Qualitätskontrolle dieser Art läuft nicht immer in geruhsamer, akademischer Weise ab; wenn eine Fertigungsstraße angehalten wird, ist rasche Abhilfe nötig.

In der industriellen Mikroskopie besteht ein großer Teil der täglichen Arbeit in der Analyse von Materialfehlern. Das Versagen von Bauelementen kostet unweigerlich Geld — sei es, weil Reparaturkosten anfallen oder weil verärgerte Kunden Garantieansprüche stellen —, und in manchen Fällen kann es Leben kosten. Das Ausmaß der Untersuchungen hängt davon ab, welche Folgen ein Fehler haben kann, doch fast immer wird in irgendeiner Phase ein Mikroskop eingesetzt. Der Grund liegt in der Natur der atomaren Eigenschaften von Feststoffen, wie sie in Kapitel 7 beschrieben wurden. Die mikroskopischen Spuren auf einem fehlerhaften Bauteil sind für die Art des Versagens charakteristisch und können von einem erfahrenen Untersucher interpretiert werden.

Eine der Hauptursachen für das Versagen von Bauelementen ist die *Korrosion*. Man schätzt, daß die Kosten, die der Industrie in den Vereinigten Staaten durch Korrosionsschäden entstehen, etwa fünf Prozent des Bruttosozialprodukts des Landes ausmachen. Die verbreitetste Methode zur Korrosionsbekämpfung besteht darin, das jeweilige Produkt mit einem korrosionsbeständigen Material wie Farbe oder Email zu überziehen. Die Mikroskopie ist eng mit den Techniken des Beschichtens verknüpft. Viele Jahre lang war sie die einzige Methode, mit der Qualität und Dicke eines Überzugs untersucht und gemessen werden konnten, und obwohl heute auch andere Methoden zur Verfügung stehen, spielt sie immer noch eine Schlüsselrolle.

Unter den vielen, sehr unterschiedlichen Entwicklungen in den Materialwissenschaften seit den sechziger Jahren beeinflußt eine die Lebensqualität mancher Menschen auf besondere Weise. Die biomedizinische Technik befaßt sich mit der Entwicklung von Werkstoffen, die biokompatibel (biologisch verträglich) sind und die man deshalb dazu verwenden kann, geschädigte defekte Körperteile des Menschen zu ersetzen, ohne daß sie durch das Immunsystem angegriffen und abgestoßen werden. Das häufigste Beispiel ist das künstliche Hüftgelenk. Solche *Prothesen* müssen ganz unterschiedliche Bedingungen erfüllen. Sie müssen nicht nur biokompatibel sein, sondern auch die passenden Schmiereigenschaften und eine ausreichend geringe Materialermüdung über viele Jahre aufweisen.

8.1 Dieses mit einem Rasterelektronenmikroskop aufgenommene Falschfarbenbild zeigt einen winzigen Ausschnitt eines 265-Kilobyte-DRAM-Mikrochips (*dynamic random access memory*, „dynamischer Schreib-Lese-Speicher mit wahlfreiem Zugriff"). Durch die verschiedenen Farben lassen sich die einzelnen Schichten von Leiterbahnen auf der Oberfläche des Chips deutlich erkennen. Die Arbeit eines Chip beruht auf dem Fluß elektrischer Ströme entlang solchen Bahnen. Die drei hellblauen Leiterzüge auf diesem DRAM sind je drei Mikrometer breit und wurden mit photolithographischen Techniken hergestellt. Die neuesten DRAMs haben Leiterbahnen, die nur noch 0,8 Mikrometer breit sind und mit Hilfe der Elektronenstrahllithographie erzeugt werden. Die halb eingesenkten Stellen auf den hellblauen Bahnen stellen einzelne Transistorspeicherzellen dar. Eine Speicherzelle besteht aus einem Transistor und einigen anderen elektronischen Komponenten. Chips wie dieser, der typischerweise in der Speicherbank eines Computers zu finden sein könnte, zeichnen sich durch eine enorme Informationsdichte aus, die sich durch die Anzahl der Transistoren erfassen läßt. Ein 265-Kilobyte-Mikrochip hat 265000 Byte; ein Byte besteht aus acht Bit, und jedes Bit — jede einzelne Einheit der binären Information, 0 oder 1 — benötigt ein bis zwei Transistoren. Der ganze DRAM enthält somit zwischen zwei und vier Millionen einzelner Transistoren. Ein moderner Großrechner kann neben anderen Arten von Speichermikrochips 400 bis 1000 DRAMs besitzen. Deren Bezeichnung rührt daher, daß sie Information nicht auf einer permanenten Grundlage speichern; vielmehr müssen ihre Speicherzellen alle zwei Millisekunden (tausendstel Sekunden) aufgefrischt werden. Dies hat den Vorteil, daß weniger Transistoren zum Aufbau eines Speicherchips benötigt werden. Da DRAMs zudem wenig kosten, werden sie in großer Zahl sowohl in Großrechnern als auch in Personal-Computern verwendet. [REM, Falschfarben, ×11300]

8.1

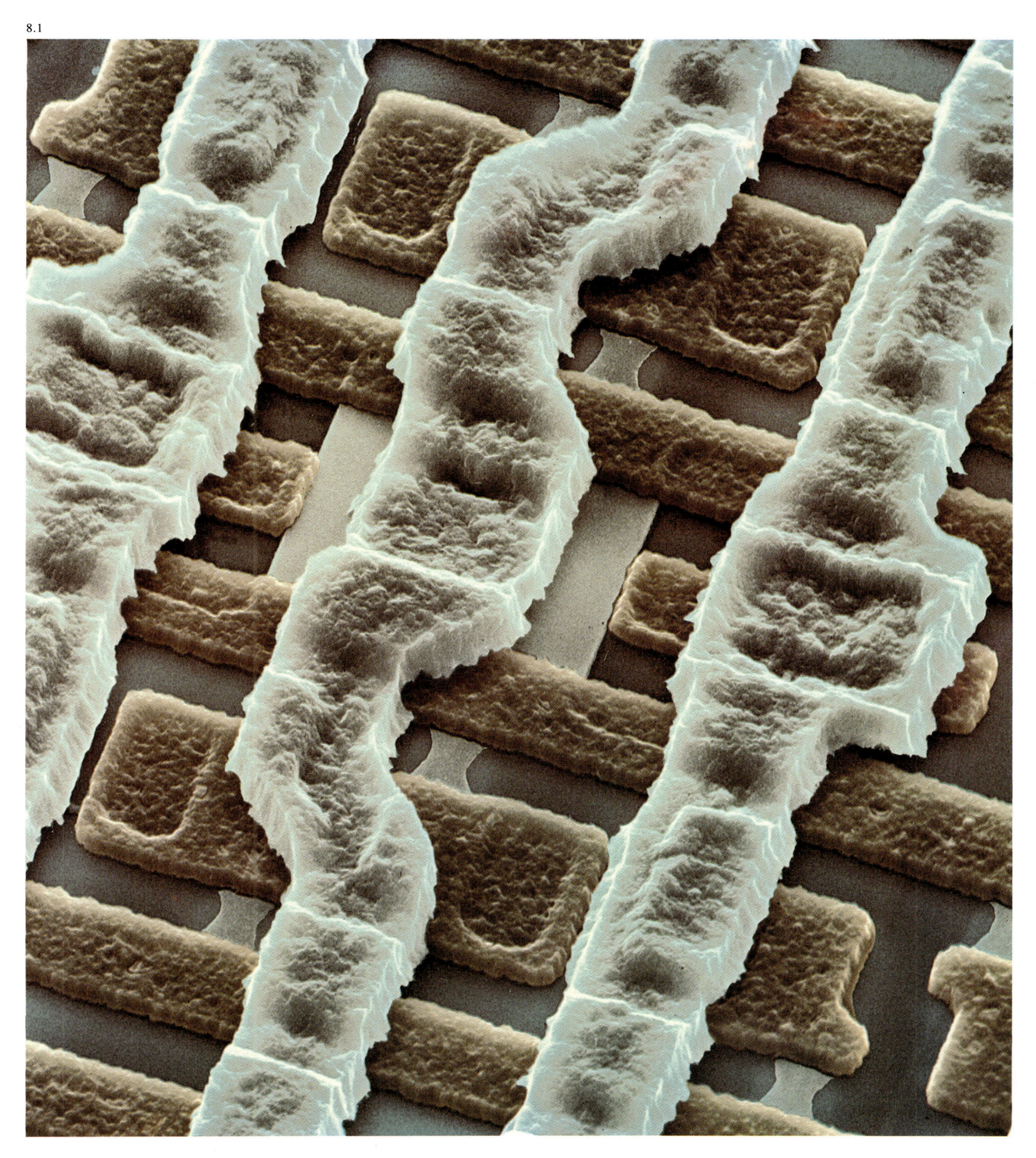

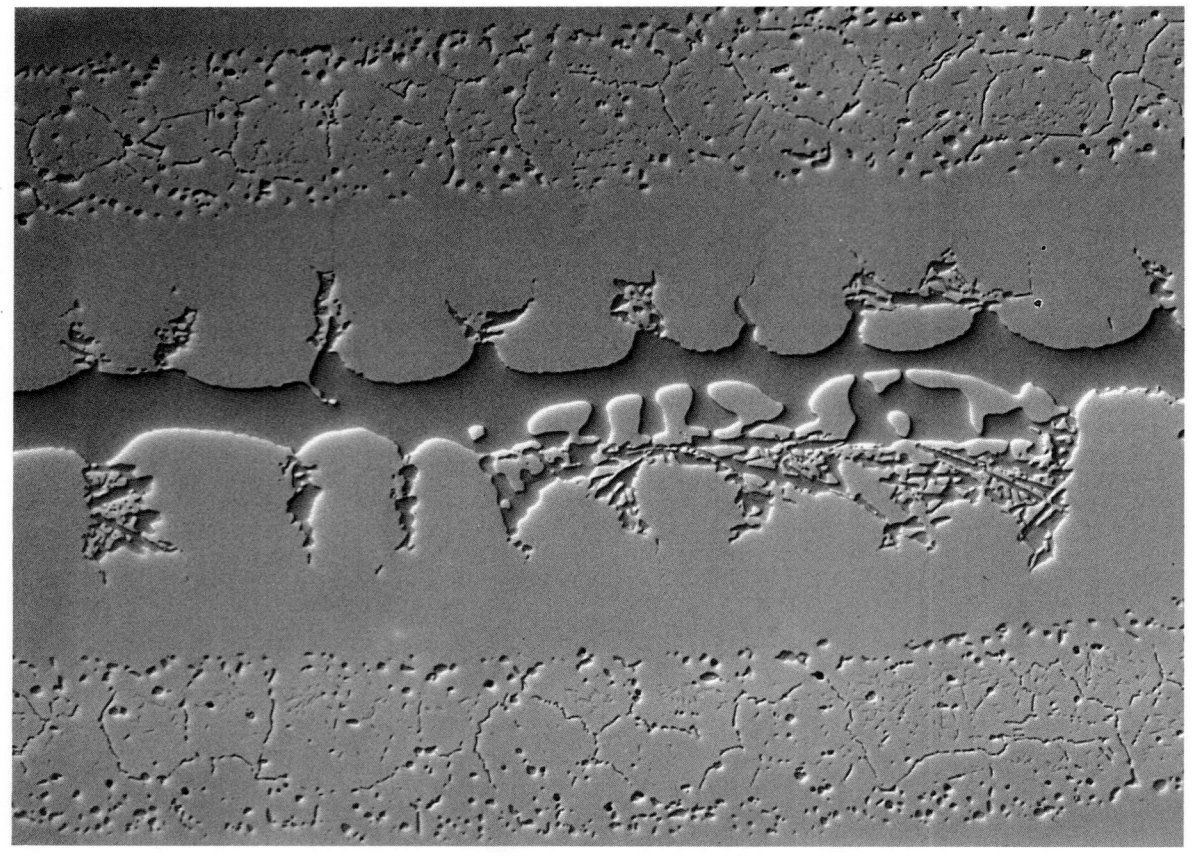

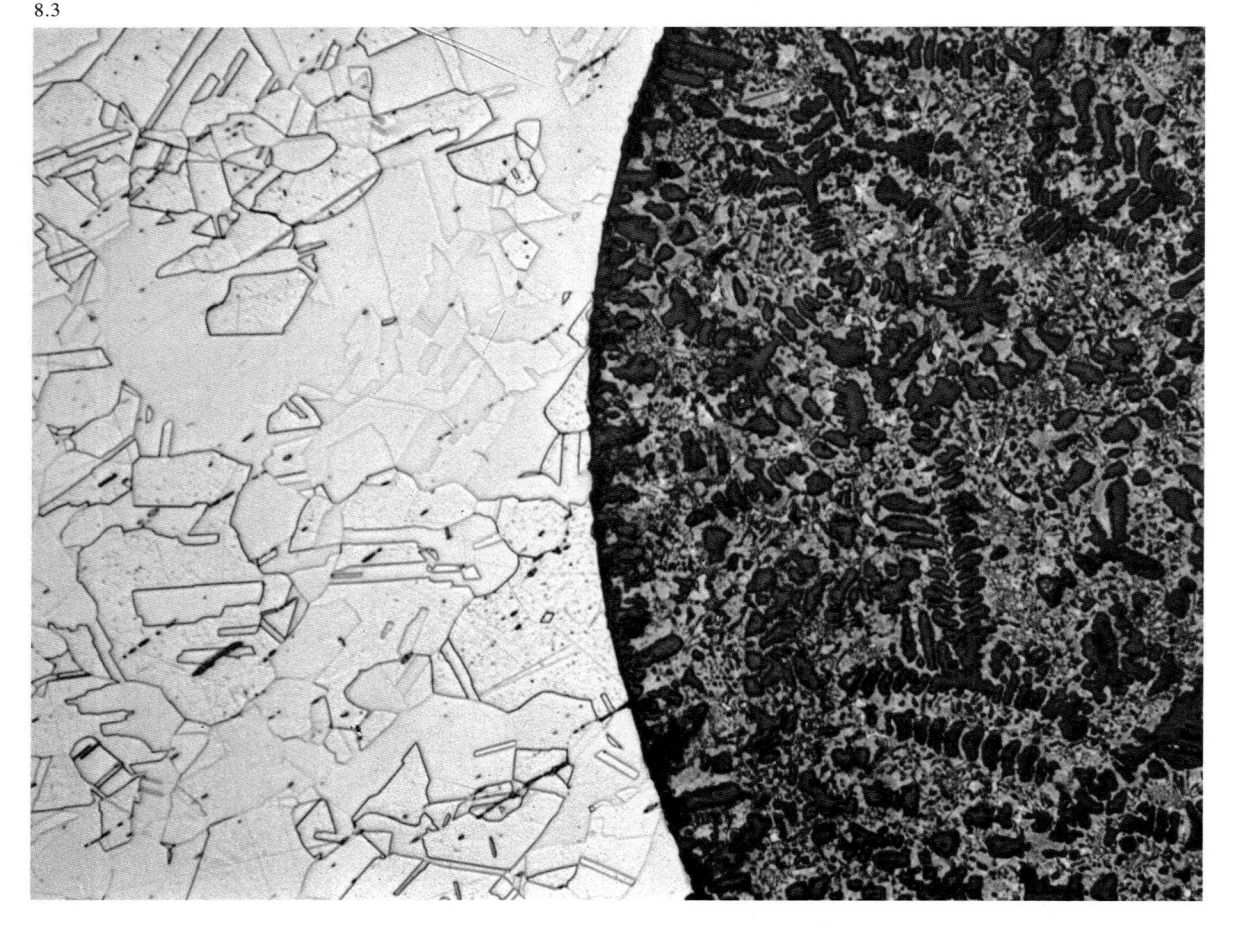

Techniken der Materialverbindung

Ingenieure verbinden oftmals Materialien miteinander, weil sich manche Entwürfe auf andere Weise nicht verwirklichen lassen oder weil sie die Vorteile, die spezielle Werkstoffkombinationen bieten, bestmöglich nutzen wollen. Die Techniken der Metallverbindung fallen in zwei grundlegende Kategorien: in *Schmelz*verfahren und in *Festkörperschweiß*verfahren (Preßschweißen). Zur ersten Kategorie gehören das Weichlöten, das Hartlöten und das Lichtbogenschweißen; das Metall, das die Verbindung bilden soll, muß hier stets geschmolzen werden. Bei Preßschweißverfahren bringt man dagegen die Materialien in einen so engen gegenseitigen Kontakt, daß Atome die Lücke zwischen ihnen überbrücken und Atombindungen ausbilden können. Beispiele sind das Reibschweißen und das Explosionsschweißen. Widerstandsschweißverbindungen kommen durch eine Kombination von Schmelz- und Preßschweißverfahren zustande; man spannt dabei zwei Metallbleche zwischen Kupferelektroden ein und führt einen starken elektrischen Strom zu. Diese Technik, die auch als *Punktschweißen* bekannt ist, wird gewöhnlich bei der Herstellung von Fahrzeugkarosserien eingesetzt.

8.2 Manche Materialarten oder Werkstücke mit unterschiedlichen Dicken lassen sich nur schwer verschweißen. Wenn Schweißverfahren ungeeignet sind, aber trotzdem — wie in diesem Teil eines Flugzeugs — eine starke Verbindung gebraucht wird, setzt man oft eine *Hartlötung* ein. Hartlotarten schmelzen gewöhnlich bei einer Temperatur um 600 Grad Celsius und werden aus einer Vielzahl von Silber-, Kupfer-, Zink- und Goldlegierungen zusammengestellt. In dem hier gezeigten Beispiel verläuft die Lötstelle quer über die Bildmitte. Die unregelmäßigen Zacken auf beiden Seiten der Verbindung sind Dendriten, die in den Bereich, der zuvor geschmolzen war, hineinragen. Sie wuchsen, während die Lötnaht abkühlte. Dabei entstanden neue Legierungen und stellten die Verbindung her. [LM, DIK nach Nomarski, polierter Schliff, geätzt, ×900]

8.3 In der Elektroindustrie muß häufig Kupfer mit anderen Metallen verbunden werden. Mit dem richtigen Hartlot lassen sich auch unähnliche Metalle wie Kupfer und Nickel miteinander verbinden. Diese lichtmikroskopische Aufnahme zeigt die Nahtstelle zwischen dem Hartlot und dem Kupfer in einer solchen Verbindung. Das Kupfer ist links im Bild. Das Hartlot auf Silberbasis enthält gut ausgebildete Dendriten, die sich entwickelten, während das Hartlot abkühlte und erstarrte. Die dunkle, kupferreiche Phase an der gebogenen Nahtstelle entstand, als die Silberlegierung des Hartlots während des Lötvorgangs Kupfer herauslöste. [LM, polierter Schliff, Ammoniak- und Wasserstoffsuperoxidätzung, ×50]

8.4 Beim Weich- und Hartlöten sind die verbindenden Legierungen gewöhnlich schwächer und korrosionsanfälliger als die Grundwerkstoffe, die sie verbinden sollen. Diese Nachteile werden beim *Schmelzschweißen* vermieden. Hierbei schmilzt man die Grundmetalle selbst, so daß zwischen ihnen ein flüssiges Schmelzbad entsteht, das dann erstarrt und die Schweißverbindung bildet. Bei der Erwärmung muß der Schmelzpunkt der Grundwerkstoffe erreicht werden, und diese Temperatur liegt fast immer höher als jene, die beim Weich- und Hartlöten angewandt wird. Um den Schmelzvorgang räumlich zu begrenzen, braucht man eine sehr genau lokalisierbare Wärmequelle. Häufig verwendet man dafür Lichtbögen. Und weil geschmolzene Metalle gewöhnlich mit dem Sauerstoff der Luft reagieren, müssen *Schutzgase* auf die Schweißstelle geblasen werden; diese schirmen das geschmolzene Metall vor dem Sauerstoff ab. Die Mikrophotographie zeigt die Naht zwischen dem Grundmetall (links) – es handelt sich hier um einen rostfreien Stahl mit polygonaler Kornstruktur – und der Schmelzschweißzone. Das Schmelzbad hat sich zu einer dendritischen Struktur verfestigt, die den größten Teil der rechten Bildseite einnimmt. Einer der Vorteile des Schmelzschweißens ist, daß bei einer Verbindung zweier Komponenten aus demselben Material die Schweißstelle dieselbe chemische Zusammensetzung und daher dieselbe Korrosionsbeständigkeit wie das Ausgangsmaterial behält. Ein Nachteil des Schmelzschweißens besteht darin, daß es sich nicht anwenden läßt, wenn unterschiedliche Grundmetalle sehr verschiedene Schmelzpunkte haben. [LM, polierter Schliff, Beraha-Ätzung, ×290]

8.5 Das Mikroskop wird oft zur Qualitätsprüfung von Schweißverbindungen eingesetzt, obwohl dies zwangsläufig eine zerstörende Technik ist, der die Schweißung zum Opfer fällt. Die Aufnahme zeigt einen Querschnitt durch eine fehlerhafte Widerstandsschweißverbindung auf einem elektronischen Bauteil. Die Schweißung sollte die dünne Eisenplatte links mit der dickeren Platte rechts verbinden. Ungeeignete Bedingungen an der Schicht zwischen den Schweißelektroden und der dünnen Platte führten zu einem „Verspritzen" des Metalls. Dadurch entstanden die zwei unregelmäßig geformten Löcher, von denen das größere die dünne Platte beinahe durchtrennt hätte. Die Mikrophotographie zeigt noch weitere Merkmale. Der von dem kleineren Loch ausstrahlende Bereich aus feinkörnigem Material ist die Zone, in der die Wärme der Schweißschicht bewirkte, daß das Eisen neu kristallisierte. Eine solche Umkristallisation zu einer geringeren Korngröße ist auch oben an der dicken Platte zu sehen; sie zeigt an, daß die Platte mechanisch in Form gestanzt wurde. Während des Stanzens verzerrte sich die Kristallstruktur, so daß es in einem späteren Stadium der Wärmebehandlung zur Umkristallisation kam. Der kleine Vorsprung ganz oben rechts ist ein „Scherspan". Solche Späne treten ebenfalls typischerweise bei Stanzverfahren auf. Sie sind für die Fingerverletzungen verantwortlich, die man sich leicht zuzieht, wenn man versucht, Autos zu reparieren oder Maschinen zu reinigen, die unbearbeitete Metallkanten besitzen. [LM, polierter Schliff, Klemm-Ätzung, ×70]

8.4

8.5

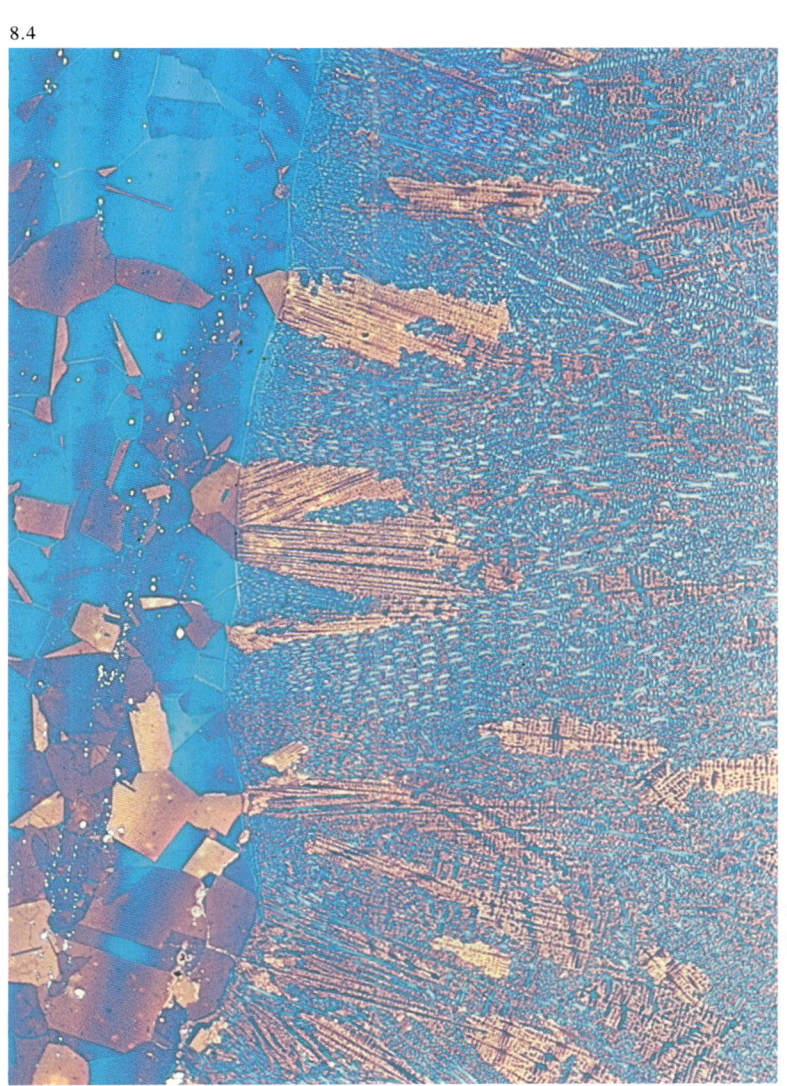

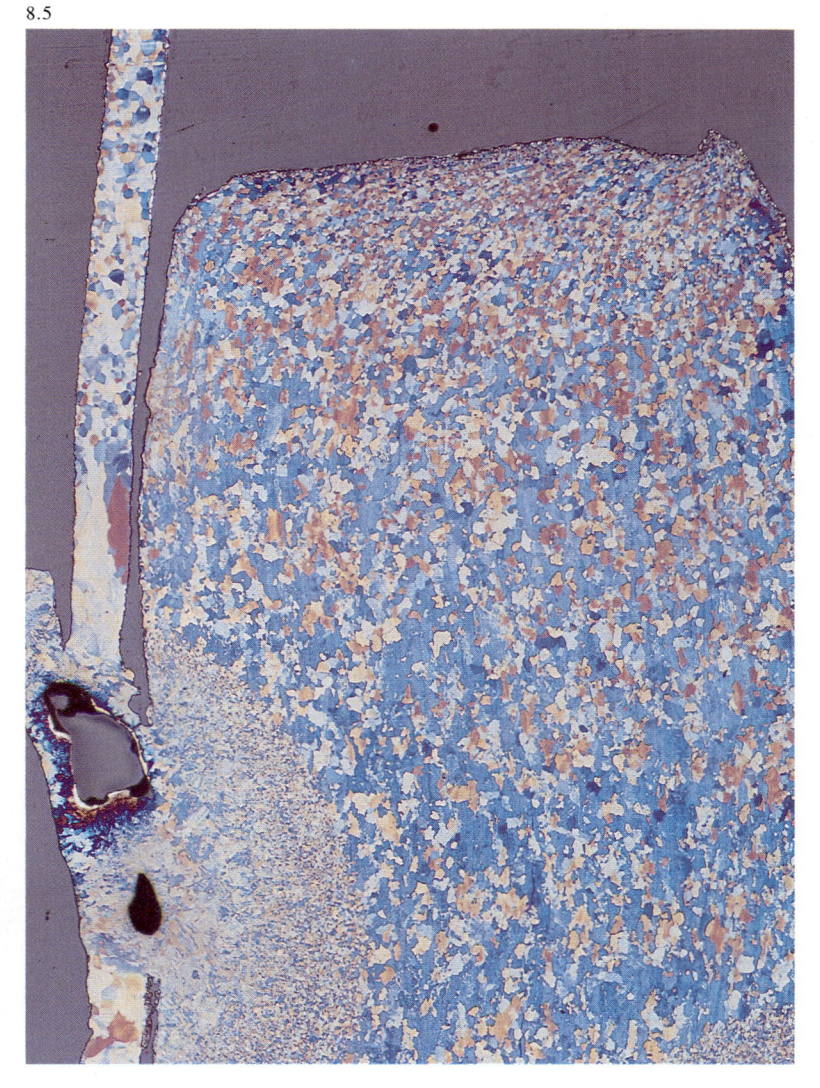

Preßschweißen

Zur Herstellung einer Schweißverbindung müssen die beiden Oberflächen nicht unbedingt miteinander verschmolzen werden. Beim Preß- oder Festkörperschweißen findet kein solcher Schmelzvorgang statt; die Verbindung entsteht dadurch, daß die Oberflächen in sehr engen atomaren Kontakt gebracht werden. Die natürliche Anziehung zwischen den Atomen erzeugt äußerst starke Bindungen, besonders wenn dabei etwas Wärme eingesetzt wird. Das häufigste Preßschweißverfahren ist das Reibschweißen. Es wird in vielen verschiedenen Bereichen angewandt, vor allem in der Autoindustrie. Bei diesem Verfahren bringt man zwei Metall- oder Kunststoffstäbe in Kontakt und dreht sie gegeneinander, um Reibungswärme zu erzeugen. Gleichzeitig preßt man einen Stab langsam in den anderen, so daß reines Metall auf die Schweißfläche „gebrannt" wird. Wenn man nun die Drehung abrupt beendet und die Stäbe schlagartig gegeneinanderpreßt, werden sie an der heißen, sauberen Kontaktfläche zusammengeschmiedet.

8.6 Einer der Vorteile des Preßschweißens liegt darin, daß sich mit diesem Verfahren unähnliche Metalle verbinden lassen. Beim Schmelzschweißen ist dies nicht möglich, wenn zwischen den Schmelzpunkten der beiden Werkstoffe ein großer Unterschied besteht wie beispielsweise bei Nickel und Aluminium. Diese rasterelektronenmikroskopische Aufnahme zeigt eine Nickel-Aluminium-Verschweißung, die nur durch Mikroreibschweißen hergestellt werden konnte. Kleine Schweißstellen wie diese erfordern sehr hohe Drehgeschwindigkeiten, damit eine genügend große Oberflächenwärme entsteht. Die verschweißten Stäbe in dieser Abbildung wurden mit 60 000 bis 100 000 Umdrehungen pro Minute gegeneinander gedreht und dann innerhalb von Mikrosekunden abgebremst und zusammengeschmiedet. Die drei Vorsprünge oben entstanden dadurch, daß die Stauchkraft das Aluminium zwischen die Spannbacken der Halterung quetschte. Diese Höcker und der ringförmige *Stauchgrat* werden normalerweise maschinell entfernt, ehe das Stück in Gebrauch genommen wird. [REM, ×30]

8.7 Zur Untersuchung der mikrostrukturellen Qualität einer Reibschweißverbindung wird gewöhnlich ein polierter Querschliff angefertigt. Dieses Beispiel zeigt eine gut gelungene Schweißnaht zwischen einer Platte aus reinem Eisen (unten) und einem Stift aus niedriglegiertem Stahl: Man sieht keinerlei Hohlräume oder Einschlüsse in der Verbindungsschicht. Das Ansetzen von Stiften und Röhren auf Platten ist normalerweise eine schwierige Aufgabe, doch mit Hilfe des Reibschweißens läßt sie sich relativ einfach bewältigen. Die Platte bleibt in diesem Fall unbewegt, während der Stift gegen sie gedreht wird. Alle Rostteilchen oder Unreinheiten auf der Oberfläche der Platte werden nach außen in den Stauchgrat gedrängt und lassen die Verbindungsfläche sauber und einwandfrei zurück. Die Farben der Körner sind durch eine chemische Ätzung entstanden. [LM, polierter Schliff, Klemm-Ätzung, ×150]

8.8 Defekte in Schweißverbindungen untersucht man normalerweise mit dem Lichtmikroskop. Bei dieser Reibschweißverbindung trennt ein waagerechter Riß den Stab oben und die Platte unten. Solche Fehler entstehen oft durch falsche Maschineneinstellung. Wenn beispielsweise der Stauchdruck einsetzt, ehe die Drehung beendet ist, reißt die frisch entstandene Schweißnaht auseinander. In dieser Aufnahme sieht man die durch Reibungskräfte entstandene Störung der Kornstruktur. Die senkrechte Kornausrichtung des Stabs oben im Bild hat sich in ein feines, hier braungefärbtes, waagerecht ausgebreitetes Gefüge verwandelt. Die Kornstruktur der Platte war schon vorher waagerecht ausgerichtet, so daß die Veränderung nur an dem Farbwechsel von blau zu braun sichtbar wird. Die Farben entstanden durch chemische Ätzung. [LM, polierte Probe, Ammonium-Molybdat-Ätzung, ×290]

8.9 Das Explosionsschweißen ist eine andere Art von Festkörper- oder Preßschweißverfahren — und eines der spektakulärsten. Man kann damit zwei Metallplatten miteinander verbinden. Die eine Platte bleibt unbewegt, während die zweite durch eine explosive Entladung buchstäblich in sie hineingesprengt wird. Die Kraft des Aufpralls ist so groß, daß sich die Metalle für einen Augenblick wie Flüssigkeiten verhalten und Wellen in der Schweißfläche ausbilden. Solche Wellen — samt umgeschlagenen Wellengipfeln — sind in dieser Mikrophotographie zweier Stahlplatten zu sehen, die mit abwechselnden Lagen aus Kupfer und Nickel beschichtet waren. [LM, ×100]

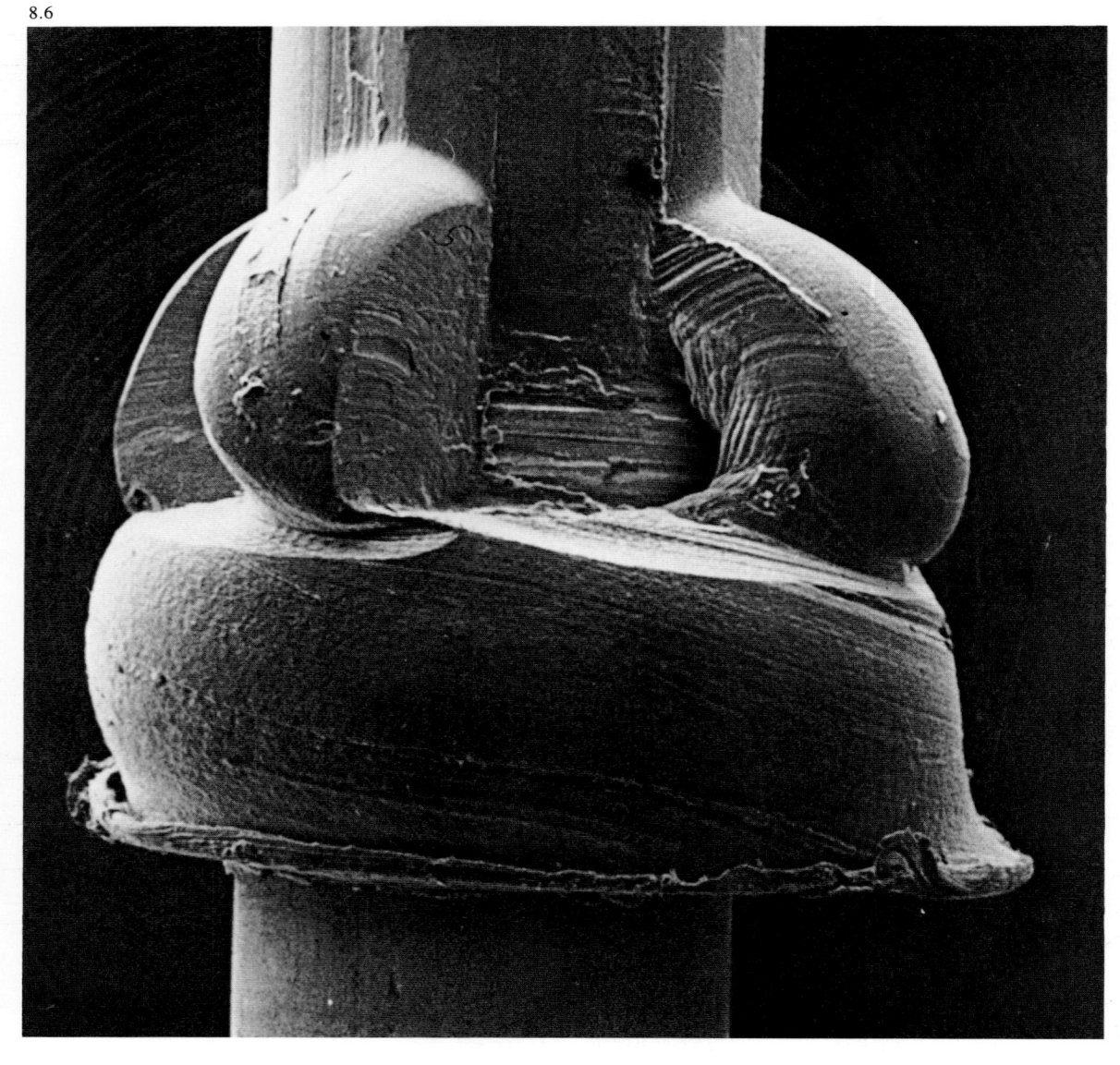

8.6

8. DIE WELT DER INDUSTRIE

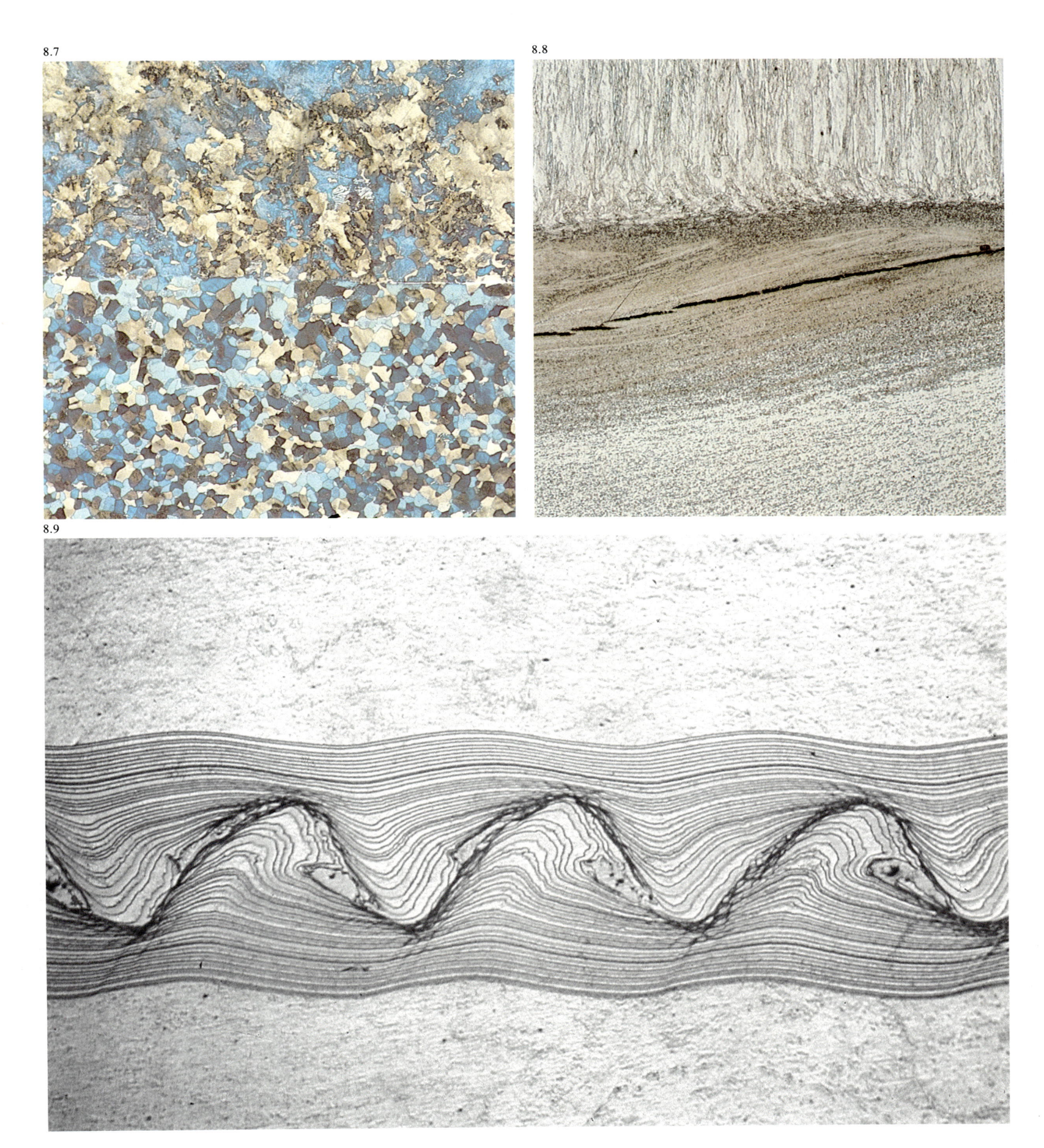

8.7

8.8

8.9

153

Hochleistungswerkstoffe

Moderne Umgebungen und Aufgaben stellen oft außerordentlich hohe Ansprüche an die eingesetzten Werkstoffe. Das Innere eines Düsentriebwerks beispielsweise ist ein Inferno, in dem extreme Hitze, mechanische Belastungen und korrodierende Einflüsse vereint auftreten. Dennoch müssen Turbinenschaufeln in Düsentriebwerken höchsten Qualitätsmaßstäben genügen, da ein Materialversagen katastrophale Folgen haben kann. Aufgabenbereiche wie dieser führten zur Entwicklung zahlreicher *Hochleistungswerkstoffe*. In anderen Fällen standen neuartige Materialarten mit ungewöhnlichen Eigenschaften am Anfang und regten ihrerseits die Entwicklung neuer Anwendungen an, mit denen sich die speziellen Werkstoffqualitäten verwerten ließen. Ein Beispiel dafür ist Borcarbid, das aufgrund seiner Härte eine ebenso wirksame, aber billigere Alternative zu Diamant darstellt.

8.10 Das Metall mit dem höchsten Schmelzpunkt ist Wolfram. Wegen seiner Hitzebeständigkeit wird es beispielsweise für die Schubdüsen von Raketenmotoren und für ähnlich anspruchsvolle Aufgaben eingesetzt. Es ist ein Material, das sich schwer nutzbar machen läßt, da zum Beispiel seine Schmelztemperatur von über 3300 Grad Celsius bedeutet, daß kaum ein Werkstoff als Schmelztiegel dienen kann. Um die besonderen Fähigkeiten von Wolfram ausnutzen zu können, wurden etliche verschiedene Methoden entwickelt. Diese rasterelektronenmikroskopische Aufnahme zeigt kleine Wolframkugeln, die durch einen „Klebstoff" aus Kupfer miteinander verbunden sind. Das Kupfer bildet die Brücken zwischen den Kugeln wie auch die kleinen Tröpfchen auf deren Oberfläche. [REM, ×830]

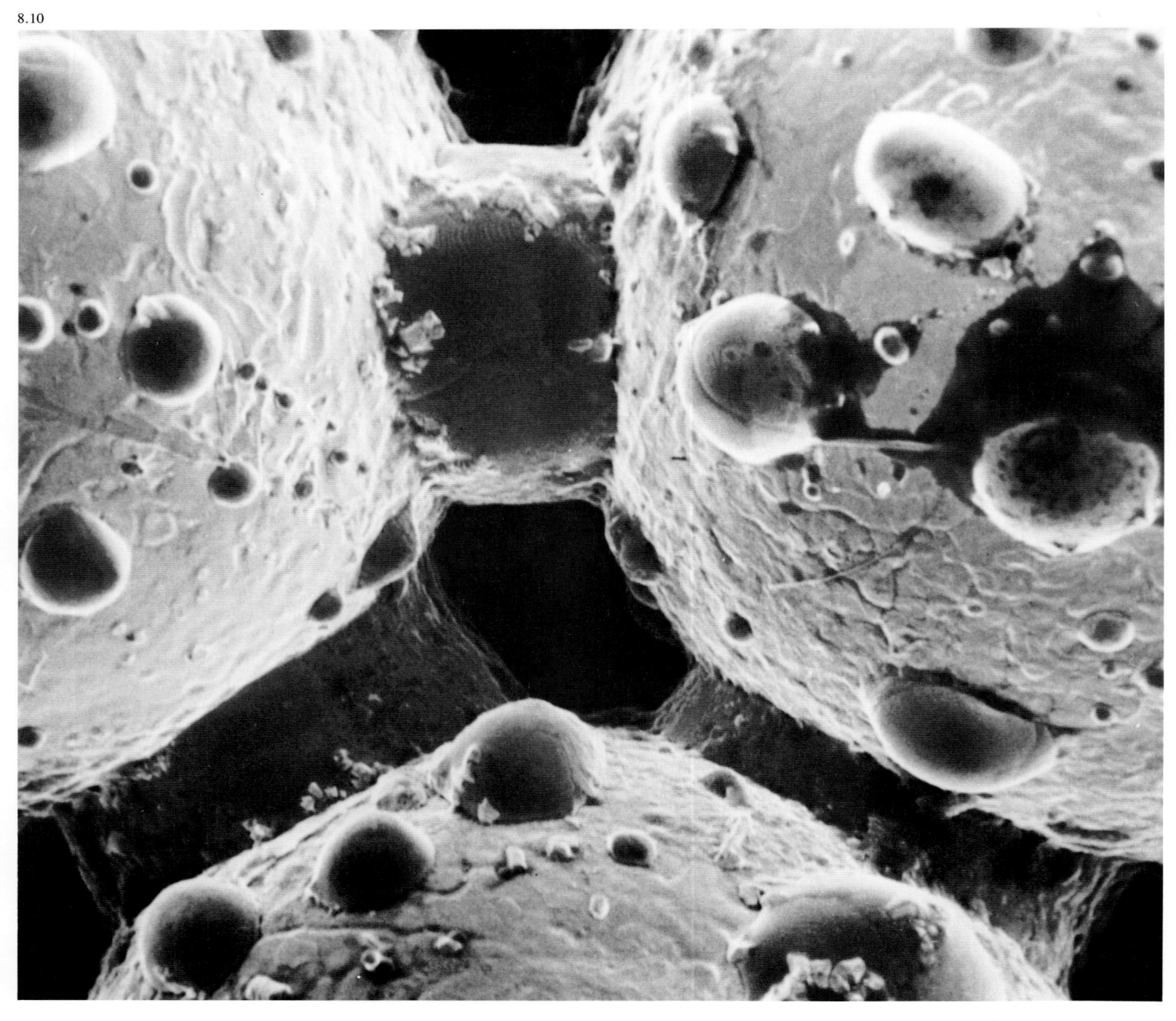

8. DIE WELT DER INDUSTRIE

8.11 Wenn man Wolfram mit Kohlenstoff kombiniert, entsteht das äußerst harte Material Wolframcarbid, mit dem sich harte Stahlarten bei hohen Geschwindigkeiten maschinell bearbeiten lassen. Es ist deshalb als Werkstoff für Schneidwerkzeuge in der Industrie von großer Bedeutung. Ein Nachteil liegt allerdings in seiner Sprödigkeit. Dieser Mangel läßt sich beheben, wenn man die Carbidteilchen mit einem Kupferfüllstoff bindet. In dieser Mikrophotographie erscheinen die Wolframcarbidteilchen farbig und das Kupfer beinahe durchsichtig. Die harten, scharfen Carbidpartikel erzeugen und erhalten die Schneidfähigkeit, während das Kupfer als ausgezeichneter Wärmeleiter die großen Wärmemengen ableiten kann, die während des Schneidens in der Werkzeugspitze entstehen. [LM, polierter Schliff, ×220]

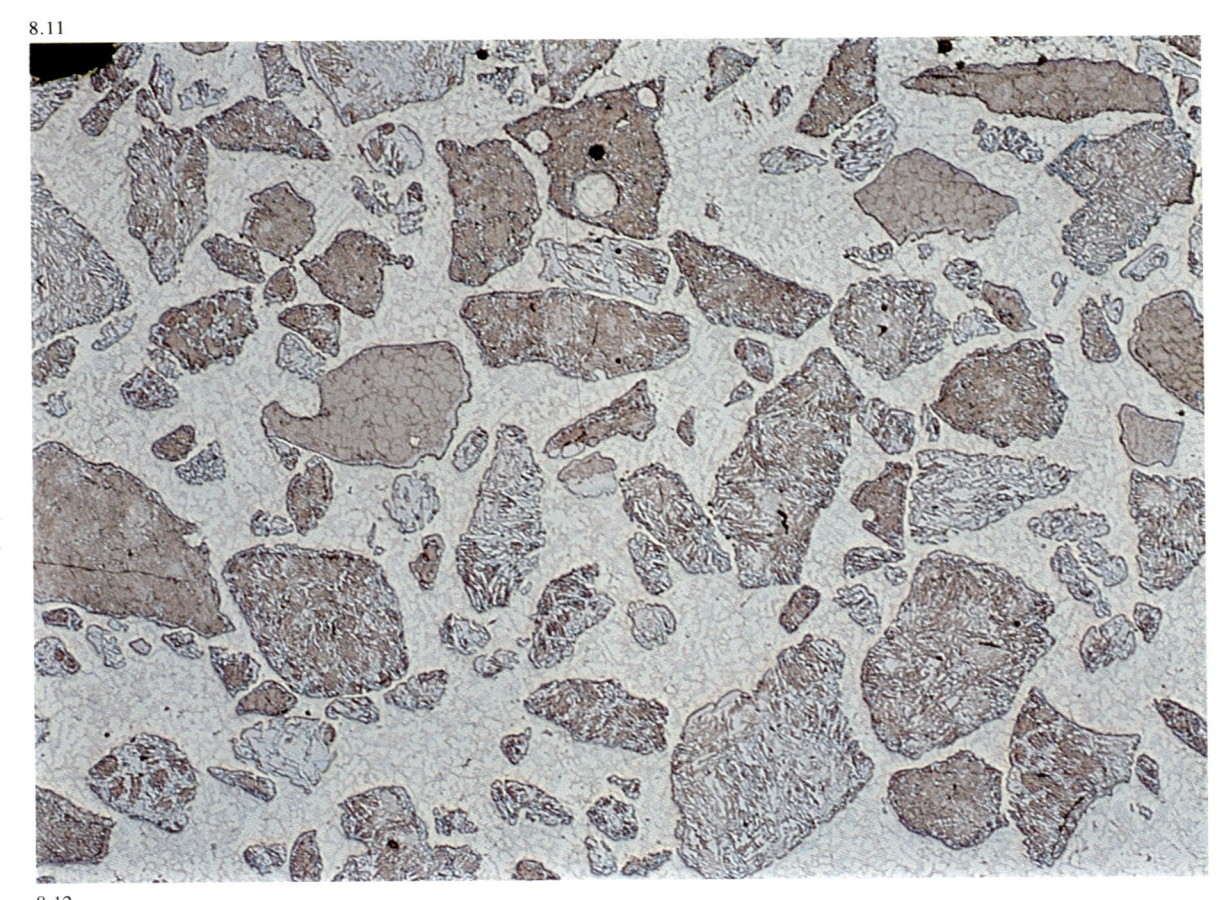

8.12 Die Turbinenschaufeln in modernen Düsentriebwerken werden durch korrodierende Gase angetrieben, die bei sehr hohen Temperaturen brennen. Die Schaufelspitzen drehen sich beinahe mit Schallgeschwindigkeit und sind starken Zentrifugalkräften ausgesetzt. Wegen dieser Belastungen werden sie aus speziellen Mischungen von Legierungselementen hergestellt. Gewöhnlich enthalten die Mischungen die Metalle Chrom, Kobalt, Nickel und Aluminium sowie die carbidbildenden Elemente Wolfram, Molybdän, Titan und Tantal. Diese Probe von einer Turbinenschaufel wurde geätzt, um die Bestandteile der Legierung sichtbar zu machen. Die mittel- und dunkelblauen Bereiche stellen eine Nickel-Aluminium-Titan-Phase dar (dieselbe wie im Kikuchi-Muster in Abbildung 7.4), die weißen Körner die gemischten Carbide. Die großen grauen Regionen sind Dendritenarme, die sich bildeten, als die Turbinenschaufel gegossen wurde. Die Mikroskopie spielt sowohl bei der Zusammenstellung der Legierungen als auch bei der genauen Qualitätsprüfung während der Herstellung der Turbinenschaufeln eine Rolle. [LM, polierter Schliff, Weck-Ätzung, ×1000]

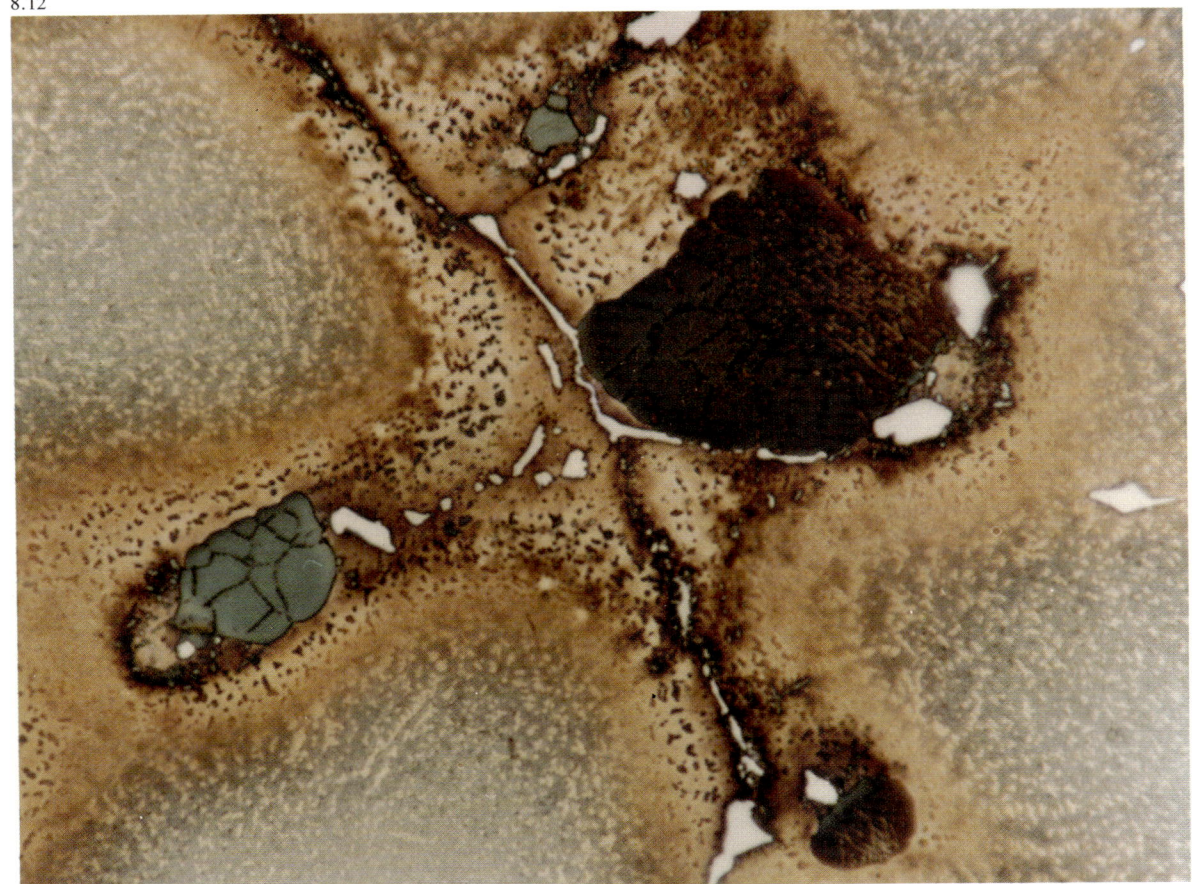

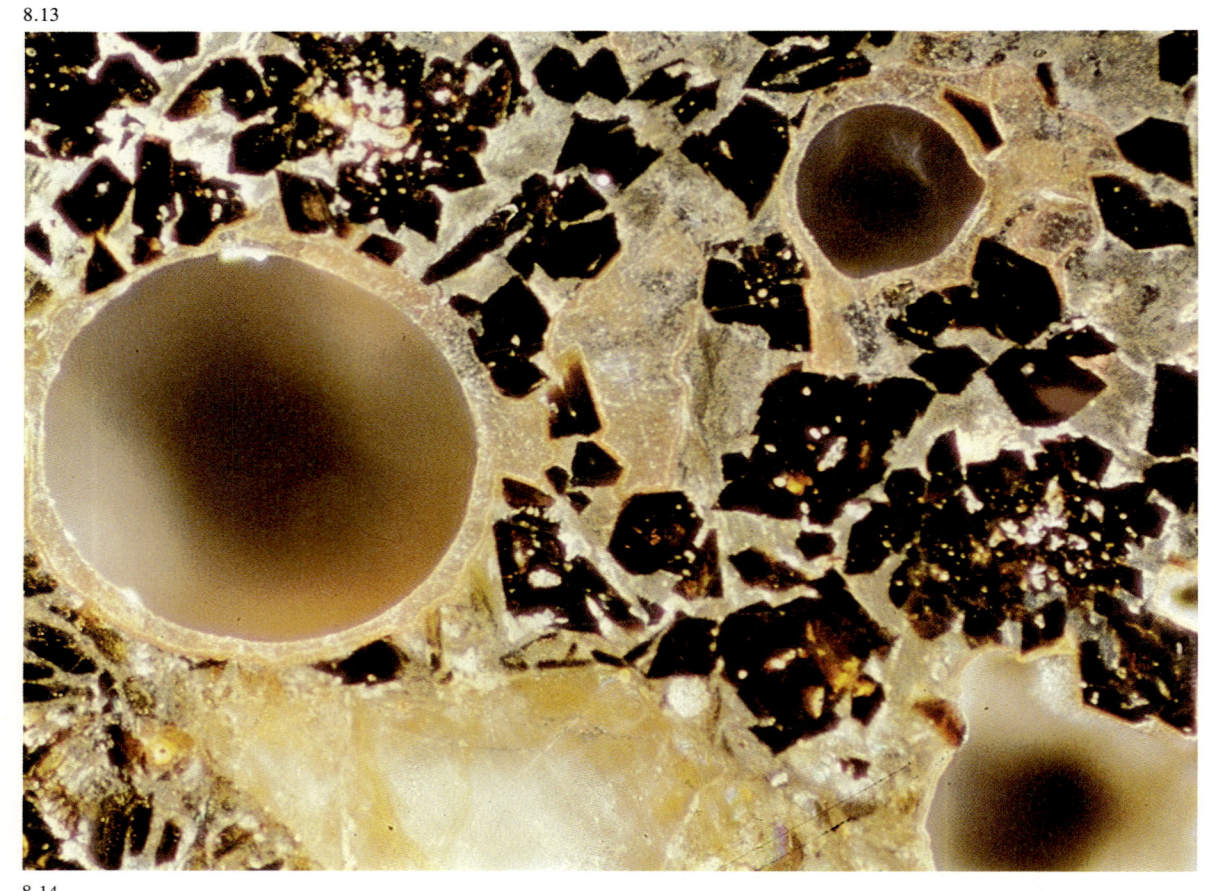

Keramische Werkstoffe

Keramiken sind sehr dauerhafte Werkstoffe. Nicht umsonst haben sie sich oft von der Antike bis heute erhalten. Die meisten keramischen Werkstoffe sind Metalloxide, und sie besitzen eine Fülle verschiedener Eigenschaften. Beinahe alle sind elektrische Nichtleiter, widerstehen hohen Temperaturen und sind korrosionsbeständig. Das Spektrum der Produkte aus Keramik reicht vom Küchengeschirr bis zu anspruchsvollen Werkstoffen für die Technik, wie sie beispielsweise bei Mikrochips oder in jenen Kacheln verwendet werden, die die Unterseite des „Space Shuttle" bedecken. Der größte Nachteil von Keramiken ist ihre Sprödigkeit, doch sogar dieses Problem bekommt man allmählich in den Griff, indem man zäher machende chemische Substanzen zugibt.

8.13 Bei der „Läuterung" von Metallen ziehen chemische Substanzen — sogenannte Zuschläge — die Verunreinigungen aus dem Erz, so daß das reine Metall und ein keramisches Nebenprodukt — die *Schlacke* — entstehen. Die Entwicklung dieser Technik vor über 3000 Jahren förderte maßgeblich die Kunst der Metallbearbeitung. Die hier gezeigte Schlacke entstand um 1600 vor Christus in Mitterberg in Österreich bei der Gewinnung von Kupfer. Der Schliff zeigt drei runde Gasblasen in einer Matrix aus Fayalit, einem Eisensilicatmineral. Das Mineral ist teilweise *entglast* und enthält in der fast durchsichtigen „glasigen" Form schwarze Körner aus kristallinem Fayalit. [LM, polierter Schliff, × 400]

8.14 Siliciumcarbid besitzt eine Reihe nützlicher Eigenschaften; unter anderem ist es ein elektrischer Leiter. Es wird zwar den technischen Keramikwerkstoffen zugeordnet, doch der Geologe kennt es als das Mineral Carborund, der Metallurg verwendet es für Ofenauskleidungen und elektrische Heizelemente und der Juwelier zum Polieren von Edelsteinen. Der hier gezeigte Schliff stammt von einem *Schamotteziegel* des Typs, wie er zur Auskleidung der Wände von Schmelzöfen eingesetzt wird. Das Präparat wurde elektrolytisch in Oxalsäure geätzt, um seine kristalline Struktur sichtbar zu machen. [LM, Vergrößerung unbekannt]

8. DIE WELT DER INDUSTRIE

8.15 Das hier gezeigte Siliciumnitrid gehört wie das Siliciumcarbid im vorigen Bild zu einer Gruppe von keramischen Werkstoffen, die als *technische Keramiken* bekannt wurden, weil man sie in Bereichen wie der Konstruktion neuartiger Automotoren einsetzt. Dieses Siliciumnitrid wurde während der Herstellung einem festigenden Verfahren — dem sogenannten *Heißpressen* — unterzogen, bei dem unter hohen Temperaturen die letzten Reste von Porosität buchstäblich aus der Keramik herausgequetscht werden. Das ungewöhnliche Aussehen dieser rasterelektronenmikroskopischen Aufnahme beruht darauf, daß statt der üblichen sekundären Elektronen *Rückstreuelektronen* zur Bilderzeugung verwendet wurden. Bei diesen handelt es sich um primäre Elektronen, die von der Probe reflektiert, nicht absorbiert werden. Man kann sie mit Hilfe eines speziellen Detektors sammeln und zur Identifizierung bestimmter Bestandteile eines Werkstoffes heranziehen. Die weißen Nadeln im Bild sind Yttrium-Silicium-Oxide, die schwarzen Nadeln bestehen aus dem Mineral Cristobalit, und die dunkelgrauen Bereiche sind nichtkristalline, glasige Phasen. [REM, Rückstreuelektronenbild, polierter Schliff, ×350]

8.16 Unter den keramischen Werkstoffen, die in den achtziger Jahren entwickelt wurden, ist teilstabilisiertes Zirkon(ium)oxid einer der aufregendsten. Es besitzt, wie man entdeckte, die Fähigkeit, in Abhängigkeit von der Temperatur und der mechanischen Belastung, der es ausgesetzt wird, von der tetragonalen in die monokline Phasenstruktur überzugehen. Der Wechsel geht mit einer Ausdehnung des keramischen Werkstoffs einher, so daß Risse geschlossen und am Weiterlaufen gehindert werden. Dies macht Zirkonoxid sowohl fester als auch weniger spröde und hat ihm den Namen „keramischer Stahl" eingebracht. Die Mikrophotographie zeigt eine intergranulare (zwischen Körnern gelegene) Pore, von deren oberem und unterem Ende Korngrenzen ausstrahlen. Der größte Teil des Bilds besteht aus den in etwa rautenförmigen Zirkonoxidkörnern. [REM, polierter Schliff, Phosphorsäureätzung, ×25000]

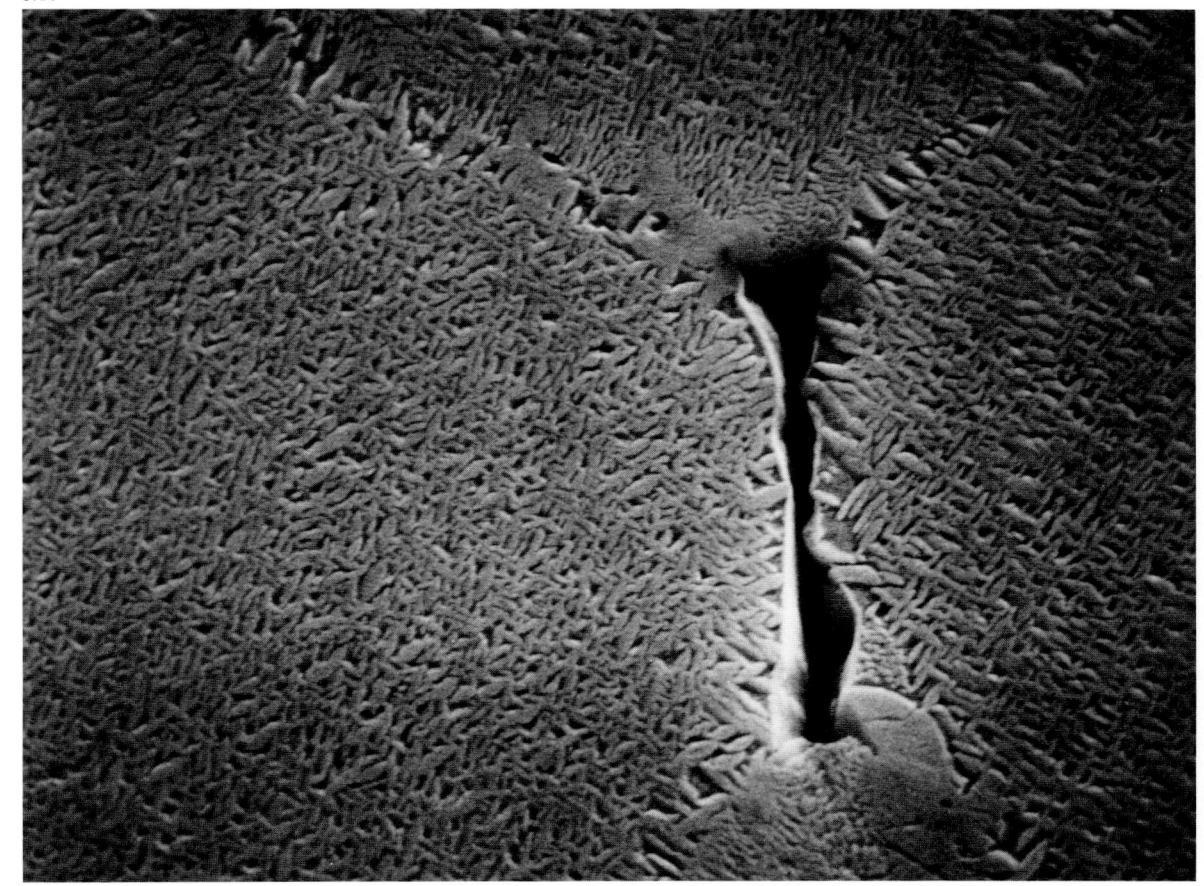

MIKROKOSMOS

Biomedizinische Technik

Die Ersatzteilchirurgie gehört zu den revolutionärsten Entwicklungen in der modernen Medizin. Sie wird durch *biotechnische* Materialien ermöglicht, die biologische Funktionen übernehmen können. Ein Ersetzen von Gewebe — von Herzklappen bis zu Hüftgelenken — durch „fremdes" Material ruft viele Probleme hervor. Vor allem muß der implantierte Werkstoff biokompatibel (bioverträglich) sein, damit er nicht abgestoßen wird. Außerdem muß er die ihm zugewiesene Aufgabe über einen langen Zeitraum erfüllen können.

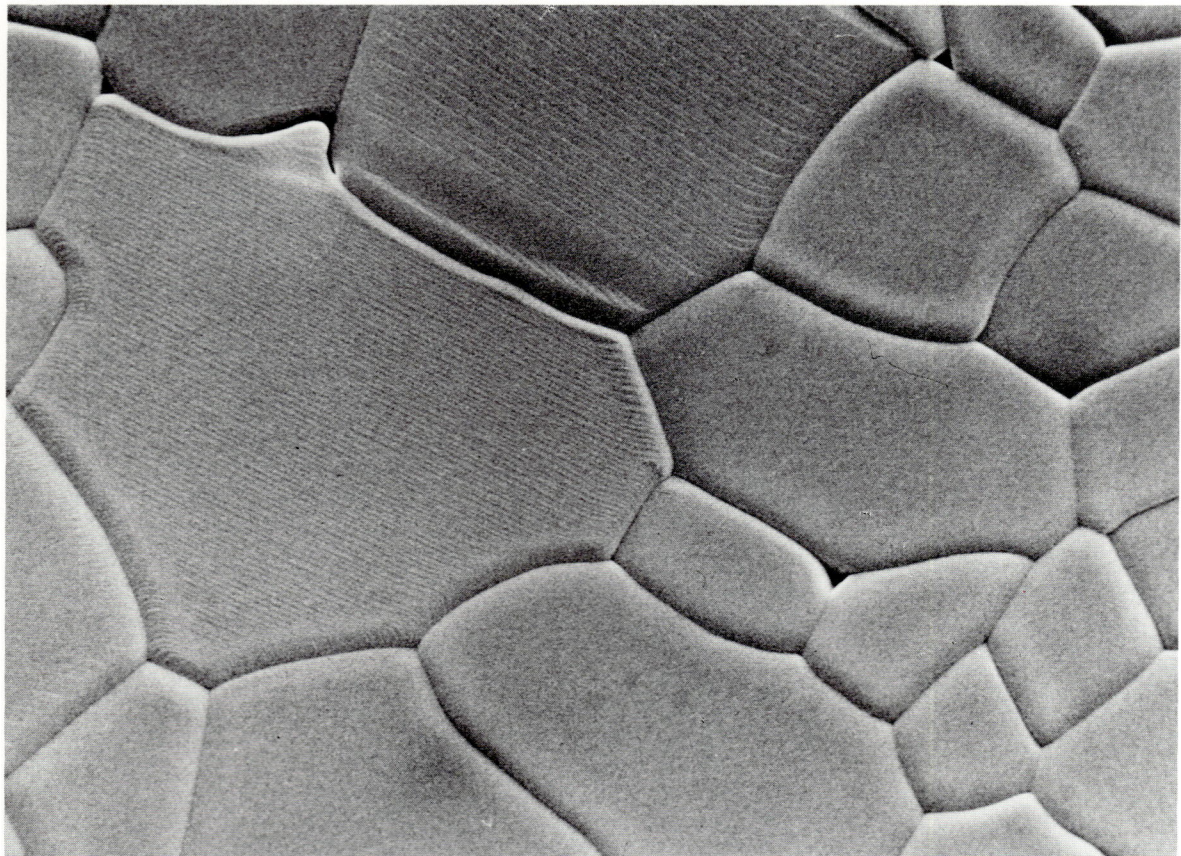

8.17 Wenn man in der Biotechnik Metallteile benötigt, gehört Titan zweifellos zu den Werkstoffen der Wahl. Es besitzt eine hohe Biokompatibilität und ist außerdem fest und leicht. Diese Probe zeigt eine Titanlegierung der Art, wie man sie für künstliche Hüftgelenke verwendet. Das Metall wird zu dem kugelförmigen Gelenkteil gegossen oder geschmiedet, das sich in das obere Ende des Oberschenkelknochens einpassen läßt. Die „Korbgeflechtstruktur" dieser Legierung besteht aus einer Anordnung von Alpha- und Beta-Phasen des Titans, die durch rasches Abschrecken während der Wärmebehandlung erzeugt wurde. [LM, polarisiertes Licht, polierter Schliff, ×460]

8.18 Der kugelförmige Hüftgelenkkopf paßt in eine „Pfanne" im Becken, und das hier gezeigte Knochenimplantat aus Aluminiumoxid dient bei künstlichen Hüftgelenken zur Formung dieser Gelenkpfanne. Es ist eine zu 99,9 Prozent reine Keramik, und seine äußerst geringe Porosität, die man hier an den sehr kleinen intergranularen Poren erkennt, verleiht ihm eine hohe mechanische Leistungsfähigkeit. [REM, polierter Schliff, Wärmeätzung, ×21000]

8. DIE WELT DER INDUSTRIE

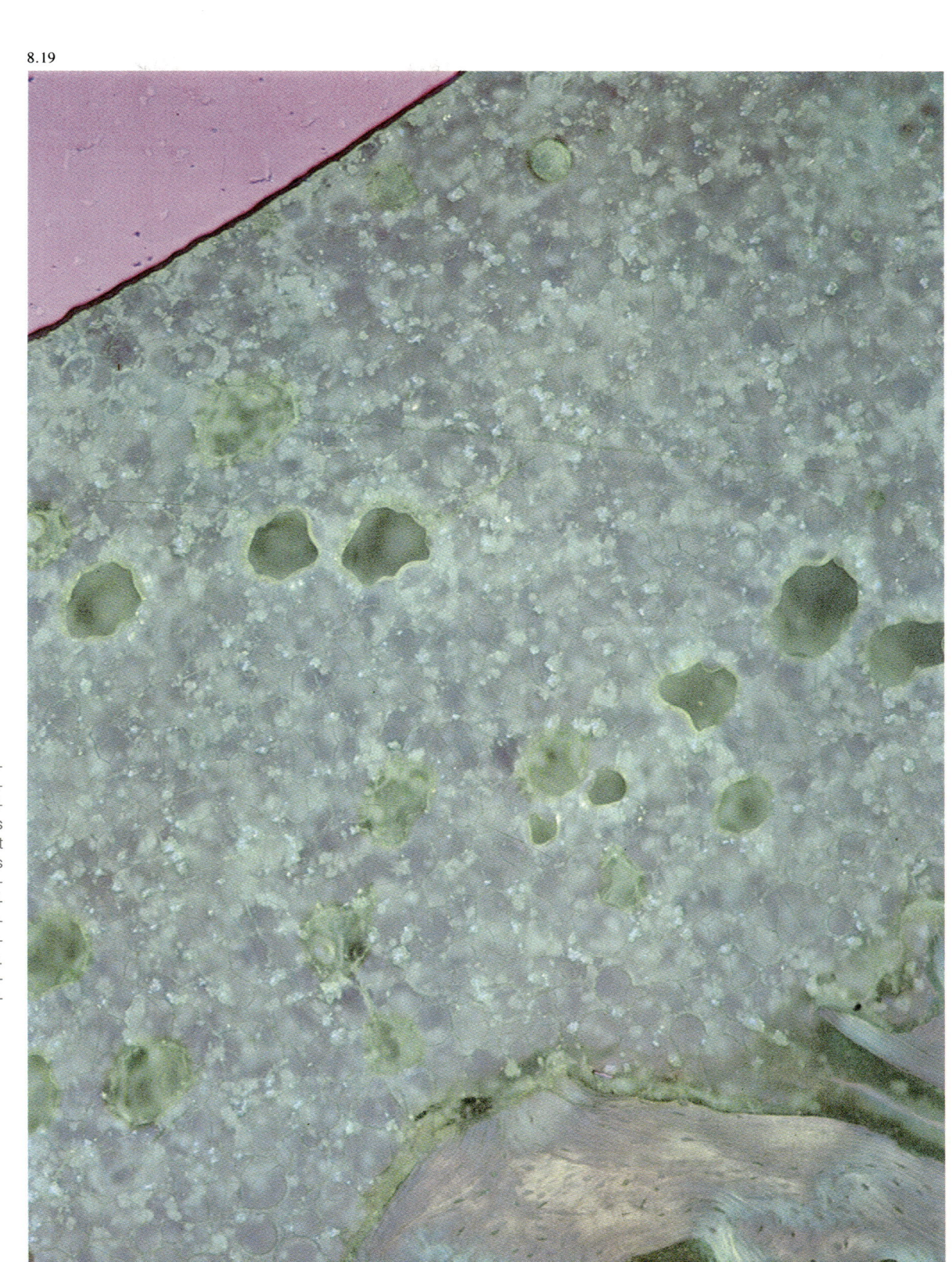

8.19

8.19 Ein Hauptproblem bei der Implantation eines künstlichen Hüftgelenks ist die Befestigung der kugelförmigen Prothese am äußersten Ende des vorhandenen Knochens. Die Kugel hat gewöhnlich einen Schaft, der in das hohle Innere des Oberschenkelknochens zementiert wird. Diese lichtmikroskopische Aufnahme zeigt die Verbindung zwischen dem lebenden Knochen rechts unten und dem Zement. Das rosa Dreieck links oben ist das Medium, in das die Probe eingebettet wurde. [LM, polarisiertes Licht, ×580]

MIKROKOSMOS

Elektronik

Die Entdeckung des Transistors im Jahr 1947 signalisierte den Beginn einer technologischen Revolution. Zwei Transistoren, die in einer sogenannten *Flip-Flop*-Schaltung miteinander verbunden sind, können elektronisch die binären Zustände „ja-nein", „an-aus" oder „0-1" ausdrücken. Dies verleiht Gruppen von Transistorpaaren die Fähigkeit, logische Sequenzen zu realisieren, Berechnungen durchzuführen und Informationen zu speichern. 1957 wurden integrierte Schaltkreise — *Mikrochips* — erfunden. Sie beruhen auf den speziellen Eigenschaften von Materialien, die man als *Halbleiter* bezeichnet, besonders von Silicium. Mikrochips sind typischerweise nur sechs Quadratmillimeter groß und weniger als 0,5 Millimeter dick, aber dennoch vollständige elektronische Einheiten, die Millionen von Transistoren enthalten können. Diese geringe Größe und hohe *Packungsdichte* machen Mikrochips so vielseitig und leistungsfähig.

Bei der Herstellung von Mikrochips werden zunächst dünne runde Scheiben mit 75 Millimeter Durchmesser von langen Stäben aus Einkristallsilicium geschnitten. Jede dieser Scheiben (*wafers*) bildet das „Substrat", auf das anschließend durch eine Folge von Beschichtungs- und Ätzverfahren ungefähr 100 einzelne Mikrochips aufgebracht werden. Man beginnt mit einer Schicht aus *dotiertem* Silicium, die in ihrer kristallographischen Ausrichtung vollkommen mit dem Substrat übereinstimmt. Die dabei zugefügten Dotierungselemente — Bor, Arsen oder Gallium zum Beispiel — ersetzen entweder einige der Siliciumatome in den Elementarzellen oder nehmen in den Räumen zwischen ihnen Platz. Sie geben der aufgetragenen Schicht den Grad an elektrischer Leitfähigkeit, den der Mikrochip benötigt.

Die Phasen des Beschichtens und Ätzens werden mit Hilfe von *Masken* ausgeführt, gewissermaßen Miniaturschablonen. An den offenen Stellen der Maske kann man mit chemischen Substanzen den darunterliegenden Bereich ätzen oder aber zusätzliches Halbleitermaterial auftragen. Das komplizierte, kreuz und quer verlaufende Netzwerk der Schaltungen eines Mikrochips wird aufgebaut, indem man nacheinander mehrere verschiedene Masken einsetzt. Transistoren und andere elektronische Bauelemente sind dabei aus drei oder mehr übereinanderliegenden Schichten konstruiert.

8.20 Diese Mikrophotographie zeigt den Schnittpunkt dreier Speichermikrochips und eines Testmoduls (rechts) auf einer handelsüblichen Halbleiterscheibe (*wafer*). Im Rahmen der Qualitätskontrolle werden elektronische Meßspitzen auf die viereckigen Kontaktgebiete (*pads*) des Testmoduls abgesenkt. Nach Abschluß des Testvorgangs trennt man die einzelnen Mikrochips mit Hilfe einer Diamantritznadel, die zwischen den Chips entlanggeführt wird, von der Scheibe ab. [LM, ×135]

8.21 Der außerordentlich komplizierte Aufbau vieler Mikrochips wird an diesem Mikroprozessor deutlich. Mikroprozessoren sind die auf einem einzelnen Halbleiterchip untergebrachten zentralen Verarbeitungseinheiten eines Computers. Wie das Bild zeigt, bestehen sie aus einer Vielzahl verschiedener Bauelemente. Auffallend sind die quadratischen Felder an den Rändern. Einige stellen Testfelder dar, an andere werden die Anschlußdrähte angeschweißt, die den Mikrochip mit seiner Umgebung verbinden. Der gezeigte STL80-Mikroprozessor stammt von der Firma STC. [LM, Vergrößerung unbekannt]

8.20

8. DIE WELT DER INDUSTRIE

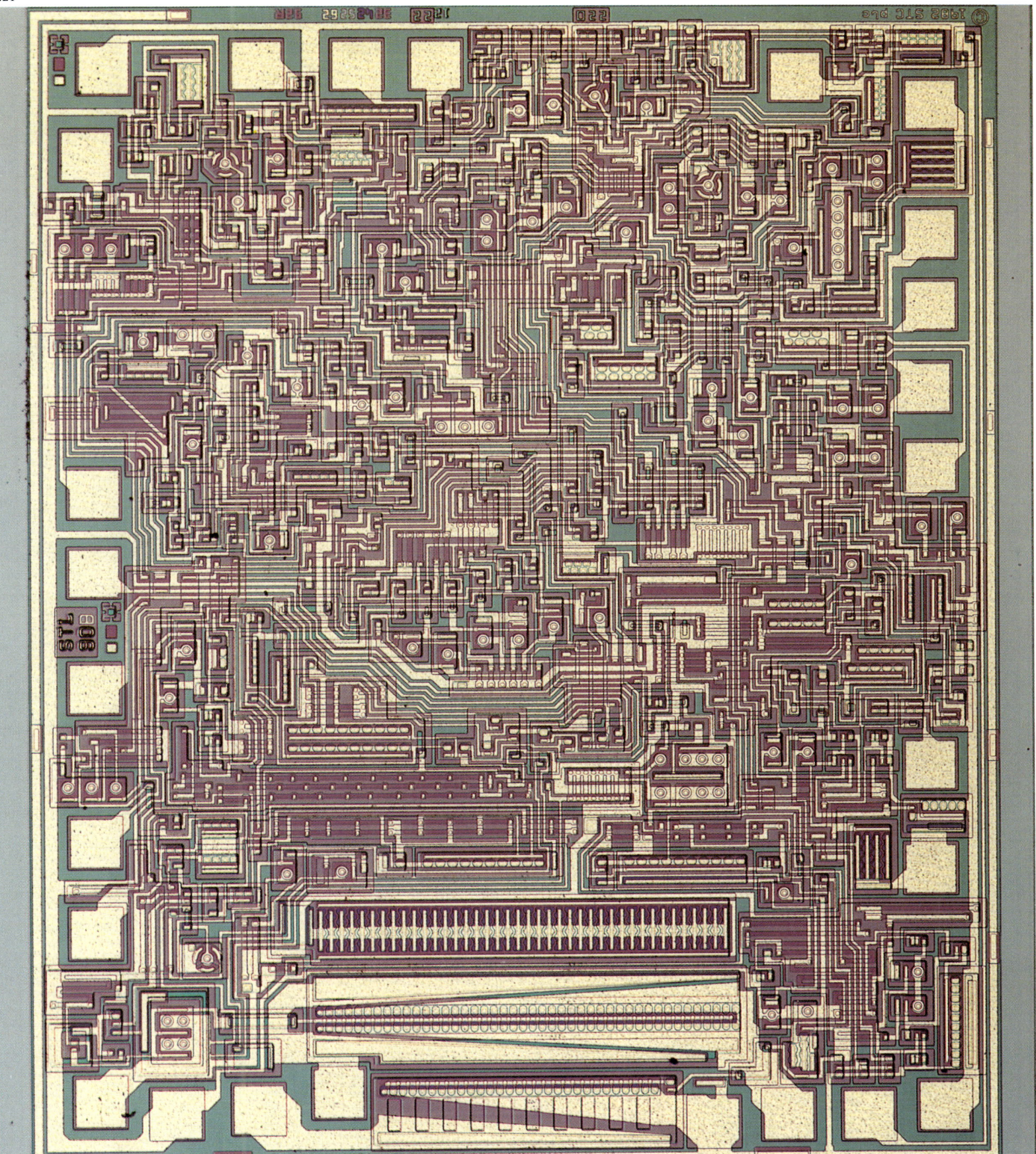

8.21

MIKROKOSMOS

8.22 Diese rasterelektronenmikroskopische Aufnahme zeigt die Speicherzellen eines löschbaren, programmierbaren Nur-Lese-Speichers, eines EPROM (*erasable programmable read-only memory*). Die Speicherzellen sind die p-förmigen Strukturen, die in mehreren Reihen über das Bild laufen. Sie stellen pro Mikrochip eine Speicherkapazität von 16384 Bit zur Verfügung und können elektrisch so geschaltet werden, daß sich der Mikrochip an die einprogrammierte Information erinnert und sie speichert. Wenn man den Mikrochip durch ein Quarzfenster in seinem Gehäuse mit ultraviolettem Licht bestrahlt, kann man den Speicher löschen und damit für eine Neuprogrammierung verfügbar machen. Ein typisches Anwendungsgebiet dieser Chips sind die speziellen elektronischen Wörterbücher, die sich mit manchen Textverarbeitungssystemen koppeln lassen. Viele dieser Systeme besitzen ein eingebautes Standardwörterbuch, mit dem man die korrekte Schreibweise von Wörtern überprüfen kann (Rechtschreibprogramm), doch EPROMs, die Fachwörter enthalten, lassen sich zusätzlich anschließen. Solche Mikrochips arbeiten viel schneller als die Magnetbänder oder -platten, die früher diese Funktion erfüllten. [REM, ×1280]

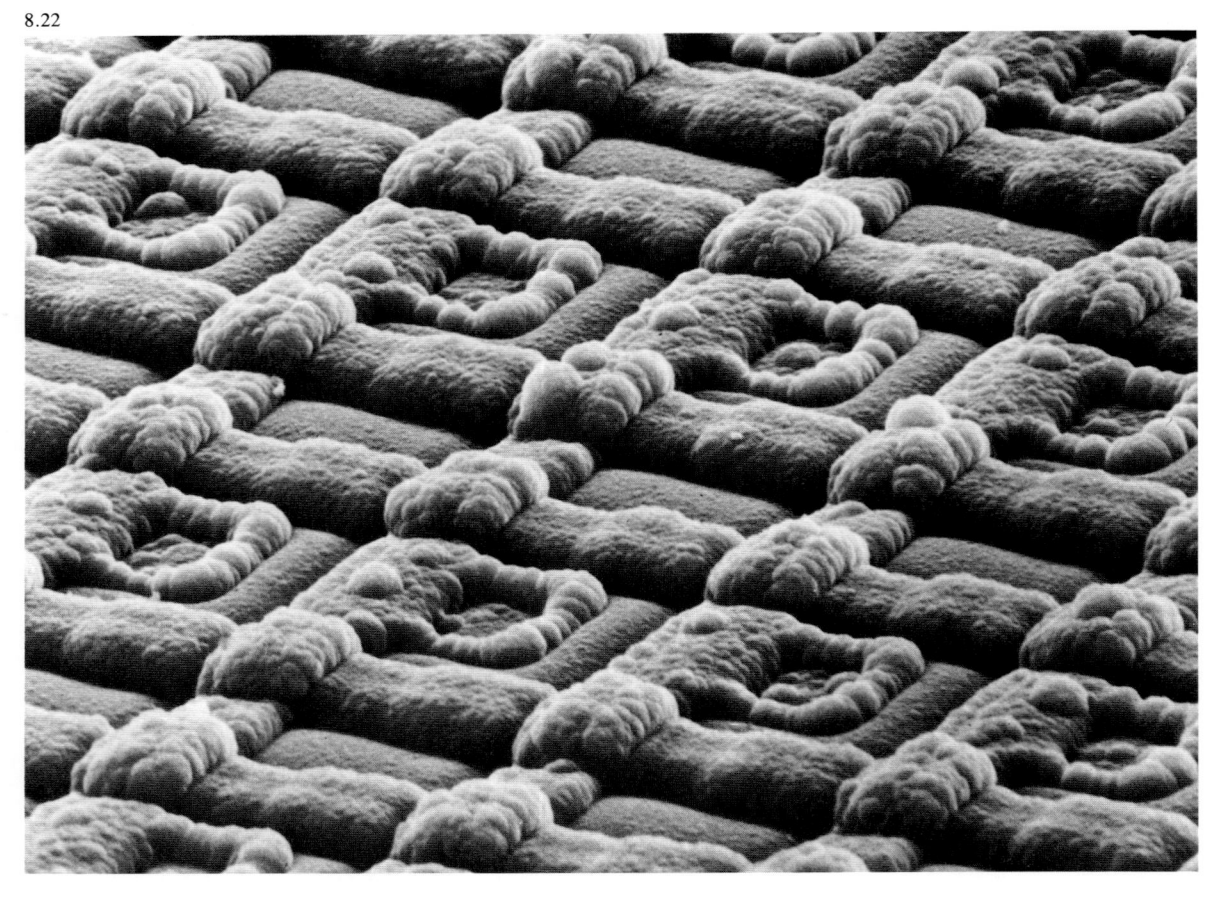

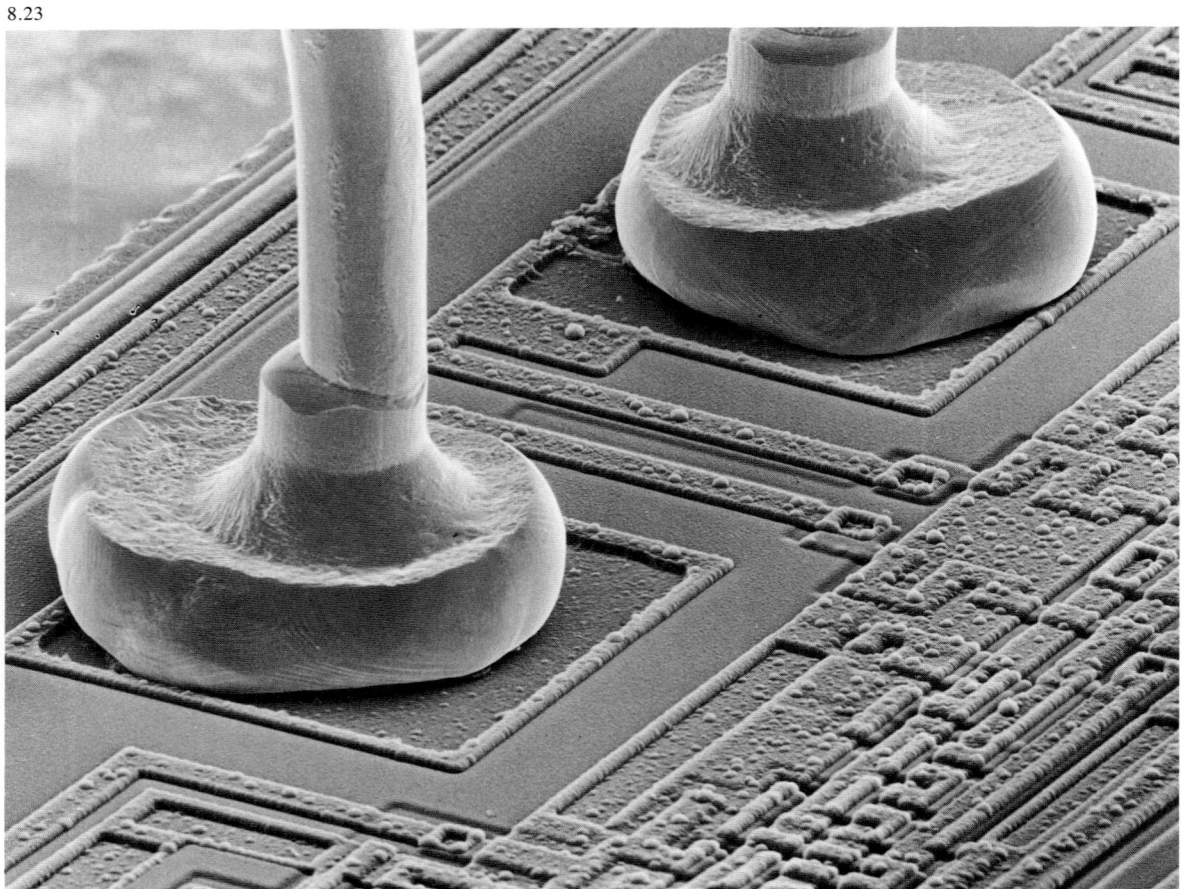

8.23 Dieses Bild zeigt einen anderen Teil des EPROM-Mikrochips vom vorigen Bild bei geringerer Vergrößerung. Man sieht zwei Verbindungsdrähte, die auf Anschlußfelder am Rand des Mikrochips aufgeschweißt sind. Die Drähte wurden durch Ultraschallschweißen befestigt, ein Verfahren, bei dem durch mechanische Schwingungen eine hohe örtliche Reibung erzeugt wird und die Drähte fest auf die Anschlußfelder gepreßt werden. Zwischen den beiden Feldern laufen zwei schmale Leiterbahnen zu den Schaltungen des Mikrochips rechts unten. Die kleinen Vierecke am rechten Ende dieser Bahnen sind die Transistoren, die die Ein- und Ausgangssignale der beiden Verbindungsdrähte steuern. Rasterelektronenmikroskope werden sehr häufig eingesetzt, um die Qualität der Schweißstellen auf Mikrochips und die Genauigkeit ihrer Lage zu prüfen. Bei einer Abweichung von nur 0,06 Millimetern wären beispielsweise diese Verbindungsdrähte mit dem Hauptschaltkreis des EPROM statt mit den Anschlußfeldern verschweißt worden. [REM, ×275]

8. DIE WELT DER INDUSTRIE

8.24

8.24 Diese Mikrophotographie zeigt den ganzen EPROM-Mikrochip, von dem auf der Seite gegenüber Einzelheiten in Nahaufnahme wiedergegeben sind. Man sieht ihn hier eingebettet in einer Vertiefung seiner Trägerplatte. Die Drähte verbinden die Anschlußfelder des Mikrochips mit Kontaktbahnen auf der Trägerplatte, wo sie ebenfalls verschweißt sind. Mit zunehmender Komplexität der Mikrochips ist auch die Anzahl der Verbindungsdrähte gestiegen. Doch nicht an allen Anschlußfeldern sind Drähte angeschweißt. Die leeren Felder werden benutzt, um den Chip einem elektrischen Test zu unterziehen, ehe man ihn von der Halbleiterscheibe abtrennt. Viele Mikrochips werden in den Endstadien der Herstellung aussortiert, weil sie mikroskopisch kleine Fehler an ihrer Oberfläche oder den Kontakten aufweisen. Aus diesem Grund werden Mikrochips in „Reinräumen" mit gefilterter Luft und von Arbeitern in Spezialkleidung hergestellt. Schon etwas so Einfaches wie eine Schuppe, die der Schutzkappe eines Arbeiters entschlüpft, kann sich verheerend auf eine ganze Serie von Mikrochips auswirken. [REM, ×12]

8.25 Mikrochips können nicht beliebig klein hergestellt werden. Einer der Gründe dafür ist die Wärme, die entsteht, wenn elektrischer Strom durch die Schaltungen des Mikrochips fließt. Um diese Schwierigkeit zu überwinden, montiert man Silicium häufig direkt auf die Trägerplatte des Mikrochips, so daß die Wärme leichter abgeführt werden kann. In solchen Fällen ist die Qualität dieser Verbindung wichtig, und man hat etliche Techniken erprobt, um sie zerstörungsfrei zu prüfen. Eine der vielversprechendsten ist das akustische Rastermikroskop oder SAM (*scanning acoustic microscope*). Das SAM erzeugt ein Bild mit Hilfe von Schallwellen, welche die erfreuliche Eigenschaft besitzen, unter optisch undurchsichtige Oberflächen vordringen zu können. In dieser Mikrophotographie sind die Schallwellen auf eine Ebene unterhalb der Oberfläche des Mikrochips fokussiert, der als rotes Quadrat erscheint. Man sieht in der Mitte die einwandfreie — blau gefärbte — Verbindung mit dem Chipträger. Das Bild zeigt außerdem gut verbundene (blau) und schlecht verbundene (rot und gelb) Kontakte auf dem Gehäuseteil, das den Mikrochip umgibt. [akustisches Rastermikroskop, Falschfarben, ×10]

8.25

8.26 In den frühen achtziger Jahren kam in der Elektronik ein neues Material – Galliumarsenid – auf, das die Vorrangstellung des Siliciums in Frage stellte. Mikrochips, bei denen es in sogenannter „Dünnschichttechnik" auf ein Substrat aus Saphir (Aluminiumoxid) aufgetragen wird, vermögen fünfmal schneller zu arbeiten als entsprechende Chips auf Siliciumbasis. Dies ist ein großer Vorteil in Supercomputern, wo die Geschwindigkeit der einzelnen Bauelemente die Schnelligkeit beeinflußt, mit der sich Berechnungen durchführen lassen. Eine weitere Eigenschaft von Galliumarsenid ist, daß man es in einer bestimmten Kombination mit Galliumaluminiumarsenid (GaAlAs) benutzen kann, um sehr kleine, schnelle Bauelemente herzustellen, die Licht aussenden (Lumineszenzdioden). Ein Beispiel eines solchen lichtemittierenden Bauelements ist in dieser rasterelektronenmikroskopischen Aufnahme zu sehen. Das abgegebene Licht hat eine hohe spektrale Reinheit und kann 25 Millionen Mal pro Sekunde an- und abgeschaltet werden. Diese beiden Eigenschaften machen es zu einem idealen Medium für die digitale Codierung von Telefongesprächen und anderen Signalen der Telekommunikation, die durch Glasfasern statt durch die üblichen Kupferkabel weitergeleitet werden sollen. Die lichterzeugende Kontaktstelle im Inneren des Bauelements – der sogenannte pn-Übergang – liegt unter der Glasblase. Letztere wirkt als Linse und bündelt das Licht zu einem feinen Punkt (weshalb ein solches Bauelement auch *sweet spot* genannt wird). Über den Draht am Fuß der Blase läuft das Eingangssignal ein und regt die lichterzeugende Kontaktstelle an. [REM, ×105]

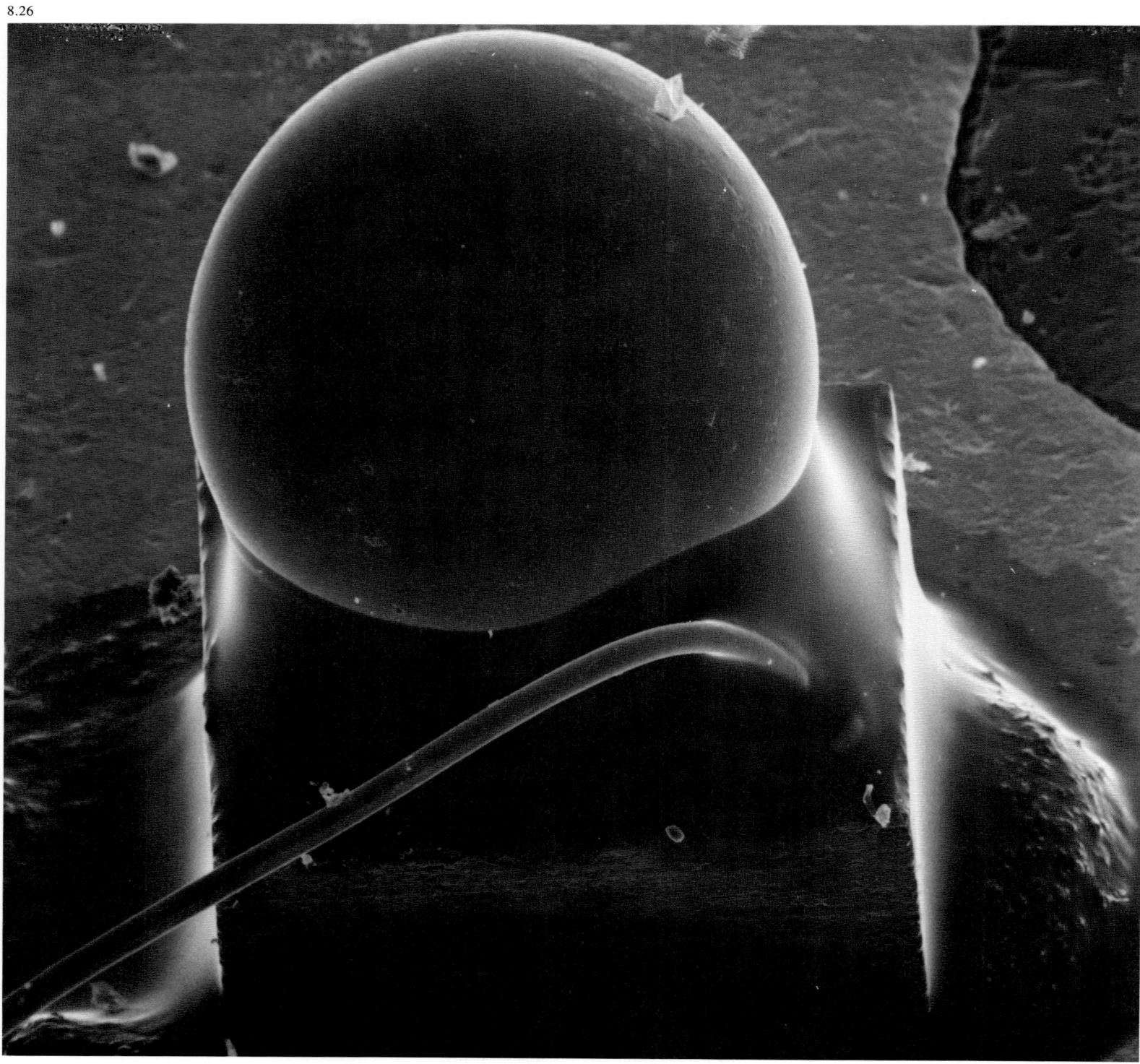

8. DIE WELT DER INDUSTRIE

8.27

8.27 Der Kern einer Glasfaser (Lichtleitfaser) besteht aus Glas, das einen anderen Brechungsindex als das umgebende Glas (Mantel) besitzt. Dadurch breitet sich das Licht entlang dem Faserkern aus, und Lichtverluste durch Austritt über die Oberfläche der Faser werden minimiert. In dieser lichtmikroskopischen Aufnahme erscheint der Faserkern in einem geringfügig dunkleren Rosa beziehungsweise — in der linken, unteren Ecke des Bilds — in einem blauvioletten Farbton. Die zusätzliche äußere Röhre links ist die Schutzumkleidung der Faser. Sie spielt bei der optischen Übertragung keine Rolle, sondern schützt die zarte Glasfaser vor mechanischer Beschädigung. [LM, Interferenzkontrast, ×385]

8.28

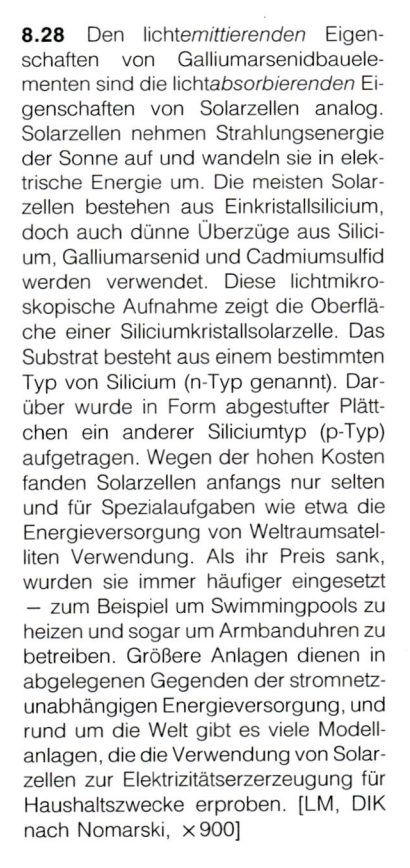

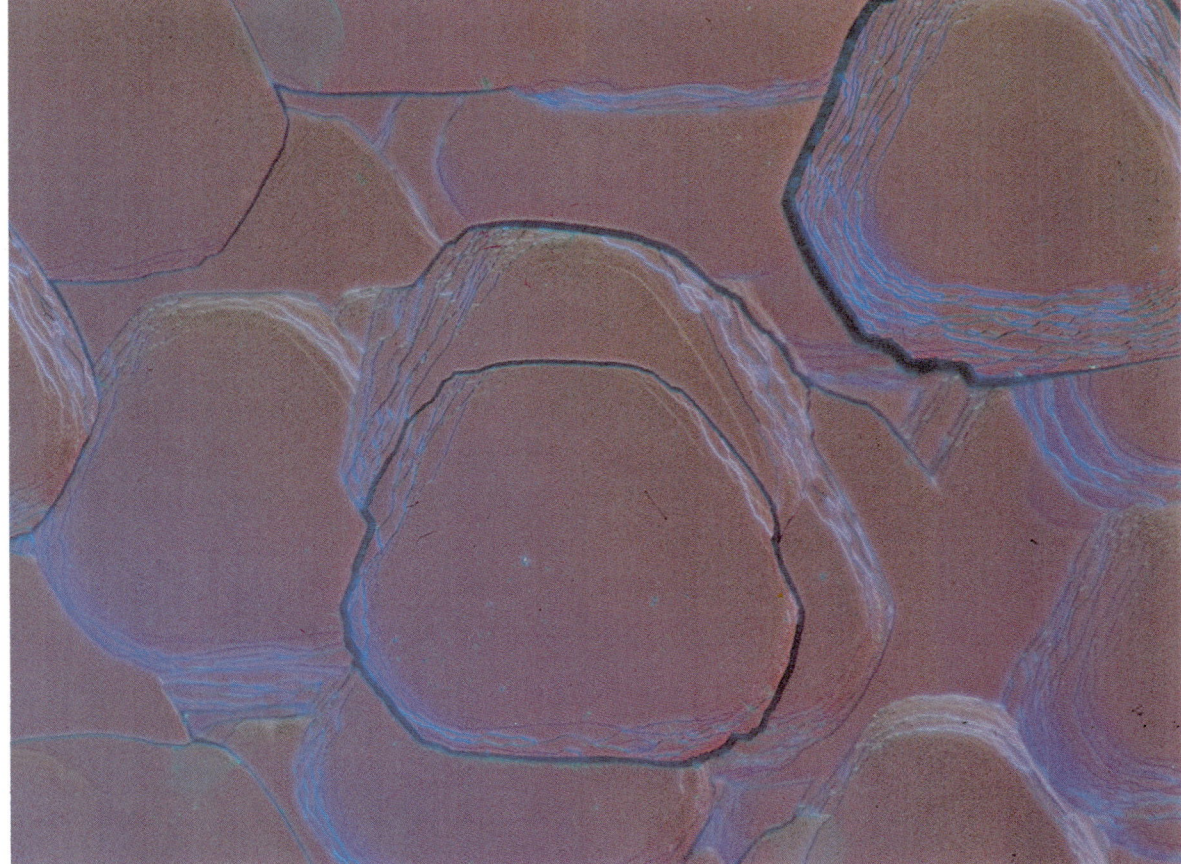

8.28 Den licht*emittierenden* Eigenschaften von Galliumarsenidbauelementen sind die licht*absorbierenden* Eigenschaften von Solarzellen analog. Solarzellen nehmen Strahlungsenergie der Sonne auf und wandeln sie in elektrische Energie um. Die meisten Solarzellen bestehen aus Einkristallsilicium, doch auch dünne Überzüge aus Silicium, Galliumarsenid und Cadmiumsulfid werden verwendet. Diese lichtmikroskopische Aufnahme zeigt die Oberfläche einer Siliciumkristallsolarzelle. Das Substrat besteht aus einem bestimmten Typ von Silicium (n-Typ genannt). Darüber wurde in Form abgestufter Plättchen ein anderer Siliciumtyp (p-Typ) aufgetragen. Wegen der hohen Kosten fanden Solarzellen anfangs nur selten und für Spezialaufgaben wie etwa die Energieversorgung von Weltraumsatelliten Verwendung. Als ihr Preis sank, wurden sie immer häufiger eingesetzt — zum Beispiel um Swimmingpools zu heizen und sogar um Armbanduhren zu betreiben. Größere Anlagen dienen in abgelegenen Gegenden der stromnetzunabhängigen Energieversorgung, und rund um die Welt gibt es viele Modellanlagen, die die Verwendung von Solarzellen zur Elektrizitätserzeugung für Haushaltszwecke erproben. [LM, DIK nach Nomarski, ×900]

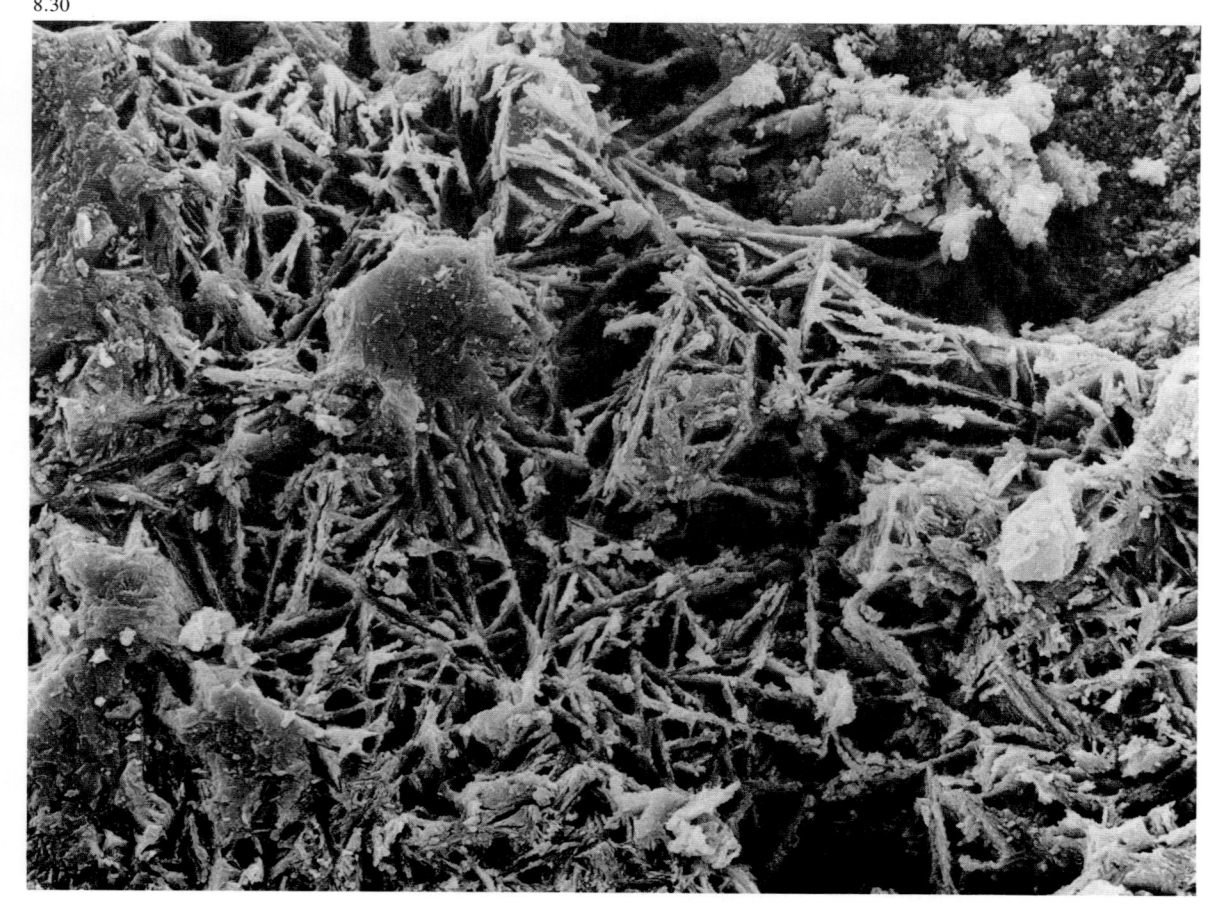

Korrosion

Korrosionsschäden verschlingen jährlich Milliarden von Mark. Sie können vielerlei Formen annehmen, sind aber gewöhnlich der Ausdruck unerwünschter chemischer Reaktionen. Im Fall des normalen Rosts ist die Korrosion eine Oxidation von Eisen oder Stahl; bei alten Gebäuden greifen korrodierende (korrosive) Schadstoffe wie Schwefeldioxid das Mauerwerk an; in chemischen Fabriken kann es sowohl durch externe, atmosphärische Quellen als auch von innen durch Substanzen, die dort in den Reaktionsbehältern hergestellt oder gespeichert werden, zur Korrosion kommen.

Rost ist die häufigste Form von Korrosion, weil Stahl das am meisten verwendete Metall ist. Er entsteht, wenn die beiden Korrosionsmittel Wasser und Sauerstoff sich verbinden und mit Eisen reagieren. Das Oxid, das sich auf der Oberfläche des Stahls bildet, dehnt sich aus, bis die dadurch verursachte Spannung bewirkt, daß die oberste Schicht abblättert und frischer Stahl freigelegt wird. In manchen Fällen ist es die Ausdehnung selbst — und nicht der Verlust an Stahl —, die den Schaden verursacht. Wenn beispielsweise ein Eisen- oder Stahlbolzen in Beton zu rosten beginnt, baut sich ein gewaltiger Druck auf, der schließlich den Beton zerstört.

8.29 Dieses Bild zeigt ein Stück von der Karosserie eines zwölf Jahre alten Autos. Es ist keinerlei Metall zu sehen. Das dreieckige Teilchen oben ist ein Lacksplitter von einer schlecht ausgeführten Neuspritzung; darunter liegen die drei Lackschichten, die der Hersteller auftrug. Das untere Drittel der Aufnahme besteht aus Rost. [REM, ×75]

8.30 Diese Detailaufnahme der obigen Probe zeigt die kristalline Natur der Oberfläche von Rost. Er entsteht, wenn Feuchtigkeit die Reaktion zwischen Eisen und atmosphärischem Sauerstoff katalysiert. Das Reaktionsprodukt ist hydratisiertes Eisen(III)- oder Eisen(II)-oxid, das hier entlang bevorzugter Ebenen wuchs und so eine Kristallstruktur erzeugte. [REM, ×825]

8. DIE WELT DER INDUSTRIE

Beschichtungen

Am häufigsten wird Korrosion bekämpft, indem man ein Bauteil oder das fertige Produkt mit einer dünnen Schutzschicht aus korrosionsbeständigem Material überzieht. Heute stehen viele hochentwickelte Überzüge zur Verfügung, doch für die weitaus meisten Produkte werden immer noch die grundlegenden Techniken des Lackierens, Streichens und Emaillierens eingesetzt.

8.31 Diese lichtmikroskopische Aufnahme zeigt einen Querschnitt durch lackierten Stahl. Der Stahl liegt unten, der farblose Lack darüber. Der Lack, der aufgesprüht wurde, enthält vier Luftblasen, die schwarz erscheinen. Die gute Haftung zwischen Stahl und Lack erkennt man daran, daß der Lack den mikroskopisch kleinen Wellen in der Oberfläche des Metalls genau folgt. Dies ist notwendig, wenn der Überzug seine Aufgabe, Feuchtigkeit vom Stahl fernzuhalten, erfüllen soll. [LM, polierter Schliff, Klemm-1-Ätzung, ×460]

8.32 Email ist einer der haltbarsten und wirksamsten Überzüge. Es besteht aus einer dünnen Schicht von Glas, das hart genug ist, um den Scheuermitteln standzuhalten, die im Haushalt häufig zum Reinigen benutzt werden. Weil Glas auf den meisten Substanzen nicht direkt haftet, ist beim Emaillieren gewöhnlich eine Zwischenschicht erforderlich, die sich chemisch sowohl an den Stahl oder an andere Materialien, aus denen das jeweilige Produkt besteht, als auch an Glas bindet. Sobald die Zwischenschicht aufgetragen ist, wird das Glas in einer pulverisierten Form aufgesprüht, die man *Fritte* nennt. Beim Einbrennen der Fritte verschmilzt das Glas mit der Zwischenschicht. Dieser Querschnitt eines emaillierten Stahls zeigt alle drei Bestandteile: Der Stahl erscheint schwarz, die Zwischenschicht cremefarben und das Email dunkelblau. Die kreisförmigen Gebilde in der Zwischenschicht und im Email sind Gasbläschen. Etwas dunklere senkrechte Streifen teilen die Emailschicht in fünf Lagen auf. Sie entstanden durch fünfmaliges Besprühen mit Fritte [LM, ×450]

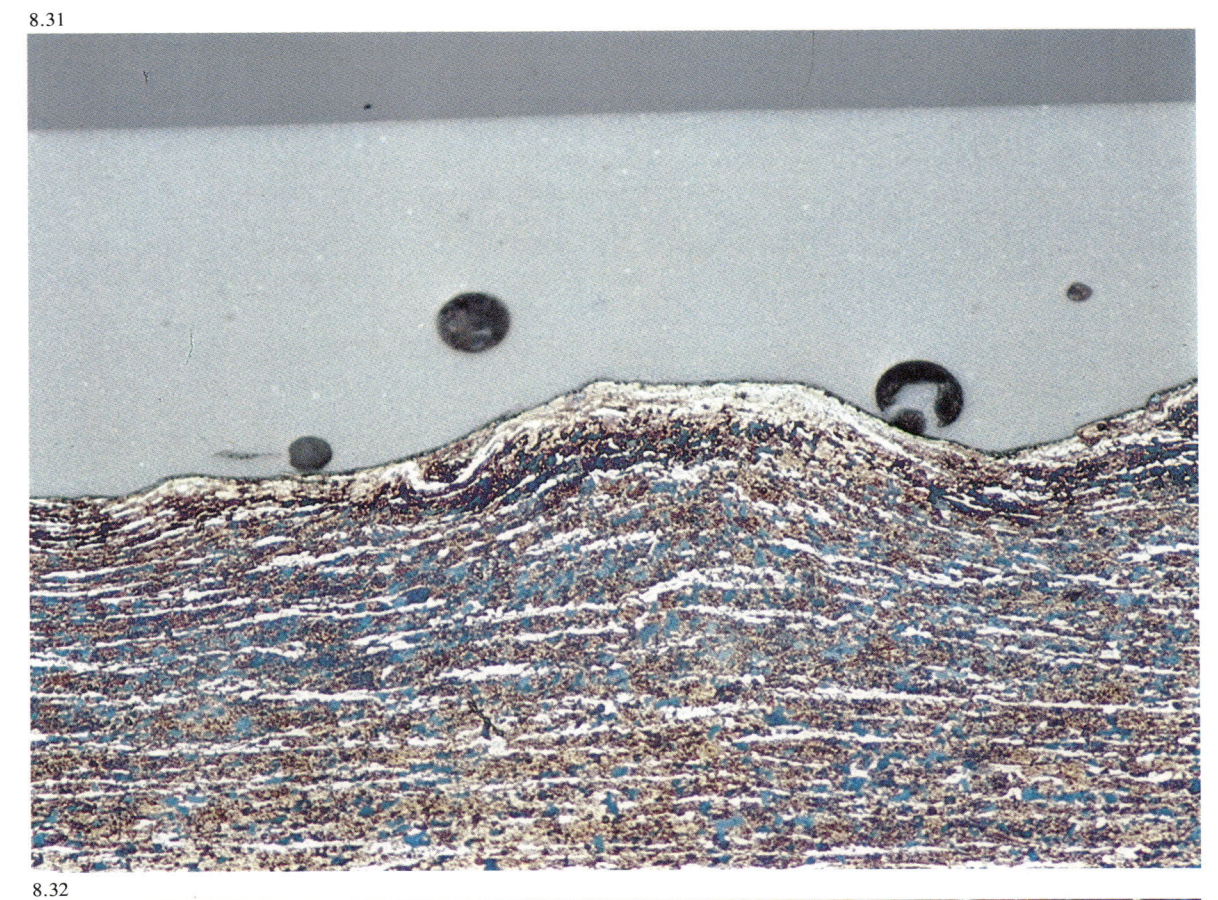

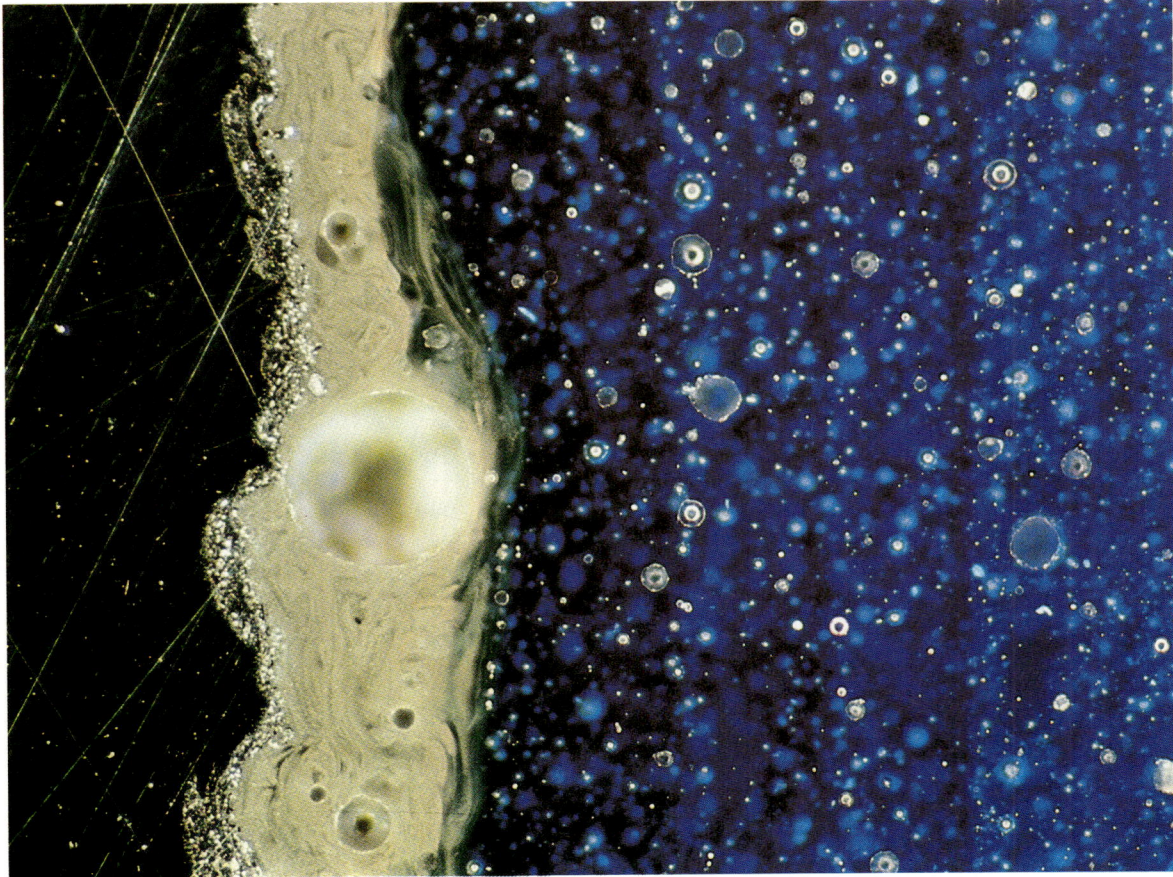

Analyse von Materialfehlern

Das vorzeitige Versagen von Geräten und Maschinen aufgrund von Materialfehlern ist ein alltäglicher Vorfall. Die Auswirkungen eines solchen Materialversagens reichen von der gelinden Unannehmlichkeit, die ein nicht mehr funktionierendes Küchengerät bereitet, bis zum verhängnisvollen Verlust von Menschenleben, wenn ein Passagierflugzeug abstürzt. Entsprechend unterschiedlich ist das Niveau der anschließenden Untersuchung. Der abgebrochene Griff einer Bratpfanne verdient kaum mehr als einen ärgerlichen Ausruf und eine flüchtige Prüfung, doch einem Flugzeugunglück folgen Monate intensiver Aufklärungsarbeit.

Bei den meisten Verfahren zur Klärung der Fehlerursache spielt die optische Untersuchung der entstandenen Bruchstücke eine entscheidende Rolle. Nach einem Flugzeugabsturz werden beispielsweise die einzelnen Teile geborgen und mit größter Sorgfalt entsprechend ihrem früheren Platz in der Maschine angeordnet. Das Versagen wird sozusagen in umgekehrter Reihenfolge und in Zeitlupe wiederholt. Anhand der dabei auftauchenden Anhaltspunkte läßt sich die eigentliche Ursache schließlich bis zu einem bestimmten Bauteil zurückverfolgen, das dann mit der gesamten Leistungsfähigkeit der heute verfügbaren Mikroskope untersucht wird.

In der Industrie dient die Mikroskopie zu einem großen Teil der Analyse fehlerhafter Bauteile. Sie spielt deshalb in dem Bemühen um mehr Sicherheit im Verkehr, stabilere Werkstoffe und zuverlässigere Motoren eine wichtige Rolle. Die folgenden vier Seiten zeigen einige Bilder aus der *Fraktographie*, der Wissenschaft von Brüchen (Frakturen) in Oberflächen. Ein wesentliches Element der Fraktographie ist die Tatsache, daß die meisten Vorgänge des Brechens, Reißens und Splitterns charakteristische, identifizierbare Spuren hinterlassen.

8.33

8.33 Wenn sich eine Fehlerursache nicht durch die Untersuchung der Oberfläche einer Bruchstelle entdecken läßt, muß ein Querschliff angefertigt werden. Da diese Technik das betroffene Bauteil zerstört, setzt man sie gewöhnlich erst dann ein, wenn alle mit anderen Methoden verfügbaren Informationen ausgeschöpft sind. Diese Mikrophotographie zeigt einen Anschliff eines Druckrohrs aus einer Titan-Aluminium-Vanadium-Legierung, wie es in Wärmetauschern für Chemieanlagen verwendet wird. Das Rohr versagte während der Druckprüfung. Man sieht einen relativ großen, diagonal verlaufenden Riß und einen kleineren unten links. Beide entstanden durch ein „intergranulares Reißen" in der rekristallisierten Mikrostruktur. Titan besitzt zwar eine ausgezeichnete Korrosionsbeständigkeit, ist aber während der Wärmebehandlung empfindlich gegenüber vielen häufig vorkommenden Schmutzstoffen einschließlich fettiger Finger und Seifen. [LM, polarisiertes Licht, polierter Schliff, ×580]

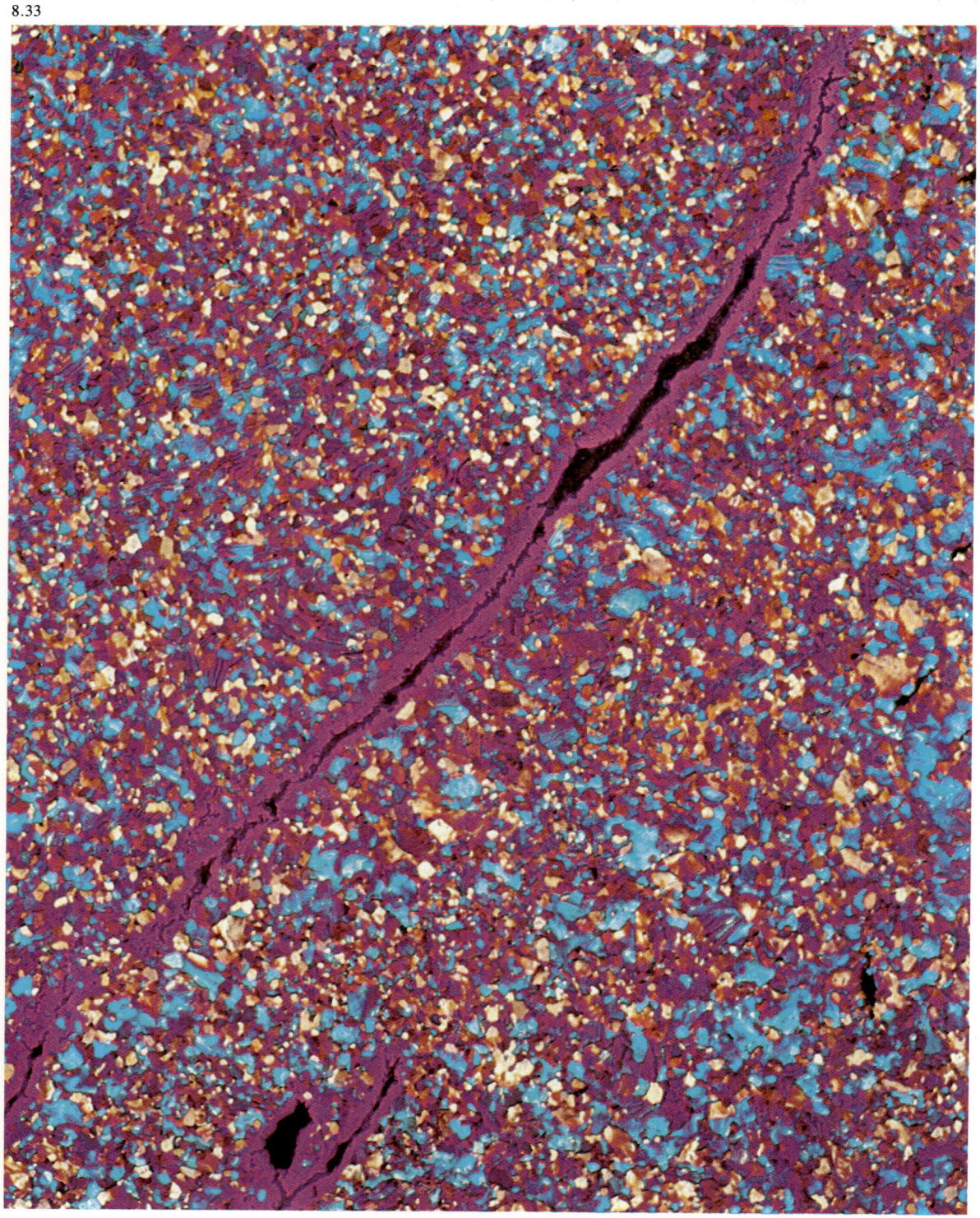

8. DIE WELT DER INDUSTRIE

8.34 Diese Mikrophotographie belegt eine gravierende Schwächung einer Hartlötverbindung in einem Flugzeugbauteil. Die Lötstelle verbindet zwei Teile aus einer Nickellegierung in Form eines T miteinander; ein Teil ist das oben quer verlaufende Band, das andere der dünne senkrechte Streifen, der die untere Bildhälfte teilt. Die Lötlegierung bildet die zwei gebogenen „Kehlen", die die schwarzen Hintergrundbereiche begrenzen. Die Schwächung der Lötverbindung zeigt sich an den kleinen schwarzen Kügelchen in den Kehlen. Sie spiegeln eine übermäßig starke Porosität wider, die zu einem Versagen der Nahtstelle — und damit des ganzen Teils — führen könnte. [LM, DIK nach Nomarski, polierter Schliff, geätzt, ×220]

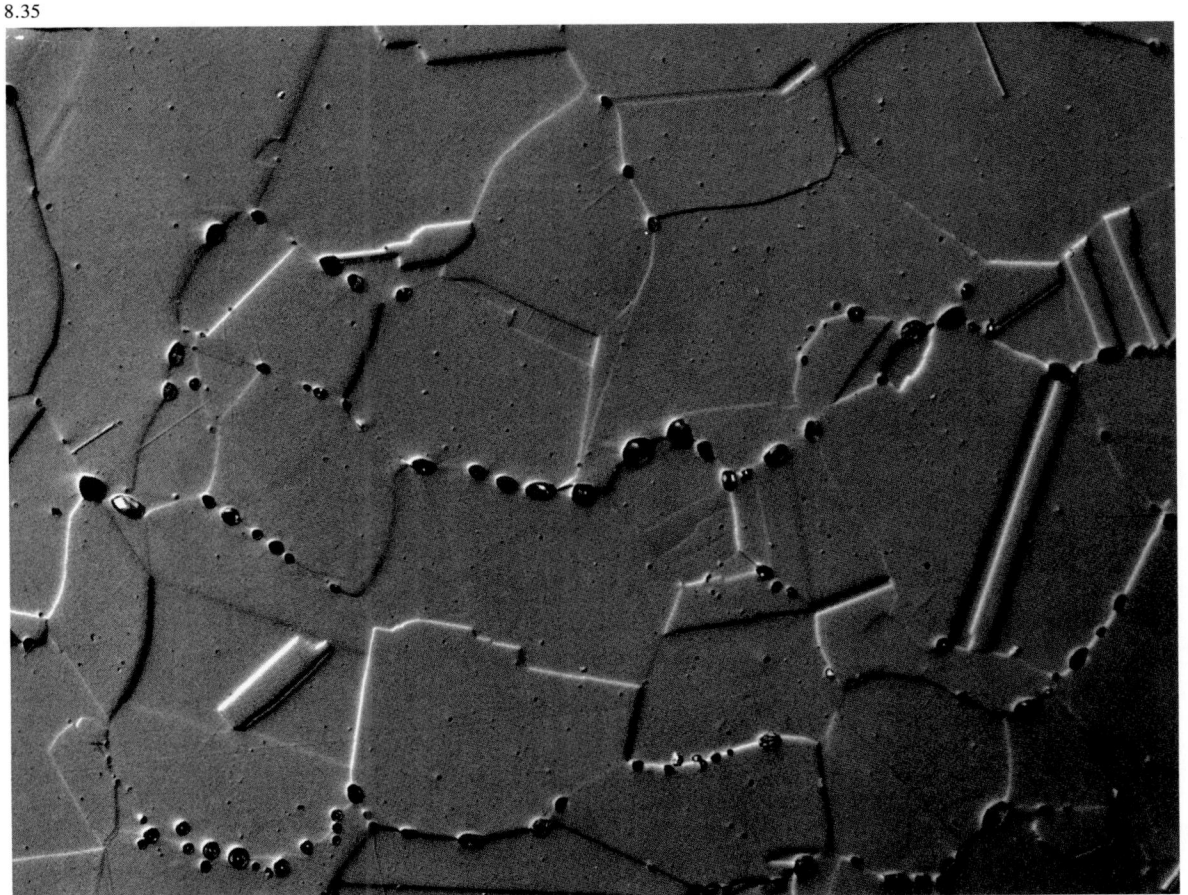

8.35 Der Materialfehler, der sich in dieser lichtmikroskopischen Aufnahme an den schwarzen „Perlen" zeigt, führte in den sechziger Jahren zu einer schweren Explosion in einem australischen Kraftwerk. Die Perlen sind Löcher in der Mikrostruktur von Kupfer. Sie entstehen, wenn Kupfer, das Kupferoxide enthält, versehentlich in einem Ofen hartgelötet wird, in dem Wasserstoff als Schutzgas dient. Der Wasserstoff reagiert chemisch mit dem Kupferoxid und erzeugt Wassermoleküle. Diese verwandeln sich bei der Löttemperatur zu Dampf und blasen buchstäblich Löcher in das Kupfergefüge. Die Löcher bilden sich entlang von Korngrenzen und schwächen das Kupfer beträchtlich. Das Unglück in Australien ereignete sich, weil die eben beschriebene Art von Kupfer und Ofenatmosphäre verwendet worden war. Die elektrischen Sicherungen zum Schutz der Installation enthielten hartgelötete Anschlußfahnen, die in dieser Weise geschwächt waren. Sie brachen ab und führten zu so starken Bogenentladungen an der Außenseite der Sicherung, daß die erzeugten Gase explodierten. Sicherungen sind gewöhnlich so konstruiert, daß sie solchen Entladungen in ihrem Inneren widerstehen, doch das Versagen der äußeren Anschlußfahnen machte sie nutzlos. [LM, DIK nach Nomarski, polierter Schliff, geätzt, ×220]

Wenn ein Material sehr schnell und katastrophal versagt, sind die dabei entstehenden Bruchflächen eine Folge hochorganisierter Prozesse. Sogar die Scherben einer heruntergefallenen Milchflasche enthalten für den erfahrenen Mikroskopiker eine Vielzahl von Informationen. Wenn ein Sprung sich von der Fehlerquelle wegbewegt, pflanzt er sich zunächst recht langsam fort, wird aber dann sehr rasch schneller und erreicht schließlich die halbe Schallgeschwindigkeit in dem betreffenden Material — gewöhnlich um 1500 Meter pro Sekunde. Während sich der Riß immer rascher vorwärtsbewegt, verteilt sich die Energie, die ihn vorantreibt, auf charakteristische Weise: Zuerst beginnt der Spalt auf und ab zu verlaufen, statt sich geradeaus fortzupflanzen, dann gabelt er sich in zwei Sprünge auf. Da es zu ständig neuen Gabelungen kommen kann, zerfällt der Gegenstand schließlich in lauter einzelne Bruchstücke. Auf diese Weise entstehen die Dutzende von Splittern, wenn man zum Beispiel eine Milchflasche fallen läßt.

Sprödbrüche, wie solche Vorgänge genannt werden, kommen am häufigsten bei Keramiken, Gläsern und harten Werkstoffen vor. Sie können zwar auch bei Stählen und Legierungen auftreten, doch geht hier gewöhnlich ein langsameres Brechen in Verbindung mit einer Verformung des Metalls voraus. So bricht beispielsweise eine Büroklammer, die man wiederholt knickt, in zwei Teile. Das Biegen schädigt das Metall, indem es dieses quasi durch „Kaltverformung" härtet, bis es zu spröde wird.

8.36 Diese rasterelektronenmikroskopische Aufnahme zeigt die Bruchfläche einer Kobalt-Chrom-Molybdän-Gasturbinenschaufel aus einem Düsentriebwerk. Durch eine Untersuchung der Bruchflächen einer Probe wie dieser kann der Wissenschaftler den Riß bis zu seinem Ursprung zurückverfolgen. Die dunkelgraue Oberfläche im Bild enthält „Flußmarkierungen", die so genannt werden, weil sie sich wie Nebenflüsse in der Richtung vereinigen, in der der Riß sich fortpflanzt. In dieser Probe hat er sich demnach von rechts nach links bewegt. Die Linien auf der schrägen Fläche in der oberen rechten Bildecke sind die wellenartigen Formationen, die entstehen, wenn ein Riß wie im Text oben beschrieben auf und ab verläuft. [REM, ×200]

8.37 Die Auswirkungen der atomaren Struktur eines Materials können sogar an einer Bruchstelle sichtbar werden. In dieser Probe einer Alpha-Aluminiumoxid-Keramik bewegte sich ein Sprung von rechts nach links und abwärts. Dabei folgte er den Ebenen der geringsten Energie — jenen, die am leichtesten brechen — in der atomaren Gitterstruktur der Keramik. In diesem Beispiel liegen zwei solche Ebenen im rechten Winkel zueinander, so daß sich der Sprung in einer Reihe von Stufen abwärts fortpflanzte. Die Stufen enden plötzlich links im Bild, und der Riß verläuft dort — an einer Korngrenze — scharf nach unten. [REM, ×2700]

8.38 Brüche werden nicht nur bei Metallen und Spezialkeramiken mikroskopisch untersucht. Das „Gesicht" in der Mikrophotographie auf der gegenüberliegenden Seite ist ein Bruchmuster in einem Stück des häufig verwendeten Plastikmaterials Polystyrol. Die langen Kettenmoleküle von Polystyrol neigen zu einer allmählichen Verminderung ihres Molekulargewichts. Ein Jahr unter Wüstensonne reicht aus, um ihr Molekulargewicht als Folge einer Photooxidation — eines kombinierten Angriffs von ultraviolettem Licht und atmosphärischem Sauerstoff — zu halbieren, was mit einem entsprechenden Festigkeitsverlust einhergeht. [REM, ×8250]

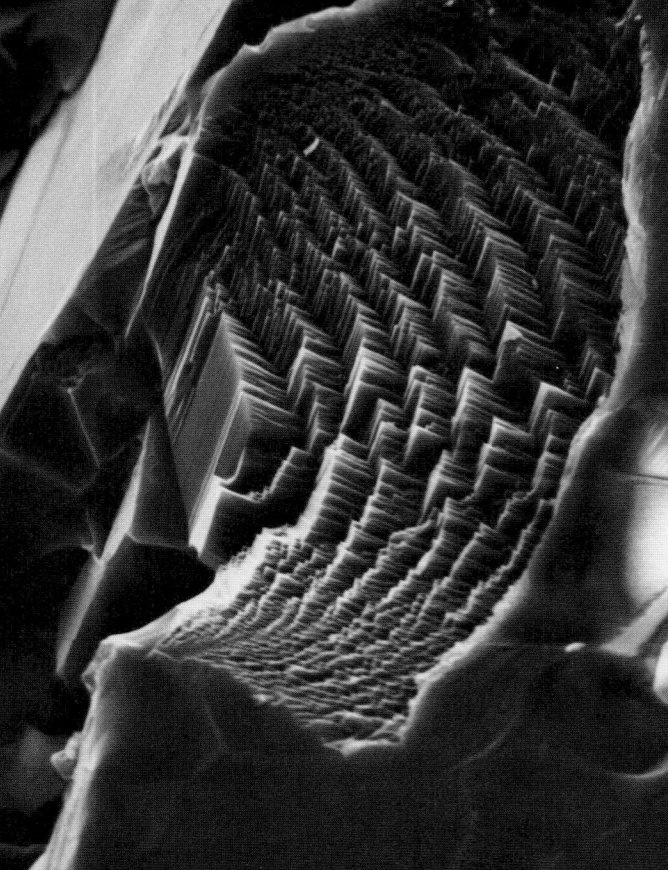

8. DIE WELT DER INDUSTRIE

8.38

171

MIKROKOSMOS

8.39

Quantitative Mikroskopie

Mit der zunehmend breiteren Nutzung von Werkstoffen arbeiteten sich die Ingenieure näher an die Leistungsgrenzen dieser Materialien heran. Damit dies ohne Gefahr geschehen konnte, mußten sowohl mechanische Testverfahren als auch die Mikroskopie sicherstellen, daß die Eigenschaften eines bestimmten Werkstoffs gut bekannt und vorhersagbar waren. Der Wunsch nach genaueren Informationen hat zu einem signifikant häufigeren Einsatz der *quantitativen* Mikroskopie geführt, mit der sich echte Meßwerte für beobachtete Eigenschaften und Mikrostrukturen gewinnen lassen.

Die quantitative Mikroskopie tritt in vielen Formen auf und reicht von der einfachen Messung der Härte eines Materials bis zur detaillierten Kartierung der Elemente, aus denen es besteht, mit einem Rasterelektronenmikroskop. Zur Elementkartierung bedient man sich der Röntgenstrahlen, die abgegeben werden, wenn der Elektronenstrahl auf eine Probe aufschlägt; jedes Element gibt Röntgenstrahlen mit einer anderen Wellenlänge ab und liefert damit ein chemisches Erkennungssignal.

8.39 Der häufigste Test in der quantitativen Mikroskopie ist die Messung der Mikrohärte eines Materials. Ein pyramidenförmiger Diamant wird mit der Spitze nach unten an ein spezielles, bewegliches Vorsatzelement der Objektivlinse geklebt. Wenn der Untersucher die Probe durch das Mikroskop betrachtet, kann er genügend gut um den Diamanten herumsehen, um in einem Paar von Fadenkreuzen einen Bereich der Probe, den er testen möchte, genau auszuwählen. Ein Gewicht mit bekannter Größe drückt dann die Objektivvorderseite auf das Material, wo der Diamant eine winzige, nur wenige Mikrometer breite Einkerbung hinterläßt. Wenn man diese Kerbe vermißt, erhält man einen genauen Wert der Materialhärte an dieser Stelle. Die Aufnahme zeigt eine Reihe von Mikrohärtekerben in einer metallischen Oberfläche. [LM, Interferenzkontrast, polierter Schliff, ×480]

8. DIE WELT DER INDUSTRIE

8.40 Diese Gruppe von rasterelektronenmikroskopischen Aufnahmen gibt denselben oxidierten Bereich einer Stickstoffsilicidkeramik bei Einsatz jeweils unterschiedlicher Bilderzeugungs- und -analysetechniken wieder. Bild (a) ist eine auf die übliche Weise mit sekundären Elektronen erstellte Aufnahme und zeigt, daß die oxidierte Oberfläche aus polygonalen Plättchen auf einer körnigen Hintergrundmatrix besteht; es gibt jedoch keine Auskunft über die Zusammensetzung dieser Strukturen. Bild (b) entstand mit Hilfe von Rückstreuelektronen. Der Mikroskopiker kann hier erkennen, daß die hellsten Bereiche — die weißen Polygone — ein Element mit hoher Ordnungszahl enthalten müssen, denn schwerere Elemente streuen mehr Elektronen zurück. Bild (c) stellt eine Kartierung der Röntgenstrahlung dar, die mit der für das Metall Cer typischen Wellenlänge emittiert wurde. Es zeigt, daß die polygonalen Plättchen überwiegend aus Ceroxid bestehen, das bei der Herstellung der Keramik verwendet worden war. Auch die letzte Aufnahme stellt eine Röntgenstrahlkartierung — hier mit der Wellenlänge für Silicium — dar; man sieht an diesem Bild, daß die körnige Hintergrundmatrix überwiegend aus Silicium besteht. Röntgenstrahlkartierungen lassen sich zur Identifizierung aller Elemente einsetzen, deren Atomgewicht größer als das von Fluor ist. [REM; (a) Sekundärelektronenbild; (b) Rückstreuelektronenbild; (c) Cer-Röntgenstrahlkartierung; (d) Silicium-Röntgenstrahlkartierung; alle Aufnahmen ×1000]

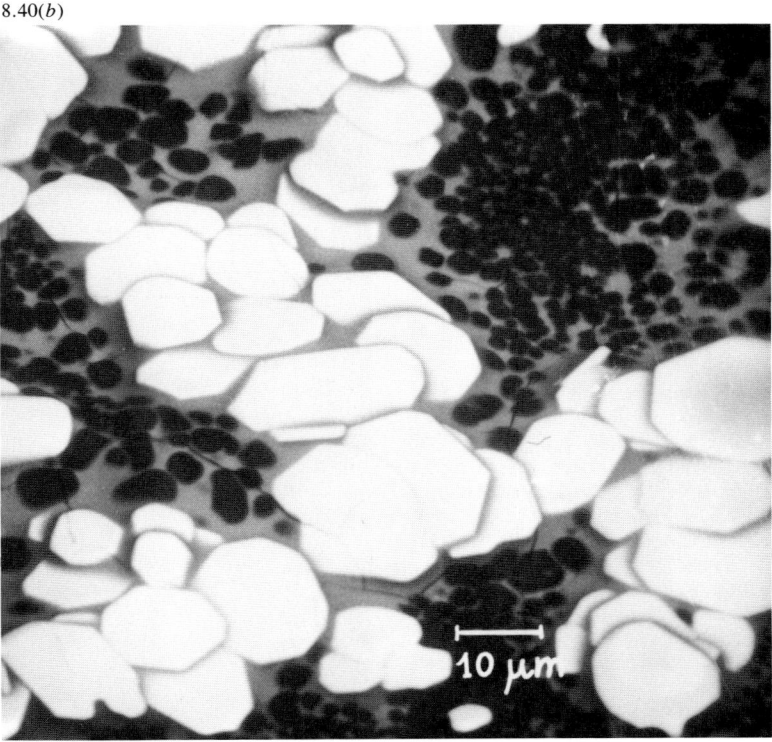

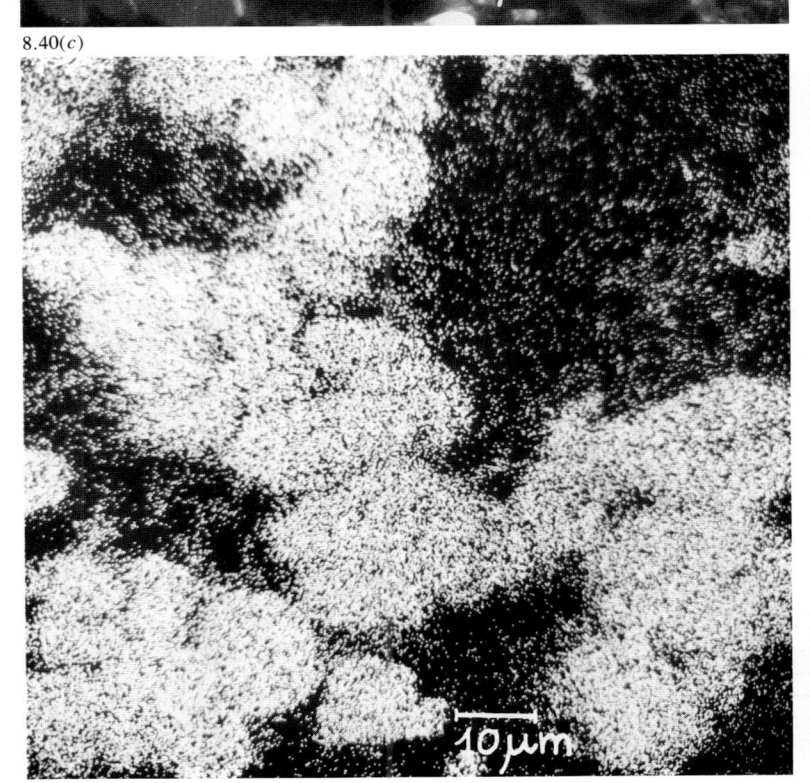

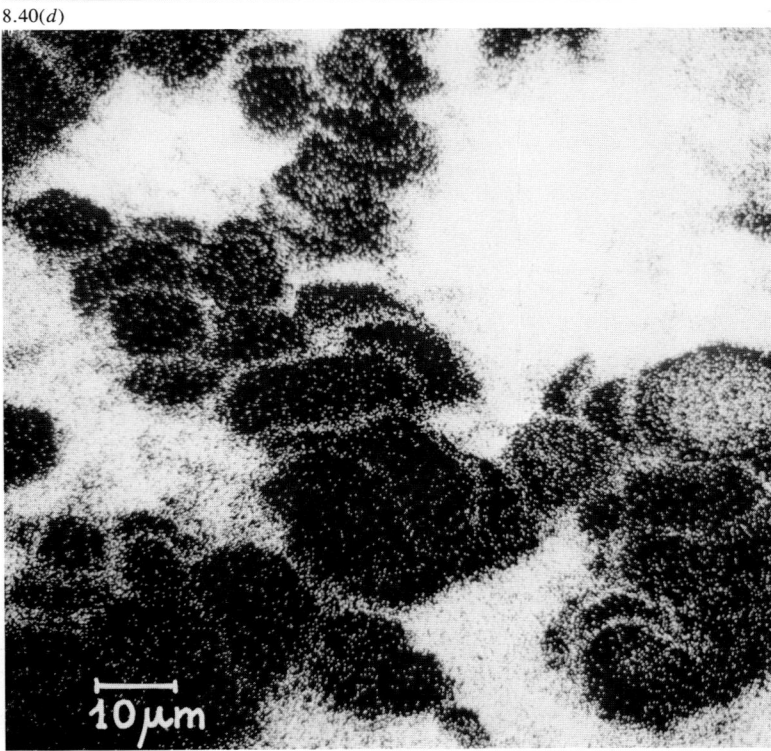

8.40(a)

8.40(b)

8.40(c)

8.40(d)

173

9. Alltagswelt

Dieses Schlußkapitel präsentiert Dinge aus unserer alltäglichen Umgebung: wohlvertraute Objekte in ungewohnter Vergrößerung. Die Aufnahmen verdeutlichen, welche Faszination von Mikroskopen ausgehen kann, wenn man das Glück hat, sie benutzen zu können. Häufig offenbart ein einziges Bild die Struktur oder Arbeitsweise eines Objekts klarer als Hunderte von Wörtern. Die banalsten Dinge können unter dem Mikroskop ein oftmals überraschendes oder beeindruckendes Aussehen annehmen.

9.1 Dieses Bild zeigt das Gewöhnlichste, was man sich vorstellen kann – Hausstaub. Die Probe wurde einfach dem Beutelinhalt eines Haushaltsstaubsaugers entnommen. Hausstaub besteht unter anderem aus Erdteilchen, die wir mit den Fuß- oder Schuhsohlen hereingebracht haben, aus Fasern, die von unseren Kleidern oder Haaren stammen, und aus den Hautschüppchen der Hausbewohner. Doch nicht alle Bestandteile des Staubs sind tot. In dieser rasterelektronenmikroskopischen Aufnahme sieht man auf der rechten Seite eine winzige Hausmilbe der Gattung *Glyciphagus*. In sämtlichen Staubsaugern sind solche Milben zu finden, ebenso in allen Teppichen und Matratzen. Jedes Gramm Staub enthält etwa 1000 Milben. Sie verbringen ihre Tage mit dem Herumspazieren in einer Landschaft, die für sie aus riesigen Felsen und verschlungenen Urwäldern besteht. Sie fressen menschliche Hautschuppen, mit denen wir ihre mikroskopische Welt füllen. Die Milbe im Bild bewegt sich von rechts nach links. Der Felsbrocken, auf den sie gleich stoßen wird, ist ein winziges Sandkörnchen. [REM, ×145]

175

Stoffe

Stoffe werden aus einer Vielzahl natürlicher und künstlicher Fasern hergestellt. Naturfasern stammen von Pflanzen (Baumwolle, Flachs), Tieren (Wolle) oder Insekten (Seide) und sind, mit Ausnahme der Seide, meist recht kurz. Da sie außerdem sehr dünn sind, müssen sie versponnen werden, damit ein Faden mit brauchbarer Länge und Dicke entsteht. Kunstfasern dagegen werden als fortlaufender Faden aus Düsen gepreßt, wobei sich Länge wie Dicke regulieren lassen. Der Stoff selbst entsteht schließlich durch Verweben oder Verknoten der Fäden.

9.2 Die Herstellung von Spitzen ist eine Kunst, die viel Geschick erfordert. Diese Mikroaufnahme zeigt eine maschinell erzeugte Spitze. Jede Masche des Netzes besteht aus einer komplizierten Folge von Knoten. Als Faden wurde ein mehrsträngiges Baumwoll-Polyester-Garn verwendet. [REM, ×7]

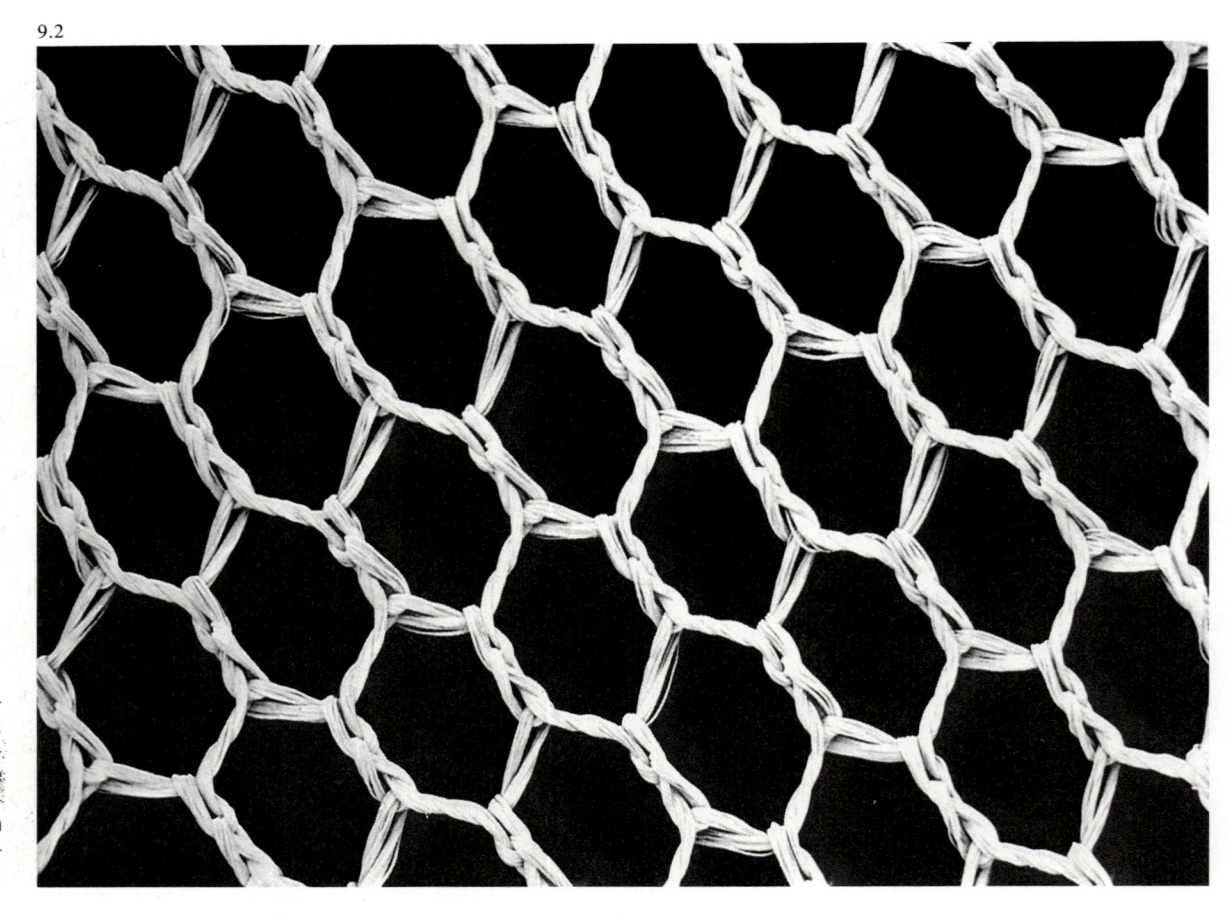

9.3 Dieser Stoff wurde maschinell aus einer Kunstfaser hergestellt. Es handelt sich um ein Netz aus Polyethylen. Jede Netzmasche ist mit den Nachbarmaschen identisch, und der Faden stellt eine einsträngige, aus der Schmelze gepreßte Kunststoffaser dar. Die Farben in dieser Mikrophotographie, die durch die Verwendung von polarisiertem Licht entstanden, zeigen die innere Spannung (Restspannung) in dem Kunststoffmaterial des Fadens an. [LM, polarisiertes Licht, ×35]

9. ALLTAGSWELT

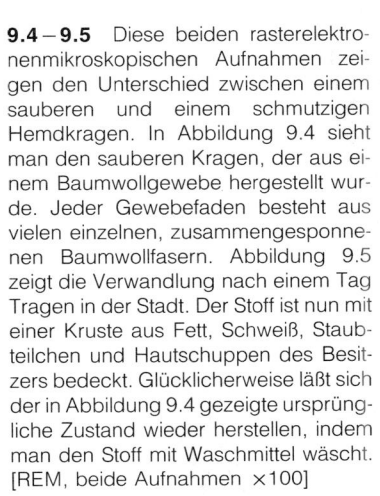

9.4

9.4 – 9.5 Diese beiden rasterelektronenmikroskopischen Aufnahmen zeigen den Unterschied zwischen einem sauberen und einem schmutzigen Hemdkragen. In Abbildung 9.4 sieht man den sauberen Kragen, der aus einem Baumwollgewebe hergestellt wurde. Jeder Gewebefaden besteht aus vielen einzelnen, zusammengesponnenen Baumwollfasern. Abbildung 9.5 zeigt die Verwandlung nach einem Tag Tragen in der Stadt. Der Stoff ist nun mit einer Kruste aus Fett, Schweiß, Staubteilchen und Hautschuppen des Besitzers bedeckt. Glücklicherweise läßt sich der in Abbildung 9.4 gezeigte ursprüngliche Zustand wieder herstellen, indem man den Stoff mit Waschmittel wäscht. [REM, beide Aufnahmen ×100]

9.5

MIKROKOSMOS

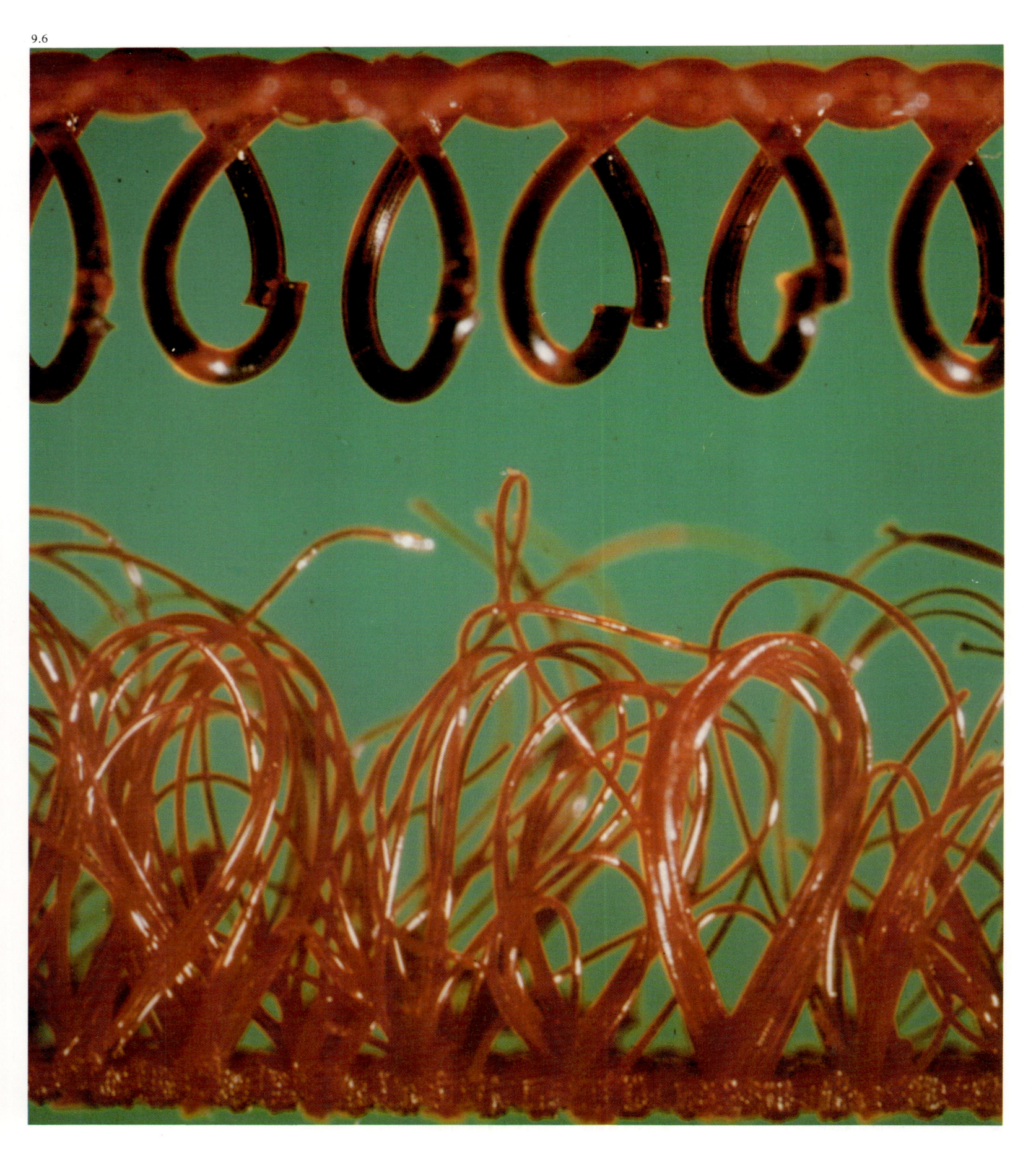

9.6

178

Klettverschlüsse

An einem Tag im Jahre 1955 war der Schweizer Erfinder George de Mestral mit seinem Hund in den Alpen auf der Jagd. Beide kamen mit Kletten übersät zurück. Als Monsieur de Mestral die lästigen Anhängsel aus seinen Kleidern und dem Fell seines Hunds entfernte, kam er auf eine glänzende Idee. Warum nicht einen Verschluß entwerfen, der nach demselben Prinzip funktioniert? Der Klettverschluß war geboren.

Klettverschlüsse werden aus Nylon hergestellt und bestehen aus zwei Teilen. Die eine Seite besitzt Häkchen, die andere Schlingen. Wenn man beide Teile zusammenpreßt, verfangen sich die Häkchen in den Schlingen, und der Verschluß ist erfolgt. Klettverschlüsse sind stark genug, um einem direkten Zug standzuhalten, doch sie öffnen sich leicht, wenn man sie von der Seite her aufzieht. Ihr besonderer Vorzug liegt darin, daß sie sich auch dann noch einfach bedienen lassen, wenn die Handgeschicklichkeit durch eine Verletzung oder durch Handschuhe beeinträchtigt ist. Klettverschlüsse haben sich schon am Gipfel des Mount Everest und im Weltraum bewährt. Sie sind zudem sehr haltbar, überstehen Waschen unbeschadet und funktionieren noch nach 5000maligem Öffnen und Schließen.

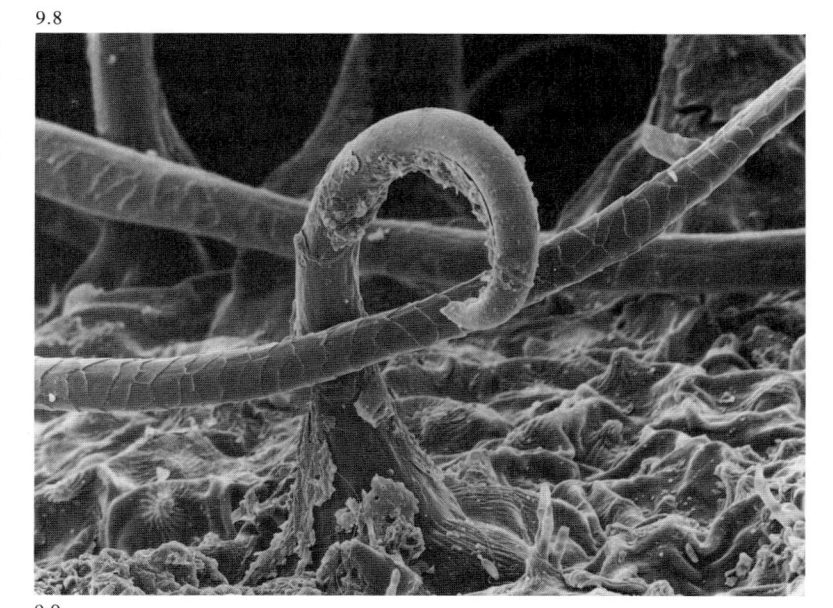

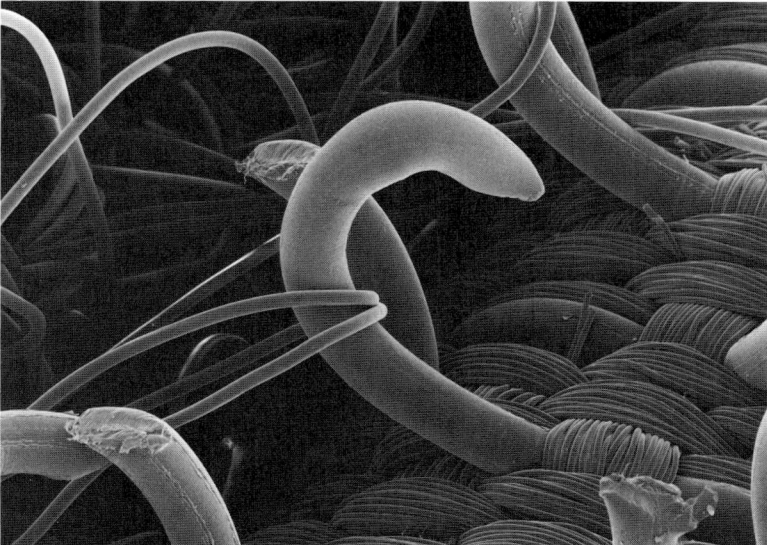

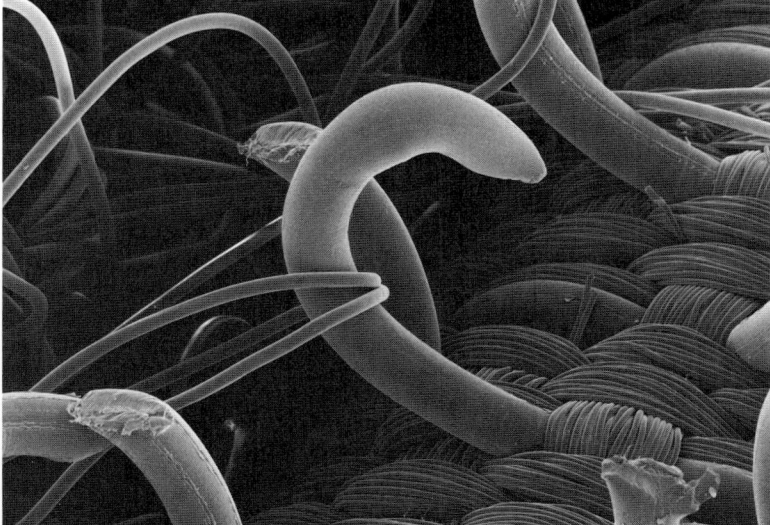

9.6 Diese Aufnahme zeigt die zwei Seiten eines industriell gefertigten Klettverschlusses im getrennten Zustand. Bei den Häkchen (oben) handelt es sich um relative dicke Nylonschlingen, die während der Herstellung an einer Stelle aufgeschnitten wurden. Die Schlingen (unten) sind geschlossen und bestehen aus zahlreichen dünneren Nylonfäden, die durch die Lücken in den Haken schlüpfen können. [Makroaufnahme, ×85]

9.7 Pflanzen wenden das Prinzip des Klettverschlusses seit Millionen von Jahren an. Diese rasterelektronenmikroskopische Aufnahme zeigt eine Frucht des Klettenlabkrauts *Galium aparine*, die an einem Wollpullover festhängt. Die lockeren Fasern auf der Oberfläche des Kleidungsstücks haben sich in den vorspringenden Häkchen der Klettfrucht verfangen. [REM, ×20]

9.8 Bei stärkerer Vergrößerung wird der Haftmechanismus deutlicher. Jeder Haken ist schön geschwungen und endet in einer scharfen Spitze. In diesem Bild hat ein Haken eine einzelne Wollfaser eingefangen; eine zweite Faser ist im Hintergrund zu sehen. Die Schuppen auf der Oberfläche der Wolle sind für Tierhaare charakteristisch. Hier handelt es sich um Schafwolle. [REM, ×250]

9.9 Eine entsprechende Ansicht eines Klettverschlusses zeigt, daß die kräftigen Haken in eine Unterlage aus feinem Nylonmaterial eingewebt sind; diese Unterlage sorgt dafür, daß der Verschluß biegsam ist. Nylonfasern werden durch feine Spinndüsen ausgepreßt und haben keine Oberflächenstruktur. Der Haken in diesem Bild ist etwa achtmal größer als der natürliche in Abbildung 9.8. [REM, ×30]

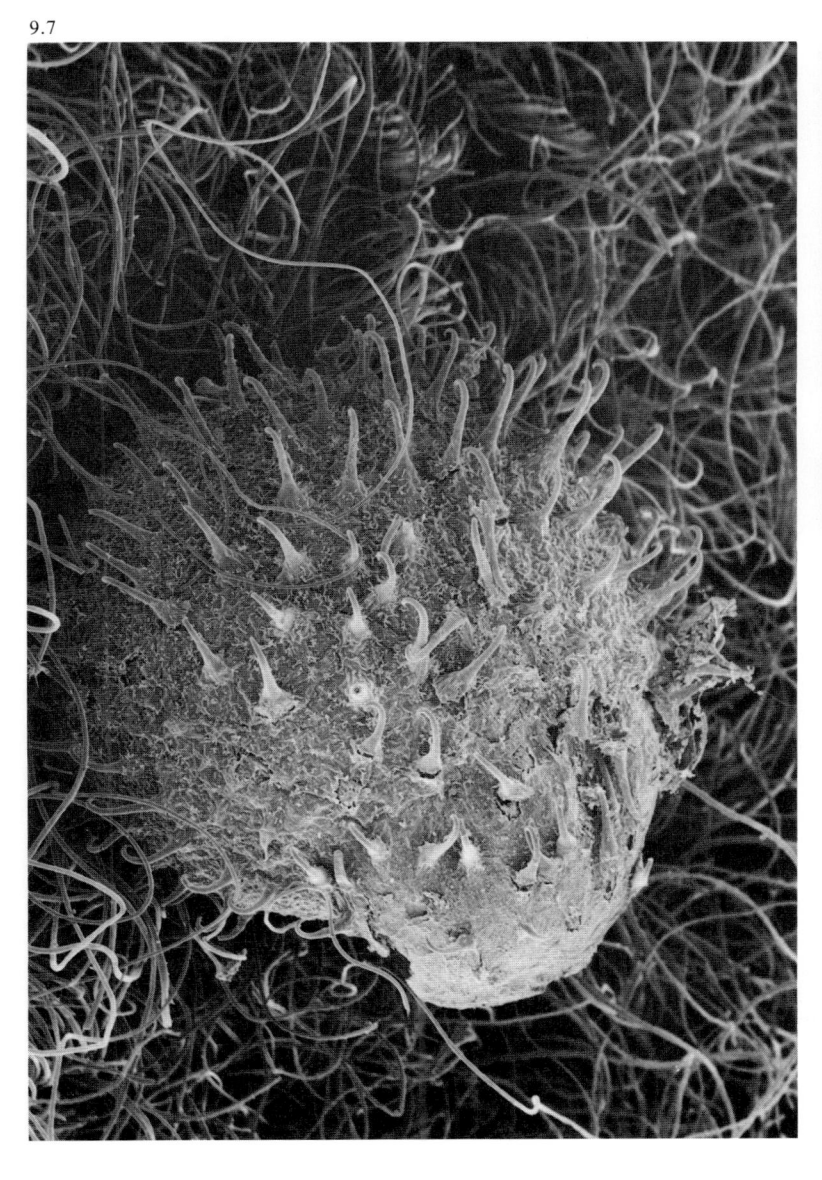

Papier

Das meiste Papier besteht aus Cellulosefasern, die man aus Holz gewinnt. Andere Faserquellen wie Lumpen (Hadern), Flachs und Hanf dienen zur Herstellung hochwertiger Papiere, wie man sie etwa für Dokumente verwendet. Bei der Papierherstellung werden die Faserrohstoffe — Holzschnitzel, gereinigte Lumpen, Stengel von Flachs oder Jute — zuerst in Wasser zerstampft, so daß ein Faserbrei entsteht. Diesen wäßrigen Brei behandelt man chemisch, um Verunreinigungen zu entfernen und um die Papiermasse zu bleichen, und filtert ihn dann durch ein (gewebtes) Sieb. Die nasse Masse verfilzter Fasern, die man so erhält, wird anschließend über Walzen gerollt, gepreßt und getrocknet. Das Endprodukt ist ein Bogen Papier.

Papiere unterscheiden sich je nach Dicke, Dichte (beziehungsweise Flächengewicht) und Faserquelle außerordentlich in ihrer Qualität. Cellulosefasern, die von Weichhölzern (ein nicht ganz korrekter Name für Nadelbäume) stammen, sind länger als die von Harthölzern (Laubhölzern). Aus Weichholz erzeugtes Papier ist fester, Papier aus Hartholz dagegen weniger durchscheinend (opaker) und leichter zu glätten. Baumwollfasern von Lumpen, die sehr lang und wenig verunreinigt sind, liefern ein äußerst haltbares und hochwertiges Papier, das für Banknoten, Paus- und Kohlepapiere verwendet wird.

9.10 Die Papiergrundlage von Sandpapier ist ein Qualitätsprodukt, das aus Hanf- oder Jutefasern hergestellt wird. In dieser rasterelektronenmikroskopischen Aufnahme ist das Papier selbst nicht zu sehen; das Bild zeigt vielmehr die auf seiner Oberfläche aufgeleimten Schleifmittelkörner aus gemahlenem Glas. Die Probe stammt von einem groben Schmirgelpapier. Bei feineren Schleifpapieren sind die Glasteilchen kleiner. [REM, ×50]

9.11 Für die Herstellung von Zeitungspapier werden zersägte Baumstämme zwischen Schleifsteinen zerrieben. Der dabei entstehende Cellulosebrei — der Holzschliff — enthält alle Verunreinigungen des ursprünglichen Holzes wie Faserbruchstücke, Lignin und andere Zellwandbestandteile. Papier aus einem solchen Faserbrei ist nie besonders weiß und vergilbt leicht. Es ist jedoch relativ lichtundurchlässig (opak) und nimmt die Druckerschwärze gut an. Diese Probe stammt von einer Seite der Times und zeigt die gedruckten Buchstaben „nd" aus dem Wort „London". [REM, ×60]

9.12 Bei annähernd gleicher Vergrößerung zeigt weiches Toilettenpapier eine viel offenere Struktur mit weniger Verunreinigungen und längeren, breiteren Fasern. Es wurde aus einem gemahlenen, chemisch gereinigten Faserbrei hergestellt und ist aufgrund dieser Verarbeitung sehr saugfähig. [REM, ×50]

9.13 Jedes der runden Gebilde in dieser Mikrophotographie ist ein winziges Kunstharzbläschen, das mit Klebstoff gefüllt und in die Oberfläche eines Blatts Papier eingebettet ist. Wenn das Blatt auf eine feste Oberfläche gepreßt wird, bleibt es haften, weil einige der Bläschen dabei platzen und ihren Klebstoff freigeben. Der Vorgang kann viele Male wiederholt werden, da jedesmal nur wenige Bläschen platzen. Das Bild stammt von einer Post-It-Haftnotiz. [REM, ×70]

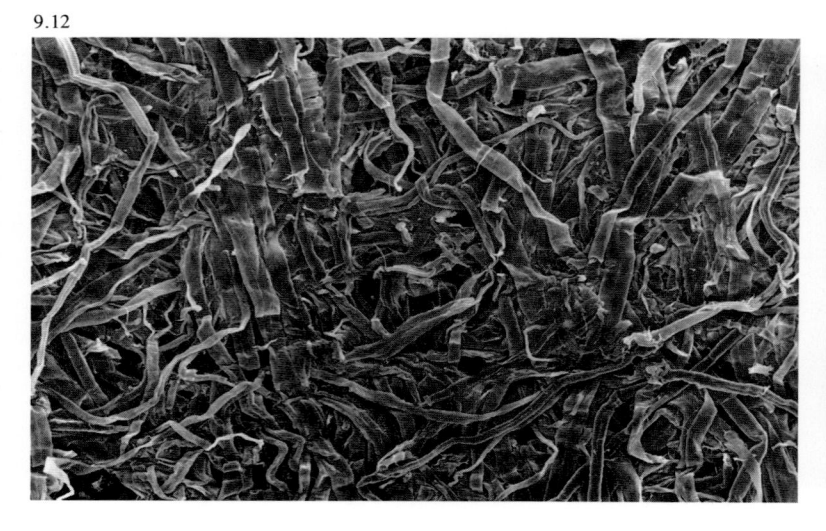

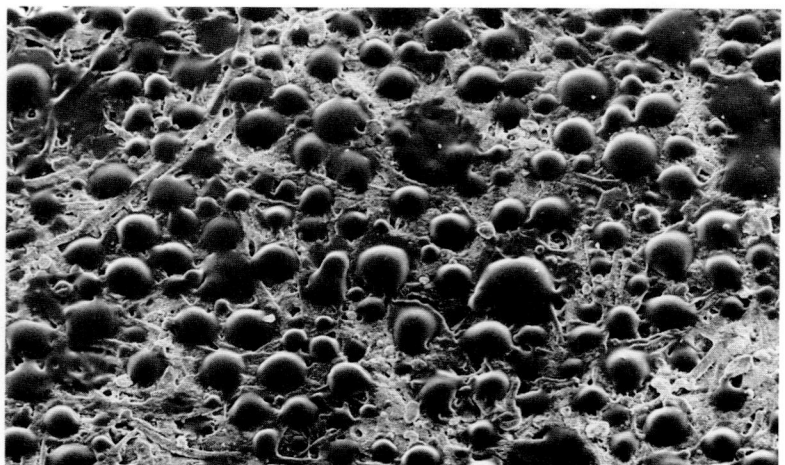

Uhren

9.14 Schweizer Uhren sind für die meisten Menschen der Inbegriff der Präzisionsarbeit. Dieser gute Ruf besteht zu Recht, wie diese rasterelektronenmikroskopische Aufnahme zeigt. Auch unter beträchtlicher Vergrößerung präsentiert sich das Räderwerk als Muster an Genauigkeit. Das mittlere Zahnrad sieht zwar so aus, als befände es sich nicht exakt im Zentrum, doch beruht dies darauf, daß die Probe schräg in der Mikroskopkammer lag. Das Bild zeigt das *Kronrad* (oder *Aufzugsrad*) eines 17-Steine-Uhrwerks. Wenn die Uhr aufgezogen wird, dreht sich das kleine Zahnrad, das man unten in der Bildmitte von der Seite sieht – es ist direkt mit der *Aufzugskrone* außen an der Uhr verbunden –, und greift in das Kronrad. Dessen Drehung bewirkt, daß sich das *Sperrad* oben links im Bild dreht, und dieses Rad wiederum ist mit der Trommel verbunden, die die Hauptfeder der Uhr enthält. Das Räderwerk ist sehr wenig verschmutzt; die winzigen Staubteilchen auf der Oberfläche und an einigen Zähnen des Kronrads werden sein Funktionieren nicht im geringsten beeinträchtigen. Die Uhr wurde seit ihrer Herstellung noch nie repariert; man erkennt dies daran, daß auf dem Schlitz des Stifts im Zentrum des Kronrads keinerlei Schraubenzieherspuren zu sehen sind. [REM, ×16]

Schallplatten und CDs

Eine Schallplatte ist ein sehr vertrauter, aber nichtsdestoweniger bemerkenswerter Gegenstand. In ihrer Kunststoffoberfläche ist die gesamte Information gespeichert, um zum Beispiel mehr als 40 Minuten lang Musik eines Orchesters wiederzugeben, das Dutzende von Instrumenten einsetzt. Mikroskopische Aufnahmen zeigen, wie dies erreicht wird, und sie machen insbesondere den Unterschied zwischen den altbekannten Langspielplatten (LPs) und ihren modernen, sich immer mehr durchsetzenden Gegenstücken, den Compact Discs (CDs), deutlich.

9.15 Eine LP hat zwei „Seiten". Beide tragen eine in ihrer Form veränderliche („modulierte") spiralförmige Rille, die in die Oberfläche der Kunststoffscheibe eingeprägt ist. Diese rasterelektronenmikroskopische Aufnahme zeigt einen Querschnitt durch eine auseinandergebrochene LP. Die Rillen erscheinen als Sägezahnmuster am oberen und unteren Bildrand. Die Zeichnung im Plattenkörper ist das Bruchmuster des PVC, aus dem die Platte besteht. [REM, ×30]

9.16 Jede V-förmige Rille auf der Oberfläche einer LP hat gewellte Seitenwände. Die Abtastnadel des Tonabnehmers folgt den Konturen dieser Wellen, und die Art, wie sie sich bewegt, bestimmt den Ton, den der Lautsprecher hervorbringt. Beispielsweise sind bei einer lauten Stelle die Wellen an den Rillenseiten tief, bei einer leisen Passage flach. Ein hoher Ton wird durch eine sich schnell ändernde, ein tiefer dagegen durch eine sich langsam ändernde Welle wiedergegeben. In dieser Mikrophotographie sitzt eine Diamantnadel in der Rille. Sie wurde sorgfältig gereinigt, ehe die Aufnahme gemacht wurde, doch wie das Bild zeigt, ist sie immer noch sehr verschmutzt. Das kleine Teilchen vor der Nadel ist ein Staubkorn. Wenn die Nadel darüber hinweggleitet, wird sie ruckartig angehoben, und dies verursacht ein helles Knacken im Lautsprecher. Der hier gezeigte Abschnitt der Rille entspricht einer lauten Orchesterpassage in der *Sinfonietta* von Janáček. [REM, ×90]

9.17 Schallplatten haben den großen Nachteil, daß sie leicht verkratzen. In dieser Mikroaufnahme sieht man, welche Folgen beispielsweise ein unabsichtlich über die Oberfläche einer LP gezogener Fingernagel haben kann. Der Kratzer verengt den oberen Teil jeder Rillenwindung und bewirkt jedesmal eine ruckartige Bewegung der darübergleitenden Nadel. Die Folge ist ein störendes, lautes Knacken bei jeder Plattenumdrehung — alle 1,8 Sekunden. [REM, ×60]

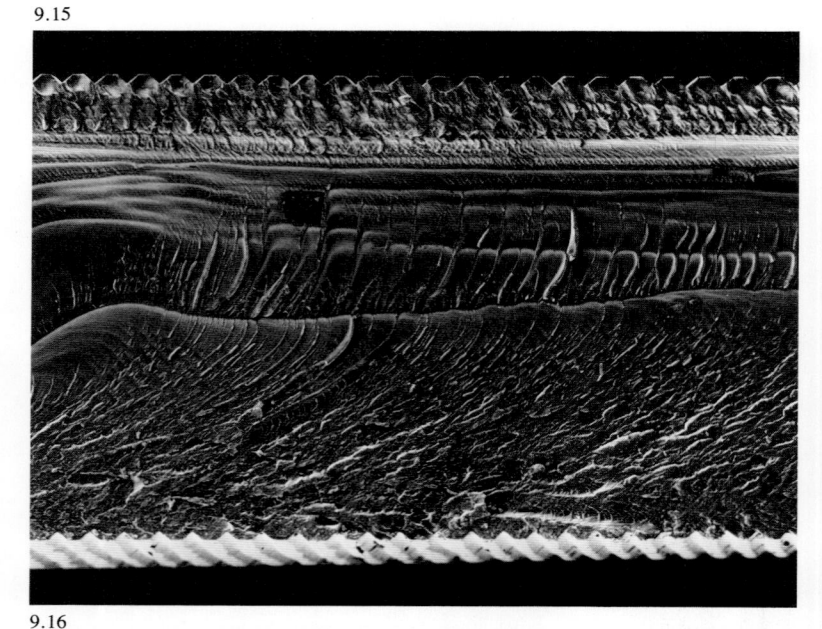

9. ALLTAGSWELT

9.18 CDs funktionieren nach einem völlig anderen Prinzip als LPs. In eine Seite der CD ist ein Muster aus sehr kleinen, länglichen Vertiefungen eingeprägt, die einer feinen, durchgehenden Spiralbahn folgen. Die Spirale ist bei einer typischen CD 20 Kilometer lang, und ihre Windungen liegen so dicht nebeneinander, daß 60 von ihnen in die Rille einer LP passen würden. Die Länge jeder Vertiefung und die Rate, mit der sich die Länge benachbarter Vertiefungen ändert, bestimmen die Lautstärke und Tonhöhe des erzeugten Klangs. Die Vertiefungen werden nicht von einer Nadel abgetastet; vielmehr reflektiert eine dünne Aluminiumschicht, mit der sie überzogen sind, das Licht eines darauf fokussierten Laserstrahls. Wenn sich die Scheibe dreht, gelangt das Licht als eine schnelle Folge kurzer Blitze zu einem Sensor; diese Signale werden dann weiterverarbeitet und erzeugen schließlich die Musik im Lautsprecher. Die empfindliche Oberfläche der CD ist mit einer Schicht aus durchsichtigem Kunststoffmaterial geschützt. In diesem Bild wurde die Schutzschicht aufgeschnitten und teilweise entfernt. Unter ihr ist das Muster der Vertiefungen — hier ein Teil des ersten Satzes von Mozarts 40. Sinfonie — zu sehen. Die Vertiefungen sind zwischen 0,85 Mikrometer und 3,56 Mikrometer lang und kommen damit dem Wellenlängenbereich des sichtbaren Lichts nahe. Deshalb entsteht — durch Beugung der Lichtstrahlen — eine regenbogenfarbige Reflexion, wenn man Licht auf eine CD richtet. [REM, Falschfarben, ×1040]

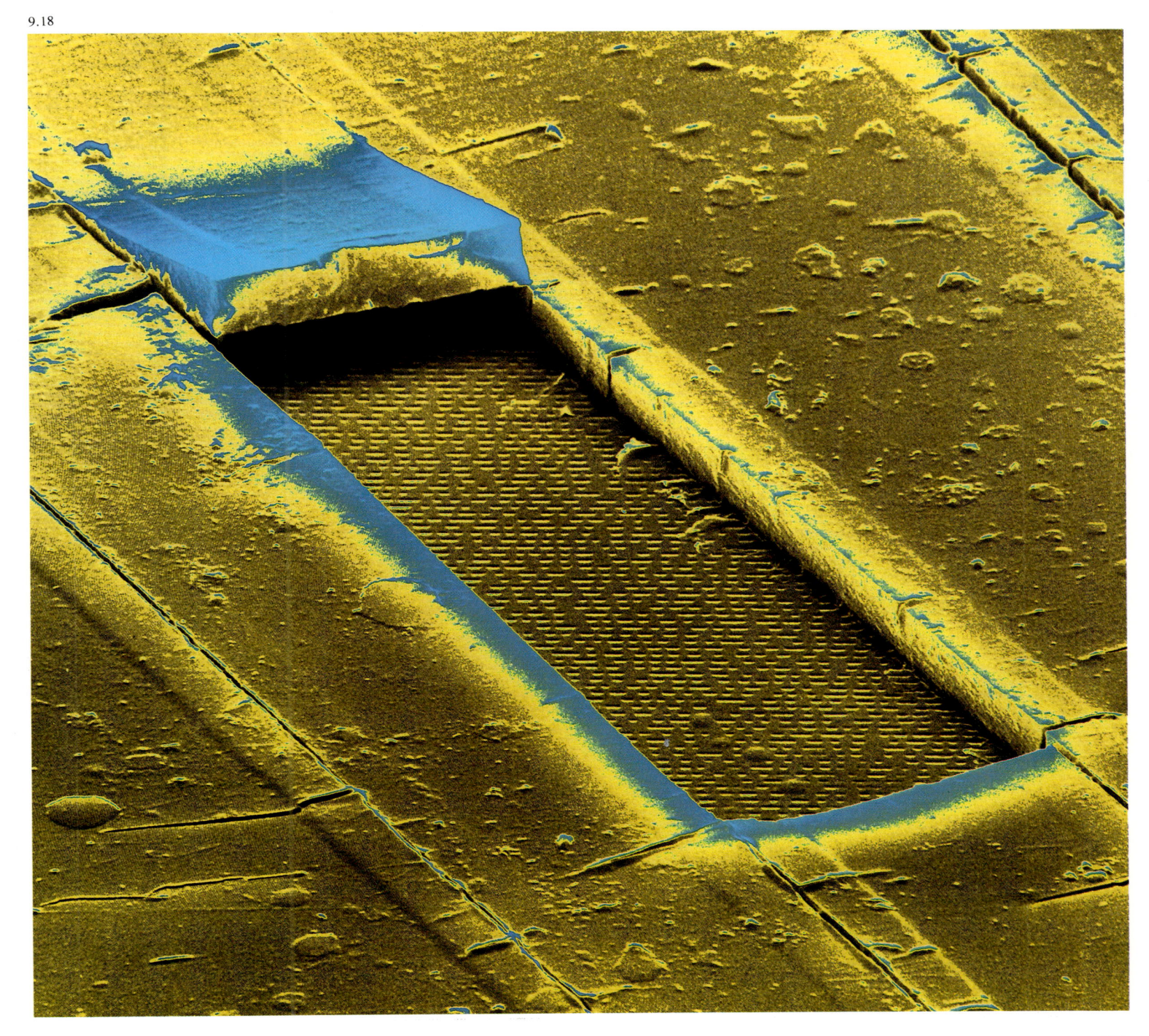

9.18

Nahrungsmittel

Kochen kann — je nach Koch — eine Plage oder eine Kunstform sein. Für einen Mikroskopiker wird ein Rohstoff durch Kochen kaum verbessert. Der feingefügte Aufbau von Zellen und Geweben wird unwiderruflich zerstört, wenn durch die Hitze Proteine koagulieren, Fette schmelzen und Fasern und Stärke hydrolysiert werden. Natürlich sind dies genau jene Veränderungen, die das Essen angenehm im Geschmack und leichtverdaulich machen. Und die meisten Menschen haben beim Kochen schließlich das Essen und nicht die Mikroskopie im Sinn.

9.19 Fleisch ist das Muskelgewebe von Tieren. In diesem Stück Roastbeef erscheinen die Muskelfasern als lange rechteckige Stäbe, die von links oben nach rechts unten laufen. Die Querstreifung jeder Faser entspricht der Anordnung von Aktin- und Myelinfasern im lebenden Muskelgewebe. Die ganze Probe ist mit einer dünnen Schicht Fett überzogen, das während des Erhitzens austrat. [REM, ×350]

9.20–9.21 Kartoffeln stellen wegen der in ihren Zellen enthaltenen Stärke eine reiche Energiequelle in unserer Ernährung dar. In dem Scheibchen einer rohen (lebenden) Kartoffel in Abbildung 9.20 erscheint die Stärke in Form rundlicher Gebilde, sogenannter *Amyloplasten*, die in den Zellen liegen wie Eier in einem Nest. Andere Zellen im Bild sind nicht in der Mitte durchgeschnitten und sehen aus, als enthielten sie keine Stärke. Die Aufnahme zeigt die charakteristische Schönheit und Detailgenauigkeit von Mikrophotographien lebenden biologischen Materials. Nach 20 Minuten in kochendem Wasser hat sich der Aufbau der Kartoffel vollständig verändert (Abbildung 9.21). Die Umrisse der Zellen sind zwar noch zu erkennen, doch die Stärke hat sich in eine formlose, klebstoffartige Masse verwandelt. Sie ist nun zwar leichter verdaulich, aber weniger erfreulich anzusehen. [REM, beide Aufnahmen ×170]

9. ALLTAGSWELT

9.20

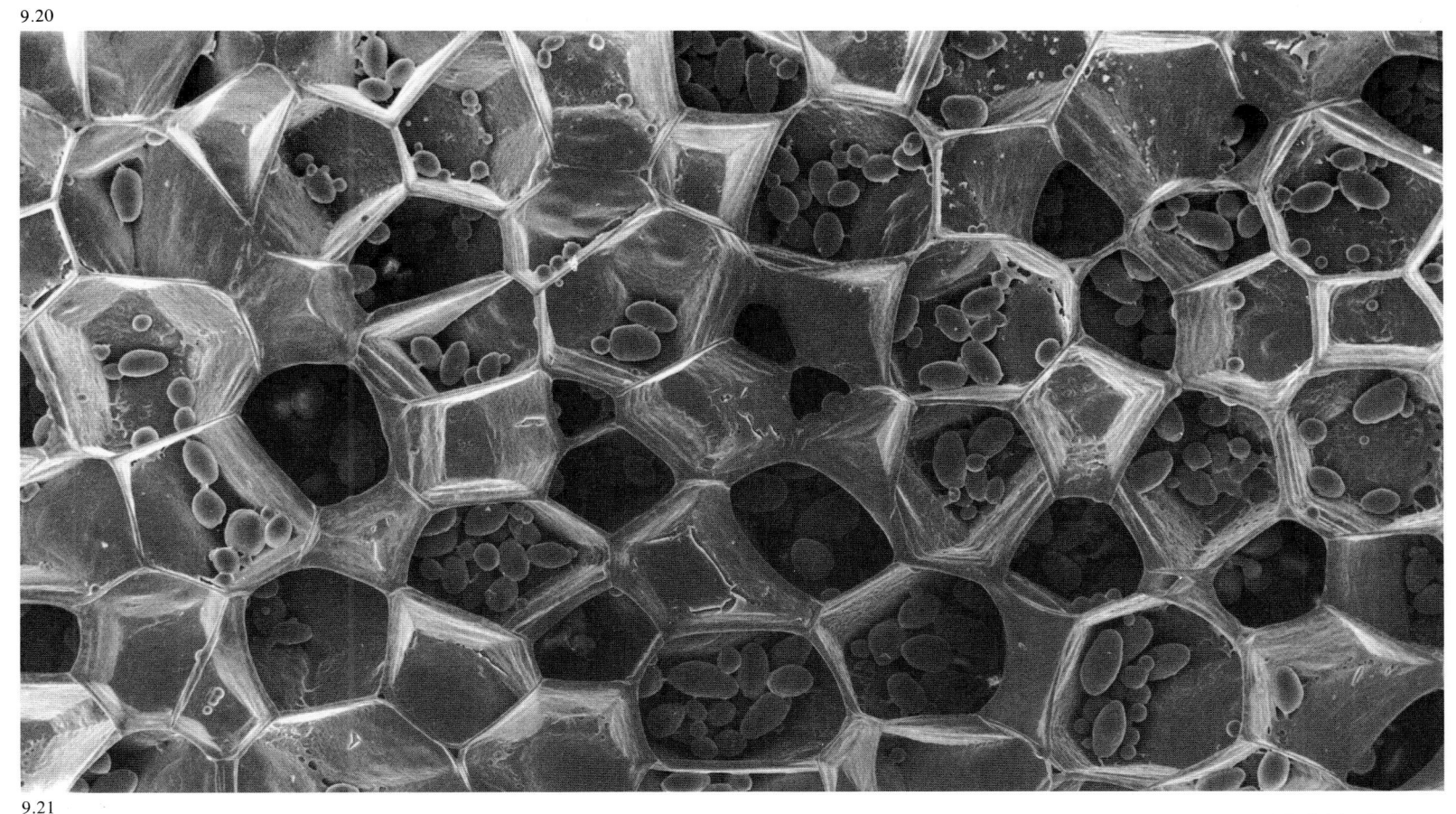

9.21

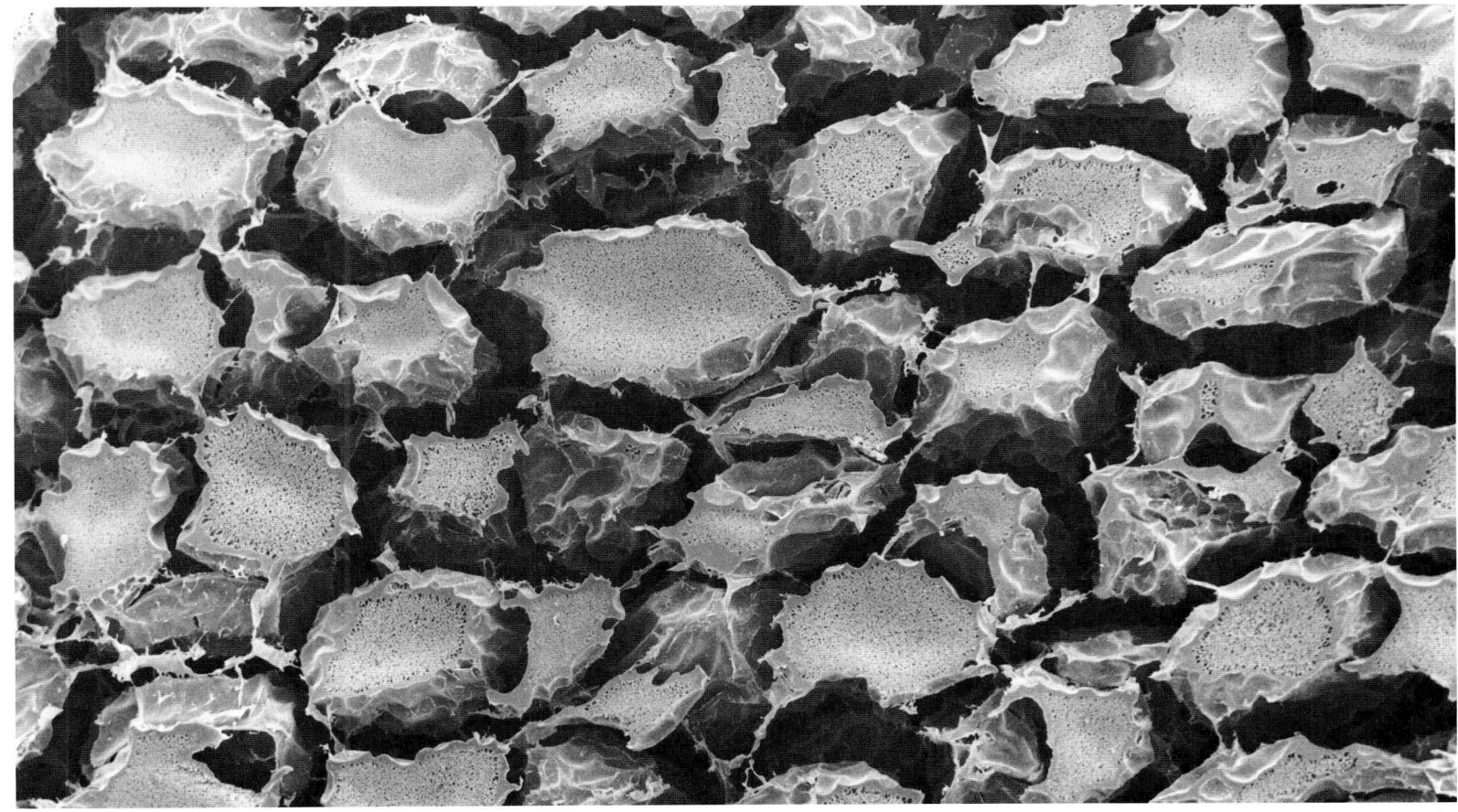

185

Technischer Anhang

Geschichte der Mikroskopie

Das Wort Mikroskop wurde im Jahre 1625 von Giovanni Faber geprägt. Er gebrauchte es in einem Brief, in dem er eine Erfindung Galileis beschrieb, wandte es allerdings auf ein Instrument an, das wir heute nicht als Mikroskop bezeichnen würden; es handelte sich vielmehr um ein Teleskop, das so eingestellt war, daß man damit Objekte aus der Nähe betrachten konnte. Das Verdienst der Erfindung des zusammengesetzten Mikroskops gebührt wohl dem Niederländer Zacharias Janssen (1588 – 1630). Sein 1608 gebautes Mikroskop bestand aus zwei Sammellinsen. Diese Konstruktion hat sich im Prinzip bis heute erhalten, wenngleich sie bei einigen der eindrucksvollsten Entdeckungen in den frühen Jahren der Mikroskopie gar nicht verwendet wurde.

Das erste Buch, in dem Ergebnisse der Mikroskopie veröffentlicht wurden, stammt von Robert Hooke (1635 – 1703). Hooke war Kurator für Experimente bei der Royal Society of London, die 1660 gegründet worden war. 1663 bat man ihn, eine wöchentliche Vorlesungsreihe über seine Experimente mit Mikroskopen zu halten. Dies war ein vielversprechender Beginn für die Wissenschaft der Mikroskopie. Schon für seine zweite Vorführung beschloß Hooke, die Struktur von Kork zu untersuchen. Mit einem Rasiermesser stellte er dünne Schnitte des Materials her und konnte so die winzigen Kammern erkennen, aus denen es sich zusammensetzt. Er nannte sie „Zellen". In einem einzigen Experiment hatte er die wichtigste Präparationstechnik der Mikroskopie erfunden und der grundlegenden Einheit des Lebens ihren Namen gegeben.

Seine Ergebnisse veröffentlichte er 1665 in einem Buch mit dem Titel *Micrographia*. Hookes Objekte reichten von der Spitze einer Nadel bis zum Facettenauge von Insekten, und er erkannte schnell, daß zwischen den Werken des Menschen und denen der Natur eine ungeheure Kluft besteht. Über künstlich erzeugte Dinge schrieb er: »Wenn man sie mit einem Organ betrachtet, das schärfer ist [sic] als jenes, mit dessen Hilfe sie hergestellt wurden, dann sehen wir um so weniger von ihrer Schönheit, je mehr wir von ihrer Form erkennen; in den Werken der Natur hingegen offenbaren die tiefsten Entdeckungen die größten Vortrefflichkeiten.«

Die *Micrographia* enthalten genaue Angaben über die Mikroskope, die Hooke benutzte, und auch über jene Modelle, die er ausprobiert, aber verworfen hatte. Sein bevorzugtes Mikroskop besaß zwei Linsen, die dem Objektiv und dem Okular des modernen zusammengesetzten Mikroskops entsprachen; Hooke war jedoch der Meinung, daß man die besten Ergebnisse wahrscheinlich mit nur einer Linse erhalten würde. Er gab sogar Einzelheiten an, wie man ein solches Mikroskop bauen könnte, kam aber zu dem Schluß, daß es im Vergleich zu seinem zweilinsigen Modell unpraktisch in der Benutzung wäre. Und damit hatte er zweifellos recht: Mit einer einzelnen Linse läßt sich nur dann eine starke Vergrößerung erzielen, wenn der Abstand zwischen der Linse und dem Objekt (der Arbeitsabstand) extrem klein ist.

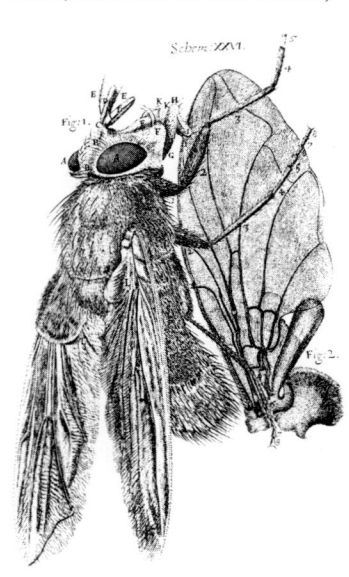

A.1 Eine „Schmeißfliege" aus Robert Hookes 1665 veröffentlichtem Buch *Micrographia*. Die Zeichnung ist die früheste deutliche Darstellung des Facettenauges eines Insekts, wenn auch die Vergrößerung nur gering ist.

Drei Jahre nach dem Erscheinen der *Micrographia* besuchte ein niederländischer Tuchwarenhändler London. Sein Name war Antonie van Leeuwenhoek (1632 – 1723), und er kann als Vater der Mikrobiologie gelten. Im Laufe seines Lebens baute er über 500 Mikroskope vom einlinsigen Typ, den Hooke besprochen und als unpraktisch abgelehnt hatte. Mit Hilfe dieser Mikroskope beschrieb er zum ersten Mal Bakterien und andere Mikroorganismen. Er war mit Leib und Seele Wissenschaftler, und bis zu seinem Tod im Alter von 90 Jahren schilderte er seine Entdeckungen in regelmäßigen Briefen an die Royal Society. Er zeigte sich jedoch überraschend wenig geneigt, diese Entdeckungen auch vorzuführen. Seine zahlreichen Besucher bekamen immer nur Routineproben wie Flöhe oder Fliegen zu sehen. Es existiert kein Bericht, der bezeugt, daß irgendeinem Menschen je genau gezeigt worden wäre, auf welche Weise Leeuwenhoek Bakterien zu Gesicht bekam. Doch seine Zeichnungen sind eindeutig richtig und ein beredtes Zeugnis seiner Beobachtungsgabe. Sein Nachweis bislang unbekannter „Animalcula" stellt einen Meilenstein in der Geschichte der Biologie und Medizin dar.

In der großen Anzahl von Mikroskopen, die van Leeuwenhoek baute, spiegelt sich eine eigenartige Einstellung wider: Jedes wurde für praktisch ein einziges Objekt entworfen und mit diesem benutzt. Das Objekt war auf einer Nadel aufgespießt und bildete fast einen integra-

A.2 Diese Zeichnung aus den *Micrographia* zeigt eines der Mikroskope Robert Hookes. Das Licht kam von einer Öllampe und wurde mit Hilfe einer wassergefüllten Glaskugel auf das Präparat gerichtet.

A.3 Antonie van Leeuwenhoek. Dieses Portrait des holländischen Mikroskopbauers wurde erstmals 1695 in seinem Buch *Arcana Naturae detecta* („Die Geheimnisse der Natur entdeckt") veröffentlicht.

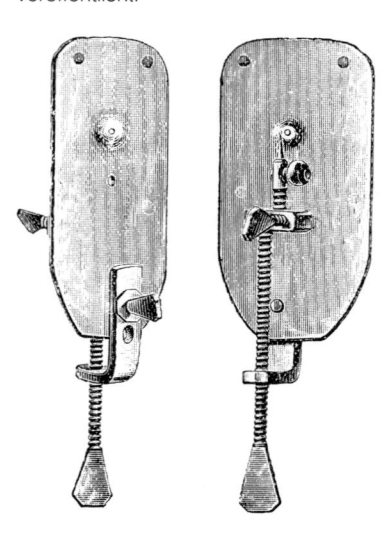

A.4 Eines der Leeuwenhoekschen Mikroskope in einer Zeichnung aus dem 19. Jahrhundert. Sie stammt von John Mayall, einem Sekretär der Royal Society of London. Die Linse hatte einen Durchmesser von nur wenigen Millimetern. Das ganze Instrument war etwa fünf Zentimeter lang und wurde in der Hand gehalten.

len Bestandteil des Mikroskops selbst. Van Leeuwenhoeks stärkste Linsen konnten etwa 300fach vergrößern und hatten ein Auflösungsvermögen von ungefähr 1,4 Mikrometern.

Das einlinsige Mikroskop wurde vor allem in Italien und Holland weiterentwickelt, doch den größten Bekanntheitsgrad erreichte das 1702 gebaute Schraubgewindemikroskop des Engländers James Wilson. Es besaß einen Schraubmechanismus zur Scharfeinstellung und eine Kondensorlinse, die das einfallende Licht bündelte und für eine bessere Beleuchtung sorgte. Solche Instrumente wurden viel von interessierten Amateuren gekauft. Die Präparate, die sie dabei gleich mitgeliefert bekamen, bestanden typischerweise aus Schnitten von Pflanzengeweben, der Menschenlaus, menschlichen Haaren und Hautschuppen von Fischen wie etwa der Scholle.

Im nachhinein ist klar, daß Hooke das einlinsige Mikroskop richtig eingeschätzt hatte. Es war unpraktisch im Gebrauch, und um so mehr verdient van Leeuwenhoek Hochachtung für seinen so wertvollen Beitrag zur Mikroskopie. Er hatte

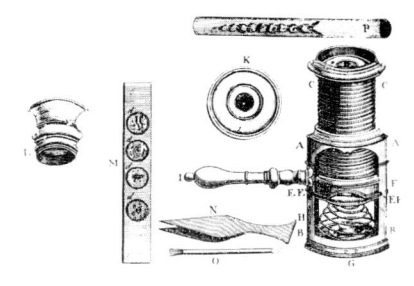

A.5 James Wilsons Schraubgewindemikroskop (hier ein Exemplar aus dem Jahre 1720) war eine Weiterentwicklung des einfachen Modells von van Leeuwenhoek. Man faßte es beim Handgriff und richtete das ganze Instrument gegen eine Lichtquelle. Das Licht trat durch eine Kondensorlinse ein, und man betrachtete das Präparat (bei EE) durch die einzelne Objektivlinse (G). Der Schraubmechanismus erleichterte die Scharfeinstellung. Das Bild zeigt auch den Objektträger aus Elfenbein mit vier Präparaten, der als Teil des Mikroskops mitgeliefert wurde (M).

das Instrument nicht entwickelt, aber er demonstrierte dessen Möglichkeiten. Hooke hatte alltägliche Objekte benutzt und jeweils beschrieben, wie sie vergrößert aussehen. Van Leeuwenhoek dagegen beschrieb Dinge, von deren Existenz niemand zuvor gewußt hatte.

In dem halben Jahrhundert nach Erscheinen der *Micrographia* hatte sich die Mikroskopie einen festen Platz erobert. Weil Techniken zur Untersuchung von Mineralen, Metallen und anderen anorganischen Proben damals noch nicht entwickelt waren, lag der Schwerpunkt auf biologischen Objekten. Man konnte nur ganze Organismen oder grobe, handgefertigte Schnitte im Mikroskop betrachten, doch innerhalb dieser Grenzen kamen viele bemerkenswerte Beobachtungen zustande. Van Leeuwenhoek beschrieb neben Bakterien auch rote Blutkörperchen und Spermien. Sein Landsmann Jan Swammerdam (1637–1680) begründete die Wissenschaft der Anatomie der Wirbellosen mit brillanten Schnittpräparaten von Insekten. In Italien beobachtete Marcello Malpighi (1628–1694) den Blutkreislauf in der Lunge eines Frosches mit Hilfe einer Injektionstechnik, die von Christopher Wren entwickelt worden war.

Verglichen mit dieser fruchtbaren frühen Periode mangelte es im 18. Jahrhundert an begabten Mikroskopikern. Fortschritte betrafen hauptsächlich die Mikroskope selbst. Vor allem eine Erfindung trug wesentlich dazu bei, den Anwendungsbereich des Instruments zu erweitern. Dies war das Sonnen(licht)mikroskop von Johann Nathanael Lieberkühn (1711–1756). Neu an diesem Mikroskop war ein konkav gewölbter Spiegel (Hohlspiegel) um die Objektivlinse. Mit dieser Erfindung, die bis heute den Namen Lieberkühns trägt, konnte man undurchsichtige Objekte von oben mit reflektiertem Sonnenlicht beleuchten. Damit war die Mikroskopie von dem Zwang befreit, nur lichtdurchlässige Präparate zu verwenden. Lieberkühn selbst benutzte seine Erfindung, um die Schleimhaut des Darmtrakts zu untersuchen, doch eröffnete sich mit ihr auch ein Weg zur Erforschung von Objekten, die für die Industrie von Bedeutung waren. Im Jahre 1770 veröffentlichte ein Dr. Hill die Schrift *The Construction of Timber Explained by the Microscope* („Der Aufbau des Holzes, durch das Mikroskop erklärt"). Diese Arbeit rief großes Aufsehen hervor, denn sie legte zum ersten Mal die Idee nahe, daß zwischen der Struktur eines Objekts und seiner Funktion ein Zusammenhang besteht. Hill zeigte, daß verschiedene Holzarten, die sich für verschiedene Zwecke eignen, unter dem Mikroskop entsprechend unterschiedliche Strukturen aufweisen. Im modernen Denken ist diese Vorstellung so fest verwurzelt, daß man sich heute kaum noch vorstellen kann, welche Auswirkungen es hatte, als sie zum ersten Mal formuliert wurde.

Zu Beginn des 18. Jahrhunderts war das Mikroskop immer noch ein recht grobes Instrument, sowohl von seiner Optik her als auch in mechanischer Hinsicht. Der Tubus, der die Linsen enthielt, bestand beispielsweise oft aus Pappe. Einen ersten Schritt in Richtung auf eine Präzisionskonstruktion unternahm 1744 John Cuff (1708–1772). Sein Mikroskop war aus Messing und beruhte auf einem berühmten früheren Entwurf von Edmund Culpeper (1660–1740). Eine andere Neuheit, die zu dieser Zeit aufkam und die immer noch allgemein Verwendung findet, war der drehbare Objektivrevolver mit zwei oder mehr Linsen von unterschiedlichem Vergrößerungsgrad. Das erste so ausgerüstete Gerät war das „New Universal Microscope" von George Adams aus dem Jahre 1746. Die Neuerungen verbesserten allerdings die schlechte Bildqualität der Mikroskope jener

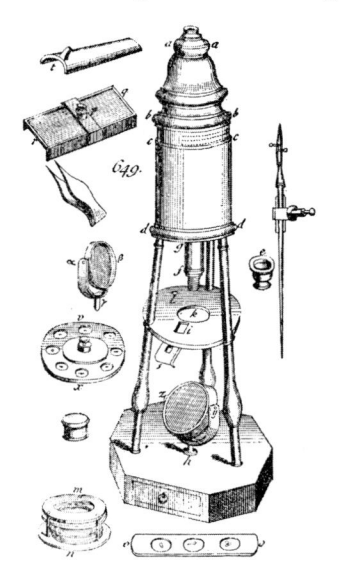

A.6 Das Culpeper-Mikroskop von 1730 in einer Version von Edward Scarlett (1677–1743). Dieses zweilinsige Modell saß auf einem Dreifuß, so daß ein zugehöriger Spiegel unter dem Objekttisch befestigt werden konnte. Der hölzerne Fuß enthielt eine Schublade zur Aufbewahrung von Zubehör und Objektträgern, die bei diesem Instrument acht Präparate aufnehmen konnten.

Zeit nicht wesentlich, noch regten sie eine phantasievolle Nutzung des Instruments an. Das Jahrhundert wurde 1849 von John Quekett in seinem berühmten Buch *Practische Grundübung der Mikroskopie* so zusammengefaßt: »In dieser Zeit gab es nur wenige und vergleichsweise unbedeutende Entdeckungen, und es wurde nichts oder fast nichts anderes vorgeführt ... als die Objekte auf den Elfenbeinträgern, mit denen alle oben genannten Mikroskope ausgestattet waren; und wer diese Objekte gut zur Schau stellen konnte, galt als Experte in dieser Kunst.«

Der Grund, warum es im 18. Jahrhundert an guten Beobachtungen fehlte, war zweifellos die schlechte Qualität der verfügbaren Optik. Die Linsenmacher hielten Durchsichtigkeit für die einzig wichtige Eigen-

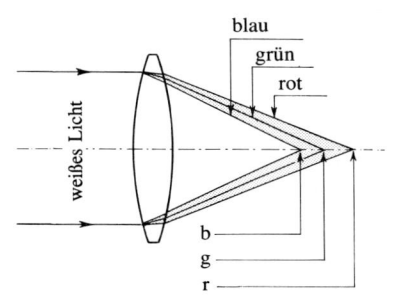

A.7 Die chromatische Aberration in einer einfachen Glaslinse. Wenn weißes Licht die Sammellinse durchdringt, werden seine Farbkomponenten entsprechend ihrer Wellenlängen in verschiedene Brennebenen fokussiert, weil Glas für jede Wellenlänge des Lichts einen unterschiedlichen Brechungsindex aufweist. Bei zusammengesetzten Linsen wird der Fehler dadurch berichtigt, daß man zusätzlich konkave, zerstreuend wirkende Elemente eines anderen Glases verwendet. (Die Buchstaben b, g und r bezeichnen die Brennpunkte des blauen, grünen beziehungsweise roten Lichts.)

schaft des Ausgangsmaterials: Wenn man hindurchsehen konnte, ließ sich auch eine Linse daraus schleifen. Doch einfache Glaslinsen haben zwei große Mängel. Der erste ist die sphärische Aberration, die von der Form der Linsenoberfläche abhängt. Der zweite, die chromatische Aberration, beruht darauf, wie Glas das Licht bricht. Licht verschiedener Wellenlängen wird von einem Stück Glas in unterschiedlichem

Ausmaß gebrochen (ein Effekt, der als Dispersion bekannt ist). Dies bedeutet, daß eine einfache Linse immer ein Bild erzeugt, das farbige Säume um die Ränder jedes klar begrenzten Objekts aufweist und dadurch verschwommen wirkt.

Achromatische Linsen, die diesen Fehler teilweise korrigierten, wurden damals schon in Teleskopen verwendet. Der erste, der eine derartige Linse in einem Mikroskop benutzte, war Benjamin Martin (1704–1782), ein englischer Schullehrer. Sein Projektionsmikroskop war allerdings kaum mehr als eine Spielerei. Es warf ein vergrößertes Bild des Objekts (Flöhe waren beliebt) an die Wand eines verdunkelten Raums. Die Linse enthielt sowohl positive (konvexe) als auch negative (konkave) Elemente – sie war eine sogenannte zusammengesetzte Linse vom Triplet-Typ. Anfänglich waren solche Linsen einfach durch Versuch und Irrtum entworfen worden, und erst ab 1820 begann man – allen voran J. J. Lister (1786–1869) –, sich auf ernsthafte mathematische Weise mit diesem Problem zu befassen.

Eine der Schwierigkeiten bei der Feststellung der Leistungsfähigkeit von Linsen war das Fehlen eines Standardtestobjekts. Es ist offensichtlich wenig sinnvoll, zu versuchen, von einem Gegenstand, dessen wahre Struktur unbekannt oder veränderlich ist, ein deutlicheres Bild zu erhalten. Ein geeignetes natürliches Gitter aus feinen Linien liefern die Flügelschuppen von Schmetterlingen, und diese wurden von einem Arzt aus Edinburgh, C. J. Goring, erstmals als Testobjekte für die Mikroskopie benutzt. Noch besser eignen sich maschinell hergestellte Beugungsgitter – Glasobjektträger, auf die parallele Linien mit bekanntem Abstand eingeritzt sind. 1845 begann der deutsche Instrumentenbauer Friedrich Nobert (1806–1881), solche Gitter herzustellen. Er nahm ein Gerät, wie es in jener Zeit vor allem zur Kreiseinteilung für astronomische Instrumente benutzt wurde, und befestigte einen Schreibkopf aus Diamant daran, der mit einem Untersetzungshebel verbunden war. So konnte er mit einer Abweichung von weniger als zehn Prozent Linien ziehen, die nur noch 0,11 Mikrometer voneinander entfernt waren. Niemand wußte seinerzeit, daß sich so feine Abstände mit einem Lichtmikroskop gar nicht mehr auflösen lassen. Das erste Bild von Noberts feinsten Linien entstand erst 1966 mit einem Elektronenmikroskop. Der bereits erwähnte frühere Sekretär der Royal Society, John Mayall, schrieb 1885: »Wenn einmal die Geschichte der mechanischen Erfindungen unserer Zeit geschrieben wird, so wird dem mechanischen Genius des Herrn Nobert, der in seiner Teilungsmaschine verkörpert ist, ein hohes Maß an Verdienst eingeräumt werden.«

Nobert fertigte eine Serie von Gitterplatten mit Linienabständen von 2,32 bis 0,11 Mikrometer an, und die Mikroskophersteller wetteiferten

A.8 Friedrich Nobert und seine Teilungsmaschine in einer Photographie aus dem Jahre 1867.

darum, die feinsten Linien aufzulösen. Die Folge war, daß man die zweite Hälfte des 19. Jahrhunderts mit Recht als goldenes Zeitalter der Lichtmikroskopie betrachten kann. Instrumente von höchster Genauigkeit und großer Vielseitigkeit kennzeichnen diese Ära. Die Londoner Fabrikanten Andrew Ross und Hugh Powell waren besonders erfolgreich, und manche halten das Mikroskop von Powell und Lealand immer noch für das beste Instrument seiner Art, das je gebaut wurde. Zu den Neuerungen, die in dieser Zeit zu Standardeinrichtungen wurden, gehören der drehbare Objekttisch, der zentrierbare Kondensor des Beleuchtungsapparats, der Auszugtubus mit veränderlicher Tubuslänge und die federgelagerte Führung der Feineinstellung.

Auch die Leistungen der Mikroskopiker im 19. Jahrhundert waren bedeutend. In der Biologie erwiesen sich besonders zwei Bücher als richtungsweisend. 1839 veröffentlichte der preußische Physiologe Theodor Schwann (1810–1882) das Werk *Mikroskopische Untersuchungen über die Übereinstimmung in der Struktur und dem Wachstum der Thiere und Pflanzen*, in dem er die Zelle als Grundeinheit des Lebens identifizierte. 1858 erschien dann ein Buch des deutschen Pathologen Rudolf Virchow (1821–1902) mit dem Titel *Die Cellularpathologie in*

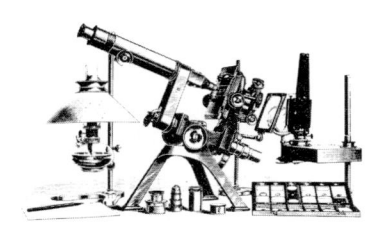

A.9 Das Mikroskop No. 1 von Powell und Lealand wurde in der zweiten Hälfte des 19. Jahrhunderts viele Jahre lang hergestellt. Es war ein Präzisionsgerät und bestand aus Kupfer.

ihrer Begründung auf physiologische und pathologische Gewebelehre. Dieses Werk führte zur allgemeinen Anerkennung des Konzepts, daß Krankheit das Funktionieren von Zellen beeinträchtigt, und verschaffte der Pathologie einen festen Platz an der vordersten Front der medizinischen Forschung. Virchow prägte auch den Satz *Omnis cellula e cellula* („alle Zellen entstehen aus Zellen"). Diese Idee erscheint heute banal, war aber in jener Zeit von ungeheurer Wichtigkeit. Sie erklärte nicht nur, wie eine einzelne Zelle sich zu einem Embryo und schließlich zu einem erwachsenen Lebewesen entwickeln kann, sondern auch, wie krankheitserregende Organismen sich im Gewebe eines Wirts vermehren und verbreiten können.

Auch die physikalischen Wissenschaften erfuhren in jener Periode eine Blütezeit. 1828 erfand der Edinburgher Geologe William Nicol (1768–1851) das Nicolsche Prisma, mit dem man die Eigenschaften von Kristallen unter Verwendung von polarisiertem Licht untersuchen konnte. Dies wiederum führte zur Herstellung von Mikroskopen mit exakt justierten Objekttischen; die Ära der quantitativen Mikroskopie hatte begonnen. Daneben behauptete das Mikroskop aber auch seinen Platz als Gesellschaftsspiel. Das beliebteste Mikroskopiervergnügen des Viktorianischen Zeitalters bestand darin, Kieselalgen in geometrischen und anderen Mustern anzuordnen.

Die Photographie wurde schon zur Aufzeichnung mikroskopischer Bilder verwendet, bevor Jacques Daguerre im Januar 1839 sein photographisches Verfahren der Öffentlichkeit vorstellte. Henry Fox Talbot (1800–1877) hatte, während er an der Vervollkommnung seiner eigenen photographischen Methode arbeitete, mit seinem Sonnenlichtmikroskop Photographien mit 17facher Vergrößerung hergestellt. Als Talbot vier Wochen nach Daguerres Bekanntmachung seine Arbeit der Royal Society vorlegte, sagte er die große zukünftige Bedeutung der Mikrophotographie in den gerade entstehenden Wissenschaften der Bakteriologie und Metallurgie voraus. Photographie und Mikroskopie sind seitdem stets eng verknüpft geblieben.

Das frühe 19. Jahrhundert war eine Zeit, in der sich die Mikroskope mit jedem neuen Modell dramatisch verbesserten und die Hersteller unter großem Konkurrenzdruck standen. Ein Mann erkannte jedoch, daß die Fähigkeit eines Mikroskops zur Auflösung feiner Einzelheiten ihre Grenzen hatte, wie hervorragend es auch immer konstruiert sein mochte. Ernst Abbe (1840–1905) war der Sohn eines deutschen Spinnereiarbeiters. 1866 trat er dem neu gegründeten Unternehmen von Carl Zeiss in Jena bei. Er war der Überzeugung, Linsen sollten nach den Prinzipien der Physik gebaut werden, und erkannte, daß die damals zur Verfügung stehenden Glasarten nicht die erforderlichen Eigenschaften hatten, um die chromatische Aberration durch das ganze sichtbare Spektrum vollständig zu korrigieren. Zusammen mit dem Glasmacher Otto Schott (1851–1935) machte er sich daran, diesen Mangel zu beheben. Im Jahre 1886 standen in Jena bereits 44 Arten von optischem Glas zur Verfügung. Sie unterschieden sich im Brechungsindex und auch in ihrer Dispersion – also der Variation des Brechungsindex mit der Wellenlänge. Mit den Jenaer Gläsern ließen sich Linsen herstellen, die für drei verschiedene Stellen des Spektrums farbkorrigiert waren. Heute sind diese Linsen als Apochromate bekannt.

Abbe zeigte außerdem, daß das maximal erreichbare Auflösungsvermögen auch davon abhängt, wie gut eine Linse Lichtstrahlen zu sammeln vermag, die gebeugt aus dem Präparat austreten. Er prägte für diese Fähigkeit einer Linse den Begriff

A.10 Ernst Abbe, der Entwurf und Herstellung von Linsen nach physikalischen Prinzipien ausrichtete.

numerische Apertur und drückte sie in einer mathematischen Formel aus. Vereinfacht gesagt, wird die Auflösung bei einer gegebenen Vergrößerung um so besser, je größer das Frontglas der benutzten Linse ist. Die Fähigkeit einer Linse zum Lichtsammeln nimmt zu, wenn man sie in einem Medium mit einem hohen Brechungsindex einsetzt, und Abbe baute seine Hochleistungsobjektive so, daß die Lücke zwischen dem Präparat und der Frontlinse mit Öl überbrückt werden mußte.

Das 20. Jahrhundert brachte bedeutende Erleichterungen in der Bedienung der Mikroskope. Lichtmikroskope werden heutzutage überall in Grundlagenforschung, Medizin und Industrie eingesetzt, und fast immer braucht der Benutzer ein Gerät, das zuverlässig, schnell und einfach handhabbar ist. Die meisten modernen Lichtmikroskope sind nach dem Baukastenprinzip konstruiert, mit jeweils auswechselbaren Beleuchtungssystemen, Vorrichtungen zur Manipulation der Präparate und automatischen Aufzeichnungsgeräten, die ein Bild photographisch festhalten oder mittels elektronischer Techniken einer Computeranalyse zugänglich machen.

Die klassische Mikroskopie befaßte sich hauptsächlich mit der Untersuchung dünner Präparate, deren Kontrast durch Anfärben erhöht wurde. Die dabei angewandten Techniken sind in der modernen Histologie und Zellbiologie immer noch von un-

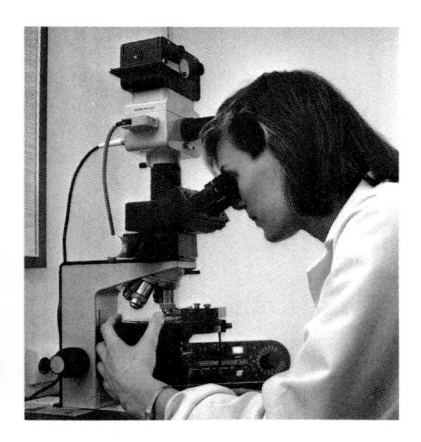

A.11 Ein modernes Lichtmikroskop bei der Anwendung. Man sieht verschiedene Bestandteile, die den Bedienungskomfort erhöhen, wie den geneigten Binokulartubus, den drehbaren Objektivrevolver mit vier verschiedenen Objektiven und im Hintergrund eine automatische Belichtungseinheit zur Steuerung der Kamera, die oben auf dem Mikroskop montiert ist.

schätzbarem Wert. Im Laufe des 20. Jahrhunderts kamen jedoch neuartige Methoden zur Verstärkung des Bildkontrasts auf. Die erste war die Phasenkontrasttechnik, die zwischen 1934 und 1942 von dem holländischen Nobelpreisträger Frits Zernike (1888–1966) entwickelt wurde. Ihr folgten in neuerer Zeit verschiedenartige Interferenzverfahren, die insofern eine Verbesserung des Phasenkontrasts darstellen, als sie auch für quantitative Messungen eingesetzt werden können.

Um die Jahrhundertwende entwarfen und bauten zwei Angestellte der Zeiss-Werke, August Köhler und Moritz von Rohr, ein Ultraviolettmikroskop, das sich allerdings nie durchsetzen konnte. Es bewies zwar, daß sich das Auflösungsvermögen eines Mikroskops erhöhen läßt, wenn man kurzwelliges Licht verwendet, war aber unpraktisch in der Bedienung und teuer. Das Gerät kann jedoch als Vorläufer des modernen, sehr leistungsstarken Ultraviolettfluoreszenzmikroskops gelten. In Kombination mit hochentwickelten Färbemethoden erlaubt es die Fluoreszenzmikroskopie, die Lage von Molekülen in Zellen zu bestimmen – Molekülen, die viel zu klein sind, als daß man sie in einem herkömmlichen Lichtmikroskop sehen könnte.

Licht breitet sich in Form von Wellen aus. Es kann deshalb den Abstand zwischen zwei Objekten nicht auflösen, wenn dieser kleiner ist als die ungefähre Wellenlänge des Lichts selbst. Die Verwendung von kurzwelligem ultravioletten Licht bringt nur eine geringfügige Verbesserung. Schon in der zweiten Hälfte des 19. Jahrhunderts erkannte Abbe, daß der einzige Schritt nach vorn nur darin bestehen konnte, eine Strahlung mit einer wesentlich kürzeren Wellenlänge zu benutzen. Was man brauchte, war eine vollkommen andere Art von Mikroskop. Die Erfüllung dieses Traums stellt eine der Haupterrungenschaften der Mikroskopie des 20. Jahrhunderts dar. Zwei verwandte, äußerst leistungsstarke Instrumente wurden entwickelt: das Durchstrahlungs- oder Transmissionselektronenmikroskop (TEM) und das Rasterelektronenmikroskop (REM, nach dem englischen *scanning electron microscope* auch SEM).

Das Elektron war 1897 von dem Physiker Joseph John Thomson (1856–1940) aus Cambridge entdeckt worden, der es als Teilchen ansah. Andere Forscher kamen zu dem Schluß, daß es wellenartige Eigenschaften habe, und 1924 wies Louis de Broglie (1892–1986) nach, daß sich ein Elektronenstrahl in einem Vakuum wie eine Form von Strahlung mit sehr kurzer Wellenlänge verhält. Im selben Jahr baute Dennis Gabor in Berlin die erste Elektronenlinse, doch weder er noch de Broglie machten den gedanklichen Sprung, sich ein Mikroskop vorzustellen, das Elektronen als bilderzeugende Strahlung benutzt. Zwei Jahre später veröffentlichte Hans Busch, der ebenfalls in Berlin arbeitete, eine heute berühmte Abhandlung über die Arbeitsweise der Elektronenlinse, doch auch ihm gelang die Ideenverbindung nicht. Diese Leistung blieb zwei anderen in Berlin arbeitenden Forschern vorbehalten – Max Knoll und Ernst Ruska. 1931 stellten sie mit Elektronen als bilderzeugender Strahlung eine 17fache Vergrößerung eines Platingitters her. Knoll verließ das Team kurz danach, und es fiel Ruska (geboren 1906) zu, der als Doktorand allein weiterarbeitete, das erste Elektronenmikroskop zu bauen,

A.12 Ernst Ruska (links) und Max Knoll, 1932 in Berlin aufgenommen.

das die Auflösungsstärke des Lichtmikroskops übertraf. 1933 demonstrierte er an einer Probe von Baumwollfasern eine Punkt-zu-Punkt-Auflösung von 50 Nanometern. Damit war das Auflösungsvermögen des optischen Mikroskops, das mit sichtbarem Licht arbeitet, um den Faktor 4 verbessert werden. Das Bild in Ruskas Mikroskop entstand mit einem Elektronenstrahl, der das Präparat durchdrang. Es war das erste TEM der Welt.

Erst über ein halbes Jahrhundert später, im Jahre 1986, wurde diese Leistung Ruskas schließlich mit dem Nobelpreis für Physik belohnt. Zu der Zeit, als er seine bahnbrechende Arbeit vorlegte, wurde sie mit einer

MIKROKOSMOS

Mischung aus Spott und Feindseligkeit aufgenommen. Die ersten mit einem Elektronenmikroskop aufgenommenen Bilder ließen die zukünftige Entwicklung wahrlich nicht ahnen — sie zeigten lediglich die stark verkohlten Reste des Präparats! Gewisse Professoren äußerten sogar die Vermutung, es gebe keine kleineren dauerhaften biologischen Strukturen als die, die man mit einem Lichtmikroskop sehen kann. Doch unbeirrt setzte Ruska seine Arbeit fort. Man erkannte schnell, daß die Präparate geschädigt wurden, weil sie die Energie des Elektronenstrahls absorbierten, und daß sich dieser Mangel durch dünnere Präparate und höhere Beschleunigungsspannungen mildern läßt. Bereits 1936 gelang es Driest und Müller, mit einem Elektronenmikroskop den Flügel einer Stubenfliege in unbeschädigtem Zustand zu photographieren.

Das erste für den Verkauf bestimmte TEM wurde 1936 in England von Metropolitan Vickers gebaut. 1939 folgte ihm ein Modell der Firma Siemens, das in der Folgezeit immer wieder von anderen Herstellern kopiert wurde. Der Zweite Weltkrieg brachte die Entwicklung des Elektronenmikroskops in Europa zum Stillstand, nicht aber in den Vereinigten Staaten, wo J. Hillier von RCA im Jahre 1946 eine Auflösung von einem Nanometer erreichte. Ein modernes TEM kann noch Abstände von 0,2 Nanometern auflösen, womit sein Auflösungsvermögen tausendmal besser ist als das eines Lichtmikroskops.

Damit bei einem Transmissionselektronenmikroskop ein Bild entsteht, müssen die Elektronen das Präparat durchdringen können. Dazu sind sehr dünne Präparate erforderlich: Für ein typisches TEM, das mit einer Beschleunigungsspannung von 60000 Volt arbeitet, liegt die Präparatdicke etwa bei 100 Nanometern (1/10000 Millimeter) oder darunter. Dies hat zur Folge, daß sich dreidimensionale Beziehungen im Inneren eines Präparats mit der Transmissionselektronenmikroskopie nur sehr schwer erfassen lassen. Es ist auch schwierig, mit einem TEM Oberflächen zu untersuchen, da diese gewöhnlich uneben sind; kompakte Objekte wie industrielle Bauteile oder ganze Lebewesen lassen sich schließlich überhaupt nicht mit diesen Instrumenten analysieren.

torkern in natürlicher Größe. Drei Jahre später kam Manfred von Ardenne, der in Berlin mit Siemens zusammenarbeitete, auf die Idee, eine Elektronenlinse zur Erzeugung einer ultrafeinen Elektronensonde zu verwenden. Dieses Prinzip liegt allen modernen REMs zugrunde. Doch von Ardenne interessierte sich mehr für das TEM und die damit zusammenhängenden Präparationstechniken; die Rasterelektronenmikroskopie erschien damals relativ unwichtig.

Zu neuem Leben kam sie 1948 in Cambridge unter der Leitung von Charles Oatley, der das Gerät mehr vom Standpunkt des Ingenieurs als von dem des Biologen betrachtete. Oatley interessierte sich besonders für die Fähigkeit des Rasterelektro-

A.13 Das erste TEM, 1931 in Berlin gebaut. Die Mikroskopsäule befindet sich links. Den größten Raum nimmt die Energieversorgungsanlage ein, welche die zur Beschleunigung der Elektronen notwendige Hochspannung erzeugte.

A.14 Das erste REM der Universität Cambridge aus dem Jahre 1953. Die Säule wirkt neben der Energieversorgungsanlage winzig. Die Vakuumpumpen sind links unten am Boden unter der Basis der Säule zu sehen. Seltsamerweise wurde der Bildschirm — in Form eines Fernsehgeräts — unpraktisch in halber Höhe der Wand in der Ecke aufgestellt.

Dieser Stand der Dinge änderte sich mit der Erfindung des REM. In einem REM durchdringen die Elektronen das Präparat nicht, sondern werden von seiner Oberfläche „reflektiert". In der Geschichte des REM gab es mehreren Fehlstarts. Das Rasterprinzip wurde erstmals 1935 von Max Knoll demonstriert, der zu Telefunken gegangen war, um an der Entwicklung des Fernsehens mitzuarbeiten. Mit Elektronen, die die Oberfläche des Präparats abtasteten, gelang ihm eine Aufnahme eines Stücks von einem Transforma-

nenmikroskops, die Oberflächen von Festkörpern zu untersuchen, sowie für die Möglichkeit, daß Unterschiede in der atomaren Struktur des Präparats einen Bildkontrast erzeugen konnten. Wie beim TEM blieb die Entwicklung des REM einem Doktoranden, Dennis McMullan, überlassen. In den fünfziger Jahren wurde dann klar, daß ein Bildkontrast statt durch die Zusammensetzung des Präparats auch allein durch seine Oberflächengestalt entstehen kann, und diese Methode der Bilderzeugung wird heute am häufigsten

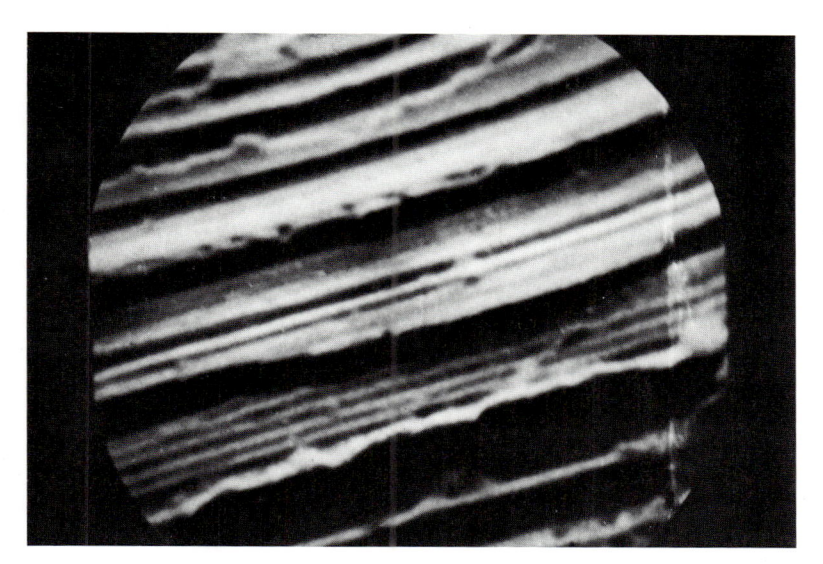

A.15 Das erste Bild, das zu Beginn der fünfziger Jahre mit dem Cambridger REM hergestellt wurde. Es zeigt Abnutzungserscheinungen auf der Oberfläche eines Stücks Weichstahl in 3000facher Vergrößerung.

angewandt. Damit kann man das Mikroskop für biologische Präparate benutzen, die lediglich mit einer dünnen Schicht eines metallischen Leiters (gewöhnlich Gold) überzogen werden müssen, um ein kontrastreiches bilderzeugendes Signal zu liefern.

Das erste kommerziell hergestellte REM, das „Stereoscan", wurde 1965 von der Cambridge Instrument Company auf den Markt gebracht. Mit seiner Entwicklung war die Elektronenmikroskopie erwachsen geworden. Den Mikroskopikern standen nun zwei grundlegende und sich ergänzende Elektronenmikroskoptypen zur Verfügung, mit denen sie ein fast unbegrenztes Spektrum von Präparaten untersuchen konnten, und zwar mit einer weitaus stärkeren Vergrößerung, als sie mit Lichtmikroskopen möglich ist.

Wenn man die Entwicklungsgeschichte des modernen Mikroskops allein vom Gerät her betrachtet, läßt man einen sehr wichtigen Punkt außer acht — nämlich den, daß dieses Instrument unsere Weltsicht von Grund auf verändert hat. Besonders das Elektronenmikroskop hat vielen Entdeckungen den Weg gebahnt. Auch ist die Geschichte mit den bisher beschriebenen Mikroskopen nicht zu Ende. Neu entwickelte Mikroskope verwenden zur Bilderzeugung Röntgenstrahlen, Schallwellen und sogar die Elektronenwolken, die jede Materie umgeben. Der moderne Mikroskopiker ist wirklich sehr weit von Robert Hooke entfernt, der seine Instrumente selber baute und Bilder von dem zeichnete, was er sah. Eines jedoch hat sich in drei Jahrhunderten nicht geändert. Das Motiv für die Benutzung von Mikroskopen bleibt, was es immer war — die Freude daran, die unsichtbare Welt selbst sehen und anderen Menschen zeigen zu können.

Lichtmikroskopie

Lichtmikroskope gibt es in sehr unterschiedlichen Ausführungen. Manche sind kaum mehr als ein Spielzeug, andere dagegen Forschungsinstrumente mit einer Vielzahl von Zusatzeinrichtungen. Alle haben jedoch den gleichen allgemeinen Aufbau und funktionieren nach denselben Prinzipien. Die meisten Lichtmikroskope sind so gebaut, daß man mit ihnen durchsichtige Präparate im Durchlicht betrachten kann, und werden hauptsächlich für biologische Untersuchungen benutzt. Die in Metallurgie, Geologie und Materialwissenschaften verwendeten Mikroskope werden hier als Spezialinstrumente behandelt. Die optischen Grundlagen sind zwar in beiden Bereichen die gleichen, doch gibt es Unterschiede in den Beleuchtungsmethoden und der Objektpräparation, die an entsprechender Stelle beschrieben werden.

Ein Lichtmikroskop besteht aus einem Stativ und den daran angebrachten optischen Komponenten. Das Stativ bildet den stabilen Rahmen, der dafür sorgt, daß die Linsen, das Präparat und das Beleuchtungssystem in einer genau aufeinander abgestimmten Beziehung bleiben. Bei modernen Mikroskopen ist der Tubus mit dem Okular am oberen Ende des starren Stativs zur bequemeren Benutzung zum Auge hin geneigt.

Der am Mikroskopstativ befestigte Tubus mit den bilderzeugenden Linsen weist Standardabmessungen auf, so daß sich sowohl die Objektivlinsen als auch die Okulare auswechseln lassen. Allerdings können die Tuben je nach Hersteller verschieden lang sein. Am häufigsten sind sie 160 oder 170 Millimeter lang, und es ist wichtig, nur Objektive zu benutzen, die mit der entsprechenden Zahl gekennzeichnet sind. Bei manchen Forschungsmikroskopen tritt das Licht als paralleler Strahl aus der Objektivlinse aus — sie haben eine auf unendlich korrigierte Optik, was bedeutet, daß der Abstand zwischen Objektiv und Okular nicht mehr von entscheidender Bedeutung ist.

Zur Scharfeinstellung des Bilds wird der Abstand zwischen der Oberseite des Präparats und der Unterseite der Objektivlinse verändert. Diese Bewegung wird durch Räder zur Grob- und Feineinstellung geregelt. Sie wirken auf Präzisionsgetriebe ein, die oftmals Abnutzungen selbsttätig kompensieren können.

Der Objekttisch nimmt das Präparat auf. In seiner einfachsten Form besitzt er lediglich zwei Klemmen, die einen Glasobjektträger halten können. Bei Forschungsmikroskopen weist der Tisch exakt justierte mechanische Steuervorrichtungen auf, mit deren Hilfe das Präparat präzise in zwei Dimensionen bewegt werden kann (Kreuztisch). Drehtische lassen sich um ihre Mittelachse drehen, und bei Polarisationsmikrosko-

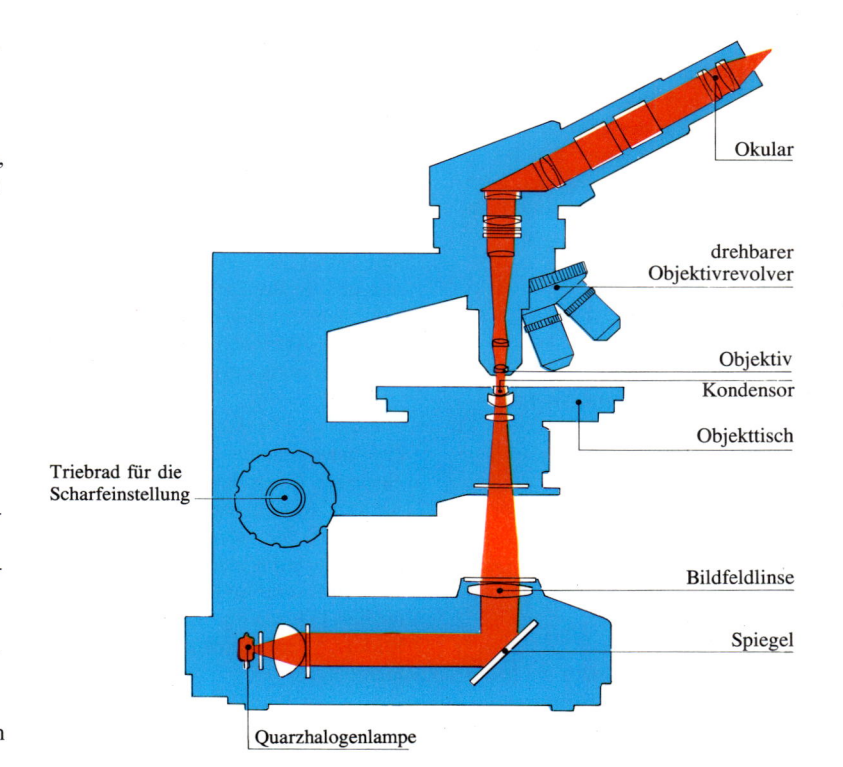

A.16 Der optische Weg in einem modernen Lichtmikroskop. Licht aus einer hochintensiven Lampe im Fuß des Instruments wird über einen Spiegel in den Kondensor gelenkt, der im beziehungsweise unter dem Objekttisch angebracht ist. Es durchdringt das Präparat, tritt in die Objektivlinse ein und erreicht schließlich das Okular, nachdem es durch geneigte Prismen im Tubus umgelenkt wurde. Diese Anordnung verbindet ein Maximum an mechanischer Stabilität mit hoher Benutzerfreundlichkeit.

pen ist diese Drehung ebenfalls genau justiert.

Unter dem Objekttisch befindet sich das Beleuchtungssystem. Hierin unterscheiden sich die Mikroskope am meisten. Der einfachste Beleuchtungsapparat besteht lediglich aus einem Spiegel, der Licht von einer externen Quelle aufwärts durch das Präparat lenkt. Bei besseren Kursmikroskopen für Studenten und bei allen Forschungsmikroskopen besitzt das Beleuchtungssystem ein Kondensorsystem. Ein Kondensor ist eine Anordnung von Linsen, die zentriert und zur Fokussierung auf und ab bewegt werden kann. Außerdem hat er eine variable Aperturblende. Mit Kondensoren lassen sich Präparate sehr hell und auf eine Weise ausleuchten, daß die Eigenschaften der Objektivlinse voll ausgeschöpft werden. Gute Kondensoren besitzen Einrichtungen für die Phasenkontrast- und Interferenzmikroskopie. Ihre optischen Eigenschaften entsprechen jenen der Objektivlinse, und sie sind sehr teuer. Am Beleuchtungsapparat lassen sich auch Filter und Vorrichtungen zur Polarisierung des Lichts anbringen.

Die Objektivlinse

Die eigentlichen optischen Komponenten des Mikroskops sind die zwei bilderzeugenden Linsen im Tubus und der Kondensor. Jeder Teil spielt bei der Bilderzeugung eine andere Rolle. Die Linse am oberen Ende des Mikroskops ist das Okular, die am unteren Ende das Objektiv, und dieses bestimmt hauptsächlich die Bildqualität.

Das Objektiv ist immer eine hochkorrigierte Linse aus mehreren Glaselementen — eine sogenannte zusammengesetzte Linse. Die meisten Mikroskope besitzen einen drehbaren Revolver, der mehrere Objektive mit unterschiedlicher Vergrößerung hält. Die Vergrößerung einer Objektivlinse ist umgekehrt proportional zu ihrer Brennweite: Je kürzer die Brennweite, um so stärker die Vergrößerung.

Die Vergrößerung des Endbilds ist das Produkt aus der Vergrößerung des Objektivs und der des Okulars. Man erhält daher verschiedene Vergrößerungen, wenn man den Revolver dreht und andere Objektive benutzt. Praktischerweise sind bei modernen Mikroskopen die Linsenfassungen so konstruiert, daß ein Wechsel der Vergrößerung nicht zum Verlust der Scharfeinstellung führt.

Objektive gibt es in drei Qualitäten. Die billigsten und einfachsten werden Achromate genannt. Sie sind für sphärische sowie chromatische Aberration an zwei Punkten des sichtbaren Spektrums — im blauen und im roten Bereich — korrigiert und eignen sich für die direkte visuelle Untersuchung und die Schwarzweißphotographie.

Wenn man das Mineral Fluorit (Flußspat) oder fluoritartige Gläser in einem Objektiv verwendet, ist ein höherer Korrektionszustand erreichbar. Linsen dieser Art stellen die nächstbessere Qualitätsstufe von Objektiven dar und tragen Handelsbezeichnungen wie „Fluorit", „Fluotar" oder „Neofluar" auf der Fassung. Sie haben gewöhnlich größere numerische Aperturen als die entsprechenden Achromate und ergeben ein leuchtenderes, kontrastreicheres und besser aufgelöstes Bild. Sie eignen sich für die Farbphotographie, da bei ihnen die sphärische und die chromatische Aberration an drei Punkten des Spektrums korrigiert ist.

Die besten Objektive werden Apochromate genannt. Moderne Apochromate führender Hersteller sind für vier Wellenlängen im Spektrum korrigiert. Sie haben große numerische Aperturen und liefern hinsichtlich Auflösung und Freiheit von optischen Fehlern die bestmöglichen Bilder. Allerdings sind sie auch sehr teuer.

Alle diese Linsentypen leiden an einem Fehler, den man Bildfeldwölbung nennt: Wenn man ein flaches Präparat untersucht, lassen sich Zentrum und Ränder des Bilds nicht gleichzeitig scharf einstellen. Dieser Fehler ist bei der visuellen Untersuchung kaum von Bedeutung, da Mikroskopiker ihr Präparat sowieso ständig bewegen und die Scharfeinstellung regulieren, um eine genaue Vorstellung von dem untersuchten Objekt zu gewinnen. Bei der Qualitätsmikrophotographie ist er jedoch höchst unerwünscht, und die Herstellerfirmen liefern deshalb Objektive in den drei erwähnten Qualitäten, bei denen zusätzlich noch die Bildfeldwölbung korrigiert ist. Diese sind auf der Fassung mit der Vorsilbe „Plan-" (oder dem Kürzel „PI") gekennzeichnet — beispielsweise als „Planapochromat".

Neben der Qualitätsbezeichnung können noch andere Angaben auf der Fassung einer Objektivlinse stehen. „Ph" bezeichnet beispielsweise ein Phasenkontrastobjektiv, „Pol" ein spannungsfreies Objektiv, das sich für anspruchsvolle Arbeiten mit polarisiertem Licht eignet. (Die verwendeten Kürzel variieren je nach Hersteller.) Außerdem sind auf allen Objektiven zwei Zahlenpaare eingraviert, welche die Vergrößerung der Linse und ihre numerische

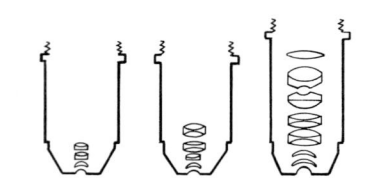

A.17 Zur Korrektion von Aberrationen und der Bildfeldwölbung bei Objektivlinsen fügt man viele Glaselemente von unterschiedlicher Zusammensetzung und Form in verschiedenem Abstand zusammen. Die Abbildung zeigt die Elemente in einem typischen Achromaten (links), Apochromaten (Mitte) und Planapochromaten (rechts).

Apertur sowie die mechanische Tubuslänge und die empfohlene Deckglasdicke angeben. (Das Deckglas ist das dünne Glasplättchen, das über das Präparat gelegt wird.) Eine Linse kann etwa folgende Gravur tragen:

40/0.65
170/0.17

Dies bedeutet, daß sie eine 40fache Vergrößerung und eine numerische Apertur von 0,65 besitzt und daß sie in einem Mikroskop mit einer Tubuslänge von 170 Millimetern und mit einem 0,17 Millimeter dicken Deckglas benutzt werden soll. Linsen, die mit „Met" (Metallurgie) bezeichnet sind, müssen ohne Deckglas verwendet werden.

Die Objektivlinse hat die Aufgabe, ein Bild mit möglichst vielen Einzelheiten zu liefern. Sie muß dazu den Raum zwischen nahe beieinanderliegenden Strukturen in einem Objekt abbilden können. Den Minimalabstand zwischen zwei Strukturen, der von einer Linse noch unterschieden werden kann, bezeichnet man als ihr Auflösungsvermögen. Eine hochauflösende Linse vermag sehr feine Einzelheiten sichtbar zu machen; eine Linse mit geringem Auflösungsvermögen dagegen verwischt die feinsten Details und liefert infolgedessen kein wirklich scharfes Bild.

Wenn Licht ein Präparat durchdringt, bleiben einige Lichtstrahlen ungebeugt, andere werden durch das Präparat gebeugt. Ernst Abbe zeigte als erster, daß das Auflösungsvermögen einer Objektivlinse von ihrer Fähigkeit abhängt, nicht nur die ungebeugten, sondern auch die gebeugten Lichtstrahlen zu sammeln. Er drückte diese Fähigkeit einer Linse zum Lichtsammeln mit jener berechenbaren Größe aus, die er numerische Apertur nannte.

Die numerische Apertur ist durch folgende Beziehung definiert:

$$\text{numerische Apertur} = n \times \sin\alpha$$

In dieser Gleichung ist n der Brechungsindex des Mediums zwischen der Oberseite des Deckglases und der Unterseite der Objektivlinse und α der halbe Öffnungswinkel der Linse. Sehr vereinfacht ausgedrückt, besagt die Gleichung, daß bei einer gegebenen Vergrößerung das Auflösungsvermögen eines Objektivs um so höher liegt, je größer ihre Frontlinse ist (weil dann ihr Öffnungswinkel und damit α größer ist).

Die numerische Apertur selbst steht in direkter Beziehung zum Auflösungsvermögen der Linse:

$$\text{Auflösungsvermögen} = \frac{0{,}61 \times \lambda}{\text{n. A.}}$$

Diese Gleichung, in der λ für die Wellenlänge des verwendeten Lichts steht und n. A. für die numerische Aperatur, besagt zweierlei: erstens, daß das Auflösungsvermögen der Linse um so höher ist, je größer ihre numerische Apertur ist, und zweitens, daß die Bildauflösung um so besser ist, je kurzwelliger das benutzte Licht ist.

Bei einer Linse mit gegebener Vergrößerung verbessert sich das Auflösungsvermögen mit zunehmender numerischer Apertur, gleichzeitig nimmt jedoch die Tiefenschärfe ab. Dies spielt gewöhnlich keine Rolle, wenn die Präparate Dünnschnitte oder hochpolierte ebene Oberflächen sind, doch der Untersuchung dicker oder unebener Objekte, wie sie in den Materialwissenschaften häufig vorkommen, werden dadurch Grenzen gesetzt.

Die numerische Apertur (und damit die Auflösung) hängt nicht nur vom Öffnungswinkel der Objektivlinse, sondern auch vom Brechungsindex des Mediums zwischen ihr und dem Deckglas ab. Luft hat den Brechungsindex 1. Dies bedeutet, daß die höchstmögliche numerische Apertur für eine Linse, die in Luft benutzt wird, ungefähr 0,95 beträgt (weil der Öffnungswinkel 180 Grad nicht übersteigen kann und in der Praxis immer kleiner ist). Um das Auflösungsvermögen starker Objektive zu verbessern, baut man sie gewöhnlich als „Immersionsobjektive". Ein Tropfen Öl, seltener auch ein Tropfen Wasser oder Glycerin, wird zwischen die Oberseite des Deckglases und die Unterseite der Linse gebracht. Infolgedessen erhöht sich die numerische Apertur um einen Faktor, der dem Brechungsindex des Immersionsmediums entspricht. Bei den meisten Immersionsölen liegt dieser Faktor gerade über 1,5. Die größtmögliche numerische Apertur eines Ölimmersionsobjektivs liegt damit bei ungefähr 1,4, und ihr Auflösungsvermögen ist entsprechend besser als das eines vergleichbaren Trockenobjektivs.

Immersionsobjektive sind immer an der Fassung gekennzeichnet. „Öl" bedeutet, daß Immersionsöl benutzt werden soll, „W" steht für Wasser und „Glyc" für Glycerin. Diese Linsen liefern schlechte Ergebnisse, wenn man sie in Luft verwendet.

Das Okular

Das Okular hat die Aufgabe, das vom Objektiv erzeugte Bild weiter zu vergrößern. Okulare enthalten zwei Linsen und eine feststehende Lochblende. Moderne Mikroskope besitzen oft sogenannte Kompensationsokulare, die so gebaut sind, daß sie kleine Restfehler im Primärbild des Objektivs (Zwischenbild) ausgleichen. Andere Okulare besitzen als Hilfe für Brillenträger eine erhöhte „Austrittspupille" oder erlauben als Großfeldokulare, einen größeren Bereich des Zwischenbilds im Mikroskoptubus zu überblicken. Viele Mikroskope sind natürlich mit zwei Okularen für beidäugiges Sehen ausgestattet (Binokulare).

Okulare liefern gewöhnlich Vergrößerungen von 8- bis 25fach. Die endgültige Vergrößerung des wahrgenommenen Bilds entspricht dem Produkt aus der Vergrößerung der Objektivlinse und der des Okulars. Somit ergeben ein ×25-Objektiv und ein ×10-Okular eine Endvergrößerung von ×250 – genau wie ein ×10-Objektiv zusammen mit einem ×25-Okular. Die beiden Bilder werden jedoch nicht gleich aussehen, weil die numerische Apertur eines ×25-Objektivs fast immer höher ist als die eines ×10-Objektivs; daher weist das mit ersterem erzeugte Bild wahrscheinlich eine bessere Auflösung auf.

Das Beleuchtungssystem

Frühe Mikroskope nutzten zur Beleuchtung des Präparats Tages- oder Lampenlicht, das durch Spiegel reflektiert wurde. Bei allen modernen Mikroskopen dient als Lichtquelle eine elektrische Lampe, die sich in einiger Entfernung vom Mikroskopstativ befinden kann. Meist handelt es sich um eine Opalglasbirne, die in einem Lampenhaus mit einer verstellbaren Leuchtfeldblende an der Lichtaustrittsöffnung untergebracht ist. Diese Anordnung ist nicht teuer und für Mikroskope geeignet, die unter dem Objekttisch entweder nur einen Spiegel oder einen Spiegel und einen Kondensor vom Abbe-Typ haben. Für genauere Untersuchungen und besonders für die Mikrophotographie genügt sie jedoch nicht.

Die besten modernen Mikroskope haben eine eigene Lichtquelle, die im Fuß oder in der Rückseite des Stativs eingebaut ist. Man verwendet gewöhnlich Niedervoltquarzhalogenlampen, die eine sehr helle Beleuchtung mit der richtigen Farbtemperatur für die Farbphotographie liefern. Das Licht wird über einen feststehenden Spiegel und durch eine verstellbare Leuchtfeldblende in die Basis des Kondensors gelenkt.

Der Kondensor des Beleuchtungsapparats besteht aus einer zusammengesetzten Linse mit einer variablen Irisblende und sitzt in einer zur Fokussierung höhenverstellbaren Halterung, die außerdem zentriert werden kann. Er hat die Aufgabe, das Präparat so zu beleuchten, daß die Frontlinse des Objektivs die optimale Lichtmenge erhält. Dies bedeutet, daß der Kondensor strengen Anforderungen genügen muß, die zudem in gewissem Ausmaß widersprüchlich sind, da man ihn mit Objektiven verschiedener Vergrößerung benutzt. Verwendet man beispielsweise ein schwach vergrößerndes ×2.5-Objektiv, so muß der Kondensor einen kreisförmigen Ausschnitt des Präparats von ungefähr sieben Millimetern Durchmesser mit einem hellen, gleichmäßigen und schwach konvergierenden Lichtstrahl ausleuchten. Bei einem ×100-Immersionsobjektiv dagegen hat er ein Feld von nur 0,2 Millimetern Durchmesser auszuleuchten, doch diesmal mit einem stark konvergierenden Lichtkegel. Ein Kompromiß kommt gewöhnlich dadurch zustande, daß eine der Linsen im Kondensor aus dem Strahlengang geschwenkt werden kann, wenn man das System mit besonderen Typen von Objektiven benutzt.

Beleuchtungsmethoden

Das typische mikroskopische Präparat ist durchsichtig, befindet sich auf einem Objektträger unter einem Deckglas und wird im Durchlicht betrachtet. Von dicken und deshalb undurchsichtigen Objekten stellt man gewöhnlich einen Dünnschnitt her. Manche Objekte sind von Natur aus farbig und kontrastreich und können daher ohne Vorbehandlung direkt betrachtet werden. Andere muß man erst färben, ehe die Strukturen in ihnen sichtbar werden.

Zur Untersuchung eines gefärbten Schnitts auf einem Objektträger ist weiter nichts als eine Lichtquelle und ein richtig eingestellter Kondensor nötig. Bei Mikroskopen mit getrennter Lichtquelle wird der Kondensor zentriert und so eingestellt, daß er ein Bild der Lampenwendel in die Präparatebene projiziert. Dies ist die Nelsonsche oder „kritische" *Hellfeldbeleuchtung*. Vor allem bei Mikroskopen mit integrierter Lichtquelle arbeitet man bevorzugt mit der Köhlerschen Beleuchtung; hierbei wird der zentrierte Kondensor so eingestellt, daß er ein Bild der Leuchtfeldblende im Fuß des Mikroskops genau in die Präparatebene projiziert.

In der Praxis muß bei beiden Hellfeldmethoden der Kondensor in seiner Halterung so hoch stehen, daß er beinahe die Unterseite des Objektträgers berührt. Dies ergibt ein maximales Auflösungsvermögen, ein helles Bild und ein gleichmäßig ausgeleuchtetes Feld. Die Helligkeit wird durch Einstellen der Lampenintensität, nicht durch Änderung der Höhe des Kondensors geregelt.

Bei der Hellfeldbeleuchtung können Kontraste nur durch die natürlichen Eigenschaften des Präparats oder durch Färben erzielt werden. Andere Beleuchtungsmethoden steigern jedoch den Bildkontrast. Am gebräuchlichsten sind die Dunkelfeldbeleuchtung, der Phasenkontrast und der differentielle Interferenzkontrast.

Bei der *Dunkelfeldbeleuchtung* werden direkte Strahlen von der Lichtquelle daran gehindert, in die Objektivlinse einzutreten. Dazu bringt man im einfachsten Fall eine Zentralblende am Kondensor an, die den zentralen Teil des Lichtstrahls ausblendet. Es sind aber auch komplizierter gebaute Dunkelfeldkondensoren erhältlich.

Die Vorzüge der Dunkelfeldbeleuchtung treten am deutlichsten zutage, wenn man Suspensionen kleiner Partikel wie Hefe- oder Bakterienzellen betrachtet, die ungefärbt unter Hellfeldbedingungen nur schlecht zu sehen sind. Im Dunkelfeld ist der Hintergrund dunkel, und die Zellen treten als intensiv helle Punkte klar hervor. Wenn man spezielle ringförmige Farbfilter im Kondensor verwendet, lassen sich Farbkontraste erzielen. Ein Filter mit einem blauen Zentrum und einem gelben Rand erzeugt beispiels-

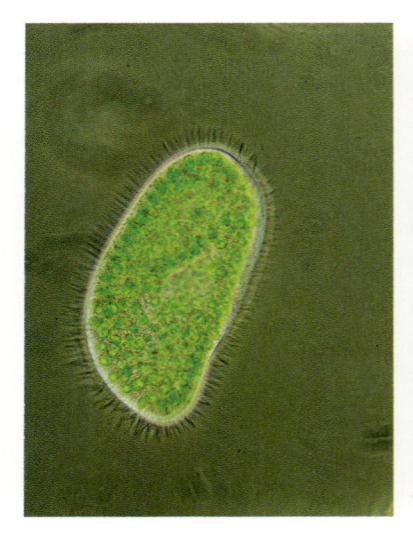

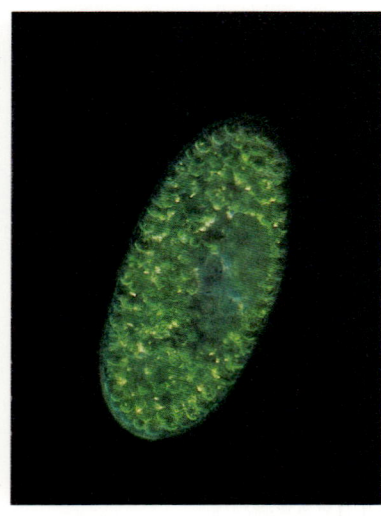

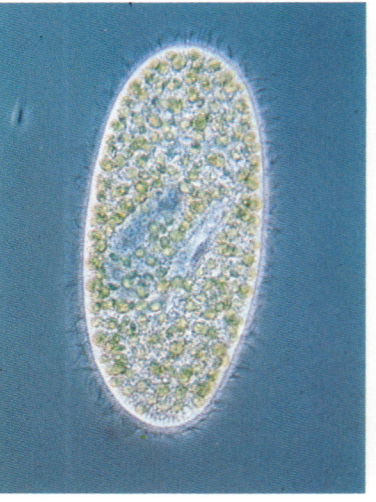

A.18 Diese vier Bilder zeigen alle den gleichen Organismus – ein Pantoffeltierchen (*Paramecium*). Im üblichen Durchlicht (oben links) erscheint das Objekt in seinen natürlichen Farben. Die grünen Kugeln sind Algenzellen im Inneren des Wimpertierchens, die feinen Borsten an der Oberfläche die Wimpern oder Cilien. Die Dunkelfeldbeleuchtung (oben rechts) erhöht die Dramatik des Bilds, und lichtbrechende Teilchen im Inneren des Organismus treten stärker hervor. Die Cilien sind hier allerdings nicht zu sehen. Im Phasenkontrast (unten links) ist die Farbsättigung geringer, weil um die Ränder lichtbrechender Objekte Lichthöfe auftreten, doch lassen sich im Cytoplasma des Organismus mehr Einzelheiten erkennen. Verwendet man die Differentialinterferenzkontrasttechnik nach Nomarski (unten rechts), so entsteht ein Bild, das einen dreidimensionalen Eindruck erweckt. Die Algenzellen erscheinen als kleine Vertiefungen im Cytoplasma des Ciliaten, und überall sonst ist die Auflösung feiner Einzelheiten verbessert. Dies beruht darauf, daß mit der Interferenzkontrastbeleuchtung der Effekt eines optischen Schnitts hervorgerufen wird. Die Farbinformation geht jedoch fast ganz verloren.

weise einen blauen Hintergrund, vor dem das durchsichtige Objekt gelb erscheint. Diese sogenannte „Rheinberg-Beleuchtung" kann bei ungefärbten Schnitten und kleinen Wasserorganismen zu sehr eindrucksvollen Ergebnissen führen.

Bei gewöhnlichem Durchlicht entsteht das Bild durch die Wiedervereinigung ungebeugter und gebeugter Lichtstrahlen. Im *Phasenkontrastmikroskop* sind die optischen Elemente so angeordnet, daß dieser Prozeß der Wiedervereinigung stark erhöhte Kontraste erzeugt. Man braucht dazu einen speziellen Kondensor und Spezialobjektive. Im Inneren des Kondensors befindet sich eine Ringblende im Strahlengang. Sie erzeugt einen hohlen Lichtkegel, der das Präparat durchdringt. Ein Teil dieses Lichts bleibt ungebeugt und trifft in oder hinter der Objektivlinse auf einen sogenannten Phasenring, der das Licht um ein Viertel der Wellenlänge grünen Lichts verzögert. Gleichzeitig tritt Licht, das beim Durchgang durch das Präparat gebeugt wurde, so in das Objektiv ein, daß es seitlich an dem Phasenring vorbeiläuft. Deshalb besteht das Licht, welches das Objektiv verläßt, aus zwei Komponenten, die in ihrer Phase leicht gegeneinander verschoben sind.

Die Kontrastverstärkung hängt noch von einem weiteren Faktor ab. Die ungebeugten Strahlen werden nicht nur durch den Phasenring, sondern auch bei der Passage durch das Präparat selbst verzögert. Der so zustandekommende Gangunterschied ist klein (bis zu rund einem Viertel einer Wellenlänge) und variabel, doch wenn er sich zu der konstanten, durch den Phasenring verursachten Verzögerung addiert, entsteht eine „destruktive" Interferenz zwischen dem verzögerten Lichtstrahl und dem unverzögerten Strahl des gebeugten Lichts. Eine Verzögerung von je einem Viertel der Wellenlänge durch den Phasenring und durch das Präparat bedeutet, daß in einigen Bereichen des Bilds die Verzögerung insgesamt eine halbe Wellenlänge beträgt. Die Vereinigung zweier Wellen, die um diesen Betrag gegeneinander phasenverschoben sind, führt zu ihrer totalen Auslöschung. Wo dies im Strahlengang des Mikroskops geschieht, ist das Bild schwarz; an anderen Stellen entstehen abhängig vom genauen Betrag der Verzöge-

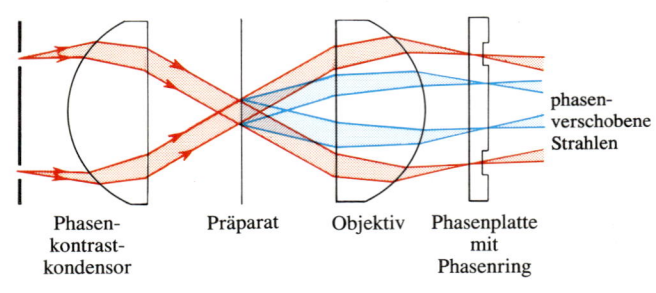

A.19 Die Anordnung optischer Elemente bei der Phasenkontrastbeleuchtung. Der Phasenkontrastkondensor erzeugt einen hohlen Lichtkegel (rot). Wenn das Licht auf das Präparat trifft, dringt ein Teil unabgelenkt hindurch (rot), ein Teil wird gebeugt (blau). Nur die ungebeugten Strahlen treffen auf den Phasenring im Phasenkontrastobjektiv. Wenn die beiden Komponenten sich dann wieder vereinigen, entsteht Kontrast durch ihre Interferenz.

rung verschiedene Grauschattierungen. Weil die Kontraststeigerung auf lokalen Variationen im Brechungsindex des Präparats beruht und nicht durch künstliche Behandlungen wie Färben zustande kommt, kann der Mikroskopiker mit Hilfe der Phasenkontrastoptik ein sehr kontrastreiches Bild ungestört lebender Zellen herstellen.

Der Phasenkontrast leidet an einem bedeutenden Fehler: Im Bild erscheinen stets leuchtende Lichthöfe um die scharf konturierten Ränder der lichtbrechenden Teile des Präparats (Haloeffekt). Dieser Mangel läßt sich mit einem komplizierteren Interferenzverfahren beheben, das auf polarisiertem Licht beruht. Viele solche *Differentialinterferenzkontrast*-(DIK-)Systeme sind schon entwickelt worden, und sie unterscheiden sich alle leicht voneinander. Im folgenden ist das DIK-Mikroskop nach Nomarski beschrieben.

Licht von der Mikroskoplampe durchläuft zuerst ein Polarisationsfilter (Polarisator) und wird polarisiert. Es tritt dann in ein Prisma ein, das es in zwei Strahlen aufspaltet und außerdem deren Polarisationsebenen so dreht, daß diese im rechten Winkel zueinander liegen. Die Strahlen durchdringen nun das Präparat, wobei sie durch einen sehr kleinen Abstand voneinander getrennt sind. Dann passieren sie die Objektivlinse, werden wieder vereinigt und interferieren schließlich miteinander, nachdem sie ein zweites Polarisationsfilter unterhalb des Okulars (Analysator) durchlaufen haben. Diese sehr komplizierte optische Anordnung bewirkt, daß der Betrachter ein hochaufgelöstes Bild eines sehr flachen „optischen Schnitts" durch das Präparat sieht. Das Nomarski-System mildert den visuellen Effekt unscharf abgebildeter Präparatteile oberhalb und unterhalb der eigentlichen Brennebene, und so entsteht ein ungewöhnlich klares Bild, das zudem deutlich dreidimensional wirkt — eine optische Täuschung, die auf der Bildung von Schatten an einer Seite partikulärer Strukturen in dem jeweiligen Präparat beruht.

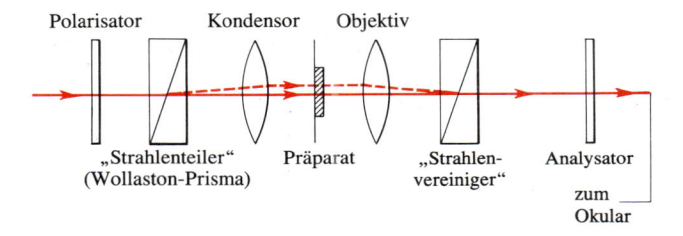

Viele Objekte sind für die Untersuchung im Durchlicht ungeeignet, etwa wenn sie wie Metalle und Minerale undurchsichtig sind. Zwar kann man von solchen Objekten Dünnschnitte beziehungsweise -schliffe herstellen, doch ist dies nicht immer wünschenswert. In vielen industriellen Anwendungsbereichen, beispielsweise in der Textil- oder der Mikrochipindustrie, ist es notwendig, die Probe im intakten Zustand zu untersuchen. Für solche Zwecke müssen *Auflicht*methoden verwendet werden.

Im einfachsten Fall richtet man Licht aus einer freistehenden Lampe auf die Oberfläche des Objekts. Dies ist eine grobe Methode, die nur mit Linsen benutzt werden kann, die einen ausreichend großen Arbeitsabstand aufweisen. Am häufigsten setzt man sie bei Stereomikroskopen ein. Um mit Auflicht zu arbeiten, kann man auch ein „Lieberkühn" verwenden, das heißt, einen Hohlspiegel, der die Objektivlinse umschließt und das von unten kommende Licht auf die Oberfläche des Präparats zurückwirft. In der modernen Praxis benutzt man eine elegantere Auflichttechnik. Dabei ist die Lichtquelle hinter dem Mikroskoptubus angebracht, und das Licht wird auf einen halbversilberten (halbdurchlässigen) Spiegel gerichtet, der im Tubus zwischen dem Objektiv und der Okularlinse sitzt. Das Lampenlicht strahlt abwärts durch die Objektivlinse, die somit als ihr eigener Kondensor wirkt, und wird von der Präparatoberfläche reflektiert, so daß es aufwärts durch das Objektiv und den halbdurchlässigen Spiegel in das Okular zurückkehrt. Bei dieser Anordnung unterliegt der Abstand zwischen Objektiv und Präparat keinen Beschränkungen. Sie ist die Standardbeleuchtungsmethode in der metallurgischen Mikroskopie.

Einer spezialisierten Anwendung von Auflicht begegnet man in der *Ultraviolettfluoreszenz*mikroskopie. Der Fluoreszenz liegt zugrunde, daß viele natürlich vorkommende Materialien und synthetische Färbemittel Licht einer bestimmten Wellenlänge absorbieren und die Energie anschließend als Licht einer längeren Wellenlänge emittieren können. Ultraviolettes Licht ist für das menschliche Auge unsichtbar, doch wenn man ein Präparat damit bestrahlt, kann es eine Fluoreszenz auslösen, die sichtbare Kontraste hervorruft. Auflicht ist für die Ultraviolettfluoreszenz nicht unbedingt erforderlich, wird jedoch in der modernen Praxis bevorzugt.

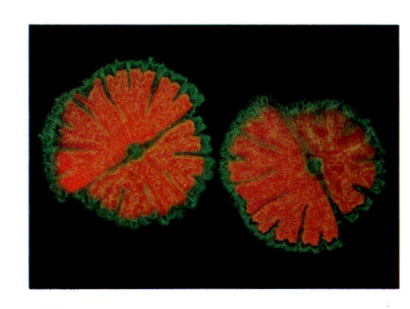

Das ultraviolette Licht tritt von einer an der Rückseite des Mikroskops eingebauten Quelle zwischen den Objektiv- und Okularlinsen in den Tubus ein und wird durch einen speziellen Spiegel abwärts gelenkt. Es durchdringt das Objektiv und beleuchtet das Präparat. Als Folge davon emittieren fluoreszierende Präparatbereiche sichtbares Licht mit längerer Wellenlänge, und dieses wird zur Bilderzeugung benutzt. Die speziellen Eigenschaften des Spiegels im Mikroskoptubus bewirken, daß nur sichtbares Licht nach oben in das Okular gelangen kann. Der Benutzer sieht auf diese Weise ein Bild mit einem schwarzen Hintergrund, vor dem jede fluoreszierende Struktur im Präparat brillant beleuchtet ist.

Die Möglichkeit, Antikörper gegen spezifische Proteine in Zellen herzustellen, hat die Ultraviolettfluoreszenz zu einem machtvollen Hilfsmittel in der Biologie gemacht. Die Antikörper werden chemisch mit Molekülen eines Fluoreszenzfarbstoffs markiert und dann eingesetzt, um ein Präparat zu färben. Die hel-

A.20 Der optische Aufbau des sogenannten Differentialinterferenzkontrastmikroskops nach Nomarski. Polarisiertes Licht durchdringt ein als „Strahlenteiler" fungierendes Prisma und wird von ihm in zwei rechtwinklig zueinander polarisierte Strahlen aufgespalten. Diese treffen leicht gegeneinander versetzt auf das Präparat. Über dem Objektiv werden sie wieder vereinigt und erzeugen schließlich durch Interferenz den Kontrasteffekt.

A.21 Bei der Ultraviolettfluoreszenzmikroskopie müssen nicht unbedingt künstliche Fluoreszenzfarbstoffe eingesetzt werden. Manche natürlichen Pigmente erzeugen eine intensive Fluoreszenz, wenn man sie mit ultraviolettem Licht bestrahlt. Dieses Bild zweier Zieralgen zum Beispiel wurde mit einem Fluoreszenzmikroskop aufgenommen. Die intensiv rote Färbung ist dem Chlorophyll zuzuschreiben.

len fluoreszierenden Punkte im Bild zeigen die Positionen der Antikörper und damit auch der Proteine an, gegen die sie gerichtet sind. Mit dieser Technik wurden schnelle und spezifische Tests zur Durchmusterung von Laborproben auf krankheitserregende Organismen einschließlich kleiner Bakterien und Viren möglich.

Spezialmikroskope

Das konventionelle Lichtmikroskop mit dem eben beschriebenen Aufbau und den genannten Techniken wird überall in Wissenschaft, Medizin und Industrie eingesetzt. Gewisse Anwendungsbereiche erfordern jedoch Spezialmikroskope, die eine nähere Betrachtung verdienen.

Das *Stereomikroskop* — auch Präparations- oder Operationsmikroskop genannt — ist so gebaut, daß das Präparat leicht zugänglich ist und während der Betrachtung manipuliert werden kann. Es hat zwei besondere Merkmale. Erstens sieht man das Bild durch die zwei Okulare seitenrichtig (in anderen Mikroskopen ist es natürlich seitenverkehrt) und echt stereoskopisch (räumlich). Letzteres beruht darauf, daß das Mikroskop entweder zwei getrennte Objektive oder ein einzelnes Objektiv mit einem unmittelbar dahinter sitzenden strahlaufspaltenden Prisma besitzt. In beiden Fällen gelangen leicht unterschiedliche Bilder in das linke und das rechte Auge, und das Gehirn setzt daraus ein dreidimensionales Bild zusammen.

Die zweite Besonderheit des Stereomikroskops ist der sehr große Arbeitsabstand des Objektivs beziehungsweise der Objektive. Zwischen der Unterseite der Linse(n) und der Oberfläche des Präparats können mehrere Zentimeter liegen. Dies erleichtert den Zugang zum Präparat für Schnittführungen, den Zusammenbau mikroelektronischer Schaltungen und so weiter. Stereomikroskope sind gewöhnlich mit recht simplen Vorrichtungen für Durchlicht- und Auflichtbeleuchtung versehen. Sie können maximal etwa 200fach vergrößern, wobei die Vergrößerung oft nicht durch Auswechslung des Objektivs, sondern durch ein Zoom-System im Tubus geregelt wird.

Mit dem *Polarisationsmikroskop* lassen sich Eigenschaften von Mineralen, Kristallen und anderen doppelbrechenden Materialien wie Holz oder Textilfasern genau bestimmen. Das polarisierte Licht wird mit Hilfe eines hochwertigen Polarisationsfilters unterhalb des Kondensors erzeugt. Als Analysator dient ein zweites Polarisationsfilter über dem Objektiv. Der Objekttisch kann gedreht werden, wie das bei Forschungsmikroskopen üblich ist, er ist jedoch auf 0,1 Grad geeicht, so daß sich Winkelbewegungen sehr exakt messen lassen. Über der Objektivlinse befindet sich ein Schlitz im Mikroskoptubus, in den man verschiedene Hilfsobjekte (Kompensatoren) wie Viertelwellenlängen- ($\lambda/4$-)Platten und Quarzkeile zur quantitativen Bestimmung des Brechungsindex und anderer optischer Eigenschaften von Kristallen einführen kann. Über diesem Schlitz und unter dem Okular sitzt eine ausschwenkbare Bertrand-Linse, eine Sammellinse, die ein Bild der hinteren Brennebene des Objektivs in das Okular projiziert. Sie läßt ein sogenanntes Interferenzbild entstehen, das zur Identifizierung von Kristallen und Mineralen dienen kann. Das Polarisationsmikroskop ist ein hochspezialisiertes und doch vielseitiges Instrument, das sich sowohl mit Durchlicht zum Studium kristalliner Materialien als auch mit Auflicht zur Untersuchung von Metallen und Legierungen verwenden läßt.

Interferenzeffekte können nicht nur wie in der DIK-Optik zur Erhöhung des Bildkontrasts, sondern auch für quantitative Messungen eingesetzt werden. Zu diesem Zweck verwendet man ein speziell konstruiertes *Interferenzmikroskop*. Es arbeitet insofern nach einem ähnlichen Prinzip wie das Phasenkontrastverfahren und das Nomarski-System, als auch hier zwei Lichtstrahlen leicht unterschiedliche Bahnen durchlaufen, ehe sie wieder vereinigt werden und so das Bild erzeugen. Bei den beiden letztgenannten Techniken ist es jedoch schwierig, dem Bild quantitative Informationen zu entnehmen, da dessen Aussehen auf lokalen Unterschieden im Präparat selbst beruht. Im Interferenzmikroskop wird der Strahl, der das Präparat durchlaufen hat, mit einem Referenzstrahl verglichen, der *nicht* durch das Präparat gegangen ist. Daher enthält das Bild Informationen über das Präparat auf einer absoluten Basis; es kann quantitativ analysiert werden, um zum Beispiel das Trockengewicht biologischen Materials, den Brechungsindex von Mineralen oder Kristallen, die Dicke von Dünnfilmen oder den Abnutzungsgrad und die Konturgenauigkeit maschinell erzeugter Teile zu ermitteln.

Präparationstechniken

Mikroskopische Präparate stammen aus sehr verschiedenen Bereichen, und entsprechend vielfältig sind die Methoden, mit denen sie zur Untersuchung vorbereitet werden. Man kann ganz allgemein durchsichtige und undurchsichtige Objekte unterscheiden, was annähernd — aber nicht genau — biologischen Präparaten auf der einen und anorganischen Materialien auf der anderen Seite entspricht.

Manche Objekte sind von Natur aus durchsichtig und brauchen keine spezielle Behandlung. Man muß sie nur in einem geeigneten Medium zwischen einen Glasobjektträger und ein Deckglas bringen. Beispiele aus der Biologie sind einzelne Zellen und kleine Wasserorganismen. Eine andere große Gruppe von Objekten besteht aus feinen Teilchen — Bakterien, Pollenkörnern, Staub- und Rauchpartikeln —, und auch diese können in flüssigen Suspensionen ohne vorherige Behandlung untersucht werden.

A.22 Stereomikroskope sind auf lange Arbeitsabstände hin konstruiert. Diese Eigenschaft ist besonders in der Chirurgie von Nutzen, wo ein ungehinderter Zugang zum Raum unter den Objektivlinsen notwendig ist. Das Mikroskop hier im Bild hat außerdem zwei Binokulare, durch die zwei Chirurgen gleichzeitig die Operationsstelle betrachten können.

Besonders bei immer wiederkehrenden Routinearbeiten ist es wünschenswert, daß sich die Präparation einfach durchführen läßt. Als Beispiel sei die Herstellung eines Blutausstrichs genannt. Ein Tröpfchen Blut wird auf einen Glasobjektträger gebracht und mit einem zweiten Glasstück dünn darüber ausgestrichen. Nachdem man es einige Augenblicke lang hat trocknen lassen, kann man ein solches Präparat zur Diagnose verschiedener anomaler Zustände einschließlich der Folgen einer Infektion verwenden. Die Information, die man mit solch minimalem technischen Aufwand erhält, ist oft begrenzt, aber nichtsdestotrotz für viele Zwecke angemessen.

Bei getrockneten ganzen Proben wie Blutausstrichen oder getrockneten Filmen von Bakterienzellen lassen sich manchmal Schnellfärbemethoden einsetzen. Ein Beispiel ist die Gram-Färbung von Bakterien. Die Bakterienzellen werden ausgestrichen und durch Trocknen auf dem Träger fixiert. Dann bedeckt man das Präparat etwa 30 Sekunden lang mit einer Lösung des Farbstoffs Methylviolett, die anschließend abgeschüttet und durch eine Jod-Jodkalium-Lösung ersetzt wird. Nach ungefähr einer weiteren Minute wäscht man den Träger gründlich in Alkohol und färbt ihn schließlich mit Neutralrot. Das Ergebnis hängt von dem auf dem Objektträger vorhandenen Bakterientyp ab. „Grampositive" Bakterien, welche im allgemeinen gegenüber Penicillin empfindlich sind, halten das Methylviolett zurück und erscheinen violett. „Gramnegative" Bakterien dagegen nehmen nur die zweite Farbe an und erscheinen rosa oder rot. Berücksichtigt man zusätzlich noch die Form der Bakterienzellen, so stellt diese einfache Färbemethode eine beachtliche Hilfe zur raschen Identifizierung von Bakterien und der Diagnose von Krankheiten dar.

Die weitaus meisten Objekte sind zu dick, als daß man sie mit solchen Techniken untersuchen könnte. Bei ihnen muß der Mikroskopiker auf oft langwierige Verfahren zur Herstellung eines Dünnschnitts zurückgreifen, der dann als Präparat dienen kann. In der Biologie bedeutet dies gewöhnlich, daß das ganze Objekt zuerst eine Phase der chemischen Fixierung durchlaufen muß. Anschließend ersetzt man das Wasser des Objekts durch ein organisches Lösungsmittel und dieses wiederum durch Paraffin. Das so in Wachs eingebettete Objekt wird dann mit einem Mikrotom geschnitten. Vor der Untersuchung löst man das Paraffin weg und färbt den Schnitt.

Das Färben wird seit über einem Jahrhundert betrieben und ist eine hochentwickelte Kunst. Für die Hauptklassen von Molekülen — Proteine, Nucleinsäuren und andere Polymere — stehen spezifische Färbemittel zur Verfügung. Oft kombiniert man zwei oder mehr Farbstoffe, um einen Farbkontrast im Präparat zu erzielen. Bei einer bekannten Methode aus der botanischen Mi-

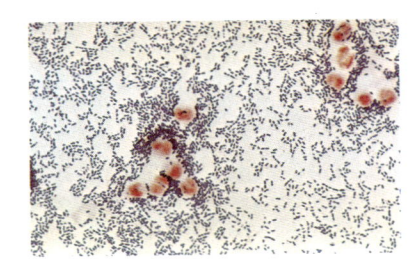

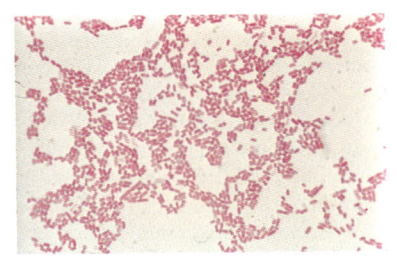

A.23 Diese beiden Bilder veranschaulichen die Gram-Färbung. Die grampositiven Bakterien der Art *Streptococcus pneumoniae* haben das Methylviolett zurückgehalten und erscheinen violett (oben), die gramnegativen *Escherichia coli*-Zellen (unten) dagegen rosa.

kroskopie wird zunächst ein Paraffinschnitt hergestellt und auf einem Objektträger befestigt. Das Wachs entfernt man dann mit Xylol, wäscht das Präparat und färbt es etwa eine Stunde lang in einer Lösung von Safranin, einem roten Farbstoff. Nach Auswaschen des Safranins taucht man das Präparat einige Minuten lang in eine Lösung des Farbstoffs Fast Green. Schließlich kommt der Objektträger zweimal in eine Mischung aus Nelkenöl und Alkohol, wodurch die grüne Farbe selektiv entfernt wird. Das fertige Präparat zeigt einen starken Farbkontrast: Zellkerne, Chromosomen und Lignin sind rot gefärbt, Zellwände und Cytoplasma grün.

Ein Farbniederschlag ist auch mit Hilfe chemischer Reaktionen zu erreichen, denen eine Enzymtätigkeit im Gewebe des Präparats selbst zugrunde liegt. Damit läßt sich die Position von Enzymen in Zellen bestimmen. Eine andere Möglichkeit besteht darin, mit fluoreszierenden Farbstoffen markierte Antikörper zu benutzen, um die Lage der entsprechenden Antigene festzustellen.

Färbetechniken können auch für quantitative Analysen eingesetzt werden. Ein Beispiel dafür ist die Feulgen-Färbung von DNA, die sich zur Messung der DNA-Menge in einem einzelnen Zellkern eignet. Weitere Informationen lassen sich gewinnen, wenn man die Technik der Autoradiographie mit der Mikroskopie verbindet. Dabei bietet man dem lebenden Gewebe eine chemische Substanz, gewöhnlich einen Nährstoff, an, deren Atome zuvor radioaktiv gemacht wurden. Beispielsweise könnten einige der gewöhnlichen Kohlenstoffatome in dem Nährstoff durch das radioaktive Isotop C-14 (^{14}C) ersetzt sein. Man läßt das Gewebe den markierten Nährstoff aufnehmen, und nach einer gewissen Zeit wird es wie gewöhnlich fixiert, eingebettet und geschnitten. Im nächsten Schritt zieht man eine dünne Schicht einer photographischen Emulsion über den Schnitt auf dem Objektträger und läßt dieses „Sandwich" einige Tage ruhen. Der radioaktive Zerfall des C-14 belichtet die Emulsion an all jenen Punkten, an denen sich das Isotop im Gewebe angereichert hat. Die photographische Emulsion wird dann *in situ* entwickelt und der Schnitt gefärbt, womit die Präparation abgeschlossen ist. Das mikroskopische Bild liefert eine Standardansicht des Gewebes, enthält jedoch zusätzliche Information durch die schwarzen Silberkörner der entwickelten Emulsion, die jene Stellen markieren, an denen das C-14 aufgenommen und eingebaut wurde. Mit Hilfe dieser Technik läßt sich sehr genau feststellen, wo die Synthese von biologischen Polymeren, Speichermolekülen, Zellwandmaterial und so weiter stattfindet. Sie erlaubt es auch, die Mechanismen der Vermehrung von Krankheitserregern wie Viren zu untersuchen.

Nichtbiologische Objekte sind ebenfalls entweder durchsichtig oder undurchsichtig. Zur ersten Gruppe gehören beispielsweise Kristalle anorganischer oder organischer chemischer Substanzen, einige Minerale sowie eine Reihe feinkörniger geologischer Materialien wie Sand. Mit Hilfe der Mikroskopie lassen sich verschiedene Eigenschaften solcher Stoffe untersuchen. So kann man mit einem Polarisationsmikroskop, das einen in drei Dimensionen verstellbaren Universaldrehtisch besitzt, kleine Fragmente kristalliner Materialien anhand ihrer optischen Eigenschaften identifizieren. Mit Mikroskopen lassen sich auch chemische Substanzen einschließlich winziger Mengen von Medikamenten oder Drogen nachweisen, wenn man die Form ihrer kristallinen Derivate untersucht. Ein solcher Nachweis kann noch durch die Bestimmung von Schmelzpunkten unterstützt werden, falls das Mikroskop, das man benutzt, mit einem heizbaren Objekttisch ausgerüstet ist.

Andere Objekte werden erst durchsichtig, wenn man sie beträchtlich dünner macht. Bei der Präparation einer Mineralprobe geht man beispielsweise so vor: Im ersten Schritt stellt man einen Schnitt von ein bis zwei Millimeter Dicke her; dieser wird dann auf einer Seite geglättet, doch nicht poliert, und mit der glatten Seite auf einem Objektträger befestigt. Anschließend schleift man die Oberseite des Schnitts mit immer feineren Schleifmitteln ab, bis der Schnitt nur noch 0,03 Millimeter dick ist. Ein ausschließlich für Durchlichtuntersuchungen bestimmtes Präparat wird nun mit einem Deckglas bedeckt. Damit feine Unebenheiten in der Oberfläche das Bild nicht beeinflussen, wählt man hierfür einen Kitt oder Zement mit passendem Brechungsindex. Man kann die Oberfläche der Präparate aber auch hochpolieren, um sie so für Durchlicht- *und* Auflichttechniken nutzbar zu machen. Diese Polierverfahren sind vielfältig anwendbar und eignen sich für ein weites Spektrum von Objekten, die in der Industrie von Interesse sind, etwa Keramiken, Schlacken und Katalysatoren. Auch schwach verfestigte Materialien können auf diese Weise präpariert werden, wenn man sie vorher in ein Harz einbettet.

Ein undurchsichtiges Objekt muß mit Auflicht untersucht werden. Dazu ist vielleicht weiter nichts nötig, als die ganze Probe auf den Tisch eines Stereomikroskops zu legen. Undurchsichtige Objekte kann man oft ihrer Natur nach keiner irgendwie gearteten Präparation unterziehen — einen mikroelektronischen Schaltkreis beispielsweise oder eine Kugel, die aus einem nicht identifizierten Gewehr abgefeuert wurde. Viele kriminaltechnische Objekte fallen in diese Kategorie und erfordern eine Methode, die man Vergleichsmikroskopie nennt. Dazu bedient man sich eines Mikroskops mit einer doppelten Optik, die es erlaubt, zwei Objekte gleichzeitig Seite an Seite zu betrachten. Mit einem solchen Instrument kann man etwa feststellen, ob zwei Kugeln aus derselben Waffe abgefeuert wurden; man vergleicht dazu das individuelle Muster der Reibungsspuren, die durch die Unebenheiten in einem Gewehrlauf entstehen.

Information über die innere Struktur eines undurchsichtigen Objekts erhält man nur nach sorgfältiger Präparation. Typisch ist folgende Technik, die man für metallische Gegenstände verwendet. Die ausgewählte Probe wird sorgfältig auf die passende Größe zurechtgeschnitten, oftmals mit Hilfe wassergekühlter Hochgeschwindigkeitsschleifscheiben, die die Mikrostruktur des Objekts nicht verändern. Dann säubert man die Probe und bettet sie, sofern sie unregelmäßig geformt ist, in Plastik, Epoxidharz oder Bakelit ein, so daß sie sich in den Geräten festklemmen läßt, mit denen die Präparation vervollständigt wird.

Die Präparatoberfläche muß auf jeden Fall zum Schluß extrem flach und hochpoliert sein, doch darf die Endbearbeitung die Mikrostruktur des Objekts nicht schädigen. Man erreicht dies durch Schleifen mit immer feinkörnigeren Siliciumcarbidschleifpapieren. Manchmal sind fünf oder sechs Schleifdurchgänge notwendig, denen ein Polieren mit immer feineren Diamantpasten folgt. Die Pasten werden auf ein Polierwerkzeug aufgetragen, das mit Stoff überzogen ist; gewöhnlich beginnt man mit 7-Mikrometer-Diamanten und endet nach drei oder vier Zwischenschritten bei 1- oder 1/4-Mikrometer-Diamanten. Je nach den Eigenschaften des untersuchten Werkstoffs sind besondere Zeiten, Andruckstärken, Schmiermittel, Schleifpasten und Stoffarten erforderlich. Für die meisten Materialien gibt es erprobte Verfahren, mit denen sich der gewünschte Endzustand der Oberfläche erreichen läßt.

In der Praxis wird das Präparat normalerweise zuerst im polierten Zustand untersucht und anschließend geätzt, um weitere Einzelheiten seiner Mikrostruktur aufzudecken. Ätzmittel sind gewöhnlich Flüssigkeiten mit Chemikalienmischungen, die bestimmte Merkmale in der Mikrostruktur des Präparats hervorheben können. Keramische Werkstoffe und ähnliche Materialien lassen sich durch Erhitzen in Luft oder anderen Gasen ätzen. Für Metallproben wird häufig eine selektive chemische Farbätzung verwendet.

Die hier beschriebene Präparationstechnik läßt sich mit leichten Veränderungen auf alle Metalle, Keramiken, Gesteine, Minerale, Kohlen, Betonarten, Gläser und Fasern anwenden. Häufig werden auch Verbundwerkstoffe untersucht, beispielsweise in der Elektronikindustrie. Wenn sehr harte und sehr weiche Materialien gleichzeitig zu polieren sind, kann der Präparationstechniker sein Geschick voll unter Beweis stellen.

Elektronenmikroskopie

Elektronenmikroskope sind große, teure Instrumente, die sorgfältig installiert und ständig gewartet werden müssen. Man findet sie fast nur in Laboratorien. Die einzelnen Geräte unterscheiden sich je nach Modell und Hersteller. Dieser Abschnitt befaßt sich deshalb nur mit ihrem allgemeinen Aufbau und den breiten Anwendungsmöglichkeiten. Zu einem guten Elektronenmikroskopiker wird man nicht in einigen Wochen oder Monaten, sondern erst nach jahrelanger Erfahrung. Dies liegt zum Teil an der Kompliziertheit der Geräte, spiegelt aber auch die Tatsache wider, daß der Elektronenmikroskopiker beträchtlich mehr Einfluß auf die Qualität des Endbilds nehmen kann als der Lichtmikroskopiker.

Allgemeiner Aufbau

Es gibt zwei Grundtypen von Elektronenmikroskopen — Transmissionselektronenmikroskope (kurz TEMs) und Rasterelektronenmikroskope (REMs oder im englischen Sprachgebrauch SEMs). Sie unterscheiden sich in der Art, wie der Elektronenstrahl zur Erzeugung des Endbilds gesteuert wird. Zu Beginn wollen wir jedoch die allgemeinen Merkmale und Funktionsprinzipien besprechen, die allen Elektronenmikroskopen gemeinsam sind.

Das Mikroskop besteht aus drei getrennten, aber miteinander in Beziehung stehenden Teilen. Erstens besitzt es ein System von Vakuumpumpen, das die Luft aus dem Inneren der Mikroskop-"Säule" entfernt. Ein Hochvakuum ist notwendig, damit die Elektronen ungehindert durch die Säule (die einen Meter lang sein kann) abwärts laufen können und damit das Präparat so wenig wie möglich durch Reaktionen des Elektronenstrahls mit Restgasmolekülen verunreinigt wird.

Der zweite Teil des Elektronenmikroskops ist seine Energieversorgung. Die Linsen in diesen Mikroskopen sind elektromagnetisch — sie bestehen aus einer Drahtspule, in der ein Strom fließt und ein magnetisches Feld erzeugt. Funktionen wie Helligkeit, Scharfeinstellung und Vergrößerung werden durch Veränderung der Stromstärke in den verschiedenen Linsen gesteuert. Diese Ströme müssen sehr genau einreguliert werden und stabil bleiben, wenn sie einmal eingestellt sind. Das ist die eine Aufgabe der Energieversorgung. Des weiteren dient sie zur Erzeugung der hohen Spannungen, die man zur Beschleunigung der Elektronen in Richtung auf das Präparat benötigt. In einem herkömmlichen TEM braucht man eine stabile Spannung von 40000 bis 100000 Volt. In einem REM kann man die Spannung gewöhnlich zwischen 500 und 40000 Volt variieren. Die Spannung bestimmt die Wellenlänge der Elektronen im Strahl und muß mit einer Genauig-

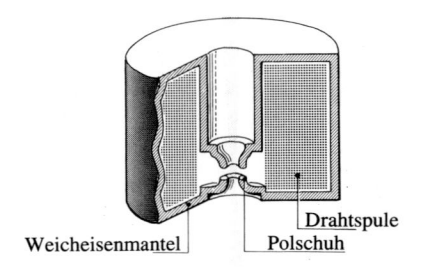

A.24 Eine Elektronenlinse besteht aus einer Drahtspule, die von einem Weicheisenmantel umgeben ist und ein Polschuhsystem besitzt, um das magnetische Feld zu konzentrieren. In der Praxis werden solche Linsen mit Wasser gekühlt, das in einer Kammer um den Eisenmantel zirkuliert.

keit von mindestens 0,001 Prozent konstant gehalten werden, wenn die chromatische Aberration annehmbar gering sein soll.

Der dritte Teil des Mikroskops ist die Säule selbst. Sie setzt sich aus einer Serie übereinandergestapelter elektromagnetischer Linsen zusammen. Die Drahtspule, aus der jede Linse besteht, ist von äußeren magnetischen Feldern abgeschirmt und wird mit kaltem Wasser gekühlt. An der Spitze der Säule befindet sich die Kammer mit der Elektronenstrahlquelle — quasi der "Elektronenkanone" —, die aus einem erhitzten Wolframdraht und mehreren Elektroden besteht.

Der Objektraum befindet sich bei einem TEM etwa auf halber Höhe der Säule, bei einem REM an ihrem Fuß. Das Objekt wird immer über eine Luftschleuse eingebracht, um einen Vakuumverlust in der Säule zu verhindern.

Die Bildaufzeichnung erfolgt bei den beiden Mikroskoptypen auf ganz unterschiedliche Weise. Beim TEM wird ein empfindliches Material (ein Film oder photographische Platten) in den Fuß der Säule eingeführt und direkt den Elektronen im Vakuum ausgesetzt. Beim REM entsteht das sichtbare Bild auf einer Kathodenstrahlbildröhre, die vom Mikroskop entfernt stehen kann; das Bild wird dann mit einer auf den Bildschirm gerichteten Kamera auf die übliche Weise photographiert.

Die Wirkung optischer Linsen beruht darauf, daß Lichtstrahlen gebeugt werden, wenn sie Medien mit unterschiedlichem Brechungsindex durchlaufen. Linsen für die Lichtmikroskopie bestehen aus mehreren Einzelelementen aus Glas, die sich sowohl im Brechungsindex als auch in ihrer Form unterscheiden. Durch Änderung dieser beiden Variablen kann der Linsenhersteller Aberrationen beheben und Linsen mit bestimmten gewünschten Eigenschaften bauen. Elektronenlinsen arbeiten auf andere Weise. Wenn die Elektronen eine Elektronenlinse passieren, treffen sie nicht auf physikalische Inhomogenitäten, wie sie den Luft-Glas-Grenzflächen entsprechen. Sie durchlaufen ein Vakuum. Jedoch treffen sie auf das magnetische Feld im Zentrum der Linse und werden von diesem beeinflußt.

Aus der Verwendung elektromagnetischer Felder zur Beugung des Elektronenstrahls ergeben sich einige wichtige Konstruktionsmerkmale. Die offensichtlichste Besonderheit liegt darin, daß die Brennweite der Linse mit der Stärke des magnetischen Felds und daher auch mit der Stärke des Stroms in Beziehung steht, der in der Linsenspule fließt. Dies bedeutet, daß Funktionen wie Scharfeinstellung und Vergrößerung einfach durch Änderung der elektrischen Ströme geregelt werden können; irgendwelche physikalischen Bewegungen oder ein Auswechseln der Objektive, wie es in der Lichtmikroskopie erfolgt, sind nicht erforderlich.

Eine andere Folge ist, daß Elektronenlinsen nur als positive Elemente gebaut werden können — das heißt, als Sammellinsen, um einen Begriff aus der Optik zu nehmen. Dies schränkt die Leistungsfähigkeit des Mikroskops stark ein, da Aberrationen nicht durch die Herstellung „zusammengesetzter" Linsen korrigierbar sind. In der Praxis arbeiten Elektronenlinsen daher immer nur mit sehr kleinen Aperturen — was wiederum bewirkt, daß das beste Auflösungsvermögen eines Elektronenmikroskops zwar eine enorme Verbesserung gegenüber dem Lichtmikroskop darstellt, aber trotzdem sehr beschränkt ist, wenn man es mit der potentiellen Auflösung vergleicht, die sich bei gleicher Wellenlänge mit hochaperturigen Linsen ergäbe.

Bildentstehung im TEM

Das „Beleuchtungs"-System des TEM besteht aus der Elektronenstrahlquelle und einer oder häufiger zwei Kondensorlinsen. Die Elektronen verlassen den erhitzten Wolframfaden, der als Elektronenquelle dient, und werden in Richtung auf eine Anodenplatte beschleunigt. Sie passieren ein Steuergitter (den Wehnelt-Zylinder), durchlaufen ein Loch in der Anodenplatte und treten dann ihre Reise durch die Mikroskopsäule an. Hier treffen sie zuerst auf die Kondensorlinsen, die den Elektronenstrahl konzentrieren und ihn auf einen Brennpunkt etwas oberhalb der Objektebene bündeln. Das Kondensorsystem enthält eine kleine physikalische Blende in Form einer Scheibe aus Metall wie Platin oder Molybdän mit einem exakt kreisförmigen Loch in der Mitte. Diese Blende reguliert sowohl die Intensität als auch den Konvergenzwinkel des Elektronenstrahls. Der Bediener hat gewöhnlich die Wahl zwischen drei Blenden mit Lochgrößen zwischen 25 und 100 Mikrometern Durchmesser. Über die Blendengröße sowie die genaue Lage der Brennebene der Kondensorlinsen läßt sich die „Helligkeit" des Endbilds einstellen.

Wenn die Elektronen auf das Objekt treffen, kann eines von drei Dingen geschehen: Sie durchdringen das Präparat unbehindert, sie werden ohne Energieverlust gestreut (elastische Streuung), oder sie werden inelastisch (unelastisch) gestreut; im letzten Fall findet ein Energieaustausch zwischen dem Elektronenstrahl und dem Objekt statt, und dies kann zur Abstrahlung von Sekundärelektronen oder Röntgenstrahlen vom Objekt führen. Der Bildkontrast hängt beim TEM davon ab, wie gut die inelastisch gestreuten Elektronen daran gehindert werden, zum Bild beizutragen. Für ihren Ausschluß sorgt eine zweite kleine Blende direkt unter dem Objekt. Dies ist die Objektivblende, und wieder hat der Mikroskopiker die Wahl zwischen drei Lochgrößen, um den Bildkontrast zu kontrollieren. (In der Praxis wird der Bildkontrast hauptsächlich durch die Art der Objektpräparation beeinflußt, wie wir noch sehen werden.)

Das Objekt ist von der Objektivlinse umgeben (nicht zu verwechseln mit der Objektivblende), die das Bild des Objekts in geringem Ausmaß — etwa 50fach — vergrößert. Durch Änderungen des Stroms, der durch das Objektiv fließt, läßt sich die „Scharfeinstellung" des Mikroskops regeln. Das vom Objektiv vergrößerte Bild wird von zwei anderen Linsen unterhalb des Präparats, die Zwischenlinse und das Projektiv, weiter vergrößert. Die absolute wie auch die relative Erregung dieser Linsen werden elektronisch durch einen einfachen „Vergrößerungsregler" am Bedienungspult des Mikroskops gesteuert. Die meisten modernen TEMs lassen sich auf jede gewünschte Endvergrößerung zwischen ×1000 und ×500 000 einstellen.

Schließlich verlassen die Elektronen das Projektiv und schlagen auf einen Leuchtschirm auf, der mit einem fluoreszierenden Material beschichtet ist. Durch ein Fenster sieht man ein kontinuierliches, gewöhnlich grünes Bild des Objekts. Feineinstellungen lassen sich vornehmen, während man das Bild durch ein außen montiertes, schwach vergrößerndes binokulares Mikroskop betrachtet.

Der Mikroskopiker kann beträchtlichen Einfluß auf das Bild nehmen. Helligkeit, Schärfe, Vergrößerung und in gewissem Ausmaß auch der Bildkontrast sind regulierbar. Außerdem läßt sich die Bildqualität noch verbessern, wenn man die Vorrichtungen zur Astigmatismuskorrektur sorgfältig justiert. Die meisten Bildmerkmale werden jedoch von den Techniken bestimmt, mit denen man das Objekt präpariert hat. Ein erfahrener Mikroskopiker kann zwar das Beste aus einem Präparat herausholen, doch ein ausgezeichnetes Bild ist nur mit einem vorzüglich präparierten Objekt zu gewinnen.

Bildentstehung im REM

Bei einem REM wird das Bild auf völlig andere Weise erzeugt und dem Betrachter dargeboten. Die Säule eines REM enthält eine Elektronenstrahlquelle und elektromagnetische Linsen, die dem Kondensorsystem in einem TEM entsprechen. Doch diese Linsen sind so eingestellt, daß sie einen *sehr feinen* Elektronenstrahl erzeugen, der auf die Oberfläche des Objekts gebündelt wird. Der Strahl tastet die Oberfläche des Objekts in einer Serie von Zeilen und Teilbildern ab, die man Raster nennt — gerade so wie der (viel schwächere) Elektronenstrahl in einem gewöhnlichen Fernsehgerät. Die Rasterbewegung erreicht man mit Hilfe kleiner Drahtspulen (der Ablenkspulen), in denen der steuernde Strom fließt.

Zu jedem Zeitpunkt wird ein sehr kleiner Bereich des Objekts mit Elektronen bombardiert. Mit diesen Elektronen kann mehreres geschehen: Sie können ohne Energieverlust elastisch vom Objekt reflektiert oder von ihm absorbiert werden; im zweiten Fall erzeugen sie entweder sekundäre Elektronen mit sehr schwacher Energie sowie Röntgenstrahlen, oder sie bewirken eine Emission sichtbaren Lichts (ein Effekt, der als Kathodolumineszenz bekannt ist). Schließlich können sie auch elektrische Ströme im Objekt verursachen (Probenstrom). Alle diese Effekte lassen sich zur Erzeugung eines Bilds verwenden. Am weitaus häufigsten bedient man sich allerdings der energiearmen Sekundärelektronen.

Diese Elektronen werden selektiv von einem Gitter angezogen, das

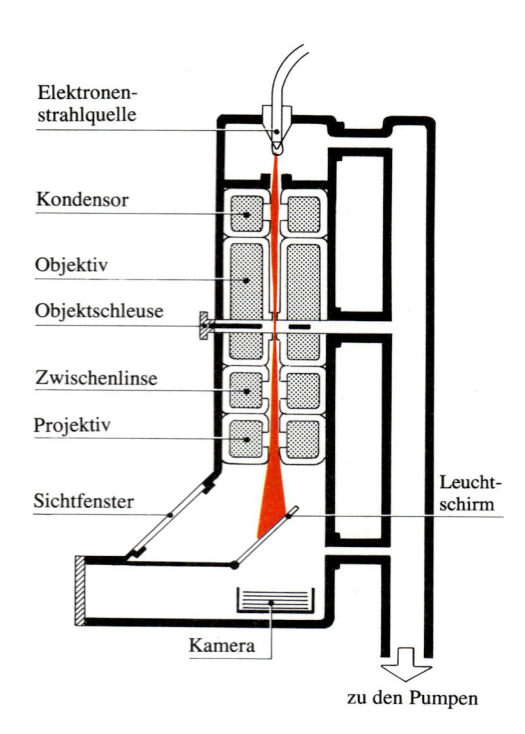

A.25 In einem TEM durchlaufen die Elektronen (rot) aus der Elektronenstrahlquelle zuerst einen Kondensor, ehe sie im Objektiv auf das Präparat treffen. Die Vergrößerung entsteht überwiegend durch die Zwischenlinse und das Projektiv. Man sieht das Bild durch ein Fenster am Fuß der Säule. Es kann photographiert werden, wenn man den schwenkbaren Schirm hochklappt.

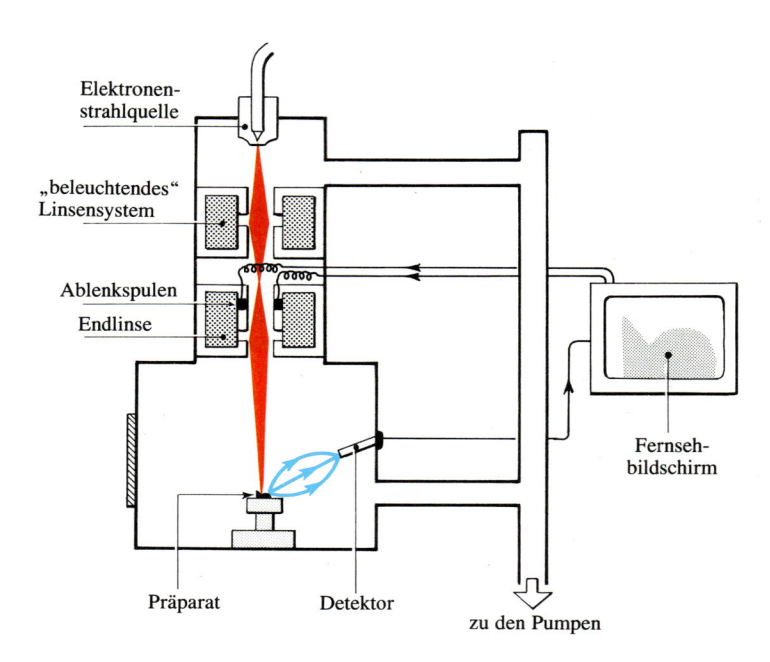

A.26 In einem REM werden die Elektronen (rot) aus der Elektronenstrahlquelle mit Hilfe des Linsensystems zu einem feinen Punkt gebündelt und auf die Oberfläche des Präparats gerichtet. Dieser Punkt wird in einem Rastermuster über das Präparat geführt, wobei Ströme in den Ablenkspulen, die in der Endlinse sitzen, zur Steuerung dienen. Die von der Objektoberfläche emittierten sekundären Elektronen (blau) werden zum Detektor gezogen. Der Detektor wiederum leitet Signale an ein elektronisches Steuerpult weiter, und das Bild des Objekts erscheint schließlich auf einem Fernsehschirm.

bezogen auf das Objekt ein geringes positives Potential (50 bis 200 Volt) aufweist. Hinter dem Gitter befindet sich eine Platte, an der bezogen auf das Objekt eine positive Spannung von zehn Kilovolt anliegt. Die Platte besteht aus einer Lage szintillierenden Materials, die mit einer dünnen Aluminiumschicht bedeckt ist. Die Sekundärelektronen passieren das Gitter, schlagen auf die Platte auf und bewirken, daß das Szintillationsmaterial Licht emittiert. Dieses gelangt dann über einen Lichtleiter zu einem Photomultiplier (Photovervielfacher), der die Photonen in eine Spannung umwandelt; die Stärke dieser Spannung hängt von der Anzahl der Sekundärelektronen ab, die auf die Platte auftreffen.

Auf diese Weise rufen die von einem kleinen Objektbereich erzeugten Sekundärelektronen ein Spannungssignal von bestimmter Größe hervor. Das Signal wird aus der Mikroskopsäule zu einem elektronischen Steuerpult geleitet, wo es weiterverarbeitet und verstärkt wird und auf einem Leuchtschirm (oder einem Fernsehbildschirm) einen Leuchtpunkt erzeugt. Das Gesamtbild baut sich einfach dadurch auf, daß man den Elektronenstrahl, der das Objekt abtastet, genau synchron mit jenem im Leuchtschirm laufen läßt.

Das REM besitzt kein Objektiv, keine Zwischenlinse und kein Projektiv, um das Bild zu vergrößern. Die Vergrößerung ergibt sich statt dessen aus dem Verhältnis der Größe des abgetasteten Objektbereichs zur Bildschirmgröße. In der Rasterelektronenmikroskopie wird daher eine stärkere Vergrößerung ganz einfach dadurch erreicht, daß man den Abtaststrahl über einen kleineren Objektbereich führt.

Bei der Verwendung von elastisch gestreuten Elektronen, Röntgenstrahlen oder Photonen sichtbaren Lichts entsteht das Bild jeweils auf gleiche Weise – nur die Detektorsysteme sind verschieden. Das gebräuchlichste Verfahren ist die Bilderzeugung mit sekundären Elektronen, weil sie sich bei fast jedem Objekt anwenden läßt.

Moderne Elektronenmikroskope lassen sich oft mit einer Zusatzeinrichtung für die sogenannte Röntgenmikroanalyse koppeln. Wenn ein Objekt mit Elektronen bombardiert wird, senden die von dem Strahl getroffenen Objektbereiche Röntgenstrahlen mit charakteristischen Wellenlängen und Energien aus. Durch Computeranalyse der Wellenlängen oder Energiespektren kann man Natur und Menge der verschiedenen Elemente im untersuchten Material genau messen. Diese Technik ist für Biologen kaum von Nutzen, weil leichte Elemente wie Kohlenstoff ein zu schwaches Röntgensignal erzeugen. In den Materialwissenschaften ist sie jedoch von großem Wert, vor allem, weil auch sehr kleine Flächen – ein Quadratmikrometer etwa – exakt analysiert werden können.

Weil das Ausgangssignal des REM eine Folge von Spannungsschwankungen ist, kann der Mikroskopbediener den Charakter des Bilds in beträchtlichem Maße beeinflussen. Zur Einstellung von Bildschärfe, Vergrößerung, Helligkeit und Kontrast braucht er lediglich Knöpfe am Bedienungspult zu drehen. Hinzu kommt, daß sich das Objekt gewöhnlich kippen und drehen und damit unter vielen verschiedenen Blickwinkeln untersuchen läßt. Das Ausgangssignal des Mikroskops kann darüber hinaus mit Computern weiterverarbeitet werden; wenn man beispielsweise aufeinanderfolgende Teilbilder kombiniert und mittelt, kommt es zu einer beachtlichen Verringerung des zufälligen Hintergrundrauschens.

Biologische Präparate

Objekte, die elektronenmikroskopisch untersucht werden sollen, müssen viele einschränkende Bedingungen erfüllen. Erstens muß das Präparat einem hohen Vakuum widerstehen können. Dies schließt – ausgenommen in sehr speziellen Umständen – die Untersuchung lebender Proben bei normaler Temperatur ohne vorherige Behandlung aus. Für eine Untersuchung im TEM muß das Objekt außerdem sehr dünn sein. Organisches Material sollte nicht dicker als 100 Nanometer sein, wenn eine gute Auflösung gefragt ist. Mineralische und metallische Objekte, die Elemente mit hoher Ordnungszahl enthalten, müssen sogar noch dünner sein, weil schwere Atome Elektronen eher absorbieren.

Präparate für das REM brauchen dagegen nicht dünn zu sein; sie haben jedoch andere Voraussetzungen zu erfüllen. Zum Beispiel müssen sie die Energie des fokussierten Elektronenstrahls ableiten können, ohne daß sich ihre Oberfläche lokal auflädt. Außerdem müssen sie eine gute Quelle für Sekundärelektronen darstellen, wenn diese zur Bilderzeugung verwendet werden. In der Praxis überzieht man das Objekt wegen dieser letzten Bedingung gewöhnlich mit einer dünnen Schicht eines leitenden Metalls wie Gold.

Schließlich gibt es bei beiden Mikroskoparten eine Begrenzung der Objektgröße. Bei REM-Objekten ist der Spielraum nicht so knapp bemessen, doch Präparate für das TEM werden wegen der räumlichen Beschränktheit um die Objektivlinse so gut wie immer auf einem feinmaschigen Trägernetzchen („Grid") montiert, das einen Durchmesser von nur drei Millimetern hat.

Biologische Präparate für das TEM reichen von einzelnen Molekülen (beispielsweise Proteinen, Nucleinsäuren oder Polysacchariden) über Mikroorganismen (Viren, Bakterien) bis zu winzigen Schnittpräparaten viel größerer Lebewesen (Tiere, Pflanzen). Im allgemeinen können Objekte bis zur Größe ganzer Bakterien ohne Vorbehandlung untersucht werden; lediglich ein „Färbe"-Verfahren zur Erhöhung des Kontrasts ist notwendig.

Die schnellste und einfachste Technik ist die Negativkontrastierung. Dazu mischt man auf einem Objektträger, der vorher mit einem dünnen Kohlefilm überzogen wurde, eine Suspension des Objekts mit einer Lösung eines Schwermetallsalzes. Der Flüssigkeitsüberschuß wird mit einem Stück Filterpapier abgesaugt. Anschließend kann man das Objekt untersuchen. Der Mikroskopiker sieht einen einheitlich grauen Hintergrund — das Schwermetallsalz —, in welchen das helle, ungefärbte Objekt eingebettet ist. Negativkontrastierte Objekte sind natürlich stets sehr dünn, deshalb liefert diese Technik Bilder mit sehr hoher Auflösung. Sie ist beispielsweise zur Untersuchung der Struktur von Viren eingesetzt worden. Außerdem handelt es sich um ein sehr schnelles Verfahren — das Präparat ist buchstäblich in Sekunden fertig. Dies ist besonders nützlich, wenn eine große Anzahl von Proben untersucht werden muß. In der Pflanzenpathologie kann es zum Beispiel notwendig sein, die Blätter zahlreicher Pflanzen auf eine Virusinfektion hin zu überprüfen; es ist kein großer Aufwand, von jedem Blatt einen Tropfen Saft negativ zu kontrastieren und diese Präparate dann auf Viruspartikel durchzumustern.

Zur Untersuchung der Struktur von Zellen sowie der Art und Weise, wie sie sich zu pflanzlichem oder tierischem Gewebe zusammenschließen, sind andere Methoden erforderlich. Diese umfassen meistens mehrere Schritte. Zuerst wird ein kleines Gewebestück in einer Lösung eines organischen Aldehyds, gewöhnlich Glutaraldehyd, „fixiert". Dies tötet die Zellen sehr rasch ab und stabilisiert ihre chemische Struktur. Das fixierte Material kommt dann in eine Lösung von Osmiumsäure (Osmiumtetroxid), wodurch der Fixierungsvorgang vervollständigt und die Lipide in der Zelle stabilisiert werden. Außerdem trägt die Einlagerung des metallischen Osmiums zur elektronenoptischen Kontrastierung bei. Als nächstes wird dem Gewebe das Wasser entzogen — ein Vorgang, den man auch Dehydratisierung nennt — und durch Alkohol ersetzt. Dann bettet man das Gewebestückchen in einen flüssigen Kunststoff wie Araldit ein. Nach dem Aushärten in einem Wärmeschrank ist das Objekt schließlich voll stabilisiert und sitzt in einer harten Kunststoffmatrix. Nun können mit einem Ultramikrotom Dünnschnitte des eingebetteten Materials hergestellt werden, die man schließlich auf Objektträger bringt und zur Verstärkung des Bildkontrasts bestimmten Kontrastierungsverfahren unterzieht.

Für einfache Strukturuntersuchungen wird das Objekt gewöhnlich kontrastiert, indem man es in Lösungen von Uran- oder von Bleisalzen oder beiden eintaucht. Es gibt aber auch speziellere Techniken. Wenn ein Objekt beispielsweise in einer Lösung gespült wird, die eine hydrolysierbare Phosphatverbindung und ein lösliches Bleisalz enthält, zeigen hydrolytische Enzyme im Präparat ihre Position durch Ablagerungen von unlöslichem Bleiphosphat an. Nicht-Enzym-Proteine und andere als Antigene wirksame Moleküle lassen sich mit Hilfe von Antikörpern lokalisieren, die mit kolloidalen Goldpartikeln markiert sind. In beiden Fällen bietet das Bild eine Ansicht der Gewebestruktur, in der lokalisierte Ablagerungen des Schwermetalls (Bleiphosphat oder Gold) die genaue Lage des jeweils untersuchten Moleküls markieren. In der Biologie ist dies eine sehr wirkungsvolle Technik.

Leider kann man nie sicher sein, ob die Strukturen, die man nach einer chemischen Fixierung sieht, eine genaue Wiedergabe der entsprechenden Strukturen *in vivo* sind. Darum hat man bei biologischen Objekten als Alternative Gefrierverfahren entwickelt. Bei der sogenannten Gefriersubstitution friert man das Objekt sehr rasch in flüssigem Stickstoff oder flüssigem Propan (bei etwa −200 Grad Celsius) ein. Dadurch wird das Wasser im Inneren fest, ohne daß sich Eiskristalle bilden — es wird „vitrifiziert". Das vitrifizierte Wasser kann dann bei niedriger Temperatur durch ein organisches Lösungsmittel wie Aceton

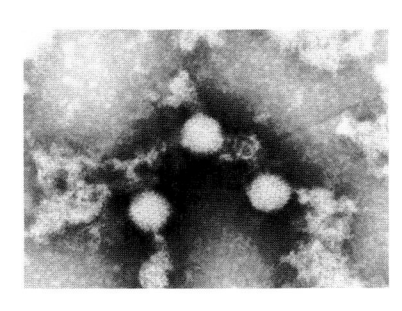

A.27 Bei der Negativkontrastierung entsteht der Kontrast, weil das Kontrastierungsmittel einen grauen Hintergrund bildet, vor dem sich das ungefärbte Präparat blaßgrau oder weiß abhebt. Als Kontrastierungsmittel dient fast immer eine wäßrige Lösung eines Komplexsalzes von Metallen wie Uran oder Wolfram. Diese Aufnahme zeigt drei Adenoviren — eine häufige Virusart, die Halsschmerzen hervorruft und auch an einigen Formen von Krebs beteiligt zu sein scheint.

A.28 In der Elektronenmikroskopie besteht immer die Möglichkeit, daß man verfälschte oder falsch deutbare Bilder erhält, und Mikroskopiker werden oft beschuldigt, daß sie das sehen, was sie sehen wollen. Wer hier ein Gesicht erkennt, interpretiert einige schlecht fixierte Zellmembranen falsch.

ersetzt werden. Anschließend erwärmt man das dehydratisierte Objekt auf Zimmertemperatur und behandelt es normal weiter.

Bei der Ultrakryotomie wird das Objekt wie beschrieben eingefroren, dann jedoch bei niedriger Temperatur mit einem Spezialmikrotom geschnitten. Dies hat den Vorteil, daß die Fähigkeit der Antigene im Gewebe, sich an hinzugefügte Antikörper zu binden, nicht beeinträchtigt wird. Der Nachteil besteht darin, daß die Strukturerhaltung schlecht sein kann, sogar dann, wenn das Material nach dem Schneiden und Färben chemisch fixiert wird.

Ein anderes wichtiges Verfahren zur Präparation biologischer Proben ist die Herstellung eines Abdrucks (Replika). Es läßt sich auch auf etliche Materialien aus der Metallurgie, der Technik und der Mineralogie anwenden. Das Präparat, das hierbei in das Mikroskop kommt, ist weder das ganze Objekt (wie bei der Negativkontrastierung) noch ein Schnitt davon, sondern eine dünne Kohleschicht, die in einem Vakuum auf das Objekt aufgedampft wurde.

Zwei Anwendungsmöglichkeiten solcher Abdrucktechniken verdienen eine genauere Betrachtung.

Erstens kann man einen Abdruck von der *äußeren Oberfläche* eines Objekts herstellen, beispielsweise einer Gruppe von Viruspartikeln. Die Viren werden zunächst auf ein geeignetes Substrat wie sauberes Glas oder frisch gespaltenen Glimmer aufgetrocknet. Dieses Präparat überzieht man dann in einen Vakuumbedampfer mit Kohle. Die Kohle bildet eine durchgehende Schicht über dem Substrat und den Viruspartikeln, und das endgültige Präparat entsteht, indem man die Kohleschicht vom Substrat losspült und die Viren darunter ablöst. Eine solcher Abdruck liefert wegen seiner Dünnheit ein sehr hoch aufgelöstes

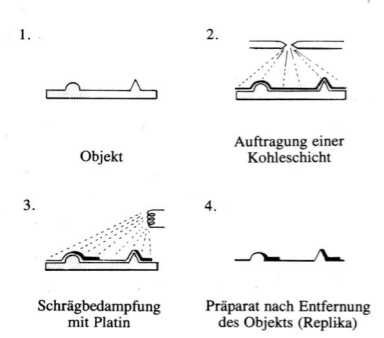

A.29 Schritte bei der Herstellung eines schattierten Abdrucks. Das Objekt (1) wird zunächst mit einer gleichmäßigen Kohleschicht überzogen (2). Diese bildet eine durchgehende Grundlage, auf die man von einer Seite ein Schwermetall wie Platin auflagern (aufdampfen) kann (3). Das eigentliche Präparat gewinnt man, indem man das Ausgangsobjekt mit starken Säuren, konzentriertem Alkali oder einem Bleichmittel auflöst (4). Wenn die Geometrie des dritten Schritts bekannt ist, läßt sich die Höhe der Strukturen auf dem Objekt aus der Länge der im Präparat sichtbaren Schatten berechnen.

Bild der Topographie der ursprünglichen Partikel. Sein Wert als Präparat erhöht sich noch, wenn man mit niedrigem Einfallswinkel eine Schicht eines Schwermetalls wie Platin aufdampft. Dies festigt nicht nur den Abdruck; wichtiger ist noch, daß es den Kontrast erhöht, weil hochgelegene Stellen des Abdrucks „Schatten werfen".

Zweitens kann man auch Abdrücke *innerer Oberflächen* von Zellen und Geweben herstellen. Dieses Verfahren erfordert eine viel aufwendigere Ausrüstung und wird — je nachdem, was mit dem Objekt geschieht, ehe der Abdruck angefertigt wird — Gefrierbruch- oder Gefrierätztechnik genannt. Die Probe wird zuerst rasch eingefroren; dazu taucht man sie in eine Mischung aus flüssigem und festem Stickstoff oder schleudert sie auf die Oberfläche eines mit flüssigem Helium gekühlten Kupferblocks (*freeze-slamming*), so daß das Wasser in den Oberflächenschichten des Objekts vitrifiziert wird. Das gefrorene Objekt überträgt man dann in das Hauptgerät, einen Vakuumbedampfer mit hochentwickelten Temperaturreglern, einem Mikrotom und Elektroden für

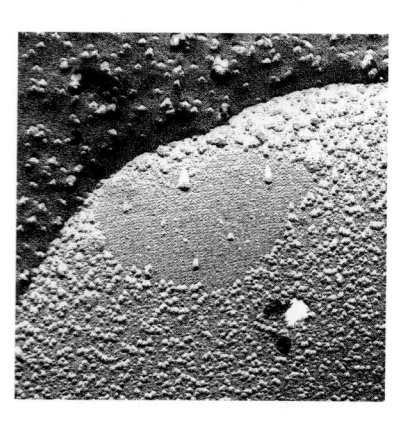

A.30 Abdrucktechniken verbinden eine hohe Auflösung mit der Möglichkeit, ziemlich große Oberflächenbereiche zu untersuchen. Sie eignen sich besonders für das Studium von Membranoberflächen. In dieser Aufnahme der äußeren Oberfläche einer photosynthetischen Membran eines Chloroplasten erkennt man einen Fleck mit regelmäßig angeordneten Partikeln. Das Bild hätte mit keiner anderen Präparationstechnik gewonnen werden können. Die Vergrößerung ist 50 000fach.

die Aufdampfung von Kohle und Schwermetallen. Im Inneren dieses Geräts wird das Objekt bei niedriger Temperatur aufgebrochen oder geschnitten, um die inneren Oberflächen freizulegen. Von diesen Oberflächen läßt sich durch Aufdampfen eines dünnen Kohlefilms und anschließendes Schrägbedampfen mit Platin ein schattierter Abdruck erzeugen. Zur Herstellung des endgültigen Präparats für das Mikroskop nimmt man das Objekt aus dem Apparat und löst alles organische Material mit starken Säuren weg.

Gefrierätzverfahren erfordern einen zusätzlichen Schritt, in dem die Temperatur des geschnittenen und gefrorenen Objekts für kurze Zeit auf etwa −100 Grad Celsius erhöht wird. Dies bewirkt, daß Eis in der Objektoberfläche sublimiert und nichtflüchtige Bestandteile als schärfer ausgeprägtes Relief zurückbleiben. Die Herstellung des Abdrucks und die Schattierung erfolgt dann in der zuvor beschriebenen Weise.

Diese Techniken eignen sich besonders zur Untersuchung biologischer Membranen. Gefrorene Membranen brechen in der Mitte ihrer zweischichtigen Struktur auseinander. Gefrierbruchtechniken machen es daher möglich, die „inneren" Oberflächen dieser Membranen zu sehen. Dies trug viel zum Verständnis der Arbeitsweise von Membranen bei, etwa jenen, die an der Photosynthese beteiligt sind.

Es muß hier betont werden, daß es für ein bestimmtes Objekt keine allein „richtige" Präparationstechnik gibt. Verschiedene Methoden liefern unterschiedliche Informationen über dieselbe Struktur. Beispielsweise gibt ein Dünnschnitt eines Mitochondrions im Inneren einer Zelle Auskunft über dessen Lage und Umriß sowie über die Art der Faltung seiner Membranen; ein Gefrierbruchabdruck zeigt die Verteilung von Partikeln in und zwischen diesen Membranen, und ein negativkontrastiertes Präparat läßt Einzelheiten der Partikel erkennen, die mit der Oberfläche der Membranen verbunden sind.

Mit Ausnahme der Negativkontrastierung sind die meisten Techniken zeitraubend und erfordern teure Hilfsgeräte. Es kann mehrere Tage dauern, bis ein brauchbares Präparat aus frischem Gewebe angefertigt ist. Glücklicherweise sind Abdrucke wie auch Schnittpräparate mehr oder weniger dauerhaft haltbar und können für Untersuchungen zu einem späteren Zeitpunkt aufbewahrt werden.

Biologische Objekte für das REM mußte man früher zuerst fixieren und entwässern, ehe sie entweder in Luft oder mit Hilfe von flüssigem Kohlendioxid getrocknet wurden (letzteres ist als CP- oder Kritische-Punkt-Trocknung bekannt). Die einzige Ausnahme waren Objekte, die so robust sind, daß sie dem Vakuum ohne eine solche Vorbehandlung widerstehen können — beispielsweise Pollenkörner oder Insekten mit einem harten Außenskelett.

Die bevorzugte Technik für die moderne REM-Arbeit ist die Kryofixierung. Das Objekt wird rasch eingefroren, indem man es in eine Mischung aus flüssigem und festem Stickstoff mit einer Temperatur von etwa −200 Grad Celsius taucht. Dies führt zu einem fast augenblicklichen Gefrieren der Objektoberfläche und verhindert, daß diese sich verformt. Das Objekt wird dann direkt auf einen speziellen Objekttisch im Inneren des REM überführt, der ebenfalls mit flüssigem Stickstoff gekühlt wird. Diese Technik ist sogar bei den zerbrechlichsten Objekten erfolgreich.

Um bei organischen Materialien eine gute Emission sekundärer Elektronen zu erzielen und um zu verhindern, daß sich die Oberflächen während der Untersuchung elektrisch aufladen, überzieht man das Objekt gewöhnlich mit einer sehr dünnen Schicht aus Gold oder einer Gold-Palladium-Legierung. Bei getrockneten Objekten kann man diese Schicht in einem Vakuumbedampfer auftragen. Gefrorene Objekte werden meist in einer speziellen Kammer überzogen, die an der Säule des Mikroskops befestigt und mit seinem Kühlsystem verbunden ist.

Die Kryofixierung weist auch einige Nachteile gegenüber der konventionellen chemischen Fixierung und Trocknung auf. Die notwendige Ausrüstung ist in Anschaffung und Betrieb teuer. Der Objekttisch im Mikroskop muß auf eine sehr niedrige Temperatur gekühlt werden, und dadurch vermindert sich seine mechanische Stabilität. Außerdem kann seine Bewegung im Vergleich zum Betrieb bei Raumtemperatur eingeschränkt sein. Schließlich ist die Kryofixierung zwar eine schnelle Methode — sie dauert typischerweise nicht länger als ungefähr zehn Minuten —, doch liefert sie keine dauerhaften Präparate; einmal aus

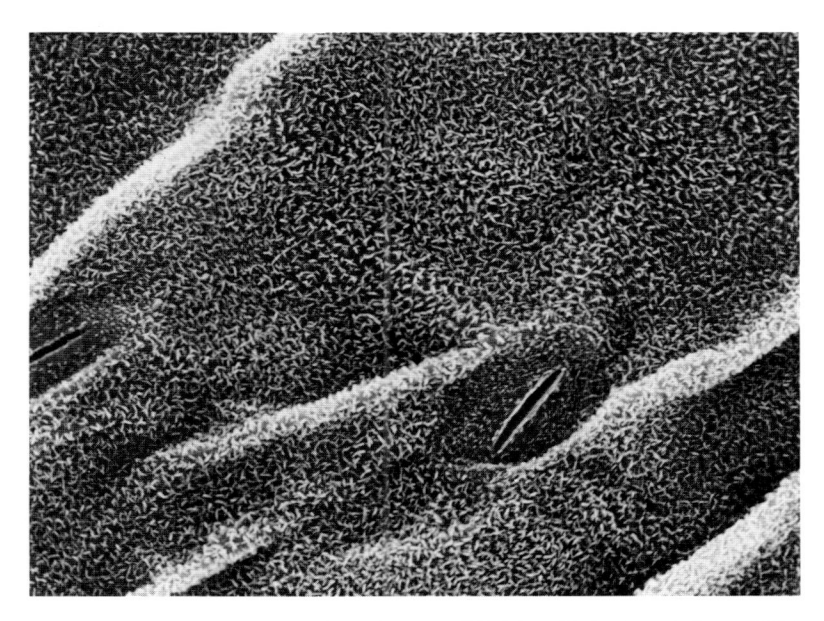

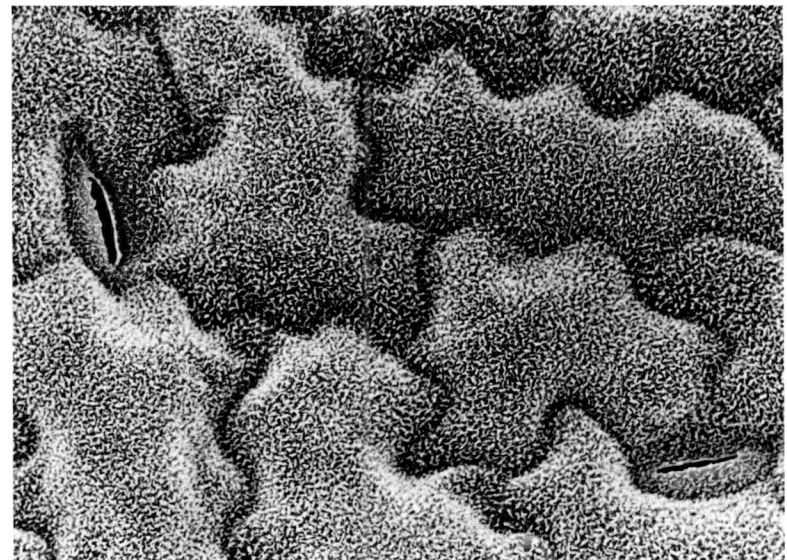

A.31 Diese beiden rasterelektronenmikroskopischen Photographien veranschaulichen die Auswirkung eines Hochvakuums auf ein biologisches Präparat. Jedes Bild zeigt die äußere Oberfläche eines Blatts der Gartenerbse *Pisum sativum*. Beim oberen Bild wurde das Blatt zunächst mit einer dünnen Goldschicht überzogen und dann bei Zimmertemperatur in das Mikroskop gebracht. Die Oberfläche erscheint gefaltet, und obwohl die Wachsschicht des Blatts zu sehen ist, gibt es doch keinerlei Hinweis auf die zelluläre Struktur der Epidermis. Das liegt daran, daß das Blattstückchen unter dem Einfluß des Hochvakuums im Inneren der Mikroskopkammer kollabiert und getrocknet ist. Das untere Bild, das ein Stück von demselben Blatt zeigt, entstand mit einem Instrument, das Präparate auf einer Temperatur von −190 Grad Celsius halten kann. Wieder ist die Wachsschicht des Blatts sichtbar, doch sind hier auch die Umrisse der Epidermiszellen klar zu sehen, da das Präparat nicht kollabiert und ausgetrocknet ist. Die kleinen Schlitze sind Spaltöffnungen. Diese Art von „Kryofixierung" ist die bevorzugte Präparationsmethode für fast alle Arten von biologischen Objekten. Beide Bilder sind 400fach vergrößert.

dem Mikroskop entfernt, haben sie keinen weiteren Nutzen mehr. Der große Vorteil der Kryoverfahren liegt darin, daß man das Objekt im vollhydratisierten Zustand und ohne vorherige chemische Extraktion untersuchen kann.

Werkstoffe und anorganische Objekte

Die Bedingungen, die ein Objekt für das TEM erfüllen muß — Widerstandsfähigkeit gegenüber dem Vakuum, Transparenz und geringe Größe —, gelten mit leicht veränderter Betonung auch für nichtbiologische Proben wie Minerale, Metalle, technische Bauteile, Kristalle, Stäube und Rauch sowie für eine Reihe von Materialien, die zwar biologischen Ursprungs, aber trotzdem kaum als lebendig anzusehen sind, beispielsweise Textilien, Papier und Bauholz. Solche Objekte müssen nicht gegen das Vakuum in der Mikroskopsäule stabilisiert werden, dafür kann bei ihnen das Problem der fehlenden Transparenz sehr viel mehr ins Gewicht fallen. Biologische Präparate bestehen im wesentlichen aus Atomen mit niedriger Ordnungszahl — Kohlenstoff, Sauerstoff, Stickstoff und Schwefel. Eine Metallegierung kann dagegen schwere Atome wie Blei, Wolfram, Nickel oder Uran enthalten. Wenn solche Präparate nicht wirklich außerordentlich dünn sind, streuen sie den Elektronenstrahl so stark, daß die Bildintensität sehr gering wird und die Effekte der chromatischen Aberration verstärkt auftreten. Die eingeschränkte Objektgröße schlägt sich vor allem in Form von Stichprobenfehlern nieder; anders ausgedrückt: Das kleine, als Probe ausgewählte Materialstückchen ist vielleicht nicht repräsentativ für das ganze Werkstück.

Ultradünne Präparate können auf mehrere Weisen hergestellt werden. Viele Metalle lassen sich im Vakuum in Form dünner Filme auf die Oberfläche eines geeigneten Substrats aufdampfen, das anschließend aufgelöst wird, so daß der Dünnfilm übrig bleibt. Mit einer ähnlichen Methode lassen sich auch Präparate von Metallverbindungen herstellen, vorausgesetzt, es stehen passende Lösungsmittel zur Verfügung. Ein Oxid kann man beispielsweise untersuchen, indem man zunächst die Oberfläche des Ausgangsmaterials oxidiert. Die Oxidschicht wird dann von dem darunterliegenden, nichtumgesetzten Material befreit, indem man das Metall mit einem Lösungsmittel auflöst, das nicht mit dem Oxid reagiert. Präparate dieses Typs dienen zur Untersuchung von Kristallstrukturen oder mechanischen und anderen Eigenschaften. Das Oberflächenrelief von Werkstoffen läßt sich auch mit Hilfe jener Abdrucktechniken untersuchen, die schon für biologische Präparate beschrieben wurden.

Breitere Anwendungsmöglichkeiten haben Methoden der Dünnschliffherstellung, die von einem großen Stück des jeweiligen Materials ausgehen und seine Dicke stufenweise verringern. Bei einem Draht aus legiertem Stahl stellt man beispielsweise als erstes ein Scheibchen von einer Größe her, die dem Objekthalter des Mikroskops entspricht (der gewöhnlich ein Zylinder mit drei Millimetern Durchmesser ist). Man erreicht dies entweder auf mechanische Weise (mit einer feinen Säge) oder chemisch mit Hilfe von Säure. Die weiteren Schritte sind nicht mehr mechanisch durchführbar. Bei einer chemischen Methode zur Verminderung der Dicke wird ein feiner Strahl eines Lösungsmittels auf die Mitte des Objekts gerichtet, bis ein Loch entsteht. Die Bereiche um das Loch sind dann genügend dünn für eine Untersuchung im TEM. Man kann eine Ausdünnung bis zu dem Punkt, an dem das Objekt durchlöchert wird, auch elektrolytisch erreichen, indem man das Objekt als Anode in eine elektrolytische Zelle bringt. Die Ränder der Probe können während des Ausdünnungsprozesses mit Lack geschützt werden, oder man begrenzt den Vorgang dadurch, daß man einen Elektrolytstrom genau auf die Mitte der Probe richtet. Schließlich kann man ein Objekt zur Ausdünnung auch bei geringem Druck mit energiereichen Ionen bombardieren. Bei diesem Verfahren bringt man das Präparat in eine Vakuumkammer und leitet ein Gas (gewöhnlich Argon) ein, das ionisiert, wenn im Inneren eine Hochspannungsentladung ausgelöst wird. Die Ionenstrahlausdünnung findet bei Metallen, Mineralen, Diamant, Graphitfasern und anderem Verwendung. Durch magnetisches Fokussieren der Ionen läßt sich die Ausdünnung auf einen bestimmten Objektbereich beschränken; andererseits kann die Probe auch so im Ionenstrahl gedreht werden, daß eine beidseitige Ausdünnung erfolgt.

Bei Materialien wie Textilfasern, Holz oder Asbest lassen sich dünne Präparate mit Schneidetechniken herstellen, wie sie schon für biologisches Material beschrieben wurden. Das Objekt muß vielleicht nur in ein Harz eingebettet werden, das sich für das Schneiden mit Diamantmessern eignet; chemische Fixierung und Entwässerung sind überflüssig. Viele Materialien lassen sich in Form feiner Fragmente untersuchen, die entweder mechanisch durch Mahlen der Originalprobe (Minerale, Gläser) oder chemisch durch Ausfällung erzeugt werden. Für letztere verwendet man Trägernetze, die zuvor mit einem dünnen Kohlefilm als Unterlage überzogen wurden. Bei gemahlenen Fragmenten sind nur die Ränder der einzelnen Partikel genügend dünn für eine Untersuchung im TEM.

Häufig ist das TEM für eine Materialuntersuchung ungeeignet. Fehlerhafte Maschinenteile, kriminaltechnische Proben und Industrieerzeugnisse, die einer Qualitätskontrolle unterzogen werden, muß man beispielsweise als Ganzes untersuchen, denn die Art der Information, die man sucht, läßt keine zerstörenden Präparationsmethoden zu. In solchen Fällen ist das REM das Instrument der Wahl. Die komplizierten Verfahren, mit denen biologische Objekte für das REM vorbereitet werden müssen, sind hier großenteils unnötig, da Stabilität gegenüber einem Hochvakuum und Leitfähigkeit oft schon natürliche Eigenschaften des fraglichen Materials sind. Metalle, Textilien, Maschinenteile und Mikrochips können ohne jede Präparation untersucht werden, wenn es auch in den meisten Fällen günstig ist, das Objekt mit Gold zu überziehen, um örtliche Aufladungseffekte zu verhindern. Wenn beste Ergebnisse angestrebt werden, können sogar metallische Objekte einen solchen Überzug nötig haben, da sie fast stets mit einer dünnen, schlecht leitenden Oxidschicht bedeckt sind.

Andere Arten von Mikroskopen

In diesem Abschnitt werden einige Spezialmikroskope beschrieben. Lichtmikroskop, TEM und REM sind in der wissenschaftlichen Welt überall anzutreffen und unentbehrlich. Die hier vorgestellten Mikroskope findet man dagegen wegen ihrer hohen Kosten oder ihrer spezialisierten Funktion vergleichsweise selten. Sie zeigen, auf welche Weise sich nicht nur Licht und Elektronen, sondern auch Schallwellen, Röntgenstrahlen und sogar das Verhalten von Atomen benutzen lassen, um vergrößerte Bilder von Objekten zu erzeugen.

Optische Rastermikroskopie

Die Idee, einen feinen Lichtstrahl zu benutzen, um ein Objekt abzutasten und ein vergrößertes Bild herzustellen, wurde erstmals 1951 mit dem „Flying-Spot"-Mikroskop in die Praxis umgesetzt. Seither haben Weiterentwicklungen in Konstruktion und Technologie zu einer beträchtlichen Verfeinerung des optischen Rastermikroskops geführt. Die modernen Instrumente sind „konfokal", das heißt, die Brennpunkte der Objektiv- und Kondensorlinsen liegen bei der Bilderzeugung in derselben Ebene. Dies verbessert das Auflösungsvermögen um den Faktor 1,4. Es gibt zwei Hauptvarianten der konfokalen Rastermikroskopie: Bei der einen wird Laserlicht, bei der anderen sichtbares oder ultraviolettes Licht verwendet.

Das Prinzip des Laserrastermikroskops (LRM) ist einfach. Ein Laserstrahl wird mit Hilfe der Objektivlinse zu einem sehr feinen Punkt gebündelt. In derselben Ebene liegt auch der Brennpunkt der Kondensorlinse. Der Laserstrahl durchläuft den Kondensor, der ihn auf eine feine Lochblende vor einem Photomultiplier fokussiert. Auf diese Weise erzeugt ein Lichtpunkt vom Präparat zu jedem Zeitpunkt einen Strom im Photomultiplier und dieser wiederum einen Lichtpunkt auf einem Fernsehschirm. Das Bild wird aufgebaut, indem der Laserstrahl das Objekt in einem Rastermuster abtastet. Dabei wird entweder der Licht-

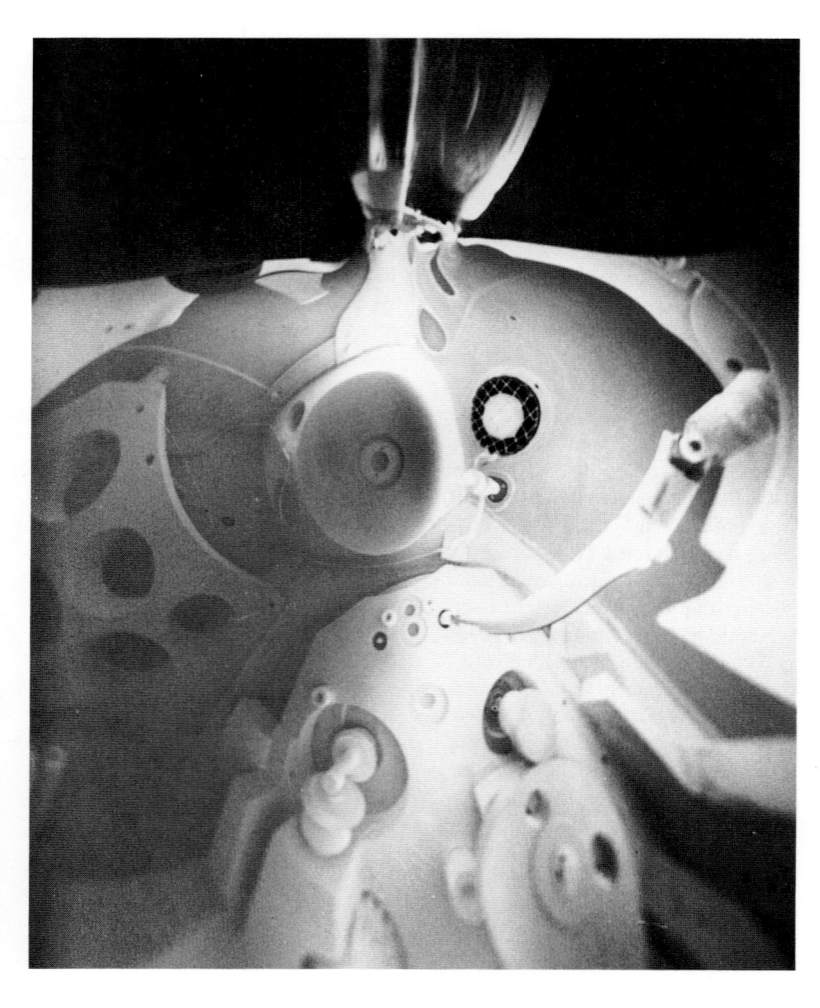

A.32 Dieses Bild ist ein Selbstportrait eines REM. Man benutzte dafür ein elektrisch isoliertes Präparat, von dem die primären Elektronen abprallten. Sie trafen dann auf die inneren Oberflächen der Objektkammer des Mikroskops und schlugen dort sekundäre Elektronen heraus. Diese wurden auf die übliche Weise von einem Detektor aufgefangen, so daß die Kammer ein Bild von sich selbst aufnahm. Das Photo gibt quasi wieder, wie ein Präparat auf dem Objekttisch das Mikroskop sehen würde. Die runde Struktur mit einem Loch in der Bildmitte ist die Endlinse des REM; aus dem Loch tritt der Elektronenstrahl aus. Rechts davon liegt hinter einem Gitter der Sekundärelektronendetektor. Das Getriebe, mit dem der Objekttisch bewegt wird, ist ganz unten zu sehen.

strahl selbst mit Hilfe genau gesteuerter Spiegel oder aber das Objekt auf einem mechanischen Tisch bewegt.

Dieser Aufbau verschafft dem Instrument zwei Vorteile gegenüber einem herkömmlichen Lichtmikroskop. Erstens erreicht es eine höhere Auflösung, weil es konfokal ist. Der zweite Vorteil beruht darauf, daß man Punkte fokussierten Lichts sowie einen Punktquellendetektor (die Lochblende) verwendet. Das Bild wird nur von dem Licht erzeugt, das den Detektor durchläuft, und dieses Licht kommt ausschließlich aus der genauen Brennebene im Objekt. In der Praxis bedeutet das, daß das Mikroskop einen äußerst engen Tiefenschärfebereich hat. Infolgedessen kann man mit fokussierenden Punktdetektors nur die scharfeingestellten Teile des Präparats überhaupt sichtbar. Betrachtet man mit dem Mikroskop beispielsweise die gekippte Oberfläche eines Mikrochips, so besteht das Bild lediglich aus einem schmalen Band, das dem scharfeingestellten Bereich des Präparats entspricht; der Rest ist schwarz. Wenn man bei der Untersuchung eines solchen gekippten Objekts die Brennebene des Mikroskops auf und ab verlagert, gibt das Endbild *jeden* Teil des Präparats scharf wieder. Das Mikroskop verfügt damit praktisch über eine unendliche Tiefenschärfe. Dies ist eine nützliche Eigenschaft, besonders weil sie ohne Verlust an Auflösungsvermögen erreicht wird. Der Nachteil des LRM besteht darin, daß das entstehende Bild aufgrund

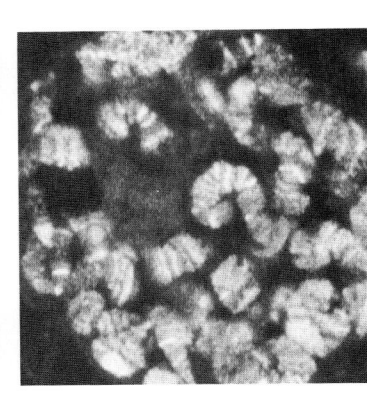

A.33 Allen konfokalen Rastermikroskopen ist gemeinsam, daß sie einen „optischen Schnitt" eines dickeren lichtdurchlässigen Präparats erzeugen können. Diese beiden Aufnahmen veranschaulichen den Effekt. Sie zeigen das gleiche Präparat — einen ganzen Zellkern aus einer Speicheldrüsenzelle einer *Drosophila*-Larve — und entstanden beide durch die Fluoreszenz eines Färbemittels, mit dem die DNA in den Chromosomen gefärbt worden war. Beim oberen Bild wurde diese Fluoreszenz auf die übliche Weise in einem Ultraviolettfluoreszenzmikroskop hervorgerufen. Es erscheint verschwommen, weil Licht von Bereichen oberhalb und unterhalb der Brennebene des Objektivs zum Bild beitrug und dessen Qualität minderte. In der unteren Aufnahme, die mit einem konfokalen Mikroskop gewonnen wurde, ist die Bildqualität deutlich höher, weil nur Licht aus der genauen Brennebene von Objektiv und Kondensor zum Bild beitrug. Infolgedessen kann man hier die Umrisse der Chromosomen und auch das Muster der Querbanden sehen, das sie der Länge nach überzieht. Die Fluoreszenz wurde hier mit einem Laserstrahl angeregt.

Bewegungen des Mikroskops nach unten oder oben eine Serie von optischen Schnitten durch das Präparat erhalten.

Noch bemerkenswerter ist der Effekt, wenn man Auflicht verwendet. Hier wirkt das Objektiv genau wie in einem herkömmlichen Fluoreszenzmikroskop als sein eigener Kondensor. Jedoch sind wegen des der Verwendung von monochromatischem Laserlicht keinerlei Farbinformation liefert.

Der zweite Typ von konfokalem Rastermikroskop, das sogenannte Tandemauflichtrastermikroskop (*tandem scanning reflected light microscope*, TSRLM), kann mit weißem oder ultraviolettem Licht eingesetzt werden. Das Licht durchläuft eine Metallplatte, in die Tausende winziger Löcher gebohrt sind. Sie haben einen Durchmesser von etwa 50 Mikrometern und sind in einer Reihe von Archimedischen Spiralen angeordnet. Zu jedem Zeitpunkt gelangt Licht aus mehreren hundert dieser Löcher in die Objektivlinse, die es in Form entsprechend vieler Lichtpunkte auf eine Ebene im Präparat richtet. Licht, das von dieser Ebene reflektiert wird, kehrt dann durch das Objektiv zurück und wird als Serie von Punkten auf die Unterseite der durchbohrten Platte fokussiert. Jeder dieser reflektierten Lichtpunkte entsteht genau dort, wo Löcher in der Platte sind. Das Okular befindet sich jenseits der Platte und ist auf diese scharfeingestellt. Die Rasterung kommt durch Drehen der Platte zustande. Mit dieser Methode erhält der Benutzer ein Echtzeitbild des Präparats — und in Farbe, falls weißes Licht verwendet wird.

Die Vorteile beider Mikroskope liegen in ihrem hohen Auflösungsvermögen und in der Fähigkeit, ein scharfes Bild von Ebenen im Inneren lichtdurchlässiger Objekte wie Zähnen oder Knochen zu erzeugen. Die Zukunft solcher Instrumente ist schwer abzuschätzen. Ein mögliches Einsatzgebiet wäre der Nachweis von Fälschungen, da man mit ihnen im Auflichtverfahren Schichten unter einer Glasur oder im Inneren von Objekten wie beispielsweise Geldscheinen untersuchen kann. Eine vergleichbare medizinische Anwendung wäre die Untersuchung von Schichten unter der Haut.

Hochspannungselektronenmikroskopie

Das Hochspannungselektronenmikroskop (HVEM, *high-voltage electron microscope*) unterscheidet sich vom herkömmlichen TEM in der Höhe der Beschleunigungsspannung, mit der die Elektronen durch die Säule und dann durch das Präparat getrieben werden. Bei einem TEM beträgt diese Spannung bis zu 100 Kilovolt, was für Dünnschnitte von biologischem Material und für Dünnschliffe metallischer Präparate ausreicht. Im HVEM werden dagegen Spannungen von bis zu drei Millionen Volt benutzt.

Das HVEM funktioniert nach denselben Prinzipien wie das normale TEM, doch aus dem Einsatz sehr hoher Spannungen ergeben sich mehrere praktische Unterschiede. Erstens ist das Instrument selbst sehr groß und teuer. Zur Erzeugung stabiler Spannungen in der Größenordnung von einer Million Volt braucht man großdimensionierte elektronische Bauteile. Außerdem stellt die hohe Energie der Elektronen eine Gefahr für den Mikroskopiker dar, weil Röntgenstrahlen aus dem Mikroskop austreten können; zum Schutz des Benutzers muß daher die Mikroskopsäule sehr viel besser abgeschirmt sein.

Der Hauptvorteil eines HVEM besteht in seinem wesentlich größeren Durchdringungs- und Auflösungsvermögen bei dicken Präparaten. Diese Überlegung stand im Hintergrund, als im Jahre 1952 in Manchester das erste HVEM mit 500 Kilovolt gebaut wurde — zu einer Zeit, in der weder die Mikrotome noch die Einbettungskunststoffe genügend weit entwickelt waren, um Dünnschnitte zu ermöglichen. Heute betrachtet man die Möglichkeit, dicke Schnitte zu untersuchen, eher als Vorteil, nicht nur als Lösung eines technischen Problems. So ist ein dicker Metallschliff mit höherer Wahrscheinlichkeit für eine große Probe repräsentativ, und ein dickes Schnittpräparat eines biologischen Objekts kann dreidimensionale Beziehungen zwischen Zellbestandteilen aufzeigen. Der Gewinn kann beachtlich sein; in einem Ein-Millionen-Volt-Gerät lassen sich biologische Materialien bis zu einem Mikrometer Dicke untersuchen — das ist 10- bis 15mal dicker als ein typisches Präparat für ein mit 60 Kilovolt betriebenes TEM.

Aus der Größe des HVEM ergibt sich als Nebeneffekt ein weiterer Vorteil. Der Raum im Inneren der Säule und besonders in der Nähe der Objektivlinse ist viel weniger beschränkt. Dies bedeutet, daß sich eine Vielzahl spezieller Objekttische einpassen läßt. Tische, mit denen man das Präparat erhitzen, kühlen oder bestimmten Belastungen unterwerfen kann, machen es möglich, die Auswirkungen solcher Behandlungen auf neue Materialien direkt zu beobachten. Die Durchdringungskraft der Elektronen ist so groß, daß man sogar Tische bauen kann, mit denen sich Präparate unter atmosphärischem Druck untersuchen lassen. Dazu schließt man das zu untersuchende Objekt in eine Zelle ein, die mit dünnen Aluminiumoxidfenstern versehen ist. Mit einer solchen Vorrichtung kann man den Ablauf chemischer Reaktionen — beispielsweise zwischen einer Legierung und ihrer gasförmigen Umgebung — direkt verfolgen.

Im Handel erhältliche HVEMs werden gewöhnlich mit einer Spannung zwischen 650 Kilovolt und 1,2 Megavolt betrieben. In Toulouse steht ein Gerät mit einer Beschleunigungsspannung von drei Megavolt. HVEMs sind so teuer, daß sie normalerweise von vielen Laboratorien einer Region gemeinschaftlich benutzt werden. Die allmähliche Anerkennung der Vorteile höherer Beschleunigungsspannungen, besonders in den Materialwissenschaften, hat zu einer Generation von TEMs geführt, die über der normalen 100-Kilovolt-Grenze betrieben werden können, jedoch nicht die untere Grenze des HVEM-Bereichs erreichen. Das hauptsächliche Anwendungsgebiet dieser Mikroskope geht aus ihrem allgemeinen Namen hervor — Hochauflösungselektronenmikroskop (HREM, *high resolution electron microscope*) —, und man kann annehmen, daß sie in den kommenden Jahren verbreitet Anwendung finden werden. Das HVEM wird dagegen wahrscheinlich eine Rarität für Spezialisten bleiben.

A.34 Das 1,5-Megavolt-HVEM am Lawrence Berkeley Laboratory der University of California. Auf den ersten Blick sieht es wie ein gewöhnliches TEM aus, doch die Säule des Instruments liegt in einem dreistöckigen „Silo"; nur ihr unterster Teil ist in dieser Photographie zu sehen.

Rastertransmissionselektronenmikroskopie

Beim herkömmlichen TEM hängt die Bildqualität überwiegend von zwei einander widersprechenden Größen ab — der Auflösung und dem Kontrast. Die Auflösung wird besser, wenn man hohe Beschleunigungsspannungen und sehr dünne Präparate verwendet, doch sowohl die hohe Spannung als auch die Dünnheit des Schnitts verringern den Bildkontrast. Beim REM ist der Kontrast dagegen eine elektronische Funktion, die vom Mikroskopiker bestimmt wird, und die Auflösung, die durch Konstruktionsparameter des Mikroskops festgelegt ist, wird nicht durch ein bilderzeugendes Linsensystem beeinträchtigt. Demnach sollte ein Mikroskop, das die Dünnschnitte des TEM mit dem Rasterprinzip des REM kombiniert, das hohe Auflösungsvermögen des ersteren mit den Kontrasteigenschaften und dem Fehlen von Linsenaberrationen beim letzteren zusammenbringen. Dieser Typ von Mikroskop ist als Rastertransmissionselektronenmikroskop oder STEM (*scanning transmission electron microscope*) bekannt.

Das erste STEM wurde 1966 von dem Amerikaner Albert Crewe gebaut. Das wesentliche Konstruktionsmerkmal des Geräts war der Einsatz einer sogenannten Feldemissionskathode zur Elektronenstrahlerzeugung. In einem herkömmlichen REM besteht die Elektronenstrahlquelle aus einem Wolframfaden, von dem die Elektronen durch Erhitzen „weggekocht" werden. Die Feldemissionskathode besitzt dagegen einen scharf zugespitzten Wolframkristall in einem sehr starken elektrischen Feld. Das Feld zieht die Elektronen aus der Oberfläche des Kristalls, ohne daß ein Erhitzen notwendig ist. Der so entstehende Elektronenstrahl ist äußerst intensiv, und weil der Kristall eine Quelle mit einem sehr kleinen Durchmesser darstellt, ist er auch extrem fein — eine Grundbedingung für eine hohe Auflösung.

Die Feldemissionskathode arbeitet nur, wenn sich der Wolframkristall in einem wirklich extremen Hochvakuum befindet, das in der Größenordnung von 10^{-10} Torr liegen muß. Die Erzeugung eines solchen Vakuums ist mit hohen Kosten verbunden, und hierin liegt der Hauptgrund, warum Feldemissionskathoden nicht routinemäßig in REMs eingesetzt werden, obwohl sie ein mit weniger „Rauschen" behaftetes und besser aufgelöstes Bild liefern.

Der Elektronenstrahl aus der Feldemissionskathode wird durch das Linsensystem des Mikroskops auf einen Durchmesser von nur 0,3 Nanometern gebündelt und im gleichen Rastermuster wie bei einem REM über das Präparat bewegt. Weil das STEM-Präparat aber ein Dünnschnitt ist, werden die bilderzeugenden Elektronen gesammelt, nachdem sie das Präparat durchlaufen haben. Von diesen „durchgelassenen" Elektronen gibt es zwei Typen, elastisch

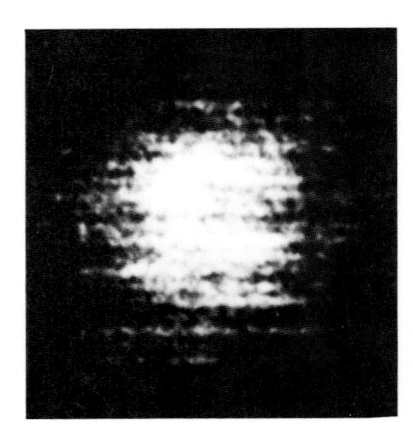

A.35 Dieses verschwommene Gebilde ist ein einzelnes Goldatom. Das Bild wurde mit einem STEM erzeugt und zeigt das Atom in 90millionenfacher Vergrößerung.

gestreute und inelastisch gestreute; das Bild kann mit beiden erzeugt werden. Die elastisch gestreuten Elektronen haben im allgemeinen eine größere Ablenkung erfahren als die inelastisch gestreuten; deshalb sammelt ein hinter dem Präparat angebrachter ringförmiger Detektor bevorzugt die elastisch gestreuten Elektronen. Der durch die Mitte des Rings laufende Teil des Strahls besteht überwiegend aus inelastisch gestreuten Elektronen, und diese können getrennt gesammelt werden.

Als Ausgangssignal liefert ein STEM somit eine Folge von Spannungen aus jedem der beiden Detektoren. Kombiniert ergeben diese Signale ein sehr kontrastreiches und gleichzeitig hochaufgelöstes Bild. Und weil das Verhältnis der Signale aus den beiden Detektoren von der Ordnungszahl der Elemente abhängt, auf die der Elektronenstrahl trifft, wenn er das Präparat durchdringt, kann man das Instrument auch für analytische Untersuchungen einsetzen. Das STEM erfordert eine sorgfältige Kontrolle der Arbeitsbedingungen und eine komplexe Auswertung der Endausgangssignale. Es wird fast nur in Laboratorien der Materialwissenschaften eingesetzt.

Akustische Mikroskopie (Ultraschallmikroskopie)

Schall, der vom menschlichen Ohr wahrgenommen werden kann, hat eine sehr lange Wellenlänge. Beim mittleren C sind die Gipfel der Druckwellen beispielsweise 75 Zentimeter voneinander entfernt. Derartige Wellen lassen sich nicht zur Bilderzeugung in einem Mikroskop verwenden. Jedoch hängt die Wellenlänge des Schalls von seiner Frequenz und auch von seiner Geschwindigkeit ab (die wiederum von dem Medium abhängig ist, in welchem die Schallwelle sich fortpflanzt). Bei einer Frequenz von drei Gigahertz (3×10^9 Schwingungen pro Sekunde) beträgt die Wellenlänge von Schall in Wasser nur 0,5 Mikrometer. Das entspricht ungefähr der Wellenlänge von grünem Licht, wie erstmals 1949 der Russe D. J. Sokolow erkannte. Damit war der Weg frei für den Entwurf eines Mikroskops, das Schallwellen als bilderzeugende „Strahlung" verwendet; doch erst 1973 wurde an der Stanford University von einem Team unter der Leitung von Calvin Quate das erste akustische Mikroskop gebaut.

Der grundlegende Bestandteil eines akustischen Mikroskops ist eine Linse aus Saphir. Sie ist auf einer Seite flach und besitzt auf der anderen Seite eine kugelförmige Vertiefung. Eine Schicht aus piezoelektrischem Material zwischen zwei Goldelektroden ist mit der flachen Seite verkittet. Wenn man zwischen den Elektroden eine hochfrequente Spannung anlegt, vibriert das piezoelektrische Material (beispielsweise Zinkoxid) mechanisch mit derselben Frequenz und sendet eine Schallwelle durch den Saphir. Wenn diese an der anderen Seite der Linse durch die kugelförmige Kalotte austritt, wird sie zu einem feinen Punkt mit einem Durchmesser von etwa 0,5 Mikrometern gebündelt. Der Punkt tastet das Präparat in einem Rastermuster ab – was man gewöhnlich durch genau gesteuerte Bewegungen des Präparats selbst erreicht.

Während der Rasterung reflektiert das Präparat zu jedem Zeitpunkt den akustischen Impuls in den Saphir zurück, wo er die piezoelektrische Schicht durchläuft und einen Spannungsimpuls zwischen den Goldelektroden hervorruft. Mit diesem Spannungsimpuls wird dann ein Lichtpunkt auf einem Fernsehschirm erzeugt. Wie beim REM hängt die Bildvergrößerung vom Verhältnis der Größe des abgetasteten Objektbereichs zur Bildschirmgröße ab.

Das Bild entsteht durch Reflexion von Schallwellen, und diese können – anders als Licht – ein optisch undurchsichtiges Präparat durchdringen. Wenn der fein fokussierte Punkt so eingestellt ist, daß er die Präparatoberfläche abtastet, erhält man ein Bild dieser Oberfläche; wenn er jedoch auf eine Ebene im Inneren des Präparats gerichtet wird, entsteht ein Bild dieser inneren Ebene. Diese Fähigkeit verschaffte dem akustischen Mikroskop einen wichtigen Anwendungsbereich in der Halbleiterindustrie, weil man mit ihm die verschiedenen Schichten in einem Mikrochip untersuchen kann, ohne ihn zerstören zu müssen.

Im Handel erhältliche akustische Mikroskope verwenden Wasser mit Zimmertemperatur als Ankopplungsmedium zwischen Saphir und Präparat. Das damit erzielte Auflösungsvermögen entspricht etwa dem eines normalen Lichtmikroskops. Eine höhere Auflösung – bis hinunter zu 0,1 Mikrometern – hat man mit Forschungsmodellen erreicht, die flüssiges Helium oder Xenongas unter hohem Druck als Ankopplungsmedium verwenden, doch vermutlich wird keines dieser Modelle je kommerziell hergestellt werden.

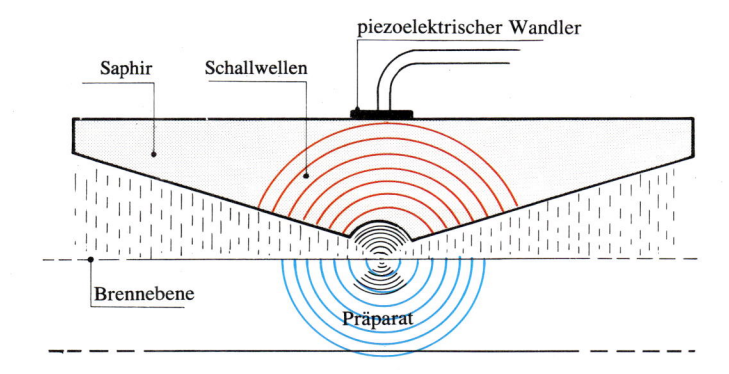

A.36 Eine akustische Linse besteht aus einem Saphirstück, in das auf einer Seite eine kugelförmige Vertiefung eingeschliffen ist. Auf der anderen Seite ist ein piezoelektrischer Signalumwandler befestigt, der eine mechanische Welle im Saphir aufbaut, wenn er elektrisch erregt wird. Wellen, die den Saphir durch die kugelförmige Vertiefung verlassen, werden gebrochen und laufen zu einem feinen Strahlungspunkt zusammen, mit dem sich jede beliebige Ebene im Präparat oder an seiner Oberfläche abtasten läßt.

Photoemissionselektronenmikroskopie

Bei jedem Mikroskop entsteht der Bildkontrast als Folge einer Wechselwirkung zwischen dem Präparat und der bilderzeugenden Strahlung. Manchmal ist diese Wechselwirkung komplex; beim REM beispielsweise ruft der Strahl Sekundärelektronen, reflektierte Rückstreuelektronen und Röntgenstrahlen hervor. In seltenen Fällen wird beim Auftreffen eines Elektrons auf das Präparat Licht emittiert – dies ist die sogenannte Kathodolumineszenz. Auch der umgekehrte Fall – nämlich die Emission von Elektronen, wenn Licht auf das Präparat auftrifft – kann eintreten, und auf diesem Effekt beruht das Photoemissionselektronenmikroskop.

Das Instrument läßt sich mit einem Ultraviolettfluoreszenzmikroskop vergleichen. In beiden wird das Präparat mit intensivem ultravioletten Licht bestrahlt. Beim Fluoreszenzmikroskop wird der Strahl absorbiert und die Energie als sichtbares Licht wieder abgegeben. Beim Photoemissionselektronenmikroskop erfolgt die erneute Emission dagegen in Form von Elektronen. Das Präparat wird unter einem hohen negativen Potential gehalten; dies treibt die Elektronen durch eine Reihe von elektromagnetischen Linsen. Das Bild entsteht schließlich auf dieselbe Weise wie bei einem TEM auf einem fluoreszierenden Leuchtschirm.

Die Photoemissionselektronenmikroskopie ist in der Biologie als Hochauflösungsmethode zur genauen Lokalisierung unterschiedlicher Moleküle in einer organischen Struktur sehr vielversprechend. Zwar lassen sich solche Untersuchungen auch mit einem gewöhnlichen Ultraviolettfluoreszenzmikroskop durchführen, doch besitzt das Photoemissionselektronenmikroskop ein zehnfach besseres Auflösungsvermögen (10 bis 20 Nanometer). Damit ist natürlich die maximale Auflösung eines TEM noch nicht erreicht, aber das Photoemissionselektronenmikroskop besitzt den Vorteil, daß man mit ihm ganze Zellen untersuchen kann, während beim TEM stets Dünnschnitte erforderlich sind.

Die ersten mit einem solchen Mikroskop erzeugten Bilder von biologischen Präparaten stammen aus dem Jahre 1972. Mit den Fortschritten in der Anwendung monoklonaler Antikörper zur Markierung bestimmter Moleküle wird sich das Photoemissionselektronenmikroskop in Zukunft wahrscheinlich noch stärker durchsetzen.

Röntgenmikroskopie

Röntgenstrahlen sind sehr kurzwellig — ihre Wellenlänge liegt im Bereich zwischen 0,1 Nanometern („harte" Röntgenstrahlen) und 10 Nanometern („weiche" Röntgenstrahlen) —, doch sie besitzen zwei Eigenschaften, die es schwierig machen, ein Röntgenmikroskop zu entwerfen. Erstens hat der Brechungsindex aller Materialien für Röntgenstrahlen ungefähr den Wert 1; das bedeutet, daß eine Linse, wie auch immer sie gewölbt sein mag, Röntgenstrahlen nicht in einem vernünftigen Abstand in einem Brennpunkt vereinigen kann. Zweitens tragen Röntgenstrahlen keine elektrische Ladung und können deshalb nicht mit Hilfe magnetischer oder elektrostatischer Linsen fokussiert werden. Diese Schwierigkeiten hat man mit drei verschiedenen Methoden überwunden.

Das einfachste Verfahren, das man als Kontaktmikroradiographie bezeichnet, wurde schon 1896 erfunden. Man bringt das Objekt mit einer photographischen Platte in Kontakt und setzt beide gemeinsam der Röntgenstrahlung aus. Auf der photographischen Platte entsteht dann ein lebensgroßes Bild des Objekts, das zum „Präparat" in einem Lichtmikroskop wird. Die leistungsstärksten derartigen Techniken erreichen eine Auflösung von ungefähr 0,5 Mikrometern.

Bei der sogenannten Punktprojektionsmikroskopie wird das Objekt nahe an eine punktförmige Röntgenstrahlquelle gebracht. Die Strahlung erzeugt man, indem man ein kleines Stück eines „Zielmaterials" wie Kupfer oder Aluminium bestrahlt. Die Röntgenstrahlen treten in geraden Linien aus der Punktquelle aus, durchdringen das Objekt und belichten in einiger Entfernung einen photographischen Film. Die Vergrößerung hängt von den relativen Entfernungen zwischen Strahlungsquelle, Objekt und Film ab. Alle Ebenen im Objekt sind im Fokus. Ein typisches Anwendungsgebiet dieser Methode ist die Untersuchung des Gefäßsystems in einem Gewebe oder Organ. Der Bildkontrast kann durch die Injektion von Schwermetallsalzen in den Blutstrom erhöht werden.

Zwei technische Errungenschaften haben das Interesse an der Röntgenmikroskopie neu belebt. Erstens stehen heute sehr intensive Röntgenstrahlen zur Verfügung, die in Synchrotronen oder durch Bestrahlung eines Zielmaterials mit Laserlicht erzeugt werden. Die Intensität der mit gepulsten Lasern gewonnenen Strahlen ist so hoch, daß man ein Bild im Zeitraum von nur 100 Picosekunden (10^{-12} Sekunden) aufzeichnen kann. Wenn man hochintensive Quellen verwendet, ist es außerdem möglich, die photographischen Filme oder Platten durch einen als Photolack oder „Resist" bezeichneten Kunststoffilm zu ersetzen, der keine Körnung aufweist. Das im Inneren dieses Films entstehende Bild kann mit einem TEM untersucht werden. Dies verbessert das Auflösungsvermögen der Kontaktmikroradiographie um rund 100 Nanometer.

Die zweite technische Neuerung sind Fresnel-Zonenplatten zur Fokussierung von Röntgenstrahlen. (Die im Prinzip ähnlich arbeitenden Fresnel-Linsen sind altbekannte optische Komponenten, die beispielsweise im Sucher vieler Photoapparate und in Rückspiegeln öffentlicher Verkehrsmittel Verwendung finden.) Fresnel-Zonenplatten brechen Strahlen beim Durchgang durch ein Muster von eng zusammenstehenden Linien. Für Röntgenstrahlen sind diese Linien nur 100 Nanometer voneinander entfernt, und die Zonenplatten müssen mit Hilfe eines Elektronenmikroskops hergestellt werden.

Das Röntgenmikroskop, das auf der Anwendung von Zonenplatten beruht, ist ein Rasterinstrument. Die Zonenplatte bündelt einen intensiven Röntgenstrahl auf einen Punkt, und das Präparat wird genau wie beim akustischen Mikroskop in einem Rastermuster an diesem Punkt entlanggeführt. Die hindurchtretenden Röntgenstrahlen treffen auf einen Detektor, dessen Ausgangssignal auf einen Fernsehschirm übertragen wird. Die Grenze des Auflösungsvermögens hängt davon ab, wie exakt sich das Präparat bewegen läßt. Bisherige Ergebnisse zeigen, daß Auflösungen im Bereich von 50 bis 200 Nanometern möglich sind. Mikroskope, die mit hochintensiven Strahlenquellen arbeiten, werden wegen der mit der Quelle selbst verbundenen aufwendigen Technik nie allgemein verfügbar sein. Doch abgesehen von dieser Einschränkung könnte die Röntgenmikroskopie einer faszinierenden Zukunft entgegengehen. Besonders vielversprechend ist ihre Fähigkeit, ein Bild in einer sehr kurzen Zeitspanne aufzuzeichnen, denn dies bedeutet, daß es möglich sein müßte, dynamische

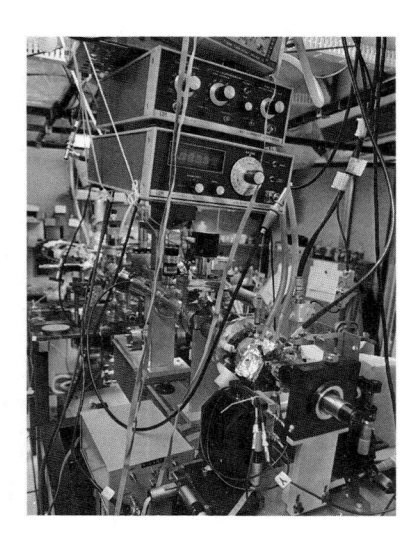

A.37 Das Rasterröntgenmikroskop am Brookhaven National Laboratory in Long Island (USA). Benutzerfreundlichkeit spielt bei der Entwicklung neuer Mikroskoparten eine untergeordnete Rolle.

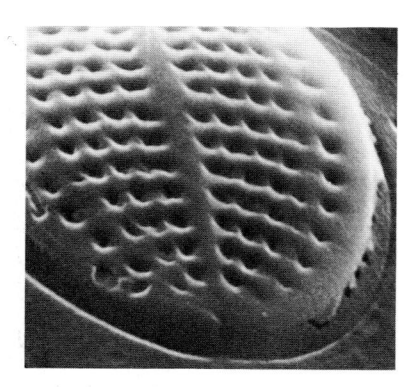

A.38 Ein Bild einer Kieselalge, das mit einem Röntgenmikroskop aufgenommen wurde. Trotz der hochentwickelten Technologien unserer Tage sind Kieselalgen immer noch bevorzugte Testobjekte für die Mikroskopie. Das Röntgenbild ist realistisch dreidimensional, doch liegt das Auflösungsvermögen bei den derzeitigen Versionen des Mikroskops kaum höher als bei einem durchschnittlichen Lichtmikroskop.

biologische Prozesse wie etwa die Verdichtung von Chromosomen und ihre Bewegung während der Zellteilung zu untersuchen. Die Durchdringungskraft von Röntgenstrahlen sollte es andererseits ermöglichen, innere Defekte von Kristallen und Vorgänge wie das Abbinden von Klebstoffen zu erforschen.

Rastertunnelmikroskopie

Ein großer Teil der wissenschaftlichen Forschung befaßt sich mit der Natur von Oberflächen. Das bekannteste Beispiel liefert die Halbleiterindustrie. Mikrochips bestehen aus sehr dünnen, übereinanderliegenden Schichten. Bei solchen Schichten sind hauptsächlich Oberflächencharakteristika und weniger die allgemeinen Eigenschaften des Grundmaterials von Bedeutung. In ähnlicher Weise hängen die Eigenschaften biologischer Membranen in erster Linie von molekularen Wechselwirkungen an ihrer Oberfläche und nicht von ihrer allgemeinen Zusammensetzung ab. Das REM erzeugt zwar Bilder von Oberflächen, doch sein Auflösungsvermögen ist beschränkt. Durch das Rastertunnelmikroskop wird diese Begrenzung überwunden.

Sein Funktionsprinzip gründet sich auf die Quantenmechanik. Bei jeder Substanz besteht nahe an der Oberfläche eine erhöhte Wahrscheinlichkeit, daß Elektronen der Oberflächenatome sich außerhalb ihrer üblichen Umlaufbahnen bewegen. Man kann die Oberfläche eines Materials als mit einer dünnen Elektronenwolke bedeckt ansehen, deren Dicke und Eigenschaften von der Anordnung der Oberflächenatome abhängen. Das Rastertunnelmikroskop untersucht diese Wolke.

Eine Nadel mit feiner Spitze (die ihre eigene Elektronenwolke hat) wird sehr nahe an die zu untersuchende Oberfläche gebracht. Wenn man zwischen Nadel und Objektoberfläche eine Spannung anlegt, „springt" ab einer gewissen Annäherung ein elektrischer Strom über die Lücke. Dies ist der sogenannte Tunnelstrom. Seine Stärke hängt auf höchst empfindliche Weise von der Breite der Lücke ab; vergrößert man den Abstand um den Durchmesser nur eines einzigen Atoms, so nimmt der Tunnelstrom um den Faktor 1000 ab.

Die Nadel ist mit einem Rückkopplungselement verbunden, das ihre senkrechte Bewegung so genau steuert, daß der Strom konstant bleibt. Wenn der Strom abfällt, nähert sich die Nadel der Oberfläche; nimmt er zu, entfernt sie sich. Die Auf- und Abbewegung wird durch Änderung

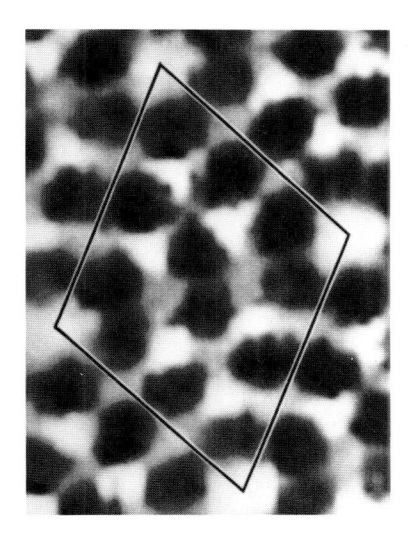

A.39 Dieses Bild wurde mit einem Rastertunnelmikroskop aufgenommen. Es zeigt die Lage der Atome in einem Siliciumkristall. Jedes schwarze Gebilde stellt ein einzelnes Siliciumatom dar, und die verschwommenen grauen Bereiche zwischen benachbarten Atomen geben die Positionen der Elektronenbindungen wieder, welche die Kristallstruktur zusammenhalten. Das Objekt ist 90millionenfach vergrößert.

der Spannung in einem piezoelektrischen Kristall erzeugt, und die Änderungen dieser Spannung sind es, die man zur Bilderzeugung auf dem Schirm des Mikroskops verwendet. Ähnliche Kristalle sorgen für die waagerechten Rasterbewegungen über die Präparatoberfläche.

Das Bild erscheint als dreidimensionale Zeichnung aus einzelnen Linien auf einem Computerbildschirm. In senkrechter Richtung kann das Auflösungsvermögen 0,01 Nanometer erreichen. Die Auflösung in waagerechter Richtung ist durch die Größe der Nadelspitze begrenzt; unter Idealbedingungen kann sie 0,2 Nanometer betragen. Weil der von der Nadel abgetastete Bereich sehr klein ist, sind Bilder mit bis zu 100millionenfacher Vergrößerung möglich.

Das Rastertunnelmikroskop ist gegenwärtig ein reines Forschungsinstrument. Man hat es zur Untersuchung der Oberfläche von Materialien wie Silicium verwendet und Bilder der Adsorption von Gasen auf Metallen mit atomarer Auflösung erstellt. Nadel und Präparat können mit einer Schicht sehr reinen Wassers verbunden werden, und somit besteht keine grundsätzliche Schwierigkeit, auch hydratisierte biologische Präparate zu untersuchen.

Mikroskopie der Zukunft

Dieser Überblick über neuartige Mikroskoptypen ist keineswegs erschöpfend. Sie alle stellen Spezialisierungen dar, und man hätte noch viele andere Typen vorstellen können. Beispielsweise sind Halbleitermaterialien für Infrarotstrahlen durchlässig, und so wurde — unweigerlich — auch ein Infrarotmikroskop entwickelt. Die Frage ist, ob die Laboratorien und Fabriken der Zukunft voll von anspruchsvollen Instrumenten dieser Art sein werden, oder ob die Situation ungefähr so bleiben wird wie heute — mit dem Lichtmikroskop in seinen verschiedenen Formen sowie TEM und REM als vorherrschenden Mikroskoptypen.

Wenn man diese Frage diskutiert, ist es wichtig, sich klar zu machen, daß es in der Mikroskopie nicht nur um Mikroskope geht. Ebenso bedeutsam sind Präparationsmethoden und in zunehmendem Maße auch Techniken zur Informationsgewinnung aus dem Mikroskopbild. Im großen und ganzen kann man sagen, daß die praktischen Grenzen eines bestimmten Mikroskops zu einer gegebenen Zeit immer im untersuchten Objekt und nicht im Instrument begründet sind. Eine Ausnahme bilden nur die Frühstadien der Entwicklung eines neuen Modells. Die Mikroskopie befindet sich daher stets in einer Lage, in der die vorhandenen Instrumente für die weitaus meisten Zwecke mehr als angemessen sind. Sehr wenige praktisch tätige Mikroskopiker verbringen ihre Tage damit, die Unzulänglichkeit ihrer Geräte zu beklagen; statt dessen versuchen sie ständig, bessere Präparationsmethoden zu entwickeln.

Im Hauptstrom der Mikroskopie kommen Neuerungen daher meist direkt von den großen Herstellern, die sich zum einen als innovativ erweisen wollen (eine lange Tradition in der Mikroskopie) und zum anderen bemüht sind, Gewinne oder Marktanteile zu erhöhen. Solche Neuerungen sehen paradoxerweise oft recht konservativ aus: eine Steigerung der numerischen Apertur hier, eine bessere Korrektur der Bildfeldwölbung da. Revolutionäre Veränderungen gehen dagegen häufig von einzelnen Wissenschaftlern oder Gruppen aus, die eine theoretische Möglichkeit erkennen und sich daranmachen, sie in einen funktionierenden Entwurf umzusetzen. Vielleicht nach Jahren ist dann ein neuer Mikroskoptyp entwickelt, und wenn seine Anwendungsmöglichkeiten groß genug sind, werden kommerzielle Hersteller ihn in ihr Programm aufnehmen.

Bei der Gewinnung von Informationen aus mikroskopischen Bildern werden zweifellos Computertechniken immer mehr an Bedeutung gewinnen, denn inzwischen stehen große Computer mit beachtlichen Bildspeicherkapazitäten zur Verfügung. Die Fähigkeit eines Computers, Bilder zu verarbeiten, ist außerordentlich groß, vorausgesetzt, sie werden ihm in passender Weise dargeboten. Bei Rastermikroskopen kann man das Ausgangssignal direkt in den Computer einspeisen, doch bei Instrumenten mit einem kontinuierlich sichtbaren Bild wie dem Lichtmikroskop oder dem TEM muß das Bild zuerst mit Hilfe einer Videokamera in eine digitale Form übertragen werden.

Heute angewandte oder in Entwicklung stehende Programme erlauben nicht nur die Erzeugung künstlich gefärbter Bilder, die den Effekt kleiner Kontraständerungen verstärken, sondern ermöglichen es auch, aufeinanderfolgende Teilbilder zu mitteln, was zu einer bedeutenden Verbesserung des Signal-Rausch-Verhältnisses führt. Letzteres ist von großer Bedeutung, denn wenn sich das Ausmaß des Rauschens in einem Bild kontrollieren läßt, bedeutet dies in der Praxis, daß man die effektive Empfindlichkeit eines Mikroskops beinahe nach Wunsch erhöhen kann. In der Biologie sollte es mit Hilfe der Fluoreszenzmikroskopie beispielsweise möglich werden, die extrem schwache Fluoreszenz, die durch das Vorhandensein seltener Molekülarten entsteht, aufzuspüren.

Bildnachweise

Die meisten der in diesem Buch veröffentlichten Photographien und sonstigen Illustrationen sind erhältlich bei:

Science Photo Library (SPL)
2 Blenheim Crescent
London W11 1NN
(Telefon: 01-727-4712)

1.1 –1.4	Tony Brain/SPL.
1.5	David Leah/SPL.
1.6	Biophoto Associates.
1.7 –1.8	Jeremy Burgess/SPL.
1.9	Manfred Kage/SPL.
2.1	Manfred Kage/SPL.
2.2	Aus Kessel, R. G.; Kardon, R. H. *Tissues and Organs: A Text-Atlas of Scanning Electron Microscopy*. Copyright © 1979 bei W. H. Freeman. Genehmigter Abdruck.
2.3	Manfred Kage/SPL.
2.4	Biophoto Associates.
2.5	Tony Brain/SPL.
2.6	G. Schatten/SPL.
2.7	David Scharf/SPL.
2.8	Aus Kessel, R. G.; Kardon, R. H. *Tissues and Organs: A Text-Atlas of Scanning Electron Microscopy*. Copyright © 1979 bei W. H. Freeman. Genehmigter Abdruck.
2.9 –2.10	CNRI/SPL.
2.11	Manfred Kage/SPL.
2.12 –2.13	G. Bredberg/SPL.
2.14	Sinclair Stammers/SPL.
2.15	M. I. Walker/Science Source/SPL.
2.16	Omikron/Science Source/SPL.
2.17	Biophoto Associates.
2.18	Manfred Kage/SPL.
2.19	Biophoto Associates.
2.20	Manfred Kage/SPL.
2.21	D. Jacobowitz/SPL.
2.22	Manfred Kage/SPL.
2.23	CNRI/SPL.
2.24	Eric Gravé/SPL.
2.25	Don Fawcett/Science Source/SPL.
2.26	Michael Abbey/Science Source/SPL.
2.27	M. I. Walker/Science Source/SPL.
2.28	Don Fawcett/Science Source/SPL.
2.29	Kevin Fitzpatrick, Guy's Hospital Medical School/SPL.
2.30	Eric Gravé/SPL.
2.31	Biophoto Associates.
2.32	CNRI/SPL.
2.33	Tony Brain/SPL.
2.34	CNRI/SPL.
2.35	Biophoto Associates.
2.36	Eric Gravé/SPL.
2.37	J. Gennaro/Science Source/SPL.
2.38	CNRI/SPL.
2.39	J. James/SPL.
2.40	Eric Gravé/SPL.
2.41	Tony Brain/SPL.
2.42	ASA Thorensen/Science Source/SPL.
2.43	CNRI/SPL.
2.44 –2.45	Aus Bessis, M. *Corpuscles: Atlas of Red Blood Cell Shapes*. Berlin/Heidelberg/New York/Tokyo (Springer) 1974.
2.46	A. R. Lawton/SPL.
2.47	W. Villiger, Biozentrum/SPL.
2.48	A. Liepins/SPL.
2.49 –2.50	Jeremy Burgess/SPL.
2.51	Biophoto Associates.
–2.52	
2.53 –2.54	Jeremy Burgess/SPL.
3.1	David Scharf/SPL.
3.2 –3.3	Eric Gravé/SPL.
3.4	Biophoto Associates.
3.5	Biology Media/Science Source/SPL.
3.6	John Walsh/SPL.
3.7 –3.10	Biophoto Associates.
3.11	Cath Wadforth, University of Hull/SPL.
3.12 –3.13	Kevin Fitzpatrick, Guy's Hospital Medical School/SPL.
3.14 –3.16	Sinclair Stammers/SPL.
3.17 –3.20	John Walsh/SPL.
3.21	Jeremy Burgess/SPL.
3.22	David Scharf/SPL.
3.23	Biophoto Associates.
3.24	Cath Wadforth, University of Hull/SPL.
3.25	Tony Brain/SPL.
3.26	Biophoto Associates.
3.27 –3.30	David Scharf/SPL.
3.31 –3.32	Jeremy Burgess/SPL.
3.33	John Walsh/SPL.
3.34 –3.38	Jeremy Burgess/SPL.
3.39	David Scharf/SPL.
3.40	John Walsh/SPL.
4.1 –4.3	Jeremy Burgess/SPL.
4.4	Patrick Lynch/Science Source/SPL.
4.5	Chuck Brown/Science Source/SPL.
4.6	Jeremy Burgess/SPL.
4.7 –4.8	James Bell/SPL.
4.9	Jeremy Burgess/SPL.
4.10	M. I. Walker/Science Source/SPL.
4.11 –4.12	Jeremy Burgess/SPL.
4.13	James Bell/SPL.
4.14	David Scharf/SPL.
4.15 –4.22	Jeremy Burgess/SPL.
4.23	M. I. Walker/Science Source/SPL.
4.24 –4.26	Jeremy Burgess/SPL.
4.27 –4.28	David Scharf/SPL.
4.29	Tony Brain/SPL.
4.30	Jeremy Burgess/SPL.
4.31	R. E. Litchfield/SPL.
4.32 –4.33	Jeremy Burgess/SPL.
4.34	R. E. Litchfield/SPL.
4.35	Jeremy Burgess/SPL.
4.36	Gene Cox/SPL.
4.37 –4.40	Jeremy Burgess/SPL.
4.41	Biophoto Associates.
5.1	Tektoff-RM, CNRI/SPL.
5.2	M. Wurtz, Biozentrum/SPL.
5.3	Tektoff-RM, CNRI/SPL.
5.4	M. Wurtz, Biozentrum/SPL.
5.5	Samuel Dales/SPL.
5.6	Luc Montagnier, Institut Pasteur, CNRI/SPL.
5.7	N. Heggeler, Biozentrum/SPL.
5.8	Lee Simon/SPL.
5.9	Biozentrum/SPL.
5.10	Tony Brain/SPL.
5.11	L. Caro/SPL.
5.12	Eric Gravé/SPL.
5.13 –5.14	CNRI/SPL.
5.15	Tony Brain/SPL.
5.16	CNRI/SPL.
5.17	Gopal Murti/SPL.
5.18	Jeremy Burgess/SPL.
5.19	John Innes Institute/SPL.
5.20	Jeremy Burgess/SPL.
5.21	Biophoto Associates.
5.22	R. B. Taylor/SPL.
5.23	Michael Abbey/Science Source/SPL.
5.24 –5.25	James Bell/SPL.
5.26	Jan Hinsch/SPL.
5.27 –5.28	Biophoto Associates.
5.29	Ann Smith/SPL.
5.30	Biophoto Associates.
5.31	Jeremy Burgess/SPL.
5.32	Tony Brain/SPL.
5.33 –5.34	Biophoto Associates.
5.35	Jeremy Burgess/SPL.
5.36	Biophoto Associates/SPL.
5.37	Jeremy Burgess/SPL.
6.1	Jeremy Burgess/SPL.
6.2	CNRI/SPL.
6.3	Jeremy Burgess/SPL.
6.4 –6.5	Don Fawcett/Science Source/SPL.
6.6	Don Fawcett und D. Phillips/Science Source/SPL.
6.7 –6.8	Don Fawcett/Science Source/SPL.
6.9	Don Fawcett und D. Friend/Science Source/SPL.
6.10	Don Fawcett/SPL.
6.11	Don Fawcett und T. Kuwabara/Science Source/SPL.
6.12	Jeremy Burgess/SPL.
6.13	K. R. Miller/SPL.
6.14	EM Unit, British Museum (Natural History).
6.15	Jeremy Burgess/SPL.
6.16	Gopal Murti/SPL.
6.17	P. Dawson, John Innes Institute.
6.18	Don Fawcett/Science Source/SPL.
6.19	Don Fawcett und D. Phillips/Science Source/SPL.
6.20	Biophoto Associates.
–6.21	
6.22	Don Fawcett und D. Phillips/Science Source/SPL.
6.23	Eric Gravé/SPL.
6.24	Keith Porter/SPL.
6.25	J. Pickett-Heaps/SPL.
7.1	Jeremy Burgess/SPL.
7.2	Mitsuo Ohtsuki/SPL.
7.3	H. Hashimoto, Osaka University.
7.4	Y. P. Lin und J. W. Steed, University of Bristol.
7.5	I. Baker.
7.6	Mike McNamee, Chloride Silent Power Ltd./SPL.
7.7	G. Müller, Struers GmbH.
7.8	C. Hammond, University of Leeds.

7.9	John P. Pollinger und Gary L. Messing, Ceramic Science Section, Department of Materials Science, Pennsylvania State University.	8.19	G. Müller, Struers GmbH.
7.10	St. John und Logan. *J. Crystal Growth* 46 (1979).	8.20	David Parker/SPL.
7.11	Elizabeth Leistner.	8.21	STC/A. Sternberg/SPL.

7.9 John P. Pollinger und Gary L. Messing, Ceramic Science Section, Department of Materials Science, Pennsylvania State University.
7.10 St. John und Logan. *J. Crystal Growth* 46 (1979).
7.11 Elizabeth Leistner.
−7.12
7.13 Mike McNamee, Chloride Silent Power Ltd./SPL.
7.14 Mit freundlicher Genehmigung von Dr. Riedl, Professor Jeglitsch und Dr. Locker.
7.15 Mike McNamee, Chloride Silent Power Ltd./SPL.
7.16 Sydney Moulds/SPL.
7.17 Jeremy Burgess/SPL.
−7.18
7.19 David Parker/SPL.
7.20 Jan Hinsch/SPL.
7.21 Mike McNamee, Chloride
−7.28 Silent Power Ltd./SPL.
7.29 Lou Macchi, Poroperm-Geochem Ltd.
7.30 Peter Borman, Poroperm-
−7.31 Geochem Ltd.
7.32 Jan Hinsch/SPL.
7.33 Mike McNamee, Chloride
−7.36 Silent Power Ltd./SPL.
7.37 G. Müller, Struers GmbH.
−7.38
7.39 Mike McNamee, Chloride Silent Power Ltd./SPL.
7.40 G. Müller, Struers GmbH.
7.41 Manfred Kage/SPL.
7.42 G. Müller, Struers GmbH.
−7.43

8.1 David Scharf/SPL.
8.2 G. Müller, Struers GmbH.
−8.5
8.6 The Welding Institute, Cambridge Instruments.
8.7 G. Müller, Struers GmbH.
−8.8
8.9 J. D. Williams, Queens University of Belfast.
8.10 Max-Planck-Institut für Metallforschung.
8.11 G. Müller, Struers GmbH.
8.12 Elizabeth Leistner.
8.13 G. Müller, Struers GmbH.
8.14 Elizabeth Weidmann, Struers Inc.
8.15 Mit freundlicher Genehmigung von G. N. Babini, A. Bellosi, P. Vincenzini. *J. Mat. Sci.* 19 (1984).
8.16 National Physical Laboratory. Alle Rechte vorbehalten.
8.17 G. Müller, Struers GmbH.
8.18 National Physical Laboratory. Alle Rechte vorbehalten.
8.19 G. Müller, Struers GmbH.
8.20 David Parker/SPL.
8.21 STC/A. Sternberg/SPL.
8.22 Jeremy Burgess/SPL.
−8.24
8.25 VG Semicon/SPL.
8.26 Mike McNamee, Chloride Silent Power Ltd./SPL.
8.27 Jan Hinsch/SPL.
8.28 G. Müller, Struers GmbH.
8.29 Jeremy Burgess/SPL.
−8.30
8.31 G. Müller, Struers GmbH.
−8.35
8.36 C. E. Price, Oklahoma State University.
8.37 J. G. Ashurst, Chloride Silent Power Ltd.
8.38 Shell, Thornton Research Centre.
8.39 Manfred Kage/SPL.
8.40 Mit freundlicher Genehmigung von G. N. Babini, A. Bellosi, P. Vincenzini. *J. Mat. Sci.* 19 (1984).

9.1 Jeremy Burgess/SPL.
9.2 R. E. Litchfield/SPL.
9.3 Harold Rose/SPL.
9.4 Jeremy Burgess/SPL.
−9.5
9.6 Manfred Kage/SPL.
9.7 Jeremy Burgess/SPL.
−9.21

A.1 SPL.
−A.6
A.7 Neil Hyslop.
A.8 Museum of the History of Science, University of Oxford.
A.9 SPL.
A.10 Museum of the History of Science, University of Oxford.
A.11 GECO UK Ltd./SPL.
A.12 Mit freundlicher Genehmi-
−A.13 gung von E. Ruska (mit Dank an T. Mulvey).
A.14 D. McMullan/SPL.
−A.15
A.16 Neil Hyslop.
−A.17
A.18 Sinclair Stammers und J. Patterson/SPL.
A.19 Neil Hyslop.
−A.20
A.21 Jan Hinsch/SPL.
A.22 James Stevenson/SPL.
A.23 John Durham und R. King/SPL.
A.24 Neil Hyslop.
−A.26
A.27 Heather Davies/SPL.
A.28 Muriel Lipman/SPL.
A.29 Neil Hyslop.
A.30 Kenneth R. Miller/SPL.
A.31 Jeremy Burgess/SPL.
A.32 Norman Costa und Sinclair Stammers/SPL.
A.33 White, J. G.; Amos, W. B.; Fordham, M. *An Evaluation of Confocal Versus Conventional Imaging of Biological Structures of Fluorescence Light Microscopoy.* In: *J. Cell Biol.* (1987).
A.34 Lawrence Berkeley Laboratory/SPL.
A.35 Mitsuo Ohtsuki/SPL.
A.36 David Parker/SPL.
A.37 Neil Hyslop.
A.38 Mit freundlicher Genehmi-
−A.39 gung von IBM.

Index

A

Abbe, E. 188f, 192
Abbildungsmaßstab 8
Abdrucktechniken 201f
Aberrationen 187–189, 192, 199
Ablenkspulen 200
Acanthocirrus retrirostris 48
Acer saccharum 71
Acetylcholin 77
Achat 141
Achromate 192
achromatische Linsen 188
Adams, G. 187
Adenosintriphosphat 114, 120
Adenoviren 91, 201
AIDS 91
Akineten 100
Akne 95
Aktin 119, 184
akustische Mikroskopie 148, 163, 207
Alaria mustelae 48
Albit 138
Algen 100–103
Alkoholherstellung 106
Allergien 82
Alltagswelt 174–185
Alpenvergißmeinnicht 82
Alpha-Aluminiumoxid-Keramik 128, 170
Aluminium 146f, 152, 155
Aluminiumbronze 145
Aluminiumoxid 128, 158, 164
Aluminium-Silicium-Legierung 131f
Aluminium-Titan-Legierung 131
Alveolen 32f
Ameisen 54f
Ammonium-Molybdat-Farbätzung 133, 152
Ammoniumpersulfatätzung 145
Ammoniumsalze 98
Amöben 44f
Amöbenruhr 44
Amyloplasten 117, 184
Analysator 136, 195f
Ananasgewächse 83
Anaphase 123
Angiospermen 67, 84
Anhydrit 135
„Animalcula" 7, 89, 186
Anobium punctatum 57
Anopheles 54
Antennen 8, 42, 55
Antheren 78
Antibiotika 106
Antigene 39
Antikörper 25, 39, 118, 195–197, 201
Antirrhinum majus 79, 86
Apertur, numerische 189, 192f
Aphidina 42
Apis mellifera 60

Apochromate 189, 192
Arachnida 64
Araldit 201
Arbeitsabstand 186, 196
Ardenne, M. von 190
Argon 203
Arkose 139
Arsen 160
Asthma 33
Astralloy 127
Aristae 55
Atmung 32f
Atome 125–127
Atomgitter 127
ATP 114, 120
Ätzung 125, 198
  Ammonium-Molybdat- 133, 152
  Ammoniumpersulfat- 145
  Beraha- 147, 151
  Eisenchlorid- 145
  Klemm- 151f, 167
  Nital- 142f
  Phosphorsäure- 157
  Tief- 133
  Wärme- 125, 128, 158
  Wasserstoffsuperoxid- 151
  Weck- 131, 155
  siehe auch Gefrierätztechnik
Aucuba japonica 117
Auflicht 9, 195, 198
Auflösungsvermögen 7–9, 186, 189f, 192f, 205, 208f
Aufzugsrad 181
Auge 18f
Austenit 130, 142, 145
Austrittspupille 193
Automobile 166
Autoradiographie 197
Auxosporen 102
Axone 24

B

Bäckerhefe 106
Bakterien 7, 92–99, 186, 197
Bakteriengeißeln 94
Bakterioide 98f
Bakteriophagen 92, 95
Balanus balanoides 49
Bandscheiben 30
Bandwürmer 48f, 51
Barbulonympha ufalula 44
Basalkörper 120
Basalt 138
Basidien 106
Basidiosporen 106
Basilarmembran 20f
Batrachoseps attenuatus 120
Bauchspeicheldrüse 34, 113
Baumwolle 176f
Bazillen 94f
Becherzellen 12, 32, 34
Bedecktsamer 67, 84
Befruchtung 16

Beggiatoa 46
Beleuchtungssystem 192f
Bellis perennis 80
Beraha-Farbätzung 147, 151
Bertrand-Linse 196
Beschichtungen 167
Beschleunigungsspannung 198, 205f
Bestäubung 67, 76, 79f, 82f
Beta-Aluminumoxid 128
Beugungsbild 127
Beugungsgitter 188
Biddulphia 102
Bierbrauen 106
Bierhefe 106
bilaterale Symmetrie 48
Bildfeldwölbung 192
Bildspeicherkapazität 209
Bildverarbeitung 126, 200, 209
Bilharziose 50
Billbergia nutans 83
Binokulare 189, 193, 196
Biokompatibilität 146, 148, 158
biomedizinische Technik 146, 148, 158f
Biotit 138
bipolare Zelle 18f
Bit 148, 162
Blasenpärchenegel 50
Blätter 72f, 203
Blattläuse 42f
Blattnekrose 91f
Blaualgen 100, 117
Blech 128
Blei 203
Bleiphosphat 201
Blut 36–38
Blutausstrich 197
Blüten 67, 78–81
Blütenblätter 78, 80
Blütenpflanzen 67
B-Lymphocyten 39
BNYV 91
Bodenbakterien 94, 98f
Bombylius major 119
Bor 160
Borcarbid 154
Brassica campestris 67, 72, 85
Braunalgen 100
braunes Fettgewebe 115
Bravais, A. 125
Bravaissche Gitter 125
Brechungsindex 187, 189, 192f
Brennessel 77
Brennweite 192
Broglie, L. de 189
Bronchien 32
Bronchiolen 32
Brotbacken 106
Buckelzirpen 58
Buntmetalle 142
Bürstensaum 34f, 120
Busch, H. 189
Byte 148

C

C-14 197
Calcit 141
Calcium 30f
Calciumcarbonat 75
Calciumoxalat 75
Calciumsulfat 135
Camembert 106
Cannabis sativa 75
Capsella bursa-pastoris 80
Capsid 90
Capsomere 90f
Carbide 142, 147, 154–156, 198
Carborund 156
Cavum folliculi 15
CDs 182f
Cellulose 70, 108, 180
  Abbau 44
Centrales 102
Centromer 123
Ceratitis capitata 55
Ceroxid 173
Cer-Röntgenstrahlkartierung 173
Cestoden 48
Chinesischer Leberegel 49
„chinesische Schrift" 133, 147
Chitin 54, 62
Chlamydomonas asymmetrica 10
Chlorit 138
Chlorophyll 100, 116, 195
Chloroplasten 10, 72f, 100, 108, 116f, 202
Cholera 94
Chrom 145, 147, 155
Chromatiden 123
Chromatin 108, 111, 120
chromatische Aberration 187–189, 192
Chromoplasten 117
Chromosomen 12, 16, 111, 122f, 205
Ciliarkörper 19
Ciliaten 44–47
Cilien 32, 44f, 194
  Schlag 120
Clonorchis sinensis 49
Cochlea 20f
Coelom 42, 48
Collembolen 54, 58
Coprinus disseminatus 106
Cortisches Organ 20f
Cosmos bipinnatus 79
CP-Trocknung 202
Crewe, A. 206
Cristae 114
Cristobalit 157
Cryptocercus punctulatum 44
Cucurbita pepo 82
Cuff, J. 187
Culpeper, E. 187
Cuticula 42, 72
Cyanobakterien 100
Cyclotella meneghiniana 102

213

Cylindrospermum 100
Cystolithen 75
Cytoplasma 108, 118, 194
Cytoskelett 108, 118

D

Dactylis glomerata 83
Daguerre, J. 188
Darm 34f
Darmpärchenegel 50
Darmschleimhaut 12, 34
Darmzotten 12
Darwin, C. 67
Deckglas 192
Dehiszenz 80
Dehydratisierung 201
Deiters-Zellen 21
Dendriten (Nervenzellen) 24f
Dendritenstrukturen 130–133, 135, 150f
Dermis 40
Diagenese 140f
Diagnostik, Krebs 12
Diamant 172
Diatomeen 102f
Diatomeenerde 102
Dickenwachstum 70
Dictyosomen 113
Didinium nasutum 46
Differentialinterferenzkontrastmikroskop nach Nomarski 195
differentieller Interferenzkontrast (DIK) 11, 194f
 siehe auch die Abbildungen auf den Seiten 16, 85, 100, 102, 142–144, 147, 150, 165, 169 und 194
Dispersion 188f
DNA 94, 96f, 111, 197, 205
 Klonierung 92
DNA-Phagen 90f
Dokumentenpapier 180
Doppelbrechung 11, 140
Dotierung 160
DRAM 148
Drehtisch 191, 197
Drosera capensis 77
Drosophila 205
Druckguß 131
Dunkelfeldbeleuchtung 11, 193f
Dünndarm 12, 34
Dünnfilme 203
Dünnschichttechnik 164
Dünnschliffe 138, 197f, 203
Dünnschnitte 9–12, 190, 197, 201
Durchlicht 9, 194
Düsentriebwerke 147, 154, 170

E

Echinococcus granulosus 51
Echinocyten 38
Echinokokkose 51

Eierstock 15
Einbettung 12
Einsprenglinge 138
Einzeller 42, 44–47
Eisen 125, 130, 143, 152, 166
Eisencarbid 142
Eisenchloridätzung 145
Eisenmetalle 142f
Eisenoxide 166
Eisenoxidüberzug 143
Eisenphosphid 143
Eisensilicat 156
Eisprung 14f
Eizellen 14–17
Ejakulation 14
Ektoplasma 45
Elaeagnus pungens 75
Elektron 189
Elektronenbeugung 127
Elektronenlinsen 9, 189f, 198f
Elektronenmikroskopie 189, 198–209
 siehe auch Transmissionselektronenmikroskop und Rasterelektronenmikroskop
Elektronenstrahllithographie 148
Elektronenstrahlquelle 198–200, 206
Elektronenwolken 208
Elektronik 160–165
elektronische Wörterbücher 162
Elementarzellen 125, 130
Elementkartierung 172f
Email 167
Embryonen, Pflanzen 84f
Embryosack 84f
Endolymphe 20
Endoplasma 45
endoplasmatisches Reticulum 112f
Endosperm 84
Energieerzeugung 114
Enkephalin 25
Entamoeba histolytica 44
Enterocyten 12, 34
Enzyme 34, 111, 197, 201
Eosin 11f
Epidermis 40f, 72, 203
Epitheka 102
Epithel 32f, 35
Epoxidharz 140
EPROM 162f
Erdmantel 138
Erica carnea 83
Erisyphe pisi 105
Erstarrung 130f, 135, 143, 146
Eruptivgestein 138
Erythrocyten 36–38
Escherichia coli 93f, 96f, 197
Etioplasten 117
Euglena fusca 45
Eukaryoten 89, 108
Eutektikum 131, 147
Exoskelett 54
Explosionsschweißen 150, 152

F

Faber, G. 186
Facettenaugen 55, 58, 60f, 186
Fadenpapillen 22f
Fadenwürmer 48
Falschfarben 11
 siehe auch die Abbildungen auf den Seiten 6, 17, 27, 34, 37, 42f, 55, 88, 91, 95–97, 108, 126, 149, 163 und 183
Farbätzung 198
 siehe auch Ätzung
Farbensehen, Insekten 60
Färbetechniken 11f, 197
Farbkontrast 197
Fast Green 197
Fayalit 156
Feldemissionskathode 206
Feldspat 138
Ferrit 130, 142f, 145
Festkörper 125
Festkörperschweißverfahren 150, 152f
Fett 184
Feulgen-Färbung 197
Filzlaus 57
Finnen 49
Fixierung 12, 197, 201
Flachs 176
Flagellaten 44
Flagellum 16, 44, 94, 120
Fledermaus 115
Fleisch 184
fleischfressende Pflanzen 76f
Fleming, A. 106
Flimmerepithel 32, 120
Flimmerlarven 50
Flip-Flop-Schaltung 160
Floscularia ringens 53
Fluorescein 39, 118
Fluoreszenz 25, 39, 118, 189, 195, 205, 209
Fluorit 192
Flußmarkierungen 170
Flußspat 192
„Flying-Spot"-Mikroskop 204
Follikel 15
Formalin 12
Fortpflanzung 14–17
Fossilien 141
F-Pili 94f
Fragillaria crotonensis 102
Fraktographie 168
freeze-slamming 202
Frequenz 21, 207
Frequenzunterscheidung, Ohr 21
Fresnel-Zonenplatten 208
Fritte 167
Frontlinse 192f
Fruchtknoten 78f
Fruchtkörper 106
Frustel 102
Fühler, siehe Antennen

F

Fungi 104
Funiculus 84
Fußpilz 105

G

Gabbro 138
Gabelschwanzlarven 50
Gabor, D. 189
Galilei, G. 186
Galium aparine 86, 179
Gallium 160
Galliumaluminiumarsenid 164
Galliumarsenid 148, 164
Gameten 14, 17
Gamma-Phase 127
Ganglienzelle 18f
Gänseblümchen 80
Gartenameise 55
Gartenerbse 73, 99, 203
Gartenlöwenmaul 79, 86
Gasaustausch 32f, 36
Gefrierätztechnik 202
Gefrierbruchtechnik 111, 120, 202
Gefriersubstitution 201
Gehirn 24–27
Gehörknöchelchen 20
Geißeltierchen 44
Gelbkörper 15
Gene 111
Genkartierung, Bakterien 95
Gentechnologie 92, 96, 110
Germovitellarium 53
Geschmacksknospen 23f
Geschmackspapillen 22f
Gesteine 138–141
 Bildung 140f
Getreideschädling 56
Gewebe 12
Giardia (Lamblia) intestinalis 34f
Giemsa-Färbung 36
Ginkgo biloba 67
Gips 135
Glasfaser 165
glatte Muskulatur 28
Gleitung 127
Glomeruli 11
Glucose 28
Glutaraldehyd 201
Glyciphagus domesticus 64, 174
Glykogen 28
Gold 126f, 201, 206
Goldchloridimprägnierung 27
Goldorange 117
Goldüberzug 9f, 191, 201–204
Golgi-Apparat 113
Goring, C. J. 188
Gram-Färbung 197
Grana 116f
Granit 138
Granulocyten 36, 38
Granulosazellen 15
Graphit 143
Grauguß 143

Grauwacke 138f
Grid 201
Griffel 78f
Großfeldokular 193
Grünalgen 10, 100
Gurke 82
Gürtelband 102
Guß 131, 143
Gußeisen 143
Gußseigerung 133
Gymnospermen 67, 84

H

Haare 41
Haarzellen 20f
Hadern 180
Halbleiter 160–164
Haloeffekt 194
Hämatit 140
Hämatoxylin 12, 34
Hämatoxylin-Eosin-Färbung 11
 siehe auch die Abbildungen auf den Seiten 23, 28 und 33
Hämoglobin 36
Hanf 75
Harthölzer 71, 180
Hartlöten 150f, 169
Haschisch 75
Hausmilbe 64, 174
Hausstaub 174
Haut 40f
Hautleisten 40
Haverssche Kanäle 31
HE, siehe Hämatoxylin-Eosin-Färbung
Hefe 106
Heißpressen 157
Helium 207
Hellfeldbeleuchtung 11, 193
Hemlocktanne 71
Herzmuskulatur 28
Heterocysten 100
Heuschnupfen 82f
Hibiskus 80
Hillier, J. 190
Hirtentäschel 80
Histamin 77
Histologie 12
Hochauflösungselektronenmikroskopie 11, 126f, 206
Hochleistungswerkstoffe 154f
Hochspannungselektronenmikroskopie 205f
Hochvakuum 198, 203, 206
Hoden 14
Holz 70f, 141
 Verdauung 44
Holzschliff 180
Holzwurm 57
Honigbiene 60
Hooke, R. 108, 186f
Hören 20f
Hörnerv 20
Hüftgelenk 158f
Hülsenfrüchtler 98f
Humusbildung 104
Hundebandwurm 51
Hydatidencysten 51
Hydatidose 51
Hydrarachna 64
Hydrodictyon 100
Hymenium 106
Hyphen 104f
Hypotheka 102

I

Imago 54
Immersionsobjektive 193
Immunfluoreszenz 25, 39, 118, 195f
Immunglobulin 39
Immunsystem 39
Infektionsfaden 98
Infrarotmikroskop 209
innere Spannung 125, 176
Insekten 8, 54–63, 186f
Integumente 84
Interferenz 194–196
Interferenzfigur 136
Interferenzkontrast 165, 172, 189, 194
 siehe auch differentieller Interferenzkontrast
Interferenzmikroskop 196
intergranulares Reißen 168
intermediäre Filamente 118
Interneuron 25
Interphase 122f
Ionenstrahlausdünnung 203
Iris 19

J

Jahresringe 71
Janssen, Z. 186
Japanischer Pärchenegel 48, 50
Jejunum 12, 34
Jod-Jodkalium 197

K

Kalanchoë blossfeldiana 86
Kalkspat 141
Kalkstein 141
Kaltverformung 145, 170
Kambium 70
Kapillaren 36
Karlsbadzwilling 138
Kartoffeln 104, 184
Kathodenzerstäubung 9f
Kathodolumineszenz 141, 199, 207
Keimpore 83
Keimung 117
Kelchblätter 73, 78f
Keramiken 125, 128, 130, 156f, 170, 173
Keratin 40f, 105
Kernhülle 111, 122
Kernspindel 122f
Kesselstein 135
Kiefernzapfen 84
Kieselalgen 102f
Kikuchi-Muster 127
Killerzellen 39
Kinetochor 123
Kinetosomen 120
Kleinhirn 24, 26
Klemm-Ätzung 151f, 167
Klettenlabkraut 86, 179
Klettverschlüsse 178f
Klopfkäfer 57
Kniesehnenreflex 25
Knochen 30f, 159
Knoll, M. 189f
Knöllchenbakterien 98f
Knorpel 30
Knospung 106
Kobalt 147, 155
Kochen 184f
Kochsalz 125
Kohlebedampfung 201f
Kohlendioxid 106, 202
Kohlenstoff 125, 142, 147, 155
Kohlenstoffstahl 142
Köhler, A. 189
Köhlersche Beleuchtung 193
Kohlmotte 58
Kohlweißling 62
Kokken 94f
Kollagen 30
Kollenchym 70f
kolloidales Gold 201
Kompatibilität, Bestäubung 82
Kompensationsokulare 193
Kompensatoren 196
Komplementkaskade 39
Kondensor 187f, 191–193, 199
konfokale Rastermikroskopie 204f
Konidien 106
Konidiophoren 106
Königskerze 75
Konjugation 94
Kontaktmikroradiographie 208
kontraktile Proteine 28
Kontraststeigerung 189–191, 193–195, 201
Korbblütler 78f
Kork 186
Korngefüge 128, 130, 150–159
Korngrenzen 128, 130, 135f, 140, 142, 144–146, 157, 169f
Kornkäfer 56
Kornzwillinge 146
Korrosion 148, 151, 166f
Korrosionsbeständigkeit 128, 156, 168
Kraut- und Knollenfäule 104
Krebs 32f
 Diagnostik 12
 Zellen 39
Kreuztisch 191
Kriminaltechnik 198
Kristalle 11, 125, 134, 196
Kristallite 128
Kristallseigerung 138
Kristallzwillinge 127f, 138, 145
kritische Beleuchtung 193
Kritische-Punkt-Trocknung 202
Kronrad 181
Kunstfasern 176
Kunstharz 180
Kupfer 145, 151f, 154–156, 169
Kupferaluminid 133

L

Labellen 55
Lack 166f
Lamium album 70
Lampenhaus 193
Landpflanzen, Evolution 67
Laser 130, 183, 204f
Laserrastermikroskopie 204f
Lasius niger 55
Läuse 54, 57
Läuterung 156
Lava 138
Lebenszyklus, Parasiten 48
Leber 120
Lecane 53
Lederhaut 40f
Leeuwenhoek, A. van 7, 12, 89, 186f
Legierungen 125, 128, 130f, 144–147, 150
 Zusätze 133, 147
Legionellose 94
Leguminosen 98f
Leibeshöhle 42
Leitbündel 69f
Lepidoptera 58
Leptospira 95
Leptospirosen 95
Leuchtfeldblende 193
Leukocyten 36, 38
Libellen 60
Licht 164f
 siehe auch polarisiertes Licht
Lichtbogenschweißen 150f
Lichtbrechung 187f
Lichtleitfaser 165
Lichtmikroskopie 7–11, 186–189, 191–198
Lieberkühn 195
Lieberkühn, J. N. 187
Lignin 70, 180
Liguster 72
Ligustrum vulgare 72
Linsen 186–189, 199
 Auge 18f
 zusammengesetzte 188, 192
Lipidtröpfchen 113, 116f
Lister, J. J. 188
Lorica 53

Löten 148, 150f, 169
Lotosblume 86
LPs 182
Luftfahrt 146f, 154f
Lufthyphen 105
Luftröhre 32
Lumineszendioden 164
Lunge 32f
Lungenentzündung 89
Lungenkrebs 32
Lymphocyten 39, 91, 108
Lyse 93
lysogene Infektion 92
lytische Infektion 92

M

Macrocystis 89
Magen-Darm-Trakt 34
Magenschleimhaut 35
Magma 138
Magnesiumoxidkeramik 130
Mais 108, 117
Makrophagen 38
Malaria 44, 54
Malpighi, M. 187
Mammutbaum 67, 70
Mandibeln 54f
Mantelzellen 25
Marihuana 75
Markstrahlen 71
Martensit 130
Martin, B. 188
Masken 160
Maßstabszahl 8
Materialfehler, Analyse 168 – 171
Materialverbindung 148, 150 – 153
Materialwissenschaften 125 – 173
Matrix
  Gesteine 138
  Mitochondrien 114f
McMullan, D. 190
Mehltau 105
Meiose 14
Membracidae 58
Membrana tectoria 20f
Membranen 108, 112f, 202
Mensch, Gewebe 12 – 41
Meristem 108
Mesophyllzellen 72f
Mesosomen 94
Messing 128
Mestral, G. de 178f
Metalle 142 – 154
Metalloxide 156
metallurgische Mikroskopie 125, 195
metamorphes Gestein 138f
Metamorphose, Insekten 54
Metaphase 123
Methylviolett 197
Micrasterias 100
Micrographia 186
Mikrochips 125, 148, 160 – 164

Mikroelektronik 148, 160 – 165
Mikrofilamente 118
Mikrofrakturen 135f
Mikrohärte 172
Mikroorganismen 88 – 107
Mikrophotographie 188
Mikroprozessoren 160
Mikroskopie, Geschichte 186
Mikroskopsäule 198 – 200, 206
Mikrotom 12, 197
Mikrotubuli 118, 120, 123
Mikrovilli 34f, 120
Milben 64f
Milz 39
Minerale 138f, 196f
Mineralisierung, Knochen 30f
Mitochondrien 16, 28, 89, 108, 114f, 120
Mitose 122f
Mittelmeerfruchtfliege 55
Mohn 83f, 86
Molybdän 147, 155
monokline Kristallstruktur 136
motorische Endplatten 27
MS2 95
Mucosa 12
Müller-Stützzelle 18f
Mundwerkzeuge, Insekten 54, 58f
Muschelschalen 141
Muscularis mucosae 12
Muskelfasern 119, 184
Muskeln 28f
  Aktivierung 27
  Kontraktion 119
Muskovit 140
Mycel 104, 106
Mycoplasmen 88f
Mycotypha africana 105
Myelin 119, 184
Myofibrillen 28
Myosotis alpestris 82
Mytilina 53

N

Nacktsamer 67, 84
Nadelhölzer 84
Nahrungsmittel 184f
Nahrungsvakuole 44
Narbe 67, 78 – 80, 82f
Naßfäule 104
Natrium 133
Natriumchlorid 125
Natriumoxid 128
Naturfasern 176f
Navicula monilifera 102
Negativkontrastierung 91, 201
  siehe auch die Abbildungen auf den Seiten 16, 39, 90, 92 – 95 und 201
Nektar 79
Nelsonsche Beleuchtung 193
Nelumbo nucifera 86
Nemathelminthen 48, 52

Nematoden 48
Nervensystem 24 – 27
Nervenzellen 24 – 27
Netzhaut 18f, 115
Neurotransmitter 27
Neutralrot 197
Nichteisenmetalle 142, 144 – 147
Nickel 145, 151f, 155, 203
Nickel-Aluminium-Legierung 128
Nickellegierung 169
Nicol, W. 188
Nicolsches Prisma 188
Nicotiana tabacum 110, 117
Nicotinsäure 106
Nierengewebe 11
Niob 133
Nital-Ätzung 142f
Nobert, F. 188
Nomarski-Optik, siehe differentieller Interferenzkontrast (DIK)
Nucellus 84
Nucleinsäuren 90, 92
Nucleoide 116f
Nucleolus 108, 111
Nucleus, siehe Zellkern
Nucleus pulposus 30
numerische Apertur 189, 192f
Nylon 179
Nymphaea alba 75
Nymphaea citrina 78
Nymphe 58

O

Oatley, C. 190
Objektiv 9, 191 – 193
Objektivblende 199
Objektivrevolver 187, 191
Objekttisch 191
Öffnungswinkel 193
Ohr 20f
Okular 9, 191, 193
Ölimmersion 189, 193
Olivin 138
Ölspeichergesteine 140
Ommatidien 58, 60
Oocyten 14 – 17
Opazität 180
Operationsmikroskop 196
optische Rastermikroskopie 204f
optische Schnitte 195, 205
Organellen 108
Orthoklas 138
Osmiumtetroxid 201
Osteoblasten 30f
Osteocyten 31
Osteoid 30f
Osteoklasten 31
Osteomalazie 31
Östrogen 15
Ovulation 14f
Oxalsäureätzung 156
Oxidation 166
Oxide 203

P

Pantoffeltierchen 46, 194
Papaver somniferum 83f
Papier 180
Paraffin 12, 197
Parallelepipede 125
Paramecium 46, 194
Paramylonkörper 45
Parasiten 34f, 44, 48 – 51, 64, 89, 104f
Pärchenegel 48, 50
Parenchym 70f
Parthenogenese 52
Passiflora coerulea 83
Passionsblume 83
Pathologie 12, 188
Pedikulose 57
Pektin 102
Pellicula 44f
Penicillin 106, 197
Penicillium chrysogenum 106
Penicillium notatum 106
Pennales 102
Perizykel 69
Perlit 142f
Pest 94
Petrologie 138 – 141
Pflanzenzellen 108, 110
Pflanzenzüchtung 110
Phagocytose 38f
Phase (Werkstoffe) 125, 130f, 151, 155, 158
Phasenkontrast 189, 192, 194
Philodina 52
Philodina gregaria 53
Phloem 68, 70, 116
Phosphorsäureätzung 157
Photoemissionselektronenmikroskopie 130, 207
Photographie 188
Photolack 208
Photolithographie 148
Photomultiplier 200
Photonen 10
Photooxidation 170
Photorezeptoren 18f
Photosynthese 67, 72, 100, 116f
Phthirus pubis 57
Pieris brassicae 62
piezoelektrischer Wandler 207
Pigmente 100, 117, 195
  lichtempfindliche 18f, 115
Pigmentzellen 60
Pili 94
Pilze 104 – 107
Pilzpapillen 23f
Pilzsporen 105f
Pisum sativum 73, 203
Plagioklas 138
Planapochromate 192
Plankton 100, 102
Plasmamembran 108

Plasmazellen 39
Plasmodium 44
Plastiden 108, 116f
Plathelminthen 48
Platinbedampfung 202
Plattwürmer 48
Plutella xyhostella 58
pn-Übergang 164
Polarisationsfilter 136
Polarisationsmikroskopie 188, 196f
Polarisator 136, 195f
polarisiertes Licht 71, 85, 134–140, 176, 192, 194–196
Polieren 198
Poliovirus 91
Pollen 66f, 78–80, 82f
Pollenschlauch 67, 82–84
Polstermilbe 64
Polyethylen 176
Polyethylenglykol 110
Polystyrol 170
Porosität 158, 169
Porphyr 138
post mortem-Untersuchungen 12
Powell, H. 188
Präparationstechniken 196, 198, 200–204
Preßschweißen 150, 152f
Primula malacoides 73, 75
Probenstrom 199
Progesteron 15
Proglottiden 49
Projektionsmikroskop 188
Projektiv 199
Prokaryoten 89, 94, 100, 117
Pronotum 56f
Prophase 122
Proteinsynthese 113
Prothesen 148, 158f
Protoplasten 110
Protozoen 42, 44–47
Pseudocoelom 48
Pseudomonas fluorescens 94
Pseudopodien 44f
Psilidae 77
Psychoda 58
Punktprojektionsmikroskopie 208
Punktschweißen 150
Pupille 18f
Purkinje-Zellen 24, 26f
PVC 182
Pyrenoid 10
Pyroxen 138

Q

Qualitätsprüfung 148, 151f
Quantenmechanik 208
quantitative Mikroskopie 172f, 188
Quarz 138–140
Quarzit 139
Quarzschiefer 140

Quate, C. 207
Quekett, J. 187
quergestreifte Muskulatur 28f

R

Rachitis 31
Rädertiere 52f
radioaktive Isotope 197
Rafflesia 78
Ranunculus acer 69
Raphe 102
Rasieren 41
Rasterabtastung 9, 190, 199, 204f, 207f
Rasterelektronenmikroskop 7–11, 189, 191, 198, 200, 204
Rastertransmissionselektronenmikroskopie 11, 126, 206f
Rastertunnelmikroskopie 208f
Raupen 62
Rechtschreibprogramme 162
Regenbogenhaut 19
Regenwurm 48
Reibschweißen 150, 152
Reinräume 163
Reliefpolieren 125
REM, siehe Rasterelektronenmikroskop
Replika 201f
Resist 208
Resorption 34f, 120
Rheinberg-Beleuchtung 11, 52, 194
Rhizobium leguminosarum 98f
Rhizopoden 44
Rhodamin 39
Riboflavin 106
Ribosomen 93, 108, 111
Riesentang 89
Risse 157, 168, 170f
RNA 111
RNA-Viren 90f
Roastbeef 184
Rohr, M. von 189
Röhrenknochen 30f
Röhrenschicht 106
Röntgenanalysen 125, 172
Röntgenmikroanalyse 200
Röntgenmikroskopie 208
Röntgenstrahlen 9f, 172f, 199f, 205, 208
Röntgenstrahlkartierung 173
Roquefort 106
Rose 80
Ross, A. 188
Rost 166
rostfreier Stahl 145, 151
Rostpilze 105
Rostrum 56
Rotalgen 100
Rotatorien 52
Rotglut 130
rRNA 111

Rübenvergilbungsvirus 91
Rübsen 67, 72, 85
Rückenmark 24f
Rückenröhrchen 42
Rückstreuelektronenbild 157, 173
Ruska, E. 7, 189
Rüsselkäfer 56f

S

Saccharomyces cerevisiae 106f
Saccharomyces ellipsoideus 106
Safranin 197
Samen 67–69, 83, 86f
Samenanlagen 79, 83f
Samenkanälchen 14
Samenkapsel 83f
Samenpflanzen 66–87
Samenspeicher 49
Samenzellen, siehe Spermien
Sammellinse 187
Sandpapier 180
Sandstein 140f
Saphir 164, 207
Saprophyten 104
Sauerstoff 32, 72, 116
Saugnäpfe 48f
Saugrüssel 54f, 58
Saugwürmer 48f
Scarlett, E. 187
Schaben 44
Schallplatten 182
Schallwellen 163, 207
Schamlaus 57
Schamotteziegel 156
Scharfer Hahnenfuß 69
Scheinfüßchen 44f
Scherpilzflechte 105
Scherspan 151
Schimmelpilze 104, 106
Schistosoma haematobium 50
Schistosoma japonicum 48, 50
Schistosoma mansoni 50
Schistosomiasis 50
Schlacke 156
Schlafkrankheit 54
Schlauchwürmer 48, 52
Schleifpapier 180
Schleimhaut 32, 34f
Schließzellen 73
Schlüpfen 62
Schmecken 22f
Schmelzpunktbestimmung 197
Schmelzschweißen 150f
Schmetterlinge 58
Schmetterlingsmücke 58
Schnecke 20f
Schneeheide 83
Schnellarbeitsstahl 133
Schnellfärbemethoden 197
Schott, O. 189
Schrägbedampfung 202
Schraubgewindemikroskop 187
Schutzgas 151, 169

Schwann, T. 188
Schwarze Wiesenameise 55
Schwarzgraue Wegameise 55
Schwebfliege 60
Schwefel 134f
Schweinebandwurm 49
Schweißdrüsen 40
Schweißen 148, 150–153
Schwerkraftdetektoren 68
Schwermetallsalze 201
Sedimentgestein 138–141
Sedimenttransport 138–140
Seeigeleier 16
Seerose 75
Segmentierung 42
Sehen 18f
  Insekten 60f
Sehnerv 18f
Seide 62, 176
Seitenaugen 58, 62
sekundäre Pflanzenstoffe 75
Sekundärelektronen 9, 199f, 201f, 204
Sensillen 58
Sequoia sempervirens 67
Sequoiadendron giganteum 70
Sexpili 94
Sichelzellenanämie 38
Sicherungen 169
Signal-Rausch-Verhältnis 209
Silberimprägnierung 24, 27
Silberlegierung 151
Silicate 102
Silicium 147, 160, 163, 209
Siliciumcarbid 156, 198
Siliciumdioxid 77, 141
Siliciumnitrid 157
Silicium-Röntgenstrahlkartierung 173
Siliciumtechnologie 148
Sinneshaare 58
Sinnesorgane 18–23
Sintern 128
Sitophilus granarius 56
Skelett 30
Skelettmuskulatur 28
Skolex 48
Sokolow, D. J. 207
Solarzellen 165
Sonnen(licht)mikroskop 187
Sonnentau 76f
SP105 92
Space Shuttle 156
Spaltöffnungen 72f, 75, 203
Spannung, innere 125, 176
Speicheldrüsen 205
Speicherbank 148
Speichermikrochips 148, 160
Speicherzellen 162
Spermatogonien 14
Spermazellen 67, 82, 84
Spermien 14, 16f, 120, 187
Sperrad 181
sphärische Aberration 187, 192

Sphäroguß 143
Spinalganglion 25
Spinnmilben 64
Spirillen 94
Spirochaeten 95
Spirogyra 100
Spitze 176
Sporangien 105
Sporentierchen 44f
Sporopollenin 82
Sporozoen 44f
Springschwänze 54, 58
Sprödbrüche 170
Sprödigkeit 156f, 170
Sputtern 9f
Stäbchen 18f, 115
Stäbchenbakterien 7
Stahl 125, 130, 133, 142, 152, 166f
   rostfreier 145, 151
Stanzen 151
Staphylococcus epidermidis 95
Stärke 10, 69, 73, 108, 116f, 184
Stativ 191
Statocysten 68
Staub 174
Staubbeutel 79f
Staubblätter 78, 80
Stauchgrate 152
Stechrüssel 54, 57
Stele 69
Stellaria media 79
STEM, siehe Rastertransmissions-elektronenmikroskopie
Stengel 70
Stentor coeruleus 45
Stereocilien 21
Stereomikroskop 196
Steroidsynthese 113
Stickstoff-Fixierung 98f
Stickstoffsilicidkeramik 173
Stigma 62
Stoffe 176f
Stomata 72f
Streptococcus pneumoniae 107
Streptokokken 94, 107
Stroma 116f
Sublimation 202
Superlegierungen 127, 147, 155
Suspensor 84f
Swammerdam, J. 187
Symbiose 44, 98, 115
Symmetrie 48, 134
Synapse 27
Syrphus ribesii 60
Szintillationsmaterial 200

T

T2 93
T4 93
Tabak 110, 117
Taenia solium 49
Talbot, H. F. 188

Talgdrüsen 41
Tandemauflichtrastermikroskopie 205
Tantal 147, 155
Taster 55, 58
Taubnessel 70
Tausendfüßler 8
technische Keramiken 157
Teilungsmaschine 188
Telekommunikation 164f
Telophase 123
TEM, siehe Transmissionselektronenmikroskop
Tetraden 83
Tetrahydrocannabinol 75
Tetranychidae 64
Thomson, J. J. 189
Thorax 54, 56
Thrombocyten 36
Tiefätzung 133
Tiere 42–65
tint plate 138
Tintlinge 106
Titan 147, 155, 158
Titan-Aluminium-Vanadium-Legierung 168
Titanlegierungen 146, 168
Toilettenpapier 180
Tollwutvirus 91
Tonabnehmer 182
Totenwurm 57
Trachea 32
Tracheen 62, 71
Tradescantia 73
Trägerplatte 163
Transistoren 148, 160, 162
Transmissionselektronenmikroskop 7, 189f, 198–200
Trematoden 48f
Trichocysten 46
Trichome 72, 74–77
Trichophyton interdigitalis 105
Trichromfärbung, siehe die Abbildungen auf den Seiten 11, 13, 20, 25 und 31
Trommelfell 20
Trompetentierchen 45
Tsetsefliege 54
Tsuga canadensis 71
Tubus 187, 191f
Tunnelstrom 208f
T-Zellen 39

U

Überwachung 140
Uhrwerk 181
Ultrakryotomie 201
Ultramikrotom 201
Ultraschallmikroskopie 148, 163, 207
Ultraschallschweißen 162
Ultraviolettfluoreszenzmikroskopie 8, 118, 189, 195, 205, 207

Ultraviolettmikroskop 189
Umkristallisierung 151
Uran 126, 203
Uran(yl)acetat 11, 126
Uromyces fabae 105
Urtica dioica 77

V

Vakuolen 10, 108
Vakuum 198, 200, 203, 206
Vakuumbedampfung 202
Vakuumpumpen 198
Van-Gieson-Färbung 34
Verbascum pulverulentum 75
Verbundwerkstoffe 125
Verdauung 34f
   Enzyme 113
Vererbung 12
Vergeilung 117
Vergilbung 180
Vergleichsmikroskopie 198
Vergrößerung 8f, 186, 192f
Vergütung 128
Versetzungen 128f
Versteinerungen 141
Verwitterung 138f
Vielzeller 42
Villi 12, 34
Vimentin 118
Virchow, R. 188
Viren 89–93
Virionen 90
Vitamin B1 106
Vitamin C 136f
Vitamin D 31
Vitellarien 49
Vitrifizierung 201f
Vogelmiere 79f
Volvox 100

W

Wachs 75, 203
wafers 160
Wallpapillen 23
Wärmeabführung 163
Wärmeätzung 125, 128, 158
Wärmebehandlung 130f, 142, 158, 168
Wärmeerzeugung, Tiere 115
Waschmittel 177
Wasserhärte 135
Wasserlilie 78
Wassermilbe 64
Wasserstoffsuperoxidätzung 151
Weck-Farbätzung 131, 155
Wehnelt-Zylinder 199
Weichhölzer 71, 180
Weichlöten 150
Wellenlänge 187, 189, 192, 194
Werkstoffe 125–173
Widerstandsschweißen 150f
Wiesenknäuelgras 83

Wilson, J. 187
Wimpertierchen 44–47
Windblütler 82
Winterschlaf 115
Wirbelsäule 30
Wolffia arrhiza 67
Wolfram 147, 154, 199, 203, 206
Wolframcarbid 155
Wolfsmilchgewächse 76
Wollaston-Prisma 195
Wolle 176, 179
Wren, C. 187
Würmer 48–51
Wurmsalamander 120
Wurzelfüßer 44
Wurzelhaare 68f, 98
Wurzelknöllchen 98f
Wurzeln 68f

X

Xenon 207
Xylem 68–71
Xylol 12, 197

Y

Yttrium-Silicium-Oxide 157

Z

Zapfen 18, 115
Zea mays 108, 117
Zeiss, C. 188
Zeitungspapier 180
Zellatmung 114
Zelle 12, 108–123, 186
Zellenlehre 188
Zellfusion 110
Zellkern 12, 73, 85, 89, 99, 108, 111, 120, 122, 205
Zellmembran, siehe Membranen
Zellmund 44, 46
Zellteilung 96, 100, 108, 122f
Zellwand 108
Zementit 142f
Zentralnervensystem 24
Zernike, F. 189
Zieralgen 100, 195
Zinkoxid 207
Zirkon(ium)oxid 157
Zona pellucida 15
Zonenmischkristall 138
Zuckerahorn 71
Zunge 22f
Zuschläge 156
Zustandsformen 125, 131
Zweistofflegierung 133
Zwerglinse 67
Zwillinge, eineiige 17
Zwillingskristalle 128, 138
   Bildung 127, 145
Zwitter 49
Zygote 84

Spektrum der Wissenschaft Reihe „Bibliothek"

Ph. Morrison/ Ph. Morrison
ZEHN^HOCH
168 Seiten, ISBN 3-922508-65-0

S. Weinberg
Teile des Unteilbaren
200 Seiten, ISBN 3-922508-64-2

G. G. Simpson
Fossilien
264 Seiten, ISBN 3-922508-62-6

R. Smoluchowski
Das Sonnensystem
192 Seiten, ISBN 3-922508-68-5

T. A. McMahon/J. T. Bonner
Form und Leben
240 Seiten, ISBN 3-922508-70-7

I. Rock
Wahrnehmung
232 Seiten, ISBN 3-922508-71-5

J. R. Pierce
Klang
232 Seiten, ISBN 3-922508-72-3

P. W. Atkins
Wärme und Bewegung
224 Seiten, ISBN 3-922508-73-1

R. Lewontin
Menschen
200 Seiten, ISBN 3-922508-80-4

D. Layzer
Das Universum
264 Seiten, ISBN 3-922508-81-2

S. Hildebrandt/A. Tromba
Panoptimum
224 Seiten, ISBN 3-922508-82-0

H. Friedman
Die Sonne
224 Seiten, ISBN 3-922508-83-9

J. Schwinger
Einsteins Erbe
232 Seiten, ISBN 3-922508-84-7

H. W. Menard
Inseln
224 Seiten, ISBN 3-922508-85-5

S. H. Snyder
Chemie der Psyche
224 Seiten, ISBN 3-922508-86-3

A. T. Winfree
Biologische Uhren
224 Seiten, ISBN 3-922508-87-1

S. M. Stanley
Krisen der Evolution
248 Seiten, ISBN 3-922508-89-8

P. W. Atkins
Moleküle
200 Seiten, ISBN 3-922508-90-1

D. H. Hubel
Auge und Gehirn
240 Seiten, ISBN 3-922508-92-8

J. E. Gordon
Strukturen unter Stress
208 Seiten, ISBN 3-922508-94-4

R. Siever
Sand
256 Seiten, ISBN 3-922508-95-2

COMAP
Mathematik in der Praxis
296 Seiten, ISBN 3-89330-697-8

T. H. Waterman
Der innere Kompaß
256 Seiten, ISBN 3-922508-98-7

J. A. Hobson
Schlaf
216 Seiten, ISBN 3-89330-811-3

L. M. Lederman/D. N. Schramm
Vom Quark zum Kosmos
240 Seiten, ISBN 3-89330-812-1

J. L. Gould/C. G. Gould
Partnerwahl im Tierreich
288 Seiten, ISBN 3-89330-813-X

In Vorbereitung:

J. G. van den Tweel u.a.
Immunologie
ca. 256 Seiten, ISBN 3-89330-810-5
ET: 2/91

Spektrum-Sachbücher

J. D. Watson/J. Tooze/ D. T. Kurtz
Rekombinierte DNA
232 Seiten, ISBN 3-922508-34-0

L. Crapo
Hormone
176 Seiten, ISBN 3-922508-15-4

S. P. Springer/G. Deutsch
Linkes/Rechtes Gehirn
248 Seiten, ISBN 3-922508-14-6

M. G. Koch
AIDS
320 Seiten, ISBN 3-922508-97-9

R. Kail/J. W. Pellegrino
Menschliche Intelligenz
192 Seiten, ISBN 3-89330-702-8

J. R. Anderson
Kognitive Psychologie
432 Seiten, ISBN 3-89330-703-6

R. W. Weisberg
Kreativität und Begabung
208 Seiten, ISBN 3-89330-698-6

B. Hoffmann
Einsteins Ideen
200 Seiten, ISBN 3-922508-18-9

C. de Duve
Die Zelle
456 Seiten, ISBN 3-922508-96-0

L. Margulis/K. V. Schwartz
Die fünf Reiche der Organismen
336 Seiten, ISBN 3-89330-694-3

F. Close/M. Marten/C. Sutton
Spurensuche im Teilchenzoo
304 Seiten, ISBN 3-89330-693-5

S. B. Primrose
Biotechnologie
216 Seiten, ISBN 3-89330-700-1

L. Stryer
Biochemie
1160 Seiten, ISBN 3-89330-690-0

R. F. Thompson
Das Gehirn
ca. 350 Seiten, ISBN 3-89330-696-X

J. Burgess/M. Marten/R. Taylor
Mikrokosmos
220 Seiten, ISBN 3-89330-695-1

D. M. Prescott/A. S. Flexer
Krebs
336 Seiten, ISBN 3-89330-706-0

Wissenschaft und Technik in Europa
504 Seiten, ISBN 3-89330-704-4

In Vorbereitung:

W. J. H. Nauta/M. Feirtag
Neuroanatomie
ca. 344 Seiten, ISBN 3-89330-707-9
ET: 11/90

T. Hey/P. Walters
Quantenuniversum
ca. 264 Seiten, ISBN 3-89330-709-5
ET: 1/91

Originaltitel: Microcosmos

Aus dem Englischen übersetzt von
Brigitte Dittami

CIP-Titelaufnahme der Deutschen Bibliothek:

Burgess, Jeremy:
Mikrokosmos : Faszination mikroskopischer
Strukturen / Jeremy Burgess, Michael
Marten u. Rosemary Taylor. Aus d. Engl.
übers. von Brigitte Dittami. –
Heidelberg : Spektrum-der-Wissenschaft-
Verlagsgesellschaft, 1990.
  Einheitssacht.: Microcosmos ⟨dt.⟩
  ISBN 3-89330-695-1
NE: Marten, Michael:; Taylor, Rosemary:

Englische Erstausgabe bei
Cambridge University Press, Cambridge
© Cambridge University Press 1987

© der deutschen Ausgabe 1990
Spektrum der Wissenschaft
Verlagsgesellschaft mbH
6900 Heidelberg

Alle Rechte, insbesondere die der
Übersetzung in fremde Sprachen,
vorbehalten. Kein Teil des Buches darf ohne
schriftliche Genehmigung des Verlages
photokopiert oder in irgendeiner anderen
Form reproduziert oder in eine von
Maschinen verwendbare Sprache übertragen
oder übersetzt werden.

Text: Jeremy Burgess, Michael Marten,
Rosemary Taylor, Mike McNamee,
Rob Stepney

Zeichnungen: Neil Hyslop

Danksagung an: Donald Claugher, Gordon
Leedale, Lou Macchi, Barry Richards,
Cath Wadforth, Derek Wight (für die
englische Ausgabe)

Lektorat: Frank Wigger
Produktion: Karin Kern

Typographie, Umschlag- und
Buchgestaltung:
Design-Studio Henri Wirthner, Gengenbach

Gesamtherstellung: Klambt-Druck GmbH,
Speyer

Gedruckt auf säurefreiem Papier